电视中心工程工艺设计

主编 刘 征

副主编 刘孔泉 牛 睿 李 迅 张 军 卜 军

中国建筑工业出版社

图书在版编目（CIP）数据

电视中心工程工艺设计/刘征主编. —北京：中国
建筑工业出版社，2013.12
ISBN 978-7-112-16036-5

Ⅰ.①电… Ⅱ.①刘… Ⅲ.①电视网－工艺设计
Ⅳ.①TN948.3

中国版本图书馆CIP数据核字（2013）第259329号

  电视工程工艺设计是一个十分复杂的系统工程。在电视中心工程设计中，工艺设计往往是决定项目建成后能否达到使用要求的决定因素，在工程设计中必不可少。电视中心的工艺流程是随着电视技术的发展、电视节目拍摄方式的变化以及节目类型的多样化而随之变化的。

  简单讲，电视台工艺系统主要包括演播室节目制作、新闻制作、后期编辑、总控播出、存储和交换等几大系统，在各个系统内部还包括若干子系统。演播室是电视台各种节目类型制作、播出的基地，是利用声、光、电进行艺术创作的场所，是电视台不可或缺的重要组成部分。电视台节目后期制作系统承担全台各类综艺、专题、电视剧等非新闻类节目的后期制作加工。新闻中心被称为电视台内的"特区"，成为一个功能基本齐全的"台中台"。在新闻生产流程的统一管理下，使得电视台新闻中心可以对各种渠道采集的时事资讯进行跟踪报道，准点滚动播出。总控播送系统是总控系统、播出系统和节目传输系统的统称。几个子系统互相联系、分工协作，共同实现了全台信号的统一管控、电视节目的播出控制以及台内外信号的调度等重要功能。媒体资产管理系统负责完成电视台节目素材和成品节目的长期存储和数据调用服务，是电视台的核心资产。全台网是指以现代信息技术和数字电视技术为基础，以计算机网络为核心，实现电视节目的采集、编辑、存储、播出、交换以及相关管理等辅助功能的互联互通的网络化系统。

责任编辑：石枫华
责任设计：董建平
责任校对：肖 剑 党 蕾

电视中心工程工艺设计
主编 刘 征
副主编 刘孔泉 牛 睿 李 迅 张 军 卜 军
*
中国建筑工业出版社出版、发行（北京西郊百万庄）
各地新华书店、建筑书店经销
北京科地亚盟排版公司制版
北京画中画印刷有限公司印刷
*
开本：787×1092毫米 1/16 印张：36½ 字数：911千字
2014年1月第一版 2014年1月第一次印刷
定价：**288.00**元
ISBN 978-7-112-16036-5
（24821）

主要编写人员名单

主 编

刘 征

副主编

刘孔泉 牛 睿 李 迅 张 军 卜 军

编委会成员

上篇 电视中心工程工艺

中广电广播电影电视设计研究院:

刘 征 刘孔泉 牛 睿 姚 石 陈 钧 李道君 刘洁心 王 宇
焦 健 王 嘉 姚高远 宫鸣宪 侯少卿

下篇 电视中心工程实例

北京广播电视台:

李 迅 鲁高潮 王晓龙 周旭辉 程 宏 崔 雨 张 倞 李 力

天津广播电视台:

张 军 李锦秀 陈 杰 郝学术 邵云峰 高 虎 刘立山

四川广播电视台:

卜 军 刘 济 张陈林 曹 阳 谷燕京 牛 晓 周 丹 苏 冰
李 忠 包琼勇 高晓梅 于 宏

序

电视广播对人民群众的文化生活、宣传教育、信息传递等方面有着不可替代的重要作用，所以建设制作和播出电视节目的电视中心即电视台受到了我们国家各级政府的特别的关怀和支持。正是在这种有利形势下，我国电视广播事业有着尽人皆知的发展，特别是改革开放以来更是取得了前所未有的成就。据统计到目前为止，从中央到地方已经建设了大大小小规模不同的电视台2000多个，这充分说明了电视广播事业发展之快，取得成绩之大。

工程设计是工程建设的首要环节，是整个工程的灵魂，在建设中起着主导作用。它直接统领着工程进行的全过程，影响着工程的投资效益和建成后的使用效果，可以说没有现代化水平的设计，就没有现代化的建设，可见工程设计在工程建设中所处的重要地位。电视中心工程的工艺设计是根据电视台的宣传任务要求，按照电视台工作特点和规律，确定新建电视台的规模、构成以及各系统的技术要求并制定在工程中具体设施的方案和措施。所以，工艺设计也可以说是电视中心工程设计的核心作业。同样可以说，没有现代化水平的电视中心的工艺设计，就没有现代化水平的电视中心。因此电视中心工程工艺设计是一项要求很高的专业性很强的技术业务，必须由有资质的专业设计队伍来进行。

中广电广播电影电视设计研究院是我们国家广播电视事业基本建设的主力军，是广播电视工程设计的国家队。他们有着60多年的发展历史，设计了大量全国各类广播电视工程，其中电视台占了相当部分。我国最早1958年开始黑白电视广播，1973年开始彩色电视广播，1983年基本建成的位于北京军事博物馆西侧的中央电视台以及近期完成的位于北京朝阳区的新中央电视台，以上这些工程反映了我国电视广播从无到有、从黑白到彩色、从模拟到数字的全过程，而以上这些工程的工艺设计均由该设计院参与完成，不仅如此，他们还完成了北京、天津、四川、黑龙江、山东、安徽、甘肃等一大批地方省、市、地区以及县级的电视中心工程的工艺设计。设计院的中心所则是专门进行广播电视中心工艺设计的部门，他们完成的多项设计还获得了国家和省、部级的优秀设计奖。所以该设计院在电视中心工程工艺设计方面的业绩是其他设计部门所无法比拟的。大量工程的完成使他们积累了丰富的经验，也进一步增强了其设计实力。正因为此，他们有实力在完成数百项电视中心工程工艺设计的基础上，总结几代设计者工作的经验，写一本权威的专业书《电视中心工程工艺设计》。

这次，由中广电设计院刘征副总工程师带领、组织该院中心所和声学、土建有关专业专家精心编写的这本书内容十分丰富，总的看有以下几方面的特点：首先是传统意义上的工艺设计，包括了电视台整体构成、工作的基本流程，从演播室节目制作、节目后期加工至节目播出、传输系统，对建筑方面的各项要求等。其次随着广播电视技术的新发展，本书与时俱进，还把与数字化、网络化、高清化以及新媒体、媒资管理等相适应的设计内容也包含其中。此外，除了传统意义上工艺设计对演播室环境的一般要求之外，本书还特别对各类演播建筑声学设计和演播室专业灯光设计进行了专题叙述。最后，本书还加进了近期完成的北京电视台、天津电视台、四川电视台三个大电视中心的设计实例。这三个台虽建设规模、特点有所不同，但其先进技术水平在全国都是名列前茅的。

综上可见，《电视中心工程工艺设计》一书讲述全面、内容翔实、专业性强、适用性强。它填补了我国在电视中心工程工艺设计出版物方面的空白，是一本很有价值的专业书。对建设电视台的工作者将能满足多方面的要求，找到所需要的内容。对于想了解电视台技术工作的读者也是一本有益的读物。

原国家广播电影电视总局设计院院长
中国老科协广电分会常委副理事长

2013 年 6 月

前　言

1958 年 5 月 1 日，北京的天空中第一次出现中国自己的电视播出信号，呼号为"北京电视台"，至此开始了我国的电视广播事业。

1983 年中共中央（1983）37 号文件确定"四级办广播""四级办电视""四级混合覆盖"的事业建设体制，形成了我国行政区域化的广播电视发展格局，之后全国掀起了"广播电视中心工程建设高潮"，在短短的 15 年间全国各省、市及部分县新建了广播电视中心。

新世纪到来之后，由于我国电视事业的快速发展，原设施已不能满足电视节目的制、播需求，新一轮的电视中心工程建设的高潮到来了。2011 年 10 月党的十七大六中全会做出的《中共中央关于深化文化体制改革推动社会主义文化大发展大繁荣若干重大问题的决定》进一步推动了我国电视中心工程建设。

电视中心建设不同于一般民用建筑。它是一个用于制作、生产音像制品的"工艺"建筑，取决于电视工艺的流程及技术用房布置等多种因素。由于其专业性强的特点，与一般民用建筑相比，往往设计难度大、建设工期长、投资成本高。

在电视中心建设过程中，一些地方电视中心工程出现注重建筑造型而轻工艺设计的现象。许多工程竣工后发现不能满足电视节目制播的需求，如演播室层高不够，技术用房狭小，结构荷载量不足，空调温、湿度不合理，噪声控制不好，供电安全等级、供电方式等均存在问题。演播室、语言录音室等声学用房隔声隔振量不够，室内音质均存在声学缺陷，演播室灯光的垂直照度、色温、显色指数、均匀度等不符合要求等，不得不进行二次改造。有些工程甚至放弃原建筑重建，造成了极大浪费。

针对电视中心工程建设中存在的问题，总结中广电广播电影电视设计研究院 60 年来电视中心工程工艺设计的经验、教训，我们组织了由中广电广播电影电视设计研究院牵头的编委会，就电视中心工程建设的基本建设程序。各部分的工艺流程、工艺对土建的要求、建筑声学、演播室灯光、工艺接地等进行了梳理。文中还将电视技术的新发展如 3D 电视、4K 超高清电视及新媒体制播等记入其中，便于新建电视中心工程预留发展空间。

为使读者加深了解电视中心工程建设的规模、工艺需求及系统建设，特选取了三个优秀的工程作为工程实例。工程实例中总结了北京广播电视台、天津广播电视台、四川广播电视台在建设中的经验和体会及其做法。三个台的工艺要求各不相同，建成后使用效果甚佳，均获得多项国家奖励。

　　当然一本书还难于做到尽善尽美，肯定还会有不足之处。同时技术在不断进步，事业在继续发展，电视中心工程也不断会有新的更高的要求，其工艺设计也将会与时俱进有所提高。还望读者能提出宝贵意见和建议，以使本书再版时将更上一层楼。

　　编写过程中得到了，原国家广播电影电视设计研究院院长袁文博先生、国家广播电视工艺设计大师金孟申先生、国家声学设计大师骆学聪先生、资深电视工艺设计师桂信安先生的指导，以及吴纯举、林长海、裘建东，边清勇、张俏梅等院内各专业同行的审阅，在此深表感谢。

编委会

2013 年 7 月

目　　录

上篇　电视中心工程工艺

上 篇

电视中心工程工艺

第1章 电视中心工程设计程序与工艺设计内容特点

1.1 电视中心工程工艺设计程序

工程项目从工程实施全过程方面看，大体可以分为前期阶段、准备阶段、实施阶段、验收完成阶段四个部分。由于电视中心工程项目具有很强的专业性，在工程实施的全过程一般都要有工艺设计参与，工艺设计在前期阶段介入可以为建筑方案的确定、工艺规模投资等提供更好的适用性；准备阶段是设计工作完成的主要时期，一般分为初步设计、施工图设计两阶段；实施阶段需要紧密与现场施工配合，提供咨询与指导；验收完成阶段对工程全过程的总结与评估工作，对电视工艺专业方面的分析也是必不可少的。

1.1.1 前期阶段

项目建议书及可行性研究报告是工程设计前期阶段的重要内容，前期文件的立项批准也是项目下一步开展方案设计和初步设计的保证和依据。作为有鲜明专业特点的工程，电视中心工程设计的成败取决于电视工艺的合理性、适用性、前瞻性、安全性。必须根据电视工程的特点，在工艺专业方面具体加以论述。

以可研报告为例，根据工程建设管理规定，在可行性研究中应包括以下内容：总论、建设任务与总建筑规模、建设条件与场地选择、工程技术方案、节约能源、环境保护与安全、组织机构与人员编制、建设工期和实施进度、投资估算与资金筹措、社会及经济效果评价、结论与建议。

电视中心工程的建设任务与总建筑规模、建设条件与场地选择、工程技术方案部分应按照新建电视台的节目制作工艺流程、各类演播室的数量以及主要系统设备集中或分散布置等特点加以论述。

（1）建设任务与总建筑规模

应说明广播电视节目套数、每天播出时间、大型演播室规模及数量，节目传送容量（含方向、数量和手段等），主要技术设施、附属设施等做纲要性论述。

（2）建设条件与场地选择

应结合电视中心项目特点进行论述，如节目传送专业微波线路畅通情况、声学专业要求的外围环境噪声、工艺专业关注的外围无线电环境、电磁干扰情况等，还要结合广电安全播出管理规定了解场地附近变电站情况、电压等级、距离以及提供专用线路的可能性等。

（3）工程技术方案

1）对本项目相关工艺系统以及采用的新技术逐项进行论证，以说明提出的建设规模

和设想都是可行的;

2）电视节目套数、自制节目的数量、种类,主要工艺流程、工艺系统及主要工艺设施;

3）演播室规模、数量、节目类型及使用情况;

4）节目传送（含方向、数量和手段及技术方案等）;

5）噪声控制标准等级与室内音质要求;

6）工艺使用房间数量和面积等。

1.1.2　准备阶段——初步设计

项目建议书批复、可研报告批复（环评通过、节能评估通过）、建设项目立项批准后,项目可进行初步设计阶段。建筑设计单位应在确定建筑方案过程中,与工艺设计方进行深入交流探讨,结合工艺具体要求完善建筑方案和平面的再调整工作。

1.1.2.1　本阶段电视工艺设计内容

1．电视中心工艺专业

（1）制作播出节目量、系统功能和规模、要点;

（2）各工艺流程分析;

（3）工艺系统的功能特点和水平,其灵活性、应变能力和可持续发展能力;

（4）工艺设备的选型及其先进性与技术延续性,现有设备的利用,分期装备和更新,在性能价格比方面的考虑;

（5）工艺设施的布局按功能分区的考虑;

（6）工艺供电特点及接地要求;

（7）工艺用房设备布置。

2．声学专业

（1）噪声和振动控制:

1）总体布局、技术房间的平剖面噪声控制;

2）通风系统的噪声和振动控制;

3）建筑机电设备的噪声和振动控制;

4）围护结构（墙、楼板、房中房构造图）;

5）隔振设计及要求。

（2）音质设计

1）各技术房间尺寸要求;

2）各技术房间型体要求;

3）各技术房间音质设计参数;

4）吸声材料（种类、布置面积）。

（3）扩声系统

1）扩声系统概述,包括系统功能与用途、设计指标;

2）土建配合要求,包括设备安装空间、承重、用电负荷、散热量、主要信号路由等;

3）系统设备选型、技术水平及性能价格等方面的考虑,设备布置的考虑。

3．演播室灯光专业

（1）按演播室用途及面积选定的灯光系统组成,安装容量,调光和布光方式;

（2）灯具、灯具悬挂装置、调光设备及布光控制装置的主要设备、电缆选型；

（3）其他必要的说明。

1.1.2.2　对建筑相关专业的配合和要求

电视中心工程的根本目的是为电视台制作播出节目服务的，因此工艺设计是整个全阶段设计的主导和要求。工艺设计在这个阶段除完成工艺各专业外，还需紧密与建筑设计以及相关结构、空调、给水排水、电气等专业配合，应表格或文字说明的形式根据初步设计的深度要求提出本阶段设计工作的具体要求，具体如下：

（1）确定工艺技术用房房间表，作为建筑平面布局和方案确定的基本依据；

（2）与建筑专业配合，完善建筑方案布置，落实各工艺用房的功能、间数、面积、位置、层高等；

（3）与结构专业配合，落实各工艺技术用房的地面荷载、演播室吊顶荷载；

（4）与空调专业配合，落实各工艺技术用房洁净度、人数、工作时间、冬温、夏温、相对湿度、设备散热量；

（5）与给排水专业配合，落实各工艺技术用房上下水、地漏和消防系统的合理配置；

（6）与电气专业配合，落实各工艺技术用房的工艺设备的电压、用电量、负荷级别、UPS、照度、事故照明、普通插座等；与弱电专业配合：落实各工艺技术用房有线电视、综合布线系统的配置要求。

1.1.3　准备阶段——施工图设计

1.1.3.1　本阶段电视工艺设计内容

在施工图设计阶段，应在批准的初步设计基础上全面对各系统进行深化具体，在完善系统的基础上确定主要设备规格以作为业主技术招标的基础。

在系统设计的基础上，应根据施工图设计阶段的特点，着重将系统设计内容体现在设备布置与管线桥架敷设图中。主要设备、插座、预埋件等应准确定位，明确做法；管道、桥架、地沟等应标明在施工图平面中，规格、定位、敷设要求明确；有特殊工艺要求或特殊做法的设计内容应以详图或工艺施工说明的形式另外出图。

电视工艺各专业设计文件均应包括图纸目录、施工设计说明、图纸、主要设备表、计算书（如需要）。

1.1.3.2　对建筑相关专业的配合和要求

电视工艺设计不仅在前期和初步设计阶段，整个设计和建设周期内，均应与土建等专业密切配合，提出专业要求。在这个阶段应根据批复的初步设计内容，结合工艺系统的调整情况复核初步设计阶段提出的对土建各专业要求表，并结合建筑平面以及施工图阶段工艺管线桥架、设备布置等详细对土建各专业提出要求图，具体如下：

（1）与建筑专业配合，详细提出平面上各工艺机房的地面做法、墙体要求、隔声隔振特殊做法等；提出所有工艺专业桥架、地沟等的过墙洞；主要安装材料预留预埋位置及做法；工艺电缆沟或人井做法等。

（2）与结构专业配合，结合地面、吊顶荷载情况提楼面板洞、剪力墙结构孔洞；演播室等特殊用房结构吊点位置、大型固定件安装做法等。

（3）与空调专业配合，结合机房内设备布置情况协调空调送风回风风口位置；机房下送风做法的配合；演播室灯光布光与空调的配合；声学隔声隔振要求与空调消声减震的配合等。

（4）与给排水专业配合，各机房消防做法和管道位置协调；需上下水具体位置。

（5）与电气专业配合，各工艺机房供电点位置、工艺末端配电与供电接口的配合、工艺用电特殊要求、工艺接地与建筑接地的配合等。

（6）对于管线综合的问题，工艺各专业在公共空间内的电缆桥架、沟道等不可避免会与水风电等专业交叉，相对位置等需要在施工图阶段进行详细管线综合配合。

1.1.3.3　设计会签

工程设计专业会签，是设计工序中通过专业间相互检查、协调、确认，防止产生错、漏、碰、缺等质量问题的重要环节。电视中心工程由土建设计单位和工艺设计单位共同完成，配合量巨大，设计会签环节在施工图设计阶段必不可少。

需要会签的图纸系指具有下列内容的图纸：

（1）关系到工程全局的总体性图纸（如总方框图、总系统图、场地总平面图和主楼建筑平面图等）应由与之相关的工艺各专业确认并会签；

（2）与其他专业有相互衔接关系的图纸，应互相确认接口准确并会签；

（3）相互有影响的各专业之间应在与本专业设计有直接关系的图纸上会签；

（4）技术楼区内含有需要隔声的房间时，有关的结构图纸应由声学专业会签；

（5）各种有隔声和音质处理的技术房间，其构造布置详图应由声学工艺专业会签；

（6）技术区的供电系统图、有关的配电、照明、电话、综合布线等平面图应由中心工艺专业会签；

（7）工艺管道、沟道、竖道、人井等的构造图均应由中心工艺专业会签；

（8）凡甲专业已向乙专业提出设计要求，则乙专业设计的与这些要求有关的图纸均应交甲专业会签。

1.1.4　实施阶段

1.1.4.1　施工配合

工艺施工图设计完成后，应配合工程施工进度及建设单位进行施工全过程配合。具体形式包括：

（1）日常电话沟通、技术答疑；

（2）施工交底和图纸解释；

（3）业主需要时的驻场设计代表；

（4）因各种原因造成的设计变更修改；

（5）工程施工过程中配合工艺监理单位解决工艺施工中出现的现场实际问题等。

考虑到建筑声学专业设计的特点，在施工阶段应由设计单位或施工单位进行专业声学指标检测和阶段性测量，并根据测量结果进行建筑声学调试。工程完工后还应进行声学测量并出具报告。专业的声学指标测量是保证工程质量不可缺少的环节。

同样的，扩声系统声场调试和声学指标测量工作也应在设计单位的督导下完成。

1.1.4.2　工艺技术招标配合工作

电视工艺具备较强的专业性，有时在建设单位不具备较强专业基础和经验的情况下，需要设计单位在系统实施阶段技术招标过程中给予技术咨询或配合。由于工艺设计本身涵盖了各个系统的设计，设计深度和内容应能作为系统招标的指导，工艺设计方有责任在招标阶段配合建设单位或招标单位的工作，从设计内容及技术角度对招标技术部分进行解释。

1.1.5　验收完成阶段

1.1.5.1　竣工图编制

工程项目在完成设计、施工、调试及试运行后，在工程竣工验收前，按照工程实体所编制的图纸文件（包括所附的文字说明和说明书）称为竣工图。

竣工图编制是工程管理的重要环节。此阶段任务一般不在传统设计范围内，但在业主方明确提出并与设计单位形成合同的基础上设计方有责任承担此工作。

竣工图的内容应与施工图设计、图纸会审记录、《设计变更通知单》、《工程联系单》、施工验收记录（含隐蔽工程）、调试记录以及对工程进行实测实量等形成的有效记录相符合，真实反映工程竣工验收时的实体情况。电视工艺各专业应结合自己在设计阶段完成的专业内容，整理施工过程中各类文件作为依据，结合施工图设计进行竣工图的编制，并在技术上保证竣工图内容与完工成果一致。

1.1.5.2　工程验收和后评价

电视中心工程验收一般包括单项系统工程验收、阶段验收、竣工验收等。工艺设计方作为工程主要参与者，有责任按照建设单位要求参加与承担设计内容相关的各阶段验收工作，并结合设计内容进行质量评价和技术反馈。

项目后评价制度可以及时反馈项目后评价信息与成果，总结经验教训，指导新投资项目的策划。该制度目前在工程建设中应用越来越多，对规范建设过程、提高工程整体建设质量、建立工程追责制度等有很大帮助。后评价定量指标可包括工期、质量、成本、职业健康安全、环境保护等，电视工艺设计单位应根据设计合同约定履行义务，如合同中有具体要求，应从技术角度参与到质量方面后评价过程中。

声学装修工程应由设计单位或有资质的第三方开展独立的声学指标检测，并出具报告。测量内容应至少包括房间混响时间、工作状态下的本底噪声以及围护结构的隔声量指标等，并应对照声学设计文件和国家及行业相关规范要求进行验收或工程整改。

声学装修工程及扩声系统工程完成后，业主应组织全面的声学指标测量，主要包括：房间混响时间（频域及空间分布）、正常工作状态下的本底噪声水平（空间分布）、墙体及门窗的隔声量，以及扩声系统传输频率特性、演区传声增益、声场不均匀度、语言清晰度及系统总噪声等。这些指标一方面可以作为验收资料，同时应将主要技术指标交付录音师或调音师等技术人员作为日后工作的基础数据资料。

1.2　电视中心工程特点及工艺设计内容

电视中心建筑不同于一般的民用建筑。它是一个用于制作、生产音像制品的工业建筑，主要取决于电视工艺的流程及技术用房布置等多种原因。由于其专业性强的特点，与一般民用建筑相比，往往设计难度大、建设工期长、投资成本高。

1.2.1　电视中心建筑的特点

建筑结构是由建筑物功能决定的。电视工艺用房要求楼层的高度比较高，结构柱间距跨度比较大。演播室、录音、配音室都要有相应声学要求的房间高度，加上通风空调管道、灯栅层、强弱电管道以及隔声顶等声学结构所占的空间。因此要有足够的层高。演播室面积通常需要在100m² 以上，而且在这个空间内不能有结构柱的存在，因此结构柱的跨距要足够的大。此外，由于演播室需要灯具设备检修层及灯光吊挂设备、重要机房放置核心机柜类设备等原因，还要考虑结构承重问题。总之，在进行建筑结构设计时必须充分考虑工艺条件，依据工艺要求设计出经济实用的建筑结构，具体如下：

(1) 工艺技术用房约占总面积的 1/2 以上；

(2) 技术用房的活荷载大；

(3) 不同技术房间对结构的要求较高，如"房中房"结构、楼板结构沉降、浮筑地面做法等；

(4) 由于大型演播室的隔声要求，建筑物的实墙面较多，围护结构较厚。

工艺用房的布局是一个非常重要的技术问题。布局是否合理，对这些房间使用的方便、安全、甚至节目质量都有非常重要的影响。技术区的人员流动和设备器材以及演出道具的流动也是重要的工艺问题，要做到人流和物流的方便快捷，首先在房间的布局上就要充分考虑它们在节目制作流程上的相互关系，不要把同一流程上的环节分散到不同的区域和楼层，要在定位房间功能时充分考虑工艺配套条件。

1.2.2　供电、空调等专业与普通建筑的差异

电视中心工程中，工艺供电是对电视工艺设备的供电，其重要性不言而喻。在设计工艺供电时，为了提高供电的可靠性，电视中心一般采用双路外电供电。这些供电要来自不同的电网或不同的变电站，以减少同时停电机率。工艺供电电路一般不与其他动力照明等负荷混合使用，以保证电源的洁净度和供电的安全性。为了应对自然灾害、意外事件等造成的停电，保证电视节目播出和传输的不中断，应考虑第三路供电，即大楼内部的柴油发电机供电。电网的闪电跳闸对电视台网络化系统的影响很大，重要的工艺负荷必须使用UPS 电源供电。

工艺接地是保证电视设备正常使用的基础条件。电视设备的一些信号串扰、噪声、计算机系统的一些错误、死机都与系统的接地不良，接地电阻过大有关，因此，接地是一个重要的工艺问题。为了保证电视工艺设备正常使用，通常工艺接地作为一个系统单独考虑，从工艺接地极起，主干线、支干线、支线、设备地线等均应根据实际情况分别详细考虑，并在各节点做法、安装方式等详细设计。

通风和空调是电视技术用房的重要保障。技术用房相对封闭，设备散热量较大，主要依靠空调系统创造适宜的人工环境，如温度、湿度、新风等。因此，通风和空调的好坏不仅关系到工作人员工作是否舒适，更重要的是关系到设备能否正常工作。电视设备数字化后所散发的热量大大增加、演播室灯光散热量巨大，这些热负荷都是对空调系统提出的难题。另外，电视中心空调系统中，对噪声的控制是不得不考虑的，达到合理的送风效果必须注意管道的匹配以及消声器的使用，控制风口的进出风速度也是降低噪声的方法之一。

此外，大楼的制冷系统要专门设置一台小容量的冷水机组调节或设置符合调节能力的冷水机组，为电视中心内 24h 工作的技术房间服务。

1.2.3 电视工艺设计的专业划分

通常意义下的电视工艺设计是一个较广的概念，专业划分依据电视台建筑及使用流程的专业性，分为电视中心工艺、建声与电声、演播室灯光、声学装修等四个主要专业。

电视中心工艺专业是电视中心工程设计的龙头，此专业工作分电视系统设计和配合建筑设计两个方面。系统设计部分涉及到电视系统采编播存管等各个业务系统的系统设计、流程规划，在施工图设计阶段还应结合整体系统功能要求对各个系统主要设备指标提出要求。配合建筑设计单位从建筑方案阶段即介入工作，第一阶段根据业主要求和电视台产能、技术特点等方面提出房间表供建筑专业进行平面规划，在建筑师提出初步平面布局的基础上结合广电使用特点与之反复配合，详细调整各个用房的分区、布局、房间面积、相互关系等方面，最终形成合理的工艺建筑平面；第二阶段为对各个有电视工艺使用要求的技术房间针对建筑、结构、空调、给水排水、供电等分别提出详细要求，作为其他专业进行设计的基础资料，并在整个设计阶段中为其他专业进行咨询与协调；第三阶段应将本专业管线、桥架、沟道等反应在施工图设计中，完成各个房间工艺设备布置设计，各类非标预留预埋件安装设计等，从方便使用、经济高效的出发点实现通道管路互联互通，为电视设备系统集成准备好条件。

声学设计是电视工艺设计重要的内容，这部分又包括了建筑声学与扩声设计两部分。电视中心技术房间需要具有"安静"的声学环境和良好的室内音质，其声学特性应与"数字时代"的设备系统技术指标相适应，以满足电视节目制作、播出及交流的需要，建筑声学设计从噪声控制及音质两方面进行具体详细设计；有观众的场所，如有观众的演播室、多功能厅堂、较大的会议厅室均应设计扩声系统。此外，非技术用房良好的声学环境是营造"宜人"工作条件的重要内容，设计时应给予关注，并密切各专业协调，创造良好的声学环境。

演播室灯光设计是电视中心工程中特有的专业。电视中心演播室数量较多，灯光系统方案设计的合理和先进性，将直接影响台内节目录制的质量和使用的方便及灵活性，也是该功能建筑是否成功与否的评定标准之一。演播室灯光设计主要针对灯光控制和管理、灯光供电系统、布光、灯具选择等进行设计。在设计的全过程中，还要与演播室的空调设计、结构设计等密切配合。

声学设计指标在演播室、录音室等场所的实现需要建筑装修密切配合。声学装修是声学设计与装修设计的结合，既要满足声学要求，又要有好的视觉效果，也是电视中心工程工艺设计的重要组成之一。电视工程声学装修需要与建筑、工艺等专业配合，各个专业的要求经综合、折衷和协调后，达到最合理的艺术效果。具体到每一间房的声学装修效果，因工程实际情况不同，相同的声学材料也会根据具体的情况进行可行性分析，在满足声学特性的指标前提下，达到材料美观大方、经济耐用、装修效果超前。

1.2.4 电视工艺设计必要性

电视工程工艺设计是一个十分复杂的系统工程，它与建筑学中的风、水、电、建筑声学、建筑结构等都有密切联系，需要广播电视技术人员与其他专业人员紧密配合来完成，从事这项工作不仅要有丰富的电视专业知识积累，还要对建筑设计有一定了解并最好具备工程现场建设和设备安装实践经验。在电视中心工程设计中，工艺设计往往是决定项目建成后能否达到使用要求的决定因素，在工程设计中必不可少。

1.3　工艺设计重要性

用先进的和现代的设计理念来指导整个电视工艺系统建设是工艺设计的核心指导思想。技术创新是电视事业发展的不竭动力。信息技术革命性的突破，必将导致媒体格局的彻底改变和新媒体形式的出现，而新型电视媒体技术是建立在信息技术基础之上的。近年来，随着电视技术不断发展以及各种技术相互间的融合，先进的电视技术和设备不断产生，电视工艺系统的功能也越来越复杂。因此，必须以一种前瞻性的眼光看待整个电视台工艺系统的建设，为实现整个中心节目生产流程的数字化、网络化、智能化打造一个弹性的、可扩展的、高标清兼容的工艺基础架构，在保证安全制播的前提下实现电视生产方式的跨越式发展。一个电视台的内部工艺系统是一个复杂的系统工程，各个系统间的协调配置和均衡发展能起到的效果往往大于单一系统独立壮大。电视台建设工程，将适应现代高新技术的发展要求，广泛采用数字电视技术、网络制播技术、高清晰度电视制播技术、电子虚拟技术、电子制作与生成技术、流媒体技术、无磁带播出技术、视频点播技术、交互式电视技术、网上音视频广播技术、数字电视广播系统中的数据安全技术等一系列代表技术发展方向的新技术和新工艺。通过这些新技术的采用，力求避免目前在节目制作方面存在的重复采访、条块分割问题，合理降低媒体内部成本，改善媒体的对外形象。

1.3.1　先进性要求

工艺设计将对电视台长期使用以及未来发展产生重大影响，因此在工艺设计时应有较强的前瞻性，摒弃传统的、落后的、不合理的系统设计和应用模式，在严格分析研究的前提下积极采用新技术、新工艺。先进性原则还包括科学决策、技术先行和前瞻性原则。

电视台建设通常跨越较长的时期，为了使建设过程中乃至今后工艺系统使用时不断保证先进性和可用性，工艺设计应充分吸收适合的新技术来满足将来发展的需求，具备一定的可扩展性，适应新的需求变化，应考虑事业的发展、节目制作量的增加以及制作和管理形态的变化，为将来的发展预留空间。

以数字化为基础，网络化为核心的新型电视技术，将推动电视、电信和计算机等相关产业的交叉与融合，必将打破原有的产业分工，形成新的业务形态，也为电视事业的发展提供新的机遇和空间。传统的电视媒体从形式、内容到服务方式将发生革命性的改变，成为个性化、多功能、高质量的新型媒体。数字化、网络化、自动化等技术发展已经逐渐成熟，在电视工程工艺设计中应得到广泛的应用。因此工艺设计应具有前瞻性、灵活性、开放性，一方面能够适应和满足事业的发展、节目制作量的增加以及制作和管理形态的变化，另一方面系统要具备开放的扩展能力，可以在原有基础上进行改造和升级，以适应功能需求的新变化。

标准化建设也是现代化生产的重要标志。建立与新业务相适应的标准化的生产和管理体系是新技术研究开发的一个重要组成部分。以技术创新带动体制创新，将先进的技术手段与标准化的管理相结合，创造和实现最高的生产效能和服务水平。

1.3.2　安全性要求

在确保工艺设计具备先进的技术水平和事业可持续发展的条件下，还应注重工艺系统的安全可靠性。表面上看，追求稳定和可靠似乎与追求系统设计先进性有一定的矛盾，但实际上评价工艺系统是否先进也包括稳定可靠的原则。但凡新技术、新工艺，不可避免会带来因出现较晚而存在更多的不稳定因素。设计中应采取科学审慎的态度，在大规模使用之前必须经过严格的研发、测试和局部试用过程，将可能存在的不稳定因素降至最低。同时，在采用新技术、工艺方案时充分考虑采用合理的备份、备播等安全手段和预案。

对于节目播出、新闻制播、媒体资产管理等电视工艺系统而言，稳定可靠尤其重要，核心的工艺系统设计应注重减少安全隐患、有利于日常维护、具备应对可能的突发事故的能力。工艺设计应降低系统建设的风险，对于没有先例的系统和设备的采用，应持慎重态度。工艺系统的安全运行水平也从一个侧面反映了一个电视台的综合实力。

1.3.3　适用性要求

建立全新的工艺系统的目的是提高生产效率，在系统设计和实施中，要以生产实际为基础，既要避免系统功能单一，无法与其他系统连接，又要避免系统过于复杂，给系统的部署实施带来负面影响，要兼顾整个系统。工艺系统设计要选择实际中切实可行的方案，对于功能目标的实现要有一定的针对性、合理性、适用性和可行性，系统设计不能片面的只考虑技术可行性，还要考虑工程建设实施进度与复杂程度，不能与建设工程脱节。

1.3.4　经济性要求

工艺专业在电视中心工程建筑方案设计阶段介入可以结合电视制播流程及使用要求通过合理的功能分区、平面布置达到信号线缆传输的最近化，节省投资、降低信号损耗。

充分利用有效的投资，通过简洁、合理、功能明确的工艺系统设计，舍弃繁琐、低效、花哨但不合理的投入，达到较高的系统功能性价比，是工艺设计要追求的目标。工艺设计不能盲目追求大而全、高而精，要符合实际应用的需要，即具备一定的合理性、适用性、针对性。

电视工程的工艺系统是一个整体，个体系统之间规模、功能、效率要搭配适当，任何超前或落后的系统设计都不能带来整体业务运行的好处。相反，一个不合理的子系统对全局的影响会更严重。此外，性价比是衡量经济性的一个重要指标。新技术、新工艺的采用要充分考虑性价比的因素。

1.3.5　可持续发展性要求

随着电视工程的建设和投入使用，新的管理模式、运行机制、业务流程和工艺系统等一系列全新的软硬件都要投入使用和运行。与此同时，新体系应有效地与现有的大量资源连接和相融，并使其得以保护和充分利用。对于工艺设计，其工艺流程、技术指标体系，制播体系在可能的情况下要有效地兼容现有技术设备，充分利用现行工艺系统的软硬件设施，分析利弊，去其糟粕，取其精华。这样不仅可以保质保量的进行节目制作，还可以大大缓解对节目需求量的压力，不会造成资源浪费。

1.4　专业技术特点

1.4.1　视音频专业特点与应用

生产和播出成品视音频节目是电视台的基本职能和任务，因此视音频专业是电视台所有技术系统的核心。在电视中心，通常意义上的视音频专业主要包括视频、音频、同步、通话、时钟五大系统。

1.4.1.1　视频系统

视频信号是电视中心直播电视节目的内容载体。目前国内主流电视台均实现了数字化，省级以上电视台甚至已进入到高清系统，因此系统间的视频信号以 HD-SDI/SD-SDI 方式存在。台内进行基带视频处理的系统主要是演播室以及总控播送系统。演播室视频系统进行节目录制拍摄、切换处理后形成直播节目源，以主备视频信号的方式传到总控系统；总控系统是调度台内外所有视频信号的枢纽，将演播室送来的信号根据需要传送到需要直播频道的播出系统中，由播出系统完成播出线上的内容处理后再经节目传输系统向台外送出。

视频系统的布线主要以数字视频电缆和光纤为主。SD-SDI 的信号格式下，基带信号带宽 270Mbps，以数字视频电缆传输基本可以满足使用。HD-SDI 信号格式下，信号带宽增加到 1.485Gbps，电缆传输距离受到局限，一般只在系统内采用，系统间传输应考虑光纤。

1.4.1.2　音频系统

作为电视节目，音频信号也是不可缺少的。在电视中心各系统中，音频基带信号处理系统一般出现在演播室制作以及后期制作中的录音系统里。演播室录制的音频信号通常以音频信号数字化后嵌入视频信号的方式与同时录制的视频信号形成一体，通过 HD-SDI/SD-SDI 的形式进入到总控播送系统处理中；录音系统录制的音频节目数字化后再文件化形成音频文件，通过台内制播网络传输，进入到视频后期制作系统合成处理。

由上可知，基带音频信号通常不在电视中心各系统间传输，系统内的音频信号传输因为距离较短，采用一般音频电缆即可。

1.4.1.3　同步系统

同步信号是整个电视台的信号时间基准。通常在总控系统设置同步信号发生器产生同步源作为全中心的主同步源，传送到需要同步信号的系统中，如演播室系统、播出系统等。接收到同步信号源的各系统可再设一级同步信号发生器，接收主同步信号锁相的同时进行本系统内部同步信号的分配。这样，形成全台的主从二级同步关系。

同步信号实际为一个标准脉冲信号，可通过视频分配器分配，传输过程中一般采用普通数字视频电缆即可，300m 以内通常不会过度衰减。

1.4.1.4　时钟系统

电视中心各部分应具有准确、统一的运行时间标准，采用 GPS/ 北斗等标准信源作为基准，为时间显示、终端报时或系统自动控制等服务。与同步系统类似，在总控系统设置自动校时钟，提供台际时间基准。

时钟信号的传送一般采用屏蔽双绞线，由总控送至演播室、控制室等用于时间显示、自动控制、管理需要的技术机房。

1.4.1.5　通话系统

通话系统是全台各技术系统日常工作中相互联系所必须具备的。通常以几个大型通话矩阵分别覆盖一个技术区域，矩阵之间以网络互联的方式实现全台通话。通话矩阵后端一般为各系统的通话面板或通话站，采用四线方式进行通话联系，系统内如演播室一般兼有两线通话设备以总站 / 分站的模式出现作为四线通话的备份。

通话信号的传送一般采用屏蔽双绞线或以太网光纤。

1.4.2　网络专业特点与应用

电视台制作播出网络从功能上涵盖所有台内生产工作流程，包括演播室录制和播出、内容采集、后期编辑、文稿处理、节目编排、数据存储和媒体生产管理等环节。构成上包含基础网络系统、业务支撑网络系统、节目编播系统、节目制播网络系统、编辑网络系统、录音网络系统、演播室制作系统、演播共享网络系统、收录网络系统、信号监控调度系统、播出网络系统、媒体资产管理网络以及新媒体制作网络系统等多个业务子系统。

依托整个网络，在"采、编、播、存、管"整个电视工艺流程中，可实现"前期数字化、编辑制作网络化、播出硬盘化、存储数据化、管理科学化"目标；可建立一个以内容产业为主体的数字化网络平台，实现素材采集、节目制作、资料存储、播出分发等各环节最优化的生产方式、最有效的资源整合、最精细的流程管理；通过互联互通、信息资源共享，实现海量的节目生产能力，实现节目低成本和流水线式生产作业，实现可控的节目内容市场化运作；通过数字内容管理平台的构建，实现新媒体与传统媒体的融合，为各种新媒体业务提供内容支持，拓展新的产业空间。

根据《国家新闻出版广电总局电视台数字化网络化建设白皮书》的定义，电视台网由基础支撑平台、业务支撑平台、业务系统、统一信息门户组成，其总体框架如图 1-1 电视制播网络总体框架所示。

1．基础支撑平台

基础支撑平台由基础网络平台、系统软件平台组成，它为电视台网业务系统提供软硬件基础运行环境，并实现各业务系统在网络层的互联互通。

2．业务支撑平台

业务支撑平台由公共服务平台、互联互通平台组成，它为电视台网各业务系统提供用户认证、服务注册、消息、报表、转码、迁移、智能监控、数据交换、流程控制等公共服务，并实现全台业务系统的统一管理和互联互通。

3．业务系统

业务系统由节目生产业务板块（简称为生产板块）和综合管理业务系统（简称为管理系统）组成，其中生产板块实现电视台节目生产"采、编、播、存、管"各个业务环节全流程的数字化、网络化和信息化，管理系统实现电视台节目生产的辅助管理。

4．统一信息门户

统一信息门户是电视台网各分散业务系统的统一访问入口，根据服务对象和操作权限的不同，可以进行个性化的设置，实现单点登录和信息集成。

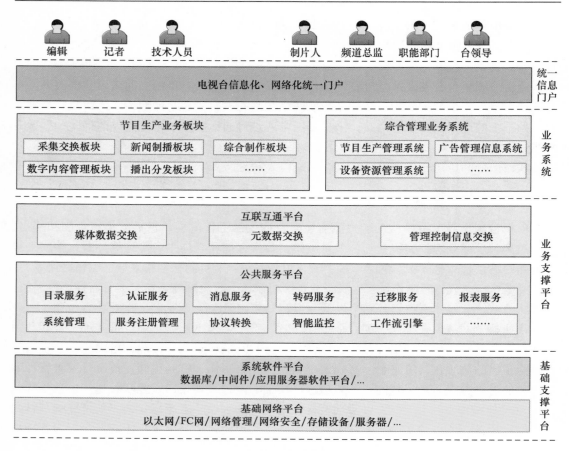

图 1-1 电视制播网络总体框架

根据电视中心主流网络系统目前还是采用 FC+ 以太的特点。在目前电视中心工艺设计中大量机房都同时布置了以太网和 FC 光纤信息点。以太网在工作区和水平布线区均采用六类双绞线并适当预留光纤，FC 光纤网的工作区和水平布线采用双芯或多芯多模光纤，弱电竖井内采用专用跳线和配线模块实现信息点的汇聚。由于距离限制，需要在弱电竖井或有大量以太网点的编辑机房配置具备光纤模块的千兆以太网交换机，将汇聚的以太网信息点转换为光纤再送往网络核心机房；FC 网络不存在距离问题，可在弱电竖井内配备光纤跳线模块实现信息点的汇聚，然后采用多芯光缆将各信息点信号送往网络核心机房，FC 交换机以放置在核心机房内为宜。制播网系统和办公自动化网络系统在物理上尽量分开，为方便管理，弱电竖井内制播网的配线机柜需单独设置。但为方便今后网络信息点的重新定义，弱电竖井内办公网和制播网的配线柜应紧靠在一起布置。垂直布线采用多芯多模光缆，将以太网和 FC 光纤网连接到相应的网络主机房，垂直布线光缆在信号通道上应留有足够的扩容余地。

1.4.3 建筑声学专业特点与应用

建筑声学主要研究声波及振动在建筑物中的特点，并根据经验和理论研究成果控制房间声学环境。广义上讲，所有的建筑物在设计、建设过程中或多或少都会涉及到建筑声学专业的内容，只不过，对于一般空间不需要特别的声学处理而已。

由于各类型建筑的使用功能不同，对建筑声学的要求也不尽相同。一般来说，用于"听音乐"的音乐厅，其中可能要以建筑声学要求为主，由声学设计师指导建筑各专业的设计和建设；而主要用于"看演出"的剧院、戏台，则应当综合考虑声学要求以及演出表现等各方面因素，剧院的建设要以演出整体需要为主，不宜过分严格要求建筑声学指标；对于"开会议、看展览"为主的各类商业会展空间，则更多的是在满足建筑、装修效果的同时，配合以专业的建筑声学设计即可；至于说"生活、居住"空间，那么必然对建筑声学专业要求不高，只要对建筑物的噪声振动水平加以控制即可。具体到专业的广播电视技术用房，其中主要的功能就是生产、加工一种特殊的产品——"节目"，专业的节目制作流程对良好的声学环境有极为严格的要求。

广播电视工程中的建筑声学设计和民用建筑相比有如下特点：

（1）指标要求高

大多数广播电视技术用房对本底噪声指标控制有着严格的要求，相对于居住区 30dBA 的标准，绝大多数大型文艺演播室不宜超过 NR25 标准（约 30dBA），录音棚不宜超过 NR20 标准，而部分语言录音棚甚至不宜超过 NR15 标准。此外，与大型演艺空间不同，广播电视技术用房内部的声场设计，除了对房间内部混响时间、声学缺陷等加以控制外，考虑到现场拾音位置的不确定性，演播室、录音棚内部简正模式以及低频染色等问题也需要声学设计特别加以注意。

（2）功能复杂且多变

现代的广播电视建筑相对采取集中布置功能用房的形式，在一个建筑物内部往往集中了演播室、控制室、录音室、审听室、直播室等各类房间，并且同一房间也经常承担不同类型节目的制作任务。广播电视节目制作用房的建筑声学设计并非仅仅为房间服务，相同尺寸的录音棚，侧重音乐节目录制和侧重语言录制时，其中的音质设计指标截然不同。因此，建筑声学设计需要根据不同房间以及不同的节目制作类型，有针对性地进行独立分析和设计。

（3）与建筑各专业配合较多

和工艺系统设计不同，要完成良好的建筑声学设计需要与建筑、结构、装修、空调、机电、消防以及工艺系统等各专业密切配合，相互协调。在设计时也要考虑各专业实际情况对声学环境的影响。相对于工艺系统设计工作，建筑声学设计要在项目之初就密切配合到建筑设计工作的方方面面之中。

此外，声学设计并非完全由客观技术指标主导，还要以主观听音感受以及艺术表现需要为设计方向。对于工程建设中的声学问题，其中一些指标可以用噪声等级、混响时间等客观数据来确定。而更多的诸如"声音自然"、"录音清晰"、"语音明快"等结果只能以主观评价作为评判依据。实际上，声学设计的终极目标或者说广播电视节目制作的终极目标也是为了满足听众、观众的欣赏需要。因此在工程建设上，只有部分指标可以定量控制，而还有很多只能定性分析却必须加以控制的部分就需要声学设计师多年的工程经验以及艺术修养了。

建筑声学设计主要包括两个方面：噪声和振动控制、室内音质设计。

噪声和振动控制是广播电视建筑中的基础设计项目之一，只有在安静稳定的空间中，才有可能制作出高质量的节目。

广播电视中心选址时，应充分考虑基地周边噪声振动环境，工程立项选址时应参考声学顾问的意见，要特别避免紧邻交通主干道、铁路、民航机场等区域。此外，随着城市现代化的发展，广播电视技术用房不宜设置在地铁线路上方或附近。

对于改造、扩建项目，则应特别考虑研究控制施工现场对现有建筑内正常使用的技术用房产生的噪声及振动干扰。

在广电建筑内部，噪声和振动控制主要关注两类问题：

首先，要妥善处理建筑空调和机电设备工作时产生的噪声和振动问题。包括在平面布局上尽可能避免与技术用房相邻，做到"闹静分开"。同时也要注意避免在节目制作过程中，相邻或相近的演播室、录音棚之间相互的干扰。重点在于避免外界噪声源、楼内机械噪声及振动源以及房间之间噪声串扰。主要包括节目制作用房、建筑机械隔声降噪、公共空间及管道的隔声隔振控制。

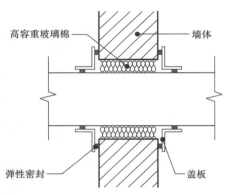

图 1-2　管道穿越隔声构造示意

其次，由于广播电视中心的技术需要，楼层内甚至房间之间设置有大量的工艺桥架、线槽、线管，各类技术用房往往共用空调送、回风管道，消防、动力管线也会在房间内穿行。如何避免由于管路穿墙或共用风道造成的相邻技术用房或技术用房与其他空间之间的串音问题，是摆在声学设计面前的一大难题。管道穿越隔声构造见图 1-2。

对于室内音质设计方面，如何确定适当的混响时间指标是困扰广播电视工程设计人员的一大难题。

对于节目录制用房，常规的经验是：混响时间短比混响时间长要好用。那么，到底多短才叫短呢？声学研究界曾经做过类似的试验，由同一个乐队在不同混响时间的环境中演奏一段乐曲，母带资料给专业录音师进行主观评价，部分录音师倾向于认为在"消声室"内录制的乐曲更加适合后期制作。全消声室见图 1-3。

图 1-3　全消声室

　　但是在消声室中进行大规模录音并不现实，而且由于其中混响时间极低，演员反而无法发挥出应有的艺术水平。因此，我们还是要根据不同的节目特点、房间尺寸等，选择适合的混响时间。

　　各类技术用房适宜的混响时间取值范围在后面相关章节中具体说明。

　　除了需要确定适当的混响时间之外，声学设计工作者经常会忽略下面的这些因素：

　　（1）各频段混响时间的控制

　　一般情况下，我们说一个房间的混响房间为多少秒是很不准确的。由于房间尺寸、测量位置、声学装饰材料选择等因素，房间内各频段的混响时间是不同的。一般在工程上我们常以中频（500Hz）混响时间为代表来说明房间声场的特点，同时应当在全频带（低频不高于 125Hz、高频不低于 4000Hz）的区间内，按照使用要求，以倍频程或 1/3 倍频程逐频点加以描述。

　　在设计时还应注意尽可能避免采取同一类型吸声构造，以避免在某一频率产生混响时间的峰或谷。

　　（2）房间内尤其是小房间的简正振动模式

　　房间型体确定后，可以通过计算确定各频率的简正振动模式，尽可能通过声学装修避免在房间内部产生特定的声学缺陷。大量的工程实践中，都可以发现即便某些声学装修效果较好的房间内，也可能在若干位置上拾取的声音某一频率过低。

　　对于尺寸不大的语言录音室、单人音乐制作间、配音间等，要特别注意计算房间的简正振动模式，特别是低频段的情况要加以注意。

　　（3）特殊位置的颤动回声等声缺陷

　　录音棚、直播间等房间由于技术需要或者其他原因，可能存在大面积的观察窗、背景板等。在进行声学设计的时候要特别注意避免大面积声反射面相对而造成的颤动回声等缺陷。

　　（4）录音设备、监视设备带来的声场变化

　　由于广播电视技术用房的特殊性，进行房间声学设计的时候，不能脱离工艺系统。声学设计必须与工艺系统设计紧密结合，进行房间声场计算的时候要考虑大面积监视器、大型工作台、调音台界面等设备对房间声场的影响。特别要注意协调监视器与监听扬声器的位置关系，并对扬声器嵌入墙面安装或流动安装进行说明和分析。录音控制室见图 1-4。

　　由于声学设计的"不可预知性"，建设过程中需要声学调试、测量等工作。声学测量和调试是达到可控声学设计目标的必要手段，不可缺少。专业的声学指标测量工作应当贯穿广播电视中心建设工程始终。

　　在设计阶段，声学装修设计人员应当对拟使用的各类装饰材料的声学特性有深入的了解，掌握准确的实验室测量数据，主要包括装修材料及声学构造的吸声系数、共振峰（谷）特性等以及隔声构件的隔声量指数等。考虑到国内建筑材料市场的实际情况，对于首次尝试使用的建筑材料或不熟悉材料特性的装修设计单位，建议设计师对材料的声学特性进行实验室测试或参考专业实验室的测量数据。关于材料的声学特性测量报告数据仅能够表示在测量时的安装条件下得到的声学特性，不同的安装条件，比如材料后部空腔大小、面层材料穿孔率、材料厚度、固定方式等都对声学特性指标有极大的影响，这一点需要特别加以注意。

图 1-4　录音控制室

在声学装修基本完成或部分完成时，建筑声学设计人员应对装修样板间进行建筑声学指标阶段测量，主要应当注意混响时间的分布趋势，并根据测量结果对声学材料布置进行调整。

由于声学设计的不可预见性以及听音的主观性，客观的建筑声学检测是声学装修工程验收的重要环节，声学装修完工后应由非业主、非施工方的第三方进行建筑声学指标测试，主要应当包括：技术用房的混响时间分布（频域分布、空间分布）、本底噪声指标（普通照明及空调系统正常工作）、围护构造及门窗的隔声量指标等。这些指标应与设计指标、国家及行业规范进行比对。同时，工程完成后的声学指标也应提供给录音师或音响设计师作为日后工作的基础数据。

在条件许可的情况下，多声道制作室、审听室应当在调音位、主要听音位对监听系统的频率特性进行测量和调试。声学测量见图 1-5。

图 1-5　演播室声学测量

1.4.4　专业灯光特点与应用

演播室灯光在设计上一般分为两大专业方向，就是灯光艺术设计和灯光技术设计，本书所要探讨的是灯光技术设计方向，在本书中简称为灯光设计。但是要注意，灯光艺术设计与灯光技术设计从来不可分离，不能各自完全独立的完成艺术创作。灯光艺术是利用设计师的艺术素养，通过对于节目情节的理解，运用丰富的艺术思维能力，环境创作能力，将灯光效果与节目紧密结合。灯光技术是从演播室灯光作为整个演播室系统工程的重要组成的角度，充分理解演播室功能用途，创作形式，在此基础上，运用多专业知识的融合，发挥科技手段的作用，为艺术创作构建功能性平台。

一般新建的、扩建的电视台，其演播室灯光设计是含在整体电视工艺设计框架内，需要服从于电视工艺的设计综合要求。相对而言，这种情况涉及的演播室数量比较多、分类较明确、内容较为系统和复杂。还有就是改建或改造的演播室灯光设计，这类设计一般不牵扯建筑结构、空调、给排水、消防设施等专业，但仍然会和演播室其他一些技术专业相互交叉相互影响，设计中要考虑到新的灯光系统与原有系统的改造差异，切实进行现场调研与分析。演播室灯光设计不同于通常的民用建筑设计，它有其鲜明的设计特点，可以主要归结为以下几点：

（1）演播室灯光设计技术是一门复杂的系统性学科

灯光设计通常在演播室内会涉及到建筑、结构、空调、电气、给排水、消防等传统意义上的设计专业，同时还会涉及到音视频、扩声、建筑声学、计算机网络等具有电视特色的工艺专业。设计中需要和这些专业紧密配合，合理的提出对于其他专业的需求，又要仔细分析其他专业对于灯光设计的需求，需要求得一个平衡。这种平衡是建立在对于演播室功能定位的准确理解的基础上，建立在对各个配合专业基本配置和要求的了解上，建立在灯光设计系统本身的技术与经济等多种指标比较上。

（2）演播室灯光设计主要技术指标具有电视工程的特殊性

作为演播室灯光的主要指标，如垂直照度、色温、显色指数、均匀度等，都需要按照演播室的制作功能、景区布置、节目类型予以确定，这之后才能进行演播室灯光系统的相应设计。怎样确定正确灯光技术指标？这里可以以垂直照度为例子加以说明。彩色电视对于演播室垂直照度的要求主要取决于摄像机的特性和灵敏度，在过去采用氧化铅摄像管摄像机时，演播室演区垂直照度通常会达到 1500lx~2000lx，这样才能获得良好的图像效果。现在的摄像机都已经采用固体摄像器件，即半导体摄像器件。技术上成熟的固体摄像器件有 MOS 器件、CCD 器件等，再加之光学系统、视频图像信号处理水平的提高，现在电视摄像机的特性指标和灵敏度都大大提高，因此垂直照度值应当作出调整，可以适当缩小到 1000~1500lx，这样已能获得良好的图像质量。

（3）要满足灯光系统的先进性、科学性及经济性

当前灯光设计领域已经进入到了数字化、网络化、模块化的新时代，如果灯光设计人员不能跟上时代进步的步伐，仍然采取陈旧的灯光系统设计方式，就有可能使建成后的演播室使用效果大打折扣，甚至许多功能不能够体现出来，这将是莫大的损失。灯光系统不是要将先进的设备进行堆砌，也不能一味追求新、奇、特，为了灯光系统的可靠安全运行，必须充分论证系统的科学性，只有切实可为的、有坚实科学技术基础的方案才能经得起建

设工程时间考验。谈到演播室灯光设计的经济性，仍然可以以垂直照度的指标要求来举例说明。演播室作为节目制作场所，垂直照度过低，会导致图像模糊不清，移动物体会出现拖尾现象。但是演播室垂直照度过高，同样会使图像曝光过度，图像质量不能达到摄制要求。而且要获得高照度，必然会多配置灯具或提高灯具功率，用电量就会较高，散热量也会增加，这就直接导致了建设费用和日常维护费用的同时提高，是经济性不合理的反映。

（4）演播室灯光设计要使系统具有一定的可扩展性，在设计阶段要留有一定的发展空间

灯光系统技术的发展基于电气技术、电力电子技术、计算机网络技术、光源技术的不断推陈出新，尤其是控制系统协议的适用、接口的适配、新型灯具接入等方面。对于电视演播室控制核心环节，控制系统协议的适用十分关键。我国电视演播室控制系统协议目前主要执行的是中华人民共和国文化部 2008 年 6 月 1 日颁布实施的《DMX512-A 灯光控制数据传输协议》。该标准采用一种简单的异步八位串行数据协议，包括由标准通用异步收发设备（UARTs）产生无类型的字节流。数据链路采用 ANSI/TIA/EIA-485-A-1998（下文将引用成 EIA-485-A）的平衡数据传输技术驱动。随着计算机网络技术的发展，近年来基于 TCP/IP 网络协议的灯光网络控制技术已经广泛应用于大型灯光系统设计中，它采用了与以往不同的控制理念，既有单独采用 TCP/IP 以太网网络技术的架构，也有采用与传统的 DMX512-A 控制技术相结合的方式，但都强调以网络的形式控制整个灯光系统。灯光控制网络系统可以通过独立的或集中的显示器来显示各种所需信息，显示各 DMX 接口状况或受控单元的状态以及各种反馈信息。灯光控制网络系统还能够对每个网络接口利用网络配接软件或浏览器加以设置，设置可通过每个演播室的中央计算机或任何无线场景遥控器完成。所有的网络控制单元均可直接利用插件与墙面的网络接口连接工作。考虑到上述灯光控制网络系统的优势，尤其适合于灯光设备多、控制程序复杂的大型灯光系统，因此在设计之初就要明确灯光系统应当适应多种主流的协议架构，选择的系统设备也要具有相应的接口接驳能力，才能在较长时期内适应灯光技术的使用和发展。

通过上述演播室灯光设计特点的分析，可以看到演播室的应用发展趋势。演播室悬吊装置设备向着模块化、标准化发展，正是为了更广泛地适应建筑结构的要求；演播室低功率、高光效、长寿命的 LED 灯具的出现正是科学环保、经济节能的体现；演播室灯光控制网络系统的协议转换装置的开发，正是迎合了不同灯光设备接入的需要。

灯光设计是演播室制作技术的重要组成元素，它直接影响着节目制作的品质。演播室灯光是现代科技水平的综合，许多时候，在一些技术领域的突破会首先被灯光从业者所应用。这就要求灯光设计人员、灯光使用人员有更高的多学科知识积累，又具有开放的学习态度。

第 2 章　电视中心工艺流程及技术发展

2.1　电视中心工艺技术的发展变革

2.1.1　视音频技术的发展

2.1.1.1　模拟电视技术的产生

电视技术的发展历史最早可追溯到 19 世纪末开始的机械电视。1884 年，德国人 P·G·尼普科夫发明了可实现机械电视的扫描盘；1897 年德国人 K·F·布劳恩发明了阴极射线管；1925 年英国的 J·L·贝尔德表演了实用的机械扫描电视；1930 年左右英国、苏联等国家进行了机械电视的广播。1927 年美国的 P·法恩斯沃思取得了电子电视的专利；1933 年美国的 V·K·兹沃赖金发明了光电摄像管，可以把光图像变成电信号，为真正的电子电视奠定了基础；1936 年贝尔德电视公司在英国开始了电子方式的黑白电视广播，从此开始了电子电视的时代。这一情况一直延伸到第二次世界大战。第二次世界大战延缓了广播电视的发展，到战后 50 年代初期，黑白电视广播才在各国得以普及。

与此同时，彩色电视的试验和研究也在进行。由于彩色电视各国发展进程中技术上的一些差异，如扫描频率、信号带宽、声音载波等参数略有不同，国际上出现了不同的彩色电视制式，NTSC、PAL 和 SECAM 是全球三大主要的模拟电视广播制式，这三种制式是不能互相兼容的。

1951 年美国试播了一种与黑白电视不兼容的场顺序制彩色电视。由于当时黑白电视已拥有大量用户，若彩色电视与黑白电视不兼容，将得不到推广。因此，1953 年美国联邦通信委员会（FCC）批准了 NTSC 兼容制彩色电视，并于 1954 年正式开播，从此开始了彩色电视广播的时代。1967 年联邦德国正式广播了 PAL 兼容制彩色电视，同年，法国和苏联广播了 SECAM 兼容制彩色电视。NTSC、PAL、SECAM 并列为当今世界上三大彩色电视广播制式，分别得到了世界各国的采用。这三种制式都与黑白电视兼容，但它们三者之间互不兼容。因此，在不同制式的各国之间进行节目交换时需要进行制式转换。

NTSC 制式（简称 N 制），是 1952 年 12 月由美国国家电视标准委员会制定的彩色电视广播标准，属于同时制，帧率为每秒 29.97 帧，扫描线为 525，隔行扫描，画面比例为 4∶3，分辨率为 720×480。这种制式的色度信号调制包括了平衡调制和正交调制两种，解决了彩色黑白电视广播兼容问题，但存在相位容易失真、色彩不太稳定的问题，需要色彩控制（tint control）来手动调节颜色，这是 NTSC 的最大缺点之一。美国、加拿大、墨西哥等大部分美洲国家以及日本、韩国、菲律宾、中国台湾等国家和地区均采用这种制式，中国香港部分电视公司也采用 NTSC 制式广播。

SECAM 制式，意为"按顺序传送彩色与存储"，1966 年法国研制成功，它属于同时顺序制，帧率每秒 25 帧，扫描线 625 行，隔行扫描，画面比例 4∶3，分辨率 720×576。在信号传输过程中，亮度信号每行传送，而两个色差信号则逐行依次传送，即用行错开传输时间的办法来避免同时传输时所产生的串色以及由其造成的彩色失真。SECAM 制式特点是不怕干扰，彩色效果好，但兼容性差。采用 SECAM 制的国家主要为俄罗斯、法国、埃及以及非洲的一些法语系国家等。

PAL 制式，意为"逐行倒相"，在 1967 年由德国人 Walter Bruch 提出，也属于同时制，帧率每秒 25 帧，扫描线 625 行，隔行扫描，画面比例 4∶3，分辨率 720×576。PAL 发明的原意是要在兼容原有黑白电视广播格式的情况下加入彩色信号时，为克服 NTSC 制相位敏感造成色彩失真的缺点，在综合 NTSC 制的技术成就基础上研制出来的一种改进方案。所谓"逐行倒相"是指每行扫描线的彩色信号跟上一行倒相，其作用是自动改正在传播中可能出现的错相。PAL 采用逐行倒相正交平衡调幅技术方法，对同时传送的两个色差信号中的一个色差信号采用逐行倒相，另一个色差信号进行正交调制方式。这样，如果在信号传输过程中发生相位失真，则会由于相邻两行信号的相位相反起到互相补偿作用，从而有效地克服了因相位失真而引起的色彩变化。因此，PAL 制对相位失真不敏感，图像彩色误差较小，与黑白电视的兼容也好。早期的 PAL 电视机没有特别的组件改正错相，严重的错相产生时通过肉眼都能明显看到，后期改进的电视把上行的色彩信号跟下一行的平均起来才显示，虽然这样 PAL 的垂直色彩分辨率会低于 NTSC，但由于人眼对色彩的灵敏不及亮度，因此并不明显。英国、中国香港、中国澳门使用的是 PAL-I。中国大陆使用的是 PAL-D、新加坡使用的是 PAL B/G 或 D/K。

2.1.1.2　模拟电视数字化

数字电视，就是将模拟电视信号经取样、量化和编码后转换成用二进制数表示的数字信号，然后进行各种处理，如编码、调制、传输、存储等。采用数字技术不仅可以使各种电视设备获得比原有模拟设备更高的性能，而且还可以实现模拟技术不能实现的新功能。

数字电视技术的优势主要表现在以下几个方面：

（1）在复制或传输等处理过程中，噪声不会累积。数字电视信号只有"0"、"1"两个电平，各种处理过程中产生的噪声只要不超过某个额定电平，通过数字再生技术就可以将其清除掉。即使无法清除，也可以通过纠错编码技术进行误码校正。因此，数字电视信号在复制或传输等处理过程中，信噪比基本保持不变。

（2）数字信号稳定可靠，易于实现存储、计算机处理、网络传输等功能，而且数字电视信号很容易实现加/解密处理。

（3）可充分利用信道容量。数字电视信号可采用时分多路复用方式，在行、场消隐期间实现数据广播。

（4）压缩后的数字信号经调制后可进行开路广播，在设计的服务区内（地面广播），观众能以较高的概论实现"无差错接收"，使收到的电视图像和声音质量接近演播室质量。

数字化是一场全世界范围的新技术革命，是广播电视发展的必然趋势，世界各国政府都在大力推动广播电视的数字化。我国的广播电视数字化水平与世界同步，广播电视数字化的实现是一个循序渐进的过程，分步骤实施。

原国家新闻出版广电总局提出发展数字电视的步骤是：先有线、后直播卫星、再地面无线"三步走战略"，2003 年 5 月，总局发布了《我国有线电视向数字化过渡时间表》，提出按照东部、中部、西部的不同区域，分阶段实现向数字化过渡，到 2015 年将完成模拟向数字的过渡。总体分为四个阶段：

第一阶段：到 2005 年，直辖市、东部地区地（市）以上城市、中部地区省会市和部分地（市）级城市、西部地区部分省会市的有线电视完成向数字化过渡。

第二阶段：到 2008 年，东部地区县以上城市、中部地区地（市）级城市和大部分县级城市、西部地区部分地（市）级以上城市和少数县级城市的有线电视基本完成向数字化过渡。

第三阶段：到 2010 年，中部地区县级城市、西部地区大部分县以上城市的有线电视基本完成向数字化过渡。

第四阶段：到 2015 年，西部地区县级城市的有线电视基本完成向数字化过渡。

目前，我国地市级电视台已基本完成电视数字化进程，县级电视台大部分也已完成主要系统数字化改造。

2.1.1.3　高清晰度电视技术

（1）高清的定义

数字电视包括标准清晰度电视（SDTV）和高清晰度电视（HDTV）。

1）SDTV

SDTV 是指对传统的模拟电视信号进行数字化后得到的信号。标准清晰度数字电视系统具有和模拟电视系统相同或相似的扫描格式和参数。

2）HDTV

HDTV 是新一代的电视系统，其性能和指标都远远超过了标准清晰度电视，扫描格式及参数也完全不同于传统的模拟电视系统。

国际上通常将黑白电视称为第一代电视，将彩色电视称为第二代电视，而将高清晰度电视（HDTV）称为第三代电视。

国际电联（ITU）对高清电视做的定义："高清晰度电视应是一个透明系统，一个正常视力的观众在距该系统显示屏高度的三倍距离上所看到的图像质量应具有观看原始景物或表演时所得到的印象。"

数字高清晰度电视的拍摄、编辑、制作、播出、传输、接收等一系列电视信号的播出和接收全过程都使用数字技术。数字高清晰度电视是数字电视（DTV）标准中最高级的一种，简称为 HDTV。它是水平扫描行数至少为 720 行的高解析度的电视，宽屏模式为 16：9，并且采用多通道传送。HDTV 的扫描格式共有 3 种，即 1280×720P、1920×1080i 和 1920×1080P，我国采用的是 1920×1080i/50Hz。

数字高清晰度电视视频标准的基本参数包括扫描格式、宽高比和编码方式等。

视频标准中最基本的参数是扫描格式，主要包括图像在时间上和空间上的抽样参数，即每行多少像素，每帧多少行，每秒有几帧，是隔行扫描还是逐行扫描。扫描格式主要有两大类：525/59.94 和 625/50，这里前面是每帧行数，后面是每秒场数。在数字域，经常用水平、垂直像素数和帧频来表示扫描格式，如 480×704×30，1080×1920×30 等。高清晰度电视为 1080×1920×F，帧频 F 是 23.92Hz，30Hz 和 29.97Hz，或 720×1280×F，帧频 F 为 23.976Hz，24Hz，29.97Hz，30Hz，59.94Hz 和 60Hz。

高清晰度电视的宽高比是 16：9，输入图像宽高比不一样，就会有在某一宽高比屏幕上显示不同宽高比图像的问题，16：9 的图像在 4：3 屏幕上显示时有 3 种方式：第一种是变形（Anemographic）方式，在水平充满的情况下，垂直拉长，直到充满屏幕，这样图像看起来比原来瘦；第二种方式是字符框 -A（Letterbox-A）方式，16：9 的图像保持其不失真，但在屏幕上下各留下一条黑条；第三种方式是 -B（Letterbox-B）方式，是前两种方式的折中，水平方向两侧各超出屏幕一部分，垂直上下黑条也比第二种窄一些，图像的宽高比为 16：9。

数字视频信号编码主要有复合编码和分量编码方式，前者是将复合彩色信号直接编码成 PCM 形式，后者是将三基色信号 R，G，B 分量或亮度和色差信号分别编码成 PCM 形式。复合编码时由抽样频率和副载频间的差拍造成的干扰将落入图像带宽内，会影响图像质量。分量编码的优点是编码与制式无关，只要抽样频率与行频有一定的关系，便于制式的转换和统一，可采用时分复用方式，避免亮色串扰，所以图像质量高。

（2）高清晰度电视格式及码率

目前数字电视格式并没有统一的表示法，因此在各种文献中也经常可以见到以下多种的表示法：

1）已知帧 / 场频时用 1080i、720P 表示有效扫描线数和扫描方式

2）已知扫描线数时用 50i 或 60P 表示帧 / 场频和扫描方式

3）用 1080/50/2：1 表示 1080/50i，720/60/1：1 表示 720/60P

4）用扫描线总数代替有效扫描线，如 1125/60i，750/60P，625/50i，525/60i

5）1080/50i 有时被表示为 1080i50 或 1080i/50Hz。

码率是在单位时间内系统所能达到的最大数据量。传输数字电视信号时信道设备（如矩阵、光端机等）的带宽必须大于通过该通道的码率。高清晰度数字电视信号的码率在 SMPTE 274M 数字电视标准中，采用 10 比特量化时，亮度信号的码率为：取样频率 x 量化比特数 = 74.25（MHz）×10（Bit）=742.5Mbps；2 个色差信号的码率为：2×37.125（MHz）×10（Bit）= 742.5Mbps；总的码率为：亮度信号码率 + 色差信号码率 = 742.5 + 742.5 =1485Mbps，高清晰度电视的码率是标准清晰度电视的 5.5 倍，1485Mbps 是高清晰度数字分量 HD-SDI 接口标准码率。

（3）高清晰度电视标准

ITU-R BT.709-5 建议书部分内容 – 1080P&i，见表 2-1 ITU-R BT.709-5 建议书高清晰度电视标准部分内容、表 2-2 SMPTE 274M 高清晰度电视标准部分内容和表 2-3 GY/T 155-2000 高清晰度电视标准部分内容。

ITU-R BT.709-5 建议书高清晰度电视标准部分内容　　　　　表 2-1

每行有效样点数	1920
每帧有效扫描行	1080
取样结构	正交取样
像素形状	方形像素
画面宽高比	16：9
每帧扫描行数	1125 行（原 1250 行标准已经取消）
垂直扫描类型	逐行或 2：1 隔行扫描
垂直扫描频率（逐行）	逐行 23.976/24/25/29.97/30/50/59.94/60 帧

续表

垂直扫描频率（隔行）	隔行 50/59.94/60 场
取样频率	亮度 74.25 MHz，色度 37.125 MHz
取样频率（1080/50P、60P）	亮度 148.5 MHz，色度 74.25 MHz
0dB 带宽	亮度 30 MHz，色度 15 MHz
量化电平	8bit 或 10bit

注：垂直扫描频率为 23.976Hz、29.97Hz、59.94Hz 时取样频率比表中列出的值降低了 1/1000。

SMPTE 274M 高清晰度电视标准部分内容　　　　　　　　表 2-2

每行有效样点数	1920
每帧有效扫描行	1080
取样结构	正交取样
像素形状	方形像素
画面宽高比	16：9
每帧扫描行数	1125 行
垂直扫描类型	逐行或 2：1 隔行扫描
垂直扫描频率（逐行）	逐行 23.976/24/25/29.97/30/50/59.94/60 帧
垂直扫描频率（隔行）	隔行 50/59.94/60 场
取样频率	亮度 74.25 MHz，色度 37.125 MHz
取样频率（1080/50P、60P）	亮度 148.5 MHz，色度 74.25 MHz
0dB 带宽	亮度 30 MHz，色度 15 MHz
量化电平	8bit，10bit 或 12bit（单链接时不能传输 12bit 信号）

注：垂直扫描频率为 23.976、29.97、59.94Hz 时取样频率比表中列出的值降低了 1/1000。

GY/T 155-2000 高清晰度电视标准部分内容　　　　　　　　表 2-3

每行有效样点数	1920
每帧有效扫描行	1080
取样结构	正交取样
像素形状	方形像素
画面宽高比	16：9
每帧扫描行数	1125 行
垂直扫描类型	逐行或 2：1 隔行扫描
垂直扫描频率（逐行）	逐行 24 帧
垂直扫描频率（隔行）	隔行 50 场
取样频率	亮度 74.25 MHz，色度 37.125 MHz
0dB 带宽	亮度 30 MHz，色度 15 MHz
量化电平	8bit 或 10bit

2.1.1.4　3D 电视的产生发展

从技术上讲，3D 电视是继黑白电视、彩色电视和高清电视之后的又一场革命，是广播电视行业自身发展的又一场革命，是视频技术领域一次具有划时代意义的飞跃。3D 即是人们通常所说的立体视觉，来自于英文 Three-Dimensional 的缩写。3D 影像技术的核心是利用人的双眼观察物体的角度略有差异，因此能够辨别物体远近，产生立体视觉的这个原理，把左右眼所看到的影像分离，从而使观看者在 2D 的显示平面上可以看到立体的、有空间感的图像或视频，大大加强观众的临场感和身历其境的感觉。

3D 显示技术是整个 3D 流程中最复杂的一步，由于播放的平台都是平面显示设备，且左右眼素材要在同一个显示设备上出现，这就涉及到如何将左右眼素材进行分离，并分别准确的送到观众的左右眼中。一旦左右眼素材的分离出现问题，3D 效果就不会出现，而观众也将看到混乱、有重影的画面内容。3D 显示技术可以分为眼镜式和裸眼式两大类。裸眼 3D 自 3D 技术出现以来就一直被人们关注和期待着，不少厂商都致力于开发裸眼 3D 技术，但由于裸眼 3D 技术尚不十分成熟，目前没有在广电行业应用的实例。当下，主流的 3D 显示技术都需要佩戴眼镜。在眼镜式 3D 技术中，我们又可以细分出三种主要的类型，即：色差式、偏光式、主动快门式，也就是平常所说的色分法、光分法和时分法。

国家新闻出版广电总局科技司已下发了《3D 电视技术指导意见》，用以规定 3D 电视节目在拍摄、制作和播出等方面需要关注的技术内容，确保 3D 电视的拍摄、播出效果和质量。3D 电视节目拍摄可采用双摄像机加 3D 支架的方式或一体化 3D 摄像机方式。双摄像机加 3D 支架拍摄方式是使用 2 台相同的摄像机和 2 个镜头，把 2 台摄像机安装在一起的设备是 3D 支架，从结构上看 3D 支架有水平和垂直（反射镜）两种方式。水平支架适合间距比较大的拍摄场合，但并列安装的水平支架光轴间距受到摄像机和镜头尺寸的限制无法做得很小，垂直支架把一台摄像机垂直放置后可以实现最小零间距设置，采用半反射半透射镜实现光轴转向。但该方式拍摄准备时间长、移动拍摄困难，在调整不正确的时候可能 3D 图像质量很差。现在广电设备的供应商已经开发出了一站式的解决方案，即把两个镜头和两台摄像机以水平并列的方式安装在一个机身内的一体化 3D 摄像机。一台一体机内不仅有两个镜头，而且在镜头之后的处理电路、编码和存储都是两套独立的系统，中间由精确的控制电路相连接。

拍摄 3D 与拍摄高清有很大不同，3D 拍摄要根据不同场景、主题、物距随时调节两台摄像机间距、汇聚角，还需对两台摄像机及其机架的参数、定位、对焦，变焦进行同步细调，才能确保左右眼画面匹配并呈现恰当的纵深效果。3D 拍摄还要防止视差过大，或视点冲突过多，以避免造成观众疲劳、晕眩等不适。

3D 在目前我国电视台系统建设中尚属探索阶段，但应看到 3D 视频节目的制作、播出在不久的将来将很普遍。因此，在前期的电视中心工艺设计中应为 3D 的进入准备好必要的条件，例如演播室设计和规划时要在适应目前 2D 拍摄的条件下做好 3D 拍摄的兼容，后期制作、节目播出等环节也要在系统设计中适当根据工程的需要融入有针对性的 3D 电视系统解决方案。

2012 年元旦，我国第一个 3D 电视试验频道开播，每天播出 13.5 小时。3D 试验频道采用卫星加密传输，各地有线电视网络前端接收，在当地有线电视基本频道中传送。用户只要配置高清机顶盒和 3D 电视机，就可以免费观看 3D 节目。相信随着 3D 收视群的增长，3D 电视节目制播终将纳入我国省级电视台的发展战略。

2.1.1.5　音频技术的发展

1. 单声道

单声道是比较原始的声音表现形式，在早期的音频制作中采用的比较普遍。无论使用多少只扬声器，我们都无法分辨节目中不同声源的相对位置关系。这种缺乏位置感的录制方式用现在的眼光看自然是很落后的，但在声音制作刚刚在电视台起步时，已经是先进的技术了。

2．立体声

单声道缺乏对声音的位置定位，而立体声技术则彻底改变了这一状况。声音在录制过程中被分配到两个独立的声道，从而达到了很好的声音定位效果。这种技术在音乐欣赏中显得尤为有用，听众可以清晰地分辨出各种乐器来自的方向，从而使音乐更富想象力，更加接近于临场感受。具有方向感、展开感的声音。立体声是由直达声、混响声和有效反射声相互作用的结果。所谓直达声指的是声音在向各方向扩散时，从音源直接到达视听者耳朵的声音，而反射声指的是从周围障碍物反射回来的声音。电视伴音中的立体声，其信号源可以从接收立体声电视广播或从外接的音频输入端子中获得，然后用左、右两路独立的放音通道进行立体声重放，并由分别安装在电视机左右两侧的扬声器发声，它所建立的声场，是在两扬声器之间的平面上，观众在观看电视时，只有置身于这个平面，才能感觉出声音的立体感。

3．环绕声

立体声虽然满足了人们对左右声道位置感体验的要求，但是随着技术的进一步发展，大家逐渐发现双声道已经越来越不能满足我们的需求。与一般的立体声不同，环绕立体声音所产生的声场，不仅让人感受到音源的方向感，且伴有一种被声音所围绕所包围以及声源向四周远离扩散的感觉。环绕立体声的功能，增强了声音的纵深感、临场感和空间感，使视听者不仅能够感受来自前、后、左、右的声源发出的声音，而且感受到自己周围的整个空间，都被这些声源所产生的空间声场所包围，从而营造出一种置身于歌厅、影剧院的音响效果。5.1 声道环绕声已广泛运用于电视台节目制作中，一些比较知名的声音录制压缩格式，譬如杜比 AC-3（Dolby Digital）、DTS 等都是以 5.1 声音系统为技术蓝本的。

2.1.2　网络技术的发展

随着电视台内系统数字化发展到一定程度，网络化也成为技术革命的主流方向。其实，网络化是目前能够预测的电视台未来发展的终极目标，网络化比数字化具有更为深刻的内涵，其实施过程也比数字化复杂得多。尤其重要的是，全台网络化将对电视台的节目生产体系产生革命性的影响，网络化将推动电视技术向前迈进一大步。网络化的意义主要体现在以下几个方面：

新闻节目的生产方式将产生变革，重点表现在新闻运作的制播存平台网络化，现场采访和在线编播网络化，新闻响应能力大大增强。

节目制作的全部素材、半成品片和完成片将实现全台共享，视音频制作将配置功能强大的节目编目检索系统，丰富有序的节目资源将促使节目制作水平迈上新台阶，也使记者和编导工作简单明了。

节目的保存媒介和格式发生变革，传统意义上的磁带将大幅减少，直到消失，取而代之的是在线节目存储硬盘、数据流磁带、蓝光盘等。节目的制作和播出将实现一体化，非线性编辑系统、硬盘播出系统、总控系统将直接相连，制作好的节目直接通过网络播出。

节目生产和播出管理将全台联网，从选题到规划，从新闻采编到审批，从节目生产到节目营销，从版面编排到播出，从栏目经费到频道核算，从设备购置到机房调度，从门禁管理到业务考核，以至于固定资产、OA 办公发文、有线用户管理等将全部实现网络化管理。

节目生产过程的审核将实现网络化，领导随时能在自己的电脑上审看节目。台际间的节目交流将实现网络化。

由此可见，网络化完全改变了电视台现有的运作方式，网络化的节目生产体系将对传统电视台产生极大的冲击。但是，网络化的实施也是一个漫长的过程，从世界范围来看，网络化在技术层面尚未成熟，软硬件都有许多问题亟待解决，但是尽早介入仍然是必要的，因为调整生产工艺，适应网络化的生产模式也需要一个循序渐进的过程。

2.1.2.1　网络化的平台结构

网络化的另一个技术是网络平台，从当前的技术来看，高速以太网络和存储区域网络（SAN）在电视台网络化平台结构中广泛存在。

1．高速以太网

以太网技术已经有 30 年的历史。其生命力在于简单、实用、成熟。以太网如今已经发展到交换式千兆以太网和万兆以太网。以太网不仅仅是局域网的主要技术，也逐步迈向广域网和城域网。千兆以太网采用多路载波监听／访问技术，可以在第三层上进行数据包的交换，从而加速了对包的转发和过滤，支持多种光纤、同轴电缆及非屏蔽双绞线等传输介质，传输速率可达到 1000Mbps。

以太网不足之处是缺乏对服务质量 QoS 的高质量支持，千兆以太网由于仍然沿用传统以太网将数据包分成大小可变帧的策略，使得网络延迟难以得到较为精确地预测，因而不太适合高码流高质量语音、视频等多媒体信息的实时传输，只适合在简单环境下电视台网络的应用。总的来说，以太网结构简单，组网方便，提供了低成本的组网方法。

2．存储局域网

SAN 是 Storage Area Network 的缩写，其中文名称为存储区域网络（或存储局域网），最先起源于大数据量的网络备份系统：客户端对服务器的数据业务是通过传统 TCP/IP 网络来维持运转的，当需要在磁盘阵列、数据库服务器、应用服务器三者之间进行大量数据迁移时，数据直接通过专门的网络来运行，这个专门的网络就是 SAN，可见 SAN 是一种结构很独特的高性能宽带网络。

SAN 在最纯粹的意义上，是一个独立于服务器网络系统之外的，几乎拥有无限存储能力的高速存储网络。SAN 不但具有高传输速度、远传输距离和支持数量众多设备等优点，更为重要的是，SAN 使服务器和存储器之间的连接方式发生了根本性的变革。与传统服务器、磁盘阵列之间的主／从关系不同，光纤通道 SAN 上的所有设备均处于平等的地位。多台服务器以及多个存储器可以配置在同一个 SAN 上，其中任何一台服务器均可存取网络中的任何一个存储设备，真正实现了在不同的硬件和操作平台之间异构存储设备和数据的整合。SAN 提供了海量数据传输优异的性能，是数据存储、传输、管理的最新一代平台。

SAN 采用基于 Fiber Channel 的链路，Fiber Channel 赋予了 SAN 深刻的内涵，通常情况，SAN 跑的是 SCSI 协议，但需要封装在 FC 协议包里运行。SAN 的数据存储与传输比 SCSI 更有拓展性和易于使用。在此之前，SCSI 一直是海量数据传输的主要平台，SCSI 是一种点对点的技术，在扩充性上并不甚好。SAN 时代的来临为网络带来革命性的突破。

总的来说，SAN 同时具备了优秀的网络通信和 I/O 传输性能，与高速以太网相比具有速度和性能上的巨大优势，适合于电视台各类网络的搭建。但是，其建设成本往往是同规模高速以太网的数倍，不具备经济性的优势，因此并不能在电视台网络化格局中一统天下。

2.1.2.2　网络化的数据压缩格式

在实现网络化的过程中，数据流基本上都需要压缩，因为无压缩的视音频数据量是非常惊人的，如果没有采用压缩技术，实现数字视频和声音的网络传输是不可想象的。实现数字视频和声音传输的一般做法是：在信源文件化时先将数字视频和声音信息进行压缩，播放时再进行解压。

目前已发展和正在发展的数字视频和音频压缩技术有很多种，其中绝大部分可用于数据流技术。不同的压缩技术有不同的侧重点，适应不同的应用。这些压缩技术中有的已经标准化，但还有很多并没有标准化，有的压缩格式甚至正在开发试验之中。目前常用的数据流压缩格式有 RealMedia、ASF、MOV、MPEG-1、MPEG-2、MPEG-4、M-JPEG、H.261/H.263/H.264、WM9 等，目前市场最为典型的压缩方式为 MPEG-2、MPEG-4 以及由 H.264 演变出的多种压缩方式，到底哪一个最好没有明确的答案，因为这些标准只定义了比特流的语法结构和解码器的语义成分，不同的实施会得到不同的质量结果，因此不同的领域针对不同的应用有不同的理解。

2.1.2.3　网络化的数据存储技术

网络化的核心之一是节目存储，目前传统的磁带存储已经不能满足需求，无论是占用空间、单位成本、保存年限、技术质量、维护成本、检索利用等诸多项目都不理想。选用先进的数字存储介质不可避免，目前可供选择的介质有硬盘、数据流磁带和蓝光盘、P2卡等。

硬盘：具有速度快，效率高的特点，维护，升级也很方便，但大量在节目库中使用，成本较高。

数据流磁带：技术成熟，早已应用在银行，金融等机构的数据备份系统。容量大，成本低，维护，升级便利，安全可靠，读写速度适中，但检索速度慢。

蓝光盘、P2 卡：速度较快，效率较高，成本也不高，但目前单体存储量还有限。由于其存储效率高的特点，广泛应用与外录采集设备中，目前看已经成为电视台中便携式存储设备的首选。

上述几种介质各有特点，实际应用中，需要建立多层次的节目存储体系，具体来说，要求建立在线、近线和离线视音频资料库，目前通行的选择是由硬盘阵列作为在线库，自动化数据流磁带库作为近线库，磁带密集架（手工存放数据流磁带和传统磁带）作为离线库，使节目分层次进行存储。从存储的对象来讲，对于高频率使用的素材和 10 天内将使用的素材，存放在在线库（大容量 RAID 磁盘阵列），在线资料能够直接调用；对于 6 个月内可能调用的节目，存放在近线库（机械手抓取），近线库的资料不能直接调用，必须提前迁移到在线库才能使用；对于一定时期不用的节目，可以放置于离线库，离线库的节目需要时通过手工放入近线库。

2.1.2.4　网络化的全台数据库应用管理体系

电视台的运作日益复杂。从选题到规划，从新闻采编到审批，从节目生产到节目营销，从版面编排到播出，从栏目经费到频道核算，从设备购置到机房调度，从门禁管理到业务考核，以至于固定资产、办公发文、有线用户管理等，迫切需要一整套先进的，贯穿全台的技术管理手段。网络化平台支撑起一整套大型计算机管理信息系统，它们具备高度的专业性和可靠性，总体上包括节目生产管理子系统、编播子系统、广告子系统、新闻文稿采编播及检索子系统、经济运行管理子系统、SMS 有线用户管理子系统、办公自动化子系统、固定资产管理子系统、Intranet 信息发布子系统、Internet 接入子系统等，系统整体上涵盖了从节目选题、前期拍摄、后期制作、经费核算、标引入库、检索、节目购销、计划编排、播出、成本分析、机房（设备）管理、有线电视用户管理、办公发文的全部过程。

管理信息系统贯穿到全台所有的部门、栏目和科组，整体上包括以下四个层面的应用系统：

（1）电视业务管理系统

包含节目生产管理子系统，编播子系统，广告子系统，新闻文稿采编播及检索子系统等，为电视台业务运作的主要系统，提供从节目选题、前期拍摄、后期制作、标引入库、检索、新华社文稿、节目购销、编排播出、新闻采编、广告合同管理的全部功能，涵盖了日常电视业务的全部流程。

（2）经济运行管理系统

包含频道（栏目）经济管理子系统，设备（机房）管理子系统，固定资产管理子系统，财务管理子系统等，提供频道和栏目的经济管理，提供节目的成本核算，提供收视率分析，提供前后期设备成本核算，提供系统和设备的资产管理等功能。

（3）办公自动化管理系统

包括办公自动化（OA）子系统、门禁管理子系统、Intranet 信息发布子系统。提供办公发文、请示报告、Internet 上网、电子邮件、公共信息发布等功能。

（4）用户管理

包括 SMS 用户管理子系统，提供有线电视用户（含加密用户）、数据广播用户和交互电视用户的多功能管理。

2.1.3　建筑声学技术的发展

在广播电视中心工艺中，建筑声学是一个古老的设计专业，早在 5000 多年前，古人就已经感受到了"混响声"的存在，论语中"绕梁三日，余音不绝"，正是基于混响声而进行的文学夸张和修饰。古希腊时期的建筑师在构筑庞大的露天剧场时，已经开始为了得到更洪亮的声音而有目的地在观众席下方埋设瓦罐，见图 2-1。在中国古代的戏楼建筑中，也随处可以看到工匠们为了达到更好的声学效果而自出心裁设置的各类声学处理，见图 2-2。大约 1900 年前后，美国物理学家赛宾（Sabine，Wallace Clement Ware）在总结前人无数实践经验的基础上，提出了著名的赛宾公式，标志着现代建筑声学研究的正式建立。

建筑声学专注于研究声波和振动在建筑物中的传播和控制，对于广播电视节目制作来说，良好的建筑声学环境是节目制作的基础，声学专业在广电工程建设中并非可有可无或仅为锦上添花而存在，而是与建筑、结构、空调、机电设备、装修、工艺系统等各专业息息相关，需要建设者特别注意的环节。

随着我国广电建筑设计水平的不断提高，建筑声学设计内容、范围和水平也在不断发展。

在延安时期的新华广播电台，大多在临时的窑洞中进行播音，不过，在资料照片或各类影视作品中我们不难发现，即便在如当时的困难年代，直播间也通过悬挂棉被、床单等方式，尽可能对直播间音质进行控制。

图 2-1 古希腊剧场 　　　　　　　　　　图 2-2 中式戏台

　　我国的广电行业建筑声学设计始于 1952 年，当时的广播事业局设计处就已经配备了专业的声学设计力量，主要技术骨干来源于部队和大学。1958 年建成了当时国内唯一正规的 220m² 混响室和消声室，见图 2-3。

　　在 20 世纪 60～70 年代，先是在环境噪声较高的小录音室，后来又在大型音乐录音室中采用了浮筑的"房中房"构造，同一时代还设计了混响时间可调的 250m² 音乐录音室。在 70 年代中期，在改建录音室工程中，国内首次全部利用轻质构造建设"房中房"。80 年代中期，随着广播电视事业和建设的迅速发展，声学设计开始更多地为录音艺术表现服务，在设计时开始考虑声场定位、音色表现等多方面的需求。经过 60 多年的发展，我国广播电视行业建筑声学设计和研究工作取得了令人瞩目的成就。随着电声技术和现代建筑技术的发展，建筑声学也在不断升级、演进。一个现代的录音棚如图 2-4 所示。

图 2-3 广播大楼消声室 　　　　　　　　图 2-4 漂亮的录音棚

　　随着城市化进程的发展，超高层建筑日益成为广播电视机构的容身之所。由于对重型材料使用的限制，高层建筑中的隔声隔振问题为声学设计提出了前所未有的挑战。

　　此外，随着物质水平的提高，人民群众对广播电视节目的音频质量要求日益苛刻，听众们早已无法满足于"能够听清"，转而要求广播电台和电视台提供堪比 CD 音质的高保真音频节目。高清时代的到来，为建筑声学设计提出了全新挑战。

　　在早期的建筑声学设计中，工程技术人员主要依靠声学计算来确定房间的声学指标、声学处理手段并提出声学建设要求。然而由于声学自身的特点，技术人员很难在设计阶段为业主直观地展示设计成果，同时，往往直到项目完成，才有可能实际确认所有的设计思想、设计目标是否达成。除此之外，学术界对于声学尤其是建筑声学设计是更侧重于科学技术研究还是侧重于艺术探索，还有争论。

近些年，计算机声学模拟手段日益成熟，在建筑声学研究领域出现了大量声学分析和预测软件，通过将建筑信息与材料的声学特性相结合，工程师能够在设计的过程中大致了解房间的声学特性，为工程设计、施工、调试提供参考。此外，一些厂家也推出了可视化和可听化声学模拟系统。新技术的发展，为声学设计提供了更多的工具和手段。计算机模拟系统见图 2-5。

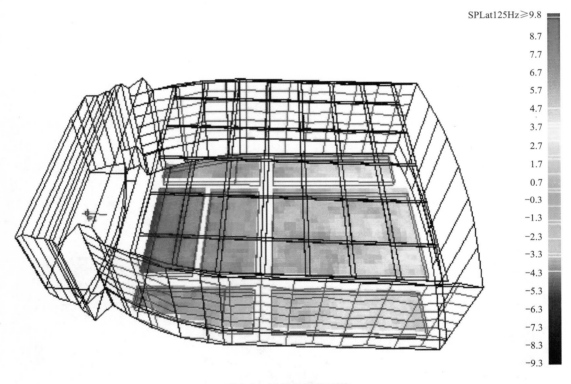

图 2-5　计算机模拟系统

作为建筑声学设计不可缺少的一部分，声学测量手段在近年来也有了飞跃式的发展。在 20 世纪 60～70 年代，声学设计人员平均会花费大约 1/3 的时间用于实验室测量和现场测量工作。当时，几乎所有建筑材料的声学特性都需要专门在实验室进行测量后才能应用与工程设计，经过几十年的工作，中广电广播电影电视设计研究院声学设计研究所积累了大量的一手数据，这些数据往往较建材厂家的检测报告更加有实用性和准确性。经过多年来的现场检测和测量，声学设计人员总结出了一系列经验数据，这些数据能够帮助设计人员更加准确地在图纸阶段对实际声学效果进行预测，并对计算机模拟结果进行修正和调整。

2.1.4　专业灯光技术的发展

演播室技术发展到今天，走过的道路并不十分漫长，从贝尔德发明电视技术到今天不足百年，但是用光来表现艺术，已经有了几千年的历史。因此，当灯光技术进入演播室领域时，其背后承载着几千年文化的积淀。无论今天我们采取怎样的灯光技术，其实都是在追根溯源中探索进步。在采用低色温灯具时，你可以想象到 18 世纪的传统歌剧；在采用高色温灯具时，你又仿佛置身于公元前的古希腊露天剧场。在过去人们更愿意接受灯光舞台艺术的成就，但是今天，随着电视节目以多种形式走入千家万户；随着电视视音频技术与演播室灯光技术的紧密结合，利用先进的数字化、网络化制作编辑技术，电视演播室灯光往往可以比舞台艺术更具有表现力、震撼力和时效性。

新中国的电视演播室灯光是在极为艰难的环境中起步的，伴随着我国广播电视事业的逐步发展，演播室灯光经历了从简单的照明，到现在的通过光区、色彩、明暗、强弱、动态的变化，并加入多种效果元素来营造复杂艺术场景的过程。随着控制系统技术的提高，随着光源技术的突破，近年来灯光作为艺术语言，在电视台、广播电台、新兴媒体节目制作形式中，显得越来越重要。

相比较于我国文化舞台灯光，演播室灯光起步较晚，在起步之初规模也较小。我国演播室灯光设计是结合自身实际需求，借鉴国外成熟经验发展起来的。20 世纪 60 年代，电视演播室普遍采用固定式水平吊杆来悬吊灯具和布景，每根吊杆一般 4~6m，可以悬吊 4~6台灯具。需要调整灯具水平、俯仰位置，或者调整其焦距时，需要灯光人员借助梯子完成。在这个阶段，灯光设计上由于需求的固定化，因此设计特点和技术实现方式并不突出。20 世纪 70 年代开始，我国开始对电视演播室的灯光系统进行布光机械化、调光自动化的“两化”研究工作，并在中央电视台原 600m^2 演播室安装了当时具有世界先进水平的悬吊装置和机械化灯具。当时的悬吊装置是行车，它可以在轨道上实现水平移动，行车下部吊杆可以垂直伸缩。机械化灯具的动作更是多达 8 个，而且都是通过控制台集中控制。

时间到了 1982 年，适合于小型演播室使用的滑动轨道悬吊装置也应运而生，其关键设备是弹簧伸缩器，它利用弹簧的恒力与灯具的重量相互平衡，从而可以使灯具停留在需要的高度。配套的灯具上面设置了杆控机构，通过一根控制杆可实现对灯具的手动控制。

在此之后，复合水平电动吊杆、组合吊杆、单机吊点（电动葫芦）相继出现，它们在演播室，尤其是中大型演播室得到广泛应用，极大方便了灯光师布光的繁重工作。加之随之发展起来的数字化布光控制系统，使得过去模拟时代布光系统的多项弊端得到克服和提升。进入到今天，许多新建的演播室在悬吊装置及其控制系统的选择上更加多样化、灵活化。

近年来演播室悬吊装置及其控制系统又有了新的发展，通过引入变频调速技术、矩阵切换技术，在设备的运行上更加可靠方便，系统本身已经由过去在幕后服务，转而成为节目制作中表现力的一部分，是一个特殊身份的演员。

演播室灯光不同于简单的照明，它不但要可以控制灯具投射方向、光斑大小，亮度的调节更为重要。灯光的调光设备也经历了近百年的发展。调光设备的作用主要是依据节目需要编制相应的程序，控制灯光的亮度变化，控制灯光的明暗区域，产生适当的灯光艺术效果。从 20 世纪 20 年代的自耦变压器调光器，60 年代的单向可控硅反并联式调光器，70 年代的双向可控硅调光器。可控硅调光器在其发展过程中经历了模拟调光器和数字调光器两个阶段。从 20 世纪 90 年代开始，数字调光器逐渐占据了市场的主要份额。在此期间，通过对于国际知名调光设备产品的学习，加之企业本身的技术合作，国际知名调光企业的本地化，我国大型调光设备逐渐实现国产化，具有很好的技术指标与稳定性，完全可以满足演播室的需要。调光设备一直在跟着灯光使用的需求而发展，由于可控硅调光器的调光原理决定了它会对音、视频等设备产生一定的干扰，所以后来又出现了绝缘栅晶体管可变正弦波调光器。它基于新的大功率半导体器件的运用，采用了 Variable Sinewave Technology 技术，已经在许多对于电磁干扰抑制要求比较高的场所得到了应用。

当然，调光设备的成熟和进步，是整个灯光控制系统成熟和进步的缩影。演播室灯光的艺术性体现在光的明暗、光的色彩、光的方向、光束效果、光斑尺寸等多方面。演播室灯光的控制系统由最初的单灯人工控制，到模拟控制，再到数字控制，直至今天的网络化控制，逐步实现了多地点控制、多用户资源的分享、远程可靠监控、主备跟踪热备份等功能，为将灯光系统纳入整个演播室技术网络管理系统创造了条件。

灯光系统最核心的设备是灯具。适合于演播室灯光使用的各种光源，它们对应着不同的灯具种类。19 世纪初，世界开始了电光源的探索。1879 年，美国大发明家爱迪生研制成功了世界上第一只白炽灯，之后经过几十年的技术改进，卤钨光源以其优良的光学性能，稳定的色温，良好的色彩还原，获得了艺术照明的青睐。今天在大、中型演播室广泛使用的聚光灯、柔光灯就是采用了卤钨光源制成。1942 年英国化学家麦基格发明了卤磷酸盐荧光粉，推动了荧光灯的发展。1973 年三基色荧光粉在荷兰研制成功，荧光灯获得了近似白炽灯的灯光效果。由于三基色荧光灯属于冷光源范围，因此它的出现不但为演播室灯具提供了一个选择，更为节能型演播室奠定了基础。现在小型演播室、新闻演播室的冷光源柔光灯具即采用三基色荧光灯光源。1960 年前后，氙灯、金属卤化物灯逐渐问世，由于它们的发光效率高、色温范围较大、显色性表现良好、因此被大量使用在电脑灯具、追光灯具上。近年来随着 LED 发光电子器件的出现，演播室灯光领域又迎来了一次新的发展机遇，目前 LED 白光单颗粒发光效率不断提高，其他光学参数也有长足进步。以 LED 电子发光器件为基础的 LED 平板柔光灯、LED 聚光灯也进入到不同类型的演播室灯光系统中。

广播电视事业是发展的事业，灯光必然伴随着事业进步而进步，未来灯光的发展方向是实现以人为本的控制、操作、运行综合体系。灯光纯技术性的工作需要转变为技术与艺术相结合的工作。灯光是演播室跳动的灵魂，是演播室灵感的载体，灯光各个子系统的发展，将会促成整个灯光系统的不断革新。

2.2　我国电视广播的诞生与发展

2.2.1　黑白电视广播

中国第一座黑白电视广播台诞生于 1958 年 5 月 1 日，原名北京电视台，后改名中央电视台，台址在北京广播大楼。

1957 年 6 月，开始电视设备研制工作。设备研制前，技术人员参照国际通用标准、以符合国情为主，制订了我国黑白电视标准的主要参数：

（1）场频：为避免电视图像受电源干扰，必须采取场频与电源频率同步工作方式，根据我国电源频率为 50Hz，故确定标称场频为 50Hz。

（2）行频：早起电视广播的国家采用了每帧不同的扫描行数，如 525 行（美、日）、405 行（英）、819 行（法），我国考虑图像应具有较高清晰度，同时信号带宽受通道容量的限制，故选择了每帧图像 625 行，隔行扫描的方式。

（3）视频标称带宽：6MHz。

（4）一个电视通道的射频带宽：8MHz，采用残留边带调制方式。

（5）音频载频和视频载频间隔：+6.5MHz，采用频率调制方式。

1958 年 5 月 1 日，我国黑白电视广播诞生，从此打开了我国黑白电视广播历史的第一页，在这同一时期培养了电视技术人才，形成了电视产业，为全国电视广播发展创造了条件。

2.2.2　彩色电视广播

中国第一座彩色电视广播台诞生于 1973 年 5 月 1 日，原名"北京电视台"（彩色电视频道），后改名为中央电视台，台址在北京广播大楼院内北京电视中心。1973 年 5 月 1 日开始彩色电视试验广播，10 月 1 日正式开播。

我国彩色电视广播经历了两个阶段。第一阶段是 1960 年前后，继 1958 年 5 月黑白电视开播以后，组织了彩色电视广播系统设备的研制。彩色电视摄像机和同步信道系统分别在北京广播器材厂和双桥广播设备厂进行，除摄像管和显像管进口外，其他元器件一律采用国产。最初彩色电视广播标准只是吸取了国外已广播应用的传输标准经验，做少量适合国情的修改。当时国外仅美、日进行了彩色电视广播，均采用和黑白电视可上下兼容接收的同时制传送方式，即将色度信号在视频基带上已正交平衡调制方式交织在黑白电视亮度信号的频谱内，鉴于我国视频带宽达 6MHz，因此色度信号副载波频率选用比 3.58MHz 更高的 4.4296875MHz，从而提高了色度分辨率。

第二阶段时隔 10 年，1969 年彩色电视广播又提到了日程上来。国际上彩色电视广播制式研究此时有了重大进展。美国 NTSC 彩色电视制式信号经长距离传输后将会引起严重的微分增益和微分相位失真，在再现图像上形成了严重的色度偏移。因此，20 世纪 60 年代德、法等国在 NTSC 制式基础上研制了不同制式，最后形成了德国 PAL 制和法国的 SECAM 制，并于 60 年代中期相继进行了广播。

1971 年下半年在北京召开了全国电视会议，提出我国彩色电视标准的两种选择即 PAL 制和 SECAM 制，最后经彩电会战领导小组研究，确定 PAL 制为我国彩色电视广播的暂行制式。

2.2.3　数字电视广播

进入 20 世纪 90 年代，广播电视技术面临着一场革命，随着科技进步，电子产业的发展，数字电视进入了实用阶段，广播电视从节目采编、制作、存储、播出到节目传输、发射、接收等各个环节都在向数字化方向发展。数字广播电视的高质量、高频谱利用率、新一代高清晰度电视和数字音频广播的发展，以及多媒体交互数据广播业务的出现将成为广播电视的发展趋势。进入 21 世纪，广播电视全面进入数字化的时代。

根据国家广播电影电视总局的部署，我国实现广播电视数字化将分三步走：第一步是全面启动和推进（到 2005 年前），主要标志是：卫星传输全部实现数字化，有线电视网以及省级以上广播电台、电视台基本实现数字化，现有模拟电视接收机采用机顶盒兼容接收数字电视信号；完成地面数字（含高清晰度）电视标准的制定，在大城市开播数字（含高清晰度）电视。第二步是基本实现数字化（到 2010 年），主要标志是广播影视节目制作、播出及卫星、有线传输实现数字化，地面电视基本实现数字化，数字电视接收机得到普及。第三步是全面实现数字化（到 2015 年），即全面完成模拟向数字的全面过渡，逐步停止模拟电视的播出。

2.3　电视中心工艺流程及功能分析

电视中心的工艺流程是随着电视设备的发展、电视节目拍摄方式的变化以及节目类型的多样化而随之变化的。

电视台工艺系统建设是一个非常复杂的系统工程。简单讲，电视台工艺系统主要包括演播室节目制作、新闻制作、后期编辑、总控播出、存储和交换等几大系统，在各个系统内部包括若干子系统。此外，还包括节目生产管理系统、演播室专业灯光、特种车库、工艺供电、工艺地线、声学装修等周边辅助系统和设施。

2.3.1　电视中心工艺流程的演变过程

电视广播初期因仅有摄像机等简单图像制作系统，其制播流程极为简单，除大型演播室的表演、新闻演播室的口播流程之外，简单辅助如幻灯机、电视电影机等即完成了电视播出；20 世纪 60 年代磁带录像机的出现改变了电视节目的制播流程。演播室不再是直播的专属，从外景拍摄、演播室制作素材到利用磁带录像机进行后期编辑，实现了节目从直播到录播的转变；高质量录像机的小型化以及价格上的降低使得电视中心由集中式管理变为分散式管理成为可能，并再次改变了台内制播流程。1984 年由当时国家广播电影电视部颁发了《省级电视中心建设标准》（GY23-84），附件中首次发布了电视中心工艺流程；进入新世纪之后，随着电视技术的数字化、计算机网络及存储技术的大发展；国家广播电影电视总局提出电视中心建设的新要求，即电视中心节目制作的数字化和网络化，电视中心的工艺流程也开始了革命性的变化。通过互联互通、资源整合、信息共享，使其电视工艺制播流程从节目采集、制作、存储、分发、管理等延伸到台内财务、人事、安保等各个领域。

2.3.2　电视中心场址选择

电视中心的场地，一般应选在城市的中心区、交通方便的地方，以便于和有关机关、团体联系工作；以便联系广大群众；便于演员的来往；便于新闻的采访，信息的搜集。城市里举办各种重大活动，发生什么重大事故，记者们可携带设备即时前往采访、录音、录像即时报道。

建设场地应选在环境比较安静的地方，应远离飞机场、飞机跑道、火车站、铁路、码头、医院以及重工业工厂等噪声、振动较大的设施和容易产生爆炸的设施，如煤气站等。场地临交通干线或地铁时，为避免噪声和振动的干扰，需留有较大的距离，有条件的地方应测量在场地上的这些振动源和振动情况，据以确定演播室、录音室等对安静程度要求较高的房间与振动源应保持的距离以及在不可能达到必要的距离时，建筑物应采取怎样的隔声隔振措施。

电视中心在一个城市里是一个十分重要的公共设施，要保证安全播音，必须保证建筑结构的安全可靠，在可能范围内，选择地质条件较好的场地是十分必要的。建筑物在抗震上应严格按照国家标准规定执行。但在市中心区建筑物相当拥挤，选择一个较理想的场地往往会遇到各种困难，这时就不得不在地基上采取一些较为复杂的措施，增加一定的造价。

在有中波、短波发射台的城市里，电视中心不但不宜和发射台建在一起，而且为了避免发射台对其干扰，还必须与其保持一定的距离。其应保持的距离，随发射功率和天线型式而不同，实际是根据在中心的场地上，中波、短波的场强而定。根据实验证明，一般在机房内，干扰场强不宜超过 100dBμV，在室外不超过 110dBμV。

如场地几面均临交通干线，则为避免振动和噪声干扰，需划去较大面积，在选地时必须加以注意。规模较大的工程，除主要建筑物的正面能面临主要马路外最好在侧面或后面临次要马路，以便设货运进出口，运输布景道具及其他杂物。

在电视中心中常设带有听众、观众的音乐厅、大型演播室，而且要多考虑其对外开放，在选择场地位置时必须充分考虑到众多人们来往疏散和停车的方便以及管理的方便。

在一个城市里，电视中心是一个重要的政治文化活动中心，是群众来往较多的地方，有条件时，场地上多提供一些绿化和休息的面积是有益的。

2.3.3　电视中心工艺系统总体功能

电视中心工艺系统由多个子系统组成，从功能上讲，兼顾采、编、播、存、管等多个环节，是既相互关联又密切联系的子系统组成的有机整体。目前技术发展条件下的电视中心建设以实现前期采集数字化、编辑制作网络化、播出硬盘化、存储数据化、管理科学化为目标，力求组成一个以内容产业为主体的数字化网络化平台，实现素材采集、节目制作、资料存储、播出分发等各环节最优化的生产方式、最有效的资源整合、最精细的流程管理；通过互联互通、信息资源共享，实现海量的节目生产能力，实现节目低成本和流水线式生产作业，实现可控的节目内容市场化运作；通过数字内容管理平台的构建，实现新媒体与传统媒体的融合。

保证电视节目安全可靠播出是电视中心系统运行的首要目标。从播出节目角度看，可将电视中心系统流程以直播和录播分成两类。在直播流程中，总控系统是信号调度的中心，串联前期制作的演播室系统、播出控制系统以及台内外所有信号源，形成以总控为核心、以 HD/SD SDI 嵌入音频信号为载体的系统流程；录播流程中，电视节目的载体不再是实时的 HD/SD SDI 嵌入音频信号，依托网络的特点，以文件数据作为信息交换的载体形成全台制播网络系统。在这个系统中，互联互通交互平台成为网络中心，制作系统、新闻系统、备播管理系统、媒资存储系统等成为各个子网平台，之间可通过网络中心进行文件化节目交互，完成非直播节目的采、编、播、存、管功能。

电视中心具体工艺流程参见图 2-6 某省级电视中心信号系统图、图 2-7 某省级电视中心制播网络系统图。

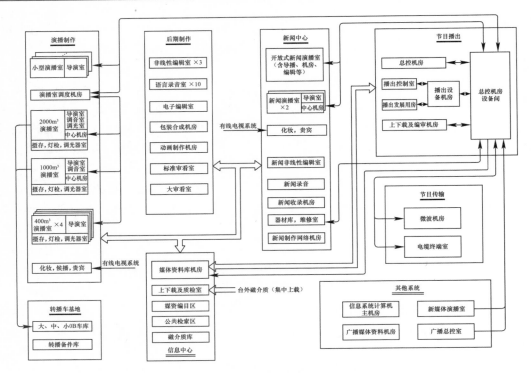

图 2-6　某省级电视中心信号系统图

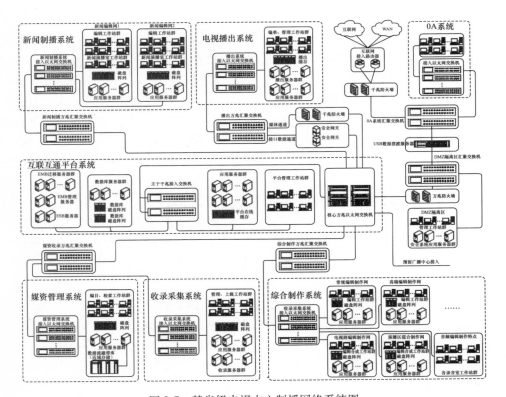

图 2-7　某省级电视中心制播网络系统图

2.3.4　演播室制作

演播室系统是台内节目前期拍摄制作的场所，用于现场录制或直播视音频节目。主要包括视频、音频、同步、时钟、内部通话、指示灯、供电接地等多个子系统。主要设备摄像机、切换台、调音台的指标档次是衡量演播室水平的重要标准。

演播室是电视中心的重要设施，对各种演播室的布局和长宽高尺寸及周围环境安静度的要求都比较严格，对温度、相对湿度、照度、隔声能力和音质指标等方面也有较多的要求，而且在这里活动的台内及台外各个工种的人员流动频繁交通复杂，节目制作工艺要求较高。因此，通常把演播室相对集中，组成一个节目演播制作区，完成电视节目或素材的"演播室"录制。加上演播室建筑结构特殊，层高较大，配套用房较多，风水电系统复杂，造价昂贵。为了方便使用，节省造价，200m^2 以上的演播室往往设置在裙楼，尽量在地面设置，占地面积较大，建筑设计时需要充分考虑这些因素，减少不必要的造价浪费，避免今后使用中出现不便，在演播室用地面积上应留出充分余地。

2.3.5　后期制作

后期制作系统主要完成电视台非新闻类节目如综艺、专题、电视剧等节目的制作任务，这些节目对制作手段要求比较高，要求具备复杂剪辑、丰富特效制作的能力，并能与专业音频工作站无缝连接，满足复杂的音频合成需求。板块需具有素材上载、协同编辑、特技包装、图文字幕、音频合成、审片等功能，并考虑标清制作、高清制作、节目包装等不同业务的需求。

后期制作用房包括用于视频制作的非线性编辑机房、动画制作、包装合成机房等；用于音频制作的大小文艺录音室、语言录音室以及配套的后期制作网络设备机房、审片室、器材库等。

2.3.6　新闻制播

新闻制播系统完成新闻资讯类节目的制作与播出任务，包括新闻收录、剪辑制作、文稿编辑、播出分发等功能，涵盖上载、剪辑、文稿、配音、审片、播出等工作流程，为电视新闻制播提供一个安全可靠的集成化技术平台。

新闻制播系统用房包括各种新闻类节目编辑用房、网络机房等，功能与后期制作系统类似，只是编辑节目类型不同。另外，还包括各类新闻演播室及演播室配套用房。

2.3.7　总控播送

总控播送系统是电视台的枢纽环节，包括总控、播出、传送三个子系统，其系统安全性在整个工艺系统中处于重中之重的位置。总控是台内信号流处理的核心，调配演播室、播出、台内外实时视频流；播出系统以频道划分，是台内自办节目处理的最后一道环节；传送系统直接与台外发生关联，通过有线、无线等方式实现对外信号交换。

总控播送系统技术用房主要包括监控机房及设备机房两类。监控机房为大屏加操作台的方式布置，是监控调度人员日常工作场所；设备机房无人值守，放置系统主要设备，总控播送系统的所有技术用房都处于全台最高的安全等级保护之内，通常以门禁、监控加人工站岗的方式全方位保证安全。

2.3.8　媒资存储及节目收录

媒资存储系统对电视台大量的视音频素材和节目资源进行编目、存储、管理和发布，实现内容资源的统一调配、集中管理、合理流通、一体化运作功能，该板块不仅服务于电视台现有的节目生产、播出业务，而且为网络电视、手机电视、移动电视、IPTV 等新媒体业务的开展提供内容支撑。

本系统用房主要为网络、存储等各类无人值守的 IT 化设备机房。除此外，也存在少量如编目、上下载、收录控制等日常工作的技术用房。

2.3.9　互联互通交互平台

互联互通交互平台系统是电视节目制作播出网络的核心，已实现各制播网络节目文件互联互通为根本任务，定义了文件交互间流程、格式、实现方式、实现媒介、安全条件等具体内容，将分散在台内的各个子网有序组织在一起。

本系统用房主要为网络无人值守的 IT 化设备机房。

2.3.10　新媒体播出系统

新媒体播出系统是电视台内区别于传统播出方式的控制系统，如 IPTV、互联网电视、手机电视、网站等。主要可分为运营管理平台、内容集成平台、各播出系统等。

本系统用房主要为网络、存储等各类无人值守的 IT 化设备机房。

第3章 演播室制作系统

　　演播室是电视台各种节目类型制作、播出的基地,是利用声、光、电进行艺术创作的场所,是电视台不可或缺的重要组成部分。

　　随着现代电视技术的发展,演播室的置景趋于实景与 LED（DLP）大屏共同组成的舞美形式,既节省了制作成本,节约了时间,更提高了演播室的使用效率。虚拟演播室的产生将置景排除在演播室之外,增强了临场感,画面更加丰富。

　　摄像机灵敏度的提高以及各种新光源、电脑灯的使用,既改善了演播室的制作条件,也相对降低了照度、用电量以及空调制冷量的要求。

3.1 演播室的类型及特点

3.1.1 演播室制作流程

　　演播室工艺系统流程框图如图 3-1 所示。

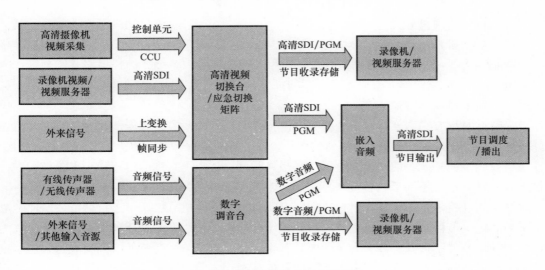

图 3-1　演播室工艺系统流程框图

　　演播室视频一般用几台摄像机同时工作,每台机器的位置、角度、距离、镜头的景别都是根据导演的要求进行变换。摄像机摄取的图像信号经过摄像机控制器（CCU）与经过信号处理后的外来视频信号、录像机、视频服务器、字幕机等视频信号共同传送给视频切换台及应急切换矩阵,一起进行合成处理。电视导演通过操纵视频切换开关来切换信号,进行节目画面的选取和制作。

演播室音频是为了满足演播室节目制作的需要，将演播室内传声器以及其他音源设备的音频信号根据调音师的要求进行合成制作。调音师可以根据需要，制作立体声或者5.1声道音频信号。演播室调音台合成输出的音频信号与切换台输出的SDI信号经过混合加嵌，输出嵌入音频的SDI信号。

演播室的直播节目，是将嵌入音频的SDI信号直接传送至电视台播出系统用于节目播出，同时也通过录像机、视音频服务器来进行收录。演播室录播节目，可以通过演播室内的录像机、视音频服务器来进行收录存储。收录存储的节目素材经过处理传送到后期节目制作网，进行节目后期制作并最终形成播出的成品节目素材。

3.1.2　演播室的分类

电视演播室的类别根据分类方式的不同而不同，以下就将根据演播室的建筑面积、输出信号质量、节目类型等对演播室进行分类。

3.1.2.1　按建筑面积分类

电视演播室按建筑面积分为小型、中型、大型演播室及超大型演播室。通常把建筑面积小于$250m^2$的演播室称为小型演播室，这类演播室适合于人物不多、场景相对简单的节目制作；把建筑面积为$250\sim400m^2$（含$400m^2$）的演播室称为中型演播室，这类演播室可以带少量的观众，适合做访谈类、智力竞赛类等节目；把建筑面积$400m^2$以上，小于$1000m^2$的演播室称为大型演播室，把建筑面积$1000m^2$以上的称为超大型演播室，这类演播室适合做大型综艺晚会、大型互动节目，可以容纳数量较多的观众。

3.1.2.2　按信号质量分类

以信号质量来划分，可以分为标清演播室（视频信号采用传统$720\times576/50i$的扫描格式，画幅比为4：3）、高清演播室（设备采用支持$1920\times1080/50i$的扫描格式，画幅比为16：9，是现在的主流格式）。（本章关于演播室的论述均为高清演播室）。

3.1.2.3　按节目制作方式分类

以节目制作方式划分，可以分为实景演播室和虚拟演播室。实景演播室即我们最常见的演播室制作方式，一般以人工搭建的实景舞台、景片或LED（DLP）大屏作为拍摄背景，摄像机所拍摄的画面经切换台输出后就是最终画面。优点是直观、信号稳定、操作简便；缺点是不够灵活，不同节目需要更换景片。虚拟演播室（Virtual Studio）技术，简称VS，又称虚拟布景技术。它将摄像机拍摄的图像实时地与计算机三维图形进行合成，从而形成一种新的电视节目制作系统。它具有一些传统演播室无法达到的功能和优点，它可以更为有效地利用演播室资源，节省大量的置景费用及装、拆布景所耗费的时间和人力，这一技术还使编导、美工人员摆脱了时间、空间及道具制作方面的限制，充分发挥其想象力进行自由创造，并能完成一些其他技术做不到的特技效果。

3.1.2.4　按节目类型分类

电视演播室按节目类型分为新闻演播室、专题演播室和综合节目演播室。

1．新闻演播室

有关新闻演播室的相关论述详见第5章。

2．专题演播室

电视专题是对现实生活中某些具有典型意义的人物、事件、问题、社会现象等，进行调查分析解释评述等，深入系统而又生动反映其发生发展及影响的全过程，揭示主题的深刻意义。这类节目主要代表为高端访谈。另外，一些小型娱乐节目、智力竞赛节目、厨艺展示等特色节目也在专题演播室中录制。电视专题从某种意义上可以理解为是文艺节目与新闻节目结合的产物，这种节目不仅可以具有纪实风格，也可以迅捷有效地对某些题材进行宣传报道。专题演播室按面积分类如表 3-1 所示。

专题演播室按面积分类　　　　　　　　　　　　　　　表 3-1

专题演播室分类	面积模数（m²）	具体功能
小型	160、200	这类专题演播室适合于小型嘉宾访谈类节目的制作，专题演播室场景相对简单，具有日常直播或录播功能
中型	250、400	这类专题演播室适合于智力竞赛等专题类节目的制作，一般为 2 个主持人，嘉宾数量不限，可以带少量观众
大型	600、800、1000	这类专题演播室适合于小型娱乐活动，可以容纳一定数量的观众。也适用于有相当数量观众参加的互动类节目

专题演播室工艺流程特点：专题演播室节目基本上以录播节目为主，同时也有部分直播节目。专题演播室通常是中、小型演播室，视频通道配置为 3~5 讯道，摄像机机位、传声器位置相对固定，输出高清 SDI 信号传送至后期节目制作网和播出。

专题演播室实景如图 3-2 所示。

图 3-2　专题演播室

3．综合节目演播室

综合节目是泛指非新闻、资讯类的所有歌舞、曲艺以及晚会类节目，综合演播室按面积分类如表 3-2 所示。

综合节目演播室按面积分类　　　　　　　　　　　表 3-2

综合演播室分类	面积模数（m²）	具体功能
中型	250、400	这类综合节目演播室适合于小型、中型文艺类节目的录制，观众参与数量较少，如少儿歌舞、曲艺类等节目
大型	600、800、1000	这类综合节目演播室适合于中型晚会、歌舞类文艺节目的制作，可以容纳较大数量的观众
超大型	1200、1500、2000……	适合大型晚会类等超大型文艺节目的录制

综合节目演播室工艺流程特点：综合节目演播室节目既有录播综艺节目，同时也有直播综艺节目需求。综合节目演播室通常是中、大型演播室，视频通道配置为 6~10 讯道，摄像机采用固定机位、摇臂机位，以及移动机位等综合方式，传声器使用以无线话筒为主并设置吊装话筒，输出高清 SDI 信号传送至后期节目制作网和播出。

综合演播室实景如图 3-3、图 3-4 所示。

图 3-3　综合节目演播室演区图

图 3-4　综合节目演播室观众区伸缩座椅

3.2　演播室设计对建筑等专业的要求

演播室技术用房指与信号流、文件流关联，部署工艺视音频设备的机房及控制室。包括导演室、录音控制室、中心机房、调光室、调光器室等。其中调光室、调光器室作为演播室专业灯光的技术用房，详见"3.5 演播室专业灯光设计"。

3.2.1　配套技术用房组成

根据演播室面积规模分别加以分析。

3.2.1.1　大型演播室

大型演播室一般配置独立的导演室、录音控制室、调光室及中心机房。

导演室为图像导演工作区，放置大型监视器架及控制工作台，设置独立的录音控制室，导演室、录音控制室应在演播室的二层高度，通过观察窗可观察演播室内的工作情况。

1．导演室

导演室是节目导演、视频技术人员、字幕员等的工作场所，配备相应工种的操作控制台、视频切换台、视频矩阵、服务器、录放像机、监视器墙、监听音箱等设备。根据房间面积及格局，工作台有时 2 排或 3 排布置。

2．录音控制室

录音控制室是音频技术人员的工作场所，主要设备包括调音台、监听音箱、监视器、各种音源设备以及各种音频加工设备。根据高清要求，综合类大演播室一般配备 5.1 监听环境，专题类大演播室的录音控制室可做按立体声条件设置。

带现场扩声系统的大型演播室，宜设置独立的扩声控制室或在现场设置现场调音位，调音台应尽可能深入场内。

3．中心机房

中心机房用于集中放置机柜、各种接口、控制机架等设备。要求与导演室及录音控制室邻近。

以 1000m² 演播室为例，其附属用房如表 3-3 所示。

1000m² 演播室配套技术用房表　　　表 3-3

序　号	房间名称	使用面积（m²）	间　数	总面积（m²）
1	1000m² 演播室	1000	1	1000
2	导演室	90	1	90
3	调音室	56	1	56
4	调光室	40	1	40
5	中心机房	40	1	40
6	摄像机存放室	36	1	36
7	大化妆室	60	2	120
8	小化妆室	24	4	96
9	服装库	60	2	120
10	布景道具库	400	1	400
11	灯具检修	36	1	36
12	演员候播	100	1	100
13	观众候播	200	1	200
14	贵宾接待	50	1	50

3.2.1.2　中型演播室

1．导演室

导演室是节目导演、视频技术人员、音频技术人员、字幕员等的工作场所，配备相应工种的操作控制台、视频切换台、视频矩阵、调音台、服务器、录放像机、各种音源设备、各种音频加工设备、监视器墙、监听音箱等设备。通常在演播室的一层或二层高度，通过观察窗可观察演播室内的工作情况。面积小于 400m² 的演播室不单独设置录音控制室及调光室，这两间技术用房的功能应一并在导演室内体现。

2．中心机房

中心机房用于集中放置机柜、各种接口、控制机架等设备。要求与导演室邻近。

以 400m² 演播室为例，其附属用房如表 3-4 所示：

46

400m² 演播室配套技术用房表   表 3-4

序 号	房间名称	使用面积（m²）	间 数	总面积（m²）
1	400m² 演播室	400	1	400
2	导演室	80	1	80
3	中心机房	32	1	32
4	大化妆室	60	1	60
5	小化妆室	24	2	48

3.2.1.3 小型演播室

小型演播室一般不配属单独的录音控制室，导演室为视音频导演共用工作区，放置大型监视器架及控制工作台。

1．导演室

导演室是节目导演、视频技术人员、音频技术人员、字幕员等的工作场所，配备相应工种的操作控制台、视频切换台、视频矩阵、调音台、服务器、录放像机、各种音源设备、各种音频加工设备、监视器墙、监听音箱等设备。通常在演播室的一层高度，导演室与演播室之间设有观察窗。

2．中心机房

中心机房用于集中放置机柜、各种接口、控制机架等设备。通常几个小型演播室共用一个中心机房，要求与导演室邻近。

以 200m² 演播室为例，其附属用房如表 3-5 所示。

200m² 演播室配套技术用房表   表 3-5

序 号	房间名称	使用面积（m²）	间 数	总面积（m²）
1	200m² 演播室	200	1	200
2	导演室	80	1	80
3	中心机房	32	1	32
4	小化妆室	24	2	48

3.2.1.4 演播室辅助用房的配置

演播室辅助用房指与演播室节目制作相关而没有直接视音频信号关系的辅助用房，包括摄像机存放室、化妆室、布景道具库、贵宾接待室、候播厅、灯具检修室、服装室等。根据演播室面积规模、平面布置的不同分别加以调整。

1．专题节目演播室

600m² 以上大型专题演播室需要考虑设置摄像机存放室 1 间，一般考虑布置在演播室长边中间偏演区的位置，便于摄像机进出演播室。

专题演播室化妆室数量较综合节目类偏少。

大型专题演播室布景较固定，在建筑平面允许情况下可适当布置布景周转用房。

大型专题演播室可根据情况考虑配置贵宾接待室 1 间，便于特殊节目时接待重要嘉宾。

大型专题演播室应参考观众数量，结合建筑平面情况，设置相应的观众候播厅。

大型专题演播室演员数量较多，还应设置独立的演员候播厅，区分演员与观众的流向。

大型专题演播室还应考虑灯具检修室。

大中型演播室需考虑服装室 2 间。

2．综合节目演播室

600m² 以上大型综合节目演播室需要考虑设置摄像机存放室 1 间，一般考虑布置在演播室长边中间偏演区的位置，便于摄像机进出演播室。

综合节目演播室演员比较多，化妆室数量应多考虑，大小类型搭配。

大型综合节目演播室需考虑设布景道具库，面积与布景数量有关。根据国内调研情况，各台大型演播室布景道具库面积普遍偏紧张，建议布景道具库在有条件的情况下尽量加大，中型演播室配套不宜小于 200m²，大型演播室配套不宜小于 300m²。

大型综合节目演播室根据情况可考虑配置贵宾接待室 1 间，便于特殊节目时接待重要嘉宾。

大型综合节目演播室应参考观众数量，结合建筑平面情况，需考虑观众候播厅。

大型综合节目演播室演员数量较多，还应有独立的演员候播厅，区分演员与观众的流向。

大型综合节目演播室还应考虑灯具检修室、扩声设备库房。

大中型综合节目演播室需考虑服装室 2 间。

3.2.2　对建筑专业的要求

演播室及其附属用房一般包括演播室、控制用房（导演室、调音调光控制室、调光器室）、演职人员用房（化妆室、道具库等）、辅助用房等功能房间；根据演播室规模和使用要求，各类用房可增减或合并。

3.2.2.1　演播室选址的要求

演播室的选址建设，一般有合建和独建两种情况。合建，包括在广电中心、演播楼或其他综合建筑内和其他功能房间的共存共用；独建，包括单独场地的独立建造或者在综合建筑布局中与其他部位单独连通、有一定独立布局的贴临建造等。本章对以上两种情况均作考虑。

演播室选址应符合当地总体规划和广电、新媒体等文化设施的布局要求，宜设置在交通比较方便的区域，邻近城市干道或次干道；应尽可能考虑环境比较安静，远离工业污染源和噪声源，空中无飞机航道通过，并尽可能远离高压架空输电线和高频发生器的区域。

场地至少应有一面直接临接城市道路，或直接通向城市道路的空地。场地沿城市道路方向的长度应按建筑规模和疏散人数确定，并不应小于场地周长的 1/6；场地应有两个或两个以上不同方向通向城市道路的出口。

演播室场地临接两条道路或位于交叉路口时，尚应满足车行视距要求，且主要入口及疏散口的位置应符合城市交通规划要求。

演播室场地应设置停车场，或由城镇规划或广电中心等建筑整体统一设置。

3.2.2.2　演播室房间长宽比例和体型的影响因素

演播室主要用房的分区设置应符合下列规定：

应根据功能分区，合理安排观众候播区、高清演播室区、控制用房区、演职人员用房区、土建设备用房区等的位置；对于多个演播室组合的高清演播室区应做到观众候播区相对集中。

应解决好各部分之间的联系和分隔要求，避免各种人流、货流互相交叉和干扰，各类用房在使用上应有适应性和灵活性，应便于分区使用、统一管理。

演播室作为节目制作的主要场所，与节目拍摄的要求有关。长宽物理尺寸需要达到合适的比例。其主要的内部影响因素有：

（1）电视图像画面的影响

（2）声学专业的影响

（3）灯光的要求

（4）风水电设备专业的影响

演播室平面形状以长方形为多，其他的一些几何尺寸根据实际情况也是可行的，但应避免容易产生声聚焦的圆形、扇形等形状。演播室的长宽比例是根据摄像机的取景范围、演播室的音质要求、灯光及舞美等理论要求而确定的，但最终离不开相关专业的影响。演播室的长宽比例应尽可能接近理论值。

由于演播室内部对噪声控制要求极为严格，一般来说，不允许演播室屋面工程采用轻型屋面。

3.2.2.3　演播室几何尺寸推荐值

据演播室长宽的确定，可得出演播室几何尺寸的推荐值如表 3-6、表 3-7 所示。

专题高清演播室几何尺寸推荐值　　　　　　　　　　表 3-6

规模	演播室标称面积（m²）	轴线尺寸（$W \times L$）	人数（人）	天幕高度（m）	灯具悬吊空间（m）	灯光设备层 上人需求	灯光设备层 高度（m）	空调层（m）	结构层（m）	天桥设置	进道具门（m）
大型	1000	27×39	560	10~12	2~2.5	有	2~2.5	2.5~3.0	2.5~3.0	2 层	3×3
大型	800	24×36	460	9~11	2~2.5	有	2~2.5	2~2.5	2.2~2.5	2 层	2.7×2.7
大型	600	21×30	340	8~10	2~2.5	有	1.5~2	2~2.5	1.8~2.0	2 层	2.7×2.7
中型	400	18×24	170	4~5	1.5~2	无	0.3~0.5	1.5~2	1.6~1.8	无	2.7×2.7
中型	250	15×18	50	4~5	1.5~2	无	0.3~0.5	1.5~2	1.2~1.5	无	2.7×2.7
小型	200	13.5×16.5	无	4~5	1.5~2	无	0.3~0.5	1.5~2.0	1.1~1.3	无	2.7×2.7
小型	160	12×15	无	4~4.5	1.5~2	无	0.3~0.5	0.8~1.2	1.0~1.2	无	2.7×2.7
小型	120	10.5×12.5	无	4~4.5	1.5~2	无	0.3~0.5	0.8~1.2	0.9~1.0	无	2.7×2.7

注：1. 大型演播室一层天桥设置：现场调音调光、摄像机、追光。

2. 二层天桥设置：天幕、检修通道。

3. 空调设备层是指为演播室服务的空调、通风、排烟系统的管道及设备所占用的高度。由于此高度受到了空调机房设置的影响，所以表中的数据仅作为建议值。

综艺高清演播室几何尺寸推荐值　　　　表 3-7

规模	演播室标称面积 (m²)	轴线尺寸 (W×L)	演员/观众人数 (人)	天幕高度 (m)	灯具悬吊空间 (m)	灯光设备层 上人需求	灯光设备层 高度 (m)	空调层 (m)	结构层 (m)	天桥设置	进道具门 (m)
超大型	2000	39×54	300/900	14~16	2~3	有	2~2.5	2.5~3	3.5~4.0	2层	4.2×3.6
	1500	33×48	200/660	13-15	2~3	有	2~2.5	2.5~3	3.0~3.5	2层	4.2×3.6
	1200	30×42	200/450	10.5-13	2~3	有	2~2.5	2.5~3	2.8~3.0	2层	4.2×3.6
大型	1000	27×39	160/400	10~12	2~3	有	2~2.5	2.5~3	2.5~2.7	2层	4.2×3.6
	800	24×36	160/300	9~11	2~3	有	2~2.5	2~2.5	2.2~2.5	2层	4.2×3.6
	600	21×30	100/240	8~10	2~3	有	2~2.5	2~2.5	1.8~2.1	2层	4.2×3.6
中型	400	18×24	50/120	7~9	2~2.5	有	2~2.5	1.5~2	1.6~1.8	1/2层	3.6×3.6
	250	15×18	50/0	5.5~7	2~2.5	有	2~2.5	1.5~2	1.2~1.5	1层	2.1×2.7

注：1. 1500m² 以上面积的超大型演播室总高度宜≤32m，1000m² 以下面积的大演播室总高度宜≤24m。
　　2. 观众活动座椅有手动和电动两种形式。
　　3. 座椅尺寸参考值为宽 550mm、排距 900mm。

3.2.2.4　导演室

导演室是节目创作的组织者监视及视频工作人员、字幕员等工作的场所，配备相应工种的操作控制台、服务器、图像存储设备、监视器墙、监听音箱等设备。导演室的开间、进深应与演播室的大小、设备的选择相协调，进深宜 6~8m，净高度不小于 3m。

导演室应远离电梯间、空调机房等噪声源的用房，导演室的门应选择简易隔声门，并应满足设备的运输及人员疏散的要求。

3.2.2.5　录音控制室

录音控制室是音频技术人员的工作场所，主要设备包括调音台、监听音箱、监视器及各种音源设备。录音控制室的门应选择隔声门，并应满足设备的运输及人员疏散的要求，平面尺寸按不同规格推荐 6m×7m、7m×8m、8m×9m 3 种，面积 42~72m²，净高不小于 3m。

录音控制室应远离噪声源的用房，录音控制室的门应选择隔声门，并应满足设备的运输及人员疏散的要求。

3.2.2.6　中心机房

用于集中放置机柜、各种接口、控制机架等设备的场所。

除上述工艺要求外，机房其他环境条件（包括洁净度、有害气体浓度、电磁干扰强度等参数指标）均应达到国家标准《计算机场地技术条件》GB 2887—89 所规定的 A 级标准。平面尺寸应根据设备布置确定，净高不小于 3m。

3.2.2.7　辅助用房

演播室后台用房指与演播室节目制作相关而没有直接视音频信号关系的辅助用房，包括：摄像机存放室、化妆室、布景道具库、贵宾接待室、候播厅、音响设备存放室、灯具检修存放室、服装室、美工室、参观通道等。

1．摄像机存放室

用于摄像机的调整与存放管理，摄像机存放室应与演播区相邻，地面与演播区地坪同高度，一般面积不小于 20m²，净高不小于 2.8m，本室应直通演播室，直通门之门扇下留一条缝，以便摄像机不必拔电缆即可推入本室，门宽小于 1.8 m。

2．化妆室

化妆室主要服务于主持人、演员的化妆，应分布在演播室周围。大、中、小化妆室面积、数量及室内装备各不相同。

3．布景道具库

包括布景周转库和道具库。布景周转库用于存放临时性的和循环使用率较高的布景道具；道具库用于存放使用周期间隔在 2 个月以上的布景道具。通常还应设置置景车间，用于景片的制作加工。

4．音响设备存放室

用于传声器、音响设备等专用器材的存放管理，面积：20~40m²。

5．灯具检修存放室

灯具检修存放室用于存放机动灯具、电脑灯等不固定安装灯具、缆线、灯具附属设备和配件等，面积：20~40m²。

6．服装库

服装库用于存放和管理各类演出用服装。

7．其他房间

其他辅助用房包括演员和观众候播休息厅、贵宾接待室、排练厅等，在制作有观众参与的综艺节目时作为演员和观众的缓冲区域。

8．参观通道

参观通道是在建筑中专门设置了一条在不影响节目制作和安全播出的前提下，参观者可以直接参观电视台节目制作工艺流程线路的通道。参观通道在建筑平面设置中必须与观众演员交通、道具流通等完全分开。参观者在演播室外可以直接观看演播室内部节目演出、编排、导播制作的全过程，将节目制作的时效性、专业性和趣味性充分展示出来。

3.2.2.8　演播室功能关系及附属房间配置

1．演播室功能关系

演播室功能关系如图 3-5、图 3-6 所示。

2．专题演播室附属房间配置

专题演播室的表演区可分为尽端式、岛式两种。

观众区的座椅分为固定的、活动（主要为电动活动座椅）的两种，目前以电动活动座椅为主。

大屏幕背景墙可根据节目的需求设置，应考虑检修、散热、用电等需求。

专题演播室的工艺流程围绕表演区共有演职人员流线、贵宾流线、布景道具货物流线、参观流线、观众流线，观众流线应与其他流线有明确的分隔。

专题演播室房间配置如表 3-8 所示。

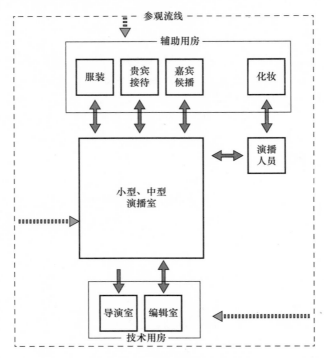

图 3-5　中型、小型演播室功能关系图

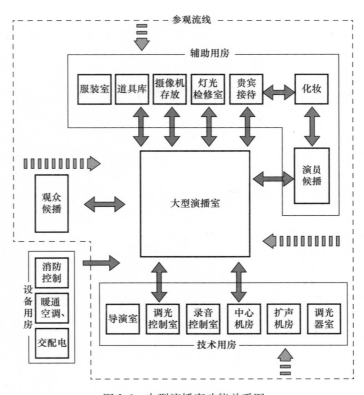

图 3-6　大型演播室功能关系图

专题演播室房间配置表　　　　表 3-8

规模	演播室标称面积(m²)	导演室 同层	导演室 二层	录音控制室	调光控制室	中心机房	扩声机房	调光器室	小化妆室	大化妆室	服装室	布景道具库	贵宾接待室	观众候播	演员候播	摄像机存放室	灯具设备检修室
大型	1000		✓	✓	✓	✓	✓	✓	✓	✓	✓	✓	✓	✓	✓	✓	✓
	800		✓	✓	✓	✓	✓	✓	✓	✓	✓	✓	✓	✓	✓	✓	✓
	600		✓	✓	✓	✓	✓	✓	✓	✓	✓	✓	✓	✓	✓	✓	✓
中型	400		✓	✓	✓	✓	✓	✓	✓	✓	✓	✓	✓	✓	✓	✓	✓
	250	✓							✓	✓			✓				
小型	200	✓							✓	✓			✓				
	160	✓							✓				✓				
	120	✓							✓				✓				

专题演播室化妆室数量需求较综合节目类少。

专题类大型演播室布景较固定，在建筑平面允许的情况下可适当配置布景周转用房。

参考观众数量，结合建筑平面情况，需考虑观众候播厅。大型演播室演员数量较多，还应有独立的演员候播厅，区分演员与观众的流线。

3．综合节目演播室附属房间配置

综合节目演播室房间配置如表 3-9 所示。

综合节目演播室附属房间配置表　　　　表 3-9

规模	演播室标称面积(m²)	导演室 同层	导演室 二层	录音控制室	调光控制室	中心机房	扩声机房	调光器室	小化妆室	大化妆室	服装室	道具库	贵宾接待	观众候播	演员候播	摄像机存放	灯光设备间	音频设备间
超大型	2000		✓	✓	✓	✓	✓	✓	✓	✓	✓	✓	✓	✓	✓	✓	✓	✓
	1500		✓	✓	✓	✓	✓	✓	✓	✓	✓	✓	✓	✓	✓	✓	✓	✓
	1200		✓	✓	✓	✓	✓	✓	✓	✓	✓	✓	✓	✓	✓	✓	✓	✓
大型	1000		✓	✓	✓	✓	✓	✓	✓	✓	✓	✓	✓	✓	✓	✓	✓	✓
	800		✓	✓	✓	✓	✓	✓	✓	✓	✓	✓	✓	✓	✓	✓	✓	✓
	600		✓	✓	✓	✓	✓	✓	✓	✓	✓	✓	✓	✓	✓	✓	✓	✓
中型	400		✓						✓	✓								
	250	✓							✓									

大型演播室需考虑设布景道具库，面积与布景数量有关。根据目前各电视台的使用情况，大型演播室布景道具库面积普遍偏紧张，建议布景道具库在有条件的情况下尽量加大。

综合节目演播室演员比较多，化妆室数量应多考虑，大小类型搭配。

大型演播室根据情况可考虑配置贵宾接待室 1 间，便于特殊节目时接待重要嘉宾。

参考观众数量，结合建筑平面情况，需考虑观众候播厅，大型演播室演员数量较多，还应有独立的演员候播厅，区分演员与观众的流线。

综合节目演播室需要考虑在演播室内、观众区一侧的二层高度（导演室同层）设置半圈挑台，方便导演等节目录制人员在演播室与导演室、录音控制室等控制用房间进出。天桥通行宽度不宜小于 1.2m，设置追光灯的天桥宽度不宜小于 1.5m，如考虑在天桥上进行现场调光调音，则放置调音台的局部宽度不宜小于 2.5m。

演播室二层天桥主要用于幕布的垂挂，人员巡视。需要固定天幕的大型综艺类演播室可根据需要设置二层天桥。二层天桥高同天幕高度，宽度宜 0.6～1.2m。

3.2.2.9 室内装修

1．装修原则

演播室装修应考虑图像、声学、美观三原则，应符合演播使用功能、环保、节能等有关规定，具体如下：

（1）演播室的装修选材宜选用无反光装饰材料，颜色宜采用深色或灰色。

（2）演播室的装修若采用玻璃、有机玻璃等反光材料，应避免由于反射光影响电视画面。

（3）演播室作为制作声音节目源的硬件环境，应结合声学计算结果布置材料。声学装饰装修必须保证材料牢固安全。

（4）装修设计不得遮挡消防设施标志、疏散指示标志及安全出口，并不得影响消防设施和疏散通道的正常使用。

（5）导演室和声闸应结合声学专业提出的建声要求做声学装修设计，导演室地面一般铺设防静电、绝缘活动地板。

（6）演播室装修除上述规定外，设计应符合《建筑内部装修设计防火规范》中的相关规定。

（7）由于综合节目演播室采用大量布景，演播室声学装修造型不宜过于复杂。

（8）演播室地面宜采用平整度较高、耐磨、易清洁、无反光的地面材料。

2．隔声门

（1）隔声门的选择应符合建筑设计防火规范的要求。

（2）隔声量选择应根据声学专业要求选定，并在安装结束后对其进行测试。

（3）隔声门框四周应密封。

（4）人员密集演播室应采用无门槛的隔声门。

3．隔声窗

（1）隔声窗的玻璃为了增加隔声量应采用 2 道或 3 道厚度不同的玻璃，每道玻璃之间的窗框位置设置吸声材料，每层玻璃之间不得采用刚性连接。

（2）玻璃边缘缝隙采用玻璃胶封堵。

（3）玻璃内应设置紫光灯或其他方式进行防霉处理。

（4）外侧玻璃应倾斜安装，一是由于声学要求多层玻璃片不能互相平行，二是防止外侧玻璃造成反射房顶灯光，冲淡瞭望清晰度。

4．座椅

演播室座椅分为活动伸缩、固定两种。活动伸缩座椅分为电动机械伸缩形式、手动机械伸缩形式两种。固定座椅分为永久固定座椅、临时固定座椅两种。座椅形式和要求如下：

（1）专题类演播室多采用电动机械活动伸缩、手动机械活动伸缩、临时固定座椅。

（2）综艺类演播室多采用机械活动伸缩座椅、永久固定、临时固定座椅。

（3）演播室座椅应安全牢固，满足防火疏散要求。

（4）固定座椅须根据视线高差设置座位升起高度，满足视线无遮挡要求。

（5）活动伸缩座椅两侧设通道时应设置栏杆。

（6）座椅面料应选择无反光材料。

（7）座椅吸声量按声学专业要求选择。

5．背景

演播室舞台背景由舞美专业设计安装，但作为背景一般应符合下列要求：

（1）演播室背景应制作精细、牢固可靠、无眩光视缺陷。

（2）背景制作面层、龙骨材料应满足防火等级 B1 级难燃材料。

6．舞台机械

舞台机械是控制舞台吊挂系统、舞台活动系统的机械装置。舞台机械包括：台上机械、台下机械、升降舞台、伸缩舞台、旋转舞台、灯光吊笼、升降系统、电动吊杆机、双出轴电动吊杆机、单出轴电动吊杆机、一次排绳滚筒式电动吊杆机等。

舞台机械一般应符合以下原则：

（1）高清演播室舞台机械应精细、安全牢固。

（2）满足《高层民用建筑设计防火规范》及《建筑设计防火规范》中要求。

（3）舞台工艺设计应向土建设计提供舞台机械的种类、位置、尺寸、数量、台上和台下机械布置所需的空间尺度、设备荷载、内力分析、预埋件、用电负荷及控制台位置等要求。土建设计应满足舞台机械安装、检修、运行和操作等使用要求。

3.2.3　对结构专业的要求

演播室一般为大空间结构，演播室平面形状长宽比通常为 3：2。高清演播室按建筑面积的大小可分为，小型演播室、中型演播室、大型演播室及超大型演播室。通常把建筑面积小于 $250m^2$ 的演播室称为小型演播室，建筑面积为 $250\sim400m^2$ 的演播室称为中型演播室，建筑面积为 $600\sim1000m^2$ 的演播室称为大型演播室，$1000m^2$ 以上的称为超大型演播室。

小型演播室空间较小，常规柱网（$6.0\sim10.0m$）就可以满足演播室平面尺寸的要求，演播室可布置在主楼或裙房内，演播室的布置对建筑物的整体结构性能影响不大。大中型演播室由于空间、体量较大，演播室的布置对整体结构的性能影响较大，通常会给整体结构带来结构刚度、质量的不均匀性，使结构产生扭转效应。通过调整演播室的平面位置、适当加密演播室周边的框架柱或增加剪力墙等方法，可解决上述问题。大中型演播室一般设在建筑物的裙房里。

超大型演播室体量最大，应设置在建筑物的裙房里，演播室结构宜通过分缝的方法，成一个独立的结构单体。

带演播室的建筑物在地震低烈度区（设防烈度 7 度以下），结构体系可采用框架结构，在地震高烈度区（设防烈度 7 度以上）结构体系宜采用框架 - 剪力墙体系。

3.2.3.1　演播室地面荷载

演播室及其工艺用房的相关荷载主要包括：演播室及其工艺用房楼（地）面活荷载、演播室内部的吊挂荷载、房间墙体及声学装修的荷载。

1. 演播室楼（地）面活荷载

演播室楼（地）面活荷载如表 3-10 所示。

演播室楼（地）面活荷载表　　　　　　　　　　　表 3-10

演播室类别	荷载标准值（kN/m²）
专题演播室	2.5～3.5
综合节目演播室	4.0

注：1. 当开放式演播室包含工艺用房时，工艺用房区域的演播室活荷载应按相应工艺用房活荷载取值。
　　2. 当大型演播室需要进运输道具的车辆时，演播室（或部分区域）的活荷载应取车辆的等效均布荷载。
　　3. 当大型、超大型演播室的演区荷载有特殊需求（如：布置荷载较大道具、临时设置较大的舞台机械设备）时，演区的活荷载需要依据需求另行考虑，一般情况下可按 8.0～10.0kN/m² 取值。
　　4. 当演播室内布置其他较重设备时，演播室（或部分区域）的活荷载需要考虑设备荷载。

2. 演播室工艺及附属用房活荷载

演播室工艺及附属用房活荷载如表 3-11 所示。

演播室工艺及附属用房活荷载表　　　　　　　　　表 3-11

房间类别	荷载标准值（kN/m²）
导演室	3.5～5.0
中心机房	5.0
调光器室	3.5～5.0
扩声机房	3.5～5.0
录音控制室	3.5
调光控制室	3.5
摄像机存放	3.5
灯具库	3.5
布景道具库	3.5～5.0

3.2.3.2　演播室上空吊挂荷载

演播室上空的吊挂荷载主要由以下内容组成：

（1）演播室灯光设备荷载：灯具＋灯杆＋提升电机＋电缆的重量；

（2）演播室单机吊点荷载：最大起吊重量＋起吊设备（电葫芦）自重，并考虑众多单机吊点同时使用率的因素；

（3）演播室声学装修吊顶荷载：隔声＋吸声层；

（4）空调专业的荷载：风管、风筒、消声静压箱、消声器、风机；

（5）水专业的荷载：消防水管；

（6）灯栅层的检修荷载；

（7）灯栅架钢结构自重；

（8）其他：主要是指一些工艺设备（如：音箱、话筒、监视器）及舞美等荷载，它一般安装在专用垂直吊杆（同灯光垂直吊杆）或单机吊点上。这些设备的荷载可按设置的垂直吊杆的提升能力或单机吊点的起吊能力计算。

演播室上空吊挂荷载的数值由设备专业和工艺专业提供。

3.2.3.3　演播室内墙体或墙边楼（地）面的附加荷载

演播室内墙体或墙边楼（地）的附加荷载主要指墙面声学装修荷载和固定在墙面上或支撑在墙边楼（地）面的工艺设备荷载（如：LED 大屏幕等）。

在演播室中安装 LED 等大屏幕是一个趋势，在演播室结构设计中需要考虑此部分的荷载。此外，由于高清演播室布景的要求较高，对单机吊点需求比较多，在设计时需要适当多预留。

以上的各项荷载，依据演播室功能需求，由设备专业和工艺专业提供。

3.2.3.4　演播室围护材料的要求

演播室墙体材料及厚度要依据声学专业的要求确定，一般的建筑工程中常用的轻质墙体材料难以满足声学指标的要求，现有设计中通常采用非黏土烧结砖和混凝土砌块作为演播室墙体材料。

演播室顶盖宜采用混凝土板，在满足声学要求的前提下，可采用静音轻质屋面板（如：铝锰镁板、彩钢夹芯板等）。

围护材料的荷载，依据材料的密度计算。

3.2.4　对电气专业的要求

演播室音视频工艺、灯光、其他设备的供电为：交流三相四线 380V/220V，50Hz。系统接地型式采用 TN-S，一般均应采用综合接地方式，接地电阻应小于 1Ω。

演播室的一般工作照明由照明系统供给，距地 0.75m 的水平照度为 300lx。灯光设备层设工作照明、应急照明和维修电源插座。化妆室内色温应与演播室的色温一致。

工艺供电系统主要是指为音视频设备、网络计算机设备供电的系统。工艺供电系统应当设置专用的变压器提供"干净的"市电电源，同时对于重要的工艺用电，为做到可靠连续供电，应采用独立的 UPS 机组作为保障。演播室内 LED 背景屏应由工艺变压器提供电源。如果系统中设置有柴油发电机组，则发电机组的容量应当满足重要工艺用电的容量要求。

工艺供电等级一般分为四级：

（1）满足直播功能的特别重要工艺用电，供电等级为一级，即两路 UPS 供电。

（2）满足直播功能的重要工艺用电，供电等级为二级，即一路 UPS 供电，一路市电。

（3）满足录制功能的重要工艺用电，供电等级为三级，即一路 UPS 供电。

（4）其他工艺用电，供电等级为四级，即一路市电供电。

3.2.5　对暖通专业的要求

3.2.5.1　室内环境参数确定

结合工艺设备、人员、节目制作三个方面对室内环境的不同要求，并综合考虑环保、节能等因素，演播室及其辅助技术用房的室内环境推荐参数应符合表3-12的要求：

演播室及其辅助用房室内环境参数（推荐值）　　　　　　　　　　表3-12

房　　间	夏季温度（℃）	冬季温度（℃）	夏季相对湿度（%）	冬季相对湿度（%）	洁净度（级）	新风量（m³/p·h）
小型专题演播室	24	21	40~60	35~60	8	30
中型专题演播室	24	20	40~60	35~60	8	20
大型专题演播室	24	20	40~60	35~60	8	20
中型综合节目演播室	24	20	40~60	35~60	8	20
大型、超大型综合节目演播室	24	20	40~60	35~60	8	20
导演室	25	20	40~65	30~60	8	30
录音控制室	24	20	40~65	30~60	8	30
中心机房	22±2	20±2	40~65	40~65	8	保持正压
摄像机存放室	26	18	40~60	35~60	8	保持正压
化妆室	26	20	40~60	35~60	—	30

注：1. 室内工作区的气流平均速度：冬季≤0.2m/s，夏季≤0.3m/s。
　　2. 本要求所规定的室内温度为在工作区内距地面2m高处测量，测量时使用温度计必须避开热源和灯光直接照射的影响。
　　3. 当工艺或使用条件有特殊要求时，注明原因后可适当调整。

演播室的室内环境受演播室空间尺寸、灯光方案、节目类型等诸多因素的影响。衡量与评价高清演播室室内环境效果的标准不仅要考虑到其室内温度，还要考虑到灯光辐射强度对舒适性的影响；不仅要考虑到竖向温度梯度变化，还要考虑到不同节目类型对新风及噪声标准的不同要求。

3.2.5.2　空调系统

对于演播室而言，空调系统的配置非常重要。空调系统应满足演播室内各类节目、人员的需要。空调系统的配置包括：新风系统、空调风（制冷、制热）系统、调节装置。

　　1. 冷（热）负荷的构成

　　（1）空调区的冷负荷由下列各项的热量构成：

　　1）通过围护结构传入的热量；

　　2）人体散热（湿）量；

　　3）演播室灯光散热量；

　　4）其他的散热（湿）量。

　　（2）空调区的热负荷由下列各项耗热量构成：

　　1）围护结构的基本耗热量；

2）围护结构的附加耗热量；

3）通过门、窗缝隙的冷风渗透耗热量；

4）其他的热量。

演播室夏季的冷负荷和冬季的热负荷应根据上述各项得热量、耗热量的种类、性质以及演播室的蓄热特性分别进行逐时转化计算，确定出各项冷、热负荷。其中人体散热量、演播室灯光散热量要根据电视工艺专业所提的要求进行计算。

2．空调系统的划分原则

演播室空调系统的划分原则是：根据负荷特征、使用时间、使用功能、建筑平面位置、温湿度参数、洁净要求、噪声、空调精度等房间的使用特点，以及系统运行和调节的灵活性和经济性，并经过技术经济比较后确定。

3．空气处理和处理设备

空气调节系统由空气处理设备和空气输送管道以及空气分配装置组成。按空气处理设备的设置情况分类，可分为三类系统：集中式、半集中式和全分散式。

3.2.5.3　噪声控制系统

演播室的环境噪声控制标准较高，主要要解决空调通风设备的动力噪声和风道的再生噪声问题、因风管相连而引起的房间之间的串声问题、空调器、风机的振动问题。

3.2.5.4　隔声与隔振系统

空调系统噪声控制其最终目的使空调用房达到所确定的允许噪声标准，满足使用功能的要求。因此，必须注意噪声源、传声途径和接收者所处的环境等三方面的问题。当然，以降低噪声源处的噪声最为有效，但当降低设备噪声源的噪声一时难以解决，或由于各种因素的影响存在，在此种情况下，就必须采用相应的综合措施，才能达到噪声控制的目的。

3.2.6　对给水排水专业的要求

3.2.6.1　给水系统

根据演播室的工艺及演播要求，新闻类演播室、专题类演播室及 $600m^2$ 以下综合节目演播室均无需设置给水管道。

根据演播室的工艺及演播要求，$600m^2$（含）以上综合节目演播室需设置给水管道，预留水景拍摄用水。

各类演播室均需配备化妆室，化妆室需设置给水管道。此外，化妆室还应设置热水，主要供演职人员化妆、卸妆使用，考虑到其使用的不规律性，宜采用电热水器供给，以方便演职人员使用。电热水器的冷水供水管上均设止回阀。电热水器应有保证使用安全的装置，如漏电保护器、防干烧保护等。

3.2.6.2　排水系统

根据演播室的工艺及演播要求，新闻类演播室、专题类演播室及 $600m^2$ 以下综合节目演播室均无需设置排水管道。

根据演播室的工艺及演播要求，$600m^2$（含）以上综合节目演播室需设置排水管道，预留水景拍摄排水。

设有雨淋系统的各类演播室均应设置消防排水设施。

3.2.6.3　隔声

鉴于设置隔声套房的演播室或其配套的附属用房内的声学要求较高，对于这类设置隔声套房的房间内需要设置给水、排水、消防管道的，应在给水、排水、消防管道穿房间隔墙处的内、外设置橡胶软接头，用来阻隔管道的固体传声。

此外，对于水泵房等有较大噪声、振动的设备用房应尽量远离有声学要求的演播室或其配套的附属用房。

3.2.7　交通组织及人流物流规划

演播室建筑应合理组织交通路线，并应均匀布置安全出口、内部和外部的通道，分区应明确，路线应短捷合理，进出场人流应避免交叉和逆流。

建筑布局应使场地内人流、车流合理分流，并应有利于消防、停车和人员集散。

场地内应为消防提供良好的道路和工作场地，并应设置照明。内部道路可兼作消防车道，其净宽不应小于 4m，当穿越建筑物时，净高不应小于 4m。

高清演播室场地出入口设置要求如图 3-7 所示：

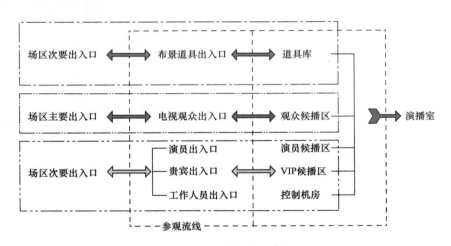

图 3-7　演播室流线分析图

3.3　演播室视音频工艺系统设计

根据演播室录制节目的内容不同，演播室可按节目的不同类型分为专题演播室和综合节目演播室，这两类演播室又可根据面积大小进行细分，专题演播室按面积分为小型、中型和大型演播室；综合节目演播室按面积分为中型、大型和超大型演播室。

3.3.1　视音频工艺系统及主要设备

演播室系统设计主要依据国家新闻出版广电总局有关电视台建设标准，技术指标应符合国家新闻出版广电总局颁布的行业标准：

（1）先进性原则

以数字化为基础，网络化为核心的新型电视技术，将推动电视、电信和计算机等相关产业的交叉与融合，必将打破原有的产业分工，形成新的业务形态，也为电视事业的发展提供新的机遇和空间。传统的电视媒体从形式、内容到服务方式将发生革命性的改变，成为个性化、多功能、高质量的新型媒体。数字化、网络化、数据化、自动化等技术发展将逐渐成熟，因此演播室系统设计应具有前瞻性、灵活性、开放性，一方面能够适应和满足事业的发展、节目制作量的增加以及制作和管理形态的变化，另一方面系统要具备开放的扩展能力，可以在原有基础上进行改造和升级，以适应功能需求的新变化。

（2）适用性和可行性原则

建设新的演播室系统的目的是提高生产效率，在系统设计和实施中，要以生产实际为基础，既要避免系统功能单一，无法与其他系统连接，又要避免系统过于复杂，给系统的部署实施带来负面影响，要兼顾整个系统。

演播室系统设计要选择实际中切实可行的方案，对于功能目标的实现要有一定的针对性、合理性、适用性和可行性，系统设计不能片面的只考虑技术可行性，还要考虑工程建设实施进度与复杂程度，不能与建设工程脱节。

（3）灵活性和兼容性原则

用符合国际发展潮流的国际标准的软硬件技术，以便系统具有可靠性强、可扩展和可升级等特点。

3.3.1.1　系统信号格式

1．标清系统格式

（1）视频系统

信号格式：SD-SDI、576/50i。

（2）音频系统

主调音台宜选用数字调音台，大型演播室需要配现场扩声调音台。

数字信号格式：AES3-2003，平衡式。

模拟信号格式：+4dB，平衡式。

2．高清系统格式

（1）视频系统

信号格式：HD-SDI、1080/50i。

（2）音频系统

调音台应为数字调音台，调音台宜采用模块化设计，大型演播室需要配现场扩声调音台。

数字信号格式：AES3-2003，平衡式。

考虑到目前国内主流演播室制作均已过渡到高清，以下关于演播室系统的描述以高清演播室系统为主。

3.3.1.2　视频系统

演播室视频系统由信号源和图像制作组成。信号源给视频切换台提供节目制作源，主要包括摄像机、录像机、视音频服务器、字幕机等；视频切换台是演播室视频系统的核心，它通过混、扫、键、切等特技手段对多路图像信号进行合成与切换。

演播室视频系统一般由摄像机、视频切换台、视频矩阵、特技机、录像机、视音频服务器、图文字幕设备和信号转换分配、设备控制和技术监测系统构成。摄像机作为电视信号产生和传送的第一个环节，其性能直接影响到整个演播室系统的技术指标和录制的电视节目质量。演播室摄像机通常由摄像机头、基站和控制面板组成，其性能指标是指信噪比、灵敏度和分辨率等。视频切换台是演播室中的核心设备，切换台一般包含多级 M/E 和一级 P/P，通常所说的三级切换台是指该切换台包含两级 M/E 和一级 P/P。切换台主要由主机箱和控制面板组成，两者之间目前一般由局域网进行连接。数字特技（DVE）是很多演播室的标准配置。它可以产生划像、键控等不同的特技效果，为演播室节目制作提供了更好的制作形式。录像机作为演播室的记录设备，其型号直接影响所录制节目信号记录格式。目前存在许多录像机格式，一般同一厂家的设备都是对下兼容。硬盘录像机在演播室内使用可以方便地采集静止画面和短的视频素材，可以在多个通道中同时重放，这样就减少录像机的使用数量，同时减少素材的搜索时间。演播室视频系统外围相关设备主要包括模拟复合到串行数字转换器、数字串行到模拟复合转换器、数字帧同步机、信号分配器、视频跳线板、视频电缆和连接器等。

1. 摄像机

演播室使用的摄像机系统是由摄像机、摄像机控制单元和承载设备组成。

摄像机包括 5 个基本部分，分别是镜头系统、摄像机头（包括 CCD 组件、光学部分及信号处理电路）、传输适配器、寻像器和摄像机通话系统。

摄像机控制单元主要包括摄像机基站、操作控制面板和集中控制面板。

不同类型的摄像机有不同的安装承载设备。便携式摄像机采用轻便的三脚架和云台；对于质量较大的座机则采用专用的摄像机云台。

基本技术要求：

（1）支持 1080/50i 信号格式，有效像素数不低于 220 万，不低于 14bit A/D 转换。

（2）具有高清返看输出，高清本机信号输出，寻像器输出，双通道 MIC 输入、双通道通话耳机接口。

（3）摄像机应具备使用大镜头适配器的功能，以确保今后的扩展使用。

（4）摄像机与基站之间采用光纤或三同轴方式传输，基站高清输出 HD-SDI≥4 路，输出信号可以在 HD/SD 之间切换。

（5）在很多大型的政治、体育、文艺节目中，开始广泛使用无线摄像机。无线摄像机系统采用了高清数字微波与无指向性发射，不仅可以在室外工作，而且还可以在室内应用。由于可以提供高质量的图像，把它作为移动机位使用，可以拍摄一些独特的镜头，从而大大丰富了创作手段。

2. 切换台

电视节目是由许多不同的画面和图像构成，将这些画面和图像组合起来就可以创造一个视觉空间。作为视频系统的核心，切换台对系统摄像机信号和各种系统内部和外来信号进行切换、特技合成、字幕合成等操作，完成现场节目制作。

切换台结构主要由输入切换矩阵、混合／效果放大器、特技效果放大器、下游键处理与混合器及控制电路等几部分组成。

基本技术要求：

（1）支持串行数字分量电视信号格式，包括 SD/HD 多种格式，可在画面宽高比 16：9/4：3 混合的情况下灵活使用。

（2）支持至少 10bit 4：2：2 高质量的图像处理。

（3）支持 M/E 级数根据演播室使用需求确定，对于小型专题类演播室不少于 1.5 级 M/E；大型综合节目演播室通常应具备不少于 3 级 M/E。

（4）支持不少于两通道的数字特技。

（5）支持输入输出通道数根据演播室使用需求确定，对于小型专题类演播室输入输出分别不少于 16 路，大型综合节目演播室应输入输出分别不少于 32 路，AUX 输出支持嵌入音频和 AFD 数据输出。

（6）控制面板带有信号源名显示窗口，控制面板及主机配备主备双电源，彩色液晶触摸屏，支持模拟黑场同步基准锁相。

3．视频矩阵

视频矩阵在高清演播室节目制作中起到了重要的作用，它在信号调度方面与切换台互为备份，同时还可以调度监视墙的信号源。

（1）演播室矩阵应具备 HD/SD-SDI 自适应输入、输出通道可扩展能力。

（2）矩阵规模根据演播室输入输出信号路数需求确定。

（3）带主备处理卡；可与 Tally 系统连接，支持源名跟随功能；根据需求可配置多个控制面板。（大型活动演播室联用或演播室群组配置时，往往一个矩阵需要处理多个演播室信号，控制面板数量会根据实际需求确定）。

4．高清录像机

高清录像机在高清演播室节目制作中，能够为节目制作提供视音频节目素材，并且能够实现高标清节目的录制和回放等功能。高清录像机按照类型分为 VTR（视频磁带录像机）和 VDR（视频硬盘录像机）两种，而在 VTR 录像机中也根据不同厂商的视频存储介质的不同分为磁带、半导体闪存卡，以及高密度光盘录像机。VDR 录像机存储介质是基于硬盘，它分为视音频工作站式系统和嵌入式系统两类。VTR 录像机可提供单一格式的视音频节目素材，而 VDR 录像机可提供多格式的视音频素材。

基本技术要求：

（1）多格式高清录制与回放。

（2）多格式标清素材的录制与回放。

（3）能够实现视频上 / 下变换。

（4）拥有 HD-SDI 输入 / 输出接口、遥控接口（RS-422）、编码器遥控功能等。

5．视频服务器

视频服务器在高清演播室节目制作中，能够为节目制作提供多种格式的视音频节目素材，并且能够实现高标清节目的录制和回放等功能。

6．高清字幕机

高清字幕机在高清演播室节目制作中，能够为节目制作提供直播或后期现场字幕的合成。

（1）标准清晰度视频信号应符合"SMPTE259M，270Mb/s 串行数字分量接口电特性指标"。

（2）高清晰度视频信号应符合"SMPTE292M，1.485Gb/s 串行数字分量接口电特性指标"，信号类型：10 比特量化串行数字分量信号。

（3）接受 BB 或 Tri-level 信号锁相。

（4）高标清兼容的字幕成品文件。

7．包装服务器

演播室内的视频包装工作站主要是利用非线性编辑软件以及硬件加速卡，实现高清节目素材的实时编辑和非实时编辑。它拥有多格式处理能力、多层合成能力、与特效软件或插件的高度协同工作能力、特效创作和处理能力，可以提供优秀的非线性编辑能力和特效合成能力

8．上下变换器

上下变换器主要用来转换高清电视信号与非高清电视信号的，以便于视频节目制作播出格式的统一。上变换器可以对模拟复合／分量，标清串行数字电视信号进行转换，输出信号格式为高清数字电视信号，显示宽高比例由原来的 4∶3 改变为 16∶9。下变换器的信号处理过程与上变化器的正好相反，是为了把高清晰度电视信号转换为标清串行数字电视信号，显示宽高比例由原来的 16∶9 改变为 4∶3。

（1）标清上变换的三种变换方式

1）切边模式：在 16∶9 的光栅中插入 4∶3 图像，垂直方向充满，水平方向产生 2 个镶嵌的黑色边。

2）信箱模式：水平两边和垂直上下两边产生两个黑色的镶嵌边。

3）拉伸模式：垂直方向充满，水平方向拉伸后充满，使物体变宽。

（2）高清下变换有三种常用的变换方式：

1）切边模式：垂直方向充满，左右两边一部分信息被裁剪。

2）信箱模式：水平方向充满，上下部分出现黑边。

3）压缩模式：垂直方向充满，水平方向压缩后充满，使物体变高。

3.3.1.3　音频系统

演播室的音频系统主要分为两个部分：一部分是放在调音室或导演室的，除了方便导演及各工种人员听到现场的声音外，更重要的功能是通过调音台控制声音的输入输出，调节各种音源匹配，以输出理想的与画面相匹配的声音信号或是进行音频信号的录制。另一部分是用于现场扩声的，放在演播区。

演播室录制音频系统主要由调音台、扩声调音台、CD、硬盘机、电话耦合器及各种效果器组成。一般具有节目多声轨录制、立体声节目录制与播出及单声道节目录制与播出的能力。演播室系统信号连接与分配都是通过音频跳线盘来完成，所有的信号包括话筒信号和周边线路信号都与跳线盘相连，调音师能够方便迅速找到和合理分配信号并实现直播备份连接。演播室在整个音频系统的设计中采用的是数字信号通路系统设计方式，在音频信号主通路与播出系统连接及视频记录系统连接上，全部采用了 AES/EBU 格式的数字信号连接，以减少在传输过程中的信号损失。主调音台具有强大的信号分配矩阵系统，可以对所有的外界输入信号实现分配控制。高清演播室调音台合成输出的音频信号与切换台输出的高清 SDI 信号经过混合加嵌，输出嵌入音频的高清 SDI 信号。同时调音台输出的音频信号也可以通过音频工作站或多轨录音机进行录制，便于音频节目的后期制作。

小型演播室一般用于录制访谈类节目，参与人数大多不超过 10 人，对于这类节目，

演职人员之间不通过扩声系统就已经基本可以相互沟通。扩声系统多用来配合视频回放的伴音信号或为讨论人员提供近场返送，这类房间可能流动配置 1～2 只中小型返送扬声器即可满足节目制作的需要。

面积大于 400m² 的演播室，一般设有舞台表演区与观众席，这时现场扩声系统的需求就提出来了。为了更好地表现节目，照顾现场观众和演职人员，应当配置一定规模的扩声系统。

演播室扩声特性指标以参考《厅堂扩声系统设计规范》GB 50371 中的多用途为主。

演播室的扩声系统一般包括扬声器系统、调音台及音频处理系统、音频播放设备系统等。

随着高清电视节目制作逐渐成为主流，广播电视节目近年来逐渐开始脱离传统的单声道或者立体声的制作格式，逐步开始制作 5.1 格式的音频节目信号。对于大型综艺类演播室或参与制作环绕声节目的演播室来说，现场扩声系统是否需要配置 5.1 甚至 7.1 通道的还音系统呢？根据我们近年来高清演播室的建设经验，到目前为止，国内还没有就演播室内多声道音频节目的制作探索出较为可行的操作方法或成功案例。播出的多声道节目大多以影视剧或体育赛事为主。大型综艺节目在进行环绕声高清播放的时候，画面视点也主要设置为观众席区域，现场并没有过多的环绕效果声还音需求。

我们建议，在建设资金不甚充裕的条件下，高清演播室扩声系统以立体声或左、中、右三声道还音系统为主，应当设置独立的次低频还音通道。

在条件许可的条件下，应为观众区域预留环绕声扬声器的安装条件及信号管路。

在建设资金充裕或环绕声节目制作需求较高的演播室，我们建议设置多声道效果声系统，而不是简单的环绕声还音系统。除了在演出区前方设置左、中、右通道外，还应根据观众区布置形式，固定或灵活流动设置观众席后部、观众席左右、观众席顶部甚至演出区效果声系统。配合大型音频矩阵及多轨播放系统，在演播室内实现多通道效果声的回放功能。

演播室扩声系统宜与音频制作系统不共用调音台界面，这样做可以避免扩声系统对音频制作的影响。

大型演播室建议设置独立的扩声调音台系统，这样在节目彩排、走台的过程中，可以方便地使用扩声系统进行配合。基于相同的理由，建议为演播室扩声系统配置简单的音频播放设备和工作站。

随着音频设备的网络化发展，现代演播室的扩声调音台已经可以很方便地在现场流动设置。

演播室的扩声调音基本是现场调音，因此现场调音位是必需的（一般位于观众席后排或舞台两侧），可以考虑为扩声系统的功放、调音台接口机箱等设备设置独立的设备间以及流动设备收纳间。

演播室扩声系统不建议与现场灯光、LED 大屏幕等舞台设备共用电源和地线。可以考虑与音频系统共用电源和地线系统。

1. 调音台

调音台是演播室音频系统的核心控制设备，各种音源的收集处理以及分配工作都是通过调音台来完成的，调音台能够将多路输入音频信号进行放大、混合、分配、音质修饰和音响效果加工，工作人员可以在调音台上对声音进行全面的控制。

调音台按处理信号性质的不同可分为：模拟调音台和数字调音台；按用途的不同可分为：制作调音台和扩声调音台，在节目制作中，扩声调音台可以与制作调音台设计成为相互独立而具有相互备份能力的系统。目前在演播室录音中基本选用数字调音台，并且推荐采用输入/输出接口机箱、DSP核心处理机箱与控制界面分离的结构。

基本技术要求：

（1）支持单声道、立体声和5.1。

（2）采用模块化结构，支持配备不同类型和数量的输入、输出接口板卡，支持热插拔。物理推子数量根据演播室使用需求确定，对于小型专题类演播室不少于16路，大型综合节目演播室应不少于24路。

（3）采样频率支持44.1kHz，48kHz。输入、输出信号的处理精度不小于16bit，大型综合节目演播室主调音台输入、输出信号处理精度不小于16bit，且内部信号处理精度宜在40bit以上。要求所有AES输入接口支持32～108kHz范围的采样频率自动转换。

（4）要求DSP机箱，所有各类接口箱以及调音台操作界面均需具备可热备的双电源系统。有直播需求的演播室或综艺节目演播室至少配置2块DSP板卡。

（5）调音台至少具备16路单声道模拟线路输入、8路单声道模拟线路输出、16路立体声AES/EBU数字输入输出接口，大型综艺演播室接口数还应根据实际情况增加。

2．传声器

传声器按换能方式分为动圈话筒和电容话筒；按指向性分为全指向性、单指向性和双指向性话筒；按传输信号的方式分为有线话筒和无线话筒；按其形状用途分为手持传声器、超小型传声器、界面传声器和立体声传声器等。

演播室通常都会配备一定数量的无线话筒与有线话筒，录音师根据节目形式来灵活使用和调配话筒。录音系统的传声器与扩声传声器可共用，采取分线器或音频传输矩阵分配的办法解决各自的需求。

有线话筒主要用于拾取现场乐队、乐器的声音。对于一般访谈或综合节目，较常见的是现场电声乐队或钢琴即兴伴奏使用有线话筒拾音。大型颁奖晚会的主持台和竞赛类节目也会使用桌架有线话筒。

电容传声器：优点是灵敏度高、频响宽、动态范围大、音质优美、保真效果好；不足是价格高、不耐用、需加外电压。

动圈式传声器：结构简单、稳定可靠、无需电源供电、输出阻抗低、固有噪声小；不足是灵敏度较低，易受外磁场干扰，产生磁感应噪声，频响和音质比电容传声器差一些。

无线话筒使用方便、流动性强，主要用来拾取节目中的人声，针对主持人、歌唱演员、曲艺演员等。

根据国家无线电管理局2005年10月1日发布施行的《微功率（短距离）无线电设备的技术要求》规定中第三条款"无线传声器和民用无线电计量仪表等类型设备"定义了无线话筒频率的使用范围。使用频率及发射功率如下。

使用频率：87～108MHz；发射功率限值：3mW（e.r.p）。

使用频率：75.4～76.0MHz；84～87MHz；发射功率限值：10mW（e.r.p）。

使用频率：189.9～223.0MHz；发射功率限值：10mW（e.r.p）。

使用频率：470～510MHz，630～787MHz，发射功率限值：50mW（e.r.p）。

在各电视台的使用经验中，87～108MHz，75.4～76.0MHz，84～87MHz，189.9～223.0MHz 不适合专业广播电视制作使用。因此我们可用的频段为 470～510MHz、630～787MHz。在国家无线电管理局规定的频率段内还存在开路电视频道，去掉这些频点实际能使用的频率为 470～510MHz，630～662MHz，678～686MHz，694～787MHz，共173MHz。

3．扬声器

对于大型综合节目演播室，扬声器系统一般分为观众席主扩声扬声器组、补充扬声器组、舞台扩声扬声器组、舞台返送扬声器组等。由于演播室使用功能的多样性，为了与不同的节目类型、舞台设计相配合，主扩声扬声器目前大多只能采用吊装方式，明吊于舞台区与观众区之间的上空。由于综艺节目很可能采用舞台与观众区域相互渗透的布置形式，一般来说，在观众区附近还会设置流动扬声器作为补充。

与剧场剧院不同，考虑到演播室主扩声扬声器需要经常拆卸、流动安装，并且演播室四周一般会采取全频带吸声的装修，对于大型综艺演播室，宜采用中小规模的线阵列扬声器系统作为主扩声扬声器系统。特别是观众区域相对固定、采用阶梯状座席时，线阵列系统更能发挥其声场均匀度高、垂直指向性控制较好的特点。

对于观众席相对不固定的中小型演播室，考虑到线阵列系统水平覆盖角度过宽，则建议选用常规扬声器组作为主扩声扬声器系统。

舞台扩声扬声器系统主要用于为大型歌舞节目的演员提供现场扩声，扬声器一般采取空中吊装与演出区附近流动摆放相结合的布置方式。

返送系统采用流动设置的方式布置，近年来市场上出现了大量小巧美观、易于隐蔽的返送扬声器系统。

无论选用何种扬声器产品，安装应当以方便拆卸为主要考量，也是为演播室的使用灵活和资源的充分利用。对于集群化的演播室配置，为了方便扩声系统统一调配、在不同演播室之间流动使用，建议在演播室群内选择相同品牌、类型的扬声器产品。

4．其他音源

演播室音源设备除传声器外，还包括 CD、放像机、音频服务器、多轨录音机、视频服务器等。

5．周边设备

周边设备是指音频信号的处理设备，指对声音进行加工、控制和再创造的设备。演播室的音频处理设备主要包括延时器、混响器、均衡器和压限器等。

6．其他音频设备

演播室其他的音频设备还包括录音设备、音频信号分配器、电话耦合器、A/D 转换器、D/A 转换器等。

3.3.1.4　其他辅助工艺系统

演播室的辅助工艺系统主要包括：监看系统、Tally 系统、同步系统、时钟系统以及通话系统。

1．监看系统

监看系统包括：视频导监墙、音频导监墙、放像监看、演播室内监看、技术监看、摄像机调整监看等几部分。

监看内容有节目输出、CATV 信号（播出返送）、播出数据和系统各信号源。导演室显示监看的内容包括：CAM（摄像机）、VTR（磁带录像机）、VDR（硬盘录像机）、TEST（测试）、VGA、CG（字幕机）、EXT（外来）、PST/PVW（预监）、PGM（节目）等视频信号。演播室显示监看的内容主要是 PST/PVW（预监）视频信号和 PGM（节目）视频信号。

监视方式有以下两种：

采用传统监视器，其中主监、预监、技术监看、灯光监看使用广播级 HDTV 监视器，其余可以使用 SDTV 数字监视器。

采用平板显示技术，但技术监看、摄像机调整监看和灯光监看使用广播级 HDTV 监视器。由于平板显示在调整显示位置、显示尺寸、Tally 联动等方面有一定优势且安装平板显示器节省空间，所以导监墙宜采用平板显示。平板显示分等离子显示和液晶显示两种，等离子显示长时间使用有烧屏现象，需要定期更换；液晶显示虽然清晰度不如等离子，但没有烧屏现象，更适合用作导监墙显示。

监视器墙倾向于采用大屏幕多分格平板显示器。

使用大屏幕多分格平板显示器可能会有 2～3 帧延时，所以主监、预监、技术监看、音控监看和灯光监看倾向于采用 CRT 监视器。

多分格平板显示器备份：通过软件设置，实现大屏幕两两互为备份。当其中一块大屏出现问题，自动倒换到备份大屏上显示，如图 3-8 所示。

图 3-8　采用平板显示的监看系统

2．Tally 系统

Tally 显示信号系统通常以字符或指示灯的形式出现在摄像机头、摄像机寻像器和电视墙上等系统节点，分别给主持人、摄像和演播室制作人员予以提示，告之当前视频切换台所切出的 PGM 和 PST 信号。

Tally 显示信号系统宜采用三色显示，Tally 主机设备应采用主备方式，控制服务器应能接收所有矩阵、切换台的 Tally 输入，根据演播室配置策略，分别控制本演播室的显示终端，显示相应的名称和 Tally 状态；Tally 控制系统能满足演播室内摄像机调动时的 Tally 源名显示变化，能预设常用 Tally 应用场景。

3．同步系统

演播室系统使用的同步基准信号有两种，一种是高清专用的三电平同步信号，另一种是与现有标清系统完全相同的 BB（Black Burst，即黑色同步）信号。从总控来的同步信号进入同步机，同步机输出经分配送给演播室的各种设备。由总控送给演播室的外来信号一律在总控校准，所以各演播室可以不用再配帧同步器。同步系统应为自动倒换系统，配备主、备两台同步信号发生器和同步倒换器，将同步倒换器输出的 BB 基准信号作为系统的同步信号。

4．时钟系统

演播室内的时钟系统是与全台统一共用一个时钟同步系统，该系统采用 GPS 时钟能够提供精确、稳定的时钟信号，演播室用时钟信号发生器，与总控送来的时钟信号锁定，时钟信号、倒计时信号经分配分出。从而有效地保证各个部门之间的业务协作以及播出的安全、及时。

5．通话系统

演播室内部通话系统是以导演室为核心，通过有线或者无线的方式与摄像机机位控制人员、主持人，进行内部通话协调一致。

小型演播室通话系统设计采用两线体制作为通话制式，主系统采用 4 通道通话主站并配置相应的 2 通道分站工位分站；设计配置四线接口、电话接口作为外部通话接口；并设计配备足够数量无线中继台及手持对讲机，以满足视频、音频、现场导演、无线摄像等现场制作通话需求。

大型演播室由于需通话系统的工位或人员较多，通常采用通话矩阵为核心的系统配置方式，通话分站点采用通话面板以四线方式与矩阵连同，同时通话矩阵可以通过传统音频或 IP 语音方式与其他系统互联，实现全台通话体系搭建。大型演播室通常直播情况较多，因此从系统完备性角度考虑，通常也会在导演或其他主要工位上搭建主站/分站形式的两线系统作为补充备份。

6．演播室大屏幕包装系统

演播室常用的背景显示屏有两种，一种是 DLP 显示屏，另一种是 LED 显示屏。

DLP（Digital Light Procession）的工作原理就是借助微镜装置反射需要光，同时通过光吸收器吸收不需要的光来实现影像的投影，而其光照方向则是借助静电作用，通过控制微镜片角度来实现的。采用多个视频处理和多屏控制系统，支持多种信号格式的同时显示，可以适应了高、标清兼容，具有很高的灵活性。多屏拼接墙的画面可以整屏显示，也可以分屏显示。DLP 拼接零点几毫米的拼缝保证了拼接画面的完整性，是目前最稳定且效果最佳的新闻演播室大屏幕显示设备。

LED 电子显示屏具有灵活的显示面积、高亮度、长寿命、大容量、数字化、实时性的特点，可以支持多种视频、音频输入源，是集视频、动画、字幕、图片于一体的高科技信息发布的终端产品。LED 的光学原理是半导体发光二极管利用注入 PN 结的少数载流子与多数载流子复合，当在电极上加上正向偏压之后，使电子和空穴分别注入 P 区和 N 区，当非平衡少数载流子与多数载流子复合时，就会以辐射光子的形式将多余的能量转化为光能，从而发出可见光。优点是工作电压低、性能稳定寿命长、抗冲击、重量轻、体积小、成本低。将 LED 电子显示屏作为背景使用，使大型背景画面活动了起来，可以用它将现场和节目的气氛融合在一起。

随着信息技术的飞速发展，演播室大屏幕在线包装系统顺应时代潮流应运而生，该系统可以为 DLP、LED 等演播室背景大屏上播放实时新闻、财经资讯、读报点评、综艺比赛等各类信息而设计的。它可以对屏幕的播放画面自由切割，分成多个屏幕区域，每个区域显示不同的内容或者高清晰度显示画面内容。

3.3.1.5　直播演播室的特殊要求

与录播演播室相比，直播演播室在设备性能、系统功能上要求更高，相对于录播演播室提高了系统的可靠性，主要体现在以下方面：

1．系统配置的要求

用于直播的演播室系统对设备稳定性要求很高，关键线路上的所有设备均应实现备份，无单点故障。直播系统设备还要求操作简单直观，具有自动检测和报警功能。

（1）切换台必须实现主备，备切换台尽量选择与主切换台同一品牌，但在系统配置上要低于主切换台，备切换台的主输出母线可以跟随主切换台主输出母线的状态，以保证在紧急切换前后主备播出路由的信号一致；

（2）音频系统输出的主备两路信号应来自于不同的音频切换设备，宜配置备调音台；主播话筒应直接接入调音台；扩声调音台应与制作调音台设计成为相互独立而具有相互备份能力的系统；

（3）周边处理设备应由备份，主备通道上的板卡应分别接入不同的处理机箱。

（4）演播区、导控区、音控区、总控之间应有通话设备连接各工位；演播区、导控区、音控区应配置与总控同步的时钟显示；应具有同步信号；摄像、放像、放音等信号源设备应有热备份；有群众参与及外来信号的直播节目，应在播出链路中配置延时和切断装置，延时时间应符合国家新闻出版广电总局相关规定；

（5）应配置指示（Tally）系统；应具备监看监听监测各级信号的功能；演播区、导控区、音控区、总控之间应具备双工通话能力；应配置倒计时时钟；同步设备（或信号）应有备份，主备同步设备应能够自动和手动切换，且具备失锁保持功能。

2．辅助环境的要求

（1）根据国家新闻出版广电总局安全播出管理规定要求，省会级以上电视台直播演播室外来信号宜通过双链路传送至演播室。

（2）导控室和设备机房应配置双路工艺电，其中至少主路应为 UPS 电，并满足国家新闻出版广电总局安全播出管理规定提出的接续时间。

（3）直播视音频系统设备应与其他（灯光、扩声等）设备用电分开。

3.3.2　专题演播室系统设计

由于专题演播室通常是中型、小型演播室，对主播正面和全景进行拍摄，摄像机机位、传声器位置相对固定，专题演播室视频系统一般按照 3~5 个讯道设计，则视频切换台信号输入端口一般不少于 24 路。

3.3.2.1　小型专题演播室

小型专题演播室主要用于小型嘉宾访谈类节目的制作，专题演播室场景相对简单，具有日常直播或录播功能。

以 200m² 小型专题节目演播室为例，视频系统应考虑数字视频切换台加应急矩阵，音频系统应考虑主备调音台的方式对系统进行设计。

其信号输入输出基本需求如表 3-13 所示。

小型专题演播室输入输出信号表　　　　　　　　　　　　　　　　　表 3-13

输入信号		输出信号	
视频	音频	视频	音频
摄像机 3 路； 字幕机 4 路； 在线包装 4 路； 视音频服务器 2 路； 录像机 1 路； 外来信号 4 路； 其他预留输入	有线话筒 12 路； 无线话筒 6 路； CD 机 1 路； 录像机 1 路； 视音频服务器 2 路； 外来信号 4 路； 电话耦合器 1 路； 其他预留输入	切换台 PGM 1 路； 切换台 PVM 1 路； 矩阵 PGM 1 路； 矩阵技监 1 路； 视音频服务器回采 2 路； 演播室返送监看 2 路； 其他预留输出	调音台 PGM1 路； 演播室返送监听 1 路； 控制室监听 1 路； 视音频服务器回采 1 路； 其他预留输出

3.3.2.2　中型专题演播室

中型专题演播室主要用于小型娱乐、智力竞赛等专题类节目的制作，一般为两个主持人，嘉宾数量不限，可以带少量观众，具有日常直播或录播功能。

以考虑直播需要的 400m² 中型专题节目演播室为例，视频系统应考虑数字视频切换台加应急矩阵，音频系统应考虑主备调音台的方式对系统进行设计。

其信号输入输出基本需求如表 3-14 所示。

中型专题演播室输入输出信号表　　　　　　　　　　　　　　　　　表 3-14

输入信号		输出信号	
视频	音频	视频	音频
摄像机 5 路； 字幕机 4 路； 在线包装 4 路； 视音频服务器 2 路； 录像机 2 路； 外来信号 4 路； 其他预留输入	有线话筒 16 路； 无线话筒 8 路； CD 机 1 路； 录像机 2 路； 视音频服务器 2 路； 外来信号 4 路； 电话耦合器 1 路； 其他预留输入	切换台 PGM 1 路； 切换台 PVM 1 路； 矩阵 PGM 1 路； 矩阵技监 1 路； 视音频服务器回采 2 路； 演播室返送监看 4 路； 其他预留输出	调音台 PGM1 路； 演播室返送监听 1 路； 控制室监听 1 路； 视音频服务器回采 2 路； 其他预留输出

3.3.2.3　专题演播室视音频系统框图

视音频系统框图如图 3-9、图 3-10 所示。

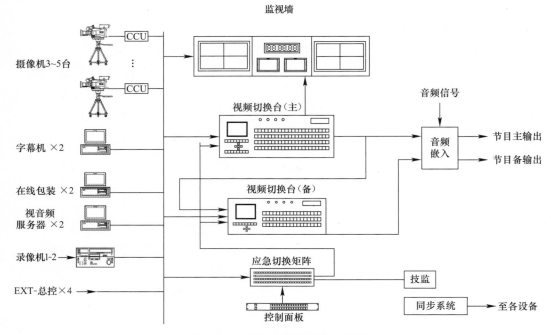

图 3-9　专题演播室视频系统框图

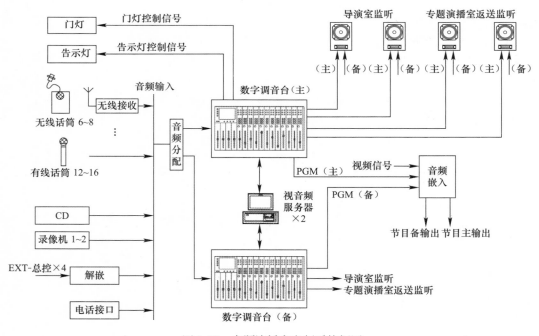

图 3-10　专题演播室音频系统框图

3.3.3　综合演播室系统设计

综合节目是泛指非新闻、资讯类的所有文艺、曲艺以及晚会类节目。由于综合节目演播室通常是中型、大型演播室，需要多角度取景拍摄，综合节目演播室视频系统一般按照 6~10 个讯道设计，则视频切换台信号输入端口一般不少于 32 路。

3.3.3.1 中型综合节目演播室

中型综合节目演播室适合于小型、中型文艺类节目的录制，观众参与数量较少，如少儿歌舞、曲艺类等节目。

以 400m² 中型综合节目演播室为例，视频系统应考虑数字视频切换台加应急矩阵，音频系统应考虑主备调音台（扩声调音台作为备份调音台）的方式对系统进行设计。

其信号输入输出基本需求如表 3-15 所示。

中型综合节目演播室输入输出信号表　　　　　　　表 3-15

输入信号		输出信号	
视频	音频	视频	音频
摄像机 6 路； 字幕机 4 路； 在线包装 4 路； 视音频服务器 2 路； 录像机 2 路； 外来信号 6 路； 其他预留输入	有线话筒 12 路； 无线话筒 20 路； CD 机 2 路； 录像机 2 路； 视音频服务器 2 路； 外来信号 6 路； 电话耦合器 1 路； 其他预留输入	切换台 PGM 1 路； 切换台 PVM 1 路； 矩阵 PGM 1 路； 矩阵技监 1 路； 视音频服务器回采 2 路； 演播室返送监看 2 路； 其他预留输出	调音台 PGM1 路； 演播室扩声 1 路； 控制室监听 1 路； 多轨录音机； 视音频服务器回采 2 路； 其他预留输出

3.3.3.2 大型综合节目演播室

大型综合节目演播室适合于中型晚会、歌舞类文艺节目的制作，可以容纳较大数量的观众。

此类演播室通常配备不少于一套大型摄像摇臂以增强画面的空间移动表现能力，拟选用不小于 12m 长的大型摇臂。在需要的情况下还可考虑设置重型摄像机轨道可以增强画面的水平移动表现能力。

以带直播功能需求的 800m² 大型综合节目演播室为例，视频系统应考虑数字视频切换台加应急矩阵，音频系统应考虑主备调音台（扩声调音台作为备份调音台）的方式对系统进行设计。

其信号输入输出基本需求如表 3-16 所示。

大型综合节目演播室输入输出信号表　　　　　　　表 3-16

输入信号		输出信号	
视频	音频	视频	音频
摄像机 10 路； 字幕机 6 路； 在线包装 4 路； 视音频服务器 2 路； 录像机 2 路； 外来信号 6 路； 其他预留输入	有线话筒 16 路； 无线话筒 24 路； CD 机 2 路； 录像机 2 路； 视音频服务器 2 路； 外来信号 6 路； 电话耦合器 1 路； 多轨录音机输入； 其他预留输入	切换台 PGM 1 路； 切换台 PVM 1 路； 矩阵 PGM 1 路； 矩阵技监 1 路； 视音频服务器回采 2 路； 演播室返送监看 2 路； 其他预留输出	调音台 PGM1 路； 演播室扩声 1 路； 控制室监听 1 路； 多轨录音机； 视音频服务器回采 2 路； 其他预留输出

3.3.3.3 视音频系统框图

视音频系统框图如图 3-11、图 3-12 所示。

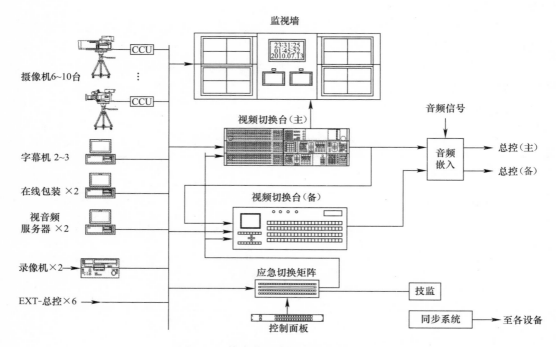

图 3-11 综合节目演播室视频系统框图

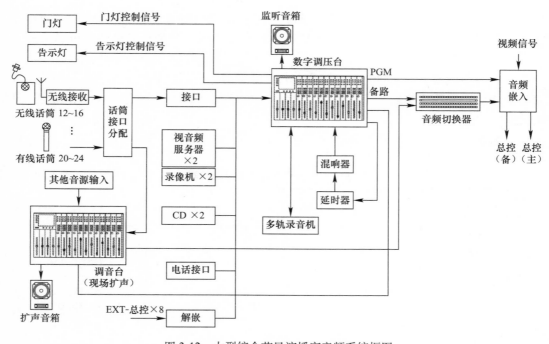

图 3-12 大型综合节目演播室音频系统框图

3.3.4　虚拟演播室系统设计

虚拟演播室是一种全新的电视节目制作工具，一般在演播室设置 U 形抠像蓝板或绿板。虚拟演播室技术包括摄像机跟踪技术、计算机虚拟场景设计、色键技术、灯光技术等。虚拟演播室技术是在传统色键抠像技术的基础上，充分利用了计算机三维图形技术和视频合成技术，根据摄像机的位置与参数，使三维虚拟场景的透视关系与前景保持一致，经过色键合成后，使得前景中的主持人看起来完全沉浸于计算机所产生的三维虚拟场景中，而且能在其中运动，从而创造出逼真的、立体感很强的电视演播室效果。

三维虚拟演播室的跟踪技术有 4 种方式可以实现，网格跟踪技术、传感器跟踪技术、红外跟踪技术、超声波跟踪技术，其基本原理都是采用图形或者机械的方法，获得摄像机的参数，包括摄像机的位置参数、云台参数、镜头参数等。由于每一帧虚拟背景只有很短的绘制时间，所以要求图形工作站实时渲染能力非常强大，对摄像机的运动没有更多的限制。

虚拟演播室实景图如图 3-13 所示。

图 3-13　虚拟演播室实景图

以 3 讯道虚拟演播室为例，视音频系统框图如图 3-14 所示。

3.3.5　与后期系统的关系

由于全台网络化的实现，演播室作为节目制作的重要流程之一，必然需要与整个网络化制作系统互联。网络化设备如字幕机、视频服务器等已经成为演播室系统建设中必不可少的设备。在与后期制作系统实现互联互通后，演播室不再是传统意义上的视音频信号孤岛，而是一方面可以利用后期制作网丰富的节目素材提高演播室系统整体制作水平，另一

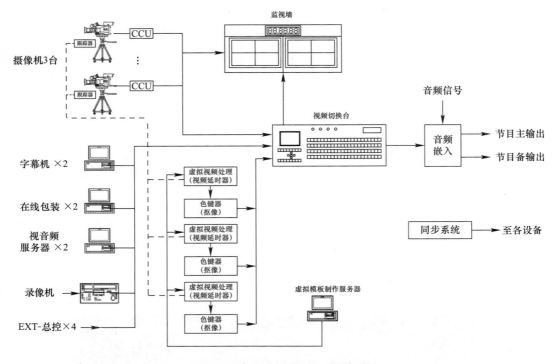

图 3-14　虚拟演播室视频系统框图

方面，演播室录制好的节目在不需直播状态下可以通过视频服务器录制后直接迁移到后期制作系统中，提高了整体节目制作效率。

演播室与后期制作网间一般有两种方式实现互联。第一种是演播室与某个后期制作网紧耦合的情况，在这种情况下，演播室内不单独部署中央存储，而是使用后期制作网的存储空间。这样一方面可加强耦合的程度，便于素材与成片的相互调用，另一方面可节约设备的部署成本。但是紧耦合的方式往往某个演播室只能为单一制作岛利用，从系统灵活调配角度讲不太理想；第二种情况是不与任何后期制作网紧耦合的演播室。这种情况下，演播室与后期制作岛之间联系往往是多对多的方式，便于更彻底的互联互通，通常采用添加演播室网关等方式实现。但这种互通方式增加了网络互通的难度，也为资源调配和维护管理提高了要求。两种方式各有利弊，并不能简单评判优劣，还应在系统建设过程中根据实际情况灵活掌握。

3.4　演播室建筑声学设计

广播电视演播室是节目制作的一线场所，良好的声学环境是制作高质量节目的基础保障。随着电视节目的全面高清化，演播室对声学指标的要求并未随着录音设备技术的发展而放宽，反而对声学设计人员提出了更多、更新的要求。

首先，在高清演播室内，呈现大型化和开放性的趋势。在此条件下，多声道的同期录音将日益增多，因此室内的声学环境应进一步探讨和研究。大型综艺演播室如图 3-15

所示。

其次，在录音控制室内，多声道重放和监听有严格的声学要求，声频设备也应符合一定的技术要求。从而保证节目的录制质量能达到国际认可的基本要求。

值得注意的是，广播电视节目音频系统经历了从单声道、左右立体声系统到多声道环绕声系统的过程，并且还在发展。在多声道环绕声系统中，5.1 声道的环绕声系统是最具有代表性的。5.1 声道环绕声系统是在目前广播电视技术条件下，可以采用的一种经济合理的多声道重放系统。

近年来的工程设计中，也有一些电视台对噪声控制缺乏重视，如认为，现在演播室"开门也可录音了"等，甚至以在大型活动的现场报道中使用临时直播间的案例来说明演播室不需要特殊声学设计。这种想法十分危险，极易导致声学施工质量不可控，最终导致完工的演播室在声学上"不能用"。事实上，随着观众对电视节目质量要求的日益提高，近些年如奥运会、大型车展、大型群众活动的现场直播中（如图 3-16 所示），越来越多的广电媒体开始选择建设具有相当隔声隔振水平的现场直播间以满足节目制作的要求。

图 3-15　大型综艺演播室

图 3-16　车展临时搭建的直播间

3.4.1　演播室内的噪声和振动控制

演播室内部对噪声和振动的控制有着严格的要求。一般来说，较低的背景噪声环境，更加有利于传声器的摆放，能够得到更好的拾音效果。

不过，在广播电视综合建筑中，为了达到较高的噪声控制水平，可能造成工程总投资的大幅度提高，并且可能涉及到较为复杂的隔声隔振做法，这也会提高因为施工质量不过关或局部施工疏漏而导致的隔声构造失效的风险。

因此，在工程中，我们建议按照演播室不同的节目制作类型、房间尺寸、投资情况等，提出不同等次的本底噪声控制指标，如表 3-17 所示。

需要注意的是，上面的本底噪声控制指标是针对"稳态噪声"而言的。所谓稳态噪声，主要由建筑物内部空调等动力设备产生的连续噪声。此外，演播室内的灯具、LED 大屏幕等设备在工作状态下的噪声也应以不超过上述标准为宜。

对于非连续稳态噪声，例如穿高跟鞋或硬皮鞋走过发出的声音、手推车经过的声音、

规范中演播室本底噪声表　　　　　　　　　　　表 3-17

房间名称	规模	标称面积（m²）	噪声容许标准	
			一级标准	二级标准
专题演播室	小型	80、120、160、200	NR20	NR25
	中型	250、400	NR25	NR30
	大型	600、800、1000	NR25	NR30
综艺演播室	中型	250、400	NR25	NR30
	大型	600、800、1000	NR25	NR30
	超大型	1200、1500、2000……	NR25	NR30
录音控制室	—	20~40	NR25	NR30
电视导演室	—	80、120、150	NR25	NR30

走廊上大声喧哗的人群、楼下汽车鸣笛声、突发的手机铃声等。这些噪声影响并非事先可以预测或进行定量分析，因此在规范上无法定量进行控制。声学设计时应该充分考虑各类可能出现的噪声影响，并尽可能通过隔声设施或区域管理控制等方式尽可能降低非稳态噪声带来的干扰。原则上，应根据非稳态噪声与其他稳态噪声共存时的掩蔽效应进一步确定。与对于稳态噪声的容许标准相比，各频段要再低 6dB 以上。

在工程设计过程中，声学专业要与建筑、结构、机电等各专业协调配合，共同完成演播室的噪声和振动控制设计。

对于广电中心工程，声学设计需要通过对建筑平、剖面关系的分析和调整来实现基本的"闹静分开"。

一般来说，演播室以及控制室等节目制作房间无论水平方向还是垂直方向均不应与空调机房、水泵房等设备用房相邻。在一些高层项目中，由于建筑空间限制，当演播室无法避免地与上述"噪声振动源"相邻时，就要采取特别的隔声隔振构造进行处理，需要特别指出的是：这些复杂的隔声隔振构造可能对高层建筑带来不必要的荷载压力，也可能过分侵占机房使用面积。同时，读者们需要注意到，由于国内工程施工质量相对较差，建筑工人素质不高，过于复杂的构造很可能由于施工质量不过关而失效。

演播室除了应在平、剖面关系上尽可能不与设备机房相邻之外，原则上也应当尽可能不和其他演播室或节目制作用房相邻。由于演播室往往带有扩声系统，或用于录制大中型节目而带有大量观众，这样的房间在节目制作时对于其他技术用房来说就变成了不折不扣的"噪声源"。在局促的广电中心大楼中合理布置演播室，尽可能避免出现因为需要解决相邻房间干扰问题，而花费大力气做附加的隔声墙或隔声吊顶等措施。

此外，演播室周边区域应当尽可能减少无法控制的噪声，例如不宜在公共区域设置演播室、不建议演播室紧邻城市主干道、紧邻地铁线路等。考虑到大型演播室在使用时可能带有大量的观众和演职人员，对噪声控制要求较高的文艺录音室、中小演播室等应当尽可能避免设置在大演播室候场区域附近，如图 3-17 所示。演播室主要出入门不宜与其他演播室的门相对，以防止由于人员出入使演播室之间出现噪声干扰。

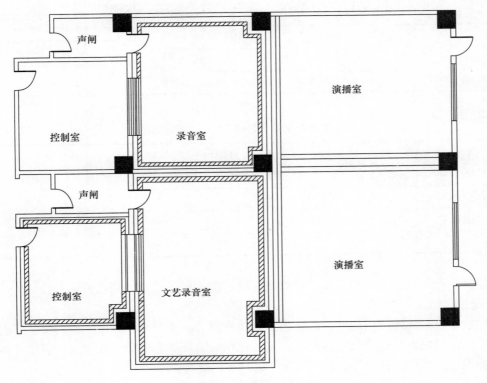

图 3-17 演播室平面干扰示意

3.4.1.1 围护构造的隔声

高清演播室的围护结构应根据周围的噪声环境和演播室内的容许噪声标准，具体分析确定。影响高清演播室的噪声源有：

（1）外部噪声

飞机、汽车、地铁和轨道交通等产生的交通噪声以及雨噪声。

（2）建筑内部的机电设备

通风空调系统设备、发电机和变压器等产生的噪声。

（3）节目制作产生的噪声

相邻演播室的节目声、道具搬运声等。

（4）其他

如建筑物内的人员活动产生的噪声等。

根据我们多年来的设计经验，对于不同类型的演播室相邻的情况下，建议的空气声隔声性能指标如表 3-18、表 3-19 所示。

需要说明的是，为了便于工程实际应用，我们建议在工程建设中按声压级差（单位：dB）对隔声量加以描述和说明。这一指标相对隔声量指数（R_w）更加便于现场直观测量，同时也方便非建筑声学专业工作者对隔声量的大小建立直观感受。

相邻演播室之间空气声隔声指标要求　　　　　　　表 3-18

演播室分类	计权隔声量 R_w（dB）		
	新闻演播室	专题演播室	综合演播室
新闻演播室	50~60	60~70	不宜直接相邻
专题演播室	60~70	65~75	
综合演播室	不宜直接相邻	不宜直接相邻	

演播室与技术用房之间空气声隔声指标要求　　　　　表 3-19

演播室分类	计权隔声量 R_w（dB）			
	走道	导控室	调音室	空调机房
新闻演播室	50	55	60	70
专题演播室	55	50	60	65
综合演播室	55	45	60	65

　　但是在设计文件、计算书以及验收报告中，应采用规范要求的隔声量指数（R_w）以满足标准化要求。

　　一般来说，建议使用均质重墙作为工艺技术用房的围护墙体。实心砖砌块墙体施工相对方便，同时也容易达到既定的隔声指标。在厚实的砌块墙体中设置管线、接线盒等也能够方便地通过填缝、抹平等方式对可能的漏声加以修补。

　　随着建筑材料、技术和环保要求的发展，一般建筑越来越多地采用空心砌块墙体或轻质复合构造墙体代替实心砖墙。尤其是对于高层建筑，为了尽量减少墙体的荷载，只能采用复合轻墙作为技术用房的围护墙体构造，如图 3-18 所示。

图 3-18　高层建筑中的复合隔墙

各种复合隔声轻墙的构造、声学特性指标等在其他专著中都有详细的描述，随着建筑材料技术的发展，国内市场上也有大量的厂商生产出各种类型、材料、样式的隔声轻墙。读者在使用和选择上要注意选择具有权威检测部门出具的隔声性能指数报告的产品。

在广播电视工程中使用轻质复合隔声构造时，有下面几个问题需要读者注意：

首先，与单层均值墙体不同，质量定律不能用于计算复合墙体的隔声量。质量定律如图 3-19 所示。

在建筑声学计算中，墙体隔声量普遍应用质量定律进行计算，通俗来说，对于隔墙隔声存在一个普遍的规律，即材料越重（面密度，或单位面积质量越大）隔声效果越好，当墙体材料确定后，墙体隔声量按每倍频程约 6dB 的斜率上升。

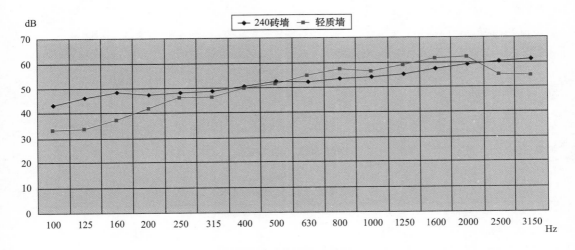

图 3-19　质量定律示意图

对于复合构造的墙体的隔声性能，在低频段质量定律还能够适用。但是由于复合墙体的面密度一般远低于均值砖墙，因此轻质复合墙体隔离低频噪声的能力远不如重墙。复合隔声构造的隔声量如图 3-20 所示。

在中高频段，由于复合墙体除了采用阻尼材料隔离声波振动外，还利用了复合板材和空腔构造在特定频率范围内的共振特性，因此能够实现使用较轻的材料达到重墙才能得到的隔声效果。不过，读者还要注意，为了得到较好的隔声效果，复合轻墙往往采用多层构造，这就造成了轻质隔声墙的厚度一般来说远大于单层或双层重墙的厚度。

声学设计人员还要特别注意：由于复合轻质墙的特性，虽然其在中高频段拥有较高的隔声指标，但是，同样由于共振的原因，复合墙体在某一频率段必定存在一个隔声能力相对较差的"谷"。设计人员在选择隔声构造时，要特别注意研究相应构造"隔声低谷"的频率范围，避免出现在中频区间，或有针对性地使用其他方式对隔声量不足进行补偿。

此外，由于复合轻质墙体材料大多相对单薄，演播室由于其自身工艺需要，往往要在墙体敷设大量信号接口箱、盒或管道路由。在使用复合轻墙时，要特别注意不能在墙体两侧相对安装信号接口盒，还要对所有穿墙管、洞进行细致的封堵。

基于同样理由，在轻质墙体外进行内装修施工时，也要特别注意不要因安装龙骨等对

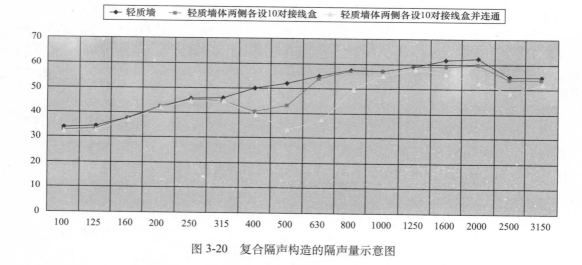

图 3-20　复合隔声构造的隔声量示意图

隔声构造进行破坏。

　　演播室有上、下重叠关系时，为了减弱当上层演播室在正常活动时，所产生的结构传声对于下层高清演播室的影响，在演播室内应采取"隔声吊顶"、"浮筑楼板"或"房中房"等技术措施。楼板撞击声隔声性能要求如表 3-20 所示。

楼板撞击声隔声性能要求　　　　　　　　　　表 3-20

分类	撞击声隔声单值评价量（dB）			
	一级标准		二级标准	
	计权规范化撞击声压级 L_n，w（实验室测量）	计权标准化撞击声压级 L'_{nT}，w（现场测量）	计权规范化撞击声压级 L_n，w（实验室测量）	计权标准化撞击声压级 L'_{nT}，w（现场测量）
演播室	≤40	≤40	≤50	≤50

　　这类构造在 4.4 节将有详细说明，在此不再赘述。

　　在演播室、控制室的出入口，应设置 1 道或 2 到隔声门，设置 2 道隔声门时，声闸内部应有强吸声处理。对于隔声门的空气声隔声性能要求如表 3-21 所示。

隔声门的空气声隔声性能　　　　　　　　　　表 3-21

隔声门	空气声隔声单值评价量＋频谱修正量（dB）	
一般技术房间用简易隔声门	计权隔声量＋粉红噪声频谱修正量 R_w+C	≥35
带声闸的隔声门	计权隔声量＋粉红噪声频谱修正量 R_w+C	≥40
不带声闸的隔声门	计权隔声量＋粉红噪声频谱修正量 R_w+C	≥45

　　需要说明的是，隔声门除了应当满足声学指标要求外，还应具有良好的机械性能和满足国家要求的防火性能。

　　市面上大多数的隔声门采用钢制内填阻尼材料的构造，门缝设计有复杂的密封机构。单纯从门本身来说，普遍能够达到很高的隔声水平。但是，在实际工程应用中，还应该特别注意门框和装修层之间的密封和连接，避免在门的开闭动作中，因为门体自重较大，在与装修层结合位置产生缝隙。

此外，隔声门与一般的房门不同，属于具有特殊安装性能要求的"设备"，必须经过专业人员进行安装和调试，避免因为安装不满足要求而产生闭合不严等问题，造成漏声。隔声门如图 3-21 所示。

演播室和导控室、声控室等技术用房之间大多设置大面积的隔声观察窗。

隔声窗应采用多层玻璃的构造形式；各层玻璃的厚度及其间距不应全部相等；在各玻璃层间的窗框四周应作吸声处理；玻璃与窗框之间应用弹性材料减振并采取密封措施；窗框与墙洞之间的缝隙必须填充密实。隔声窗临录（播）音室、演播室一面的玻璃宜倾斜 6°以上。隔声窗如图 3-22 所示。

在空气相对潮湿的地区，还要通过特殊装置避免在两层玻璃之间产生凝雾或结露。

图 3-21　复杂的隔声门

图 3-22　隔声窗

与演播室无关的管道如水管、暖气管、电缆管道等应尽量远离隔声墙安装，而不应直接安装在隔声墙（或楼板）内；

电气管道穿过"房中房"构造的双层隔声墙（或楼板）时，管道应在两墙之间断开，且断开处应用软管连接。

3.4.1.2　通风和空调系统的噪声控制

演播室在正常工作时，其中会有大量的演职人员和观众，此外，灯光照明设备、舞美设备等在工作时也需要大功率空调系统进行散热排风。因此，演播室空调系统必不可少，但是，空调机组运转时离心风机产生大量的机械噪声和空气动力性噪声，通过系统的管路及送、回风口向外辐射。空调机组如图 3-23 所示。

空调系统的噪声控制包括如下方面：

1. 选用低噪声的设备

高清演播室空调系统的噪声控制首先要合理选择风机的参数，选用低噪、高效的风机。根据调研，低噪声的空调箱的机外噪声一般可在 75dBA 以下。

2．消声器和管道部件的选用

根据空调设备的声功率级和演播室的容许噪声标准，考虑到管道的自然声衰减等，合理选用消声器。应尽可能选择阻力系数小的消声器及其他管道部件（如三通、弯头、变径管和风口等）。管道消声器如图 3-24 所示。

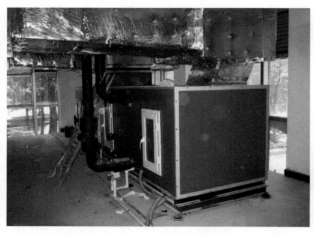

图 3-23　空调机组　　　　　　　　　　　　图 3-24 管道消声器

同时，应尽可能控制管道中的气流速度，减弱风阀、消声器和出风口等处产生二次噪声。

此外，在空调管道系统布置时，应特别避免在多个演播室或控制室之间采用"串糖葫芦"的方式送、回风，避免相邻房间通过风道串声。风道进入或离开演播室时，应根据实际需要合理设置消声器。

3．到达传声器处的气流速度控制

为了不影响演播室内的录音，出风口在传声器的使用范围内产生的气流速度应低于 0.8m/s。

各类噪声标准下，空调系统各部分风速建议值如表 3-22 所示。

风道及送回风口处风速推荐值　　　　　　　　　　　　　　　表 3-22

噪声标准要求值	管道内气流速度的允许值（m/s）		
NR 评价曲线	主风道	支风道	房间出风口
10	3.5	2.0	1.0
15	4.0	2.5	1.5
20	4.5	3.5	2.0
25	5.0	4.5	2.5
30	6.5	5.5	3.3
35	7.5	6.0	4.0
40	9.0	7.0	5.0

具体数值不应由声学设计师单方面确定，声学设计应配合空调设计专业根据空调系统的技术特点落实风速等指标。

4．空调设备的隔振和隔声处理

演播室区域周边的空调设备应采用弹簧、橡胶复合减振器。一般空调设备厂家在设备出厂时均配备有隔振器，但是这些隔振器远远无法满足广播电视建筑这类严格的噪声和振动控制要求。

一般情况下需要对设备采用增加阻尼基础和弹性隔振器的方式进行处理。空调机组的隔振示意图见图 3-25。

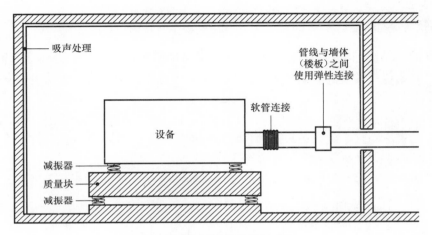

图 3-25 空调机组的隔振示意

5．空调设备管道系统的隔振处理

空调机房内的管道系统应做减振处理（软接头、弹性吊钩等）。这些措施应该由声学工程师配合空调专业设计人员共同完成。弹性吊钩用法如图 3-26 所示。

3.4.1.3 其他机电设备的噪声和振动控制

对于广播电视中心内部的水泵、冷却塔、柴油发电机组等其他大型机电设备，原则上应当设置在远离演播室的位置上。设备机房内景见图 3-27。

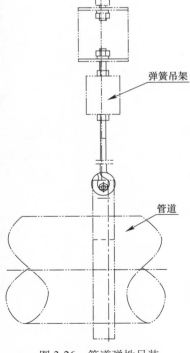

图 3-26 管道弹性吊装

图 3-27 设备机房内景

　　邻近演播室的机电设备管道，均应进行弹性连接安装，应减少振动在减振器中的传递并增加支撑楼板的刚性。

　　管道穿越演播室的隔墙时，应采用双层套管，套管与水管、风管之间应填充多孔吸声材料，不能有刚性连接。

　　此外，与空调机组类似，机电设备安装时均应采取隔声隔振处理。所有机电设备机房应采用高隔声量的围护墙体，设置隔声门。机房内部应进行全频带吸声降噪处理。机房地面应采用浮筑楼板构造。

3.4.2　演播室音质设计

　　演播室需要录制的节目种类随时有变化，布景规模和参与人数等也随着节目而变化。在录音制作时，传声器与演员距离较大，并采用多声道的录音工艺，所以演播室混响时间比一般录音室更短些是有利的。

　　由于演播室的功能特点，在声学装修上，对于面层装饰材料应以环保、防火、易于清洁等原则为选材原则。不建议选用高档、华丽的面层材料。实际上，大多数演播室在实际使用时，内部声学装修材料大多被舞台布景、观众等所遮挡。

　　对于演播室混响时间的确定，目前广电行业标准中有推荐值如图 3-28 所示。

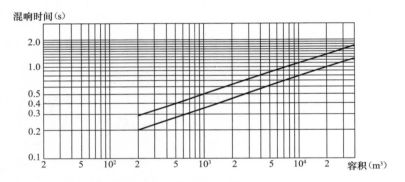

图 3-28　演播室中频混响时间推荐范围与容积的关系

　　需要说明的是，图 3-28 是基于国内一般情况下演播室的使用习惯总结归纳而成的，在实际工程应用中，建议结合各台实际使用习惯，合理确定适当的混响时间。若有确实的应用场景，超出上面推荐范围的设计取值也是合理的。

　　图 3-28 仅表示中频（500Hz）混响时间的取值推荐范围，各频段的容许偏差见表 3-23。

混响时间特性曲线　　　　　　　　　　　　　　　　　　　　　表 3-23

类别	中心频率（Hz）							
	63	125	250	500	1000	2000	4000	8000
演播室	—	1.00～1.20	1.00～1.10	1.0	1.0	0.90～1.00	0.80～1.00	—

　　对于房间的混响时间特性，国内倾向于认为略长的低频混响时间有利于主观饱满感受

的形成。但是根据近些年国内、国际上的工程实践和主观听音统计，实际上更长的低频混响时间并不能有效地提升"丰满度"，同时，较高的低频混响反而会使录音的清晰度降低。因此，我们不建议刻意地提高低频混响时间设计值。

同时，与录音棚不同，演播室在节目制作时往往会设置有大量的舞台布景设施，这些舞台布景往往按照视觉效果的要求进行制作，并且大多采用方便拆卸的简单构造，因此一般会极大地提高场内混响时间，并极易造成大型的声反射面。因此演播室内部在进行声学装修时，建议尽可能多设置宽频吸声构造。

广播电视演播室的尺寸一般相对较大，总吸声量较高，因此在形体上并不像其他技术用房那样要求严格，但还是需要对简正振动模式进行计算。演播室的体型可以根据节目制作的需要确定。但是，声学上不推荐方形、圆形等体形。否则，应进行仔细的声学分析，并进行充分的声学处理，避免产生各种声缺陷。

混响时间是在满足扩散条件时，演播室的一个声学特性。在调查中不难发现，即使有的演播室，它们的声学装修材料种类和面积均相同。但是，在演播室内的主观感觉和节目的录音质量却有很大的差别。

典型的例子如有一些演播室为了追求片面的美观，采用大面积的反射面（如图 3-29 所示带有大玻璃的房间）或平行的声反射等。这样，在录制节目时，往往会造成录音点难以选取、录音质量差或演奏困难等。

图 3-29　带有大玻璃的房间

所以，除混响时间外，应注意演播室内的声缺陷的问题。一般的声缺陷有：

（1）声聚焦

在演播室中，存在凹型反射面时，声波形成集中反射的现象。由于反射声聚焦于某个区域，造成声音在该区域内听音条件变差，声场不均匀度增大。

（2）回声和颤动回声

在演播室中有大的反射面或平行反射面存在时，在一定的条件下，可以产生回声或多重的回声。典型的例子如：当演播室的天幕后没有吸声材料，只要有大面积的平行反射面存在，仍然可以产生颤动回声。

（3）声染色

在演播室中，由于体型或吸声材料选择、布置不合理等引起的音色变化的现象。

一般演播室空间尺寸较大，平均吸声量较高，此时进行混响时间计算时，不建议选择传统的赛宾公式，而建议采用式（3-1）计算。

$$T = \frac{0.16V}{S\ln(1-\bar{\alpha}) + 4mV} \tag{3-1}$$

式中　T——演播室内混响时间，s；

V——演播室的容积，m^3；

S——演播室的室内总表面积，m^2；

$\bar{\alpha}$——演播室内的平均吸声系数；

m——空气中声波的衰减系数，m^{-1}。

随着电视节目制作技术的多元化发展，各地开始大量建设虚拟演播室，虚拟演播室一般设置大型蓝箱。在进行虚拟演播室的声场设计时，建议考虑蓝箱可能产生的声反射及掩蔽效应。虚拟演播室见图 3-30。

图 3-30　虚拟演播室

此外，演播室应尽可能避免在可能设置大面积声反射装置的位置对侧设置大型观察窗。

近年来在大型综艺节目中，舞美设计越来越多地选用大面积 LED 显示设备。除了传统的舞台后方、两侧外，舞台地面和空中也会设置大量的显示设施和舞美设备。当这些设备进入演播室后，会大大降低演播室内部的整体吸声量。尤其是当演出区域（或拾音区域）被这些大屏幕设备包围时，可能导致演出区局部混响时间大幅度提高，并伴有极为明显的声反射现象。

对于综艺演播室，做好空场混响时间控制只能为一般节目制作提供基础的声学条件。在大型综艺演出时，舞美设计必须与录音师、音响设计和建筑声学专家共同配合，否则将严重影响节目的录音效果。

在工程建设时，建议为大型演播室预留一部分可以灵活设置、安装的吸声帘幕或可灵活安装的宽频吸声构造。当舞台声学环境较差时，为录音师尽可能多地提供一些吸声材料，方便节目的拾音布置。

3.4.3　配套技术用房声学设计

专题或综合节目类的演播室应根据节目的需要设单独的录音控制室，可采用 5.1 声道的节目录制方式，并考虑到与双声道和单声道等的兼容性，以提供适合各种用途的音频信号制作。

对于综合性的广播电视中心，其中各演播室的声学装修以及音频监听、制作场所的声环境应尽可能统一设计，有利于实现台内音频节目"声特点"的统一和继承。

相关房间的建筑声学设计详见 4.4 节。

3.5　演播室专业灯光设计

3.5.1　演播室专业灯光主要技术指标

电视演播室灯光的主要技术指标包括：照度、色温、显色指数、照度均匀度等。

3.5.1.1　照度

照度定义：表面上一点的照度是入射在包含该点面元上的光通量 $d\Phi$ 除以该面元面积 dA 之商，即 $E=d\Phi/dA$，该量的符号为 E，单位为勒克斯（lx），$1lx=11m/m^2$。

依据中华人民共和国广播电影电视工程建设行业标准《电视演播室灯光系统设计规范》3.1.1 条的规定"当摄像机的光圈为 5.6 时，演播室演区综合光的垂直照度应不小于2000lx。"

演播室垂直照度的选择，很大程度上取决于摄像机的特性指标、灵敏度、光圈大小，特别是数字高清晰度演播室，其灯光垂直照度值需要与演播室配置的摄像机紧密结合。不同灵敏度的摄像机，对于照度要求会有所不同，数字高清晰度演播室通常灵敏度较高，大部分摄像机均采用电荷耦合器件 CCD 阵列代替传统摄像管，在设置合理光圈的前提下，垂直照度值可以适当减小。

经过对于近几年建成并投入使用的电视台的调研，参考与中央电视台共同组织的数字高清晰度电视演播室灯光测试实验的总结和归纳，目前数字高清晰度电视演播室灯光的摄像机的光圈一般为 5.6~8，演播室演区综合光的垂直照度应为 1000~1500lx，此时已经可以获得令人满意的图像质量。

3.5.1.2　色温

作为演播室灯光光源，除了要求光效高、寿命长之外，还要求它发出的光具有良好的颜色。光源的颜色包括光源的色表和显色性两个方面，光源的色表就是人眼直接观察光源时所看到的颜色。光源的色表用色温这个概念描述，举例来说，作为演播室的主要光源卤钨光源，它属于传统意义上的热光源，由于它的发光光谱连续，色温这个参数就可以表示光源的颜色特性。

某些气体放电灯光源，虽然它的发光效率很高，使用寿命较长，但并不一定适用于演播室。比如我们常见的高压汞灯，它常常作为城市照明、街道照明使用。从远处看街道旁的高压汞灯，它发出的光既亮且白，但是当看到被它照射的人的面孔时，看起来人脸发青，这说明高压汞灯的色表好，但显色性不好。从上面这个例子可以看出，光源的色表和显色性既有区别又有联系，只有选择色表和显色性都比较突出的光源才能设计制造出满足演播室灯光使用的灯具。

采用卤钨光源制造的聚光灯、成像灯、Par 灯之所以在演播室、剧场舞台长期占据主导地位，就是因为它们的光谱能量分布是连续的，各种颜色的光都有，因此一般的色彩都能反映出来，也有较好的显色性。

色温定义：当某一种光源（热辐射光源）的色品与某一温度下的完全辐射体（黑体）的色品完全相同时，完全辐射体（黑体）的温度，简称色温。符号为 T_c，单位为开（K）。

相关色温：当某一种光源（气体放电光源）的色品与某一温度下的完全辐射体（黑体）的色品最接近时，完全辐射体（黑体）的温度，简称相关色温。符号为 T_{cp}，单位为开（K）。

依据中华人民共和国广播电影电视工程建设行业标准《电视演播室灯光系统设计规范》3.2.1 条的规定"演区光的色温应为（3050±150）K。"近年来，尤其是 2008 年北京奥运会之后，国内省级以上电视台在体育演播室、新闻演播室也开始了高色温灯光环境的尝试。演播室高色温灯光环境的色温应设置在 5600K 左右，这类似于晴朗的中午在室外转播体育比赛时的环境。对应于高色温环境，摄像机也需要做出相应的色温档位选择，如果光源色温比摄像机要求的色温低，则电视画面就会偏红；如果光源色温比摄像机要求的色温高，则电视画面就会偏蓝。灯具上用的滤色片中，有一类就是专门校正光源色温的滤色片，可以用它校正后适应摄像机的需要。

3.5.1.3　显色指数

光源的显色性是指光源的光照射到物体上所产生的客观效果，也就是光源是否可以正确地呈现物体的颜色。如果各色物体受照的效果与标准光源照射时一样，那么此光源的显色性好。如果物体受照后颜色明显失真，那么此光源的显色性差。为了对光源的显色性进行定量的比较，引入了显色指数的概念。将标准光源的显色指数定义为 100，那么所有人工电光源的显色指数都会比 100 低。

显色指数是在具有合理允差的色适应状态下，被测光源照明物体的心理物理色与参比光源照明同一色样的心理物理色符合程度的度量，符号为 R。8 个一组色试样的 CIE1974 特殊显色指数的平均值，通称显色指数。符号为 Ra。

另外还有一个效果显色的概念，它是指要鲜明地强调特定色彩，表现美的生活可以利用加色的方法来加强显色效果。采用低色温光源照射，能使红色更加鲜艳；采用中等色温光源照射，使蓝色具有清凉感；采用高色温光源照射，使物体有冷的感觉。

依据中华人民共和国广播电影电视工程建设行业标准《电视演播室灯光系统设计规范》3.2.2 条的规定"演区光的一般显色指数 $Ra \geq 85$。"常见光源的色温和显色指数如表 3-24 所示。

常见光源的色温和显色指数（Ra）　　　　　　　　　　表 3-24

光源类型	色温（K）	显色指数（Ra）
白炽灯	2400～2800	97～99
卤钨灯	3000～3200	97～99
三基色荧光灯	3000～3200	85～92
氙灯	6000	94
镝灯	5500～6000	75～85

3.5.1.4　照度均匀度

照度均匀度是表面上的最小照度与平均照度之比。

对于演播室灯光的主要技术指标，在以往的认识中，大家并不把照度均匀度作为一个技术要求。那是因为一谈到均匀度，人们自然联想到普通照明或一般公共、办公场所的照明，而作为艺术照明的演播室灯光，需要更多的特性指标，而均匀度对于演播室来说似乎没有实际意义。但近几年，在制作新闻、访谈类电视节目的数字高清晰度电视演播室的灯光使用中，灯光师们发现由于此类节目场景固定、景深有限、画面属于静态表现，因此当演区照度均匀度调整不好时，依然会给人以图像不理想的感觉。通过实际测试和经验总结，演区灯光照度均匀度不宜低于 0.7。

3.5.2　演播室专业灯光系统组成

前文提到，演播室灯光是一项系统工程，既然称之为系统自然会有许多相互关联的部分组成。由于演播室灯光设计和工程的复杂性、多样性，本书不可能一一列举不同需求构成的演播室灯光系统，因此我们用一种常规的、综合的演播室灯光系统结构，来介绍演播室灯光系统的组成。演播室灯光系统的基本组成如图 3-31 所示，其中灯光供电系统将在后文"电视中心工艺供配电设计"中单独阐述，在此主要介绍和分析灯光系统中其他的分支系统。

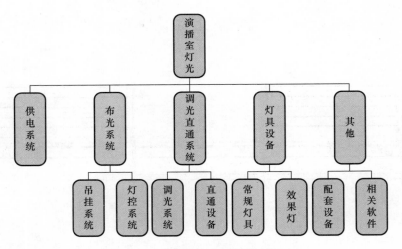

图 3-31　演播室灯光系统组成框图

3.5.3　布光系统

首先需要明确的是，本节所要讨论的演播室是指大、中型演播室，此类演播室主要用于综合文艺、娱乐专题、互动科教专题等节目的制作。此类演播室一般分为演出区（演区）和观众区两个部分，在布光系统的考虑上要区别对待。

布光系统要依据演播室的使用性质来设计，如果此演播室是专门为某一档节目而设置，那么在选择布光系统时，就要体现出针对性，满足其节目需要的特殊要求。大部分电视中心的演播室都是通用型演播室，可以满足一定周期内多档节目的制作，在设计布光系统时就要兼顾到节目的普遍需求，使系统更为全面，设置更加灵活。

布光系统在演播室灯光系统中主要包括：吊挂灯具和景物的设备及其控制系统；机械动作灯具及其控制系统；数字动作灯具及其控制系统。以下我们将分别就这三个方面进行介绍。

3.5.3.1 吊挂灯具和景物的设备及其控制系统

灯光吊挂设备是安装在演播室内设备层上，或某些特殊支撑面上用来悬挂灯具或其他灯光设备、舞美布景设备的装置。这些装置有些是固定安装不可移动的，有些则是可以临时移动位置的。演播室吊挂设备是演播室灯光系统的重要组成，它的作用是为灯光使用者在演播室上部空间灵活调度灯具、灯光设备、舞美设备的布局，满足节目制作对于灯光的指标要求。

灯光吊挂设备的种类很多，伴随我国科技水平的提高，特别是机械与自动控制技术的提高与应用，电视演播室的灯光吊挂设备也不断地丰富，其中有几种适合现代特点的设备，经过长时间的应用实践，已经证明具有良好的、稳定的、可靠的使用效果，在全国演播室内得到了大家的普遍认同，这些设备包括：

1. 复合电动水平吊杆

复合电动水平吊杆是目前大、中型演播室中应用最为普遍的一种电动吊挂设备，一般由提升电动机、减速机、钢丝绳滚筒、钢丝绳、滑轮组、吊杆本体、收（电）缆框、接线盒、各种电源及信号插座等组成。复合电动水平吊杆的电动机、减速机、钢丝绳卷筒、滑轮组安装在灯光设备层上，通过卷筒释放钢丝绳与下部吊杆本体连接，如图 3-32 所示。

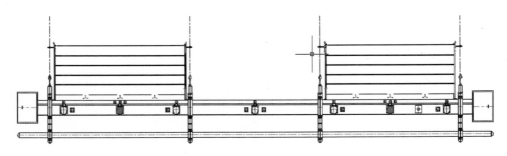

图 3-32 复合电动水平吊杆示意图

复合电动水平吊杆电动机的选择需要和吊挂重量、吊杆长度、提升速度要求相适应。一般的电动机提升重量有 300kg、400kg、500kg、600kg 等。为了保证设备的提升和吊重安全，减速提升设备带有制动装置，复合电动水平吊杆上配有上、下限位等安全保护措施，能够对上、下限位及上部运行高度进行电气安全操作。上限位装置限定了水平吊杆向上位移最高点；下限位装置限定了水平吊杆向下位移最低点；防冲顶保护装置是保证当水平吊杆的上限位装置失效时，防止吊杆继续运行与灯光设备层相撞。当然还有过载保护装置、防钢丝绳松断保护装置等。因为复合电动水平吊杆悬挂于高处，下方演区及观众区有大量人员和设备，所以需要设置多种措施，保证设备安全可靠地使用。

钢丝绳是复合电动水平吊杆安全吊重的关键，往往因为它在设备中的不起眼而被人们所忽视，实际上国家和行业在有关规范、规定中是有严格要求的。我们行业要求提升机上的钢丝绳总承载力不应小于总提升重量的 9 倍，电动悬吊装置的滑轮直径应不小于钢丝绳直径的 20 倍。同时，钢丝绳严禁出现扭曲、断股、锈蚀、损伤、弯折、打环、扭结、裂嘴和松散的现象，而且中间不应有接头。

复合电动水平吊杆的收（电）缆框是为了灯光设备层上引至吊杆本体的电缆可以自由收放而设置。一般会设置左右两个收（电）缆框，这是因为引至吊杆本体的电缆较多，分别设置可以减小电缆的尺寸，同时收（电）缆框的尺寸也可以相应减小。复合电动水平吊杆本体表面设置了各种插座，这里包括灯光电源插座、机械灯具控制插座、灯具信号插座等，有些还带有电源带电指示灯。此外，在复合电动水平吊杆本体上还会有吊杆的编号标示、插座用途及编号的标示，方便灯光使用者布光的选择。

复合电动水平吊杆的安装比较简便、承载力大、维护方便。为了便于其安装和维护，需要在灯光设备层上留有满足人员工作的高度空间。考虑到吊杆本体高度、上限位要求、防冲顶要求、舞美布景需要，在灯光设备层下部也要留有足够的空间。

2．自提升电动水平吊杆

自提升电动水平吊杆是由复合电动水平吊杆发展演变而来，形式上也是多种多样，但其基本结构区别不大，它的突出优点是节约了设备上部的安装空间。如前文所述，复合电动水平吊杆的提升电动机、减速机、钢丝绳滚筒、滑轮组均安装于灯光设备层上，这样在建筑设计上就要增加演播室整体高度，否则设备将无法安装，将来检修也不能实现。自提升电动水平吊杆很好地解决了这个问题，它的提升电动机、减速机、钢丝绳滚筒等装置与吊杆本体均安装在演播室灯光设备层下，大大减小了灯光设备层上部高度，人员安装和维护设备不用再在灯光设备层进行，而是在演播室地面进行。自提升电动水平吊杆的吊杆尺寸比起复合电动水平吊杆要短，承载力也要小些，设备本身的自重也要小一些，这样对于建筑结构的要求就降低了，如图 3-33 所示。

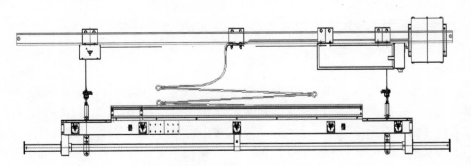

图 3-33　自提升电动水平吊杆示意图

3．垂直电动吊杆

垂直电动吊杆是一种机械传动机构安装在灯光设备层上，可以垂直伸缩的竖向吊杆。它的机械减速机构带动两根钢丝绳，钢丝绳带动伸缩机构实现吊杆的上下位移。垂直电动吊杆下部采用短横杆方式，横杆长度在 1m 左右，可以吊挂 1~2 只灯具。这种吊杆的收（电）缆方式采取了环绕卷绕的形式，电缆和信号线从灯光设备层环绕垂直吊杆本体到底部的收（电）缆框内。在吊挂灯具的短横杆上设置有灯光电源插座、机械灯具控制插座、灯具信号插座等，有些还带有电源带电指示灯、插座用途及编号的标示。在收（电）缆框侧壁设置吊杆的编号，方便灯光使用者布光的选择，如图 3-34 所示。

电动垂直吊杆的结构简单、安装方便。短横杆在吊挂灯具时，可以围绕垂直吊杆水平旋转，调整位置很容易，所以垂直电动吊杆经常被使用在演播室空间的四周及边角，用于弥补其他体量较大的吊杆不易安装的布光空白区间。但是这种吊杆在吊挂灯具时需要注意平衡，如果发生重量的较大偏差，那么就会导致短横杆的倾斜，所以它的使用也就受到了一定的限制。

4．单机吊点

单机吊点俗称为电葫芦，它其实是一种常见的起重设备，后来被引入演播室，经过改进和加强自动控制系统，设置安全操作措施，逐渐成为演播室吊挂系统中运用便利灵活的重要成员，如图 3-35 所示。

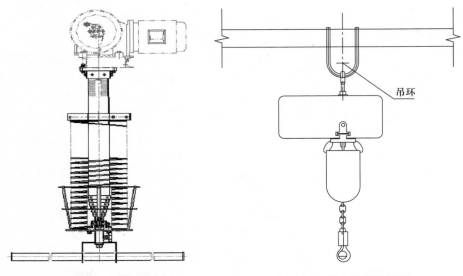

图 3-34 垂直电动吊杆示意图　　　　图 3-35 单点吊机示意图

单机吊点可以设置在演播室上空任何区域，单机吊点通过吊环固定在灯光设备层上部的承重槽钢上，这样站在灯光设备层上的操作人员可以很方便地移动和使用它。单机吊点的控制系统为独立控制系统，吊点可单控，也可多台集中控制运行（集中控制运行不少于6～8 台）。演播室内单机吊点配合铝合金架使用，根据不同节目要求，调整铝合金架的形状，配置适当数量的单机吊点，铝合金架就可以整体提升或下降，提高了灯光布局的创作空间。单机吊点的单点承载能力一般在演播室使用上会选择 500kg、1000kg 两档，由于它承载能力强，所以在演播室内经常利用单机吊点吊装舞美布景设施。

值得注意的是，在单机吊点和铝合金架组合使用时，一定要合理计算和配置，铝合金架应当配备足够数量的弯头和异型铝合金架以方便使用，同时铝合金架要有足够的强度，连接固定要紧密可靠。在单机吊点链条的末端需要安装安全挡块以防止链条末端脱落，控制箱上应有紧急停止装置，这些措施是为了保证使用的安全。

5．其他灯光吊挂设备

演播室灯光吊挂设备种类较多，除了上述一些最为常见和普遍使用的设备外，还有一些设备在这里略作介绍。

　　卧式行车吊杆在演播室机械化、自动化的技术升级中，曾经扮演过重要的角色。卧式行车吊杆的形式和电动垂直吊杆很相似，它在提升传动系统的基座下增添了一个机械移动小车，实现了平移运动。为了防止设备行进时发生碰撞，需要设置防止碰撞及防止翻车的装置。由于卧式行车吊杆在安装上和使用上要求比较高，在大面积布光时设备数量比较大，投资也就比较大，所以近几年的使用呈现下降趋势。

　　近年来，随着大型演播室灯光使用上越来越追求艺术效果和制作效率，所以在灯光布光设备上，对于一些专门为电视中心大型综合文艺晚会而设置的演播室，要求布光设备能够依据节目制作需要进行灵活组合。此类节目一般都会有比较充足的安装舞台、灯光设备、舞美布景的时间，所以可以利用这个时间进行布光设备的组合调整，例如独立的电动单点吊机就非常适应此类节目制作。

　　电动单点吊机安装于灯光设备层上，它可以组成点阵式吊挂提升系统。电动单点吊机的使用数量依据演区大小确定，每台设备提升负荷一般为 500kg。灯光设计人员可以任意组合这些电动单点吊机，同时配置与电动单点吊机分离的灯光专用组合灯架。可以根据需要组成不同的结构造型。这样可以给使用这个演播室的节目编导、灯光设计人员、舞美设计人员充分的创作空间和自由度，最大限度发挥他们的想象力和创造力。电动单点吊机可单控，也可多台集中控制运行（集中控制运行不少于 16 台），为了保证运行平稳可靠，大多采用国际知名品牌电机及减速机。

　　6．布光控制系统

　　演播室布光控制系统是对演播室内灯光吊挂设备、数字（机械）化动作灯具实现位置变化、方向变化、内部调节的控制集成系统。布光控制系统的目标是可以安全、快速、准确、便利地实现灯光吊挂系统的组合、升降、行走；实现数字（机械）化动作灯具的包括俯仰、水平、调焦等技术动作。布光控制系统在我国演播室技术实践和应用中，经过了手动控制、模拟控制、数字控制，直到今天的智能化、网络化现代布光控制系统。

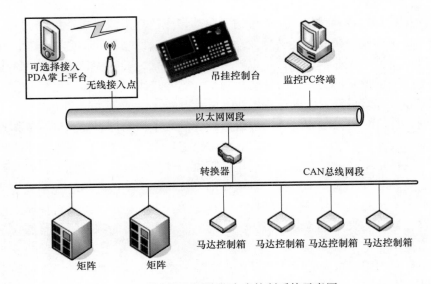

图 3-36　数字化、网络化布光控制系统示意图

数字化、网络化布光控制系统是计算机技术高速发展的必然，在这个系统中，对于灯光吊挂设备、数字（机械）化动作灯具这些位于系统末端的执行机构，都是采用的数字化闭环控制方式。每一个灯光吊挂设备、数字（机械）化动作灯具都有唯一的数字编码，上游的吊挂操作台通过选择相应的设备，就确定了对应的数字编码，可以实现编组和动作指令的发出。经过控制信号线，控制指令传达到每一个灯光吊挂设备、数字（机械）化动作灯具，它们根据自身的数字编码确定指令是否为发给自己，确定后通过灯光吊挂设备马达控制箱、数字（机械）化动作灯具控制器将信号放大后驱动设备动作。同时光电检测机构会将动作状态反馈给控制台，操作人员可以迅速直观地知道设备的运行位置状态是否满足要求。如图 3-36 所示，操作控制终端为电脑吊挂控制台，也可以是掌上 PDA 或流动笔记本。通过设置和编辑程序，可以使电脑吊挂控制台控制软件图形化操作界面与演播室灯光吊挂设备、数字（机械）化动作灯具布置图纸一致，直观易用。

理论上，电脑吊挂控制台可根据需要存储无限多的灯光场次设置，保存的场景的数量仅仅受限于硬盘的容量，对于一个 80G 的硬盘来说，至少可以保存 4000 个场景。

现在在系统中配备了优质变频器的数字化、网络化布光控制系统中，吊杆运动速度可以根据需要调整，多个灯光吊挂设备、数字（机械）化动作灯具可以集控，也可以按不同的速度和方向同时运动，满足布光需要。灯光吊挂设备、数字（机械）化动作灯具单台控制误差可以达到 ±3mm，多台集控误差可以达到 ±5mm。该系统具备返错功能，包括：电源过压、欠压、电机堵转、缺相、过流等故障信息以及吊杆高度、限位状态等运行参量能返送回电脑吊挂控制台，使操作人员能及时发现系统故障并快速排除。

3.5.3.2　机械动作灯具及其控制系统

机械动作灯具是伴随着布光机械化发展起来的，机械动作灯具在我国一开始定位非常高，比如八动作机械化聚光灯具就有：俯仰、水平、调焦、遮扉调整等多个动作。后来灯光设计师在使用中逐渐发现了最有价值的常用动作其实是：俯仰、水平、调焦，而且动作减少之后，灯具的整体故障率也下降了。因此今天在演播室使用的都是三动作机械化聚光灯具了，如图 3-37 所示。

机械动作灯具的各种动作都是通过信号驱动相应的小型伺服电动机完成的。伺服电机是在伺服系统中控制机械元件运转的发动机，是一种辅助马达间接变速装置。伺服电机可使控制速度、位置精度非常准确，可以将电压信号转化为转矩和转速以驱动控制对象。这样我们就可以采用布光控制台和遥控装置相结合的方式达到对灯具的控制。

3.5.3.3　数字动作灯具及其控制系统。

数字动作灯具是机械动作灯具的升级版，它是数字自动控制技术进步的体现，目前最为常见的是三动作数字化聚光灯具，它的动作也是：俯仰、水平、调焦，如图 3-38 所示。

三动作数字化聚光灯是在引进、消化、吸收国外先进技术的基础上，开发研制出来的一种数字化控制灯具。其光学特性、机械传动系统特性、伺服与中心控制系统特性，均采用了当今世界上最先进的数字化控制技术。在光学、机械电子、计算机控制上均有很高科技含量。灯具的灯体采用压铸件与挤压型材为主体，零部件为数控零件化制作，不但加工精度高，而且坚固耐用。

三动作数字化聚光灯的光学系统采用进口高效螺纹透镜配特制的光学反射系统，聚焦照度高、散光光斑匀、聚散效果好，如表 3-25 所示。

图 3-37　三动作机械化聚光灯

图 3-38　三动作数字化聚光灯

一款 2kW 三动作数字化灯具的测试照度　　　　　　　　表 3-25

规格	光源功率（W）	色温（K）	光学性能（参考值）			
			测试距离（m）	光束性质	中心照度（lx）	光斑直径（m）
三动作数字化聚光灯	2000	3200	5	聚光	12500	1.4
				散光	2100	5.6

灯具采用了数字位置闭环控制，可以实时监测传动系统是否按照控制命令工作，并及时修正传动误差。每一传动机构都由 2 个 DMX—512 通道控制，控制精度高。灯具三动作部位采用最新研制的摩擦阻尼技术，灯具的水平、俯仰、调焦三动作均有电动控制和手动控制两种模式。配置成套的数字布光控制台，利用它特有的按键和操作界面，使灯光使用者在布光和配光时更加直观和操作简便。

布光控制系统作为演播室灯光及景物的载体，其配置是否先进可靠，科学实用是衡量一个演播室技术水平的重要因素。根据演播室的规模及布局以及电视摄像机机位，演区大小等特点，对于设有可以上人维护检修的灯光设备层的大、中型电视演播室需要合理配置设备，避免布光的盲区，满足制作手段的灵活性，满足操作维护的简便。

但不管采用何种形式，都要建立在节目制作中自动化程度的要求和经济投资的能力上。

3.5.4　调光、直通设备及其控制系统

作为演播室灯光系统中技术发展的代表性标志，调光、直通设备及其控制系统集成了当今前沿科技成果，可以说调光、直通设备及其控制系统是演播室灯光系统的灵魂。

电视演播室，尤其是数字高清晰度电视演播室的调光、直通设备及其控制系统涵盖了分门别类的众多灯光设备，在国际国内都是灯光系统技术关注的重点，也是使用者目光汇聚的焦点。电视演播室选择配置的调光、直通设备及其控制系统，应该重点关注它的稳定性、实用性、先进性、可扩展性。

　　稳定性：节目制作具有实时性、连续性，因此系统运行必须稳定可靠，设计系统时要考虑到其关键环节采用冗余备份方式。

　　实用性：系统设计和设备配备不必一味追求高投入，能够满足使用要求，与演播室整体建设规模和节目定位相适应。

　　先进性：大、中型电视演播室在灯光效果上正呈现多样性，艺术效果对技术手段提出很高要求，要求高起点高标准的设计，确保系统满足艺术创作的需要，在这点上必须依靠先进的科学技术手段。系统应当可以兼容 DMX512 和以太网络控制国际化标准协议，确保世界上绝大部分的灯光控制台，调光及直通设备，电脑灯具、效果设备等数字设备都可以稳定地在此系统网络上运行。

　　可扩展性：灯光技术发展速度越来越快，因此作为灵魂的调光、直通设备及其控制系统必须具有扩展、升级能力。

3.5.4.1　调光、直通设备

　　调光设备是灯光系统中控制灯光功率大小，亮度输出多少的设备。调光设备经历了电阻型调光设备、变压器型调光设备、磁放大器型调光设备、直至今天广泛使用的可控硅调光设备。可控硅调光设备核心是大功率电力电子器件、内部信号处理单元。它直接通过灯光控制台控制，极大方便了灯光创作的要求，方便了场次亮度的存储和数据保存，而且调光曲线可以通过软件任意改变。直通设备最初是为了满足电脑灯、追光灯、效果器等设备使用的电源分配设备，后来经过发展，尤其是为了满足 DMX512 信号控制的要求，进行了技术上的改进，既满足了电源分配，又可以通过灯光控制台直接控制和设置，与调光设备更好地配合，达到了各种灯具、效果设备运行于一个平台的目的。

　　大型、中型演播室调光、直通设备一般集中设置在相应演播室的灯光设备间内，调光、直通设备如图 3-39 所示。采用调光、直通模块设置在抽屉立柜上。可控硅调光立柜抽屉模块内设置了断路器、固态继电器、高频扼流圈等器件。直通立柜内设置了断路器、继电器等器件，如图 3-40 所示。

图 3-39　调光、直通立柜　　　　　　　　图 3-40　调光模块抽屉

　　调光及直通立柜的信号处理抽屉为了保证运行的可靠，具有双中央控制器互为备份，故障时可无间断切换不影响使用。现在国内外许多设备制造商的调光模块和直通模块可以互换，适应各种场合不同灯具类型的需要。

调光、直通立柜主要技术参数有：

（1）调光、直通立柜的回路数，每路最大功率，现在通常的有 2.5kW、3kW、5kW、6kW 等；

（2）具有直观的中英文操作界面；

（3）选用标准化调光、直通插件；

（4）每个回路的电流、断路器状态、温度及风扇状态可检测；

（5）调光立柜配置抗干扰高频扼流圈；

（6）调光立柜触发精度，通常为 1024 级；

（7）具有双控制模块动态热备份功能；

（8）优质的 MCB，具有过载、短路保护；

（9）DMX512 信号接口采用光耦隔离，安全性高；

（10）具有多条调光曲线；

（11）三相电源指示、网络及 DMX512 信号指示。

可控硅调光器是采用移相触发的方式，通过改变可控硅的导通角 ∅ 来实现调光，这种调光方式破坏了正弦波的波形，它含有了大量的奇次谐波。奇次谐波含量的存在导致了电磁干扰，不但可能导致调光器的同步信号发生错误，而且会导致中性线电流的激增，还会干扰到其他设备的正常运行。虽然灯光技术人员采取了很多措施，但由于其调光原理的必然，谐波干扰与治理一直以来还是困扰着大家。

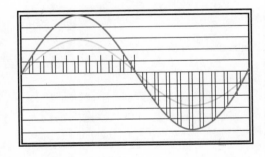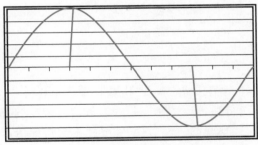

随着电力电子技术、计算机技术的发展，目前国际国内调光领域涌现出了基于大功率 IGBT 器件的正弦波调光设备。它采用绝缘栅双极晶体管作为功率控制元件，利用了高频脉宽调制技术，如上图所示，通过高频调制，使输出波形保持与输入的正弦波形一样，当然波形幅值可以不同。成熟的正弦波调光技术的好处已经越来越明显地表现出来，首先可以使用在很宽领域范围，包括阻性、感性和容性负载上完成调光功能，谐波失真小于 1%，没有污染返回到主电源。

3.5.4.2 调光、直通控制系统

调光、直通控制系统包括主（灯光）控制台、备份（灯光）控制台、电脑灯控制台、调光立柜、网络中继柜、灯杆控制点、演播室其他位置控制点、信号线缆、电源线缆等。图 3-41 所示是一个典型的调光、直通控制系统，它的信号主干通路采用多膜光纤，末端设备控制点采用 DMX512 信号，同时在末端也预留了网络信号。

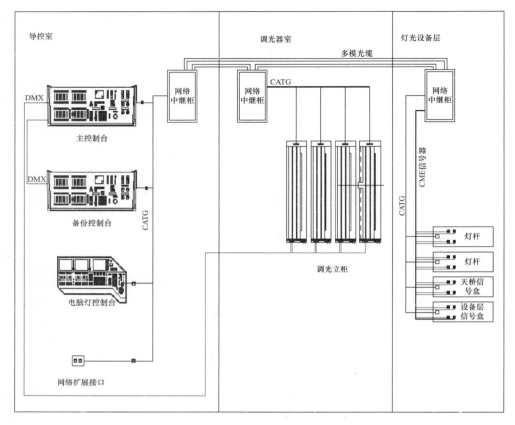

图 3-41　典型的调光、直通控制系统示意图

灯光控制台在本节中是指调光控制台，如图 3-42 所示。它是向调光设备输出控制信号，进行编辑和调光控制的操作台。现在的调光控制台都是电脑调光台，大型演播室则采用网络电脑调光台，它的主要技术参数包括：

（1）光路数量需要满足演播室灯光配置，目前大、中型演播室一般可配置 512 路、1024 路、2048 路调光控制台。

（2）Q 场重演对应于灯光的场景，通过记录场景可以实现重演，它通常采用 AB 交叉总控或自动变光。具有一定的存储能力。

（3）集控功能对于调光控制台十分有用，通过调光控制台的集控推杆可以方便地实现灯光场景。

（4）每个通道或参数能定义为 HTP、LTP。

（5）应有多个预编程、可编辑的调光器曲线。

（6）有较为全面的设备素材库。

灯光系统，特别是调光、直通控制系统、灯具设备、效果设备种类繁多，之所以能够组成控制网络是因为它们有共同的"语言基础"。为了建立灯光系统的"共同语言"，也就是灯光控制的通信协议，世界各国在这方

图 3-42　调光控制台

面不是一开始就统一的。在过去国外有 D54、CMX、PMX 等，国内有 EMX 等。为了使灯光设备能够实现广泛的可用性、兼容性，具有完整意义上的系统性，整个行业必须统一为一个通用的通信传输协议标准。

首先，美国戏剧技术协会（United States Institute for Theater Technology，USITT）制定了最初的标准 DMX512（1987），1990 年对协议进行了修改和补充，成为 DMX512/1990 协议。

此后 ESTA（Entertainment Services and Technology Association）又加入了 DMX512 协议的修订工作，因为 ESTA 下属的 TSC 是美国国家标准学会（ANSI）授权制定娱乐业技术设备安全和兼容性标准的机构，因此修订后的 DMX512-A 成为 ANSI 的标准。同时申请成为国际标准，通常称为 IEC DMX512（IEC62136）。2008 年我国文化部正式颁布《DMX512-A 灯光控制数据传输协议》WH/T 32-2008（以下简称为 DMX512-A 灯光协议）。

DMX512-A 中的 DMX 是 Digital Multiplex 的缩写，其意为数字多路复用协议，目前 DMX512-A 已得到世界各灯光设备生产商的承认和遵守，作为广泛采用的数字灯光数据协议。DMX512-A 数据链路采用 ANSI/TIA/EIA-485-A-1998 的平衡数据传输技术驱动，这里提到的 EIA-485-A 就是我们熟悉的 RS-485。它是隶属于 OSI 体系物理层的电气特性规定，为 2 线、全双工、多点通信的标准。这种通信协议是在控制单元和受控单元间的一组组数据流，它能够连续传输包括复位信号、开始代码和 1~512 的有效数据信号的数据包。也就是说一条 DMX512 信息包括了 512 个有效的数据帧。图 3-43 所示是一段 DMX512-A 数据包结构。

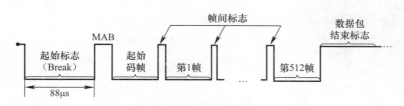

图 3-43　数据包的结构组成

有了统一的通信传输协议标准，再加上计算机以太网技术的飞速发展，现代大、中型规模的演播室灯光网络控制系统是当今国际趋势，它把基于国际通用的 TCP/IP 协议为基础的灯光以太网络控制协议，与 DMX512 标准结合起来，使灯光控制系统的组成更丰富、内容更多样、运行更稳定。

3.5.5　灯具

灯光行业发展最令人眼花缭乱的就是灯具设备，经过漫长的积累和改造，灯具设备发展的极致不断被突破，并且还在不断向前。

演播室灯具是通过选择具有优质的光通量、色温、显色指数等技术指标的光源，配套相应的光学系统、散热系统、外壳及附件的演播室灯光设备。

演播室灯具的分类有许多形式，我们习惯上把它分为两大类。

第一类是传统灯具，也叫作常规灯具，它们的主要功能是实现演播室灯光环境的基础布光要求。常规灯具包括电视聚光灯、电视柔光灯、成像灯、Par 灯等。此类灯具采用卤钨热光源，功率较高，光效不高，散热量多，但是它色温稳定、显色性高、调光连续。此外此类灯具有效寿命短（一般为 200～400h）。常规灯具中还有基于荧光灯技术的平板型灯具和新闻聚光灯，采用三基色荧光灯光源为主，它投光柔和、覆盖范围大且均匀、色温稳定、显色性高、有效寿命较长（一般为 8000～10000h）、光效能高、散热量低，但调光不连续、灯具的聚光控制性差。

第二类是电脑灯具，它们通过电脑数字化技术的控制，实现了多种灯光功能，比起常规灯具，它们具有更加先进的控制系统、机械系统。电脑灯具的主要功能是满足节目效果、渲染场景气氛、增强艺术表现力。电脑灯具多采用气体放电灯泡，功率较高，光效较高，一般是高色温，显色指数低于常规灯具。电脑灯具虽然采用了气体放电光源，但它的寿命由于使用特点决定了并不很长。

另外 LED 光源在应用于演播室灯光时，也是首先制作效果灯具，利用其功率小、色彩丰富推广开来的。下面就分为这两大类来介绍一下演播室的常用灯具及其技术特点。前文论述布光系统时为了系统的完整性，所以已经介绍了三动作机械化聚光灯、三动作数字化聚光灯，在此不再单独赘述。

图 3-44　螺纹透镜聚光灯

3.5.5.1　螺纹透镜聚光灯

螺纹透镜聚光灯是演播室中应用最为普遍的灯具，如图 3-44 所示。它在演播室中可以作为逆光、面光、辅助光、背景光等多种用途使用。它采用菲涅耳光学透镜，光线柔和，没有明显的光边界。通过调焦，螺纹透镜聚光灯可以获得不同的光斑，且通过调整前部遮扉，得到希望的透光方向。螺纹透镜聚光灯在演播室中一般装配卤钨灯炮，其功率为 1kW、2kW、3kW 等。它的主要技术特点是：

（1）灯具灯座适用于 230/240 V 卤钨灯泡，外部有完整的端子接线盒。

（2）高效的球形反射镜，泛光、聚光的调整钮能带阻尼的平滑调整。

（3）色温 3200K 左右，显色指数 $Ra>90$。

（4）优质金属结构，光学菲涅尔透镜，透镜的压纹均匀。

（5）底开式或其他方便的换灯泡装置。

（6）灯具的通风、散热设计可以避免光泄漏。在升温和降温期间不扩展噪声。

（7）可选择手控或杆控操作方式。

（8）达到国家相关的安全认证标准。

3.5.5.2　反射式柔光灯

反射式柔光灯在演播室中可以大面积照明景物、观众，因此一般会设置在观众区。如图 3-45 所示，它采用对称型反光器，光线柔和，经过反射处理照射较为均匀，结构也很简单。现在在一些演播室也在使用

图 3-45　反射式柔光灯

多头观众灯，它的功率更大、投射距离较远、光线也很均匀，可以和反射式柔光灯适用于同样的条件。反射式柔光灯在演播室中一般装配卤钨灯炮，其功率为 0.8kW、1.25kW 等。它的主要技术特点是：

（1）灯具的双端灯座适用于 230/240V 卤钨灯泡，外部有完整的端子接线盒。

（2）高效的对称型反光器。

（3）色温 3200K 左右，显色指数 Ra>90。

（4）优质金属结构，方便的换灯泡装置。

（5）灯具的通风、散热设计可以避免光泄漏。在升温和降温期间不扩展噪声。

（6）达到国家相关的安全认证标准。

3.5.5.3　Par 灯

Par 灯在演播室中一般作为基础效果使用，如图 3-46 所示，它通常与配套换色器一起，实现一定演出区域的色彩变化，所以某种意义上讲，有 Par 灯的地方就会出现换色器。Par 灯灯泡是光源、透镜、反光碗为一体的密封性卤钨灯炮，它前部没有独立透镜，灯体类似一个金属筒，所以光束比较强，俗称为筒子灯。为了营造效果，Par 灯通常是多台组成排列来使用，利用它射出的轮廓清晰的光束，结合换色器的变色，可以在空间上表现出流动的色彩，既可以用于人物，也可以用于布景。Par 灯功率多为 0.5kW、1kW。它的主要技术特点是：

（1）灯体采用至少 1.5mm 高品质铝合金，要求重量轻，散热快。

（2）配有符合安全规则的瓷座及耐高温电源线。

（3）色温 3200K 左右，显色指数 Ra>90。

（4）达到国家相关的安全认证标准

传统 Par 灯的优点很多，价格也很便宜，但是它耗能高，热量也比较大，现在随着 LED 多色彩光源的出现，已经有许多种 LED Par 灯出现在演播室的舞台上。LED Par 灯有多个特有的优点，但在作为效果 Par 灯使用时最为突出的就是变换颜色的能力，它通过多色的混合，可以变换出传统 Par 灯无法比拟的色彩数量，如果可以降低价格因素，它将会替代传统 Par 灯的地位，如图 3-47 所示。

图 3-46　Par 灯

图 3-47　LED Par 灯

LED Par 灯的主要技术特点是：

（1）采用高光效多色灯珠，一般是 3W 或 5W。

（2）出光角度有多种选择，一般可选 15°、25°、30°、45°等。

（3）有良好的冷却方式，如采用风扇冷却应注意噪声控制。

（4）色温 3200K 左右，显色指数 $Ra>80$。

（5）达到国家相关的安全认证标准

3.5.5.4　成像灯

螺纹透镜聚光灯虽然应用范围广泛，光学性质也很好，但也存在对于严格的定点刻画，光线聚光性能不能满足的问题。新型椭球面反光镜构成的聚光特点，正好可以解决这个问题，因此聚光成像灯走入了人们的视线。如图 3-48 所示，聚光成像灯简称成像灯，它集合了聚光系统和切光系统，光束角有多种选择可以根据需要应用，主要特性是如幻灯似的能将光斑切割成方、菱形、三角形等各种形状。成像灯功率有 0.75kW、1.2kW、2kW 等。它的主要技术特点是：

（1）灯具灯座适用于 230/240V 卤钨灯泡，外部有完整的端子接线盒。

（2）精确的光学系统，高效椭球反光镜，采用合理散热设计，致使光源周围的温度降低，延长光源寿命。

（3）色温 3200K，显色指数 $Ra>90$，合理的光束角控制，切光操作灵活细腻。

（4）可以选择变焦光学系统或定焦光学系统。

（5）达到国家相关的安全认证标准。

3.5.5.5　天幕灯、地幕灯

演播室的天幕灯、地幕灯（图 3-49、图 3-50）作用非常明确，就是为天幕铺光，但是要求却比较高，就是一定要保证光的连接，要保证在天幕上光照的均匀。有些时候我们会感觉天幕灯、地幕灯与反射式柔光灯有些类似，实际上它们在许多方面确有相同点，但在反光器上它采用了非对称型反光器，可以保证光线的均匀。天幕灯、地幕灯的功率有 0.8kW、1.25kW 等。它的主要技术特点是：

图 3-48　成像灯　　　　图 3-49　天幕灯　　　　　　　　图 3-50　地幕灯

（1）灯具的双端灯座适用于 230/240V 卤钨灯泡，外部有完整的端子接线盒。

（2）高效的非对称型反光器。

（3）色温 3200K 左右，显色指数 $Ra>90$。

（4）优质金属结构，方便的换灯泡装置。

（5）灯具的通风、散热设计可以避免光泄漏。在升温和降温期间不扩展噪声。

（6）达到国家相关的安全认证标准。

3.5.5.6　追光灯

追光灯（图 3-51）可以起到突出演播室中主持人、嘉宾、演员的特殊效果。由于追光灯的光强大、投射距离远，可以使被突出人物的形象明显比其他人物、景物明亮，容易引起观众的关注。追光灯的光斑特别清晰，通过调整焦距，可以获得虚实不同的画面。追光灯一般采用高显色性、高光强的气体放电灯泡，其功率大都在 1kW 以上。它的主要技术特点是：

（1）色温 3200K 或 6000K，显色指数 $Ra>90$。

（2）投射距离根据演播室空间尺寸要求，好的产品在投射距离达到 30m 时，光斑直径≥3.5m。

（3）应包含便于操作的色片架。

（4）光圈、聚焦均可调，光圈轮廓清晰。

（5）根据需要可以配置热启动功能。

3.5.5.7　电脑灯

电脑灯（图 3-52）是演播室灯光中最为重要的灯具，可以说现在大、中型演播室制作的综艺节目中，各式各样的电脑灯承担着舞美灯光的突出作用，无论是光束还是图案，在烟雾的配合下留下了艺术转瞬即逝的脚步，刻画下了情感飞扬的注脚。电脑灯是 20 世纪 80 年代照明技术与电脑技术相结合的新型灯具，90 年代起在我国逐渐应用，起初主要以进口为主，到今天我国已经成为电脑灯的主要生产国。电脑灯通常情况下是几台甚至上百台同时使用，通过电脑灯控制台的编组，实现变换图案、色彩，变换速度可快可慢，还兼有许多特效处理。

图 3-51　追光灯

图 3-52　电脑灯

电脑灯的组成可分为三大部分：其一是电脑电路，它是灯的大脑，接收命令以及发出命令都是由它来完成，还可以自检内部功能，设置地址编码，调校内部参数或功能。其二是机械部分，它是由若干个微步进电机组成，每个步进电机都可以独立动作，分别带动图案转轮、颜色转轮和调光、聚焦、光斑水平移动及垂直移动操作的机械部件。最后是光源部分，电脑灯的光源大部分都是高亮度、高色温的金属卤化物灯泡，灯具内部安装了镇流器，电容等灯泡电源电路。与电光源配套的光学系统非常先进，颜色片是由耐高温、透光率极高的滤色材料制成，使电脑灯射出的光束亮度非常高，颜色非常纯正，如图 3-53 所示。电脑灯的功率有很多，常见的有 0.575kW、0.7kW、1.2kW 等。它的主要技术特点是：

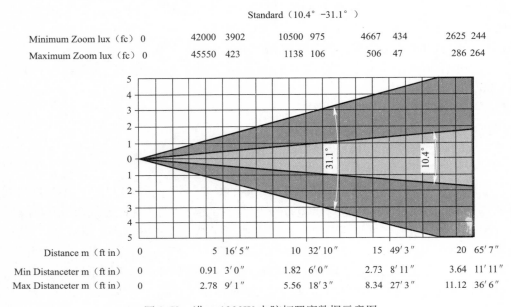

图 3-53 进口 1200W 电脑灯照度数据示意图

（1）色温通常为 6000K，优质的电脑灯显色指数 $Ra>80$。

（2）配备快速启动金属卤化物气体放电灯泡。

（3）配备良好的光学元件，可以实现电子聚焦。

（4）换色系统具有校正功能，采用 CMY 无极混色。

（5）高照度和高投射距离，光束和色彩光斑角度可调。

（6）具有多组颜色轮、图案轮，图案片选择多样，全部图案片可以方便更换。

（7）可以 0～100% 调光，完全线性。

（8）通过 DMX512 输入信号可以升级软件，每个参数有电子检测。

（9）灯头水平和俯仰动作可以机械锁定，调节范围大。

（10）良好的风冷或其他散热系统，灯体过热电源自动断开。

3.5.6 其他设备

3.5.6.1 电脑灯控制台

电脑灯控制台其实就是一个集合了灯光程序应用软件和电脑灯数据信息的计算机，如

图 3-54 所示。它采用的是数字信号控制，使用的是国际
通用的 DMX512 控制协议、Artnet 及 ACN 灯光网络协议。
因为每一台电脑灯都要有一个独立编码，电脑灯控制台
发出的指令通过这个编码来识别对应的电脑灯。电脑灯
的编码器一般安装在灯的尾部或灯的基座位置，现在常
用的编码器有数字式和开关式两种。

图 3-54　电脑灯控制台

电脑灯控制台是控制整个演播室的演出效果灯光的，
它要创造出整体的气氛和效果，它的硬件配置、内存容量、
控制回路数等规模都比较大，软件编制中更多考虑灯具
设置和编组的方便，使用中按现场的进程调出一个个的
灯光场景，大量使用自动、快速、循环的效果。为了编排和控制的方便，电脑灯控制台的
按键功能、轨迹球布置和显示的要求都不同于调光控制台。因此，在大、中型演播室中，
电脑灯控制台与调光控制台一般都要分开设置。电脑灯控制台的主要技术特点是：

（1）实时控制参数要满足演播室电脑灯设置要求，现在一般的大、中型演播室需要设
置的通道数为 1024、2048 或更高。

（2）具有 HTP、LTP 参数设定功能。

（3）具有内接屏幕或触摸屏，有外接屏幕接口。

（4）按键、轨迹球、推杆操作准确方便。

（5）具有内置键盘，工作电源保障功能。

（6）具有 DMX512、以太网控制接口。

（7）具有方便数据调入调出的 USB 连接器。

（8）功能全面的电脑灯控制台还可以控制视频和多媒体设备。

（9）具有丰富的数据资料库。

电脑灯控制台正是有了上述功能特点，所以在今天节目制作手段和要求不断变化提高
的趋势中，它越来越成为演播室灯光系统设备选择上的重点。

图 3-55　电脑灯使用效果示意

图 3-56　换色器

3.5.6.2　换色器

　　换色器是装设在灯具前部，可以通过换色器控制台控制色纸变动达到灯光变色目的的装置。换色器可以将多种颜色的色纸连接起来，采用直流电机牵引色纸转动，就可以连续实现换色。每一台换色器都有一个独立编码，换色器控制台发出的指令通过这个编码来识别对应的设备。换色器的编码器一般安装在它的前部，现在常用的编码器有数字式和开关式两种，如图 3-56 所示。

3.5.6.3　特殊效果设备

　　特殊效果设备则种类繁多，主要的作用就是在演播室空间上制造出不同的自然的或特殊的景象、效果，包括雪花、气泡、风雨、激光、烟雾等，大家在电视节目中都可以看到。这里要注意的是在设计上要为它们预留好电源接口和信号接口，有些设备在使用上需要注意安全。

　　近几年，在大型演播室综合文艺节目中出现了以 LED 拼接大屏幕作为舞美布景、背景图像的使用潮流，如图 3-57 所示，它清晰的图像效果、绚丽的色彩给广大观众以美的享受。LED 大屏幕的基础单元是 LED 发光二极管，它是一种通过控制半导体发光二极管的显示方式，由很多个通常是红、绿、蓝三色单元或混合单元组成，用来显示文字、图形、图像、动画、视频等信息。

图 3-57　LED 大屏幕在演播室的使用

　　LED 大屏幕在演播室使用上一定要注意和灯光的配合，因为电视画面的层次感要通过摄像机的拍摄来呈现，但是摄像机对画面记录的动态范围是有控制要求的，所以在 LED 大屏幕的使用亮度上就需要予以控制。目前演播室内 LED 大屏幕亮度已经达到 $1000cd/m^2$，由于它的亮度过高，摄像机拍摄时就会感知背景明亮，这样演区内的人物和景物就会发暗，这时需要适当调整 LED 大屏幕亮度及光比，达到满意的图像效果。

3.5.6.4　电源接插件及灯光电缆

　　为了满足灯光设备尤其是灯具的接入通用性，在演播室内通常采用 32A 及 16A 的专业三芯电源接插件。电源接插件选用高级工程塑料制造，可方便转接，插座铜线柱有弹簧卡环设计，保持良好电气接触及防止插头轻易滑脱，要求产品加工工艺及安全指标符合国家相关的标准和规定。

演播室灯光电缆的选择要求必须符合《民用建筑电气设计规范》JGJ 16 的规定。演播室灯具的电缆应采用阻燃铜芯三芯电缆（相线、零线和保护地线）。灯光电缆产品必须能够提供生产厂家的生产许可证，产品 3C 认证证书，消防产品备案证书或相应有效的消防部门认证等资料或证明。选用电缆时应考虑环境因素，导线的温度、耐磨性、挠性、应力、敷设方式等要求。另外信号控制电缆要求具有良好的屏蔽性能。

3.5.7　设计示例

在上文我们介绍了演播室灯光主要的设计技术指标，并从演播室灯光系统组成入手，对每个子系统的作用和常用设备也进行了说明，下面就以一个典型的中、大型演播室灯光设计为例，把这一章的内容作一个梳理。

我们选取一个 800m^2 演播室为例，演播室定位为综合文艺节目的制作，依据电视工艺专业要求和《电视演播室灯光系统设计规范》GY 5045-2006 的规定，天幕高度确定为9m，这个高度的确定就约束了摄像机的取景高度，超过这个高度，摄像机画面中就会出现演区内容之外的景物，一般情况下应当避免。

为了满足综合文艺节目的使用要求，演播室划定为主演区和观众区两个区域，同时考虑全景拍摄及局部拍摄的需要，采用复合电动水平吊杆为主的布光方式，在边角位置增加了垂直电动吊杆，此外为了丰富节目制作手段还设置了规则排列的单机吊点，它可以配置铝合金灯架用于布光和布景。如图 3-58 所示可以看出，共配置了复合电动水平吊杆 58 套，垂直电动吊杆 2 套，图中表示了可以设置单机吊点的位置，但并不意味着一次性就设置很多，可以结合演播室自己的需要和投资水平确定，如图中演播室单机吊点共设置了 16 套。

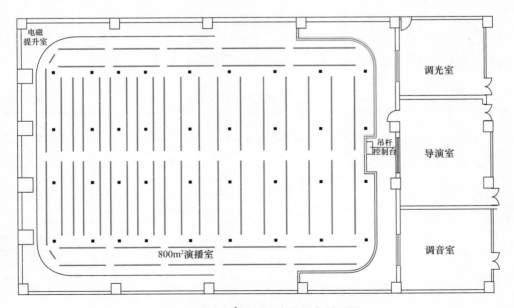

图 3-58　800m^2 演播室布光设备平面图

演播室天幕有 9m 高，演播室灯具理论上应该高于这个高度，才不至于使灯具暴露在摄像机取景范围内。由于灯具悬挂位置高，就需要选择大功率的灯具，为了保证色温的指标，我们选取以卤钨光源为主的灯具。

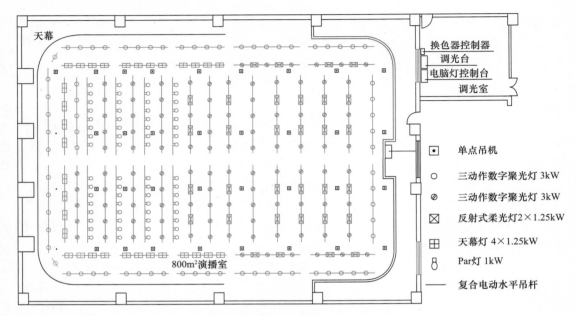

图 3-59　800m² 演播室灯具布置平面图

按照标准演播室的主要技术指标要求，选择 2kW、3kW 三动作数字化聚光灯，便于实现布光系统自动化。配置了 2×1.25kW 反射式柔光灯，可以使观众区灯光更加均匀。配置 1kW　Par 灯，在其灯体上增加换色器，起到演区变色的效果。另外，还需要配置一定数量的电脑灯，2 台以上的追光灯，以及一些常用效果设备。如图 3-59 所示，经过计算，选取演区综合光垂直照度为 1500lx，这样配置的主要灯具如表 3-26 所示。

800m² 演播室主要灯具配置　　　　　　　　　表 3-26

序号	灯具规格	数量	单位
1	3kW 三动作数字化聚光灯	50	台
2	2kW 三动作数字化聚光灯	128	台
3	2×1.25kW 反射式柔光灯	32	台
4	1kW　Par 灯	64	台
5	4×1.25kW 天幕灯	32	台
6	4×1.25kW 地幕灯	32	台
7	1.2kW 电脑灯	50	台
8	2kW 追光灯	2	台

这时我们经过计算可以知道，演播室灯具及其他设备的总设备负荷为 780kW，可以通过式（3-2）计算演播室灯光的计算负荷：

$$P_j = K_x \times P_e \tag{3-2}$$

K_x——需要系数，一般取 0.45～0.65；

P_e——演播室总设备负荷。

在本演播室中，K_x 选取值为 0.5，所以计算负荷 P_j 为 390kW。

在演播室调光室内设置调光控制台、电脑灯控制台、换色器控制台实现集中控制。

3.6 演播室的发展趋势

当今的电视发展主要体现在数字化的发展，数字技术已全面进入电视节目制作领域，构建数字化的电视演播室是电视技术发展的必然结果。演播室的发展离不开数字化和网络化这两大特点。演播室内将以服务器为主体，实现节目制作、编辑、动画特技、播出存储，以网络结构进行信号的传输和交换。未来演播室的发展呈现出以下趋势。

3.6.1 演播室群组化

为了有效地利用演播室的设备，多个演播室将共用摄像机、CCU、矩阵、同步系统、通话系统等，同时切换台的主机可以与多个控制面板连接，这样多个演播室可以共用一台切换台主机，以实现演播室间信号的共享。演播室群视频系统如图 3-60 所示。

3.6.2 演播室系统网络化

电视台的数字化网络化建设总体上分为三个阶段：设备数字化阶段、局部数字化网络建设阶段、全台数字化网络建设阶段。演播室非线性网络化建设带来节目制作效率的提高，演播室信号经过演播室录制工作站直接经过编码实时存储在网络存储中，前端制作网络可以第一时间拿到演播室录制素材，从而在这一环节上大大提高了节目质量。

网络技术将使多台非线性编辑系统、虚拟演播室系统、动画工作站、音频工作站等单机系统组成节目制作网络，网络中的几个终端可以同时制作同一节目的不同段落，将传统的串行电视节目制作方式改为并行制作方式，大大提高了工作效率。

演播室灯光控制系统也逐步实现了网络化。灯光控制系统采用与以往不同的控制理念，将演播室内的调光控制系统、布光控制系统和电脑灯控制系统连接成一个网络化的整体。

3.6.3 新技术在演播室中的应用

3.6.3.1 3D 演播室

随着 3D 技术的发展和日渐成熟，3D 节目进入寻常百姓家已从梦想变为现实。3D 演播室因此应运而生。在前期图像采集环节，演播室采用 3D 摄像机拍摄系统，前端拍摄支架和后端立体图像处理器两部分保证前后端的完美结合，可实现实时控制支架机械调整会聚面，鼠标点击画面即可调整会聚面，快速精准，所见即所得，使制作人员能够轻松高效地实现 3D 节目的制作。3D 演播室节目制作流程如图 3-61 所示。

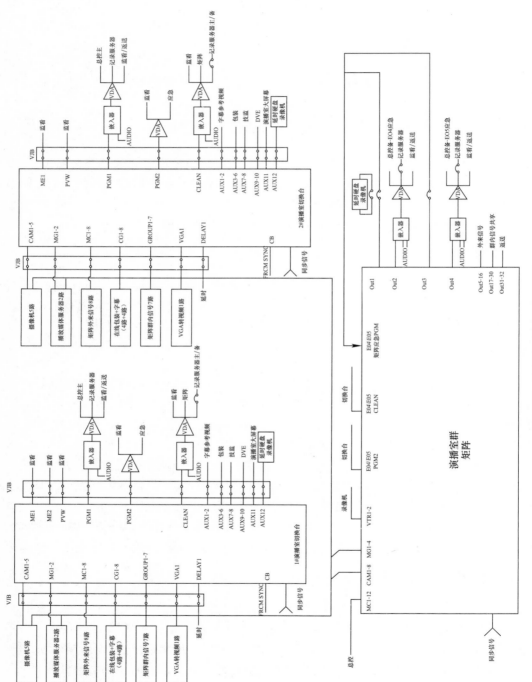

图 3-60 演播室群视频系统框图

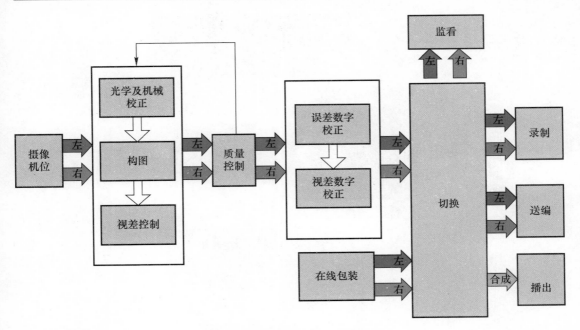

图 3-61　3D 演播室节目制作流程图

3.6.3.2　全媒体交互式演播室

全媒体的概念并没有在学界被正式提出。它来自于传媒界的应用层面。媒体形式的不断出现和变化，媒体内容、渠道、功能层面的融合，使得人们在使用媒体的概念时需要意义涵盖更广阔的词语，因此"全媒体"的概念开始广泛适用。演播形态特征对比如图 3-62所示。

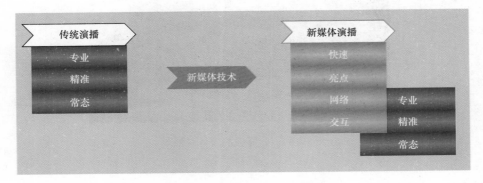

图 3-62　演播形态特征对比图

全媒体交互式演播室由全媒体信息接入平台、交互式背景系统、前景包装系统和在线媒体控制系统四部分构成，涵盖 4K 超高清大屏幕展示系统，多屏视景系统，三维互动点评播报系统等。全媒体演播室基本组成和效果图如图 3-63、图 3-64 所示。

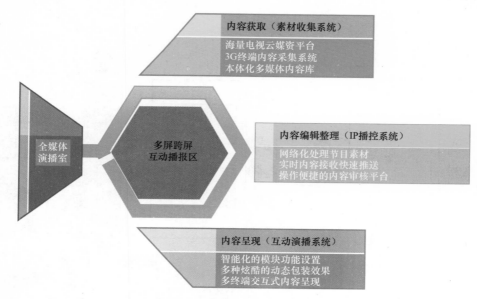

图 3-63　全媒体演播室基本组成示意图

图 3-64　全媒体演播室效果图

第4章　后期制作系统

电视节目的后期制作是按照编导和电视节目剧本（或镜头本）的创作构思，将前期采录的节目素材资料进行编辑组合，把许多分散的、不同的镜头，按照故事情节的发展，艺术地加以剪辑、组接，使其通过画面形象间相辅相成的关系，产生连贯、呼应、悬念、对比、暗示、联想、烘托以及快慢不同的节奏，从而构成一部有机的、自然流畅的、能表达一定思想内容的节目，节目内容还包括"片头"和"片尾"、叠加字幕、配画外音等艺术处理，以达到播出要求。

电视台节目后期制作系统承担全台各类综艺、专题、电视剧等非新闻类节目的后期制作加工。电视台后期制作系统在技术上要求具备复杂的特技、字幕、包装、动画、音效等功能，同时为提高生产效率，需实现多工位协同制作。整个节目后期制作系统将运行在节目后期制作子网系统中，拥有相对独立的网络环境，保证节目后期制作的稳定高效。此外，为实现与全台互联互通和素材共享，后期制作系统可通过全台的制播网络核心交换与新闻子网系统、媒体资产系统和播出子网系统连接。

4.1　后期制作的流程及分类

所谓工艺流程，是根据工作流程抽象出简练的工作节点，以模块化的形式串联总体的工作进程。

流程本身不是目的，其达到的效果应该是促进高速的生产。流程的设计应遵循如下原则：

（1）流程设计要有强管理性

分析节目形态，规划流程中的资源节点，并对主要节点建立监控机制。使生产管理系统及时了解生产的整体进度，提供反馈信息，确保流程的顺畅进行。

根据不同的业务需求设计不同的流程。不同流程应相对固化，并且能够协同工作，统一管理。

（2）提高工作效率，确保制作质量

在流程设计上应遵循最短路径、最少节点要求。

（3）节约资源和控制成本

优化系统配置与配比尽少占用系统资源，扩大生产规模，降低系统建设成本和运营成本。

4.1.1　后期制作流程

一个常态的节目制作，其主要节点可根据节目生命周期分为如图4-1所示的若干个重要节点。

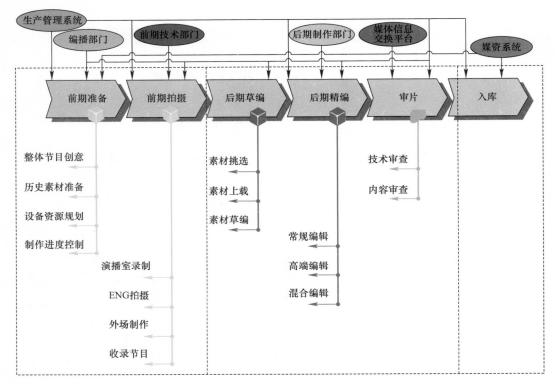

图 4-1　后期制作流程图

对于工艺流程，"采、编、播、存、传"概括了常态节目在工艺系统中的所有环节。对于综合制作系统，流程的关注点主要体现在"采"和"编"的两个环节。"采"和"编"落实到制作节点可分为"前期制作"和"后期制作"。

对于后期流程的优化方法有：在素材上载阶段，强化素材挑选和初步的辅助编辑，将编辑制作中的简单工作前置，提高核心设备的使用效率和成品产出率。在编辑阶段，需要对不同制作形态的节目进行分类，在规范系统资源和节点的前提下，高效率地完成节目的制作。

4.1.2　后期制作系统的分类

后期制作系统按照视频和音频系统分类，可以分为视频后期制作系统和音频后期制作系统。其中，视频后期制作系统可分为电子（线性）编辑系统和非线性编辑系统。

4.2　后期制作技术用房对建筑等专业的要求

4.2.1　配套技术用房组成

视频后期制作系统的技术用房主要包括：线性编辑机房、非线性编辑机房和后期制作网络中心机房。

4.2.1.1　线性编辑机房

线性编辑机房是节目编导、技术人员工作的场所，配备相应的编辑控制桌、放像机、录像机、编辑控制器、监视器、监听音箱等设备。

4.2.1.2　非线性编辑机房

非线性编辑机房是节目编导、技术人员工作的场所，配备相应的编辑控制桌、非线性编辑工作站、监视器、监听音箱等设备。

4.2.1.3　后期制作网络中心机房

后期制作网络中心机房是用于集中放置网络交换、媒体存储、各种接口、控制机架、服务器等设备的场所。

如果全台的存储交换设备采用集中放置的方式，可以不设置后期制作网络中心机房。

音频后期制作系统的技术用房主要包括：音乐录音室、配音室、音乐创作室、音频制作编辑室等。

4.2.1.4　音乐录音室

音乐录音室用于为综艺、电视剧等节目提供原创音乐制作、先期演唱及音乐配音的专用房间。按照录音工艺的不同分为自然混响及短混响两种。大型乐队在整理录制时应选用自然混响的音乐录音室，分期分轨录制的音乐及演唱选用短混响的音乐录音室。

音乐录音室的控制室按照制作 5.1 声道音频节目的需求设置。

4.2.1.5　配音室

配音室面向全台各个节目编辑部门，主要用于纪录片、动画片、译制片、专题片等节目的声音后期制作。

配音室的控制室按照环绕立体声音频节目的需求设置。

4.2.1.6　音乐创作室

音乐创作室面向全台各个节目编辑部门，主要用于片头、片尾声音的创作。

音乐创作室一般为单间制。

4.2.1.7　音频制作编辑室

音频制作编辑室是音频制作网的编辑用房。音频制作网的建立，目的在于更好地满足全台各类节目的专业音频制作需求，它承担着全台单声道、立体声以及环绕声节目的音频制作。如：纪录片、专题片、动画片、新闻和体育节目以及各类大中型综艺晚会节目的前期和后期音频制作。同时也为大量的桌面编辑及其他各类有声音制作需求的系统提供音频素材。

4.2.2　对建筑专业的要求

后期制作用房的选址应符合当地总体规划和广电、新媒体等文化设施的布局要求，宜设置在交通比较方便的区域，邻近城市干道或次干道；应尽可能考虑环境比较安静，远离工业污染源和噪声源，空中无飞机航道通过，并尽可能远离高压架空输电线和高频发生器的区域。

后期制作用房对楼层的选择应符合现行国家标准《建筑设计防火规范》GB 50016 及《高层民用建筑设计防火规范》GB 50045 中的相关规定。

除上述工艺要求外，机房其他环境条件（包括洁净度、有害气体浓度、电磁干扰强度等参数指标）均应达到国家标准《计算机场地技术条件》（GB 2887-89）所规定的 A 级标准。平面尺寸应根据设备布置确定，净高不小于 2.8m。

一般情况下，电子编辑、非线性编辑、音频编辑制作室按 $8m^2$/工位对编辑机房的面积进行规划；音乐录音室的面积：自然混响应在 $300m^2$ 以上，短混响一般为 $100\sim300m^2$ 之间，配音室、音乐创作室应根据节目类型不同按 $16m^2$、$24m^2$、$32m^2$ 规划。音频后期配套技术用房和音乐录音室配套技术用房配置详见表 4-1、表 4-2。

音频后期配套技术用房表　　　　　　　　　　　　　　　表 4-1

序号	房间名称	使用面积（m^2）	间数	总面积（m^2）
1	$600m^2$ 音乐录音棚	600	1	600
2	控制室	72	1	72
3	设备小室	12	1	12

短混响音乐录音室配套技术用房表　　　　　　　　　　表 4-2

序号	房间名称	使用面积（m^2）	间数	总面积（m^2）
1	$200m^2$ 音乐录音室	200	1	200
2	控制室	72	1	72
3	设备小室	12	1	12

4.2.3　对结构专业的要求

后期制作用房通常面积不大，常规柱网（$6.0\sim10.0m$）就可以满足机房平面尺寸的要求，后期制作用房可布置在主楼或裙房内，后期制作用房的布置对建筑物的整体结构性能影响不大。

4.2.4　对电气专业的要求

工艺供电系统主要是指为音视频设备、网络计算机设备供电的系统。工艺供电系统应当设置专用的变压器提供"干净的"市电电源，同时对于重要的工艺用电，为做到可靠连续供电，应采用独立的 UPS 机组作为保障。

一般情况下，电子编辑、非线性编辑按 1.5kW/工位对编辑机房的用电量进行规划；录音室、配音室按面积不同对用电量进行规划。

4.2.5　对暖通专业的要求

4.2.5.1　室内环境参数的确定

结合电视设备、人员、节目制作三个方面对室内环境的不同要求，并综合考虑环保、节能等因素，后期制作用房的室内环境推荐参数应符合表 4-3 的要求：

后期制作用房室内环境参数（推荐值）　　　　　　表 4-3

房间	夏季温度（℃）	冬季温度（℃）	夏季相对湿度（%）	冬季相对湿度（%）	洁净度（级）	新风量 [m^3/(p·h)]
电子编辑机房	26	20	$40\sim65$	$30\sim60$	8	30
非线性编辑机房	26	20	$40\sim65$	$30\sim60$	8	30

续表

房间	夏季温度 （℃）	冬季温度 （℃）	夏季相对湿度 （%）	冬季相对湿度 （%）	洁净度 （级）	新风量 [m³/(p·h)]
音乐录音室	24	20	40～60	35～60	8	30
控制室	25	20	40～65	30～60	8	30
配音室	26	20	40～65	30～60	8	30
音频创作室	26	20	40～65	30～60	8	30
音频制作编辑室	26	20	40～65	30～60	8	30
后期制作网络中心机房	22±2	20±2	40～65	40～65	8	保持正压

注：1. 室内工作区的气流平均速度：冬季≤0.2m/s，夏季≤0.3m/s。
　　2. 本要求所规定的室内温度为在工作区内距地面 2m 高处测量，测量时必须使用温度计避开热源和灯光直接照射的影响。
　　3. 当工艺或使用条件有特殊要求时，注明原因后可适当调整。

衡量与评价后期制作用房室内环境效果的标准不仅要考虑到竖向温度梯度变化，还要考虑到有声学要求的房间对新风及噪声标准的不同要求。

4.2.5.2 空调系统

对于后期编辑系统而言，空调系统的配置非常重要。空调系统应满足后期编辑人员、设备安全的需要。空调系统的配置包括：新风系统、空调风（制冷、制热）系统、调节装置。

1. 冷（热）负荷的构成

1）空调区的冷负荷由下列各项得热量构成：

① 通过围护结构传入的热量；

② 人体散热（湿）量；

③ 其他的散热（湿）量。

2）空调区的热负荷由下列各项耗热量构成：

① 围护结构的基本耗热量；

② 围护结构的附加耗热量；

③ 通过门、窗缝隙的冷风渗透耗热量。

3）其他的耗热量

演播室夏季的冷负荷和冬季的热负荷应根据上述各项得热量、耗热量的种类、性质以及演播室的蓄热特性分别进行逐时转化计算，确定出各项冷、热负荷。其中设备散热量要根据电视工艺专业所提的要求进行计算。

2. 空调系统的划分原则

演播室空调系统是根据负荷特征、使用时间、使用功能、建筑平面位置、温湿度参数、洁净要求、噪声、空调精度等房间的使用特点，以及系统运行和调节的灵活性和经济性，并经过技术经济比较后确定的。

3. 空气处理和处理设备

空气调节系统由空气处理设备和空气输送管道以及空气分配装置组成。按空气处理设备的设置情况分类，可分为三类系统：集中式、半集中式、全分散式。

4.2.5.3 噪声控制系统

录音室、配音室的环境噪声控制标准较高，主要要解决空调通风设备的动力噪声和风道的再生噪声问题、因风管相连而引起的房间之间的串音问题、空调器和风机的振动问题。

4.2.5.4　隔声与隔振系统

空调系统噪声控制其最终目的使空调用房达到所确定的允许噪声标准，满足使用功能的要求，因此必须注意噪声源、传声途径和接收者所处的环境等三方面的问题。当然，以降低噪声源处的噪声最为有效，但当降低设备噪声源的噪声一时难以解决，或存在各种因素的影响，在此种情况下，空调通风设备及机房应设计合理有效的隔声隔振系统。

4.2.6　对给水排水专业的要求

4.2.6.1　给水系统

根据后期制作的工艺要求，后期制作用房均无需设置给水管道。

4.2.6.2　排水系统

根据后期制作的工艺要求，后期制作用房均无需设置排水管道。

4.2.6.3　给水排水系统隔声

鉴于设置隔声套房的录音室、配音室的声学要求较高，对于这类设置隔声套房的房间内需要设置给水、排水、消防管道的，应在给水、排水、消防管道穿房间隔墙处的内、外设置橡胶软接头，用来阻隔管道的固体传声。

此外，对于水泵房等有较大噪声、振动的设备用房应尽量远离有声学要求的录音室、配音室。

4.3　后期制作工艺系统设计

4.3.1　电子编辑系统

制作电视节目时，常常需要把不同磁带上的素材内容，按一定顺序汇集到一起。电子编辑系统充分利用磁带录像机的放像和录像功能将素材带上的声音和图像信号进行有选择的复制，具有编辑精度高，操作方便，可以快速搜索编辑点。画面和声音可以同时编辑或单独编辑。

电子编辑系统可分为一对一编辑系统（图 4-2）、二对一编辑系统和多机编辑系统（图 4-4）。

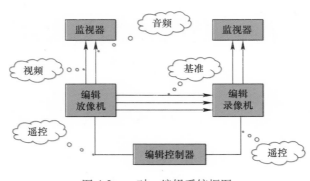

图 4-2　一对一编辑系统框图

一对一编辑系统是最普遍、最常用的一种简单的编辑系统。由一台编辑放像机、一台编辑录像机、二台监视器和一个编辑控制器所构成。一般情况下，画面的组接效果为直接切换。设备连接如图 4-3 所示。

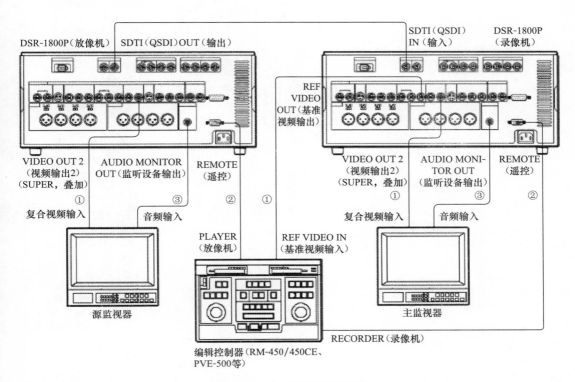

图 4-3　一对一编辑设备连接图

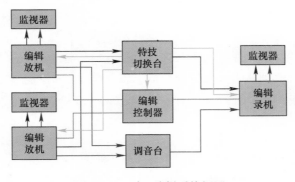

图 4-4　二对一编辑系统框图

二对一编辑系统由 2 台放机与 1 台录机组成的电子编辑系统，它具有一对一编辑系统的全部功能。最大特点是可以一次与 2 台放机联合编辑，即每次编辑可完成 2 个镜头的组接称之为 A/B 带编辑。这种编辑系统，在一定程度上可以提高工作效率，同时还是特技效果制作的一个基础。系统中接入特技效果发生器就可实现叠、扫、划等特技效果的制作。设备连接如图 4-5 所示。

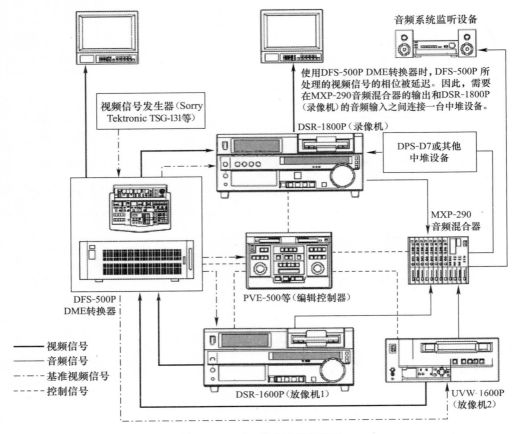

图 4-5　二对一编辑设备连接图

　　多机编辑系统是指包含 2 台以上放像机的编辑系统，它的自动编辑性能高，不仅能进行画面的编辑，还可以进行声音的编辑。

　　计算机技术的日新月异引发了电视技术领域新的变革。随着多媒体技术在电视节目后期制作中的应用，非线性编辑应运而生，并以其独有的、传统磁带视频编辑设备无法比拟的优越性而广泛应用并得到认可。随着非线性编辑系统在功能、速度、系统的开放性和网络化媒体共享方面的进一步完善和发展，传统的电子编辑系统终将被非线性编辑系统所取代。

　　但是当遇到具有高质量、大数据量要求的高清节目，仍将会使用传统磁带作为记录介质。新型的电子编辑系统是指，编辑源端为传统线性回放设备及介质，目标端为存储设备及媒体文件，既保留快捷的传统线性编辑操作方法又适度结合了方便的非线性制作手段的复合型编辑系统。

　　新型电子编辑系统中的切换台及周边设备包括磁带放机、监视器、示波器等，与传统电编设备无异，无需做任何改动。使用带特技的切换台可保证高质量多级特技的实时性，这是目前非编产品所无法达到的。系统中使用特技切换台，传统电编机房中的编控器将被定制开发的控制工作站取代。控制工作站除了完成基本的编辑控制外，更加入了媒体素材管理、设备管理等新功能，使得该新型电子编辑系统的功能较传统电编更为强大、易用。

4.3.2　非线性编辑系统

非线性编辑（图 4-6）是相对于线性编辑而言的，非线性编辑直接从计算机的硬盘中以帧或文件的方式迅速、准确地存取素材，进行编辑的方式。它是以计算机为平台的专用设备，可以实现多种传统电视制作设备的功能。编辑时，素材的长短和顺序可以不按照制作的长短和顺序的先后进行。对素材可以随意地改变顺序，随意地缩短或加长某一段。

图 4-6　非线性编辑设备

非线性编辑中的"非线性"是从物理意义上描述数字硬盘信息存储的样式。由于文件在硬盘上可以按任意顺序访问，因此可以使用非编按想要的任何顺序对素材编排序列，在节目的任意点上编辑并对其进行更改，随时在序列的任何部分剪切、粘贴、添加和删除素材。非编时间线中的片段是指向源文件的指针，而不是实际的源文件本身。因此非编中的几乎所有工具和功能都是非破坏性的。例如，将一段素材添加到时间线并将它剪短后，被剪掉的部分并不会丢失。可以随时将此部分找回来，这是因为磁盘上的源媒体文件没有受到任何影响。即使您删除整段素材，该素材也仍然储存在硬盘上，除非在非编中选择将该片段彻底删除。

非线性编辑的素材是以数字信号的形式存入到计算机硬盘中的，采集的时候，一般用分量采入，或用 SDI 采入，信号基本上没有衰减。并且非线性编辑的素材采集采用的是数字压缩技术，采用不同的压缩比，可以得到相应不同质量的图像信号，即图像信号的质量是可以控制的。

4.3.2.1　非线性编辑系统节目制作流程

1．素材准备

在使用非线性编辑系统编辑节目之前，一般需要向系统中输入素材。大多数非线性编辑系统是以超实时的速度把存储介质上的视音频信号转录到硬盘上的。

2．节目制作

1）素材浏览

在查看存储在磁盘上的素材时，非线性编辑系统具可以用正常速度播放，也可以快速重放、慢放和单帧播放，播放速度可无级调节，也可以反向播放。

2）编辑点定位

在确定编辑点时，非线性编辑系统可以实时定位，既可以手动操作进行粗略定位，也可以使用时码精确定位编辑点。不需要像磁带编辑系统那样花费大量时间卷带搜索，这大大地提高了编辑效率。

3）素材长度调整

在调整素材长度时，非线性编辑系统通过时码编辑实现精确到帧的编辑，同时吸取了电影剪接简便直观的优点，可以参考编辑点前后的画面进行直接手工剪辑。

4）素材的组接

非线性编辑系统中各段素材的相互位置可以随意调整。编辑过程中，可以在任何时候删除节目中的一个或多个镜头，或向节目中的任一位置插入一段素材，也可以实现磁带编辑中常用的插入和组合编辑。

5）素材的复制和重复使用

非线性编辑系统中使用的素材全都以数字格式存储，因此在拷贝一段素材时，不会像磁带复制那样引起画面质量的下降。当然，在编辑过程中，一般没有必要复制素材，因为同一段素材可以在一个节目中反复使用，而且无论使用多少次，都不会增加占用的存储空间。

6）软切换

在剪辑多机拍摄的素材或同一场景多次拍摄的素材时，可以在非线性编辑系统中采用软切换的方法模拟切换台的功能。首先保证多轨视频精确同步，然后选择其中的一路画面输出，切点可根据节目要求任意设定。

7）网络化编辑

网络化非线性编辑系统采用联机编辑方式工作，这种编辑方式可充分发挥非线性编辑的特点，提高编辑效率。如果使用的非线性编辑系统支持时码信号采集和EDL（编辑决策表）输出，则可以采处理素材量较大的节目。非线性编辑系统中有三种编辑的方法：第一种方法是先以较低的分辨率和较高的压缩比录制尽可能多的原始素材，使用这些素材编好节目后将EDL表输出，在高端非线性编辑系统中进行合成；第二种方法根据草编得到的EDL表，重新以全分辨率和小压缩比对节目中实际使用的素材进行数字化，然后让系统自动制作成片；第三种脱机编辑的方法在输入素材的阶段首先以最高质量进行录制，然后在系统内部以低分辨率和高压缩比复制所有素材，复制的素材占用存储空间较小，处理速度也比较快，在它的基础上进行编辑可以缩短特技的处理时间。草编完成后，用高质量的素材替换对应的低质量素材，然后再对节目进行正式合成。

8）特技

在非线性编辑系统中制作特技时，一般可以在调整特技参数的同时观察特技对画面的影响，尤其是软件特技，还可以根据需要扩充和升级，只需拷入相应的软件升级模块就能增加新的特技功能。

9）字幕

字幕与视频画面的合成方式有软件和硬件两种。软件字幕实际上使用了特技抠像的方法进行处理，生成的时间较长，一般不适合制作字幕较多的节目。但它与视频编辑环境的集成性好，便于升级和扩充字库；硬件字幕实现的速度快，能够实时查看字幕与画面的叠加效果，但一般需要支持双通道的视频硬件来实现。较高档的非线性编辑系统多带有硬件字幕，可实现中英文字幕与画面的实时混合叠加，其使用方法与字幕机类似。

10）声音编辑

大多数基于 PC 的非线性编辑系统能直接从 CD 唱盘、MIDI 文件中录制波形声音文件，波形声音文件可以非常直接地在屏幕上显示音量的变化，使用编辑软件进行多轨声音的合成时，一般也不受总的音轨数量的限制。

11）动画制作与合成

由于非线性编辑系统的出现，动画的逐帧录制设备已基本被淘汰。非线性编辑系统除了可以实时录制动画以外，还能通过抠像实现动画与实拍画面的合成，极大地丰富了节目制作的手段。

3．非线性编辑节目输出

非线性编辑系统可以用三种方法输出制作完成的节目。

1）输出到录像带上

这是非线性编辑最常用的输出方式，对连接非线性编辑系统的录像机和信号接口的要求与输入时的要求相同。为保证图像质量，应优先考虑使用数字接口，其次是分量接口、S-Video 接口和复合接口。

2）输出 EDL 表

如果对画面质量要求很高，即使以非线性编辑系统的最小压缩比处理仍不能满足要求，可以考虑在非线性编辑系统上进行草编，输出 EDL 表至高端非线性编辑工作站进行精编。

3）输出至硬盘

这种输出方法可减少中间环节，降低视频信号的损失。但必须保证系统的稳定性或准备备用设备，同时对系统的锁相功能也有较高的要求。

4.3.2.2 非线性编辑系统的主要设备

1．非线性编辑卡

视频卡是非线性编辑系统的核心部件。一台计算机加上视频卡和编辑软件就能构成一个基本的非线性编辑系统。它的性能指标从根本上决定着非线性编辑系统质量的好坏。许多视频卡已不再是单纯的视频处理器件，它们集视音频信号的实时采集、压缩、解压缩、回放于一体。一块卡就能完成视音频信号处理的全过程。

2．计算机

现在主流的非线性编辑系统包括 MAC 平台和 Windows 平台，非线性编辑系统所用的硬盘不同于普通硬盘，它要求硬盘的速度较高，且要求其容量较大。

3．编辑软件

编辑软件是视频编辑、音频制作、合成、字幕和编码的专业软件，用以实现非线性编辑工作站的各种功能。主流的非线性编辑软件有 AVID Media Composer 专业编辑和制作软件系列、Final Cut Pro 和 Adobe Premiere 等。

4.3.3 网络化非线性编辑系统

随着网络技术的不断发展和全台网络化的实现，后期制作作为节目制作的重要流程之一，必然需要与整个网络化制作系统互联。借助于网络和服务器，非线性编辑系统可实现视音频节目资源的集中管理和共享，网络中的编辑工作站可以同时制作同一节目的不同段落，从而使工作效率成倍提高。另外，可以实现与演播室系统的互联互通，即演播室录制好的节目在不需直播状态下可以通过视频服务器录制后直接迁移到后期制作系统中，这样不仅提高了整体节目制作效率，同时利用后期制作网丰富的节目素材也提高了演播室节目的制作水平。实现电视台全部或部分非编系统的网络化是大势所趋。由于目前许多中小电视台已经有一部分非编系统设备在正常使用，因此，选择和架构非线性编辑网络更要考虑全面，要根据电视台原有设备的实际情况并结合全台的数字化发展方向来进行。网络化非线性编辑系统框图如图 4-7 所示。

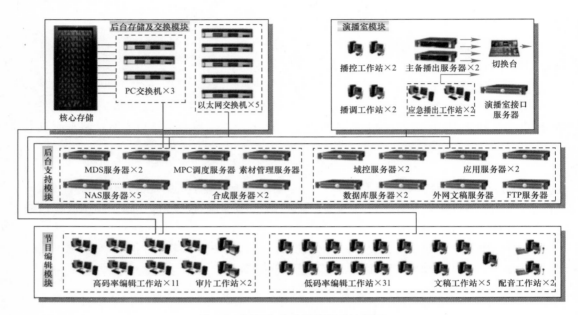

图 4-7　网络化非线性编辑系统框图

在设计网络化非线性编辑系统时，需要着重考虑的是素材准备与节目编辑两个环节间的协同，因此产生了"草、精"结合的制作理念——使用草编工作站完成素材的挑选和上载，并协助精编工作站完成节目的初步编辑，形成与精编工作站的优势互补。在素材上载阶段，强化素材挑选和初步的辅助编辑，将编辑制作中的简单工作前置，提高核心设备的使用效率和成品产出率。在编辑阶段，需要对不同制作形态的节目进行分类，进入不同的制作岛，在规范系统资源和节点的前提下，高效率地完成节目的制作。而精编工作站则重点满足节目编辑"即编即得"的制作原则，确保制作过程中的图像质量和制作效率。在整个后期制作岛的框架规划上根据节目形态组建不同的耦合形式，形成不同的结构，使不同资源可协同工作，达到效率与成本的良性配置。

网络化后期制作系统可以根据节目制作形态以及属性分解为非线性常规编辑制作岛、非线性高端编辑制作岛、混合功能制作岛和专业制作岛。不同形态的后期制作岛根据资源节点、专业分工及功能要求的不同，内部配属不同的制作单元，承担不同形态的节目制作任务，满足常规和个性的制作需求。因此，常规编辑制作岛、高端编辑制作岛、混合功能编辑岛作为后期制作系统的主要成片出口，将各自承担后期制作的全部工序。

4.3.3.1 编辑流程

网络化非线性编辑系统基本包括辅助型的初步编辑、对节目成片的深度编辑以及节目成品审查三个环节。即非线性编辑制作可拆解的"草编—精编—审片"流程。

在全台节目统一生产管理的基础上，在上载阶段，每个节目对应唯一节目编码，并根据节目使用设备申请，确定并查询到其在某制作岛的存储路径以及工作空间存储配额，以便在素材上载端建立合理的控制中央存储量的机制。并在整个制作过程中，完成生产计划模板和资源调度模板等生产管理系统的信息收集和汇聚。

1. 节目草编流程

素材的整理阶段，使用"挑，上，草"的处理工艺。

1）挑：素材挑选。

2）上：素材上载。

3）草：对节目进行初步的简单编辑。

4）功能分析：进行素材上载前的筛选，降低存储片比和文件搜索量，代替传统意义上的自编，优化配置，区别于精编，保证效率，实现后台的随编随上。

5）草编及挑选工作站视工作站性能而定，直接使用非线性记录介质中的代理编码或原编码，完成素材挑选过程。并根据挑选形成的 EDL 码单文件上载素材。对已保存在中央存储中的素材，可进行高质量编码的单轨草编。

（1）脱网编辑及集中上载流程

脱网编辑：主要解决线性磁带介质与基于全程文件化流程的适配问题。针对磁带介质的脱网编辑工作站，硬件配置带 I/O 的板卡，软件配置简单非编软件。每个脱网编辑工作站配属审片级录像机。功能是从磁带介质挑选有效素材，生成 EDL 码单，通过特定的传输手段将 EDL 码单上传至集中上载工作站，与下一步流程相衔接。

磁带脱网编辑工作站可以部署在办公区开放式工位的特定区域，由技术部门专人管理。对于非线性介质素材的挑选工作，通过在普通电脑上安装素材挑选软件，配置读盘／卡器来完成。将生成的 EDL 写入原载体，供集中上载调用。工位可任意部署。目的是与集中上载工作站协同工作，代替传统意义上的自编，提高工作效率，减少网络压力。

集中上载主要针对磁带介质挑选上载和非线性介质脱网编辑后的上载。在集中上载工作站针对磁带介质配置相应的技术审查系统，在素材源头对整个节目质量进行入口把关。此类工作站与脱网编辑工作站相配合，可以提高效率，减少对特定功能机器的依赖。

（2）非磁带介质的素材挑选及上载流程

1）素材挑选：素材未进入中央存储盘塔，在存储介质中直接读取，只要工作站性能及读卡器类产品性能满足单轨 100Mb/s 的素材读取速度即可采用单轨高码流完成素材挑选工作。

2）素材上载：根据节目脚本要求，采用挑后上载，边挑边上载模式相结合，保证效率和节省硬件。

3）上载后的草编过程：对已保存在中央存储中的素材，可进行单轨草编。在不占用精编机房的情况下，完成初步编辑，提高精编完成成片的效率。

2．节目精编流程

使用"编辑、生成"的处理工艺：

（1）编辑：对挑选或初步编辑后的素材进行深度编辑、制作特技，加入包装和音乐，直至出成片。

（2）字幕文件制作：在精编阶段，实施字幕工程文件与视音频文件的统一制作、分离保存。将字幕分级制作，根据字幕工程文件要求，将作为内容的字幕与视音频文件合成，将与节目内容相关的字幕单独制作保存，与视音频文件，同时提交至媒资系统，为日后的节目复用、修改和节目交换提供必要条件。

（3）生成：对编辑过的时间线文件进行本地生成；

（4）审片：对成片进行技术审查。

（5）功能分析：进行所有形态节目的后期非线性编辑制作。

精编流程是单流程没有可拆解的阶段，但可根据不同的节目形态进行细分，以建立多层次制作体系，节省成本，提高效率。精编阶段采用本机生成，全部工作都在单机上完成，流程简单，但对单机性能和网络要求较高。

3．节目审查的流程

节目审查流程包括技审和内审两个部分。

技审流程是单流程，根据精编工作站的不同规划可以通过有不同的方法实现。对于文件级技审，可以经过文件扫描，或者通过在非编工作站上安装具备实时监看功能的软件示波器执行技审。对于配属硬件示波器的精编工作站可以利用硬件示波器来完成技审工作。

内容审查是多流程，可统一建立全台的内容审片模式，并建立统一的内容反馈机制。

4．采用全程高码流完成后期制作的基本流程

在挑选上载阶段，根据硬件条件建议采用高码流挑选。可以对内容和质量进行最初的把关，减少全面返工的可能性。对中央存储内的素材进行挑选和编辑使用单轨高码流，目的是达到"所见即所得"的原则，上载高码流素材。

在非线性编辑制作过程中根据节目的制作形态的难易程度可分为采用两种工作站：常规编辑工作站和高端编辑工作站。两种工作站均采用相同流程，但根据复杂和简单的原则来划分，目的是降低系统成本，提高工作效率，使高端设备的使用率达到最佳。在常规编辑工作站上只提供2层高码流的编辑功能，特技功能比高端编辑工作站弱化，但是调色、简单抠像等需要视觉判断的特技也可在常规编辑工作站上完成。多层复杂特技则必须要在高端编辑工作站上完成。

技术审查可以在常规和高端编辑工作站完成，常规编辑工作站可利用软件示波器完成技审工作。如发现问题也在常规编辑工作站完成及时修改。在高端编辑工作站则利用配备的硬件示波器来完成技术审查工作。

内容审查采用能满足内审要求的码流。由于节目完成后达到审片流程，中间需要转码节点，因此不受编辑码流限制可以是播出码流，也可以是满足内审要求的低码流。采用全程高码流完成后期制作流程如图4-8所示。

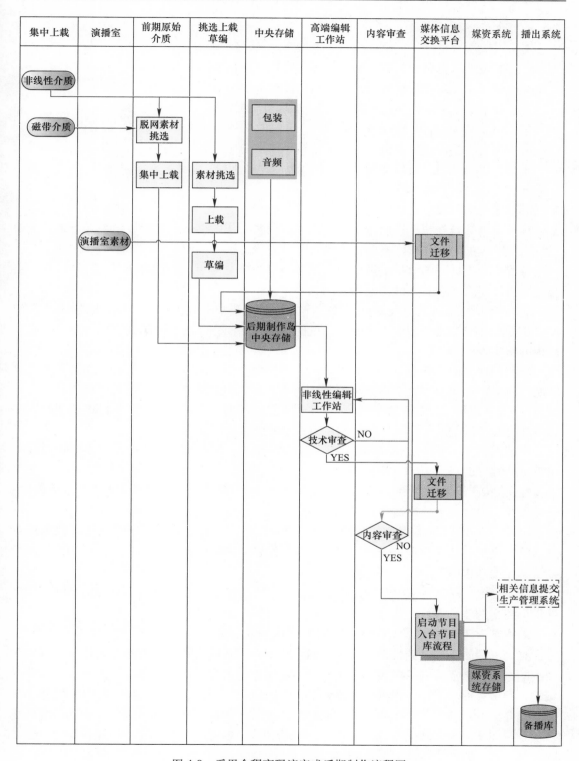

图 4-8   采用全程高码流完成后期制作流程图

4.3.3.2 制作岛配属原则

对应一般性节目制作：常规编辑工作站成片产量：30min/(d·台)；

对应复杂性节目制作：高端编辑工作站成片产量：30min/(d·台)；

高端编辑工作站和常规编辑工作站的比例为 1:1；

挑选及上载草编工作站与高端编辑工作站的比例为 4:1；

集中上载的工作站与常规及高端编辑工作站总和比例为 1:8；

岛内部署少量近线包装机房与常规编辑工作站的比例为 1:10；

脱网素材挑选电脑与高端编辑工作站的比例为 1:1；

素材与成片的片比为 5:1。

4.3.3.3 常规编辑岛

常规编辑制作岛将部署草编工作站和常规编辑工作站以及少量近线包装工作站。主要完成常规节目的后期制作，提供可播出的节目成片。

常规制作岛针对的节目类型主要是以中小型演播室主导＋小包填充（小栏目板块、杂志类节目）以及简单制作的专题片。

岛内部署工作站类型包括草编及挑选工作站、集中上载工作站，配属常规编辑工作站；配属极少量的近线包装工作站和少量配音间。在制作岛内部以常规流程为主，完成大规模的常规编辑制作。

常规制作岛面对的节目内容涵盖量大，制作形态相对简洁，主要针对对象是专题类节目制作或者中小演播室、转播车等信源过来不需要精细编辑和复杂特技制作的节目。为了完成"一站式服务"的功能需求，避免岛间大量的数据及文件的迁移，也提供复杂的近线包装作为补充的辅助制作手段，来满足节目中的个性需求。

常规编辑工作站一般完成两轨高码流素材的编辑、特技合成、审片。复杂特技由近线包装工作站完成。

在常规编辑工作站上完成字幕工程文件的制作。字幕工程文件和视音频文件统一制作，分离保存。为日后节目重播和复用提供方便。

由于 ENG 模式和演播室为来源的素材最为复杂，且有代表性，所以以这两种模式为例说明常规制作岛的流程。常规制作岛制作流程如图 4-9 所示。

4.3.3.4 高端编辑岛

高端编辑制作岛将部署草编工作站和高端编辑工作站，完成相对复杂节目的后期制作，提供可播出的节目成片。

岛内部署工作站类型以草编及挑选工作站、高端编辑工作站、集中上载工作站为主。考虑到高端编辑工作站的性能已经能够满足基本特技及制作的要求因此在制作岛不再配属相应的近线包装工作站。配属少量配音间。在制作岛内部以高端编辑流程为主，完成大规模的复杂节目编辑制作。根据高端编辑工作站的定义，高端编辑制作岛主要承担多层编辑，完成较复杂的特技制作，主要针对对象是综艺类节目制作、特别节目制作、假日型节目制作或大中型演播室、转播车等信源过来需要精细编辑以及涉及大量复杂特技制作的大型专题节目。

在高端编辑工作站上完成字幕工程文件的制作。字幕工程文件和视音频文件统一制作，分离保存。为日后节目重播、复用和节目交换提供方便。高端制作岛制作流程如图 4-10 所示。

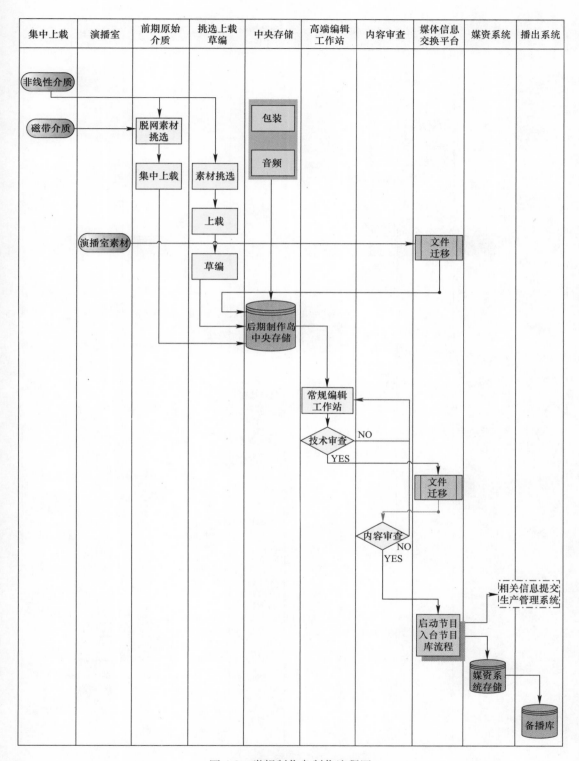

图 4-9　常规制作岛制作流程图

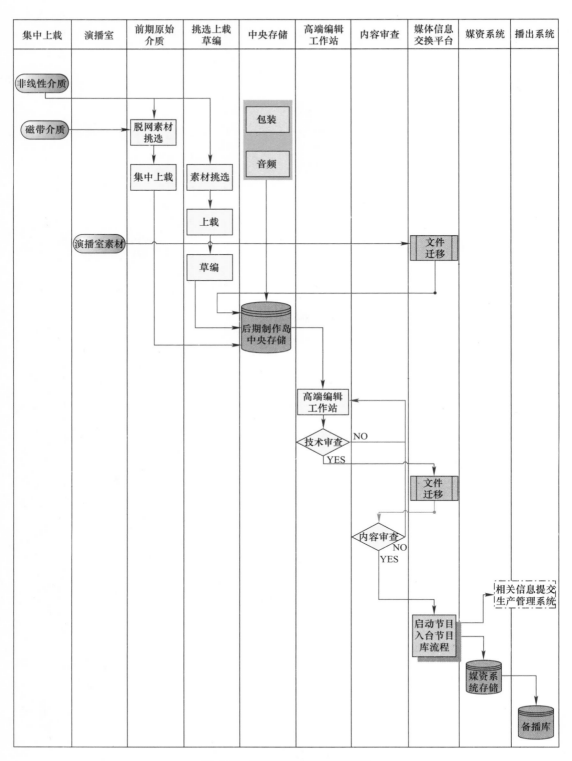

图 4-10 高端制作岛制作流程图

4.3.3.5　混合功能编辑岛

混合功能编辑岛将提供集中收录、演播室直播、和后期制作等多种功能。因此混合功能制作岛除部署草编工作站、常规编辑工组站以及少量的近线包装工作站完成其后期制作功能外，还包含开放式演播室系统以及提供给所有综合节目制作的基于整场事件的集中收录系统。混合功能制作岛将完成体育赛事、体育专题、有收录业务的长新闻专题以及其他有收录业务节目的后期制作。

岛内部署工作站类型：草编及挑选工作站、常规编辑工作站、高端编辑工作站、集中上载工作站为主。同时要配属功能较强的近线包装工作站，来满足体育类节目制作形态的特殊需求。配属少量配音间。主要针对对象是体育、收录类节目。日常需要有大量节目收录，支持"边收边传、边传边编、边传边播"的制作形态，能够满足演播室在线包装加直播的节目形态，能够完成外景节目的采访、录制和后期制作的时效性的节目。所以针对岛内多种节目的复杂性和多变性，系统建立一个"混合型"的概念来满足复杂多变的节目形态。同时考虑到长新闻专题类节目的制作，所以还要考虑一定的时效性和时政性原则。

在岛内的高端编辑工作站和常规编辑工作站上完成字幕工程文件的制作。字幕工程文件和视音频文件统一制作，分离保存。为日后节目重播、复用和节目交换提供方便。混合功能编辑岛制作流程如图 4-11 所示。

4.3.3.6　专业制作岛

根据全流程制作需要，为满足整个制作环节的应用，后期制作系统还需要建立专业包装业务岛。专业制作岛主要以创作为主，在岛内可独立完成节目成品部分素材或者半成品，与上述的其他后期制作岛进行节目文件交换，其本身不直接提供可供播出的节目文件。

电视包装采用计算机数码图形图像处理和生成的技术以及其他辅助技术来完成视觉图像的设计和制作，是一种基于策划创意基础上的、具有艺术创作性质的生产方式；电视包装的整个过程既是创作更是服务，其结果既是作品也是产品。因此，电视包装生产更需要贴近节目需求本身，以满足电视工作者对节目精品化的高质量追求。

伴随着电视行业的整体发展，频道设置不断增加。电视包装的品牌作用会成为各电视台争夺收视的重要手段。

电视节目包装的主要业务构成基本可分为：频道整体包装、栏目整体包装、重点节目或重大转播活动节目整体包装。这些项目的制作内容和质量视包装项目经费投入、时间周期和制作难度情况而定。

按照制作手段要求，节目包装可以划分为：复杂包装制作、常规包装制作、简单包装制作。如果按照投资定义，前两类可称之为大、中型项目包装，后者可称之为小型包装项目。包装项目的大小、制作程度的难易涉及不同系统配置和加工工艺，所产生的效果和影响当然也截然不同。

专业包装业务岛主要包括三维动画系统和合成系统。

从影视制作的常规需求的实用性考虑，综合制作系统的三维动画软件系统包括：MAYA 系统、SOFTIMAGE/XSI 系统、3DMAX 系统、三维动画辅助系统。硬件设备构成为 PC 工作站。

合成系统包括：主要合成平台、编辑平台、辅助动态设计 / 合成平台、平面设计平台

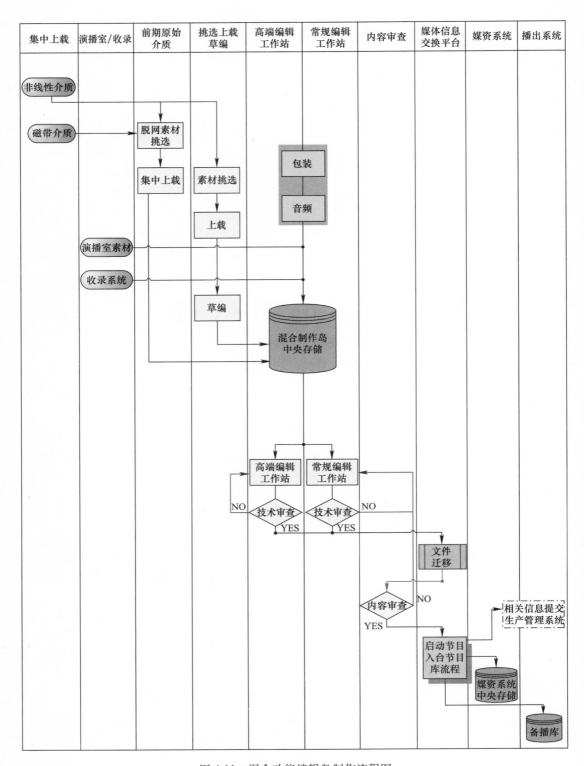

图 4-11　混合功能编辑岛制作流程图

4 个部分。主要合成平台、编辑平台需配置相应特效插件进行制作。合成系统应该侧重对于三维数据空间的数据跟踪与合成效果。

4.3.3.7　系统带宽及存储规划

以上 3 种制作岛的规模根据具体技术方案的可实现性和基础数据来规划。原则是采用先进技术手段、在能满足制作需求的情况下尽可能减少设备数量和成本投入。对于高端工作站实时编辑的原码流层数要求应达 4 层以上，常规编辑岛内工作站实时高码流编辑的层数要求可达 2 层。因此岛内的网络带宽是决定制作岛规模的主要因素。

1．系统带宽

结合 4.3.3.2 制作岛配属原则，以某台每天完成综合成片 30h 为例，说明岛内各类工作站的配属（具体配置如表 4-4、表 4-5 所示）。

完成 30h 成片生产量所需高端编辑工作站和常规编辑工作站各为 30 台。

常规编辑岛工作站配属　　　　　　　　　　　　　　　表 4-4

常规编辑站点数量	挑选上载草编站点数量	集中上载站点数量	岛内近线包装站点	素材挑选电脑数量（岛外）
30 台	60 台	4 台	3 台	30

高码流计算系统整体峰值带宽：

1）常规编辑站点按 2 轨高码流设计：$2 \times 100\text{Mb/s} \times 30$

2）挑选上载、集中上载按单轨实时设计：$100\text{Mb/s} \times 124$

3）包装 / 特效合成机房站点：$100\text{Mb/s} \times 3$

4）常规制作岛内工作站点带宽为：$2 \times 100\text{Mb/s} \times 30 + 100\text{Mb/s} \times 64 + 100\text{Mb/s} \times 3 = 1587.5\text{Mb/s}$

高端编辑岛工作站配属　　　　　　　　　　　　　　　表 4-5

高端编辑站点数量	挑选上载草编站点数量	集中上载站点数量	素材挑选电脑数量（岛外）
30 台	60 台	4 台	30 台

高码流计算系统整体峰值带宽：

1）高端编辑站点按 4 轨高码流设计：$4 \times 100\text{Mb/s} \times 30$

2）系统峰值带宽：$4 \times 100\text{Mb/s} \times 30 + 100\text{Mb/s} \times 64 = 2300\text{Mb/s}$

混合功能编辑岛针对收录类节目、体育类节目。该制播系统承担了多种形态的节目生产业务，包括：各类型收录节目的编辑制作，长新闻类节目制作，体育专题、在演播室直播、专题类节目在演播室合成直播、赛事类节目现场直播、外来延时＋直播字幕、演播室串联＋配音、境外＋异地连线国内、实况录像以及时效要求低的 IP 回传等类型的节目制作。混合功能编辑岛的规模需根据台内实际情况进行测算，若收录类节目、体育类节目的制作量很少，则可以将该类节目的制作需求归入常规编辑岛或高端编辑岛。

若现有技术和设备不能满足通过计算得出的带宽，可将制作岛进行拆分，以实现网络化节目制作的需求。

135

2．存储计算

存储设计为在线保留时间 14d，素材片比为 5∶1；各栏目常用素材（片头、片花、公用素材）保留数量接近一天的成品量；特技生成的总量很少可与公用素材合并；媒体数据交换平台应具备一定量的存储空间来满足各项业务的需求（转码、演播室素材交换、不同功能岛之间的节目交换、与媒资系统的文件交换）：

综合制作域在线存储总量计算：

$14 \times 30 \times 45Gb/s$（100Mb/s 每小时容量）$\times 5$（素材）$+14 \times 30 \times 45Gb/s$（生成）$+30 \times 45Gb/s$（公用素材）$=112Tb/s$

考虑到存储系统的安全性，不可能 100% 使用，以使用量为总容量 85% 为极限。因此所需存储总量应为：

$112Tb/s \div 85\% \approx 132Tb/s$

此存储为在线节目存储，不考虑为保证系统安全所作的不同级别 RAID 所占用的硬盘空间。

4.3.4　音频编辑系统

4.3.4.1　音乐录音室

音乐录音室是电视台最主要的一个录制音乐作品的场所，主要应用于管弦乐、音乐剧、歌剧以及大型文艺节目等音乐作品的录音与制作。因此，在音频系统的设计上需精致严谨。除具备强大的编辑和处理功能外，所用设备均要符合专业广播级，具备优良的性能以及最为重要的稳定可靠性。除了考虑主要设备外，一个真正一流的音乐录音棚还有很多其他方面要注意，如声学处理、安装工艺、系统设计的可扩展性等。

音乐录音室按声场的基本特点划分而分为自然混响录音室和短混响录音室。录制古典音乐时，须在自然混响的录音室内采用单声道或立体声双声道录制，以获得优美的音质效果。录制现代音乐时，则宜采用多声道录音方式，以便分路调节音量和音质；分路加混响时间和分路录制，给后期加工提供方便。为保证各声道分别进行上述调节而不影响其他声道，录音室的混响时间必须短，而且还需采用屏风隔离。对强音或弱音乐器，如打击乐器和钢琴等，为满足隔声要求，可分别在隔声能力较强、混响时间很短的小录音室内录制。这些乐器的频率特性曲线都应尽可能是平直的，因为缩短低频混响时间对保证低频的隔离度是很必要的。音乐录音控制室、审听室等须根据所监听的音质对录音进行音质调节或评价，其混响时间可在 63～6300Hz 范围内，采用 0.3s 左右平直的频率特性曲线。

对于音乐录音室，在音质设计时应根据房间的使用功能、使用面积等综合确定适宜的中频混响时间范围。一般来说，对于语言类节目录制或录音室面积相对较小的情况，宜选择相对较短的混响时间，这样录出来的声音清晰度更高，也方便录音室进行后期处理。对于小房间，在设计时应特别注意考虑对低频混响时间的控制，要考虑房间的简正振动模式，防止在低频段出现声染色等问题。

对于大型音乐录音棚，则应当适当设置相对较长的混响时间，这样的房间有利于乐队的表演以及声部间相互听闻和交流。过短的混响时间可能使录音素材相对较"干"，录音师需要进行大量的后期再加工才能使用，而过分的后期处理在听感上也不如在相对有一定混响时间的房间内录制的素材听上去更自然。

音乐录音室的系统以立体声制作为主，兼顾 5.1 环绕声制作，以分轨录音为主，应具有多轨记录和缩混能力。

音乐录音室的主要设备有调音台、多轨声音记录、编辑工作站、音频上下载系统、立体声主监听音箱、功放、比较监听音箱、环绕声监听音箱、环绕声监听工具、录音室扩音音箱、音频效果处理器、压限器、激励器、噪声门、记录放音设备、各类话筒、监听工具、各种乐器。

作为音频节目录制的场所，录音室内一般配置有传声器、话筒前级放大器、调音台、音频工作站、多轨录音机、音频处理设备、监听系统、监看系统、通话系统等。

高级别的录音室一般选择专业录音传声器，这类传声器大多专为室内录音设计，频响曲线相对平滑，音域较宽。根据不同节目素材、录音格式等要求，一般会配置不同种类的传声器。一般来说，主要应为人声、弦乐、管乐、打击乐等单独配置适合的传声器。普遍应配备大振膜电容话筒、高灵敏度电容话筒、动圈或低灵敏度电容话筒等，同时应考虑组合配置近讲和枪式传声器。

立体声话筒形式的选择更多根据录音师的使用习惯以及节目编排形式确定，较常见的有 XY 式（如图 4-12 所示）、AB 式（如图 4-13 所示）、MS 式等。对于带乐队的大型音乐录音棚，还应考虑配置效果声话筒等。

图 4-12　XY 式立体声话筒

图 4-13　AB 式立体声话筒

对录音质量要求较高的录音室，应配置独立的高等级话筒前置放大器，可选数字或模拟音频信号输出接口。一般录音室直接使用调音台前置放大器或工作站音频接口即可。

录音室应当根据使用模式以及录音室的工作习惯配置调音台及工作站，对于小型录音室，一般不配置专业大型调音台，录音师直接使用录音工作站即可完成简单的录音、编辑工作。对于大型文艺录音棚、音乐录音棚等，大型的调音台仍然必不可少。

对于音乐录音室是否还应配置模拟音频设备，目前行业中还有一些争论。从国际上的情况来看，整个广播电视领域一直在数字技术的带领下，突飞猛进。但在顶级的高雅音乐录音工艺中，模拟技术仍然占有一席之地。专业的声学专家通过精确的科学测量，发现超过人耳所能听到的 20kHz 或以上声音对人类可听域的声音表现效果具有非常大的影响，人们可能听不到但却可以感觉到，那就是声音更饱满。

数字技术从 24Bit，48kHz 甚至 192kHz 的 PCM 数字音频格式到 DSD 所采用的 1bit，2.8224MHz 格式，总是在不断更新和发展，这正说明数字音频技术发展到今天仍有很多不尽人意之处，相比起成熟稳定、处理极限可达 150kHz 的模拟技术，数字调音台存在投资上的风险，这也是为什么全球顶级录音系统还有部分采用模拟调音台的原因。但是，数字系统在多声道控制、自动化、场景积极、与工作站配合等方面仍然远超模拟系统。

一个音乐作品录音与制作的音频系统，音频工作站是必不可少的处理工具。音频工作站除具备多轨音频记录能力外在编辑方面应具有非常强大的功能，同时又应具有非常人性化的界面和易于掌握的操作方式以及与外界节目文件交换的通用性。工作站还应配备必要的效果软件，系统应留有方便、灵活的扩展和升级空间，减少重复投资。

由于音乐录音对音质要求很高，同时针对不同的节目，如古典音乐、流行音乐、交响乐、戏剧节目等有不同的处理要求，因此要配备多种不同的周边设备，用录音师的话说有不同的"味道"。处理设备除在种类上有不同外，在数量上也要满足 48 轨同时缩混时对音乐作品的实时处理，因此在处理通道上应不少于 12 通路（单声道）。

音源设备选型的时候主要是充分考虑到不同格式的载体，既要满足以前保存的格式，也要考虑到最新的记录格式。现在比较流行的是 DVD 和硬盘录放音机，还有 MD、CD 等格式的录放机。在选型上应选择专业的设备，比如接口上要有模拟的平衡接口，数字接口至少支持 AES/EBU。音乐录音室系统框图如图 4-14 所示。

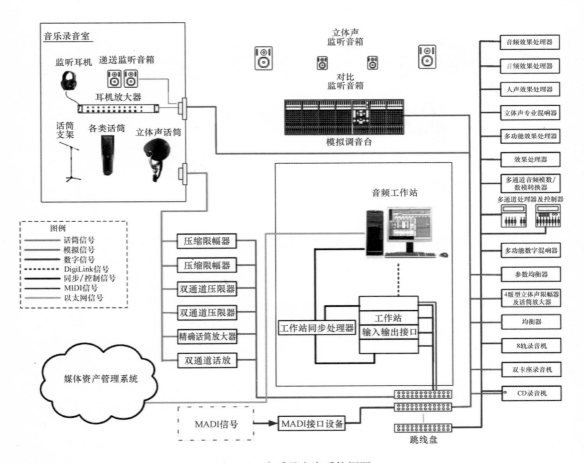

图 4-14 音乐录音室系统框图

4.3.4.2　配音室

配音室面向全台各个节目编辑部门，主要用于纪录片、动画片、译制片、专题片等节目的声音后期制作。支持网络环境下的声音非线性编辑制作，可以接入非新闻类节目制作网，并共享工作成果。

在配音室的节目声音制作大体分为以下几个步骤：

（1）节目同期声的修补与整理

参照画面对节目同期声素材进行必要的修补与整理。

（2）语言初对

配音演员自行使用初对工作站对照节目画面、角色口型、国际声进行正式录音前的准备。演员通过初对熟悉节目内容，这是保证录音工作顺利进行不可或缺的环节。

（3）语言录音

将配音演员的声音录制在音频工作站中，包括对照口型录制对白或参照画面录制旁白／解说。

（4）效果套剪

依据画面内容从音频资料库选取适当的效果素材录入音频工作站，并对照画面做必要的剪辑与修整。

（5）音乐录制与编辑

根据节目内容从音频资料库选取适当的音乐素材录入音频工作站，并对照画面进行编辑。另外，节目有可能在音乐制作编辑室进行音乐原创作和音乐编辑，这样只需在混录之前将创作、编辑好的音乐按照画面内容上载到工作站中即可，必要时还可进行精细修剪。

（6）混录合成

混录合成是节目声音制作的最后一步，录音师要依据节目内容，运用各种技术手段对所有声音素材进行必要的效果处理和平衡调整，最终混合成两声道或 5.1 声道节目。混录之后的节目声音应达到一定的艺术水准和技术要求。

（7）节目提交

混录合成后的节目提交到音频存储共享区。

（8）节目修改

节目如需修改则回到相应机房重新从音频存储共享区认领节目进行制作。

配音室制作系统的主要设备包括话筒、音频工作站、视频监看系统等。配音室系统框图如图 4-15 所示。

4.3.4.3　音乐创作室

音乐创作室服务于各节目编辑部门，为纪录片、专题片动画片以及演播室综艺节目等提供原创音乐制作或素材音乐编辑。原创音乐制作部分具有 MIDI 制作加真实乐器相结合的录音功能，使制作出的音乐作品能够达到较高的质量要求。

音乐创作室根据面积不同可以制作两声道立体声节目，也可以具备环绕声制作能力。

音乐创作室制作系统的主要设备包括话筒、音频工作站、视频监看系统、键盘和大量软硬件音源。各种不同风格的音源经电脑处理后模仿成各种乐器的音色，音乐制作人通过键盘演奏完成音乐的制作，因此音源的多少决定了该制作系统的能力与制作出的音乐的品质。对于多个 MIDI 制作系统集中使用的环境，各个系统合理搭配音源可有效控制资源的合理运用。音乐创作室系统框图如图 4-16 所示。

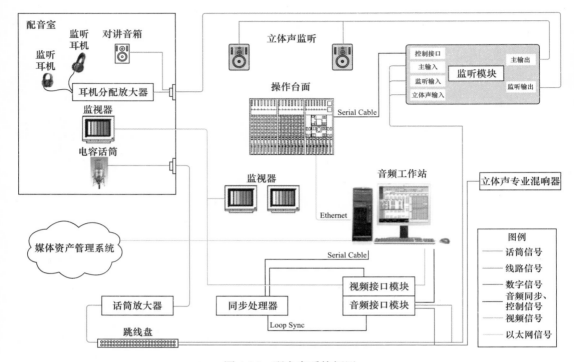

图 4-15　配音室系统框图

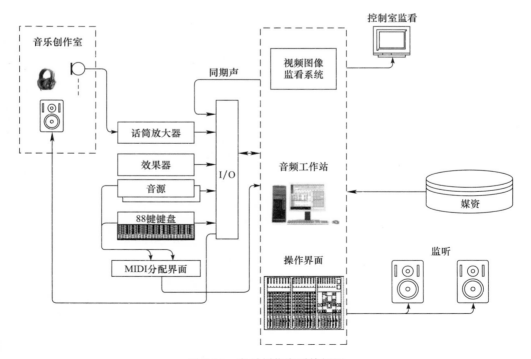

图 4-16　音乐创作室系统框图

4.3.4.4　音频制作编辑室

音频制作编辑室是支持音频录音合成和音乐制作编辑各系统完成声音后期制作。采用以音频工作站为核心搭建的音频创作编辑系统，可对多种音源（包括数据化和非数据化音频素材）进行创作和非线性制作，并存储为结构化数据，具备与素材库（工作库）的接口和共享工作成果的能力，同时具备 MIDI 创作能力。

音频编辑室的主要设备是音频工作站。一般情况下，音频工作站都采用本地编辑模式，但是对于省级电视台，建议音频制作网主要分两个域—音频制作岛和音频媒资管理。音频媒资管理系统是对音频素材资源海量存储的音频媒体资产管理系统，用于支持全台的音频制作业务，是对未来音频资料基于文件的数字化存储和管理的平台，通过科学合理的管理，形成面向全台服务的完整的音频媒资系统。

4.3.5　审看和审听系统

为了确保制作和播出声音的质量，电视系统图像和音质的审定是一个至关重要的环节，它紧密衔接了节目的制作和播出两个环节，有力地保证了节目播出的质量和效果。

4.3.5.1　内容审看系统

审看室主要用来对成片进行内容审查。随着网络技术的不断发展和全台网络化的实现，电视台节目的内容审查已由传统的放像机审片方式发展为文件级、网络化的审片方式。内容审片体系技术构成如图 4-17 所示。

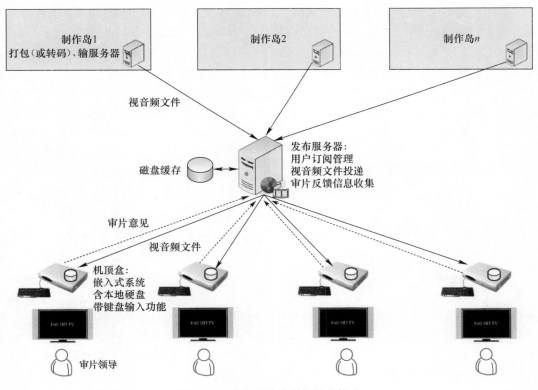

图 4-17　内容审片体系的技术构成

在终端设备方面，可采用使用嵌入式操作系统的机顶盒，设备的稳定性非常好，可 7×24 开机，功能单一不易受病毒感染。由于采用了本地硬盘，可实现超大缓存或传输后的播放，不受网络带宽影响。机顶盒使用办公以太网，无需单独部署网络系统。

网络传输方面，发布服务器的内部逻辑可根据节目播放时间的缓急选择全台网络负载较轻的时段进行文件传输，原则上采用传输后播放。如晚上 21:30 制作完毕的节目，只需在第二天 8:00 前投递到指定的机顶盒内即可。对于紧急的节目，可根据当时的网络负载，采用"准实时流媒体"甚至"实时流媒体"的方式回放。

在用户操作方面，操作习惯与标清时代使用放像机审片极为类似，可使用键盘打点并输入注释信息。用户无需手动进行文件下载，更无需进行下载等待，机顶盒内出现待审文件后会主动通知用户（如闪红灯等）。

回放环境方面，在高清平板电视上回放，图像尺寸、分辨率和色彩还原都比 PC 机的显示器好。

视频编码的选择上，由于解决了网络传输在工作时段的带宽占用问题和用户下载等待问题，可以选择较高的码流以提高视频质量。

每个机顶盒带有唯一地址与加密机制，视音频文件无法被复制或复制后无法再使用。

采用文件级的审片方式可统一全台的内容审片模式，并建立统一的内容反馈机制。

4.3.5.2　审听系统

审听室主要用来对录音室制作的音频成品节目进行质量审查。以 5.1 声道审听室为例，说明审听系统的构成。

根据系统的使用要求，5.1 声道审听室既能够对专业数字 5.1 声道节目和数字化、网络化的节目源进行审听，又能够兼顾单声道、立体声等一般节目源的审查，并为将来 7.1 及 8.1 的审听模式留有一定扩展余地。审听室按照 ITU-RBS.775-1 和 ITU-RBS.1116-1 多通道环绕声系统建议书进行设计，5.1 环绕声的左音箱和右音箱放置在人耳高度，在中部最佳审听位置（皇帝位置）产生一个 60°夹角，左侧和右侧环绕音箱被放置在与收听者呈 100°~120°的角度，左、中、右音箱放置高度为 1200mm，左环绕及右环绕音箱放置高度≥1200 mm，如图 4-18 所示。

本系统接入的信号源主要来自 DVD、数字录像机、审片网络系统和媒体资产管理系统等，兼顾模拟和数字信号源的输入，本地 DVD 输出模拟 5.1 声道信号进入数字音频处理器进行处理，数字录像机、审片网络系统和媒资网络系统传输过来的 AES 数字音频信号，经过解码器解成 5.1 数字音频信号，所有的信号源汇集到多功能监听控制器，然后根据需要将输入信号源切换给数字音频处理器，经过一系列数字音频处理后，经功放放大输出给每只扬声器。

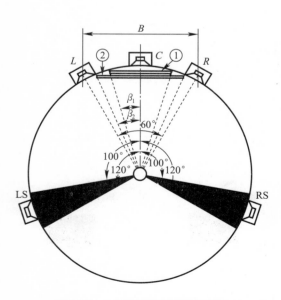

图 4-18　5.1 声道扬声器参考布局

4.4 后期制作技术用房建筑声学设计

由于使用功能的不同，广播电视中心内部的音频后期制作用房对于声学环境的要求截然不同。

小型配音间、单人音频编辑机房等，一般用于简单的节目片段配音或简单音频节目编辑、粗剪等，对室内声学环境要求不高。在一些情况下可能使用临时房间或普通办公室也能完成类似工作。对于这类房间，需要进行基本的噪声和振动控制，以及简单声学装修。图 4-19 为小型配音间实景图。

录音棚、多声道音频编辑室、审听室一般用于高级别音频节目的录制、后期制作和创作等"精加工"，因此相对于演播室、直播间，对房间的本底噪声水平以及房间声学环境有着更为严格的要求。图 4-20 为音乐录音棚实景图。

图 4-19　小型配音间　　　　　　　　　　　　图 4-20　音乐录音棚

4.4.1 室内噪声控制

对于语言录音棚、音乐录音棚等，为了得到"干净"、"纯粹"的音频素材，需要严格规范房间内部噪声振动水平。

普通节目制作用房内的噪声水平也应控制在不影响节目监听、制作的范围内。表 4-6 为后期制作用房本底噪声表。

规范中后期制作用房本底噪声表　　　　　　　　表 4-6

房间名称	规模	标称面积（m²）	噪声容许标准	
			一级标准	二级标准
语言录（播）音室	—	12～50	NR15	NR20
广播剧录音室	—	50～200	NR10	NR15
配音室	—	30～100	NR15	NR20

续表

房间名称	规模	标称面积（m²）	噪声容许标准	
			一级标准	二级标准
效果录音室	—	50～200	NR10	NR15
音乐录音室	中、小型	100～200	NR15	NR20
	大型	＞200	NR15	NR20
录音控制室	—	20～40	NR25	NR30
录音控制室（音乐）	—	40～60	NR10	NR15
编辑、复制室，音频制作室，视频制作室	—	12～25	NR25	NR30

　　对于非连续稳态噪声，后期制作机房群附近相对较为安静，一般情况下不会设置人流较多的主要出入通道，此时例如穿高跟鞋或硬皮鞋走过发出的声音、手推车经过的声音、突发的手机铃声等的影响会更加明显。

　　对于广电中心工程，声学设计需要通过对建筑平、剖面关系的分析和调整来实现基本的"闹静分开"。

　　一般来说，节目制作房间无论水平方向还是垂直方向均不应与空调机房、水泵房等设备用房相邻。在一些高层项目中，由于建筑空间限制，当这些房间无法避免地与上述"噪声振动源"相邻时，就要采取特别的隔声隔振构造进行处理，需要特别指出的是：这些复杂的隔声隔振构造可能对高层建筑带来不必要的荷载压力，也可能过分侵占机房使用面积。同时，读者们需要注意到，由于国内工程施工质量相对较差，建筑工人素质不高，过于复杂的构造很可能由于施工质量不过关而失效。

　　和演播室类似，对于音乐制作用房，我们建议在可能的情况下尽可能使用多层均值实心砖墙作为房间的围护构造。这样的情况下能够得到更加可靠的全频带隔声量，并且在管道穿墙、后续装修破坏的情况下更加方便进行修补。

　　对于录音棚、审听室等房间，不建议使用复合隔声轻墙作为围护构造。当无法使用重墙时，可考虑采用房中房构造。房中房构造示意如图4-21所示。

　　对于音乐制作用房，围护构造隔声计算的结果，宜再加上3dB以上的设计余量作为对构件隔声性能的要求。

　　进行隔声设计时，宜按100～3150Hz中心频率范围内各1/3倍频程（或125～2000Hz中心频率范围内各1/1倍频程）分别进行计算，并估计100Hz（1/3倍频程中心频率）或125Hz（1/1倍频程中心频率）以下的低频隔声性能。相邻技术用房之间空气声隔声指标要求如表4-7所示。

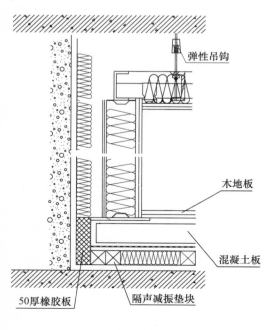

弹性吊钩

木地板

混凝土板

50厚橡胶板　　隔声减振垫块

图4-21　房中房构造示意图

相邻技术用房之间空气声隔声指标要求　　　　　　　　　　表 4-7

房间名称	评价量（dB）	相邻房间		
		语言、小型演播室（无扩声）	音乐类录音室	中型及以上演播室（有扩声）
录（播）音室（无扩声）	计权隔声量 R_w	≥50	≥65	≥75
文艺类录音室	计权隔声量 R_w	—	≥65	≥75

　　录音棚和音频编辑机房均应设置声闸，并选用高性能隔声门。为了节省空间，提高制作用房的利用率，现代的广电中心普遍采用"一拖二"结构的语言录音棚或音乐编辑制作机房，如图 4-22 所示。

图 4-22　"一拖二"构造音乐制作用房

　　对于楼板撞击声，由于录音棚等制作用房的本底噪声控制水平要求较高，这类房间一般会采取房中房构造或复杂的隔声吊顶，因此相比与演播室，制作用房的楼板撞击声隔声量要求更高。后期制作用房楼板撞击声指标要求如表 4-8 所示。

后期制作用房楼板撞击声指标要求　　　　　　　　　　表 4-8

分类	撞击声隔声单值评价量（dB）			
	一级标准		二级标准	
	计权规范化撞击声压级 L_n, w（实验室测量）	计权标准化撞击声压级 L'_{nT}, w（现场测量）	计权规范化撞击声压级 L_n, w（实验室测量）	计权标准化撞击声压级 L'_{nT}, w（现场测量）
语言类录（播）音室 文艺类录音室	≤40	≤40	≤50	≤50

　　实验室测量时，浮筑楼板的计权规范化楼板撞击声压级宜低于 45dB。
　　一般的浮筑楼板构造如图 4-23 所示。

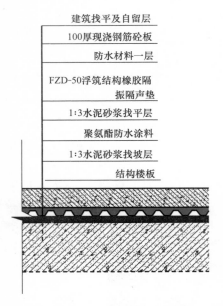

建筑找平及自留层

100厚现浇钢筋砼板

防水材料一层

FZD-50浮筑结构橡胶隔振隔声垫

1:3水泥砂浆找平层

聚氨酯防水涂料

1:3水泥砂浆找坡层

结构楼板

图 4-23　浮筑楼板结构示意图

为了达到隔声隔振的要求，双层楼板之间一般使用弹性材料填充，这样的做法称之为浮筑。需要注意的是，要使浮筑楼板构造正常工作，需要保证弹性支撑系统满足以下两点：

首先，当房间正常使用时，弹性材料应当产生弹性形变。通俗地说，只有浮筑楼板"弹起来"的状态下，才能够隔离振动。

其次，房间使用时，弹性材料的形变不应超过其弹性区间。通俗地说，当浮筑楼板被"压实"的情况下自然无法隔离振动。

因此，建议声学设计师在选择弹性材料的时候，应当根据演播室的体积、使用状态等，对演播室的可能承载进行分析计算，选择弹性范围较大的材料，这样才能保证演播室无论进行小规模节目录制或彩排，还是有大型机械进入装台的情况下，都能够有效隔离因为这些活动而对下方房间产生不必要的声音和振动干扰。

房中房构造在使用时，应对其整体的共振频率进行计算。对房中房的"内套房"整体与弹性垫层所组成的振动系统，其垂直方向的固有振动频率宜小于 10Hz。

用金属弹簧隔振器、橡胶隔振器作为弹性垫层时，振动系统的固有振动频率可由下式估算：

$$f_0 = 4.93 \frac{1}{\sqrt{\delta}}$$

式中　f_0——振动系统的固有振动频率，Hz；

δ——隔振器弹性的线性范围内静态压缩量，cm。

与录（播）音室、演播室无关的管道如水管、暖气管、电缆管道等应尽量远离录播室隔声墙安装，而不应直接安装在录播室的隔声墙（或楼板）内。电气管道穿过"房中房"构造的双层隔声墙（或楼板）时，管道应在两墙之间断开，且断开处应用软管连接。

录音棚与控制室之间大多设置大面积的隔声观察窗（如图 4-24 所示）。隔声窗应采用多层玻璃的构造形式；各层玻璃的厚度及其间距不应全部相等；在各玻璃层间的窗框四周应作吸声处理；玻璃与窗框之间应用弹性材料减振并采取密封措施；窗框与墙洞之间的缝隙必须填充密实。隔声窗临录音室一面的玻璃宜倾斜 6°以上。

在空气相对潮湿的地区，还要特别注意避免在两层玻璃之间产生凝雾或结露。

对于录音棚的空调系统，其噪声和振动控制指标较其他房间更为严格，但消声降噪做法与演

图 4-24　录音棚的隔声窗

播室等类似，请读者参考前面相关章节，在此不再赘述。

需要特别说明的是，一般广播电视中心在布局时，通常将录音间、录音棚、控制室等集中布置在一起。空调系统在风道设计时，应特别注意不能将主干管道穿越相邻的房间，必须在公共空间内设置风管，再由独立的送、回风支管引入相关技术用房。所有的支管上应设置消声器和消声弯头。同时，出风口的风速也需要特别进行控制。

建筑物内部其他机电设备和管道同样需要严格的隔声隔振处理。录音棚等音频制作用房不宜与洗手间、集中风道、管井等相邻。

4.4.2　音质设计

相比演播室，录音棚、审听室、混录棚等的空间尺寸相对较小，应根据工作人数、乐队规模来确定录音室的合理建筑面积。在音乐录音室中，可采取吸声屏风或固定的隔声小室解决录音时各声部之间的声隔离问题。录音室不宜采取有凹弧面的体型，其长、宽、高尺寸也不宜互成整数倍。

在满足建筑和工艺的条件下，录音室合理的长，宽，高比宜如下：

小录音室——L（长）：W（宽）：H（高）= 1.6：1.25：1；

一般录音室——L（长）：W（宽）：H（高）= 2.5：1.6：1；

低顶棚录音室——L（长）：W（宽）：H（高）= 3.2：2.5：1；

细长型录音室——L（长）：W（宽）：H（高）= 3.2：1.25：1。

不同类型的录音棚、混录间应该根据实际需要和房间尺寸分别确定适宜的混响时间指标。详见图 4-25、图 4-26。

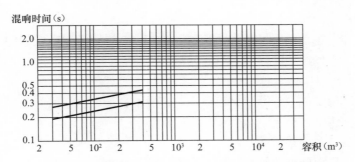

图 4-25　语言类录音室中频混响时间推荐范围与容积的关系

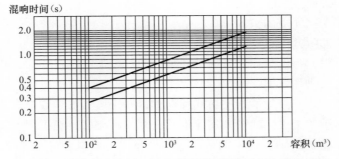

图 4-26　文艺类录音室中频混响时间推荐范围与容积的关系

各频段混响时间与中频混响时间的容许偏差如表 4-9 所示。

混响时间特性曲线 表 4-9

类别	中心频率（Hz）							
	63	125	250	500	1000	2000	4000	8000
语言类录音室	0.65～1.00	0.75～1.00	0.85～1.00	1.0	1.0	1.0	1.0	—
文艺类录音室	0.70～1.00	0.80～1.00	0.90～1.00	1.0	1.0	1.0	1.0	0.80～1.00

对于房间的混响时间特性，国内倾向于认为略长的低频混响时间有利于主观饱满感受的形成。但是根据近些年国内、国际上的工程实践和主观听音统计，实际上更长的低频混响时间并不能有效地提升"丰满度"，同时，较高的低频混响反而会使录音的清晰度降低。因此，我们不建议刻意地提高低频混响时间设计值。

同时，与演播室不同，录音室内部一般没有舞台布景设施，因此在室内音质设计时不宜过分强调全频段的吸收，而应该根据节目录制特别是音乐节目录制的需要，适当综合吸收、扩散和反射材料的布置。

所以，除混响时间外，应特别注意音乐制作用房内的声缺陷的问题。

一般的声缺陷有：

（1）声聚焦

在录音棚中，存在凹型反射面时，声波形成集中反射的现象。由于反射声聚焦于某个区域，造成声音在该区域内听音条件变差，声场不均匀度增偏大。

（2）回声和颤动回声

由于观察窗和监视器的大量使用，即使用房内可能有大的反射面或平行反射面存在时，在一定的条件下，可以产生回声或多重的回声。

（3）声染色

在录音棚中，由于体型或吸声材料选择、布置不合理等引起的音色变化的现象。

录音控制室的声学环境指：

（1）录音控制室内的建筑声学；

（2）扬声器和扬声器系统的布置；

（3）听音点或听音区域；

（4）次低频的控制；

（5）重放环境中的误差因数等。

对于使用耳机监听的听音室，有关噪声的要求仍然是需要的。

在录音控制室中，为了达到良好的声环境应注意以下问题：

（1）控制室的大小和体型

录音控制室应以中心线为准，左右几何对称，并采用长方形或多边形平面。房间尺寸应避免整数比，对于各类尺寸的录音室建议长、宽、高比值，在工程上可以找到大量的建议值，在此不一一赘述。需要说明的是，这些推荐值一般基于房间的简正振动模式确定，为了保证更好的听音效果，建议在可能的情况下增加使用面积，提高房间净高度。

（2）录音控制室的混响时间

根据 ITU-R BS.1116.1 的建议，标准听音室的合适的混响时间应满足以下规定：

1）设 T_m 为中心频率 200～4000Hz 频率范围内混响时间平均值（秒），则 T_m 与控制室的容积应有如下关系：

$$T_m=0.25\,(V/V_0)^{1/3}$$

式中　V——房间容积，m^3；

　　　　V_0——为参照体积，$V_0=100m^3$。

2）在中心频率 63～8000Hz 的频率范围内，相对于 T_m 混响时间的容许范围见图 4-27。

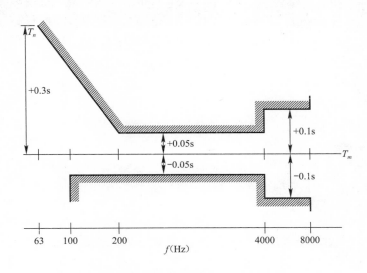

图 4-27　多声道控制室混响时间容许范围

需要说明的是，由于多声道控制室的主要工作目的是用于音频节目制作，因此混响时间在频段上应当尽可能平直。上图中低频段有较高上翘并非建议提高低频段的混响时间，而是结合工程实际，考虑到在小房间内很难得到较高的低频吸声量而对指标进行的放宽。

同样的，在可能的情况下也应该保持中、高频段混响时间曲线的平直。

在现代演播室配套的多声道音控室中，往往以多台大尺寸监视器代替以往的观察窗，同时房间内会设置尺寸较大的调音台或工作台面。这些设备、设施对声场的影响必须在房间声学设计时加以考虑。

2001 年，中广电广播电影电视设计研究院声学设计研究所建成了国内第一个多声道听音室（如图 4-28 所示），根据在该听音室内的主观评价实验和近年来的设计实践，认为在 40～70m^2 的录音控制室内，其混响时间宜控制在 0.15～0.30s 的范围内。同时，在控制房间低频段声阻尼的前提下，尽可能在 63～8000Hz 的范围内，得到合适的混响时间频率特性。

（3）早期反射声

在录音控制室的听音区域内，当声源的直达声到达后，要求 15ms 内无强反射声，在 1000～8000Hz 内，反射声至少应有 10dB 以上的衰减。

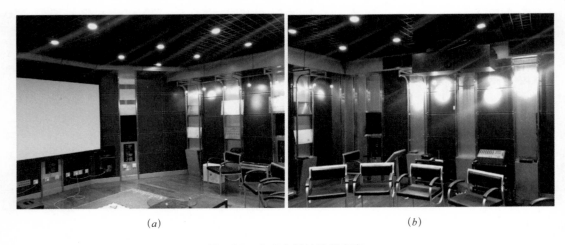

(a)　　　　　　　　　　　　　　　　(b)

图 4-28　中广电设计院听音室

（4）声缺陷

在听音室或录音控制室的听音区范围内无颤动回声、声染色等声缺陷。

（5）稳态声场特性

单个扬声器在听音区形成的声场频率特性（用 1/3oct、粉红噪声测量）要求为：相对于 250Hz～2kHz 的声压级平均值，在 50～16000Hz 的频率范围内，听音区域内稳态声场频带特性的要求见图 4-29。

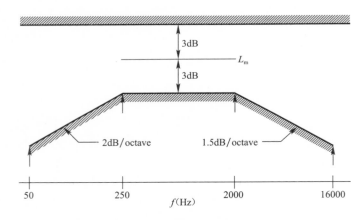

图 4-29　听音区的稳态声场频率特性要求

注：图中 L_m 为声压级平均值。

（6）容许背景噪声

根据 ITU-R BS.1116.1 的建议，录音控制室的容许背景噪声（连续稳态噪声，由空调系统等设备产生），距地 1.2m 测量时，应低于 NR-10 的要求，条件所限时不应超过 NR-15 的要求。同时，在此背景噪声条件下，不应听到其他单频或有明显特征的噪声。

为了达到如此严格的噪声指标，一般应在录音控制室内设计"房中房"构造，如图 4-30 所示。

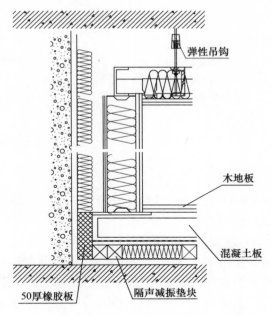

图 4-30　房中房构造示意图

（7）监听声系统

在听音区域内的监听声压级为：

大型扬声器　85dB±2dB（C 计权）/ch；

中型扬声器　80dB±2dB（C 计权）/ch；

小型扬声器　78dB±2dB（C 计权）/ch。

1）频率响应

在扬声器主轴上，用 1/3 倍频带粉红噪声测量，在 40Hz～16kHz 的范围内不均匀度在 4dB 之内。在 ±10 度处，与主轴的差小于 3dB；在 ±30 度处（仅水平方向），与主轴的差小于 4dB。各通道扬声器的差在 1dB 内；至少在 250Hz～2kHz 之内如此。

2）指向性因数 C

在 500Hz～10kHz 之内，指向性因数 C：

$$6dB \leqslant C \leqslant 12dB$$

3）瞬态响应时间 t_s（衰减到原信号 1/e 的时间）

$$t_s < 5/f$$

式中　f——频率，Hz。

4）时间延迟

系统通道间的时间延迟小于 100μs

5）动态范围

根据 IEC 60268 节目模拟噪声，距离 1m 处，动态范围：

$$L_{EFF} > 108dB$$

（8）等效噪声

$$L_{noise} < 10dBA$$

151

（9）非线性失真

平均声压级 90dB 时的条件下，40Hz～16kHz 的范围内，距扬声器 1m 处的非线性失真：

$$频率 f < 250Hz 时：< 3\%　（-30dB）$$
$$频率 f \geqslant 250Hz 时：< 1\%　（-40dB）$$

（10）扬声器的声中心

原则上，应由厂家指定，监听扬声器的声中心一般对应于扬声器辐射高频声的表面的几何中心。

（11）扬声器布置

在录音控制室内，5.1 环绕扬声器系统的布置原则是：

1）前方 3 个扬声器、后 / 侧方 2 个扬声器。

2）左右扬声器处于 60 度弧的末端并指向听音点。

3）如果条件有限，前方扬声器可并排放置。此时，中置扬声器的信号中加适当的延迟。

4）后 / 侧方 2 个扬声器对称地置于与圆弧中心线成 10°～120°夹角的扇区内。后 / 侧方 2 个扬声器到中心点的距离不应小于前置扬声器，否则，应附加一定的信号延迟。

5）前置扬声器的设置高度应基本与听音点人耳的高度一致。这时，如果有投影设备，则要求在扬声器前设置透声的投影幕；如果无条件设置透声的投影幕，中置扬声器只能安置在图像的上或下方。对于后置扬声器，其高度设置可不那么严格。

6）采用多个（图例中为 4 个）后 / 侧方扬声器时，扬声器对称均匀地置在与圆弧中心线成 60°～150°夹角的扇形区域内。对于采用 5 个声道的录音 / 传送信号，在系统中为了增加低频扩展的信号成分，可以考虑增加一个低频扩展声道即 LFE 声道（Low Frequency Effect）。LFE 声道是可选项，基本不包含原有多声道的低频信息，是原有多声道的附加低频扩展信息，也是低音效果用的独立通道；其重放声压级高于其他通道 +10dB。多声道监听扬声器布置方式如图 4-31 所示。

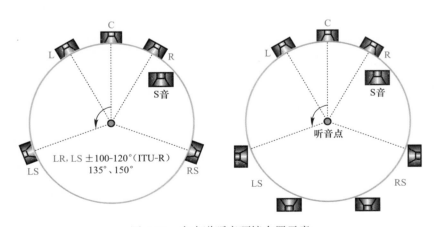

图 4-31　多声道听音环境布置示意

7）根据 ITU-R BS.775-1 "Multichannel stereophonic sound system with and without accompanying picture"（1992-1994）的建议，对前置左右扬声器 L、R 的合适距离为 2～

3m，在设计良好的房间中，最大距离为 5m 是可以接受的。最佳的听音距离位于与 L、R 扬声器的间距相等的局部区域内，也就是说最佳听音角度大致为 60°左右。

8）监听扬声器原则上应采用嵌入式安装。对于流动安装扬声器，扬声器的声中心距反射界面宜不小于 1m，并应采取防止周围不利反射声的措施。

（12）次低频控制

录音控制室的容积一般有限，在低频，室内的驻波现象会比较明显。由于室内的驻波现象，会引起房间的声学特性变差。为此有必要进行如下的控制。

1）室内声学的处理：采取不规则的墙面形状和增加吸声层的厚度。理论上，为了控制 100Hz 的房间驻波，需要 85～170cm 的吸声层厚度。

2）低音扬声器的安放位置：次低音扬声器应安放在驻波的节点处。

3）电声系统上的处理：选择合适的系统和次低音处理系统的滤波器特性。根据一般的经验，多声道系统和次低音的交叉频率为 80Hz，低通滤波器在交叉频率处以 -24dB/oct. 的斜率衰减；高通滤波器在交叉频率处，可根据扬声器的特性选择 -12dB/oct. 或 -24dB/oct. 的斜率衰减。

（13）重放环境中的误差因素

要求理想的监听环境，与现实的物理条件未必一致。物理条件的差异引起的监听环境的改变如下：

1）梳状滤波器效应

原则上，扬声器到听音点的距离差 8mm，就能在 20kHz 引起梳状滤波器效应。梳状滤波器效应是 2 个扬声器重放同一信号时，在频率特性上出现波峰或波谷的现象。一般，在听感上，波谷引起的问题更大一些。扬声器到听音点的所谓"距离差"既可以是物理原因，也可能因设备系统的电延迟引起。

2）哈斯效应

同时有 2 个声源时，近的声源在定位上优先的效应。因声源的性质（纯音、噪声、音乐或语言等）不同，哈斯效应的程度有异。一般，30cm 以上的距离差就可以引起哈斯效应。由于哈斯效应，声像难以得到如愿的定位；而且哈斯效应一般不能通过音量调节来消除。

3）次低音的相位

一般关心的是次低音的频率特性和重放声级，而满足此条件的扬声器设置位置一般易于满足。次低音扬声器通常也不设置在与其他 5 个声道扬声器同一圆周上。但是，尽管不需要严格考虑，由于设置位置和次低音的构造上的问题，次低音未必是正相。有必要在单独驱动或同时驱动时重放声压级不致下降的原则下，确认其实际相位（0～180°）。

在 DVD-Audio 和 SACD 中，要求与音乐一样的重放能力，这时，次低音的相位就更需要精细的调整了。

以上这些误差有必要在设备系统中，通过时间延迟的方式加以进一步的调整，以得到理想的声学监听环境。

（14）一般导控室

导控室是指灯光、图像导演和音响导演公用的附属技术用房。

根据国内的设计实践，导控室内的噪声容许标准为 NR30，混响时间要求 0.20～0.30s，并均匀布置吸声材料。此时，为了得到多声道的监听环境或防止噪声影响，应采用耳机监听。需要特别说明的是，部分简单音频制作用房中，一般不会设置大型多声道监听设备，反而以多组（近场、远场）流动监听扬声器或监听耳机为主。

第5章 新闻制播系统

5.1 流程与特点

5.1.1 新闻架构概述

为适应电视新闻节目时效性和共享性的需要，大型电视台一般都会成立新闻中心，专门负责电视新闻节目的制作播出。尽管不同电视台节目生产管理方式有所不同，但是对于新闻节目一般都会定制专门的生产管理流程。新闻中心因此被称为电视台内的"特区"，成为一个功能基本齐全的"台中台"。在新闻生产流程的统一管理下，使得电视台新闻中心可以对各种渠道采集的时事资讯进行跟踪报道，准点滚动播出。现代电视台新闻节目制作从播出计划到采访选题管理、从生产任务的下达到节目播出均已实现了全方位的网络化、流程化控制。

传统电视新闻节目制作从生产环节上可划分为：选题报题、采访采集、编辑制作、播出传输和归档保存五个环节。如果从节目形态上划分，电视台新闻制播主要完成两种节目的生产：消息类新闻和专题类新闻。此外，对于突发新闻还需要专门设置一套应急直播流程。从节目生产对象划分，电视新闻中心主要对两类对象进行加工：新闻文稿和新闻视音频素材。新闻文稿主要包括新闻线索、新闻资讯稿、新闻串联单、口播词、新闻字幕等。新闻视音频素材制作主要内容包括视频编辑、配音、新闻包装、演播室串联播出等工作。对新闻文稿的管理是整个新闻节目制作的主线，贯穿新闻制播的全流程。

进入互联网时代，电视新闻业务则呈现出更高的需求，新闻线索更多源、新闻采编区域更开放、新闻采编业务更加灵活、新闻发布渠道更多，新闻制播效率更高，新闻业务系统更灵活安全等。

目前最新的新闻系统架构就是应对以上需求应用而产生的，其核心特征是：泛网络、高协同、全高清。

5.1.1.1 泛网络

当前，随着互联网和3G通信技术的迅速普及，新闻业务在信息收集、新闻制作、最终发布渠道方面都展现出泛网络化发展趋势。另一方面，随着技术的发展，新闻制播能够跨越地域限制，各地记者站、现场直播采访都能随时随地接入到新闻业务网络中。

5.1.1.2 高协同

在新闻业务多样化的发展趋势下，电视台新闻中心能够通过并行化的工作流程和实时通信等方式实现高度协同工作，大幅度提高新闻节目制作效率。

5.1.1.3 高清化

当前，电视新闻收录、新闻制作、新闻播出等环节已全面进入高清化制作阶段。

	新闻素材收集中心
	新闻制作中心
应用层	新闻播出发布中心
	新闻内容管理中心
	新闻系统管理中心
中间层	中间件以及应用服务
数据层	数据安全存储

图 5-1　新闻协同生产平台结构图

通过对当前电视台新闻系统中涉及到的各个模块进行拆分、有机组合，使得不同类型、不同流程的内容生产能在同一平台中实现。所有的生产资源，可以根据需要进行统一的优化管理；所有内容生产的业务流程，可以进行较为灵活的重定义，以此构建新闻协同生产平台。新一代的新闻中心协同生产平台，将主要包含应用层、中间层、数据层三部分，如图 5-1 所示。

5.1.2　新闻制播流程

电视新闻制作流程复杂多变，需要模块式的软件设计。各功能模块根据业务需求进行选择性升级，才能满足频道、栏目甚至个人的流程应用需求。因此，新闻流程的基本设计原则应满足：各功能模块可升级扩展，工作流程可自定义。

典型的新闻生产流程可分为两类：采编一体化流程、采编分离流程（通稿）。

采编一体化流程，即新闻节目素材的采集和新闻节目的编辑制作由一个部门完成，基本流程如图 5-2 所示。

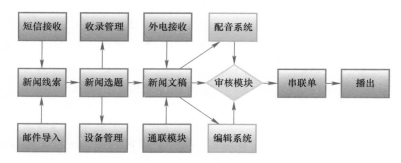

图 5-2　采编一体化流程

采编分离流程，即新闻节目素材的采集和新闻节目的编辑制作由不同部门完成。新闻节目素材采集部门前方采集到的新闻素材，通过简单编辑后形成新闻通稿，新闻通稿可共享给各个新闻栏目编辑部门，新闻编辑部门按照各自节目的选题视角对新闻通稿进行"深加工"，形成特色化的新闻文稿，其基本流程如图 5-3 所示。

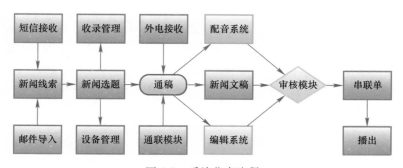

图 5-3　采编分离流程

采编一体化流程适合中小电视台新闻频道采用；而采编分离流程则适合省级以上配备有新闻中心的大型电视台采用。

完善的新闻系统软件应对以上两种制作流程具备很好的支持，需要调整时只要做简单的设置，即可轻松适应未来流程的变化。

新闻总体业务流程，在新闻选题策划后主要划分为五个阶段：信息收集阶段、新闻制作阶段、新闻播出阶段、内容归档阶段、播后统计阶段。新闻总体业务流程如图 5-4 所示。

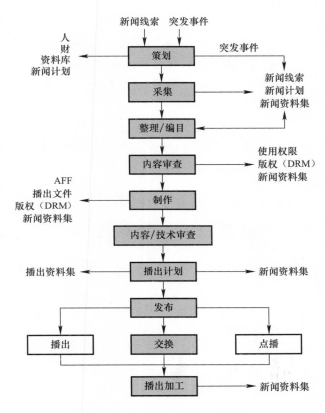

图 5-4　新闻总体业务流程

5.1.2.1　信息收集阶段

相关线索与通联人员收集各种信息源，手动或自动汇集到新闻线索库中。信息来源包括：地方台及远程记者供稿、记者报题、上级红头文件、外电接受、专业机构提供（如气象部门和证券部门等）、热线电话接听或自动录制、短信和邮件信息的自动进入、报纸和网站信息录入等。此阶段由新闻采集收录系统完成。

5.1.2.2　新闻制作阶段

新闻制作阶段完成新闻节目的生产制作，是整个流程的核心阶段，由新闻制作中心完成。其流程如下：

（1）素材准备

各部门负责人查询新闻线索库，并进行筛选，通过报选题会议讨论，确定选题，并派发具体任务给各相应岗位，进行分头协同处理：自制节目外出采访、地方台或记者站节目进行通联约稿、外来信号收录、远程记者回传、历史资料准备、包装部门进行片头宣传包装等。

（2）文稿撰写与审核

各栏目记者或编辑，根据选题和拍摄情况，进行稿件撰写；撰写完成后，提交主编审核，审核未通过的稿件将被打回。

（3）素材上载导入

对于自拍节目源，由本条目相关记者/编辑/或摄像进行上载和导入；对于其他生产网等外系统提供的节目素材，经过迁移导入新闻制播网系统；对于信号收录的素材，一般可自动进入新闻素材库；对于已有资料库素材源，需经过检索后手工下载到新闻素材库存储。

（4）节目制作

根据素材源准备情况和稿件内容，进行新闻条目的剪辑、配音、字幕等工作，提交领导审核，包括栏目制片人、新闻中心值班领导，主管新闻台级领导也需要审核。审核同时可以修改视频内容，也可以退回后再修改。

（5）串联单编排和审核

编辑部各栏目的值班责任编辑，根据各自栏目特点和选题内容，创建编排当日栏目串联单。在栏目播出前，责编完成串联单修改和顺序调整，提交编辑部领导和新闻中心领导审核，审核通过后提交演播室播出。

文稿撰写、节目制作、串联单编排，可同时进行，相互协作，共同完成新闻节目的制作。新闻制作的制作流程如图 5-5 所示。

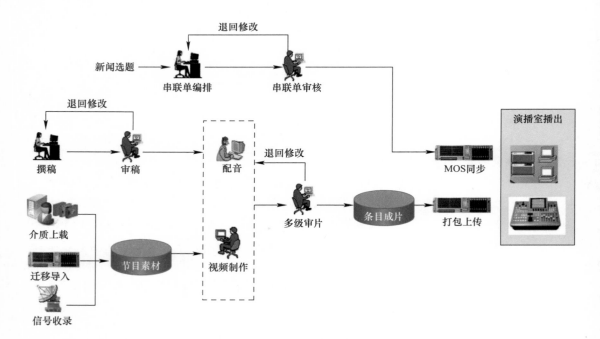

图 5-5　新闻制作流程

5.1.2.3　新闻播出阶段

新闻播出阶段实现新闻节目的播出，由新闻播出系统完成。播出手段有演播室播出、信号 / 文件 / 介质提交总控播出、推送网站发布等。其中应用最广的是演播室播出，其流程如下：

（1）演播室同步上传

责编审核通过后的串联单，提交演播室，通过 MOS 同步，将串联单发送演播室控制机、在线图文播出和字幕机、题词器等；

审核通过的新闻条目，打包并迁移上传到演播室主备视频服务器以及应急播出工作站本地。

（2）演播室播出

在责编和导播的指挥下，演播室放像、字幕、录制、切换台、音频、主持人等各岗位协同工作，共同完成一档栏目的演播室播出和录制任务。

演播室放像员，进行视频服务器的放像控制、应急工作站播放、介质读取直接播放等操作。

字幕员根据栏目串联单条目，进行相关字幕的播放。

在演播室播出同时，放像或录像人员，进行现场演播室播出信号录制。

同时提供延时播出功能，由放像人员播放延时后的节目信号。

演播室播出流程如图 5-6 所示。

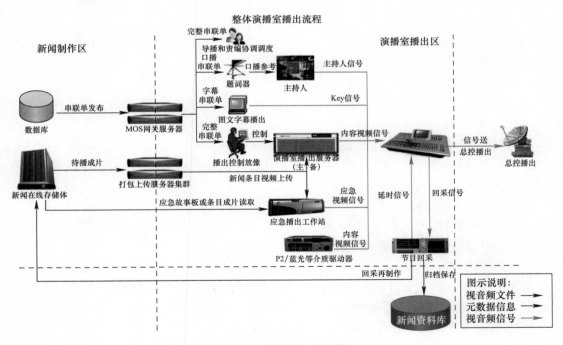

图 5-6　演播室播出流程

（3）播出信号回录

在演播室播出同时，放像或录像人员，通过演播室回采服务器，进行现场演播室播出

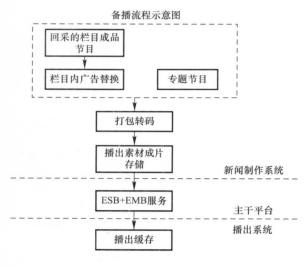

图 5-7 备播流程示意图

信号录制。

此外，文件提交总控平台备播的流程，在一些地方电视业较为常见。新闻制作系统与总控播出系统通过主干平台互联，文件备播主要由打包转码和播出系统读取迁移两个环节组成，具体步骤如图 5-7 所示。

（4）广告替换及提交转码

需要文件备播的节目有：直播回采用于重播的节目，以及专题节目。其中重播节目需要替换栏目内的广告节目，然后提交备播流程的打包转码；专题节目则直接提交打包转码。

（5）打包转码

备播流程中，对提交的打包转码任务进行处理。把故事板打包成素材文件，同时按播出系统的要求转码，成为播出系统可以直接播出的节目文件。

（6）播出成片存储

打包转码后的备播素材文件，存放在指定的目录位置等待迁移。然后，播出系统计划读取该文件。

备播系统根据时间安排，由主干平台调度，在备播时到指定地点读取相应的文件，并迁移到播出缓存，完成备播。

5.1.2.4　内容归档阶段

内容归档阶段实现节目内容的归档再利用，由新闻内容管理中心完成。其流程如下。

（1）资料挑选/关联

资料管理员或相关记者，通过资源管理器或者文稿和串联单软件，挑选有保存价值的新闻资料，可对素材、播后串联单、栏目录制成片、条目关联素材集、专题节目等新闻资源进行挑选，以及相关资料关联绑定等工作。

（2）资料迁移归档

资料管理员或相关记者挑选资料完成后，提交归档，则新闻资料数据在后台通过迁移转码服务器迁移到新闻资料库在线存储上。

（3）编目发布

新闻资料进入新闻资料库在线存储后，可继承稿件、串联单、素材元数据等信息，成为编目信息，通过媒资管理软件，直接发布在 Web 页面上；为了便于将来使用的方便，也可以对部分重要节目添加编目信息，进行深度编目。

（4）深度归档

编目完成后进入深度归档，即通过人工挑选或者定期自动方式，在后台通过主干平台从新闻资料库在线存储迁移到中心媒资（全台大媒体资产管理系统），供全台用户媒资检索使用。新闻资料库通过主干平台与全台大媒资互联；提交媒资归档任务后，由主干平台调度完成节目查重、文件迁移、元数据入库、任务管理等一系列过程。

（5）检索浏览资料内容

编辑记者通过新闻媒资的 Web 页面，检索新闻资料，可浏览文稿内容，也可以浏览视音频内容。

（6）资料下载出库

编辑记者找到所需要的新闻资料，提出下载请求，则在后台通过迁移转码服务器，把相关文件从新闻资料库在线存储上，迁移到制作域的在线存储上；如果资料已经进入深度归档，则需要把相关文件先从近线或离线磁带上，迁回到新闻资料库近线存储上。

新闻资料的归档流程如图 5-8 所示。

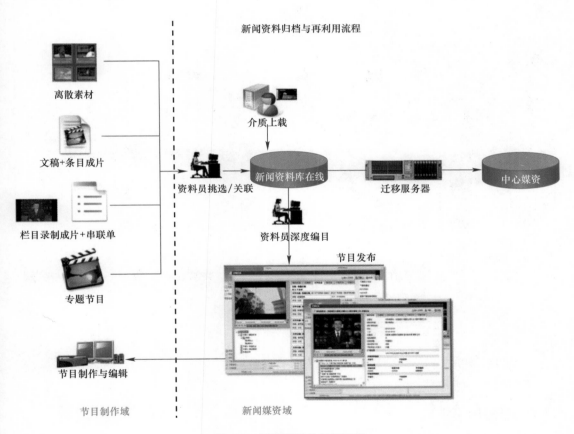

图 5-8　新闻资料的归档流程

5.1.2.5　播后统计阶段

播后统计阶段实现播后的各种数据的统计，为上层决策提供依据，由新闻系统管理中心完成，包括：

（1）播后总结会

播出完成后，相关新闻中心及各部门值班负责人以及各栏目责编，针对当日栏目播出情况，进行新闻条目编播总结，并给出初步打分意见。

（2）稿件打分录入

行政相关人员，根据播后总结会讨论意见，结合栏目播出串联单，进行稿件打分录入，包括本台记者、地方台记者等，为后续统计和绩效考核提供依据。

一套完整的新闻制播系统，总体流程如图 5-9 所示。

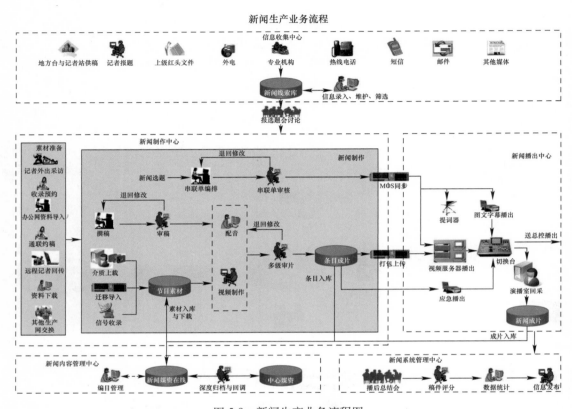

图 5-9　新闻生产业务流程图

5.2　新闻用房

5.2.1　配套用房组成

为适应电视新闻节目制播安全、时效的需要，大型电视台一般都会设置新闻中心，专门负责电视新闻的制作播出；中小电视台则会为新闻频道配备专用的新闻演播室及新闻采编用房。新闻中心具备完整的节目采集、编辑、播出、存储和管理流程，是电视台的"特区"。尽管不同电视台有不同的节目生产管理方式，但是对于新闻节目的制作播出，出于安全播出的考虑，各级电视台一般都会安排新闻频道专用的技术用房和采编播设备。借助相对独立完善的配套工艺设施，电视台新闻中心可以率先实现全方位的网络化、流程化节目制播。

本着基础设施与功能需求相适应的设计原则，在进行电视台新闻中心配套技术用房的规划时，应尽可能做到布局合理、功能完善，以适应未来技术和业务发展的需求。

按照新闻节目采访、编辑、播出、存储和管理全流程制播的使用需求，新闻中心的配套技术用房也需要根据新闻节目的制作流程进行相应的配套设置。

5.2.1.1 新闻采访用房

ENG 是 Electronic News Gathering 的缩写，即电子新闻采集，是使用便携式的摄像、录像设备来采集电视新闻的工作方式。ENG 方式分为前期拍摄和后期编辑两个阶段。ENG 设备若与电缆通信，微波通信，卫星通信技术结合，可以用便携式摄像机与发射装置，传送系统连接，实现新闻直播。

新闻节目 ENG 采访需要大量的外出工作。新闻记者外出采访需要使用各种专业器材：采访摄像机、现场编辑设备、信号传输设备、文稿编辑设备、采访车辆等物资。这类专业器材较为贵重，是电视台的重要资源，需要专门的空间存放维护。另外，电视台对于新闻采访专业器材的使用管理一般采用共享方式，当一个采访组借用完成后，另一个采访组可能紧接着就要借用。ENG 器材在借用和归还时，还需要通电进行简单的调试。为方便管理，需要有专门的器材库房用于对这些器材进行管理。这类配套用房称为 ENG 器材库房和 ENG 整备室。

一些大型电视台新闻中心的素材上载可能会采用统一管理模式，采访组完成台外节目的采访拍摄工作之后，回到台内归还器材之前，需要先完成素材上载的工作，这就要求在新闻中心采访配套用房中专门设置 ENG 上载机房。

ENG 是电视台最常用的新闻采访方式，它以高效、轻便为主要特点，特别适合一些突发新闻、中小型社会活动的采访。记者外出进行 ENG 采访是一般会使用 ENG 采访车，ENG 采访车一般使用 SUV 或 MPV 改装而成，可方便 ENG 器材的运输。记者甚至可以利用 ENG 采访车进行采访前的化妆和备稿。新建的电视台需要为 ENG 采访车设置专门的 ENG 采访车库。

EFP 是 Electronic Field Production 的缩写，即电子现场制作。它是以一整套设备连接为一个拍摄和编辑系统，进行现场拍摄和现场编辑的节目生产方式。EFP 是电视技术迅速发展的产物，它是一种适合台外作业的电视节目生产方式。EFP 须具备较为完整节目制作设备系统，包括两台以上的摄像机，一台以上的视频切换台、调音台及其他辅助设备（灯光、话筒、录像机等）。EFP 也是电视台新闻采访的重要方式之一。一些大型活动、大型会议类的新闻节目就需要动用 EFP 级别的新闻制作资源，而用于 EFP 采访的各种设备都需要安装在专业的交通载具之上，这就是 EFP 采访车。为方便 EFP 采访车在台内的停放和维护，大型电视台还需要专门设置 EFP 采访车库。

DSNG 是数字卫星新闻采集（Digital Satellite News Gathering）的英文缩写。它适用于台外甚至更远的地方做 ENG 或 EFP 时，可借助 DSNG 车直接将节目信号上行卫星送回台内。数字卫星新闻采集车利用卫星直播不受地域限制、传输方便、快捷等优点，有效拓展了新闻节目的报道半径。

5.2.1.2 新闻编辑制作用房

新闻节目的前期素材采集完成之后，就需要尽快进入编辑制作流程，这就需要电视台新闻中心配置专门的新闻编辑用房。新闻节目的后期编辑主要包括：视频剪辑、配音、字幕、文稿、审查、包装等工作。与这些工作配套的技术用房是：新闻非线性编辑机房、新闻配音室、新闻文稿编辑室、审片室和新闻包装室等。

随着技术的发展，电视节目的后期编辑制作已从传统昂贵的线性编辑机发展成为基于计算机工作站的网络化非编工作站。电视节目的后期编辑工位与普通的办公文稿编辑工位的区别已经越来越小了。为体现新闻节目制作的高效性、人性化和开放化发展思路，现代电视台新闻中心的新闻非线性编辑机房和文稿制作室一般都设计为开放式新闻编辑大厅。

开放式的新闻编辑大厅，面积一般不小于 200m²。一些大型电视台甚至将新闻编辑大厅和开放式新闻演播室合并成一个整体，形成一个融合的新闻制作中心，大厅面积甚至达到 1000m²。在这个融合开放的空间内，新闻记者、编辑、新闻主播、摄像、技术支持人员穿梭其中，迅速传递处理各类新闻资讯，忙碌有序。这些工作场景又可以作为开放式新闻演播室的拍摄背景，增强新闻节目播出的现场感。图 5-10 为开放式的新闻编辑大厅实景图。

图 5-10　开放式的新闻编辑大厅

与新闻编辑大厅的开放性相对应，新闻配音室就需要相对安静的空间。现代新闻节目的配音一般都倾向于采用自助式配音方式，即配音员在一个相对封闭安静的房间内，自己操作配音设备，自己录制节目语音。自助式配音室面积不大，室内只需摆放 1 个工位，一般使用面积不必超过 16m²，在完成声学装修后，室内有效面积甚至只需要十几平方米即可满足使用需求。为方便使用，提高新闻后期制作效率，自助式配音室一般会布置在新闻编辑大厅周围。

新闻审片室负责为新闻节目的内容审核和技术审核提供办公环境。现代新闻节目的审片方式已经变得更加多样化。以往新闻节目的审查必须使用专门的新闻审片室。现在通过楼内有线电视网，审片领导可以在办公室通过电视机顶盒审片；而通过网络传输手段，待播出新闻节目也可以很方便的传递到审片领导附近的电脑、平板电脑、甚至手机上完成审片流程。新闻审片室的位置和面积已经变得不太重要。对于新建的电视台新闻中心，为了完善技术用房的功能配置，专用的新闻审片室的设置还是应该被考虑的。

新闻精编包装室主要布置较为昂贵的后期精编包装工作站。新闻包装主要完成新闻节目的成品化工作。各个新闻专栏节目风格统一化、片花制作、新闻现场再现模拟等工作都需要使用新闻包装室。某些重要新闻节目的制作可能还需要涉及到调光、校色、音频校正等工作，因此包装室需要相对独立安静的工作环境，对于室内的照明环境也需要进行专门的设计。

另外，新闻节目的制作需要大量的策划、协商工作，电视台新闻中心还需要设置一定数量会议室、策划室、会客室之类的配套用房。这类房间需要在面积和数量上进行一定的规格划分。

5.2.1.3 新闻演播室用房

电视台新闻直播演播室及其配套用房，主要完成新闻节目的包装、直播和新闻专题节目的录制。新闻演播室作为电视新闻节目制作的重要场所，是电视新闻直播和录制的核心环节。

新闻演播室若按照面积划分，可以分为：

（1）小型新闻演播室，面积小于 $200m^2$；

（2）中型新闻演播室，面积一般小于 $400m^2$，大于 $200m^2$；

（3）大型新闻演播室，面积一般小于 $1000m^2$，大于 $600m^2$。各类新闻演播室具体功能划分见表 5-1。

各类新闻演播室具体功能划分　　　　　　　　　　　　　　表 5-1

新闻演播室分类	面积（m^2）	具体功能
小型	80、120、160、200	适合于新闻播报、现场解说等新闻节目类节目的制作。小型新闻演播室场景相对简单，具有日常新闻直播功能
中型	250、400	适合于突发事件或重要事件的访谈等新闻类节目的制作，一般为一到两个主持人，有少量嘉宾，一般没有观众，具有录播功能；可设计为带编辑区的开放式新闻演播室，或者是多景区的新闻演播室
大型	600、800、1000	适合于大型互动新闻类节目的制作，大型新闻演播室也可设计为带编辑区的开放式新闻演播室，或者是多景区的新闻演播室，具有日常新闻直播功能

由于新闻节目特殊性及对取景的需要，新闻演播室还可分为封闭式新闻演播室和开放式新闻演播室。封闭式新闻演播室主要是指适合于每日固定新闻直播栏目的小型演播室；开放式新闻演播室是以工作环境为背景的导、播合一形式的中、大型新闻演播室。开放式演播室面积一般在 $250m^2$ 以上。开放式演播室在纵向采用多层平面设计，一般由多个演区和开放式办公区组成。它将导演室、编辑制作区、背景大屏幕有机地融合在一起，凸现了新闻节目紧张、繁忙而又具现场感的特点。开放式演播室在场景设计时既考虑到开放的特点，又考虑演播室的拍摄功能，在多场景、多角度方面做文章。主要场景有：以非线性编辑工作场面为背景的景区；以导播控制台、屏幕墙为背景的景区以及以喷绘图案为背景的景区等。

另外，若按照节目制作方式划分，又可分为实景演播室和虚拟演播室两种。

新闻演播室的配套用房主要是指新闻演播室导播室、中心机房、化妆室、嘉宾休息室等。导播室是对新闻演播室进行视音频及灯光控制、监听监看的主要机房，主要摆放有视频切换台和矩阵的控制面板、监视器、字幕机、通话面板、调音台、调光台、在线包装工作站和技术监视设备等，是新闻节目演播室直播和录制不可缺少的技术用房。中心机房主要用于设备机柜的集中布置，摆放有演播室的视频服务器、切换台和矩阵主机、摄像机基站以及信号分配传输等设备。根据新闻演播室的面积和功能不同，这些配套用房也会在面积、供电、散热等方面有所区别。

大型电视台的新闻中心甚至配备有不同规格的新闻演播室，组成一个集中的新闻演播室集群。为方便对这些新闻演播室之间的调度管理，理顺与电视台总控机房的信号链路关系，新闻中心还会设置新闻播出分控机房。分控机房主要布置有视音频切换矩阵和网络交换设备，空间布局类似演播室的导控室，属于人机共存的监控机房。

5.2.1.4　新闻收录及制播网用房

新闻资讯的收录一般采用约传和后台定时传输的方式，通过与各大新闻通讯社之间的专线连接，新闻中心可实现外电新闻资讯的自动收录。为方便管理，电视台新闻中心需要设置专门的新闻收录机房完成收录工作。电视台新闻制播网的终端信息点分布在各个编辑、播出和管理机房内，而相关的服务器、存储和网络交换设备则需要集中布置在新闻制播网络机房内。

这类机房的设计应符合《电子信息系统机房设计规范》（GB 50174）、《电子计算机场地通用规范》（GB/9361）、《建筑物电气装置》（GB/T 16895.17）、《建筑物电子信息系统防雷技术规范》（GB 50343）、《广播电视中心技术用房室内环境要求》（G.YJ 43）等标准规范的相关规定。同时，为保障新闻节目的安全播出，网络机房在机房供电、散热、安全维护和管理上还应满足国家新闻出版广电总局颁布的《广播电视相关信息系统安全等级保护基本要求》。

5.2.1.5　新闻管理配套用房

新闻管理配套用房是实现电视台对新闻节目制作播出业务管理功能的场所。主要包括：新闻编辑办公室、会议室、值班室、新闻资料库等。这类配套用房可参考各个电视台的实际情况，根据电视台新闻中心人员编制规划并参考国家有关办公用房建设标准进行设计，在保证功能完善的原则上，充分满足人性化办公需求。

5.2.2　新闻开放式演播室

新闻演播室是电视台为实现电视新闻直播和录制功能设计的。新闻演播室按照面积大小划分可以分为大、中、小三类，200m² 以下的属于小型，250~400m² 属中型，600~100m² 的属于大型；按照空间布局方式可以分为封闭式新闻演播室和开放式新闻演播室。小型演播室一般都采用封闭式，中型和大型演播室可采用开放式。

传统的新闻演播室由空间上相互隔离的演播区和导播室两大部分组成。随着电视节目的不断丰富，观众对电视节目多样化的要求也在不断提高，电视节目制作形式也不断丰富和发展，开放式演播室的设计理念开始成为国内外电视媒体的发展趋势。开放式演播室是指将演播区、导播区设备系统控制区、编辑区等功能区域有机融合在一个空间里，工作场景成为实时演播场景。

对比传统的封闭式演播室，开放式新闻演播室既是演播室新闻节目的录制区，又是日常节目编辑制作区，功能更加先进多样，工作流程更加流畅、高效，能使电视节目形式更加丰富和展现更强烈的现场感。在设计上也要求视音频、通话、灯光、空调动力等系统性能更加优越、稳定，各系统间相互配合更加科学、高效。

开放式新闻演播室的设计思路应满足：技术先进、功能齐全、高可靠性和稳定性、可扩展性强且经济实用的原则。系统设计包括演播室整体创意设计、演播室场景系统设计、视频系统设计、通话及音频系统、空调及配电系统改造设计等几个方面。其中整体创意设计和场景设计最为重要。

由于开放式新闻演播室需要集中实现文稿采编、节目非编、演播导播等节目演、编、播各种功能。多个功能区都要集中在一个大的开放空间里，而各功能区工作场景又同时是演播场景，既要满足镜头效果的要求，又要满足工作环境和视觉效果的要求，整体创意设计尤其关键。开放式演播室的整体创意设计需要将艺术性和实用性相结合，是演播室成为一个多视角、多场景、多机位、多功能的新闻节目拍摄场所，如图 5-11 所示。

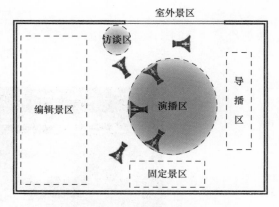

图 5-11　开放式演播室示意图 1

常见的开放式新闻演播室一般以圆形中央主播区为中心，四周环绕设计有实景区、非编区、导控区、大屏幕区等几个功能区域，可集中多场景演播、非线性编辑、演播控制等功能，可以满足新闻直播、专题访谈、读报、互动等各类新闻栏目的制作、录制和直播需求，如图 5-12 所示。

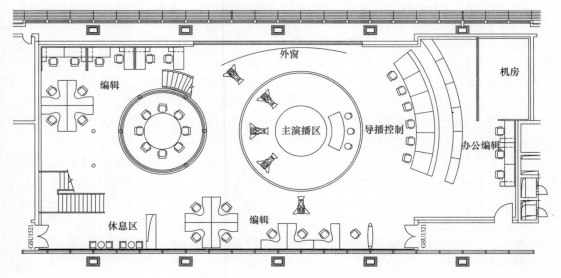

图 5-12　开放式演播室示意图 2

为增强视觉效果，开放式演播室的场景设计往往会大量采用 LED 发光显示装置：中央主播区地面、非编区分割线、实景区的滚动资讯显示、甚至主播的背景画面都会用到。这些 LED 显示设备，有的可以变化各种色调，营造出电视新闻演播的现代感；有的用于显示滚动的新闻资讯和通稿文字；有的则用于显示动态活动画面和静止图片，通过不同显示画面体现不同类型栏目的特色。目前，常用的大屏幕背景设备有 LED 屏、DLP 大屏幕背投、拼接式背投三类。拼接式背投无法克服接缝处的画面断裂感，且新闻播报多采用近景拍摄，因此这种屏幕现在较少应用在开放式演播室的背景屏。LED 屏颜色艳丽发光强度高，价格有优势，但是目前还存在分辨率较低、像素指标离散等缺点，容易对拍摄效果造成不良影响。目前，新闻演播室背景大屏主要还是倾向于选择 DLP 大屏幕背投，但 DLP 大屏价格昂贵是主要制约因素。随着技术的发展，LED 大屏作为开放式新闻演播室主播区背景大屏将是未来的发展趋势。图 5-13 为开放式新闻演播室实景图。

图 5-13　开放式新闻演播室

由于开放式新闻演播室内功能分区的不同，一般可划分为演播区、非编制作区和控制辅助区，对空调的设计要求也应区别对待。每个区域应该能根据使用情况独立进行温度控制，按需使用，节约用电。在能源动力方面，由于开放式演播室是一个完整的整体，任何一部分区域若发生供电故障，都将对新闻节目的制作播出造成直接影响。为保证新闻节目的安全播出，开放式演播室的电源部分应采用主备双回路工艺电加 UPS 方式，所有工艺设备都应进行良好的工艺接地处理，避免设备之间的干扰。

开放式新闻演播室的设计理念是全新的，也符合世界电视媒体发展的潮流，但同时也给广大电视技术从业人员带来了一系列全新的、亟待解决的问题。特别是音频技术工作人员，演播室的"开放"程度直接决定他们的工作难度。开放式演播室的面积一般都较大，大空间内设置有大量的工作站和工作人员，较一般演播室需要更多的制冷能力，因此空调的声音及工作人员的谈话声相对更高，录制声音的清晰度就会受到损失。新闻直播节目的语言录制要求演播室具备短混响时间声学环境。开放空间又往往因为办公需要或者视觉效果的影响，无法大面积设置高吸声量的装修材料。同时，演播室四周为了得到"通透"的感觉，大多设置大面积玻璃墙面，这样的做法，一方面会进一步降低房间整体的吸声量，另一方面也很容易为播音区带来颤动回声、声染色等问题，此外，隔离演播室与四周参观走廊的玻璃墙也很难做到较高的隔声水平。

因此，为了保证节目录制效果，一方面需要特殊的声学设计以及引入非常规的吸、隔声材料及构造。另一方面也需要通过有效的管理手段和技术手段，保证开放演播室的正常使用。这些手段包括：对噪声大的设备进行隔声处理；制定严格的开放式演播室规章制度，严禁喧哗；选择指向性强的话筒。

5.2.3　对建筑结构专业的要求

按照新闻节目采访、编辑、播出、存储和管理全流程制播的使用需求，新闻中心的配套技术用房也需要根据新闻节目的制作流程进行相应的配套设置。电视台新闻用房的种类可分为采访用房、编辑用房、播出用房、收录及制播网络机房、管理用房。由于功能的不同，这些用房在建筑形式布局和结构指标要去上也各不相同，新建电视台的新闻中心用房在进行前期设计规划是应区别对待处理。

电视台新闻中心技术用房，从功能上既有广播电视播控类机房也有 IT 数据机房的特征，既需要配备较大面积人机共存的节目录制用房、视音频监控用房和后期编辑用房，也需要设置有大规模无人值守温度湿度恒定的服务器集群机房。新建电视台新闻中心，将尽可能的追求的功能全面，工作环境舒适，系统运行安全稳定。而改造的电视台新闻中心，由于前期建设资金不足历史遗留问题较多等原因，在技术用房配备上往往容易造成远期发展规范不足，随着系统规模和功能的逐步扩展，逐渐出现机房面积不够，供电和散热系统匹配不足等情况。尤其值得注意的是，一些电视台的新闻中心机房的建设往往是在原有办公用房的基础上改造而成的，而这类用房最初都是按照普通民用办公用房的标准规范进行设计建造的，针对新闻中心这种大量应用了广电专业视音频设备和 IT 服务器机房中心环境，在建筑环境和结构荷载的配置上往往存在很多先天不足。

在工程设计阶段，技术用房对建筑结构的要求，主要集中在：技术用房房间表及空间布局、房间面积及数量、楼层层高要求、地面地板方式、地面荷载这几项指标上。

5.2.3.1　对建筑专业的要求

新建电视台在进行建筑设计之前，电视工艺专业需根据电视新闻中心节目制作流程和使用习惯，以及该电视台的具体使用需求规划出新闻中心的技术用房房间表。该房间表将按照新闻节目的制作流程，分别列出新闻采访用房、新闻编辑用房、新闻播出用房、收录及制播网用房和配套管理用房的名称、数量和使用面积。表5-2 是一个典型的省级电视台新闻中心技术用房房间表。

省级电视台新闻中心技术用房房间表

表 5-2

序号	房间名称	使用面积（m^2）	数量	总使用面积（m^2）	备注
一、新闻采访用房					
1	ENG 整备室	24	2	48	
2	ENG 器材库	80	1	80	
3	ENG 上载室	24	1	24	
4	ENG 采访车库	50	3	150	
5	EFP 车库	90	1	90	
6	检修间	16	1	16	

续表

序号	房间名称	使用面积（m²）	数量	总使用面积（m²）	备注
二、新闻编辑制作用房					
7	非线性编辑大厅	300	1	300	与开放式演播室合并
8	审看室	18	4	72	
9	新闻录音室	24	2	48	
10	控制室	32	2	64	
11	录音小室	12	6	72	
12	新闻精编包装室	16	2	32	
13	策划室	24	4	96	
14	会议室	60	1	60	
三、新闻演播室用房					
15	开放式新闻演播室	600	1	600	与非线性编辑厅合并
16	150m² 演播室	150	2	300	
17	导播室	80	2	160	
18	中心机房	80	1	80	
19	化妆室	18	4	72	
20	嘉宾接待室	20	2	40	
21	新闻分开中心	60	1	60	
四、收录及制播网机房					
22	新闻收录机房	60	1	60	
23	新闻制作网络机房	60	1	60	
24	UPS 机房	16	1	16	
五、管理配套用房					
25	编辑办公室	16	4	64	
26	新闻资料库	100	1	100	
27	维修室	16	1	16	
28	值班室	16	4	64	

1. 采访用房技术要求

如果采访配套用房的布置不合理，新闻外出采访就可能会在器材借用、登记、安装调试、搬运整备上花费不少时间和精力。对于突发新闻的采访是非常不利的。因此，ENG 整备室、ENG 器材库以及 ENG 上载室应靠近设置，且最好设置到不太高的楼层，以靠近采访车库为宜。这样可方便采访记者用最短的时间通过最快捷的路径完成外出整备工作。外出采访完成后，停车入库直接上楼，上载新闻素材后归还器材一气呵成，这样的设计才能体现出对新闻记者的人性化关怀。

ENG 整备室可设置茶水座椅，方便记者外出前采访后小憩片刻；ENG 器材库最好设置在 ENG 整备室隔壁，配备服务接待前台，方便器材的借阅归还登记。ENG 上载室需布置一定数量的上载设备，因此设计时应按照编辑机房类型进行配套的配电和布线设计。ENG 器材库为保存贵重设备的库房，应配备高规格的恒温恒湿空调，具备空气防尘过滤处理手段。库房大门应具备门禁和监控系统。

为方便车辆的迅速进出和露天装卸维护操作，采访车库不宜设置在地下。新建电视台一般会将各类采访车、转播车集中停放，设计一个专门的特种车库。ENG 采访车库和 EFP 车都是体积较大的特种车，平时有较多的维护工作，因此这类车库的位置不应和普通车库混为一体。停车车位的面积也应比普通车位设计的更大为宜，以方便设备的上下搬运和平时的调试维护。小型 ENG 采访车的停车面积可按 $50m^2$（$5m \times 10m$）每车位设计。按车重 20t 计算地面承重。中型 EFP 车的停车面积可按 $90m^2$（$6m \times 15m$）每车位设计，配套的检修间面积不少于 $16m^2$。按车重 40t、轴重 20t 计算地面承重。地面承重一般要求达到 $1000kg/m^2$。车库门一般采用电动遥控双开门或卷帘门，可单开小门供人进出，高度不低于 5m。车库门必须有良好的密封，防止风沙和雨水等损伤设备。

2．编辑制作用房技术要求

大型电视的新闻中心的编辑制作用房有可能是和开放式新闻演播室合并到一个大厅里面的。当然，也有不少电视台的新闻非线性编辑机房是单独设置的。开放式非线性编辑大厅主要布置桌面编辑工作站和文稿图文工作站。这些工作站都是新闻网络最基本和最简单的非线性编辑工作站点。桌面编辑工作站上可以实现新闻节目在线编辑，可以完成节目镜头的剪接、简单特技和字幕功能。桌面编辑工作一般由编导人员自行操作完成。文稿工作站主要供新闻类节目的前期策划、撰稿、字幕、提示器字幕生成等。图文制作工作站主要是对新闻类节目中的图表信息等进行制作，同时进行节目的简单包装、美工设计。大量的工作站导致在非线性编辑区域需要有大量的网络信息点布线，因此，在房间地面应设计预留暗装线槽或采用网络地板方式，避免地面走明线的情况发生。开放式非线性编辑大厅为多工位开放式办公环境，人员流动较大，建筑设计专业还需要重点解决好空间布局人性化与电视节目生产之间的矛盾，且不能违反消防规范。

新闻录音室和控制室是属于需要进行专业声学装修的技术用房。由于新闻中心人员流动性较大，在同一个业务工作区内，各工艺机房在正常工作中由于监听节目、人员活动和设备运转等都有响动，如无有效的隔声，这将对邻近房间造成干扰。录音室和封闭式新闻演播室的设计要有效避让振动、噪声和潮湿等干扰因素，获得良好的工作环境。录音室尤其要注意避免与电梯井、强电电缆竖井、UPS 机房、发电机房、空调机房、冷站、泵房、卫生间、淋浴房、厨房等房间直接紧靠。新闻录音室的噪声控制指标一般按不高于 NR20 进行设计。新闻配音室、语录室、审片室等声学技术用房的混响时间根据面积大小一般控制在 $0.25 \sim 0.3s$ 之间。

新闻精编包装机房属于单间编辑室，房间面积不宜过大。由于在工作过程中需要对节目语音进行精细监听，也需要进行基本的声学隔声处理。另外，一些精编包装工作站可能还涉及到对节目进行校色调色的处理，因为对房间照明环境也有一定要求，应选用无眩光灯具均匀布置。照度可渐变调整且最高照度不宜超过 700lx，全开色温不低于 3200K。

3．新闻演播室技术要求

中小型新闻演播室的一般会布置在电视台大楼的主楼内，采用封闭式演播室布局，处于新闻中心的核心地带。某些大型电视台甚至会为新闻中心安排独立的建筑，围绕大型的开放式新闻演播室空间进行布局。设置在主楼的新闻演播室应设置在独立的竖向交通附近，同时附件应设置人员集散空间；演播室应有单独出入口通向室外，并应设置明显标示。大型新闻演播室出入口应考虑布景安装运输通道，开门不能过小。

新闻演播室流线分析图如图 5-14 所示。

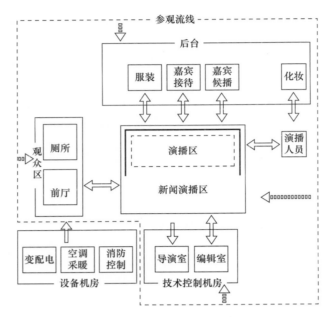

图 5-14　新闻演播室流线分析图

一般将面积 <250m² 的演播室归类为小型新闻演播室。这类新闻演播室适合于新闻播报、球赛解说等新闻节目类节目的制作。小型新闻演播室场景相对简单，具有日常新闻直播功能；面积介于 250～400m² 之间的为中型新闻演播室。这类新闻演播室适合于访谈等新闻类节目的制作，一般为 2 个主持人，嘉宾数量不限，可以带少量观众，观众人不超过 120 人。此外，中型新闻演播室也可设计为带编辑区的开放式新闻演播室，或者是多景区的新闻演播室；而面积介于 600～1000m² 之间的大型新闻演播室则适合于大型互动新闻类节目的制作，也可设计为带编辑区的开放式新闻演播室，或者是多景区的新闻演播室。开放式演播室包括开放编辑制作区域和演播区域，其中演播区可以至少有 3 个背景（导演室、编辑制作区、视频墙和背景主题墙）。

但是，新闻演播室的长宽物理尺寸需要达到合适的比例，方可使拍摄的图像画面效果显得协调。为了使室内频率响应均匀分布，达到声场均匀的效果，理想的方法是使演播室成不规则体形。然而演播室受整个建筑平面、结构安排上的限制，设计成不规则体形较困难，通常只能为矩形。这就必须正确控制房间尺寸和三向尺度的比例。

封闭式新闻演播室的长宽比例有一定的理论要求，平面形状以长宽比 2∶3 的长方形为多。长宽与结构跨度的整数倍相关，而结构跨度的决定因素较多。因此，演播室的长宽比例只可能尽可能接近理论值，通过后期的建筑声学装修可以实现细微的修正。

演播室的高度由幕布高度、灯光层占用高度、消防水管占用高度、空调送回风管占用高度、声学装修层占用高度等组成。演播室天幕高度是很关键的，因为它决定了演播室拍摄景物可用总高。所有以上高度之和即为演播室建筑总高度。

各类新闻演播室几何尺寸的推荐值可参见表 5-3 设计。

各类新闻演播室几何尺寸的推荐值　　　　　　　　　表 5-3

规模	演播室标称面积（m²）	轴线尺寸（W×L）	开放编辑区	背景画面高度（m）	灯具悬吊空间（m）	灯光设备层		空调层（m）	结构（m）
						上人需求	高度（m）		
大型	1000	27×39	有	≥4.0	1.5～2	无	0.3～0.5	2.5～3.0	0.6～0.8
	800	24×36	有	≥4.0	1.5～2	无	0.3～0.5	2～2.5	0.6～0.8
	600	21×30	有	≥4.0	1.5～2	无	0.3～0.5	2～2.5	0.6～0.8
中型	400	18×24	有	≥3.6	1.5～2	无	0.3～0.5	1.5～2.0	0.6～0.8
	250	15×18	有	≥3.6	1.5～2	无	0.3～0.5	1.5～2.0	0.6～0.8
小型	200	13.5×16.5	无	3.6	1.5～2	无	0.3～0.5	1.5～2.0	0.6～0.8
	160	12×15	无	3.6	1.5～2	无	0.3～0.5	0.8～1.2	0.6～0.8
	120	10.5×13.5	无	3.6	1.5～2	无	0.3～0.5	0.8～1.2	0.6～0.8

　　演播室附属工艺机房是指那些与演播室有信号流、文件流关联的，部署有工艺视音频设备的机房，包括导控室、录音控制室、中心机房等。演播室附属用房指与演播室节目制作相关而没有直接视音频信号关系的辅助用房，包括化妆室、布景道具库、贵宾接待室、候播厅、灯具检修室、服装室、美工室等。新闻类演播室摄像机位相对固定，人员较少，摄像机不需经常移动，无需设置摄像机存放室。化妆室以主持人补妆为主，可设置少量小型化妆室。小型新闻演播室功能比较固定，一般不用考虑候播、服装库等辅助用房。

　　新闻演播室的附属工艺机房和附属用房的设置可参考表 5-4。

新闻演播室的附属工艺机房和附属用房的设置　　　　　　　　表 5-4

规模	演播室标称面积（m²）	导演室		中心机房	服装室	大化妆室	小化妆室	贵宾接待	嘉宾候播
		同层	二层						
大型	1000	✓		✓	✓		✓	✓	✓
	800	✓		✓	✓		✓	✓	✓
	600	✓		✓	✓		✓	✓	✓
中型	400	✓		✓	✓		✓	✓	✓
	250	✓					✓	✓	
小型	200	✓					✓	✓	
	160	✓					✓	✓	
	120	✓					✓	✓	

　　此外，现代电视台新闻中心的管理模式已经不再像过去那样封闭，一些新建的电视台在不影响节目安全制播前提下，还专门设置了一条可供公众参观新闻中心节目制作现场的参观通道。参观通道在建筑平面设置中必须与新闻直播相关的通道分开。通过参观通道，普通民众可以在不影响直播的前提下，在演播室外观看演播室内部节目编排、导播、直播的全过程。

　　4．收录及制播网机房技术要求

　　新闻收录机房和制播网机房应按无人值守的计算机服务器机房进行的设计。除按照有关标准规范进行恒温恒湿、双路 UPS 供电等机房环境配置外，在建筑设计上也应尽量考虑电视台新闻节目制作的特殊需求。

新闻收录机房和制播网机房设计应首先满足《电子信息系统机房设计规范》（GB 50174）有关规定。同时，参照《计算机场地通用规范》（GB/T 2887）规定。机房使用的活动地板应符合《防静电活动地板通用规范》（SJ/T 10796）的规定。机房内的空气质量应符合《室内空气质量标准》GB/T 18883 的要求。

当机机房作为独立建筑时，其建筑物的防雷应符合《建筑物防雷设计规范》（GB 50057）的规定。机房位于建筑物内时应做防雷处理，计算机场地应采取有效隔离和防雷保护的措施，具体要求应符合《建筑物电子信息系统防雷技术规范》（GB 50343）和《广播电视工程工艺接地技术规范》（GY/T 5084）的规定。

机房应设置火灾自动报警系统，具体要求应符合《火灾自动报警系统标准规范》（GB 50116）的规定。面积≥ 140m² 的计算机场地应安装自动灭火系统，具体要求应符合《建设设计消防》（GB 50016）的规定。新闻制播网的存储机房应采用气体灭火系统，具体要求应符合《气体灭火系统消防规范》（GB 50370）的规定。

在布局上，新闻收录机房和制播网机房应靠近新闻中心开放式演播室或开放式编辑大厅，以方便控制。一些电视台由于房间有限，甚至将这两套机房的设备与新闻演播室中心机房的设备合并布置，集中管理。由于这类机房大部分时间处于无人值守自动运行状态，为方便从外部直观巡查，机房一侧可设计为大面积透明玻璃墙。

计算机服务器机房为方便布线和空调下送风散热，机房内都需要采用防静电活动地板。而架设活动地板会导致室内地面升高，进入机房需要上台阶，既不美观也不方便。为解决这个问题，这类机房在设计时应采取机房内局部降低结构楼板方式，留出安装活动地板的空间。由于新闻制播网网络机房内线缆数量较多，为方便布线且为空调下送风预留足够空间，活动地板下净高不应小于 300mm，即结构降板也不应小于 300mm。

现代标准设备机柜一般高 2m，机柜顶上到吊顶下方应留有至少 1m 的回风流通和上走线桥架的空间，而吊顶上至少还应具备 1m 以上的空间用于安装空调的上回风管道，再加上不少于 300mm 的活动地板下的空间，因此新闻收录机房和制播网机房的净层高不应少于 4.5m，才能保障安全使用。

为保证机房设备的不间断运行，在新闻制播网机房旁边还应设计 UPS 机房。图 5-15 为计算机服务器机房实景图。

图 5-15　计算机服务器机房实景图

5．管理配套用房技术要求

新闻管理配套用房主要是指编辑办公室、新闻资料室、值班室、维修室一类的辅助用房，这类用房的设置在建筑设计上可按照现代民用办公用房的要求进行设计。空间布局上，编辑办公室一般采用中小型办公室设计，适合主编或领导办公所需。为方便管理，编辑办公室不宜距离开放式非线性编辑区太远。电视新闻制作经常需要加班熬夜，为减少干扰，方便值班人员临时休息，值班休息室可以与演播室适当隔离开。新闻资料库为离线磁带和文件档案的存放库房，应靠近编辑办公室，以方便随时查阅资料，同时具备消防报警和防潮防鼠设施。

5.2.3.2　对结构专业的要求

对结构专业的要求主要是地面地板方式和地面荷载这两项内容。由于不同技术用房的功能需求不同，室内安装摆放的设备和家具也各不相同，地面地板方式和地面荷载需按房间功能分别提出。

一般来说，非线性编辑、录音室和办公类用房的地面荷载不高，楼板荷载按 $3.50kN/m^2$ 进行设计即可满足要求；演播室、导播室、中心机房、新闻收录机房、制播网机房安装有大量的设备机柜，对地面荷载要求较高，楼板荷载不应小于 $5kN/m^2$。因为需要安装防静电活动地板，这类用房还需要进行局部降板处理。UPS 机房要存放沉重的电池组，新闻资料库需要存放大量的离线磁带和文档资料，这类用房对地面荷载要求很高，楼板荷载不应小于 $10kN/m^2$。

5.2.3.3　对设备电气专业的要求

电视台技术用房的供电系统和空调系统为各个系统的正常稳定运行提供了基础的支撑条件。在进行电视台工艺系统设计过程中，一个非常重要的工作就是要向设备电气专业提出详细的技术用房动力及散热指标。这些指标包括：机房温度、湿度要求、机房散热总负荷、机房供电总容量、机房供电路数及安全级别。

新闻中心作为电视安全播出的重点部门，每天承担着大量新闻节目直播任务，设备系统的稳定运行是电视台工艺设计的关键目标。在设计之初，针对电视台新闻中心各类技术用房的实际功能，合理提出各项供电及散热技术指标，是保障这些技术用房在今后多年能否为节目制播系统提供稳定运行环境的关键工作。

进入 21 世纪后，IT 技术日新月异，同时也给机房技术带来了新的挑战。IT 设备进一步小型化，出现了机架式服务甚至刀片式服务器，不同机柜之间配电和冷量分配发生了根本变化。从 IT 业务应用和数据来看，用户对 IT 系统的可靠性的要求也越来越高，类似电视台新闻中心制播网这类 IT 系统，甚至要求 365d 不间断工作。对于机房系统可靠性和可用性的需求，最终都将转嫁到机房技术上。

为保证电视台安全播出，规范电视台安全等级。2009 年 12 月 16 日，国家新闻出版广电总局颁布《广播电视安全播出管理规定》即：第 62 号令。随后进一步下发了《广播电视安全播出管理规定》电视中心实施细则。该文件根据所播出节目的覆盖范围，电视台安全播出保障等级分为一级、二级、三级，一级为最高保障等级。省级以上电视台及其他播出上星节目的电视中心应达到一级保障要求。

2011 年 4 月国家新闻出版广电总局科技司又发布的《广播电视相关信息系统安全等级保护定级指南》。该技术文件规定了广播电视相关信息系统安全等级的定级方法。作为给文件的配套文件，2011 年 5 月 31 日颁布的《广播电视相关信息系统安全等级保护基本要求》对广播电视相关信息系统安全等级保护基本要求进行规范，规定了广播电视相关信息系统安全等级的定级方法。根据该定级指南，省会城市及计划单列市以上电视台新闻中心若发生故障停播，将可能对社会秩序及公共利益产生严重损害，属第三级侵害（第四级最高）。由此可见，国家对各级电视台新闻中心的安全播出是非常重视的。

1．供电要求

电视台机房的供配电系统是一个综合性供配电系统，在这个系统中不仅要解决视音频、计算机设备的用电问题，还要解决其他辅助设备的用电问题。一般而言，在主要设备选定之后，供配电系统就可以确定了。但新建机房，设备的部署往往需要逐年完成，供配电系统的设计就需要考虑今后若干年的发展余量。机房供电质量的好坏，将直接影响机房系统的整体安全。为保证电视台新闻中心的可靠运行，主要机房建设必须建立良好的供配电系统。

（1）供电分级

参考《计算机场地通用规范》（GB/T 2887）中关于机房供配电要求，依据计算机系统的用途，其供电方式可分三类：

1）一类供电：应具有双路市电（或市电、备用发电机）和不间断电源系统；

2）二类供电：应具有不间断电源系统；

3）三类供电：一般用户供电系统。

另外，国家新闻出版广电总局令第 62 号令《广播电视安全播出管理规定》电视中心实施细则中对于各级广电中心的供配电系统做了如下基本规定：省级以上电视台及其他播出上星节目的电视中心应达到一级保障要求。应接入两路外电，其中至少一路应为专线；当一路外电发生故障时，另一路外电不应同时受到损坏。播出负荷供电应设 2 个以上引自不同工艺专用变压器的独立低压回路；主要播出负荷应采用 UPS 供电，UPS 电池组后备时间应满足设计负荷工作 60min 以上；应配置自备电源，保证播出负荷、机房空调等相关负荷连续运行；主备播出设备、双电源播出设备应分别接入不同的 UPS 供电回路。

对照上述要求，我们可以将电视台新闻中心技术用房的供电级别做一个基本划分。

新闻直播演播室、导播室、中心机房、新闻制播网核心机房、新闻分控中心的供电系统应按一类供电系统设计，采用双路供电，且主路应采用 UPS 供电。省级以上电视台 UPS 电池组后备时间需设计为 60min，省级以下设计为 30min。而新闻收录机房虽然重要但由于不在播出线上，则可仅采用双路供电，无需配备 UPS。

非线性编辑大厅、审看室、录音室、精编包装室、ENG 上载室这类机房多采用电脑终端，设备本身多不具备双路电源接口，但运行过程中又不允许发生断电重启的情况，则可按二类供电系统设计。采用一路供电，且配备 UPS 供电。由于这类机房的系统设备不在播出线上，且当发生断电故障时，关键工作主要是及时保存数据文档，因此 UPS 电池组后备时间无需过长，以 10min 为宜，可有效节省投资。

其他用房可按三类供电系统设计，可采用一路供电。上述所有供电系统均应引自工艺专用变压器的独立低压回路，不应和照明、暖通、普通动力变压器混用。

（2）供电容量

技术用房的供电容量需根据该房间满装设备后全负荷运行时所需电量进行估算，并在此基础上留有充分余量。在进行工艺设计时，应首先参考各个技术房间所需安装设备的系统图，根据设备清单中各台设备的额定功率累加出总用电功率。为保障该房间今后系统扩容改造所需，还应在此总用电功率的基础上增加约 40% 的余量。

2．温度湿度要求

机房温湿度控制是一门复杂的学科，不同功能的设备机房的热负荷组成方式不同，温度湿度控制方式也不同，散热气流的组织方式也不相同。

机房的温湿度环境控制的基本要求是满足设备稳定运行。按照《计算机场地通用规范》（GB/T 2887）和《电子计算机房设计规范》（GB 50174）规定，将温度、湿度分为 A，B，C 三级。对照电视台新闻中心技术用房设置，总体上应将无人值守机房的温湿度要求按 A 级进行设置，比如：新闻制播网机房、新闻演播室中心机房、收录机房等；人机共存且以设备为重的机房的按照不低于 B 级进行设置，比如：导播室、录音室、精编包装机房等；其他用房可按照 C 级设置。但是，由于电视台新闻中心的机房环境相对普通 IT 机房有更高的要求，一些专用机房的温湿度要求应在此基础上适当提高。

另外，按照建设部《工程建设标准强制性条文 - 广播电影电视工程部分》的要求。广电中心技术用房温湿度和相对湿度的要求分为三级，适用范围为：

（1）一级中央省级；

（2）二级省辖市级（地、州、盟）；

（3）三级县级。

具体温度和相对湿度要求如表 5-5、表 5-6 所示。

特殊用房温度和相对湿度要求　　　　表 5-5

项目 房间名称	温度（℃）		相对湿度（%）
	冬季	夏季	
录像带编辑室			
录像机房	16～22	25～27	55～35
录像带周转库			

磁带库温湿度要求表　　　　表 5-6

项目 房间名称	一、二级（全年）		三级（全年）	
	温度（℃）	相对湿度（%）	温度（℃）	相对湿度（%）
各区	19～23	55～40	15～25	60～35

从上述强制性要求可以看出，对于磁带库或者媒体存储机房这类技术用房，温湿度的要求要高于《计算机场地通用规范》（GB/T 2887）的要求，应区别处理。由于录像带编辑室、录像机房现在已经由非线性编辑室取代，但基本的温湿度指标还是可以套用的。

参考上述标准规范，结合各个电视台系统的实际情况，并总结类似项目的工程经验，就可以对电视台新闻中心各类技术用房的供电容量、散热量、温度、湿度等指标提出一个总体要求。下表是针对一个典型省级电视台新闻中心各技术用房，工艺专业对设备电气专业的要求表如表 5-7 所示。

工艺专业对设备电气专业的要求表 　　表 5-7

序号	房间名称	使用面积（m²）	温度（℃）	相对湿度（%）	散热量（kW）	供电量（kW）	级别
一、新闻采访用房							
1	ENG 整备室	24	冬 16 夏 26	55～35	—	2	三类
2	ENG 器材库	80	冬 16 夏 26	55～35	—	—	—
3	ENG 上载室	24	冬 18 夏 24	55～35	2	8	二类
二、新闻编辑制作用房							
4	非线性编辑大厅	300	冬 18 夏 24	65～35	30	70	二类
5	审看室	18	冬 18 夏 24	65～35	1	4	二类
6	大录音室	24	冬 18 夏 24	65～35	—	—	二类
7	控制室	32	冬 18 夏 24	65～35	2	4	二类
8	录音小室	12	冬 18 夏 24	65～35	1	2	二类
9	新闻精编包装室	16	冬 18 夏 24	65～35	2	4	二类
10	策划室	24	冬 16 夏 26	80～30	—	—	—
11	会议室	60	冬 16 夏 26	80～30	—	—	—
三、新闻演播室用房							
12	开放式新闻演播室	600	冬 16 夏 26	65～35	60	100	一类
13	150m² 演播室	150	冬 16 夏 16	65～35	6	10	一类
14	导播室	80	冬 18 夏 24	65～35	5	8	一类
15	中心机房	80	冬 20 夏 22	55～35	12	16	一类
16	化妆室	18	冬 16 夏 26	80～30	—	—	—
17	嘉宾接待室	20	冬 16 夏 16	80～30	—	—	—
18	新闻分控中心	60	冬 18 夏 24	65～35	12	20	一类
四、收录及制播网机房							
19	新闻收录机房	60	冬 20 夏 22	55～35	20	30	一类
20	新闻制作网络机房	60	冬 20 夏 22	55～35	30	40	一类
21	UPS 机房	16	冬 18 夏 24	65～35	—	—	—
五、管理配套用房							
22	编辑办公室	16	冬 16 夏 26	80～30	—	—	—
23	新闻资料库	100	冬 16 夏 26	55～35	—	—	三类
24	维修室	16	冬 16 夏 26	80～30	1	3	三类

　　注："—"表示工艺专业无要求，可按通用标准规范设置。
　　　　一类供电——应具有双路工艺电和不间断电源系统；
　　　　二类供电——一路工艺电＋不间断电源系统；
　　　　三类供电——一路工艺供电系统。

5.3　新闻制播工艺系统设计

5.3.1　新闻演播室设计

新闻演播室工艺系统往往都具备直播功能，内部设备种类繁多，主要分为几个大类：视频系统、音频系统、通话系统、TALLY 系统、周边辅助等。

5.3.1.1　视频系统

新闻演播室视频系统与综艺类演播室视频系统在结构上区别不大，主要由摄像机、视频切换台、视频矩阵、录像机、视频服务器、图文字幕设备、在线包装系统、帧同步器、信号转换分配、设备控制面板、技术检测系统等构成。相对综艺类演播室需要多角度取景拍摄，新闻演播室仅需对主播进行正面和全景拍摄，视频系统配备的摄像机数量会少于综艺演播室，一般不会超过 4 个讯道。每台摄像机均需要配备独立的控制面板（RCP），同时配置集中控制面板，放置在导控室；摄像机需具备全电动变焦、聚焦驱动手柄；摄像机返送信号一般为 PGM 和 PVW，方便摄像员拍摄操作。为方便播音员面向镜头口播新闻稿，负责拍摄播音员正面画面的摄像机还需要配备提示器。

目前国内新建的新闻演播室一般都会采用高清 HD-SDI、1080/50i 格式。演播室拍摄的新闻节目信号主要记录在新闻视频服务器内。新闻视频服务器的主要功能是对于演播室直播的节目信号进行同步记录，便于重播和入库。在权限允许的情况下，新闻中心任意一个制作系统、桌面工作站都可以通过新闻制播网直接访问视频服务器内记录的新闻素材节目，进行查询、拷贝、再制作等工作。

电视台新闻演播室若按 4 讯道进行视频系统设计，则视频切换台信号输入端口一般不应少于 24 路。这主要是因为，考虑到新闻节目的制作往往需要更多的场外信号输入。在系统设计时，我们会发现视频切换台上的大部分输入信号已经被内部信号源占用。例如，4 讯道新闻演播室内摄像机需要占用视频切换台的 4 路视频输入端口；字幕机至少需要 2 台，需要占用 4 路视频输入端口；1 台特技机需要占用 2 路视频输入端口；视频服务器播放通道也将占用至少 4 路输入端口；测试信号也会占用至少 2 路输入端口；扩展备份通道至少要预留 4 路（用于三维在线包装等功能）；剩余 4 个通道全部用于连接来自总控系统的场外输入视频信号。当新闻演播室制作日常的新闻串联播出节目时，4 个通道基本能满足需要；但是当需要制作多个外场信号连线直播节目时，4 条外来信号通道往往会显得有点捉襟见肘。

对于新闻演播室视频切换台信号输出端口的要求，除节目输出母线外，一般还需要至少 4 条辅助母线输出。这是因为新闻演播室一般需要三类监看画面：摄像机监看不少于 2 路、音频监看至少 1 路、技术监看至少 1 路。另外，为方便系统扩展，还需要预留 1 路扩展监看通道。

新闻演播室频切换台应具备不少于 2 级 M/E 混合效果功能，配备不少于 2 个 DSK 数字分量下游键，用于字幕或者各种标题 Logo。

为保证安全播出，新闻演播室视频系统一般还需要配备一套应急切换矩阵或者应急切换开关。二者的区别主要在于输出路数，急切换矩阵可以输出至少 2 路不同的视频信号，而应急切换开关只能从多路输入中选择 1 路视频信号输出。应急切换矩阵灵活性更强，但价格也更昂贵。在输入端口的分配上，应急切换矩阵与视频切换台保持一致，此外还需要增加来自视频切换台的 PVW 和 PGM 信号输入。

输出信号至少应满足两路 PGM 信号（主备）嵌入音频后送到播出总控。如果新闻中心还设置有分控中心，则还需要分配两路 PGM 信号（主备）嵌入音频后送分控矩阵。省级以上电视台，为出于安全播出的考虑，在输出后端还需要设置两台（主备）播出延时器。

演播室各类音视频、控制、同步时钟、通话等信号需送至综合接口箱，综合接口箱一般会在演播室内按需设置。

5.3.1.2 音频系统

新闻演播室音频系统主要由话筒、调音台、监听设备、CD 播放机、硬盘录音机、电话耦合器、压缩器、延时器、音频应急切换台以及周边分配、放大设备组成。

由于调音台输入接口所接收的信号来自具有不同输出阻抗、电平相差悬殊的信号源。调音台一般都配有不同输入阻抗的接口，分为：传声器输入口（mic input）和线路输入口（line input）。其中，话筒放大器接入调音台的传声器输入口，它主要接收来自演播室的话筒信号，其他设备接入调音台的线路输入口。

调音台的输出系统主要包括：主输出、编组输出、辅助输出、监听输出几部分。主输出的就是成品信号，主要送入录像机、录音机、音频分配器、音频嵌入器等设备。由于新闻演播室音频系统往往采用录音返送一体化系统设计，辅助输出常作为演播室返送输出使用。监听输出的信号与主输出信号应保持一致，他们只接入监听系统，在调音台上可以单独控制监听输出的电平大小。大型新闻演播室，往往会配备"一主一备"两套调音台，通过跳线盘、音分和音频应急切换台进行音频信号的备份传输，实现新闻节目的安全制作和播出。调音台输入端口的设置主要考虑演播室内话筒、电话耦合器、视频服务器以及来自总控的外场音频路数。

由于电视台的音频录制和传输都是按照立体声方式进行的，因此在计算输入端口时，1 路输入输出包含左右 2 个通道。比如 1 个两主播小型新闻直播室的调音台输入端口可按如下规划进行配置：话筒 2 路（4 通道）、电话耦合器 1 路（2 通道）、视频服务器音频输出 4 路（8 通道）、扩展备份 4 路（8 通道）、总控 4 路（8 通道），一共就需要 15 路（30 通道）。在辅助输出端口上可按如下规划进行配置：监听单元 1 路（2 通道）、音频示波器 1 路（2 通道）、通话系统 1 路（2 通道）、摄像机返送 1 路（2 通道，后端分配）、电话耦合器 2 路（4 通道）、预留 2 路（4 通道），一共需要具备 8 路辅助输出。因此，调音台的选择就应采用不小于 24 路规格的数字调音台方才满足需要。

在话筒的配备上，新闻演播室一般会配备无线领夹话筒、有线小型领夹话筒，大型新闻演播室还会配备界面话筒和长枪话筒。

对于音频应急切换开关的选择，一般在输入容量上应选择不小于主调音台容量的设备。音频应急切换开关应可独立进行切换，即不跟随视频应急切换的切换；同时应具有外同步锁定功能，做到与视频的同步切换。为保证安全播出，新闻演播室的调音台应具备面板锁定的功能。

监听单元的设计，应实现可同时监听和监看到嵌入 HD-SDI（1080/50i）信号和 SDI（625/50i），以及监听 AES3-2003 和模拟音频信号。在导控室可以监听到输出声，同时通过监听单元可以监听或监看到各环节的音视频信号，通过数字音频示波器可以监看到各环节音频信号的通道状态，包括主备路信号。

在新闻演播室内，播音员应该可以听到本演播室节目输出信号、预监信号和具备选择功能并参与现场节目制作的信号；摄像师可以听到本演播室的节目播出信号。

5.3.1.3　新闻点评和在线包装系统

随着技术的发展，一些电视台开始在新闻演播室里配置一些新媒体设备和动画处理设备，以提升新闻节目的交互感和生动性。比较有特点的是新闻点评系统和在线包装模板工作站等设备。

新闻点评系统主要由演播室内的一块或多块触摸屏以及后台的服务器构成。可以理解为一套具备触摸屏功能的大型电脑。主持人可以通过各种手势在触屏上点播网络视频、展现观众和网友的评论、播放新闻视频素材。系统能够实时渲染输出各种动画三维物体、2维和3维多视窗动画、全屏文字/图片题图、支持各种数据图形，并通过内建的数据表方便地更新数据。系统还可以支持链接外部数据源、如赛事、股市、微博、短信，实时更新在屏图形的数据图形。

基于计算机技术的电视图文制作和播出系统在大致经历了简单二维平面字幕系统、具备质感动感的二维图文系统之后，目前已经发展到高质量二维与三维图文完整融合的在线包装系统阶段。包装系统的应用覆盖了电视节目的方方面面，其应用的场合既有直播也有后期制作，应用的岗位包括编辑域、演播室和播出线。对于新闻节目来说，在线包装系统的应用优势较为明显。系统能在最短的时间内发布海量图文信息，呈现更丰富、更精彩的内容形式，形成具有冲击力视觉效果。对于一些需要进行现场模拟再现的新闻场景，一些高级品牌的在线包装系统甚至可制作三维动画并全屏实时渲染出事件现场的三维动画演示。

在线包装主要用于播出区域的内容包装，强调包装的时效性和实时内容展现。业务场景为在线模板应用及实时图文展现。最新的在线包装系统核心驱动引擎实际上是一套性能强大的动画工作站。它必须具备实时的三维图形设计能力，即所有的图形设计可以立即在预览窗口看到最终的输出效果，而无需等待渲染的时间。在线包装主要功能是用动画的方式为观众提供更加生动的新闻现场模拟和数据分析。在线包装设计系统需要满足以下功能：提供真三维的设计环境；提供一个高效整合的操作界面，完全支持拖拽操作，完成从建模到三维场景搭建和动画创作的完整功能。在场景设计时，在线包装设计系统能实时计算并显示当前场景的渲染性能，以保证设计的场景的渲染始终保持在 50 帧/s 之上，在播出时才不会发生帧数不够导致图形卡顿或抖动的情况发生。在线包装系统工作站应通过网络与中心媒资系统连接，实现直接访问位于网络或本地图形媒资库，调取场景、图片和素材。网络和本地图形媒资库能设置自动同步以更新内容。在线包装系统的成品节目可直接向视频切换台输出，也可通过网络被新闻点评系统调用播放。

5.3.1.4　辅助系统

新闻演播室除了视频系统和音频系统，还应具备：同步系统、时钟系统、通话系统、监听监看系统、Tally 指示灯系统、区域有线电视系统、演播室大屏系统、监控系统。

演播室同步信号主要使用 BB 黑场（625/50i）信号，并与总控 BB 信号锁定。同步系统采取主备同步机自动倒换方式,确保可靠。音频同步优先使用 BB 信号,如确因设备问题,也可使用音频同步机产生的时钟（Word）信号或 AES3-2003 1kHz 信号流。

时钟系统锁定在总控时钟基准信号上。在导控室、演播区、立柜机房等处设置大型数显时钟，该时钟显示器可显示标准时间、正计时、倒计时，倒计时可由人工设定。

内部通话系统应以导演为核心，与所有相关工种通联，并且与台通话系统相通，新闻演播室内通话系统应是台通话系统的子集。内部通话系统可以通过软件设定功能，确保导演与摄像之间为长通状态。内部通话系统中应能够选听到本系统内的 PGM 节目信号。

监视墙为一组集中布置的监视器阵列。如果新闻演播室导控室与音控室分开设置，则监视器墙应分别设置在导控室、音控室内。监视内容有节目输出、CATV 信号、播出返送、播出数据和系统内各信号源。监视方式有两种：一是采用传统监视器，其中主监、预监、技术监看、音控监看和灯光监看使用广播级高清监视器，其余可以使用标清数字监视器；二是采用平板显示 + 多画面切割器技术，但主监、预监、技术监看、音控监看和灯光监看必须使用广播级高清监视器。

在导控室、音控室内需分别设置 2 个主监听音箱，用于监听节目主输出信号。辅助监听装置应使用小型监听装置，不应配置大功率功放。

指示灯系统即 Tally 系统。在新闻演播室，Tally 系统起着非常重要的作用。它通常以字符或指示灯的形式出现在摄像机头、摄像机寻像器和监视器墙，分别给主持人、摄像和演播室制作人员予以提示，告之当前视频切换台所切出的 PGM 和 PST 信号是什么。通过视觉提示来协调各个岗位的工作人员，及时了解节目的进展状态。一套功能完善的指示灯系统可根据演播室系统方案和用户要求定制开发软件，满足演播室内摄像机调动时的 Tally 源名显示变化，能预设常用 Tally 应用场景。控制服务器能接收来自所有矩阵、切换台的 Tally 输入，根据演播室配置策略，分别控制本演播室的显示终端，显示相应的名称和 Tally 状态。Tally 显示名称能跟随切换台、矩阵源名实时变化。

围绕新闻演播室，还有很多辅助用房，这些房间内往往需要通过监视器或电视机实时了解演播室内的进展情况，以便协调工作。这些辅助房间主要有候播室、化妆间、更衣间等。因此，所有这些与演播室相关的区域需要设有线电视监看系统，用于监视演播室节目进展情况。

此外，新闻演播室内主要的视音频设备和网络设备都应具备网络监控功能，且便于二次应用开发，实现设备的图形化集中监控。

5.3.2　新闻包装系统

5.3.2.1　包装系统的分类

新闻包装系统分为在线包装、近线包装与离线包装三种形式。在线包装主要用于播出区域的内容包装，强调包装的时效性和实时内容展现。近线与离线包装主要用于制作区域的内容包装，强调内容质量和精细化，并对在线包装提供全方位的支持。这三种包装系统的区别如下：

（1）在线包装

业务场景为在线模板应用及实时图文展现。

特点：快速、实时，用于演播室及频道播出图文展现。

（2）近线包装

业务场景多为较紧急的新闻播出节目视音频包装及模板应用。

特点：业务量大，时间要求较紧急。

（3）离线包装

业务场景多为片头、片花及宣传片制作。

特点：多使用精细包装产品，强调创意及美感，多使用精细包装及合成。

新闻包装系统业务形式详见表 5-8。

新闻包装系统业务形式　　　　　　　　　　　表 5-8

包装分类	包装内容分类	包装展现形式	
在线包装	播出图文应用	播出字幕	题图类
		播出标识	片尾
		多视窗	字幕新闻
近线包装	日常加工图文类	字版	地图
		图表	同期字幕
		二维示意图	
	日常加工小片类	内容提要	收视指南
		简讯、快报类	节目预告
	高端应用合成	新闻短片合成	
离线包装	日常包装设计	宣传片类	版式设计
		片头类	栏目角标设计
		三维动画制作	演播室背景屏设计

在线包装系统可实现：

（1）虚拟场景在演播室播出的应用；

（2）在线模板在演播室播出的应用；

（3）在线模板在频道播出的图文展现。

近线包装系统可实现：

（1）近线包装合成应用；

（2）虚拟场景调试；

（3）在线包装模板调试。

离线包装系统可实现：

（1）平面图形制作；

（2）三维模型制作；

（3）包装模板创作；

（4）虚拟场景制作；

（5）片头、片花、宣传片的精细合成；

（6）音乐 / 音效创作。

三种包装系统的关系如图 5-16 所示。

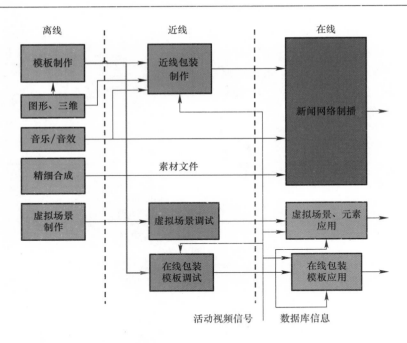

图 5-16　各类新闻包装关系示意图

5.3.2.2　在线包装系统

新闻中心对于节目在线包装方面的需求主要体现在以下几个方面：

（1）一些大型时政新闻专题片中，往往会要求制作大量的开窗版式、展现统计数据的图表、柱状图、饼图等。

（2）突发新闻事件的现场模拟再现。通过制作动画模拟出交通事故等重大新闻事件的现场，普通非编软件无法完成此类动画的制作，通过后期包装软件制作周期较长，新闻的时效性无法体现。

（3）新闻中心新增栏目（如财经新闻等）的包装需求。需要对大量的财经股市数据进行实时处理并发布。

（4）新闻节目当需要改版时，可能会对整个节目的整体风格做很大的调整，换版时间却不允许很长，甚至一天之内就要求完成。给节目包装系统提出很苛刻的要求。

在线包装经历了从二维图文字幕系统到三维在线包装系统的发展过程。对于新闻节目来说，在三维在线包装系统的优势非常明显，它能在最短的时间内将海量的图文信息发布出去，可以呈现更丰富、更精彩的内容包装形式，形成具有冲击力视觉效果，以吸引更多受众眼球。立足于新闻节目发展的趋势，对图文字幕系统的需求越来越呈现出以下的特点：

1）高质量的图文字幕的静态效果和动态效果。要求绚丽的效果和富于动感的动态效果，需要加入大量的三维字幕对象和三维特技元素，以提升电视图文字幕的整体视觉效果。

2）网络化的应用模式。图文字幕系统工作流程应具备网络化可定制应用模式。基于标准 MOS 协议的演播室共享字幕系统是比较典型的应用。

3）更好的支持各种数据源。例如股票、证券、汇率等财经数据，购物频道的各种数据，气象数据，以及观众互动环节的短信、投票数据、商品数据等。

4）在线包装在功能丰富性上超越了传统字幕机，包括后期包装软件能实现的很多眩目的效果，在线包装也可以实现，而且效率更高。在线包装系统在新闻节目中应用的优势，主要体现如表 5-9 所示。

在线包装系统在新闻节目中应用的优势　　　　　　　　　　　　　表 5-9

	字幕机	后期包装软件	在线包装
实时性	实时，但功能单一，效果平淡	非实时，需花大量时间用于渲染	实时，效果眩目
图形功能	功能单一	从零开始，效率低	模块化设计，自带大量模板，效率高
			数据统计、图表、柱状图、饼图能及时制作输出，效率高
			创建和播出任意物体随特定曲线路径的动画特效，通过动画模拟出交通事故的现场
			创建和播出眩目的标题框
			创建和播出如下雨，烟雾，火焰，水面，卡通，金属，木质材质等的特效
			实时二维及三维字体动画特效
视频处理功能	不支持对外来视频信号的实时处理	不支持对外来信号的实时处理	支持对外来信号和视频文件同时进行实时插入处理，可以播放视频文件并实时输出
DVE 功能	不支持	支持，但非实时	支持实时 DVE 和视频贴图，相对切换台的 DVE 来说，功能更全，效果更佳
播出控制	不支持		支持边播边改
数据库	支持数据格式较少，非实时	不支持	支持多种数据库及数据文件的连接，并实时获取数据
与后期包装软件的交互	不支持工程级的交互		3DMAX 等制作的三维场景可以导出给在线包装设计软件
与新闻网的交互	可通过 MOS 方式实现和 avid inews 文稿系统的交互，可以抓取播出串联单的标题文字	不支持	可通过 MOS 方式实现和 avid inews 文稿系统的交互，可以抓取播出串联单的标题文字
	avid 非编不能调用字幕工程文件	Avid 非编不能调用工程文件。只能将渲染生成后的文件导入非编，如带通道信息的 TGA 序列、avi 等	在 avid 非编上安装插件，可以调用模板工程文件。也支持非编打包好的 mov 文件的导入

新闻在线包装系统业务流程如图 5-17 所示。

新闻在线包装系统架构图如图 5-18 所示。

目前国外的在线包装产品主要有傲威（Orad）和维斯（Viz），国内产品主要是新奥特、大洋、艾迪普三家。从硬件上看，各家的产品都可以满足新闻中心的节目需求，傲威和艾迪普硬件更稳定；设计软件的功能上，傲威、维斯、艾迪普相对于新奥特、大洋更强大一些；播控软件方面，新奥特、大洋的界面更友好、易操作。

5.3.2.3 近线及离线包装系统

新闻消息节目制作总体上讲求时效性，对于节目的包装效果往往要求不高。但是新闻专题节目就需要大量的后期包装工作，近线及离线包装系统能起到非常大的作用。

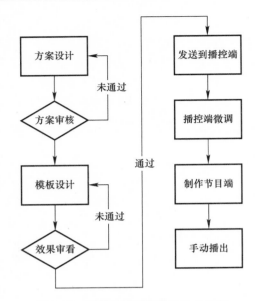

图 5-17　新闻在线包装系统业务流程

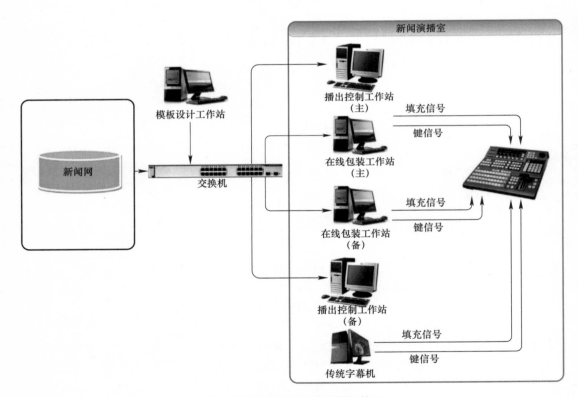

图 5-18　新闻在线包装系统架构图

近线包装主要完成新闻节目的后期合成、虚拟场景调试以及在线包装模板调试工作。离线包装系统主要负责平面图形制作、三维模型制作、包装模板创作、虚拟场景制作、片头、片花、宣传片的精细合成以及音乐／音效创作。鉴于新闻制播网络系统中的非线性编辑工作站功能日益强大，节目编辑与简单特技效果均可在非线编工作站上完成，现在一般认为只有面向复杂特技、精细合成与模板制作的工作才属于包装系统。

一般的非线性编辑工作站侧重于流程优化、快速剪辑与特技制作，而精细合成与建模功能较弱，并不适用于高端包装系统。目前国际上具备成熟产品线，能真正能适用近线和离线包装的厂商主要有美国欧特克（Autodesk）公司与英国宽泰（Quantel）公司两家。国内厂商中新奥特敦煌视觉效果合成系统以及中科大洋公司的 POST PACK 后期制作软件套装也在迅速赶超国际水平。

Autodesk 公司相关产品线、产品定位及性能特点见表 5-10。

Autodesk 公司相关产品线、产品定位及性能特点　　　　表 5-10

产品线	产品定位	性能特点
3ds Max	三维建模与动画	三维建模、场景制作与渲染，通用性强
Combustion	简单合成制作	简化的合成系统，成本低，但时间线编辑功能弱
Smoke	编辑合成制作	非线性剪辑、合成，模板的制作与调整
Flint	模板制作与特技合成	多层三维空间合成与节点式批处理功能，用于创作与编辑模板，进行特效合成与特技处理，具备三维粒子特效及便捷的工作模式
Flame	复杂模板制作与高端特技合成	多层三维空间特效合成与节点式批处理功能，用于创作与编辑模板，进行高端的复杂合成制作与处理，具备三维粒子特效，模块化三维抠像，三维摄像机跟踪等更强的性能与更精细的调整
Lustre	校色	专业数字校色系统，特有的人机交互调色设备多层时间线给校色师更多的创意空间；GPU 加速提供更高速的交互处理；Lustre 色彩管理更有效地控制管理任务的色彩数据；高效、开放的工作流程，在 Lustre 中对 Smoke ® 或 Flame® 软件时间线直接进行调色配光

Quantel 公司相关产品线、产品定位及性能特点见表 5-11。

Quantel 公司相关产品线、产品定位及性能特点　　　　表 5-11

产品线	产品定位	性能特点
sQ Joe (View + Cut) 非时间线编辑模式	审片与素材挑选，快速编辑和释放片比，面对非专业编辑人员	重放与故事板 Cut 编辑，无时间线，简单易学
sQ Joe 可以设定为时间线编辑模式	软件编辑，模版化合成和配音，面对记者、编导	纯软件的编辑系统，可在通用 PC 平台上运行，用于简单合成编辑、模板的替换以及音频配音
SQ Ed	桌面精编与合成	具备高端编辑与合成的全部功能，纯软件开放系统，没有硬件处理引擎支持，常规的特技合成，可制作特效模板，但不适于对模板进行大量创意制作
sQ Ed with Hardware	精细特技制作与合成（编辑、绘画、合成与调色功能）	有 Quantel 硬件加速支持，模板创作与特技合成处理，更强的性能与更丰富的功能（HD 压缩编码）

续表

产品线	产品定位	性能特点
EQ	高端合成、无压缩高清编辑与多版本发布（编辑、绘画、合成与调色功能支持 HD RGB 4:4:4）	有 Quantel 硬件支持，高端模板创作与特技合成，更全面的工具集，支持实时无压缩高清编辑，可自动产生多种格式的发行版本
Pablo	含专业校色组件	可与 EQ 整合的专业校色系统，仰首工作理念与特有的人机交互输入设备

两家产品横向比较，Autodesk 公司相关产品的硬件和软件平台通用性更强，Quantel 公司相关产品则主要建立在专用系统之上，性能和稳定性较高。

Autodesk 和 Quantel 产品横向比较见表 5-12。

Autodesk 和 Quantel 产品横向比较　　　　　　　　　　　　表 5-12

比较项目	Autodesk	Quantel
硬件平台	通用硬件平台	SQ Ed with hardware（含）以上级别需专用硬件平台支持，Quantel 自行研发
操作系统	架构于通用操作系统之上（Linux）	架构于通用操作系统之上（Windows XP）利用 CORBA 技术直接对底层硬件进行操作（有硬件引擎系统）
存储系统	通用存储系统	专用 SQ Server 服务器，自行研发
与 Photoshop 的整合利用	可导入 PSD 分层文件并用于特效和模板制作，在真三维环境中调整合成	可导入 PSD 分层文件并用于特效和模板制作，有三维能力，但无厚度效果
与 3ds Max 的整合利用	可导入 3DS/ FBX 文件，包括三维模型及相关设置参数并用于特效和模板制作，可调整三维模型属性并在制作界面实时预览	可导入三维模型并用于特效和模板制作，但无法在制作界面实时调整，需返回 3ds Max 重新渲染并导入
支持的视频格式	高清支持无压缩，DVCProHD DV25、DV50、XDCAM, P2 MXF，IBC 之后即将支持蓝光盘，AVC Intra，J2K 等	支持 DVCProHD 和 AVC Intra 50/100（缺省编码）支持 HDV，支持 1080 60P/50P（eQ，Pablo）XDCAM HD MPEG2 Long GOP，J2K（通过转码服务器连接）
支持的交换文件格式	QuickTime 或其他无压缩序列图片格式	Op1A MXF, OPAT 等多种 MXF 文件交换，支持 AAF 文件交换
与新闻制播网非线性编辑站点的互通互联	通过 Wiretap API 进行元数据交互，支持查询与检索功能通过读写无压缩帧的方式实现素材交换，通过 QuickTime 下载或流媒体方式进行节目的浏览	通过 ISA 管理服务器与 Mission Control 进行相关数据交换与管理，还支持 MXF POWER PORT 进行数据交换
模板分层权限管理	无法通过设置权限的方式进行模板各层修改权限的管理	可通过指定权限的方式对模版各层的修改权限进行管理

近线包装系统若采用 Autodesk 公司的产品线，则可以采取：Combustion、Smoke、3ds Max 加上 Adobe Photoshop 的组合方式；若采用 Quantel 的产品线，则可以采取：SQ Edit、SQ Edit Plus 加上 Autodesk Maya 和 Adobe Photoshop 的组合方式。

离线包装系统若采用 Autodesk 公司的产品线，则可以采取：Flint/Smoke、Lustre、3ds Max 加上 Adobe Photoshop 的组合方式；若采用 Quantel 的产品线，则可以采取：EQ/Pablo、SQ Edit Plus 加上 Autodesk Maya 和 Adobe Photoshop 的组合方式。

5.3.2.4 新闻非线性编辑

在录像技术问世以来的 50 多年中，电视节目的编辑技术发生过多次重大变革，从物理剪辑、电子编辑、时码编辑、模拟磁带编辑、数字磁带编辑到非线性编辑。这些变革都给电视制作水平的提升带来深刻的影响。20 世纪 90 年代初，视频码率压缩技术的标准化和多媒体计算机的兴起，迎来了用非线性编辑方式编辑电视节目的春天。非线性编辑的出现，极大地提升了电视节目后期制作的效率，制作成本大大下降。随着计算机运算速度和存储技术的迅速发展，现在非线性编辑系统已经全面代替了电视台使用录像磁带进行线性编辑的传统制作方式。

1. 非线性编辑系统基本原理

非线性编辑相对于传统上以时间顺序进行线性编辑而言具备诸多优势。传统线性视频编辑是按照信息记录顺序，从磁带中重放视频数据来进行编辑，需要较多的外部设备，如放像机、录像机、特技发生器、字幕机，工作流程十分复杂。非线性编辑借助计算机来进行数字化制作，几乎所有的工作都在计算机里完成，不再需要那么多的外部设备，对素材的调用也是瞬间实现，不用反反复复在磁带上寻找，这种编辑方式突破了单一的时间顺序编辑限制，可以按各种顺序排列，具有快捷简便、随机的特性。非线性编辑系统就是把输入的视音频信号进行 A/D 转换，采用数字压缩技术存入计算机硬盘中，将传统电视节目后期制作系统（简称线编）中的切换台、数字特技台、录像机、录音机、编辑机、调音台、字幕机及图形创作系统等设备的功能，集成到一台计算机上来完成所有操作。

非线性编辑系统由：编辑卡、计算机、编辑软件三部分组成：

（1）编辑卡

视频卡是非线性编辑系统的核心部件。一台普通微机加上视频卡和编辑软件就能构成一个基本的非线性编辑系统。它的性能指标从根本上决定着非线性编辑系统质量的好坏。许多视频卡已不再是单纯的视频处理器件，它们集视音频信号的实时采集、压缩、解压缩、回放于一体。一块编辑卡就能完成视音频信号处理的全过程，具有很高的性能价格比。随着技术的发展，特别是计算机中央处理器和图形处理器的性能大幅度提升，原本需要基于视频卡方能完成的视频处理运算已经可以通过计算机的 CPU 和 GPU 完成。在非专业领域，非线性编辑卡已经基本退出了非线性编辑系统架构，仅保留视音频接口卡的功能。

（2）计算机

早期的非线性编辑系统大多选择 MAC 平台，这是由于早先 MAC 与 PC 机相比，在交互和多媒体方面有着较大的优势，但随着 PC 技术的不断发展，PC 机的性能和市场上的优势反而越来越大。目前,大部分新的非线性编辑系统厂家倾向于采用 Windows 操作系统。非线性编辑系统所用的硬盘不同于普通硬盘，它要求硬盘的速度较高，且要求其容量较大。

（3）编辑软件

相对飞速发展的计算机硬件来讲，软件的发展要缓慢得多。非线性编辑系统的软件平台也同样存在落后于硬件的局面。微软在 20 世纪 90 年代初为多媒体结构指定了 VFW 格式，苹果机上也有一个类似的 QuickTime 格式，这两种软件结构都缺乏对专业视频的支持，它们限制了 I/O 端口的数据流量和视频文件的大小，VFW 甚至不支持 Alpha 通道，无法描述两层画面之间的关系。1994 年，Open DML 标准开始建立，增强了 AVI 文件的功能，使不同厂家的 Motion JPEG 文件可以互换，修改了 AVI 文件只有 2GB 大小的限制，并把帧索引改为场索引。所有这些内容在 1995 年完成后并入 Quartz 多媒体标准中，Quartz 成为软件专业视频设计的初级规范，随后 Active Movie 取代了 Quartz 的地位。国产非线性编辑系统的软件结构就是从 Active Movie 平台起步设计的，比国外的编辑软件具有更先进的底层结构，而国外软件基本都是在 VFW 和 Quick Time 基础上编写的，这是国产非线性编辑系统的一大优势。

从软件上看，非线性编辑系统主要由非线性编辑软件以及二维动画软件、三维动画软件、图像处理软件和音频处理软件等外围软件构成。随着计算机硬件性能的提高，视频编辑处理对专用器件的依赖越来越小，软件的作用则更加突出。非线性编辑系统的出现与发展，一方面使影视制作的技术含量在增加，越来越"专业化"，另一方面，也使影视制作更为简便，越来越"大众化"。就目前的计算机配置来讲，一台家用电脑若具备或加装了 IEEE1394 接口卡，再配合 Premiere Pro 就可以构成一个非线性编辑系统。

2．CPU+GPU+IO 架构

随着电脑硬件性能与软件技术水平的提高，基于 CPU+GPU+IO 核心的新一代纯软件的非编系统，已经日益成熟。它与基于硬件板卡的非编系统相比，纯软件非编系统无须硬件板卡的支持，以主机系统和剪辑软件实现剪辑功能，具有稳定可靠、价格低廉、格式灵活、升级容易等显著优点。在此前提下，国际主流板卡制造商将开发的重点由支持特性转为支持兼容性，并以 10bit 无压缩的视频采集质量代替了原先的 8bit 压缩质量。随着高清制作的普及，视频信号的数字容量成倍增加，传统非编视频卡及其应用将意味着整体报废。用户都希望在标清和高清之间实现平稳过渡以适应未来节目制作方式的升级。基于 CPU+GPU+IO 架构的视频编辑境因此得到了广泛接受。

基于 CPU+GPU+IO 架构的纯软件非编系统由主机、剪辑软件、I/O 视音频卡、存储 4 个部分组成。与传统非编相比，硬件板卡不再承担数据流的实时支持性能，改为由主机的 CPU+GPU 核心来实现，此功能通过新一代剪辑软件来调用，硬件板卡只承担高质量信号的采集和输出。基本工作流程为：剪辑软件通过 I/O 卡将素材采集到存储设备，然后通过剪辑软件使用 CPU+GPU 性能调用存储的素材进行常规的实时剪辑、特技、字幕制作成片，最后将成片通过 I/O 输出到磁带或网络硬盘阵列。而最新一代"CPU+GPU+I/O"技术，甚至无需任何附加硬件加速卡即可达到最高应用效果，这类设备对计算机的硬件性能要求很高。

3．网络化新闻非线性编辑系统

网络化是计算机的重要发展方向，非线性编辑系统可充分利用网络方便地传输数字视频文件，实现资源共享，还可利用网络上的计算机协同创作。通过网络对于视频资源的管理、查询，也更为简便。目前在一些电视台中，非线性编辑系统都在利用网络发挥着更大的作用。

由于新闻节目的时效性要求，非线性编辑系统无带化、无磨损、非线性的先天优势，使得非线编辑系统最先在新闻节目制作中得到运用。2002 年，福建电视台采用北京中科大洋科技发展股份有限公司的产品，率先在国内搭建了一套 FC+ 以太网双网结构的"非线性电视新闻综合网络系统"，获得很好的效果，并被授予国家科技进步一等奖。此后，网络化的新闻非线性编辑系统就获得迅速的推广，国内新建或改造的广电中心，纷纷在新闻中心搭建网络化的新闻非线性编辑系统，替代传统的磁带编辑制作方式。索贝、新奥特、捷成世纪等一批具备相当技术实力的公司也纷纷进入这个市场。目前国内的非线性编辑系统已经基本国产化。国外的爱维德 Avid、草谷 Grass Valley、苹果 Apple、欧特克

Autodesk、奥多比 Adobe 等行业巨头都推出了面向电视新闻节目制作的非线性编辑产品。可以说网络化非线性编辑是近十年来广电行业发展最为迅猛的技术。

对于不同品牌的不同系列的新闻非编网络，系统架构往往差别较大。如果简单地使用计算机存储网络的概念来描述，可以分为：DAS 架构、NAS 架构、SAN 架构、SAN + NAS 和分布式架构。从网络物理通道上看，主要分为 FC（Fiber Channel）和以太网通道两种架构。

基于 FC 架构的非编网络是目前的主流形式，特别是进入高清时代，高码率媒体素材文件对于网络传输带宽的要求更高，国内外各大品牌都有基于该架构的产品。FC 架构下的非编网络，系统主体必然是一个标准存域网 SAN（Storge Area Network）或变形存域网。系统主要由：FC 交换机、中央存储体、元数据服务器（MDC）、SAN 文件共享系统和非编工作站五部分构成。基于 FC 架构的非编网络的主要有点是：性能好、技术成熟。缺点主要是：部署和维护成本高、互联互通难度较大。

基于以太网的非编网络可以部署成多种形式，如 NAS、IP-SAN、分布式网格等。从部署和维护成本来看，相对于 FC 架构，基于以太网架构的非编网络是较为低廉的。从网络规模上考虑，基于以太网技术的非编网络可以轻易部署几十甚至上百个站点的规模，而基于 FC 技术的 SAN 在一个 Fabirc 内通常不会超过 20 个高清精编工作站，否则系统成本就会大幅攀升。从互联互通方面考虑，基于以太网架构的非编网络可以依靠 TCP/IP 协议完成交互，编辑站点理论是可以部署在世界上任何地方。

更为合理的非编网络的部署方案依然还是采用 FC+ 以太网的双网架构方式，这种架构可以充分发挥两种网络各自的优势。FC 网络的高效稳定，可以为精编工作站和包装工作站服务；以太网的廉价性和通用性，可以为文稿工作站和快编工作站服务。实际使用时，基于 FC+ 以太网的双网架构运行的非常完美，FC 通道主要用于传输低压缩比甚至无压缩的原始高清视频素材，而以太网主要负责高压缩比的新闻代理素材和文稿。一些厂家的新闻非编网解决方案主要思路是：素材上载时，同时生成一个高压缩比的低码率代理素材和一个低压缩比高码率的原始素材，它们在画面内容上是帧间一一对应的。实际编辑时，在快编工作站使用代理素材进行编辑，编辑过程均保留在 EDL（Editorial Determination List）编辑决策列表中，节目通过审片环节后，EDL 表通过以太网传送回 FC SAN 服务器，服务器通过 FC 高速调用硬盘阵列中的低压缩比高码率的原始素材进行自动剪辑生成最终节目成品。这种工作模式很好地利用了 FC 和以太网各自的优势，已成为国内新闻非编网的主流工作模式。

从实际使用角度考虑，千兆以太网可以满足三轨 100Mbps 高清压缩视频的回放，但是无法很好的支持高清无压缩回放，而 FC 可以实现很好高清无压缩回放。纯高清环境下的单一以太架构非编网络还需要进一步的发展方能稳定高效运行，相信万兆以太网普及后，这种局面将会有所改变。

从实际产品线来看，目前国外高端非编网络都开始采用纯以太网架构，如 AVID Unity ISIS。这些产品在网络传输协议上都采用了自家专利的优化协议，具有一定的封闭性，但也可以被视为非编网络架构从 FC 向以太网转型的风向标。

4. 便携 ENG 非编工作站

ENG（Electronic News Gathering）电子新闻采集方式非常适合于现场拍摄，但它所获取的素材还需要在电子编辑设备上进行剪辑，这分为前期拍摄和后期编辑两个阶段。以往ENG后期编辑都使用线性对编机，主要编辑工作都是一些较为简单的画面选择删除、片段的剪辑等，对于素材画面的视觉效果的要求不高。进入非线性编辑时代，常规意义上的非线编辑系统往往都采用台式工作站，功能强大却非常笨重，不便于ENG采访编辑对于轻便快捷的要求。在这种情况下，便携式非线性编辑系统运营而生，在一个手提箱大小的设备上，可以完成信号上载、非线性编辑、合成输出、监听监看等功能，现场录制、现场剪辑、现场出片、轻巧便携、结构简单、快速搭建、无须外置接口箱、携带方便，满足后期编辑包装的功能需求。比如：大洋D3-Edit GO就是这样一类产品。它具备高标清全接口，模拟/数字信号上载、监看、输出，3Gb SDI，4：4：4：4全色度采样、高质量实时下变换。提供包括USB 3.0、1394、HDMI在内的高速数据接口。可拓展P2、蓝光、EX卡等应用。便携ENG非编工作站整机重量不宜超过10公斤，主机、显示器、IO接口模块以及电源应设计为一个可折叠的箱体，否则就失去便携的意义了。

5．非线性编辑的工作流程

任何非线性编辑的工作流程，都可以简单地看成输入、编辑、输出这样三个步骤。当然由于不同非编操作软件功能的差异，其使用流程还可以进一步细化。使用流程主要分成如下5个步骤：

（1）素材采集与输入：采集就是将模拟视频、音频信号转换成数字信号存储到计算机中，或者将外部的数字视频存储到计算机中，成为可以处理的素材。输入主要是把其他软件处理过的图像、声音等，导入到非编软件中。

（2）素材编辑：素材编辑就是设置素材的入点与出点，以选择最合适的部分，然后按时间顺序组接不同素材的过程。

（3）特技处理：对于视频素材，特技处理包括转场、特效、合成叠加。对于音频素材，特技处理包括转场、特效。令人震撼的画面效果，就是在这一过程中产生的。而非线性编辑软件功能的强弱，往往也是体现在这方面。配合某些硬件，非编软件还能够实现特技播放。

（4）字幕制作：字幕是节目中非常重要的部分，它包括文字和图形两个方面。现代非编软件制作字幕已经很方便，几乎没有无法实现的效果，并且还有大量的模板可以选择。

（5）输出与生成：节目编辑完成后，就可以输出回录到录像带上；也可以生成视频文件，发布到网上、刻录VCD和DVD等。

6．国内外主流专业视频非编品牌系列

（1）国内

1）中科大洋：D3-Edit系列；

2）索贝：Editmax系列；

3）新奥特：喜马拉雅Himalaya系列、VenusEdit系列；

4）捷成世纪：Turboedit系统。

（2）国外

1）苹果：Final Cut Studio系列；

2）爱维德AVID：Media Composer及News Cutter系列；

3）奥多比Adobe：Premiere系列、After Effects系列；

4）草谷GV：EDIUS系列。

5.4　新闻演播室建筑声学设计

新闻类演播室大多以直播节目为主，另有一部分中小演播室用于时政评论类或录播新闻节目为主，很少配置大型综艺制作演播室。相比于综艺节目，新闻节目更加注重时效性。在声学设计时应以提高语言清晰度为出发点。

近年来国内各大电视媒体逐渐流行建设开放式"新闻制作中心"或"新闻工厂"，其主要特色是将多个演播区和编辑区、制作区域整合在一个大空间内。而且这样的新闻制作中心周围还通常会设置参观通道（图 5-19 为开放式演播室实景图）。单从声学设计的角度来看，开放式的新闻制作工厂是不利于高标准音频节目录制的。

图 5-19　开放式新闻演播区

对于录播类新闻节目或需要制作部分高质量节目的新闻演播室，原则上不建议使用开放式新闻演播室。

随着观众对节目质量的不断要求，新闻素材已经开始逐步由单声道向环绕声制作演变。

5.4.1　室内噪声控制

新闻演播室的特点：使用面积相对较、主要用于语言类播报、大多用于直播。因此噪声容许标准比综艺节目演播室略低，一般来说不宜劣于 NR25 标准，部分演播室甚至可以放宽至 NR30 标准。

对于开放式新闻制作中心，建议根据每个项目单独确定容许噪声标准，一般来说，大空间内不宜超过 NR35 标准，演播区应进行更加严格的控制。实际上，尽管开放式新闻演播室在正常工作中内部会产生相对传统演播室更高的工作噪声，并且此类演播室大多以强调时效性的直播类节目制作为主，但仍然建议尽可能严格要求房间的本底噪声控制水平，特别是对大空间内空调系统的噪声和振动控制仍然应按照传统演播室的指标要求加以控制，这样，当需要在开放演播室内寻找相对安静的空间时，也能满足节目制作的需要。

新闻演播室内主要的噪声源来自于空调系统，此外，大屏幕背投影系统等也是影响新闻演播室本底噪声的主要原因之一。

　　新闻演播室以及控制室等节目制作房间无论水平方向还是垂直方向均不应与空调机房、水泵房等设备用房相邻。在一些高层项目中，由于建筑空间限制，当演播室无法避免地与上述"噪声振动源"相邻时，就要采取特别的隔声隔振构造进行处理，需要特别指出的是：这些复杂的隔声隔振构造可能对高层建筑带来不必要的荷载压力，也可能过分侵占机房使用面积。相邻的新闻演播室之间应采用附加隔声墙的做法进行处理。

　　此外，新闻演播室尤其是开放式新闻演播区周边应当尽可能减少无法控制的噪声，避免设置在大演播室候场区域或大楼的公共区域附近。无论是否使用，开放式新闻制作工厂内部不应设置电梯、大型风道、洗手间等。

　　新闻演播室对围护构造、楼板等的隔声隔振要求与一般演播室类似，在 3.4.1 节已有详细说明，在此不再赘述。

　　需要特别强调的是：对于大型开放式新闻演播室和部分电台、电视台的直播间，建设方普遍会在其周边设计参观通道，外来人员可能通过大面积的观察窗参观节目制作的全过程。与一般演播室观察窗不同，这类参观通道的观察窗普遍面积较大，高度一般在 2m 左右，单扇宽度一般为 2～4m。而且对于一些大型的新闻制作中心，可能沿演播室区域设置多块连续的观察窗。图 5-20 为大面积观察窗实景图。

图 5-20　大面积观察窗

　　此时观察窗在设计时应当更加注意增加其隔声量，由于 3 层窗的视觉效果较差，一般这类观察窗多为双层观察窗或一层复合夹胶玻璃的构造。此时应尽可能选用厚重的玻璃，双层玻璃之间的间距尽可能增加，玻璃四周做强吸声处理。在可能的情况下，建议在参观区域距地面 1.2～2.4m 之间的高度做观察窗即可。其余空间应当以重墙为主，并且应尽可能不设置信号接口盒或暗藏管道路由。

　　开放式新闻制作区周边应进行人流控制，节目制作时应尽可能保持区域安静。

　　由于空间面积较大、工作人员较多，对于开放式新闻制作中心的空调系统的风速和风口布置应当特别引起声学设计师的注意。由于编辑区人员、设备较多，而演播区相对开阔且以 LED 新闻灯具为主，不同区域建议采用不同的风口布置以满足各自需要。

5.4.2　音质设计

传统的新闻演播室混响时间要求如图 5-21 所示。

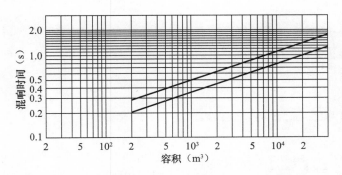

图 5-21　演播室中频混响时间推荐范围与容积的关系

需要说明的是，对于语言类节目为主的新闻演播室，建议选取相对较短的混响时间。上图仅表示中频（500Hz）混响时间的取值推荐范围，各频段的容许偏差见表 5-13。

混响时间特性曲线　　　　　　　　　　　　　　表 5-13

类别	中心频率（Hz）							
	63	125	250	500	1000	2000	4000	8000
演播室	—	1.00~1.20	1.00~1.10	1.0	1.0	0.90~1.00	0.80~1.00	—

新闻演播室一般会在主播身后配置大面积背投显示屏等显示设备，或设置为大面积观察窗（如图 5-22 所示）。这些玻璃材质的设施还往往配合主播台向内侧凹，因此极易在主播台上的拾音位产生声聚焦。

图 5-22　主播台及身后的大屏幕

根据近些年的研究表明，对于语言类节目，低频段噪声或混响声对清晰度的影响远远高于中高频段干扰。对于新闻类演播室建议特别控制低频混响时间。

由于新闻演播室可能存在大面积显示屏和大型观察窗，因此颤动回声产生的可能性极高。同时应避免在演播室中，由于体型或吸声材料选择、布置不合理等引起的音色变化的现象。

新闻演播室一般不单独设置舞台装置，因此在声学装修上还要特别考虑整体的美观和画面感。装修面层材料以保证整体室内效果和美观为主。

虚拟新闻演播室中应特别考虑蓝箱可能产生的声反射及掩蔽效应。

5.5　新闻演播室专业灯光设计

5.5.1　演播室专业灯光主要技术指标

新闻演播室专业灯光的主要技术指标与第 3 章提到的演播室专业灯光的主要技术指标一样，包括照度、色温度、显色指数、均匀度等。需要注意的是，新闻类演播室由于演区固定且相对较小，相对其他类型的演播室其景深较浅，其内部摄像机的光圈相对可以开大，因此其演区综合光的垂直照度可以较其他类型演播室的要求略低一些，也可以获得令人满意的图像质量。

5.5.2　布光系统

新闻演播室适合于新闻播报、现场解说及突发事件或重要事件的访谈等新闻类节目的制作，一般为 1~2 位主持人，可以有 1~2 位嘉宾，一般没有观众。小型新闻演播室场景相对简单，具有日常新闻直播功能。中、大型新闻演播室可以设计为带编辑区的开放式新闻演播室，或者是多景区的新闻演播室，适合于大型互动新闻类节目的制作，对比传统的演播室，开放式演播室既是演播室节目录制区，又是日常节目编辑制作区，功能更加先进多样，工作流程更加流畅、高效，能使电视节目形式更加丰富和展现更强烈的现场感。该类演播室一般面积会较传统新闻演播室面积有较大增加，但单个演区的面积不会有太大的变化，为了提高演播室的利用率和节目的多样性，该类演播室内通常设计几个演区，可以兼顾满足一定周期内多档节目的制作，在设计布光系统时就要兼顾到节目的普遍需求，使系统更为全面，设置更加灵活。同时为了更好地展现整个开放空间创意设计，开放空间的灯光设计既要满足镜头效果的要求，又要满足工作环境和视觉效果的要求。演区和开放区在布光系统的考虑上要区别对待。

布光系统在新闻演播室灯光系统中主要包括吊挂灯具的设备和杆控灯具的布置。以下我们将分别就这两个方面进行介绍。

5.5.2.1　吊挂灯具的设备

吊杆灯具的设备是安装在演播室内设备层，或某些特殊支撑面上用来悬挂灯具或其他灯光设备、舞美布景设备的装置。新闻演播室内的悬挂设备分为固定的和可滑动的两种。演播室吊挂设备是演播室灯光系统的重要组成，它的作用方便灯光使用者的布光，满足节目制作对于灯光的指标要求。

由于新闻演播室的层高不是很高，考虑到经济性和实用性，其内部通常不考虑电动吊挂灯具的设备。20 世纪 80 年代出现的滑轨式悬吊装置及钢管格栅悬吊装置经过长时间的应用实践，已经证明具有良好的、稳定的、可靠的使用效果，在全国新闻演播室得到了大家的普遍认同。

1．滑轨式悬吊装置

这种装置的关键设备是恒力吊杆。恒力吊杆的关键部件是恒拉力弹簧，这种弹簧无论是卷缩状态还是拉伸状态，其拉力保持恒定，利用这个恒定的力与灯具及附件的重量平衡，从而使灯具可以停在伸缩范围内的不同高度。这个系统中轨道有滑动轨道和固定轨道，用万向节连接，这样滑动轨道可以沿固定轨道滑动。灯具吊在恒力吊杆上，恒力吊杆用小滑车吊在滑动轨道上并可以在滑动轨道上滑动，灯具可以通过恒力吊杆上下移动。通过滑轨和恒力吊杆的移动，灯具可以停在三维空间的任一点。这种滑轨式悬吊装置配上杆控灯具，具有造价低而使用灵活的特点，如图 5-23 所示。它适用于灯栅层高度不大于 6m 的新闻演播室。

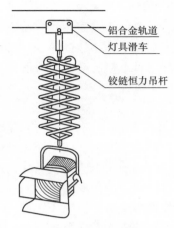

图 5-23　滑轨式悬吊装置示意图

2．钢管格栅悬吊装置

钢管格栅结构是在演播室的灯栅层高度装有一些纵横交叉的管子，灯具挂在所需要的位置。根据节目的需要，可以通过梯子等辅助设施将灯具在格栅范围内任意悬挂。同时钢管格栅也可以和恒力吊杆配套使用，相对于滑轨式悬吊装置，钢管格栅悬吊装置布灯相对麻烦，其更适合在层高相对更低的新闻演播室内，同时钢管格栅具有造价便宜，同时演播室灯栅层相对整洁的优点。

3．其他灯光吊挂设备

新闻演播室灯光吊挂设备也要"因地制宜"，除了上述两种最为常见和普遍使用的设备外，在层高较高的开放式新闻演播室内，也可能会用到电动提升设备、如垂直电动吊杆、卧式行车等。在有些开放式新闻演播室中采用了整体可以提升、旋转的灯光组合架，既满足了节目制作，又有很好的视觉装饰效果。

5.5.2.2　灯具的布置

新闻演播室的演区的位置和大小相对比较固定，因此这类演播室人物光通常采用三点式或环形布光，无论哪种布光，人物光按作用基本分为 3 种，即主光、辅助光和逆光。除了人物光以外，还有景物光、播音台上安装的面部修饰光等。

1．主光

顾名思义，主光是人物光的主要光源。一般说来它是对直射阳光的模拟。用主光造成所需要的阴影，以刻画人物的性格、特点等。主光一般用聚光型灯具。

2．辅助光

辅助光也叫副光，它是相对主光而言的。它的作用是用来照射主光所照到的地方，并冲淡主光所形成的阴影，使图像变得柔和。主光和辅助光配合，形成合适的图像对比度。辅助光使用泛光型灯具。

3．逆光

如果只使用主光和辅助光，我们看到的图像好像贴到了背景上。缺乏深度感。加上逆光以后，便会使人物从背景上分离出来，产生深度感。除此之外，逆光可以勾画出被摄对象的部分或全部轮廓，逆光还可以表达出半透明物体的细部。总之，逆光也是一种重要的人物光，它要求用聚光型灯具。

5.5.2.3 布光控制系统。

新闻演播室内通常配备的灯具为杆控灯具，即灯具上有几个耳环（一般为 3 个），用一个专用的操作杆勾住灯具上的耳环进行旋转，可以调整灯具的俯仰、回转、焦距。操作杆也可以控制滑轨的滑动、恒力吊杆的滑动及恒力吊杆的伸缩长度。

5.5.3 调光、直通设备及其控制系统

新闻演播室内灯光的控制设备可以使用小型调光设备，但新闻演播室的节目形式固定，一般不需要进行调光变化或进行场次预选，其调光设备的配备主要目的是为了避免产生开灯时的冲击电流，从而延长卤钨光源的使用寿命，其次是满足节目场景的控制需要，如节目结束时的渐变为黑场的场景。由于该系统较简单，调光器的尺寸也很小，故可将调光器放在导演室内。对于不需要进行调光的三基色及 LED 光源的灯具，可以通过设置独立的地址编码，实现控制需要。对于投资较小的、简单的、非连续工作的新闻演播室，其灯光场景也可以直接由灯光配电箱控制。

重要的新闻直播演播室通常设置主备调光控制台，主备台型号规格配置应完全相同，控制台具有 DMX512 接口，以太网接口；支持 ART-NET 或 ACN 灯光网络控制协议；可扩展控制更多通道。

5.5.4 灯具

新闻演播室内通常仅安装传统灯具，即常规灯具，来实现新闻节目灯光环境的要求。其常规灯具包括电视聚光灯和电视柔光灯。

小功率卤钨热光源聚光灯，它色温稳定、显色性高、调光连续。但其光效不高、散热量多、此外此类灯具有效寿命短（一般为 200～400h）。

三基色荧光光源电视平板柔光灯，它投光柔和、覆盖范围大且均匀、色温稳定、显色性高、有效寿命较长（一般为 8000～10000h）、光效能高、散热量低，但其灯体较大，比较笨重，投射的有效距离短，只有 2～4m 远，占用空间大；因为三基色柔光灯属面光光源，产生一种无方向、造型差的泛光效果，因而应配合一些聚光灯使用，以达到较好的照明效果。

LED 照明灯具在其他领域的应用已经有多年的历史，但在电视演播室中使用则处于刚刚起步的阶段。目前灯具功率还不能做得很大，限于应用在新闻等小型演播室内。它是一种绿色节能型光源，采用高显色指数 LED 作为发光元件、寿命长（一般 10000h）、光输出柔和、均匀、无红外线、无紫外线、灯具光效高。采用 DMX512 信号控制和本地控制两种方式控制亮度和色温，亮度调节范围 0～100%、色温可以是固定的 3200K 或 5600K，也可以在 2700～6000K 范围内调节。灯具显色指数需要提高，近几年 LED 白光的显色指数已经有了很大的提高，目前已经接近卤钨灯的指数达到 80 以上，但还需要进一步提高，以使电视节目制作要求的肤色还原效果更为理想。由于目前灯具价格较高，单灯功率较小，因此只适合在中小演播室使用，要真正用于大型综艺类节目的远距离基础照明，还有待于

制作工艺水平和 LED 发光效率、光源功率的进一步提高。

5.5.4.1　小功率螺纹透镜聚光灯

详见第 3 章灯具部分内容。

5.5.4.2　三基色平板柔光灯

该灯具具有光线柔和、均匀舒适、辐射热、节能等特点，如图 5-24 所示。适合中小演播厅、会议室使用。可以用做新闻演播室面光、辅助光。它的主要技术特点是：

（1）光线柔和、均匀、舒适，无辐射热。

（2）具有高效率的反光镜和遮扉、灯具光能利用率高。

（3）灯管色再现性好，显色指数达 85～95，可与卤钨灯配合使用。色温 3200K 左右，显色指数 $Ra>90$。

图 5-24　三基色柔光灯

（4）灯管发光效率高（70～80lx/W），寿命长（进口灯管 10000h）。节省电能 70% 以上。

（5）采用进口高效电子镇流器，用模拟或数字信号调光，调光范围大，且色温不变。

5.5.4.3　LED 聚光灯

螺纹聚光灯由 LED 灯核、散热装置及温度自动控制系统、调焦系统、聚光系统、调光控制系统、LCD 显示系统、恒流电源和灯壳组成，如图 5-25 所示。它的主要技术特点是：

（1）采用高显色指数 LED 作为发光元件，满足专业摄影、摄像要求。

（2）LED 光源为固体发光器件，是新一代绿色环保光源。

（3）采用优化设计的非球面透镜和全反射光学准直系统，有效地控制了杂散光，灯具光效高，比传统卤钨聚光灯节能 90%。

（4）内置 DMX512 信号全数字控制，带有网络接口，实现自动化布光操作。

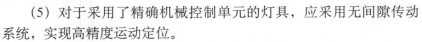

图 5-25　LED 聚光灯

（5）对于采用了精确机械控制单元的灯具，应采用无间隙传动系统，实现高精度运动定位。

（6）调光分辨率高达 65536 级，完美实现类似卤钨灯的平滑调光。

一体化设计的灯体和散热器，有效降低了 LED 的工作温度。如采用风扇散热，其噪声指标应当与演播室环境噪声要求相适应。

5.5.4.4　LED 平板柔光灯

LED 平板柔光灯将节能、环保和专业照明技术完美融合，光线柔和、照度均匀、可任意组合拼接，可以用做新闻演播室面光、辅助光，如图 5-26 所示。它的技术特点是：

（1）采用高显色指数 LED 作为发光元

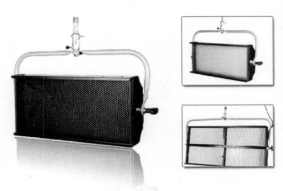

图 5-26　LED 平板柔光灯

件，满足专业摄影、摄像要求。

（2）LED 光源为固体发光器件，寿命长达 10000h，是新一代绿色环保光源。

（3）利用小功率 LED 形成面光源照明，配以高透光率柔光板，光输出柔和、均匀、无红外线、无紫外线，无眩光，不刺眼。

（4）采用 DMX512 信号控制和本地控制两种方式控制亮度和色温，亮度调节范围 0～100%，色温调节范围 2700～6000K。

（5）采用优质铝型材与金属板材相结合结构，表面喷黑色环氧树脂高压静电粉末。整体结构可任意拼接。

5.5.5 其他

具有直播功能的新闻演播室灯光系统应设置保障意外情况下继续节目直播的应急灯，应急灯位的数量根据具体演播室的规模进行确定。

5.5.6 设计示例

在上文我们介绍了新闻演播室灯光主要的设计技术指标，并从演播室灯光系统组成入手，对每个子系统的作用和常用设备也进行了说明，下面就以一个普通新闻演播室和一个开放式新闻演播室灯光设计为例，把这一章的内容作一个梳理。

5.5.6.1 100m² 传统新闻演播室

演播室定位为新闻播报类节目的制作，天幕高度设计为 4m，按一个景区设计，采用铝合金固定轨道、活动滑轨加铰链伸缩器，配置杆控灯具，采用 LED 平板柔光灯与聚光灯相结合的方式。配置小型调光控制台，如图 5-27 所示。

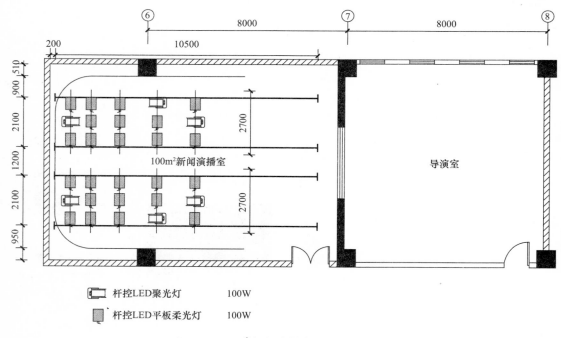

图 5-27 100m² 新闻演播室灯具布置平面图

5.5.6.2　开放式新闻演播室

演播室定位为新闻播报、现场解说及突发事件或重要事件的访谈等多类节目的制作，按三个景区设计，演播室内局部设置两层，其中一个演区设计在该区域的二层位置。演播室的灯栅层距演播室一层地面 10.8m 高，根据灯栅层的高度不同，设置在一层的两个演区选用了可电动升降和旋转的整体灯架的悬吊装置，整体灯架的尺寸分别为 10.8m 和 8m；设置在二层的演区选用了固定灯架加铰链伸缩器的悬吊装置，整体灯架的直径为 6.6m。演播室内配备杆控聚光灯和三基色冷光源灯具，如图 5-28、图 5-29 所示。演播室灯光采用"一主一备"，双路电源供电的方式，其中一路为市电，另一路为应急备用电源，并在其中一个有直播要求的演区内，设计了 8 台由 UPS 不间断电源供电的灯具，作为保障意外情况下继续节目直播的应急灯，灯光最大用电负荷约为 60kW。设置主备调光控制台，主备台型号规格配置完全相同，控制台具有 DMX512 接口，以太网接口；支持 ART-NET 或 ACN 灯光网络控制协议，同时具备可扩展控制更多通道的能力。

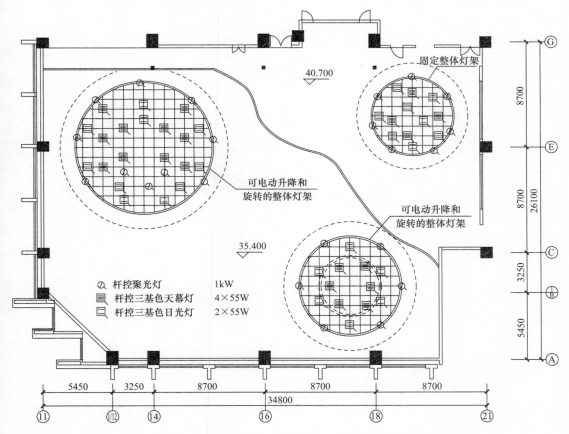

图 5-28　800m² 开放式演播室灯具布置平面图

作为背景区的编辑区照度为满足电视摄像背景效果的要求，同时又兼顾工作环境和视觉效果的要求，该区域的照度设计为 500lx，且照度可调，为了使光源的色温和显色指数与演区一致，选用了节能高效的三基色光源，配置可调光低畸变电子镇流器。编辑区照明采用智能场景调光灯光控制系统，照明灯具按照位置和类型编组设置成场景。

图 5-29　800m^2 开放式演播室效果示意图

第6章　总控播送系统

6.1　总控播送系统流程及特点

总控播送系统是总控系统、播出系统和节目传输系统的统称。几个子系统互相联系、分工协作，共同实现了全台信号的统一管控、电视节目的播出控制以及台内外信号的调度等重要功能。

随着电视技术不断发展，先进的电视技术和设备的不断产生，电视工艺系统越来越复杂。总控播送系统作为节目制播流程的重要环节，其系统架构的安全性、稳定性、兼容性以及可扩展性有了更高的要求。同时对于一个现代电视中心的总控播送系统来说，节目数字化、网络化和智能化成为其显著特点。

本节内容将首先介绍播出系统的发展历程，然后分别介绍总控系统、播出系统、节目传输系统等子系统，针对播出系统将加以详细阐述其业务流程。

6.1.1　播出系统的发展历程

随着数字视频、计算机网络通信、数据存储等技术的发展，电视中心的播出方式逐步从原来的模拟播出发展到数字播出，播出网络也经历了从单机系统发展到网络分布式系统，从传统的手动播出系统发展到以硬盘播出网络为中心的自动播出系统这个过程。在整个发展过程中，总的来说播出方式经历了磁带播出、盘带结合播出和全硬盘播出等三个阶段。

6.1.1.1　磁带播出系统

传统的电视节目播出系统是以切换台为中心，以各种型号的录像机为主要信号源，通过人工控制切换台来选择不同的录像机信号，这就是早先的磁带播出系统。

后来多数电视台引入了计算机控制技术，这是在不对播出系统模式作根本改变的基础上，采用单机控制的播出控制系统。它由自动播出电脑，控制录像机及切换台进行信号源的切换按照播出节目单进行播出，这就是通常所说的自动播控系统。条件好的电视台还在此基础上引入了机械手这一设备，与自动播控系统配合，自动化程度更高，实现了自动装填磁带和找带头，最大程度地减少了人工环节。

6.1.1.2　盘带结合播出系统

考虑到电视台的节目信号源大部分是录像带，需要预先录入到硬盘中，其他线路的信号也要通过矩阵切换录入到服务器硬盘中，因此，如果节目来不及上载或者硬盘容量不够时，未录入的节目可以通过录像机播出，录像机不但作为节目采集上载用，同时也可以作为播出的备用，这就是盘带结合的由来。另一方面，由于各电视台的经济实力不同，一时不能做到全硬盘播出，在较长时间内数字播出与模拟播出将共存，在这种情况下，视频服务器加模拟播出的盘带结合播出系统是一种比较实用安全的电视播出系统，其好处是既可使用原有的模拟设备，又可以实现数字播出。

6.1.1.3 全硬盘播出系统

这一阶段的播出系统的最突出特点是：系统中的播出信号来源不再是录像带，而是存储在硬盘上的视频文件。视频服务器是一种专用的服务器，可以分别完成音视频信号的采集、待播文件的上载和播出。一台视频服务器拥有多个编解码通道，可以接受音视频切换器或播出矩阵的控制，实现节目的顺序播出、定时插播、相对时间插播和绝对时间播出等多种不同的节目播出方式。为了方便播出管理，同时减少音、视频线缆的敷设长度，大都在播出机房上载或设置上载机房进行集中上载。这种方式无法真正做到节目在各部门分布制作、上载、串编和无带网络传输。

现代的播出系统通常会在全台业务网中建设一个独立的播出业务子网。播出网络需要根据播出文件备播流程制定文件迁移策略，将播出文件从制作、媒资等系统迁移至本系统，并在播出前将播出缓存内文件迁移到播出服务器待播。通常在播出网络内配备工作流引擎服务器实现自动迁移设置，配备接口服务器以及 FTP 服务器分别与全台 ESB、EMB 总线联系实现备播迁移。

6.1.2 总控播送系统概述

6.1.2.1 总控系统

随着电视中心规模的扩大和电视技术的发展，电视中心播出从单频道播出的方式转变为了多频道集中播出，从而带来对电视节目信号集中管理的需求。这种需求以及近年大型数字矩阵技术的成熟，促使了电视总控系统的产生。其通过对信号的统一调度监控和集中处理控制，达到资源共享、整体调度的目的。

现在电视总控系统已经成为全台内部信号汇聚调度的核心和台外信号交换传输的中枢。整个系统以数字化、多格式的总控矩阵为核心，承担着对各种视、音频信号的监测、调校、处理、调度等任务，并在紧急情况下对信号进行应急处理。

总控系统可以实现演播室信号、播出信号、外来信号的集中传输调度和管理，可实现各个独立的技术系统提供信号源的调度，对于节目播出而言，大大降低了播出成本，提高了安全性。

电视总控系统可以完成各演播室和播出部分信号同步切换，由总控系统统一提供支撑全台运作的基准信号和标准时钟信号，并分配到各个演播室。此外，总控系统与演播调度中心以及各演播室之间还应设有独立的通话系统，以实现内部通话功能。

总控系统主要功能可概括为以下几个方面：

（1）对各频道信号进行处理、分配和调度。

（2）对全台各类电视节目所涉及的内部和外部视音频信号进行处理、分配和调度。

（3）对全台的信号统一检测、监看、监听。

（4）向全台各个系统提供同步基准信号和时钟信号。

（5）向全台各个系统提供全台通话系统。

6.1.2.2 播出系统

电视播出系统是电视节目制播流程中的最后一道工序，从各条制作线上完成的节目，以直播流信号或视音频文件的形式最终到这里汇合。电视播出系统对各种节目源信号进行控制、处理，使其最终形成电视节目播出信号，通过节目传输系统，传送给观众。播出方式一般分为录播和直播两种方式。日常节目播出以录播为主，播出的节目以节目文件的形式存储在硬盘上，由硬盘播出服务器来控制播出节目的时间和内容进行播出，形成播出信号。对于直播方式，播出的节目不转化为文件形式，而是直接由播出切换系统通过处理信号流形成播出信号。

播出系统的主要功能可概括为以下几个方面：

（1）按照节目播出表的时间顺序，对来自控制放像机，视频服务器以及总控系统的不同信号源进行选择、切换。

（2）自动或手动切换信号源。

（3）在播出图像上叠加台标、时间和字幕。

（4）控制、处理和分配信号，并将信号送到传输、收录、监看等系统。

6.1.2.3　节目传输系统

节目传输系统是电视中心视音频信号与中心外传输媒质的资源接口，贯穿节目信号的接收、播出和传送的重要环节。节目传输系统主要负责对中心内、外的各路信号的交换，并按照节目传出的需要，在光缆、微波和卫星等线路上进行传送。节目传输系统贯穿在节目源采集接收、传输及发射的整套工艺流程中，是电视中心系统运行中对内对外的重要"出入口"。数字技术的发展趋势和电视工艺流程，以及台内的技术管理运行机制，决定了构建全台的数字化、网络化架构是未来的发展趋势。因此，在电视中心内，节目传输系统需要承担制作播出后的各套电视节目的对外传输，以及外来节目源的采集，并完成周边有协作关系的省、市、县级电视中心进行节目交换等任务。

节目传输系统工艺流程主要有以下环节：

（1）通过电视中心设置的本地卫星接收、光缆和微波传输网络，采集接收外来的电视节目信号源，作为编播素材。

（2）通过微波、光缆或 3G 网络等方式接收转播车、现场视音频等外采节目信号。

（3）将制作播出的所有电视节目，通过光缆、微波网络传输至各个发射台站和有线网络前端。

（4）建立电视中心全程安全质量监测平台，监测所有电视中心播出的节目信号、所属发射台的开路信号以及有线电视网的监测信号；并向广电局监管平台传输监测数据及图像。

6.1.3　播出流程

播出系统业务流程可分为直播、录播、应急播出，以下将针对这几个不同的播出流程进行详细阐述。

6.1.3.1　直播流程

电视直播是指电视节目的现场录制、合成和节目播出同时进行的播出方式。按播出场合可分为现场直播和演播室直播。演播室的直播信号在演播室系统、新闻系统的视频切换台中直接生成，加嵌音频后，将视音频基带信号通过同轴电缆或光纤直接传送至总控系统进行调度。台外的现场直播信号经过信号调制，通过专用光缆、3G、卫星等传输途径传送至台内。

直播信号在总控系统进行监控和信号处理，并分配至相应频道的播出系统。在播出系统中，播出工作站按照节目单，控制播出切换台进行节目信号的切换，叠加字母台标后形成最终的播出信号。最后将各个频道的播出信号送至节目传输系统，通过光缆、微波、卫星等途径传送至观众的收看终端。同时对于直播节目，还要将播出信号送至收录系统进行资源归档，送至播出缓存进行节目上载，作为节目制作的素材和日后重播的节目源。直播流程如图 6-1 所示。

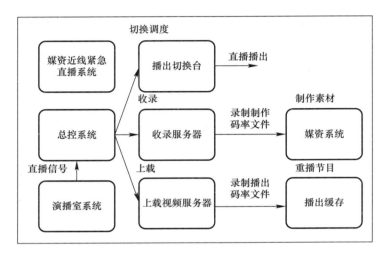

图 6-1　直播流程图

6.1.3.2　录播流程

电视的录播流程以基于节目单的节目备播为主线，贯穿上载、技审、播出控制和监控几个环节。播出流程总体业务归纳为 4 个阶段：计划阶段、备播阶段、播出阶段和播后阶段，每个阶段都涉及一些关键环节。业务流程如图 6-2 所示，信号流程如图 6-3 所示。

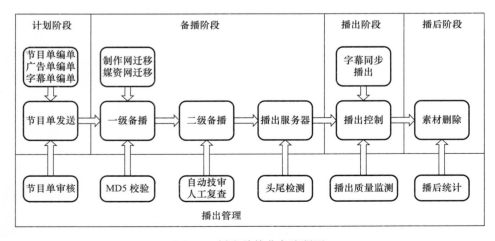

图 6-2　播出总体业务流程图

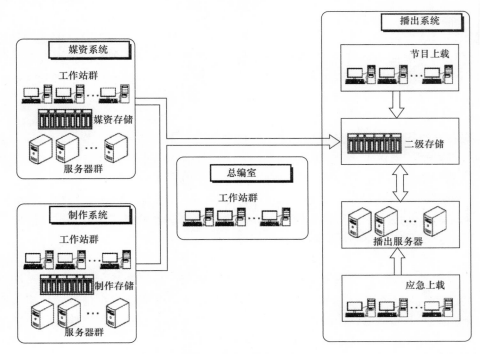

图 6-3 播出信号流程图

1．计划阶段流程

计划阶段的主要流程是完成节目单和广告单的制作和发布。各频道根据节目播出计划、直播通知和修改通知制作节目单。广告部制作广告单。然后节目单和广告单在各频道进行合并，形成频道的播出串联单，经频道审核后发送给总编室审核。审核通过后，由总编室发送给播出系统。播出计划阶段业务流程如图 6-4 所示。

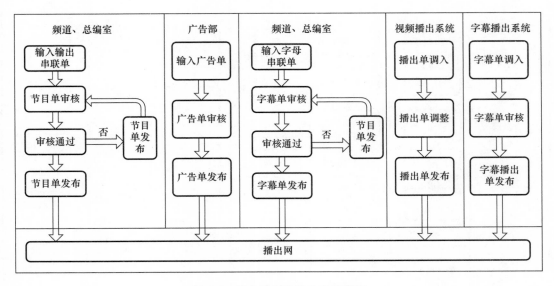

图 6-4 播出计划阶段业务流程图

2. 备播阶段业务流程

播出备播阶段是整个播出业务的关键阶段，是节目播出内容的主要来源，也是保证后续阶段播出安全的关键环节。备播阶段业务流程如图 6-5 所示。各电视中心自身条件和管理要求不相同，因此备播策略也不尽相同。基于节目文件的备播系统一般有媒资备播、二级缓存备播和视频服务器备播等 3 个阶段。

（1）媒资备播

媒资备播流程是各制作系统按照播出节目向媒资备播库提交成品节目的过程。成品节目作为备播素材，通过主干交换平台从制作系统向媒资系统的备播库迁移。媒资备播系统通过节目单判断各系统上传的节目是否符合条件，不符合则不予接收。

制作码率的首播节目在制作系统或媒资系统内完成播出格式转码和技术审查等工作。重播节目在媒资备播库中可以重复使用，无需重新提交。如果该节目需要重新制作，则制作完成后由制作系统提交备播。媒资备播流程一般发生在开播前 10d 至开播前 2h。

（2）二级缓存备播

二级缓存备播是指媒资备播系统将接收的播出素材，在校验通过后，迁移至播出系统二级存储。播出系统按照播出节目单从媒资系统备播库迁移到播出存储系统，实现了节目文件从播出外系统到播出系统内部的迁移。磁带、光盘等其他介质则直接上载至播出二级缓存。该流程一般发生在开播前 10d 至开播前 2h。

（3）视频服务器备播

视频服务器备播是播出系统对视频服务器内节目的整备过程。该阶段在二级存储体中技审合格的播出素材，根据备播策略迁移至播出视频服务器。上传至播出服务器后，进行头尾检测。该流程一般发生在开播前 3d 起至开播前 2h，播后节目一般在视频服务器内保存 2~3d。

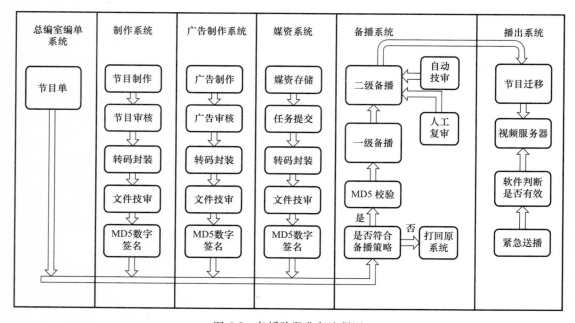

图 6-5　备播阶段业务流程图

208

3．播出阶段业务流程

在播出阶段，由播出系统按照节目播出单完成节目播出。该部分工作主要通过播出控制工作站控制节目播出设备进行正常播出，并对紧急和应急情况进行处理。在播出的过程中，实时检测待播节目是否准备就绪，包括播出节目是否存在以及播出节目是否成功加载并准备就绪。在播出阶段若对播出节目单修改，先由节目单编辑工作站完成修改，再发送到播出控制软件。

4．播后阶段业务流程

播后阶段业务主要是节目播出结束后的处理工作。在此阶段要对播后数据进行处理，包括：播出系统将节目文件进行归档，将视频服务器中已经正常播出的素材按照既定的策略进行保存和删除，以及已播节目单信息的保存和发布。

6.1.3.3　应急播出流程

基于文件的节目播出，要求确保节目文件从制作系统经节目备播系统传输到播出系统的过程中，各环节均具高度可靠性。并且要求播出系统本身也稳定可靠，具备一定的应急播出手段。一旦关键节点或播出系统内部出现故障，则需要采取预定的应急措施进行相应处理，以确保安全播出。电视节目的应急播出分为应急播出上载和应急播出切换。

1．应急播出上载

在节目备播阶段，媒资备播系统需要按照播出节目单进行节目文件备播。备播的节目文件来自制作系统成品节目的入库以及外来节目在媒资系统的上载入库。由于节目传输各环节及播出转码需要一定的时间，为确保节目备播安全，需要对节目入库设置一定的关门时间。当待播节目错过入库关门时间后，需要进行介质紧急播出。由节目部门指定的专门人员将存有成品节目文件的介质直接送到播出区进行紧急播出，通过紧急播出介质录像机进行紧急播出。根据播出的安全时间线，分为播出应急上载、播出本地紧急上载、边载边播、录像机直接播出等不同等级的应急手段。

2．应急播出切换

总控播送系统中为实现应急播出切换，在系统设计时应采用相应的应急备份策略，通常包括播出信号级备份、播出设备级备份以及播出系统级备份。

信号级备份是指所有关键信号路由都应是主备设置。当总控播送系统中任何单路信号异常时，按照信号出现异常的节点，通过总控矩阵、播出切换台以及播出系统末端的二选一倒换开关将主路播出信号切换到备路，然后进行故障处置，排除通道中的设备故障，这种处理可以保证不影响节目的正常播出。如果是主备信号源内容均有异常，则由播出切换台或切换开关切换到垫片信号，这种切换会导致节目正常播出的中断。

播出设备级备份是指对矩阵、切换台及倒换开关等关键设备进行主备配置，避免单一设备故障导致系统溃点。播出系统级备份是指对每个频道的播出系统都配置主备两套完整的节目播出系统，其中一个系统无论发生任何故障都不会影响备路系统的正常播出。

6.2　总控播送技术用房及专业要求

总控播送系统的各类技术用房是保障电视安全播出和全台正常运行的关键。机房的设置和建设应与其系统功能需求相适应，在进行总控播送系统技术用房的规划时，应尽可能做到布局合理、功能完善，同时适应未来业务发展的需求。随着技术的发展，总控播送系统的规模和复杂度都在不断上升，不仅传统视音频设备数量巨大，系统内 IT 设备数量也越来越多，设备对机房环境的要求越来越高。传统播出机房的设置大多为人机混合，导致出现布线繁杂、业务流程规划混乱，工艺设备对机房环境条要求长期得不到满足。为保障设备安全稳定运行，设备间和控制间应分离设计。控制机房也应按照功能分区进行合理划分。

本节内容将详细介绍不同类型的总控播送技术用房及其信号关系，并提出技术用房对各专业的要求。

6.2.1　总控播送配套技术用房

总控播送配套技术用房以保证播出安全、系统稳定运行并考虑未来发展规划的原则，根据播出业务流程和信号流程进行相应的规划设置。参考目前电视中心总控播送机房的一般设置，将机房类型分为控制机房、设备机房和其他辅助用房 3 类。总控播送系统配套技术用房设置参考表 6-1。

总控播送系统房间表 表 6-1

房间名称	机房类型	所属系统
总控制机房	控制机房	总控系统
播出控制机房	控制机房	播出系统
上载机房	控制机房	播出系统
总控播出设备机房	设备机房	总控系统
节目传输机房	设备机房	传输系统
电缆终端室	设备机房	传输系统
播出发展用房	辅助用房	
设备维修用房	辅助用房	
值班室	辅助用房	

6.2.1.1　控制机房

总控播送系统控制类机房用于其各子系统的控制和监看。机房设置可以大开间形式将设备集中放置，进行统一管理、统一控制、统一监看；也可按照系统功能对工艺用房进行合理的划分，进行分布式设置。按照电视中心的一般配置，将机房划分如下。

1．总控制机房

总控制机房是全台信号调度的核心，主要用于总控系统的控制和监看。总控制机房地面为架空防静电地板，与设备机房之间留有布线通道。为保证屋内与过道高度齐平，房间须结构降板处理。机房内的设备以控制桌、操作台及监视器架为主。主要设备包括矩阵控制工作站、矩阵控制面板、监控工作站、画面处理器、监视器、监听仪以及监听音箱等。

2．播出机房

播出机房担负各频道电视节目的播出控制、技术审查和信号监看。地面为架空防静电地板，与播出设备机房之间留有布线通道。机房内主要放置与节目播出相关的控制桌、操作台及监视器架等设备。主要设备包括播出切换台控制面板、各类工作站和监视器。

　　3．播出上载机房

　　根据节目备播策略和需要，设置相应功能的播出上载机房。该机房用于播出节目的上载、审看和控制。主要设备包括播出上载工作站、录像机和播出审看工作站等设备。地面应为架空防静电地板，与播出设备机房之间留有布线通道。

6.2.1.2　设备机房

　　总控播送设备设备机房主要用于设备立柜的放置，设备立柜中主要摆放设备主机和服务器等设备。根据实际情况和使用习惯，设备机房可以大开间形式将设备集中放置，也可按照系统功能进行分布式设置。按照系统功能将机房划分为以下类型。

　　1．总控播出设备机房

　　总控设备机房用于放置总控系统和播出系统中可以进行机架布置的设备。该机房主要放置总控播出系统的服务器设备和网络设备。设备类型既有传统视音频设备又有播出网络系统的 IT 设备。IT 设备与传统设备相比，机柜密度高，用电量和散热量更大。机房地面为架空防静电地板，与核心网络机房、各演播室及传输机房之间留有布线通道。

　　2．节目传输系统机房

　　节目传输系统机房按照功能需求结合实际进行机房设计，可设置卫星传输机房、微波机房和光缆终端室，用来放置相应系统的设备立柜。卫星传输机房用来放置卫星接收设备，微波机房用来放置微波传输设备，这些机房条件要求基本相同，也可与总控设备机房共用。光缆终端室一般设置在地下一层，用来放置光缆传输设备。为了检修和穿线的便利，应在紧靠终端室的楼外位置设置人井。

6.2.1.3　播出辅助用房

　　除了以上介绍的房间外，根据需要还应配置一些播出辅助用房，包括：播出设备库、播出维修室和播出发展用房。由于播出系统对安全要求高的特殊性，要求设备在发生故障时，能及时得到维修和更换，因此需要设置播出设备库用于存放备用设备，设置播出维修室作为设备维修和调试的空间。而随着电视媒体的发展，电视中心往往会不断地增加播出频道，因此还需设置播出发展用房，以满足未来节目播出频道对机房的需求。

6.2.1.4　主要机房间信号关系

　　1．节目流信号（SDI、ASI）

　　节目流信号以总控设备机房为核心，将来自演播室、转播车、传输机房、新闻中心的节目流信号进行汇聚、交换。信号流程如图 6-6 所示。

　　2．网络节目文件（FC、IP）

　　播出网络系统设备主要放置在总控播出服务器机房。其备播节目文件和元数据文件通过网络交换平台，与媒资系统相互联系。网络交换平台系统设备一般也放置在媒资机房内，为播出网络等子网提供汇聚交换。文件流程如图 6-7 所示

　　3．离线介质（磁带、光盘）

　　在播出机房、媒资机房和演播室等机房之间会有离线介质交换，机房之间应规划好离线介质运输通道。信号流程如图 6-8 所示。

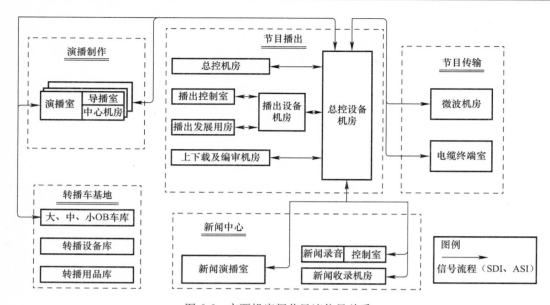

图 6-6　主要机房间节目流信号关系

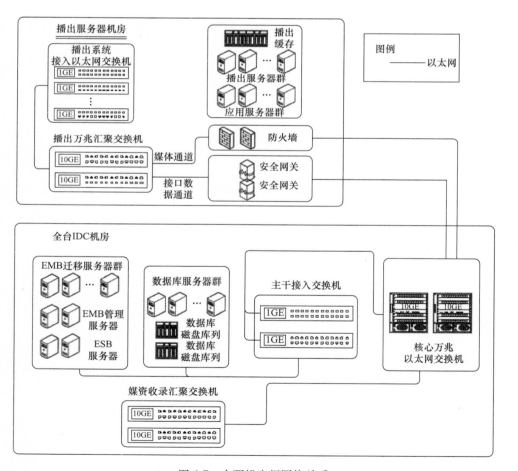

图 6-7　主要机房间网络关系

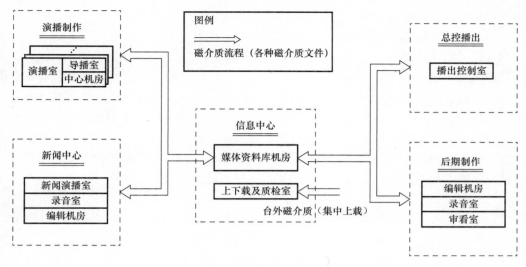

图 6-8　离线介质关系

6.2.2　对建筑结构专业的要求

技术用房的合理设置，能使工艺设施在适宜的环境中长期稳定地运行，保证人、机状态均佳。因此需设计中应给予充分重视，针对建筑结构专业，主要从以下几个方面提出设计要求。

6.2.2.1　平面布局总体要求

平面总体布局要按工艺功能分区细致地策划各种工艺用房的群体组合，落实好"适用"性问题。各系统控制机房尽量减少"黑"房间，令工艺房间多数能开外窗，能够有自然采光。设备机房尽量远离光源，热源，以便达到恒温恒湿的环境条件。同时也要注意远离噪声、振动和潮湿等环境，同时避免与电梯井、强电电缆竖井、UPS 机房、厕所等房间直接相邻。

此外，有关联的工艺房间之间的"相邻"和"相望"要妥善安排，方便控制机房进行业务流程的规划以及设备机房之间的信号路由敷设。工艺用房的标高应合理设置，位于同一楼层的工艺房间应位于同一标高，过道应整齐平直无斜坡无台阶。核定好人流和物流路线，尽量减少并简化交叉。随着技术发展和台内业务扩充，建筑平面的调整及结构框架设计宜便于重新组合用房，以适应技术改造之需。

6.2.2.2　控制机房要求

播出控制类机房以操作台、控制台等设备为主，人机共存，有少量的设备立柜。相对于其他工艺用房，对荷载的要求一般，建议设计为 $5kN/m^2$。总控播送系统各类机房均有大量传统 AV 线缆和专网的 IT 线缆，为方便地板下走线，地面使用防静电、绝缘活动地板或网络地板。因此机房均需要结构降板。机房净高要求不小于 3m。基本要求如下：

（1）播送控制类机房房间体型应匀称整齐，面积应保证室内宽敞。

（2）控制人员的视野要足够宽，视距近不遮挡操作人员到监视器墙的视线并有足够的活动空间。

（3）各种走道及设备间隔距要够宽，并不低于行业常规。

（4）较大的房间要有音质处理，使室内可以正常地监听节目音质。

（5）有监视器的房间要避免灯光直射屏幕，要考虑灯光与屏幕色温之匹配问题。

6.2.2.3　设备机房要求

设备机房主要放置 AV 设备和 IT 设备，房间内有大量的设备立柜，对荷载有一定的要求，建议设计为 8kN/m²。机房净高要求不小于 3m。机房有大量传统 AV 线缆和专网的 IT 线缆，为方便地板下走线，地面使用防静电、绝缘活动地板或网络地板。为保证楼道与房间在统一水平面，需要结构进行降板。机房体型应匀称整齐，方便设备机柜的摆放，设备机柜规格统一，留出扩展余量。机房应具备完善的防静电和防水措施。机房基本要求如下：

（1）工艺房间内的设备布置视房间的用途、室内活动的性质及室内设备的设置要求而各异。

（2）室内宽敞，房间体型匀称整齐，一般机房净高宜为 3m 以上，机房进深不小于 6m。

（3）室内工艺设备布置要整齐美观，高的机柜勿太靠门也勿挡窗。

（4）工艺设备都应固定，以免轻易地发生位移，防止倾倒变形损坏。

（5）机房内采用防静电活动地板，便于电缆敷设。

（6）电缆要求不受电磁干扰、能防火、不受潮。

（7）工艺管线安装时要保证工艺线缆桥架与强电线缆桥架的水平安全距离，避免电视信号受到杂波干扰。

6.2.3　对设备和电气专业的要求

对于设备和电气专业，总控播送系统的机房设计应主要参照以下标准，除此之外各设备专业的设计还应符合本专业内的各项标准规范：

（1）《广播电视安全播出管理规定》（总局 62 号令）。

（2）《广播电视相关信息系统安全等级保护基本要求》（GD/J 038—2011）。

（3）《电子信息系统机房设计规范》（GB 50174—2008）。

（4）《计算机场地技术条件》（GB 2887—89）所规定的 A 级标准。

6.2.3.1　建筑消防

机房消防设施的配置应符合《广播电视建筑设计防火规范》（GY 5067）、《高层民用建筑设计防火规范》（GB 50045）和《建筑设计防火规范》（GB 50016）的有关规定。机房内设置有火灾自动报警系统，可及时通知机房内的工作人员疏散，消防方式主要采用预作用、湿式喷洒、气体灭火等方式。综合考虑，按以下方式进行设计：

（1）建议纯设备机房类房间采用气体灭火方式；

（2）控制类机房视情况采用气体灭火方式或预作用方式；

（3）其他无重要设备的辅助用房采用喷淋方式。

6.2.3.2　建筑照明

各机房建筑照明可参照现行国家标准《建筑照明设计标准》及《电子信息系统机房设计规范》（GB 50174—2008）。

由于人的眼睛对亮度差别较大的环境有一个适应期，因此相邻的不同环境照度差别不宜太大。非工作区域内的一般照明照度值不宜低于工作区域内一般照明照度值的 1/3。控制机房有视觉显示终端，人的眼睛对照明均匀度要求更高，应保证在正常工作时，人的眼睛不容易疲劳。另外对于控制机房的操作台要求具有局部照明。照度标准值的参考平面为 0.75m 水平面，机房照明一般要求：

（1）纯机房 0.75m 水平面照度 250lx。

（2）控制机房 0.75m 水平面照度 300lx。

6.2.3.3　采暖空调

各机房的温度、湿度、防尘等与空调专业相关要求，应符合《电子信息系统机房设计规范》（GB 50174—2008）。

在设备机房中，设备布置相对集中，应设计为无人工作的纯机房。空调系统应通过管道通风冷却，采用下送风和上回风方式，设备机柜宜采用密闭式，保证空调通风制冷效果。

控制类机房内空调出风口应安排在监视墙上方，回风口安排在控制台上方，避免冷风直对操作台，且室内需安装风量调节开关。

机房内空气中的灰尘粒子有可能导致电子信息设备内部发生短路等故障，应有有效的防尘措施。参考相关标准建议房间的洁净度达到以下标准：静态条件下测试，空气中大于或等于 0.5μm 的尘粒数少于 1.8 万粒 /L。此外还应注重新风放送、置换功能。

各类机房要有可控温度和湿度等功能，温度、湿度详细要求如下：

（1）控制机房

机房温度要兼顾设备安全稳定运行，及机房内工作人员的舒适。建议室内温度范围为 18～26℃；相对湿度：35%～60%，空调要求连续工作每天 24h 运行。

（2）设备机房

温度要保证设备安全稳定运行。建议室内温度范围为 22～24℃；相对湿度：40%～55%；空调要求连续工作每天 24h 运行。

6.2.3.4　建筑电气

1．工艺配电系统

工艺供电系统主要是指为电视工艺服务的设备、音视频设备、网络计算机设备供电的系统。为了避免其他负荷对其电源的干扰，工艺供电系统宜设置专用的变压器提供干净的市电电源；工艺负荷可与对电源污染相对较小的其他负荷共用变压器，获得相对干净的市电电源，但不应与连接有可控硅调光器的演播室灯光负荷共用变压器。

所有工艺设备的供电由供电专业统一考虑，单独提供，区别于动力和照明用电。总控、播出机房及网络服务器机房等安全等级要求高的房间需要有两路供电。此外，机房内需预留工艺专用电源插座箱，用于设备调试、检修。总控播送系统所有机房的供电，要求每天 24h 不得出现断电情况。

2．供电等级

工艺供电系统按要求从高到低分为以下 4 级：

（1）A：双路 UPS；

（2）B：一路 UPS、一路普通工艺电；

（3）C：一路 UPS；

（4）D：一路普通工艺电。

总控播送系统是电视中心正常运行的核心系统，所有机房均需要 A 级配电，即双路 UPS 供电。UPS 在断电情况下持续时间至少应满足《广播电视安全播出管理规定》中所对电视中心相应保护级别的要求。

3．工艺接地系统

每层工艺竖井中设置接地端子板，并与工艺接地主干线连接。端子板通过地电位均衡器与防雷接地线相连，实现安全防雷效果。各总控播送系统的工艺房间需配接地设备，使房间内所有工艺设备安全良好接地，要求电视工艺系统投入使用后所有工艺设备对地电阻满足设计要求。各总控播送系统的工艺房间内接地电阻要求接地电阻要求小于等于 1Ω。

6.3 总控播送工艺系统设计

在总控播送系统的建设中，工艺系统应具有前瞻性、灵活性、开放性，一方面系统需要能够适应和满足事业的发展、节目制作量的增加以及制作和管理形态的变化，另一方面系统需要具备开放的扩展能力，以适应功能需求的新变化。因此，如何设计一个满足各种要求及发展变化的工艺系统，是本节的主要着眼点。在下面的介绍中将具体介绍总控系统、播出系统、节目传输系统以及时钟同步通话系统等工艺系统的设计。

6.3.1 总控系统

总控系统主要由矩阵切换、信号处理和信号监控几个部分组成。对于高标清同播的总控播送系统，还要在总控系统中考虑节目信号的上下变换。为实现幅型变化不受限制，满足幅型的帧精度变换，需要在总控播出系统中建立统一的 AFD 信息控制。

一个基本的总控系统如图 6-9 所示。

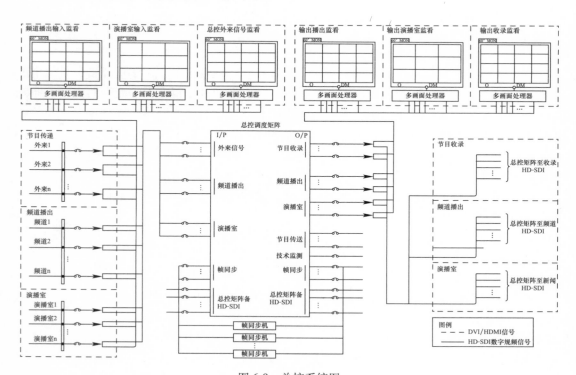

图 6-9 总控系统图

　　总控矩阵作为全台信号切换的核心，应主备配置，由于篇幅所限图 6-9 未进行表示。此外，当电视中心内演播室规模较大时，为方便演播室调度，可在总控系统间配置分控矩阵，以减轻总控核心矩阵的切换负担。

6.3.1.1　总控矩阵切换

　　数字化、多格式的全台总控系统是一个电视台信号处理的核心，是全台内各个技术系统和台外之间信号传输交换的枢纽，承担着全台视、音频信号调度、处理和监控的重要功能。总控矩阵切换系统可以实现所有演播室信号、频道播出信号以及卫星、微波、光纤等外来信号的集中调度和管理。

　　总控系统的信号流程主要由演播室信号调度、播出信号调度和外源信号调度几部分组成。

　　1．演播室信号调度

　　（1）演播室信号返送

　　矩阵切换系统与演播室系统、新闻系统及其他录制系统视距离远近采用光缆或同轴电缆的方式传输，互相之间能方便地传输加嵌 HD/SD SDI 信号。将输入总控系统的演播室系统、新闻系统和其他录制系统的视音频信号，总控系统根据需要进行调度分配，同时对经过总控的信号进行处理和监控，返送到各个演播室和新闻系统。通过总控矩阵对演播室信号的切换调度，为各演播室提供演播室返送信号和节目外源信号，实现与各演播室之间的信号互联互通，每个演播室不再是一个信息孤岛。

　　（2）演播室信号送播

　　各演播室、新闻以及传输等系统输出的视、音频直播信号，作为信号源输入总控系统，总控系统经过信号处理和监控，调度分配到各个频道的播出系统。通过矩阵切换满足了节目播出信号源多样化的需要，提高了节目播出的灵活度和安全性。同时，通过总控对演播室信号的调度，为多演播室的联动制作和播出提供了技术基础。

　　2．播出信号调度

　　播出系统将各频道的播出信号返送到总控矩阵，由总控矩阵进行统一的调度、处理及分配，可以提高节目播出的灵活性和安全性。

　　播出信号调度包括以下几个方面：

　　（1）送往传输系统

　　实现功能为：将各频道的播出信号通过总控矩阵送往传输系统，通过传输系统把节目播出信号传输至发射台、微波站、有线电视网、光纤网、卫星上行站等外系统处。

　　（2）送往节目监控系统

　　实现功能为：将全天信号送往节目监控系统，进行音视频信号的统一监听监视和技术检测。

　　（3）送往收录采集系统

　　实现功能为：将节目播出信号送往媒资机房的收录采集系统，通过编码压缩，进行存储，作为以后的节目制作素材。若不经过总控调度，也可直接通过在播出系统末端，对节目播出信号进行收录编码，然后将视音频文件通过业务网迁移至媒资系统归档。

　　3．外源信号调度

　　通过总控矩阵的切换，对台内卫星接收、光缆传输等系统接受的外源信号进行统一的调度、处理和监控，通过总控矩阵将外源信号根据需要送往演播室制作系统、节目收录系统以及总控的监控中心等，作为信号源使用。

6.3.1.2 总控信号处理及监控

1. 总控信号处理

对进入总控系统的所有信号，经矩阵切换分别送至总控的信号处理系统，其信号处理包括对信号的帧同步、节目上下变换以及 AFD 信息的插入。总控系统对信号的处理可分为以下几个方面：

（1）信号的同步、延时处理

系统中为了避免节目切换时画面出现闪跳现象，卫星接收、光缆传输、微波传送的信号要经过整形处理、均衡矫正、分配放大等处理；此外，为使其与台内的信号同步，还要对信号进行帧同步的处理。

系统中为了提升播出的安全性，在进行直播时，往往还需要对信号采用延时处理，实现边播边上载。在直播的同时，可以通过矩阵将信号调往服务器进行上载，以便该节目重播时直接调用，省去了通过磁带上载的程序。

（2）统一接口

总控系统的信号来源众多、类型复杂，台内外不同路由接收的视音频信号格式也不能完全统一，因此需要对信号接口进行统一。例如对模拟信号进行 A/D 转换，音频信号延迟的处理以及音频信号的加嵌和解嵌，总控系统中还应包括帧同步器。

（3）公共信号的统一分配

公共信号的统一分配是指由总控系统统一提供垫片、彩条、测试图等公共信号源，通过总控矩阵进行分配调度到各演播室、各频道的播出系统或其他需要信号测试的系统。这种方式不仅实现了统一管理，还可以降低设备数量，以节省成本。

2. 总控监控系统

总控监控系统是指在总控系统设立统一的技监、测试系统，对全台信号进行检测、监看、监听，将资源整合，统一管理。其主要内容包括对各频道主备播出系统进行指标检测，技术监测及主要设备的监测和报警。总控系统的监视可采用液晶监视器和等离子显示屏分屏显示相结合的方法实现。总控系统需要监控的对象包括对矩阵输入输出信号以及网络系统运行。

总控监控系统通过多画面分割器在矩阵输出端实现输入信号源的监测；总控矩阵信号的输入技监采用广播级液晶监视器和多格式波形检测仪，总控矩阵信号的输入技监可同时采用功率放大器加两分频无源近场监听方式。

矩阵输出信号的监视监控主要针对各个频道的 PGM 主备信号，可使用一台多画面分割器监看；对于矩阵信号的输出技监，可采用广播级液晶监视器，并提供经济合理的画面级的技术监测；可采用嵌入音频监听表，实现对输入技监和输出技监中的音频监听。

此外还包括对有线电视信号、标准测试信号、测试图信号和循环垫播信号的监控，这些信号可在信号源端配置分配器直接监测。对延时器的输入输出信号，可分别配置 LCD 液晶监视器进行监看，同时需对其声音进行监听。

系统监视和报警系统是系统安全运行的重要保证，在总控系统内所有设备都应该具备网络接口，支持网络协议，可以实现对系统内的设备进行实时监控和告警的功能。

6.3.1.3　全台 AFD 信息策略

AFD（Active Format Description）系统的主要功能是实现高、标清节目幅型的自动变换，在节目制作过程中嵌入 AFD 信息，视频服务器和上下变换器根据 AFD 信息将节目自动变换成相应的幅型，如图 6-10 所示。其中 AFD 信息的嵌入载体，主要包括基带信号、文件和离线介质。

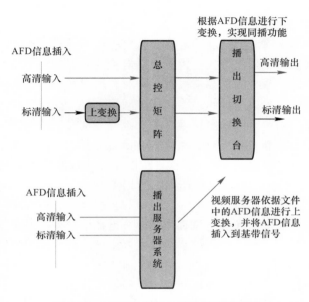

图 6-10　AFD 信息嵌入播出系统流程图

1．基带信号

对于基带信号进行处理的系统包括总控播出系统、演播室系统。在总控系统中，台外信号进入台内调度前，第一个处理环节应当在传输的同时完成信号的 AFD 嵌入。台内产生的信号应进行 AFD 合法性检查。上下变换器或 AFD 嵌入器都具有 AFD 的写入功能，对于基带信号 AFD 信息的嵌入，主要是通过上下变换器或 AFD 嵌入器来完成的。

2．媒体文件

与媒体文件相关的系统包括收录系统、制作系统、演播室系统、频道播出系统和媒资系统。所处理文件的来源包括节目交换、自采、演播室录制和媒资存储的历史资料。总的原则是在节目的首次文件化时完成 AFD 的嵌入，同时保证输出的成品节目具有合法的 AFD 信息。各系统具有嵌入、合法性检查和修正的功能。

3．传统媒体介质

对于传统磁带介质，如果是成品节目直接的信号输出，遵循信号处理原则，在基带信号中嵌入 AFD 信息。它的 AFD 信息来自于与节目相关的元数据，如节目技审单；如果经过文件化处理，在文件化时完成嵌入。

对于基带信号的处理部分，现在各周边产品目前均支持通过 AFD 信息对信号进行上、下变换的处理；对于媒体文件部分，SMPTE2016 对媒体文件也有规范，设备也都支持将文件中的 AFD 信息嵌入到基带信号输出，并且可以直接将标清文件通过服务器上变换为高清使用。

　　在播出系统内，通过 AFD 信息完全可以做到下变换的自动控制，也可以做到幅型转换不受任何限制，甚至于单条节目可以携带多种 AFD 信息突出节目效果。由于 AFD 流程是一个全台化的制作流程，需要进入播出系统备播的节目、素材均带有 AFD 信息，以便指导播出链路中的下变换完成自动的幅型转换。

6.3.2　播出系统

　　播出系统架构应遵循简洁、合理、可靠、稳定等原则进行设计和建设。目前大部分播出系统采用硬盘服务器自动播出方式，为所有播出频道配置一组播出服务器，对播出通道进行分配，作为整个播出系统的主要信号源，同时利用录像机作为应急上载和信号的应急备份。一般把播出系统分为播出控制系统和播出网络系统。播出控制系统主要为传统的视音频设备，包括：播出切换台、播出切换开关、键控、播控工作站、字幕台标机、上载录像机等设备，实现播出控制、播出监控和信号的传输分配等功能。播出网络系统主要为网络 IT 设备，包括：播出服务器、播出缓存、数据库及相应的服务器和工作站。此外在目前高标清同播的趋势下，还应考虑高标清同播的相关设计。

6.3.2.1　播出控制系统

　　播出控制系统是以播出切换台为核心，实现节目播出信号的产生、处理、传输、监听监看等环节相关的设备及系统。播出控制系统主要由播出切换、播出控制及播出监看等设备或子系统组成。播出切换能正确实现播出节目信号源的选切；通过播出控制相关设备，可以实现对播出视、音频信号的处理和调整，以提供节目播出所需的信号，同时适配节目的传输；播出监看可以检查监视信号源、播出末级节目信号是否正常及检查信号处理各环节技术质量情况。播出系统图参见图 6-11。

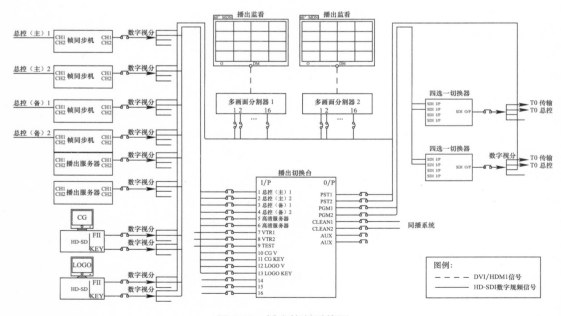

图 6-11　播出控制系统图

1．播出切换

播出切换台可在切换台控制面板上进行直接切换，通过 RS232 或 RS422、以太网或其他控制端口接收自动播出控制系统的控制信号，实现播出节目信号源的正确选切。播出切换台可对播出的视音频信号进行分别处理或调整，提供节目播出信号，以适配传输系统的需要。为保证播出安全，播出切换设备要求主、备设置。在切换设备出现故障时，可通过信号倒换器自动或手动将信号切换到备用通路。

切换台一般包括输入矩阵、视音频处理器、下游键等设备。播出常用的输出母线一般有 PGM 和 PST、PVW、CLEAN、AUX 等辅助母线按需求配置。一般切换台音频采用嵌入方式，支持多个嵌入式数字音频声道的输入与输出。切换台一般要求具有外部输入键信号的下游键和内键，用于叠加台标和字母。

2．播出控制

除切换台外，还应设置播出切换开关、播控工作站、字幕机、台标机以及录像机等信号控制设备实现播出通道的完整性。播出切换开关按输入输出模块应能分别支持嵌入音频 SDI 信号，控制模块应具有多种协议控制接口。播控工作站系统配置、操作系统要求完全相同，每台播出工作站能够控制播出服务器，通过 422 倒换可控制切换台、录像机、键混等设备。字幕机、台标机为播出系统标准配置设备，可生成 FILL 及 KEY 信号，通过视频分配器进入键混器中，实现在播出通道叠加台标、字幕。此外，要求字幕及台标机有完善、开放的控制协议，能锁定标准的 EBU 时钟信号。录像机作为常态下的上载设备及应急情况下的备播设备，为播出系统所必需。

3．播出监控

播出监控系统是播出系统确保安全播出的重要辅助系统。其主要功能是通过对系统各组成部分的设备运行状态、视频通道各节点信号的技术质量进行监测、判断、智能策略分析，从而确定系统整体工作状态正常是否。当出现设备或信号故障时即时报警，可对故障位置、原因快速定位，从而帮助值班人员快速应急、正确处理。系统需生成详细的故障日志信息，帮助相关人员对复杂故障问题进行事后分析、排查，同时播出监控系统应适配全台信号监控系统的要求，提供各种监测结果。

6.3.2.2　播出网络系统

随着电视中心规模的扩大，越来越多的电视中心采用全台网的架构进行网络系统搭建。播出网络系统一般是在全台网络系统下的独立业务子网，通过系统内汇聚层交换机与核心交换机相连，从而与全台网络建立联系。系统内根据播服务器、工作站及存储设备的数量以及应用种类设置子网架构，主要路由按主备方式设置，在保证流量负载均衡的基础上实现路由安全备份。播出网络架构参见图 6-12。

播出网络系统承担播出节目文件的转码、上载、存储、技审、迁移、播出等节目文件备播的相关业务。播出网络系统的设计取决于电视中心的节目播出流程，播出网络的建设除视频服务器外，通常采用集中管理，面向所有频道播出系统的方式。播出网络系统由视频服务器、播出网络平台、网络安全系统和播出存储等子系统组成。

1．视频服务器

播出视频服务器系统接受自动播出控制系统的控制信号准确播放待播节目文件并输出节目信号，是最主要的信号源设备。为保证播出安全，服务器主备应采取热备的方式，每

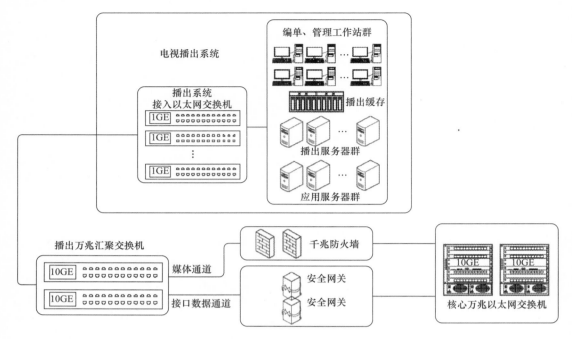

图 6-12　播出网络系统图

台服务器通常以内置存储的单机方式构成，每台单机都应具有工业级服务器平台，内置工业级 CPU 及冗余，具有录像机上载、播出、审看等多个编解码通道。

　　各频道组的播出服务器系统既可以为集群镜像方式，也可以为多通道双机镜像互备方式，仅配置解码通道，按照备播策略设计播出节目文件存储需要。服务器设备应能够开放其文件格式，支持视音频格式符合台内定义、打包内容要求及其规范符合台内要求的 MXF 文件，以保证待播出缓存中存储的节目文件格式与播出视频服务器文件格式一致。同时支持 FTP 等常用传输协议，以保证其与二级存储及服务器之间的互连互通。

　　在目前高标清同播的背景下，视频服务器应考虑到高标清兼容播出的设计。一般采用高清视频服务器以兼容高、标清节目文件的播出，播出标清节目文件时，服务器解码后内部进行上变换以满足高清播出系统的需要。播出服务器应支持 AFD 插入功能，可将 AFD 信息嵌入到输出的 HD/SD-SDI 信号中，并且支持由第三方进行控制。

　　2．播出网络平台

　　总的来说播出网络平台是由服务器群、工作站群以及相应数量的网络交换设备组成。应用工作站通常包括：播控工作站、上载工作站、审片工作站、人工复检工作站，主要功能为方便智能的完成播出、上载、审片等业务。

　　此外还应按需设置迁移转码服务器、技审服务器、数据库服务器等完成文件的上载、交换和管理系统配置迁移服务器，完成各个子系统间的文件迁移和从外部业务系统到播出系统的文件迁移。电视播出系统内配备主备域控制器实现系统级网络管理，同时配置网络管理服务器，通过播出网络专业管理软件实现业务层面的管理。

　　3．网络安全系统

　　网络安全系统的设计应按照《广播电视相关信息系统安全等级保护定级指南》

（GD/J 037—2011）和《广播电视相关信息系统安全等级保护基本要求》（GD/J 038—2011）的规定执行，与电视中心其他业务系统进行文件信息交换时，需要采取相应的安全措施。为实现播出网内安全管理，需配备安全审计服务器、防病毒服务器等安全保护设备，同时还应封闭 USB 端口、串口、并口等所有外部接口，拆除软驱、光驱等外接设备。播出控制工作站、播出服务器及其他重要设备需按照主、备设置，其网络信号及控制信号也应采用主备双路由，保证主备设备能实现无缝切换。

根据《广播电视相关信息系统安全等级保护基本要求》，播出网络系统比其他网络系统安全保护级别更高，在与其他子网或外部网络交换信息时，保证其边界安全。目前边界安全常用手段包括设置防火墙、安全网关和网闸。

4．播出存储

播出存储包括在线存储、近线存储、离线存储及数据库存储等方式。在线存储作为本地播出缓存，一般通过设置硬盘阵列存储方式实现。根据播出文件迁移策略，从媒资待播库将待播成品提前迁移到播出本地播出缓存中，播后节目在播出缓存中按备播策略删除。

播出近线存储系统用于存储播后节目文件，以满足节目重播需要，降低重播节目文件从媒资备播系统到播出系统的迁移转码资源占用率。近线存储一般通过数据流磁带库方式来实现，存储量根据各台实际情况确定，通常为 3 到 5 倍的在线服务器存储量。近线存储的空间也是有限的，台内按照预先规划的存储策略，按时将近线存储的磁带进行归档，这些磁带即是所谓的离线存储。

为管理播出系统所有节目文件，应配置数据库服务器及数据库存储，所有节目文件的元数据应保存在数据库服务器内。数据库系统是整个播出系统的信息库，其安全性至关重要。根据《广播电视相关信息系统安全等级保护基本要求》要求，至少应设置主备两台数据库服务器，当其中一台服务器瘫痪时另外一台服务器自动接管独立运行。另外根据《广播电视安全播出管理规定》省级以上系统还应外挂数据库硬盘阵列。

6.3.2.3　高标清同播系统

高标清同播是指一套节目，同时以标清和高清两种格式播出。目前国内应用比较普遍的有两种同播方式：输出分离式和并播方式。

1．输出分离式高标清同播系统

输出分离式是指高清单通道播出，标清信号通过输出端下变换得到，见图 6-13。此种方式可以理解为"一种平台，两种格式"。输出分离式要求信号源无论是直播信号还是备

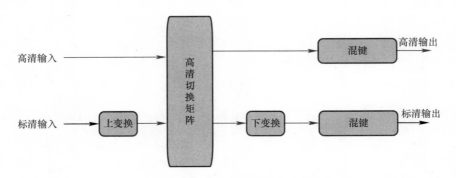

图 6-13　输出分离式高标清同播系统

播信号都是统一的高清制作或是已经进行过上变换的标清节目，频道的播出切换台必须为高清，同时对进入切换台的信号源监控设备也都应支持高清信号的检测和监控。

从切换台输出的播出信号应为相同的两路，一路进入高清播出通道，进行高清台标和字幕的叠加，一路进入标清通道，进行标清台标和字幕的叠加。备路矩阵和主路矩阵设置相同，也是分别输出高清信号和标清信号。最终高清和标清的主备两路经二选一切换开关进入末级分配。如图四所示。若播出切换设备为切换台，那么从切换台输出的标清播出通道，应为不含台标和字母的 clean 通道，经下变换后，单独叠加标清台标和字母。

采用这种方式搭建同播系统，设备的投入和工作人员需求量较少。但是技术难点在于如何安全可靠地实现下变换的正确幅型选择。

2．并播方式

对于并播方式的系统，就是在原系统上，重新建立一套相同的系统。在制作时，将所有要播出的节目都以高清和标清两种方式制作，分别传送给高清频道和标清频道进行播出；直播信号可同过上、下变换的方式，做到高、标清同步播出，如图 6-14 所示。

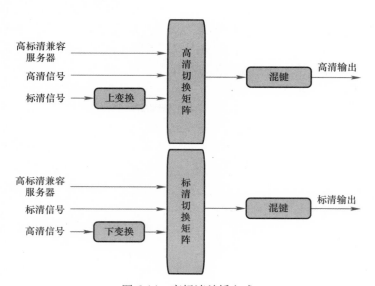

图 6-14　高标清并播方式

采用此种方式的优点是：同播改造对现有的标清频道没有影响，另外系统结构成熟可靠，高、标清独立链路实现简单。对于一向把安全放在首位的播出系统来说，此种播出方式是相对稳妥的办法。但是，此种同播构成方式对设备、空间和人员均是双倍的投入，系统的建设及维护成本相对来说非常高。另外这种高标清独立的播出通道需要节目制作部门同时提供高清和标清版本的节目源，这样对于节目制作部门的要求也是非常苛刻的。

6.3.3　节目传输系统

节目传输系统是基于数字化的传输手段，可全面提高用户接收端的质量，充分体现电视作为高科技产物的技术优势。节目传输系统将接收到的外来电视节目信号，用做编播素材或直接送到播出和演播室等系统参与节目直播。同时节目传输系统把播出的电视节目发送到各个不同播送通道前端，再通过有线电视网络、卫星发射、无线发射等送至千家万户。另外节目传输系统还参与台内外的节目交换、互动直播，是电视中心对内、对外的重要"出入口"。节目传输的系统设计追求清晰简捷、功能多样、技术先进且安全可靠性，尽量减少中间环节以规避风险。电视中心的节目传输包括以下子系统：卫星接收系统、光传输系统、微波传输系统、编码复用系统和节目监测系统。

6.3.3.1　卫星接收系统

卫星接收系统用于接收卫星节目源，包括央视节目、各省卫视、付费平台等节目源，接收的节目源既可以作为电视中心的素材，也可以作为内部有线电视分配网的信源。卫星的工作波段一般有 C 波段（4/6GHz）和 Ku 波段（12/14GHz）。与卫星 C 波段相比较，Ku 波段的优点是卫星转发器功率大，卫星信号较强。由于 Ku 波段下行频率高，则地面接收天线的 Ku 波段增益也高，因此其地面接收天线的波束也较窄，Ku 波段信号的接收不易受地面微波干扰的影响。但由于 Ku 波段的波长与雨滴的尺寸接近，Ku 波段电波受雨、雪、雾、霜的影响较大。

卫星接收子系统室外设备包括：卫星接收天线、高频头（LNB）；室内设备包括：卫星接收机（IRD）、L 波段切换矩阵或 L 波段切换开关、L 波段功分器等设备。如果卫星天线距离机房比较远还需要 L 波段光传输设备。由卫星天线接收的 C 波段或 Ku 波段的卫星信号，经 LNB 下变频为 L 波段信号，通过射频电缆送至 IRD，输出的信号格式为有 A/V、SDI、AES/EBU 以及 ASI。模拟 A/V 用于监测信源；SDI 送总控系统的总控矩阵；ASI 信号送有线电视前端系统。L 波段切换矩阵用于调度来自不同卫星接收天线的 L 波段信号，适用于信源较多，或需要备用天线的场合。L 波段切换矩阵具备容错功能，提供冗余的 RF 信号路径，保证信号顺畅。设备具体数量由电视中心所需要接收的节目数量决定。

卫星接收天线、高频头技术要求参照《GY/T 147—2000 卫星数字电视接收站通用技术要求》；IRD 技术要求参照《GY/T 148—2000 卫星数字电视接收机技术要求》。

6.3.3.2　光传输系统

光传输是电视中心对外节目传输中最常用的传输方式。所有从播出机房来的电视节目信号进入电视信号编码复用系统，把多套电视节目信号压缩打包、调制后再进入光端机，转变为光信号从光端机输出。输出的光信号通过光纤进入光缆配线架（ODF），再通过与 ODF 连接的光缆把电视节目的光信号发送出去，送往发射台、有线电视网和卫星地球站播出。光传输系统一般要求光收发器提供的链路冗余，以及光链路对应的输入、输出电平的监控。

光传输系统可选择同步数字系列（SDH）、波分复用（WDM）、网络协议（IP）等传输制式，可传输 SDI、ASI、RF 等多种信号。

6.3.3.3　微波传输系统

目前电视节目传输手段以光缆传输为主，只用当电视中心采用光传输方式困难时，可采用数字微波传送方式，或者将微波作为一种备用传输手段。微波传输在信号传输的安全性、可靠性、抵御自然危害等方面仍具有较大优势。

6.3.3.4　编码复用系统和监测系统

编码复用系统是播出末端的信号处理部分，主要是对卫星传输、电视网络中心和微波传输发射台站提供标清节目和高清节目压缩复用的信号，信号流程参见图 6-15。

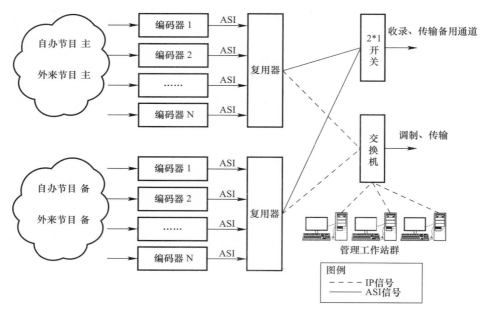

图 6-15　编码复用系统图

监测系统用于监测卫星接收系统、微波传输系统和光传输系统的输入、输出，条件允许时增加监测重要的中间环节。监测系统有必要监测所有系统的输入和输出，以及至少一个中间环节。一般由切换矩阵来调度各子系统输入到监测系统的信号。切换矩阵的规模由卫星接收子系统、实况转播子系统、节目发送子系统的节目数量和需求决定。一般要求要求设备的输入输出支持 SDI、ASI、AES/EBU 等信号，此外还应具有多种控制接口、电源冗余备份并能提供监控报警功能。

信号和画面的监视主要利用多画面分割器。多画面分割器将多路视频信号按特定显示要求重组后，通过 VGA 或 DVI 接口把重组后的视频信号显示在大屏上。可以选择画面任意组合，显示画面可以按照比例，自定义大小。检测内容包括以下方面：

（1）监测 SDI 信号的眼图，包括幅度、直流偏置、上升 / 下降时间、过冲、抖动等参数；

（2）带宽监测、TR 101 290 监测、PCR 监测、包间隔抖动监测、PID 的列表显示、码流的详细分析、码流比对、监测配置文件的管理等。

（3）码流 ES 层内容的监测，要求具备对静帧、黑场、静音、单音等指标监测。监测图像质量的变化，可根据需求对数据提取，外置模版监测比对，可以在码流层面直接监测信源的静帧、黑场、静音、单音。

6.3.4　时钟同步通话系统

6.3.4.1　全台同步系统

在电视中心工艺系统中，数字系统的稳定安全运行，对外源信号和本地信号进行实时切换、信号处理，都需要有精确、稳定的同步信号。为确保各系统信号切换的平稳性及数字系统运行的高度稳定性，需要建立安全稳定可靠的全台同步系统。由全台同步系统向全台提供统一的同步基准信号，以保证各演播室系统、播出系统、总控系统、传输系统等信号切换同步。

1．系统结构

全台同步系统一般采用主从同步两级架构，同步系统设立在总控机房，由主备同步发生器产生同步信号。全台同步系统主要采用模拟 BB 作为同步信号源，如果子系统中个别设备需要模拟 BB 以外的同步信号，如数字 BB、三电平、数字音频等，则在各自系统上配置生成。全台同步系统把来自总控的基准同步信号，通过同步信号分配器传送到各演播室群、播出等系统的同步机，通过调整同步设备的输出相位，使台内各系统与总控系统同步锁相，实现全台信号的同步。模拟 BB 同步信号的传输全部使用标准模拟视频线缆，由模拟视分进行分配。

为保证同步系统的安全，全台同步系统设备和链路采用主备方式。同步发生器及各子系统的同步机采取主备配置，主备同步发生器产生的同步信号统过二选一设备进行自动倒换。各子系统同步信号从主同步机无源环出，再去锁备路同步机，保证主备同步机同相位。也可以采用全台的主备同步机同步输出先进入视分，再把主备路信号同时送到子系统，锁定子同步机。

2．帧同步

传输分控有大量的外来信号，可将帧同步设备布置在总控矩阵前端，将所有从传输分控来的信号进行帧同步。外来信号除在传输、收录外，主要用于送不同的演播室直播或直接送播出频道直播，为满足这些同步差异较大的应用需求，可以在总控同步设备产生同步信号，使用专用的矩阵对其进行切换，锁定帧同步设备，提供不同相位的外来信号供演播室或播出使用。总控、分控和演播室建议设置帧同步设备环通方式，即从矩阵输出送到帧同步设备，再送回矩阵，灵活实现帧同步功能。

6.3.4.2　全台时钟系统

全台时钟系统是一个大型通信计时系统，随着网络化数字化的进展和自动化播出系统在广播电视中的应用越来越广泛，时钟系统的重要性也越来越突出。时钟系统对保证广电系统运行计时准确、提高运营服务质量起到了至关重要的作用，是保证广电系统安全、稳定、协调和有序运行的重要组成部分。总控向全台提供统一的同步基准信号，以保证各演播室系统、播出系统、总控系统、传输系统等信号切换同步。

时钟系统主要分为卫星接收设备、时钟发生器、时钟倒换、时钟信号分配和子钟显示等部分。全台时钟系统信号源由高稳定度的时钟发生器发生，时钟被卫星接收设备的信号锁定，保证时钟的准确和同步，通过时钟倒换器进行主备自动倒换。时钟发生器输出的各类时钟信号传送到时码分配器分配给需要时钟锁定的设备。为确保安全，卫星接收设备、母钟及分配的信号都要求主备设置。生成的各类时钟信号通过时钟信号分配器，向播出、传输、演播室以及制作等各技术区提供。

1．卫星接收设备

卫星接收设备可以依靠卫星系统来实现授时接收，目前常用系统有美国的全球卫星导航系统（GPS）、俄罗斯的全球导航卫星系统（GLONASS）和中国的北斗卫星导航系统（COMPASS）。母钟可以接受卫星接收设备传来的基准信号进行校时。

2．母钟平台

母钟平台是整个广电中心时钟同步系统的核心部分，因此需对关键部件采取并行无扰、多重冗余工作模式。母钟平台设有下上层网接收单元、北斗接收单元、GPS 接收单元同时接收来自 GPS、北斗卫星或来自上层网的时间码信号，得出准确的时间信息，并转化为母钟系统内部总线的数据格式，通过内部总线将标准时间信息送至母钟系统守时单元及其他接口单元。

3．分配传输

母钟根据需求设置 EBU 接口单元、RS422 或 RS232 接口单元、NTP 接口单元和 SZ 接口单元，输出相应的信号。EBU 时钟信号为子钟提供信号源，并提供给播出控制室、总控控制机房、传输机房、播出总控机房、各类演播室及非编制作机房等进行时钟监看。母钟输出 RS422 或 RS232 信号，在各系统内部转成 NTP（NetworkTimeProtoeol）进行网络授时，或利用母钟提供 NTP 接口输出，以实现对新闻类系统，节目监录系统，播出字幕系统，总控矩阵控制系统，非新闻类收录等系统的网络锁时。SZ 接口单元为广播报时钟等设备提供标准报时信号。

时钟信号是一种脉冲信号，传输可采用模拟音频电缆，传输距离测试表明模拟音频电缆传输时对时钟脉冲的幅度影响不大，所以楼内所有时钟信号都利用模拟音频电缆传输。时钟信号的分配，采用模拟音分，一般板卡都可以分配 8 路，根据需要进行级联、分配。时钟信号为 EBU 码，由模拟音分进行分配。

4．子钟显示

子钟根据主钟时码发生器送出的国际标准 EBU 时间码进行显示。根据不同业务需要，显示终端可具有日期、时间、演出时间、节目长度、倒计时和独立计时器等多种显示方式。

6.3.4.3　全台通话系统

近年来，随着广播电视事业的发展，各类直播节目不断增加，电视中心各系统间以及各工种间的即时联络和命令传达显得尤为重要。通话系统可以提供良好的音频通话质量和灵活的系统配置，可以适应各类节目的制作需求，协调节目制作的各项工作。内通系统主要服务于电视中心的总控播送、媒资系统、演播室系统和节目制作等系统。通过通话矩阵，建立统一的通话分配调度系统，使全台主要机房、演播室、转播车等实现对讲通话、保持通信联络。

中央通话矩阵可以非常方便地实现点对点双向通话、点对多点群组呼叫等功能。支持多种通信方式，并能通过一些接口提供其他辅助功能。可以通过增加矩阵端口，以及连接到矩阵的通话基站数量来进行系统扩展。来自用户的输入信号通过 A/D 转换器被矩阵分配一个时间位置。在模块板上会有诸如导播、摄像、音响、灯光等的时间位置。用户就可以在任意时间位置讲话，通过软件控制，一般可由听者选择，或预先编程来决定哪个信号能够被听到。矩阵并非仅由很多交叉点组成，除此之外它还是一个功能齐全的音频矩阵，所以交叉点电平可以独立调整。

内通系统设备主要包括核心交换设备、通话终端以及系统中所需的转接、中继、适配设备。根据内通终端的数量及分布，设计矩阵数量及规模，并考虑矩阵间的互联、互备、融合方式。有线通话系统的传输方式有二线与四线之分。二线制系统是指在同一线对上双向传送通话信号；四线制系统采用两个线对，每一对线传送一个方向的通话信号。通话系统设计一般应满足以下要求：

（1）可靠性

核心设备（如矩阵）需要有必要的冗余设计，包括 CPU 单元，供电单元或者整机备份，取得可靠性和性价比的最优方案。

（2）先进性

能根据实际需求采用多种接入格式，能实现长距离直接接入，充分、灵活利用现有布线资源，系统可实现便捷调整和扩展。矩阵系统提供 IP、光纤、模拟等互联方式，实现不限通路的矩阵间通信，形成矩阵合并或者互备。

（3）适用性

线内通系统要求必须无缝嵌入到矩阵内，所有的无线通话腰包和矩阵面板间可实现任意点对点通话，并提供便捷的方式监控全局通话状态，并可作即时干预。

（4）易扩展

矩阵可以方便的方式灵活增加接口数量。

6.4　播出安全的保证

"安全播出"在国家新闻出版广电总局发布的《广播电视安全播出管理规定》中有着明确的定义。安全播出指在广播电视节目播出、传输过程中的节目完整、信号安全和技术安全。其中，节目完整是指安全播出责任单位完整并准确地播出、传输预定的广播电视节目；信号安全指承载广播电视节目的电、光信号不间断、高质量；技术安全指广播电视播出、传输、覆盖及相关活动参与人员的人身安全和广播电视设施安全。

目前电视中心节目播出系统所面临的风险主要有：重大设备事故；网络安全漏洞（包括网站主页被篡改，播出服务器被入侵，网站被挂上木马程序）以及计算机病毒等；软件设计缺陷；重大自然灾害以及人为干扰破坏。

为防范节目总控播出系统所面临的这些风险，本节内容将以《广播电视安全播出管理规定》（总局 62 号令）、《广播电视相关信息系统安全等级保护定级指南》（GD/J 037—2011）和《广播电视相关信息系统安全等级保护基本要求》（GD/J 038—2011）等相关规定为根据，结合总控播送系统特点，对总控播送环节的安全保护要求进行梳理。

6.4.1　总控播送系统安全

根据《广播电视安全播出管理规定》要求，按照播出节目的覆盖范围，电视中心安全播出保障等级分为一级、二级、三级，一级为最高保障等级。保障等级越高，对技术系统配置、运行维护、预防突发事件、应急处置等方面的保障要求越高。有条件的电视中心应提升安全播出保障等级，详见表 6-2。

电视中心播出安全级别要求　　　　　　　　　　　　表 6-2

类别	一级保障	二级保障	三级保障
电视中心	省级以上电视台 / 广播电台及其他播出上星节目的电视中心 / 广播中心	副省级城市和省会城市电视台 / 广播电台、节目覆盖全省或跨省、跨地区的非上星付费电视频道 / 广播频率播出机构	地市、县级电视中心 / 广播中心及其他非上星付费电视频道 / 广播频率播出机构
广播中心			

省级以上电视台及其他播出上星节目的电视中心应达到一级保障要求；副省级城市和省会城市电视台、节目覆盖全省或跨省、跨地区的非上星付费电视频道播出机构应达到二级保障要求；地市、县级电视中心及其他非上星付费电视频道播出机构应达到三级保障要求。

总控播送的安系统全保护总体分为播出系统安全、直播和转播系统安全以及总控系统安全三方面。根据保护级别，各级广电中心应遵照执行。

6.4.1.1　播出系统安全要求

播出系统的安全保证包括信号源安全、处理通道安全、播出控制安全、文件备播安全四类。按照《广播电视安全播出管理规定》分级原则，对于播出系统的安全要求如下。

1．信号源安全

（1）硬盘播出系统

三级应配置主备独立的播出视频服务器；二级在三级基础上，播出视频服务器应配置双电源；播出视频服务器的播出存储部分应有存储保护和冗余措施，配置播放机实现应急播出功能；一级在二级基础上，硬盘播出存储应采用分级存储策略。

在分级存储系统中，一般分为在线（On-line）存储、近线（Near-line）存储和离线（Off-line）存储三级存储方式。

（2）磁带播出系统

三级磁带播出系统每频道应至少配置 2 台在线播放机；当播出频道数低于 5 个时，应至少配置 1 台备份播放机，当播出频道大于 5 个时，应增加备机数量；主备信号源应取自播放机的不同输出端口；二级磁带播出系统每频道应至少配置 3 台在线播放机；应配置磁带唯一性识别设备（如条形码识别设备）；一级磁带播出系统每频道应至少配置 4 台在线播放机；应配置磁带唯一性识别设备（如条形码识别设备）。

2．视音频处理通道安全

（1）播出切换台

三级应配置跳线排，并配置具有断电直通功能的专业级播出切换台或播出切换开关、键控器；播出切换开关应能在断电恢复后保持原接通状态；播出切换台和播出切换开关、键控器应具有手动和自动两种控制方式；二级在三级基础上，应配置具有双电源的广播级切换设备；应以键控方式进行台标、时钟和字幕的叠加；主备播出信号应来自于不同的播出切换设备；一级在二级基础上，多频道播出系统宜采用分布式架构，形成总控、分控的播出模式。

（2）辅助播出设备

三级应配置具有台标和字幕叠加功能的设备；配置可靠的时钟和同步信号设备（或由总控提供相应信号源），没有同步设备（信号）的应配置具有内同步功能的切换设备；配置应急垫片信号源和标准的视音频测试信号源；应能对全部源信号和播出信号进行实时监看监听。

二级在三级基础上，应有可靠的高精度同步信号，设备应采用外同步锁相方式，且在播出关键设备上同步信号不应串接；应配置循环播放的垫片；一级在二级基础上，宜配置伴音信号自动响度控制设备。

（3）信号通路要求

二级以上播出系统应设置完整的主备信号通路，主备通路的设备板卡应安装在不同的机箱内。

3．播出控制系统安全

播出控制机应能对视频服务器、播放机、切换台（键控器）和播出矩阵（开关）等设备进行控制，实现自动播出；应配置主备播出控制机和相应的监测切换软件，实现主备播出控制机的自动或手动切换。当一台控制机发生故障时，可切换倒换器，将控制信号源倒换到正常工作的控制机。

4．文件备播安全

媒体交换平台及媒资备播系统故障将导致制作系统正常入库、备播系统间迁移等任务流程无法实现。节目生产管理系统出现故障将导致播出系统、备播系统、制作系统无法访问节目文件信息和播出节目单，同时制作系统和媒资系统无法录入节目文件信息，从而影响制作系统和媒资系统的正常入库流程。保证文件备播系统安全，《广播电视安全播出管理规定》对网络系统有以下要求：

（1）交换机

一级所用的计算机网络应配置双交换机组成双路由，交换机信息流量应均衡。

（2）数据库

二级所用的数据库服务器应采用双机热备方式，并能自动切换；

一级在二级基础上，宜采用独立设备对数据库做定时备份。

（3）播出网络安全

三级应配置软件防火墙和杀毒软件；配置的交换机应有划分虚拟局域网（VLAN）功能；播出网禁止与外网互联；二级在三级基础上，节目制作网与播出网之间的传输链路应采取配置硬件防火墙等安全措施；配置2种以上杀毒软件；一级在二级基础上，节目制作网与播出网之间的传输链路应采取配置网闸或采用平台异构方式、设置高安全区等安全措施；应配置网络管理系统，实现网络和系统提前预警和实时报警，并实时记录网络和系统运行日志。

一级应采用 N+1 或 1+1 方式配置备用播出系统。

有关播出网络安全的详细要求参见 6.4.2 节。

6.4.1.2　直播和转播系统安全要求

为保证直播和转播系统安全运行，主要对以下系统设备提出要求。

1．视频系统

三级应配置专业级视频设备；视频设备应具有锁相功能并处于锁相状态；视频系统输出的主备路信号应来自于不同的播出切换设备；切换台等关键设备宜配置双电源；二级以上在三级的基础上，应配置广播级视频设备；切换台等关键设备应配置双电源。

2．音频系统

三级应配置专业级音频设备；数字音频设备应具有锁相功能并处于锁相状态；音频系统输出的主备两路信号应来自于不同的播出切换设备；主播话筒应直接接入调音台；调音台等关键设备宜配置双电源；二级以上在三级基础上，应配置广播级音频设备；调音台等关键设备应配置双电源。

3．辅助设备

三级应有监看监听系统；演播区、导控区、音控区、总控之间应有通话设备连接各工位；演播区、导控区、音控区应配置与总控同步的时钟显示；应具有同步信号；摄像、放像、放音等信号源设备应有热备份；有群众参与及外来信号的直播节目，应在播出链路中配置延时和切断装置，延时时间应符合国家新闻出版广电总局相关规定；二级在三级基础上，应配置指示（Tally）系统；应具备监看监听监测各级信号的功能；演播区、导控区、音控区、总控之间应具备双工通话能力；应配置倒计时时钟；同步设备（或信号）应有备份；一级在二级基础上，应配置双色 Tally 系统；主备同步设备应能够自动和手动切换，且具备失锁保持功能。

4．传输链路

外来信号宜通过双链路传送至演播室；三级演播室主备播出信号应传输至播出中心；二级以上演播室主备播出信号应双路由传输至播出中心。

5．重大直播活动

对重大直播活动应配置延时设备和切断装置；直播视音频系统设备应与其他（灯光、扩声等）设备用电分开；应配置足够容量的发电车，有条件的场所应配置 UPS；直播视音频设备应配置在线备用设备；应有 2 个不同的路由或手段进行主备路信号回传；应配置播出信号的返送监看；直播现场时钟应与播出中心的时钟保持一致。

6.4.1.3　总控系统安全要求

为保证总控系统安全运行，主要对以下系统设备提出要求。

1．信号调度系统

三级矩阵输入输出应配置跳线排；长距离电缆传输电路应配置线路均衡设备；在停电恢复后矩阵应能够保持停电前的路由状态；二级在三级基础上，主备信号应在矩阵不同的输入、输出板上，并经过不同的交叉点板；主备通路的分配器板卡应安装在不同机箱中，主备机箱应分接不同的电源；大型矩阵应配置备用矩阵控制器或控制板；矩阵应配置双电源；一级在二级基础上，矩阵应采用模块化结构；主要电路板应支持热插拔；宜配置两台矩阵，分别用于主路信号和备路信号的调度。

2．时钟系统

三级应配置可靠的时钟源，全台时钟信号锁定于同一个时钟源；二级在三级基础上，时钟发生器应有自动校时功能；一级在二级的基础上，应配置备用时钟发生器和切换设备；时钟切换设备应具有自动和手动切换功能，并能够断电直通；主备时钟发生器应分接不同的电源。

3．同步系统

三级宜配置同步系统，为全台提供统一的同步基准；二级应配置同步系统，采用复合同步信号的应符合《数字分量演播室同步基准信号》（GY/T 167）的相关要求；一级在二级的基础上，应配置备用同步发生器和切换设备；同步切换设备应具有自动和手动切换功能，能够断电直通；主备同步发生器应分接不同的电源。

信号处理设备应确保音视频同步；在停电恢复后保持停电前的配置状态；宜配置具有双电源、支持热插拔的信号处理设备。

4．节目传输系统

三级配置的传输设备、编码复用设备在断电或者重启后，应保留原有配置信息；二级在三级基础上，应配置主备传输设备和通路，并具备自动或手动切换功能，传输设备应配置双电源；采用编码复用方式传输的，应配置备份编码复用设备；一级在二级基础上，宜配置第二备份传输手段；采用编码复用方式传输的，宜配置系统级的在线备用编码复用设备。

5．通话系统

二级以上总控机房应配置内部通话系统，实现与各机房的迅速联络。

6．通信设施

三级应至少配置一部业务专用外线电话；应配置安全播出预警信息接收终端；二级以上应配置两部具有录音功能的业务专用外线电话；应配置安全播出预警信息接收终端，并配置与安全播出指挥调度机构互联的专用计算机终端和通信设备。

6.4.2 播出信息系统安全

电视中心的播出相关信息系统安全应符合《广播电视相关信息系统安全等级保护基本要求》。为适应各级广电中心的实际情况，《广播电视相关信息系统安全等级保护基本要求》对信息安全保护进行了级别划分，以便各级广电中心制定了切实可行的安全防护方案，同时对广播电视信息系统的基本防护从技术要求、物理要求和管理要求三方面制定了详细的要求。对《广播电视相关信息系统安全等级保护基本要求》的详细介绍及安全保护等级的划分见 8.4 安全规划与设计。

与播出相关的信息系统安全，包括播出系统安全和播出整备系统安全，见表6-3。在《广播电视相关信息系统安全等级保护基本要求》中，播出系统是指：实现节目播出和控制的信息系统；播出整备系统是指：播出进行节目准备和信号调度的信息系统。对于省级电视中心，播出系统和播出整备系统都属于第三级安全保障。本节以省级电视中心为标准，对播出信息系统安全进行梳理，对于更高级别或更低级别的播出信息系统可参照《广播电视相关信息系统安全等级保护基本要求》相关要求进行调整。

播出信息系统安全级别　　　　　　　　　　　　　　　　表 6-3

序号	系统	分类			
		国家级	省级	省会城市、计划单列市	地市及以下
1	播出系统	第四级	第三级	第三级	第三级
2	播出整备系统	第三级	第三级	第二级	第二级

播出信息系统的技术安全，包括对播出网络系统的网络安全、边界安全、终端安全、服务端系统安全、应用安全、数据安全几个方面的安全要求。为保证技术安全，针对以上几点基本保护策略如图 6-16 所示。

为保证网络和边界安全，系统内部考虑划分安全区域，有效隔离来自系统外的安全风险，保护系统核心数据的安全性。此外可通过网络边界设置防火墙、UTM 安全网关、网闸等边界安全设备，另外部署入侵检测设备，过滤非法入侵，减轻内网核心负担。对外接

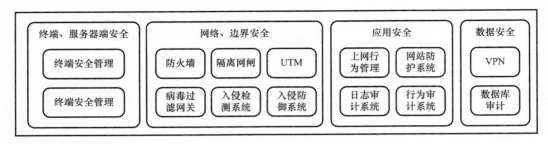

图 6-16　播出信息系统技术安全防护

口服务器应具备标记访问控制能力，根据播出系统内部安全区域的划分，在接口服务器上部署主机核心加固系统，实现主体和客体的基于标记的访问控制能力。系统的运维人员及关键业务操作（如涉及技审、内审等）的用户需要进行两种以上的身份认证手段。

　　为保证终端安全、服务端以及应用安全，一般通过部署综合审计设备对操作系统、数据库操作、网络设备、网络行为、应用系统等进行综合管理和审计实现，同时部署防病毒系统、漏洞扫描系统、补丁升级系统、终端安全管理系统、安全认证系统进行深度防护。安全管理设备统一部署在安全管理中心，统一管理。播出信息安全网络系统如图 6-17 所示。

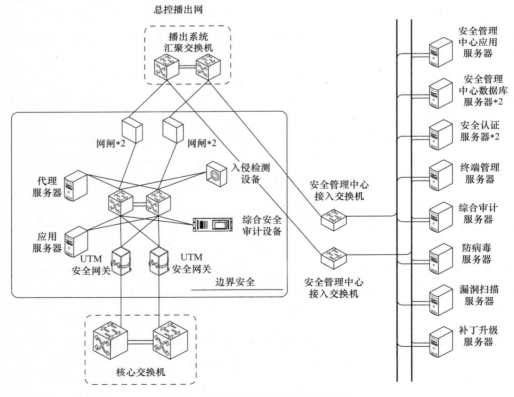

图 6-17　播出信息安全网络系统图

以《广播电视相关信息系统安全等级保护基本要求》为依据和基础，现对播出网络安全提出如下具体要求。

6.4.2.1　基础网络和边界安全

1．基础网络安全

《广播电视相关信息系统安全等级保护基本要求》对基础网络安全的要求，包括网络结构安全、审计安全和网络设备安全三方面，主要要求如下：

（1）播出网络结构安全

保证系统内主要设备的业务处理能力和网络带宽具备冗余空间，满足业务高峰期需要，同时系统的关键交换机及其他网络设备配置冗余，避免关键节点存在单点故障。在网络系统设计上，应根据各信息系统的播出相关度进行层次化网络结构设计，形成网络纵深防护体系，播出整备系统、播出系统应位于纵深结构内部，系统内部不应通过无线方式进行组网。合理划分播出网络安全域。

（2）安全审计要求

实现对关键网络设备的运行状况、用户行为等重要事件进行日志记录，并可以进行关联分析、告警、统计和查询；系统应保护审计记录，避免受到未预期的删除、修改或覆盖等，审计记录至少保存 90d。

可通过建设安全认证系统保证网络设备安全，对登录网络设备的用户进行身份鉴别，主要网络设备应对同一用户选择 2 种或 2 种以上组合的鉴别技术来进行身份鉴别。此外，应该对网络设备进行基本安全配置，关闭不必要的服务和端口；能够通过 SNMP 或其他安全的网络管理协议提供网络设备的监控与管理接口。

2．边界安全

网络边界安全对访问控制、数据交换、入侵防护、恶意代码防护、审计安全、边界完整性几个方面进行了要求。

（1）访问控制要求

应在网络边界部署访问控制设备，根据安全策略允许或拒绝访问；应对进出网络的信息进行过滤，实现对应用层协议命令级的控制，禁止一切未使用的通信协议和端口。

（2）安全数据交换要求

播出系统与其他信息系统之间进行数据交换时，应对文件类型及格式进行限定；应限定可以通过移动介质交换数据的主机，所有通过移动介质上载的内容应经过两种以上的防恶意代码产品进行恶意代码检查后，方可正式上载到内部网络；对蓝光、P2 等专业移动介质可通过特定的防护机制进行上载。播出系统与外部网络进行数据交换时，应通过数据交换区或专用数据交换设备完成内外网数据的安全交换；数据交换区对外应通过访问控制设备与外部网络进行安全隔离，对内应采用安全的方式进行数据交换，必要时可通过协议转换的手段，以信息摆渡的方式实现数据交换；

（3）入侵防范要求

应在信息系统的网络边界处监视以下攻击行为：端口扫描、强力攻击、木马后门攻击、拒绝服务攻击、缓冲区溢出攻击、IP 碎片攻击和网络蠕虫攻击等，播出整备系统、播出系统的边界可根据需要进行部署；当检测到攻击行为时，记录攻击源 IP、攻击类型、攻击目的、攻击时间，在发生严重入侵事件时应提供报警。

（4）恶意代码防范要求

应在信息系统的网络边界处进行恶意代码检测和清除，并维护恶意代码库的升级和检测系统的更新，播出整备系统、播出系统的边界可根据需要进行部署；防恶意代码产品应与信息系统内部防恶意代码产品具有不同的恶意代码库。

（5）安全审计要求

应在与外部网络连接的网络边界处进行数据通信行为审计，审计记录至少保存 90d。

（6）边界完整性要求

应能够对非授权设备私自联到内部网络的行为进行检查，准确定出位置，并对其进行有效阻断。应能够对内部网络用户私自联到外部网络的行为进行检查，准确定出位置，并对其进行有效阻断。

6.4.2.2　数据安全与备份恢复

关于数据安全和备份恢复，《广播电视相关信息系统安全等级保护基本要求》对数据完整性、数据保密性和备份与恢复三个方面提出了要求。

为保证数据完整性，应能够检测到系统管理数、用户身份鉴别信息、调度信息、播出节目等重要业务数据在传输和存储过程中完整性受到破坏，并在检测到其完整性遭到破坏时采取必要的恢复措施。

数据保密性应采用加密或其他有效措施实现用户身份鉴别信息的存储保密性。

备份与恢复应能够对重要信息进行本地备份和恢复，完全数据备份至少每周 1 次，增量备份或差分备份至少每天 1 次，备份介质应在数据执行所在场地外存放；应能够对重要信息进行异地备份，利用通信网络将关键数据定时批量传送至备用场地。

播出系统的数据安全可通过 MD5 验证机制来保证数据。为保证媒体文件在传输和存储过程中不被非法篡改，当该文件生成时就会同时产生一个 MD5 校验码。MD5 文件校验机制是用来验证传输后的文件是否与原文件一致的国际通用加密算法，如果发现接收到的文件和源文件的 MD5 校验码不一致，则说明在传输过程不完整或者是传输过程中文件遭到破坏。备播系统对于从外系统接收到的文件素材，需采用 MD5 校验机制，验证传输过程的安全性，而对于通过备播系统中上载设备进行上载导入的素材文件，配备自动技审服务器，完成对素材的自动审核任务，以保证该素材文件的视音频技术质量。

6.4.2.3　终端、服务端及应用安全

《广播电视相关信息系统安全等级保护基本要求》还对终端安全、服务端安全及应用安全提出了要求。可通过在终端、服务端安装客户端软件、防病毒软件，在系统交换机上进行身份认证，以及在安全管理中心配置安全策略服务等方式，加强对终端的集中管理，提高终端的主动抵抗能力。用户终端安全策略集中下发，实时审计，强制检查用户终端的安全状态，实施用户接入控制策略，对不符合安全标准的进行病毒库升级、系统补丁安装等操作，提升整网的安全防御能力及应用安全。

6.4.2.4　安全管理中心

安全管理中心一般由全台全网统一建立，有条件的电视中心应为播出网络系统建立独立的安全管理中心，以提高播出网络系统的安全性。通过在安全中心配置管理服务器和认证服务器，并在各终端和服务器端安装客户端软件，实现终端和服务端的安全管理。《广播电视相关信息系统安全等级保护基本要求》对安全管理中心的运行监测、安全管理和安

全审计几个方面提出了要求。

1．运行监测要求

应对网络链路状态、信息系统的核心交换机、汇聚交换机等关键网络设备状态、设备端态、端口 IP 地址、关键节点的网络流量等进行监控；应对信息系统重要服务器的运行状态、CPU 使用率、内存的使用率、网络联网情况等进行监控；应对信息系统数据库的运行状态、进程占用 CPU 时间及内存大小、配置和告警数据等进行监控；应对信息系统重要应用软件的运行状态、响应时间等进行监控；应对终端的非法接入及非法外联情况进行监控；应对监控的异常情况进行报警，并对报警记录进行分析，采取必要的应对措施。

安全管理应对信息系统的恶意代码、补丁升级等进行集中统一管理；应对网络设备、服务器、应用系统、安全设备等的安全事件信息进行关联分析及风险预警；信息系统网络设备、终端、服务器以及应用等保持时钟同步。

2．审计管理要求

应对基础网络、边界安全、服务器及应用系统的安全审计进行集中管理；应对审计记录进行统计、查询、分析及生成审计报表；应对 90d 以上的审计日志进行归档，归档日志至少保存 1 年以上。

6.4.2.5　物理安全

1．物理位置的选择

机房的位置选择应符合《电子信息系统机房设计规范》（GB 50174）的相关规定；机房和办公场地应选择在具有防震、防风和防雨等能力的建筑内；机房场地应避免设在建筑物的高层或地下室，以及用水设备的下层或隔壁，远离产生粉尘、油烟、有害气体以及生产或贮存具有腐蚀性、易燃、易爆物品的工厂、仓库、堆场等。

2．物理访问控制

信息系统机房出入口应设置电子门禁系统，控制、鉴别和记录进入的人员；第四级信息系统机房出入口还应安排专人值守；需进入播出机房的来访人员应经过申请和审批流程，并限制和监控其活动范围。

3．防盗窃和防破坏

应将设备或主要部件进行固定，并设置明显的不易除去的标记；应将公共区域信号线缆铺设隐蔽处，可铺设在地下或管道；应利用光、电等技术设置机房防盗报警系统；应在与播出相关的机房设置安防监控报警系统。

4．其他物理安全防护措施

电视中心有庞大的、四通八达的、覆盖全部技术业务区的"管道、沟道、竖道体系"。它穿越各楼层及业务楼的各个防火隔离区，穿越时各接口都要妥善封堵以充分发挥隔离功能。同时还要要注意防止小动物（如鼠、蛇、蟑螂等）在里面四周乱窜，这在南方地区更有现实意义。

6.4.3　播出辅助系统安全

以《广播电视安全播出管理规定》安全等级划分为基础，总控播送系统机房应保证电力系统安全、机房环境安全以及消防安全。

6.4.3.1 电力系统安全

高压、低压供配电系统应符合现行国家、行业标准和规范。

三级宜接入两路外电，如只有一路外电，应配置自备电源；播出负荷供电应设两个以上独立低压回路；主要播出负荷应采用不间断电源（UPS）供电，UPS 电池组后备时间应满足设计负荷工作 30 分钟以上；主备播出设备、双电源播出设备应分别接入不同的供电回路。

二级应接入两路外电，其中一路宜为专线；当一路外电发生故障时，另一路外电不应同时受到损坏；二级应设工艺专用变压器；播出负荷供电应设两个以上引自不同变压器的独立低压回路，单母线分段供电并具备自动或手动互投功能；主要播出负荷应采用 UPS 供电，UPS 电池组后备时间应满足设计负荷工作 30min 以上；应配置自备电源或与供电部门签订应急供电协议，保证播出负荷、机房空调等相关负荷连续运行；主备播出设备、双电源播出设备应分别接入不同的供电回路。

一级应接入两路外电，其中至少一路应为专线。当一路外电发生故障时，另一路外电不应同时受到损坏。一级应设对应于不同外电的、互为备用的工艺专用变压器，单母线分段供电并具备自动或手动互投功能。播出负荷供电应设 2 个以上引自不同工艺专用变压器的独立低压回路。主要播出负荷应采用 UPS 供电，UPS 电池组后备时间应满足设计负荷工作 60min 以上。应配置自备电源，保证播出负荷、机房空调等相关负荷连续运行。主备播出设备、双电源播出设备应分别接入不同的 UPS 供电回路。

6.4.3.2 机房环境安全

机房温度、湿度、防尘、静电防护、接地、布线、外部环境应符合机房安全防范应符合《电子信息系统机房设计规范》（GB 50174）和《广播电影电视系统重点单位重要部位的风险等级和安全防护级别》（GA 586）。

机房应设置温、湿度自动调节设施，使机房温、湿度的变化在设备运行所允许的范围之内；应采用接地方式防止外界电磁干扰和设备寄生耦合干扰；电源线和通信线缆应隔离铺设，避免互相干扰。机房应有防水防潮措施，应充分考虑水管泄漏和凝露的可能性，并做好相应的预防措施。

在此基础上，三级应符合 C 级电子信息系统机房的有关规定（C 级电子信息系统机房要求主机房开机温度 18～28℃；主机房相对湿度 35%～75%）。二级应符合 B 级电子信息系统机房的有关规定，一级应符合 A 级电子信息系统机房的有关规定。（A、B 级电子信息系统机房要求主机房开机温度 22～24℃；主机房相对湿度 40%～70%）。

二级以上应对设备机房、UPS 主机及电池室、缆线集中点、室外设备等播出相关的重点部位设置 24 小时闭路监视系统。

6.4.3.3 消防安全

机房消防设施的配置应符合《广播电视建筑设计防火规范》（GY 5067）的有关规定：机房应设置火灾自动消防系统，能够自动检测火情、自动报警，并自动灭火；机房及相关的工作房间和辅助房应采用具有耐火等级的建筑材料；机房应采取区域隔离防火措施，将重要设备与其他设备隔离开。具体消防措施参见 6.2.3.1。

第7章　媒体资产管理及收录系统

7.1　媒资及收录系统的流程和特点

7.1.1　媒体资产管理系统

近年来，随着电视台节目内容不断丰富，节目形式也多种多样，节目资料中包括大量的文字、图片、图像和声音等各种形式的信息。这些资料既是巨额财力投入的结果，也是电视台全体员工劳动的成果和智慧的结晶，更是在未来激烈的市场经济竞争中得以持续发展的基础。如何整合电视台自身与外部资源，将广播电视从传统媒体转变为现代媒体，是摆在广电工作者面前的一个严峻的现实问题。鉴于此种情况，近几年媒体资产管理系统在广电行业内的推广和使用非常迅速，国内也涌现出了众多媒体资产管理系统研制厂商。媒体资产管理系统在广播电视领域有着越来越重要的意义并起着越来越重要的作用。

媒体资产管理系统一般简称媒资系统，是为数字电视、移动电视、多媒体内容发布等业务需求而开发的内容管理平台，主要是针对各种类型的视频资料、音频资料、文字、图片等媒体资料进行数字化存储、编目管理、检索查询、非编素材转码、信息发布以及对设备和固定资产等进行全面管理的系统。创建媒资系统的目的是建立起一个完善的内容管理平台，对这些宝贵的媒体资料进行妥善的保存和管理，并使之得到最大利用，创造良好的经济效益和社会效益。

创作过程中产生的音视频素材被称为原始素材，与原始素材描述相关的信息被称为元数据，"内容"则是被定义为原始素材与元数据的结合，而"资产"又是内容与权限的结合。因此，媒体内容一定要具有使用价值，只有具备了使用价值的媒体内容，单位及社会才愿意付费购买及使用，才能使其真正成为资产。为了使媒体资产能够产生最大使用价值，媒体资产管理系统的设计应符合以下原则：

（1）应实现资料管理功能。包括各种音视频素材、图片、文档等资料的归档、检索、管理等。

（2）应满足资料的再利用，为节目生产服务。便于用户搜索并利用珍贵素材和历史镜头，丰富节目制作内容，提高节目生产效率，改进工作流程。

（3）应能与新闻与后期制作系统、播出系统、数字电视节目平台、IPTV 以及电视台综合信息网络系统互联互通，并为它们提供服务。

（4）应包括资料的交换与运营管理。有自主知识产权的节目资料可以利用网络进行节目交流或作为商品在线销售，实现媒体资产价值的最大化。

（5）应具有用户认证、版权控制及系统安全管理等功能，实现更好的安全防护以及对用户提供授权等。

媒体资产管理系统是电视台业务运行的基础，同时也是电视台节目管理的核心。在电视技术从模拟向数字发展，节目制播方式从以磁带为核心的传统方式向网络化制播转变后，媒体资产管理系统将为电视台提供一个信息交换平台。该系统建立的数字化转换和存储机制，可以实现对历史节目的长期保存，为节目的再编辑和数字化播出创造了条件；可以解决视音频等多媒体数据资料的实时处理、存储、检索和发布等问题；可以为电视台宝贵的媒体资源得以充分利用提供系统保障平台，实现媒体资产的保存和增值。同时，作为全台各种业务或应用系统的共享资源，为各种业务或应用系统提供资源支持和服务接口，保证各项系统功能得以充分发挥。媒体资产管理系统的建立，使得电视台业务信息处理工作自动化、智能化，有利于量化科学管理和提高工作效率。它实现了节目信息集中保存和统一管理，有利于标准的统一和统计检索，同时也为节目生产管理和综合业务管理打下良好的基础，使电视台建设起先进的、具有扩展性的全业务数字平台，加快了数字化、信息化、自动化的进程。

媒体资产包括电视台经过多年积累的播出节目和历史素材资料、当前节目生产过程中生成的节目资料以及将来可以增值再利用的媒体资料。媒体资产管理的主要内容是：将已有的节目资料进行再生产利用和保存，使其变成更有价值的媒体资产；与现有的制播系统连接，对当前节目进行处理，使新的节目直接转化为新的资产；对未来业务发展进行前瞻性预测，不断开展新的业务，实现节目资产的增值利用等。

媒体资产管理系统通过各类业务流程控制可实现下述功能：

（1）实现各种媒体资产的统一处理、管理和控制。包括实时处理多种形态的节目／素材资料，有效控制媒体资料的使用权限和范围、发布形式等。

（2）实现自动化、智能化的信息处理，以提高工作效率、降低运行成本。

（3）建立可拓展的业务平台，将媒体资产管理与各种专项业务处理系统紧密结合。

（4）为媒体资产扩展新的应用领域。通过多种途径和方式实现媒体资料的再利用，开展增值业务，大幅度提高媒体资产的价值。

电视台媒体资产管理系统的业务模式如图 7-1 所示。

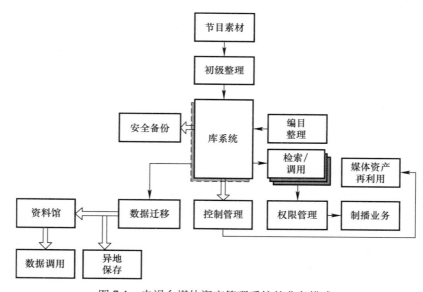

图 7-1　电视台媒体资产管理系统的业务模式

电视台媒体资产管理系统典型的业务模式可分为节目生产型和中心媒资库型两种。

7.1.1.1　节目生产型媒资系统

媒资管理系统与节目生产业务紧密结合起来，形成以媒资系统为平台的新型节目生产系统，此种形态下的媒资系统即是节目生产型媒资系统。基于这样的媒资系统的有力支撑，使得节目生产系统具备了媒资技术所带来的诸多特色功能，例如：快速检索素材、嵌入式检索、检索结果可立即调用、资料集所包含的各种相关信息辅助节目制作等，在很大程度上提高了节目生产的工作效率，改进和丰富了节目生产的工作流程。

生产型媒资系统一般定位为后期制作系统的一个子系统，主要用于解决视频制作系统素材归档和编目问题。生产媒资系统相当于制作系统向中心媒资（共享平台）归档的一个二级缓存，用于临时存放制作系统归档的素材进行初级和高级编目，编目完成的素材再通过中心媒资接口进行最终的归档和保存，如图 7-2 所示。

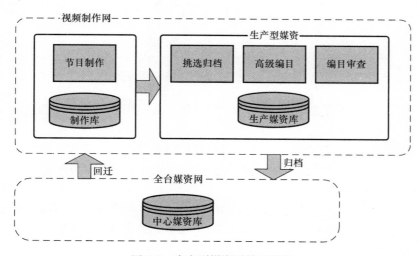

图 7-2　生产型媒资系统示意图

生产型媒资系统一般具有如下特点：

（1）位于视频制作网内，属于视频制作网的子系统。

（2）负责视频制作网的挑选归档、高级编目、编目审查以及与中心媒资接口工作。

（3）生产型媒资是视频制作网归档至中心媒资的唯一途径。

（4）生产媒资库一般只负责归档，不负责回迁，素材回迁是由中心媒资直接到各个制作库。

生产型媒资库的设立主要是用于临时保存从制作库归档的素材，而中心媒资库用于存放经过编目的媒体资料。制作库素材要入库到生产媒资库一般有两种途径：一是制作完成并经过审查的成品节目在送播时会自动归档一份至生产媒资；二是可以通过生产媒资的挑选工作站从制作库挑选未归档的素材进行归档和编目。其总体流程示意如图 7-3 所示。

生产型媒体系统的主要业务流程环节包括素材挑选、一次编目、二次编目和素材归档。

素材挑选是将制作库或本地文件系统的素材通过人工筛选、剪切合并形成用户真正需要的媒体资产存放到生产媒资库供用户使用；在挑选的过程中用户也能对挑选后的媒体资

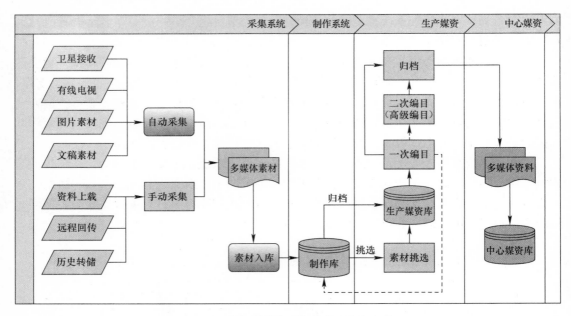

图 7-3　生产型媒体系统的主要业务流程

料进行一次编目，完成初编信息的录入工作。对于初编完成后的素材能够入回到制作库供制作部门使用。

一次编目即是对素材做的初级编目，对于素材的初级编目一般分为两部分：视频素材的初级编目和图片素材的初级编目。虽然它们都属于媒体素材，但由于其业务场景的不同，因此对其初级编目的处理方式也会有所不同。

视频素材挑选一般需要通过挑选工作站完成。挑选工作站可直接访问制作系统的制作库，挑选完成并经过初级编目后的素材有两个出口：一是生成高级编目任务，二是返回到制作库形成制作素材。其基本流程如图 7-4 所示。

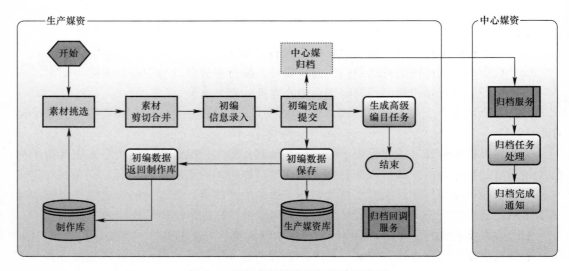

图 7-4　视频素材挑选及初级编目流程

　　图片素材初级编目流程完成图片素材的初编信息录入和挑选归档。其初级编目流程如图 7-5 所示。

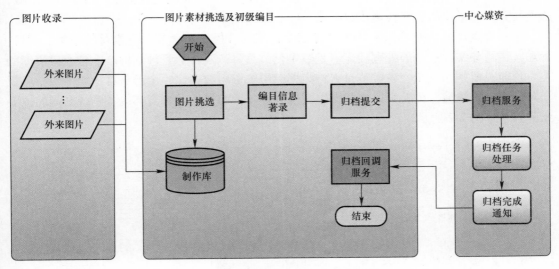

图 7-5　图片素材挑选及初级编目流程

　　二次编目是在初级编目的基础上对媒体资料进行深层次的高级编目。遵循《国家广播电视音像资料编目规范》建立标准编目体系，并可根据用户需求创建自定义编目体系，以满足实际应用需求。在生产媒资系统完成高级编目工作后，系统会自动将编目数据导入至中心媒资保存，以供全台共享使用。二次编目完成后的数据需要自动归档至中心媒资，通过调用中心媒资归档服务实现。在中心媒资完成资料归档后需要将归档完成的通知发送给生产媒资，通知生产媒资当前的归档任务已结束。其基本流程如图 7-6 所示。

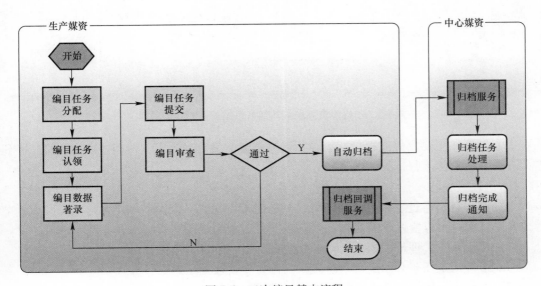

图 7-6　二次编目基本流程

7.1.1.2 中心媒资库

中心媒资库是整个电视台全台的内容支撑平台，它负责保存电视台内制作网、新闻网等各个业务子系统所产生的素材和自办节目成片媒体文件，完成电视剧及广告节目的上载、缩编任务，并承担历史资料逐步数字化上载的任务及相应的编目工作。

中心媒资库作为版权节目的永久存储库，其管理板块包含节目及素材的采集、编目、管理、传输和文件准备等处理功能，是数字化节目生产及存储管理的核心。中心媒资库的主要功能可概括为：全台各类节目素材归档、历史资料数据化、全台节目检索下载、电视剧及广告上载缩编、为新媒体发展提供支持平台。中心媒资系统与其他各系统之间的主要业务关系如图7-7所示。

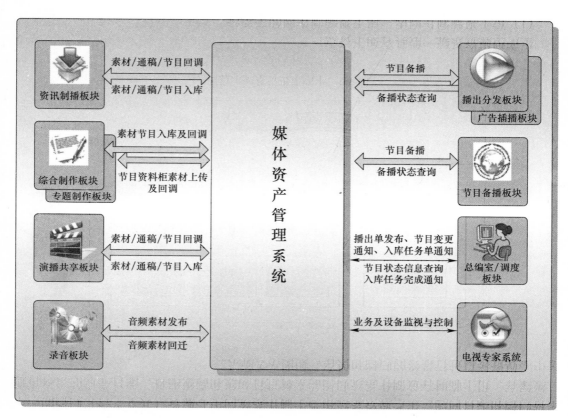

图7-7　中心媒资系统与其他各系统的主要业务关系

中心媒资库主要业务流程包括上载、资料整理、编目、检索、归档、查询调用、转码七大流程，其总体流程框架如图7-8所示。

1．上载流程

上载流程是指通过上载工作站，将存储在磁带、光盘、存储卡等媒体存储介质上的节目内容采集保存至媒资系统的操作。以磁带节目上载为例说明其基本业务流程如下：

（1）媒资系统管理部门根据工作计划安排、制定节目采集任务；

（2）节目采集任务开始的第一阶段，工作人员获取某项采集任务；

（3）工作人员根据任务内容到传统磁带库房提取借用磁带；

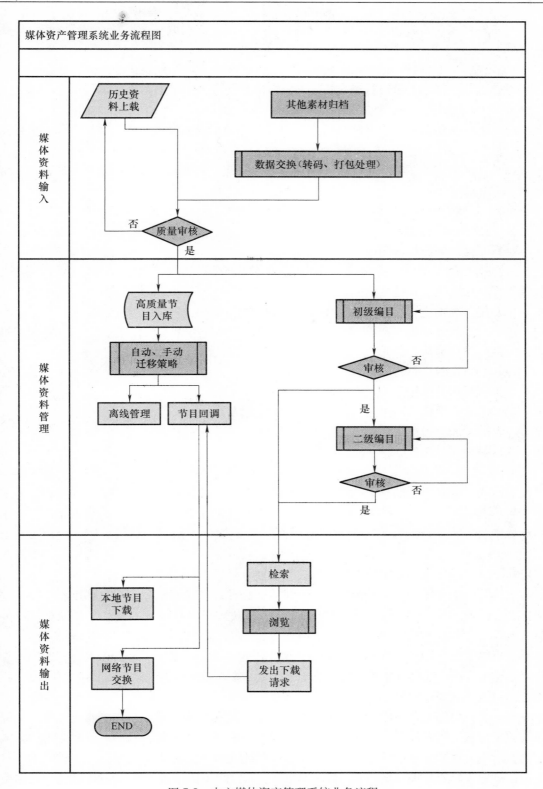

媒体资产管理系统业务流程图

历史资料上载

其他素材归档

数据交换（转码、打包处理）

否　质量审核　是

媒体资料输入

高质量节目入库

初级编目

自动、手动迁移策略

审核　否

离线管理　节目回调

是

二级编目

审核　否

是

媒体资料管理

检索

浏览

本地节目下载

网络节目交换

发出下载请求

END

媒体资料输出

图 7-8　中心媒体资产管理系统业务流程

245

（4）通过预处理工作站进行磁带条码粘贴及扫描，以获取磁带编号，并同时进行标志色处理；

（5）根据采集任务，设置采集参数，对磁带打入出点，生成正式的上载任务；

（6）上载工作站人员进行条码扫描，获取上载任务；

（7）上载工作站自动开始采集；

（8）上载工作站人员对采集后的素材进行简单的初级编目，如输入节目名称、节目类型等；

（9）上载完成后，需进行画面质检，若发现问题，则退回任务并触发相应的错误处理机制；

（10）若质检通过，则将磁带返回磁带库房并进入下一工作流，上载采集工作结束。

2．资料整理流程

资料整理业务流程可简单归纳如下：

（1）在上载、上载质检环节，可对高码率的视音频节目资料进行基本的编辑、制作、整理工作，得到媒资系统所需的内容；

（2）编辑制作工作站获取制作任务，同时定位到需要进行编辑制作的素材；

（3）对采集时形成的初编目信息再次进行加工，形成新的初编目信息，并对需要编辑制作的素材进行剪切、合并；

（4）对新素材进行合成；

（5）进行画面质量检验工作；

（6）若画面质检未通过，触发相应的错误处理机制；

（7）若画面质检通过，编辑制作工作完成，进入下一工作流。

资料整理业务流程如图7-9所示。

3．编目流程

媒体资产管理系统的核心业务是资料编目工作，只有经过编目整理的媒体资料才具备再利用价值。《广播电视音像资料编目规范》定义了电视节目资料编目的元数据框架。根据电视节目资料本身的特点，其元数据项总体上分为四个层次，从上到下分别是节目层、片段层、场景层、镜头层。媒资系统目前的编目工作主要分为两种类型：支持节目生产的编目和支持资料存储再利用的编目。

支持节目生产的编目主要适用于生产型媒资系统，其编目对象是节目加工制作的前期素材，它的特点是实时性要求高，对素材的深入描述要求不高，编目需要简单快捷。这种类型的编目工作通常需要前期的编目由编辑或记者完成，也可配备专门的素材编目人员，对素材简单编目后提供给节目编辑制作使用。同时需要配备素材整理加工人员，对已经在媒资系统中存在一定时间的素材进行精选和编辑，选取那些有重要保存和利用价值的素材，深入编目后供长期保存再利用。

支持资料存储再利用的编目主要适用于中心媒资系统和音像资料馆型媒资系统。其面向的更多是加工制作完成的成品节目和长期选择保存下来的素材，它的特点是实时性要求不高，对编目对象需要详细说明描述，编目需要规范详细。通常需要配备以下种类的编目人员：普通编目员、画面分析员、高级编目员、编目审编员，个别大型的媒资系统还需要配备编目专员和专家顾问。

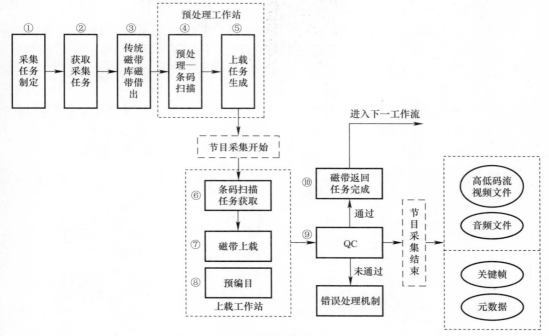

图 7-9 资料整理流程

媒资系统中很大一部分工作在于资料的编目和整理，由于编目工作主要由编目人员手工进行，当编目层次较多时，编目效率较低。为此媒资编目系统需规划一个多节点协同工作的编目生产流水线，生产线上各个节点可以通过运行管理配置进行调整以适应不同类型节目的编目需要。同时通过编目运行管理工作站对编目系统进行运行管理和统计分析。

按照编目标准中节目、片段、场景、镜头四个层次的划分及编目，详细的编目是精确检索和使用的基础。整个编目过程可按照工作流程分为：节目层标引、片段定义及标引、场景定义及标引、镜头定义及标引、编目总审核等几个环节。

（1）节目层标引

在这个层面上标引的节目信息主要包括栏目名称，正题名，栏目期次，年代，播出时间，责任信息，有无地方特色等。另外还包括若干技术参数如：声道格式、彩色／黑白、画面宽高比、画面质量、声音质量、载体类型、制式、视频数据码率、视频取样格式、视频编码格式、文件格式等。这个层面的信息主要来自上载、转码等前端生产环节就存在的元数据信息，也可以由编目人员手工输入。

（2）片段定义及标引

片段的定义标引包括通过浏览视音频数据进行打点定位，标识出一个独立的片段，并对其进行相应的编目标引，这里主要是基于内容的标引，而不涉及技术层面的注录，如正题名、资料提供、责任信息、内容提要等。另外片段层的标引还包括对每个片段中所含关键帧信息的整理和修改。

（3）场景定义及标引

场景的定义及标引根据场景层结构输入场景层关键元数据，判断是否需要创建镜头层编目，需要则创建镜头层结构（镜头定义打点、命名等）。

247

（4）镜头定义及标引

对于某些有价值的节目，其中的某些镜头需要进行单独标引以便后期利用。镜头的标引与片断类似，需要通过浏览视音频信息进行打点定位，并创建镜头记录。镜头的标引内容虽然较少，但专业性很强。

（5）编目总审

在上述任务全部完成后，进入编目总审环节。编目总审对整个树状节目信息（节目、片段、场景、镜头）进行完整的审核和浏览并对节目版权等进行审核，一旦通过总审，则数据成为最终编目元数据，否则返回相应的处理环节。

编目流程如图 7-10 所示。

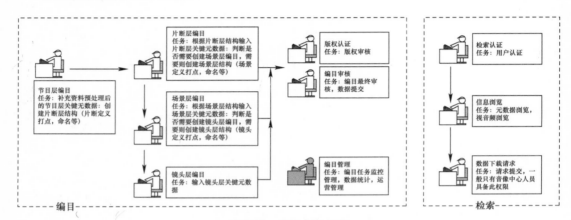

图 7-10　编目业务流程

4. 检索流程

检索是指从文献资料、网络信息等信息集合中查找到自己需要的信息或资料的过程。为了进行检索，通常需要对资料进行索引。传统文献资料需要提取题名、作者、出版年、主题词等作为索引，而在网络时代，计算机可以对全文进行索引，即文中每一个词都能成为检索点。检索主要有两种方式：目录浏览和使用搜索引擎。目录浏览的方式即用户可以根据自己的需要点击目录，深入下一层子目录，从而找到自己需要的信息，这种方式便于查找某一类的信息集合，但是精确定位的能力不强；搜索引擎是目前最为常用的一种网络检索工具，用户只需要提交自己的需求，搜索引擎就能返回大量结果，这些结果按照和检索提问的相关性进行排序。

电视台媒资系统的检索工作主要目的是寻找与节目主题相关的素材资源，属于基于本地数据库搜索引擎的检索模式。基本流程是：用户输入检索指令，检索服务器查询数据库检索出用户需要的检索结果，应用服务器把查询结果转化为 HTML 链接，用户如果想浏览查询结果中对应的流媒体数据可点击该链接，检索服务器将文件定位信息传递给流媒体服务器，流媒体服务器从媒资在线盘塔中找到相应的流媒体文件。其流程示意图如图 7-11 所示。

流程说明：

（1）用户端发出检索指令，通过 HTTP/TCP 协议传递给 WEB 服务器；

（2）WEB 服务器对于非静态页面的代码（JSP 代码等）传递给应用服务器解析；

（3）应用服务器通过查询数据库检索出用户需要的检索结果；

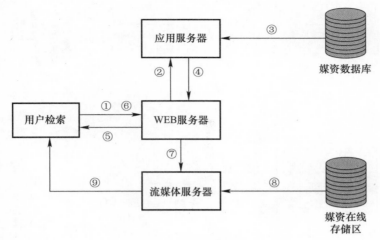

图 7-11　检索业务流程

（4）应用服务器把查询结果转化为 HTML（Hypertext Markup Language，超文本标记语言）传递回 WEB 服务器；

（5）WEB 服务器将结果通过 HTTP/TCP 协议传递给用户；

（6）用户如果想浏览查询结果中对应的流媒体数据，再通过 HTTP/TCP 协议发出查看指令传递给 WEB 服务器；

（7）WEB 服务器将 URL（Uniform Resource Locator 统一资源定位符）文件定位传递给流媒体服务器；

（8）流媒体服务器从媒资在线盘塔中找到相应的流媒体文件；

（9）流媒体服务器通过 RTP/UDP 协议将流媒体文件数据传递给用户端，供用户浏览或下载。

5．节目、素材归档流程

媒资系统进行资料上载后，产生高低双码率资料，为了避免高码率资料在线时间过长对在线存储系统造成压力，上载节目在进行高码率质量审核之后进入归档流程，根据迁移策略条件完成高码率素材归档，即首先将高码率文件存储于在线硬盘上，依据系统制定的数据迁移策略，满足迁移策略的数据被迁移至近线存储区如数据流磁带库中，并根据策略决定在线硬盘上的数据对象是否删除。其他应用系统传送过来的素材或成片其高码率文件经质量审核后同样进入归档流程。

自产素材的低码率文件、其他业务系统上传并通过转码产生的低码率文件，经编目、编目终审之后进入归档流程，其中关键帧以及低码率文件分别进入关键帧归档区和低码率归档区，并同时根据迁移策略决定是否删除原有的关键帧、低码率文件，至此关键帧、低码率文件归档完成。

迁移策略主要用于描述系统存储的各种媒体类数据对象分别采用何种方式进行分级存储管理，其主要属性应包括迁移触发条件（水位线）、迁移目标、数据对象类型等。

当近线存储区达到一定的存储容量后，同样根据策略将满足离线条件的数据流磁带进行离线处理，生成离线介质进入库房管理。

节目、素材归档流程如图 7-12 所示。

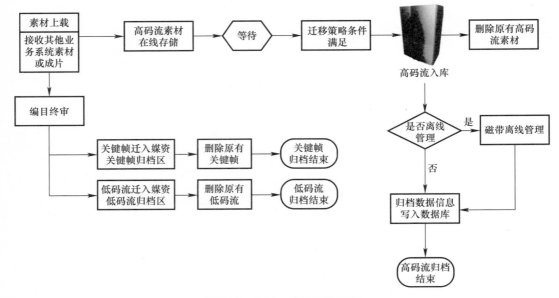

图 7-12　节目、素材归档流程

6．资料查询调用流程

根据检索服务器发出的媒体数据调用请求指令，存储迁移系统将判断数据对象的存储状态，并按照优先级从速度最快的存储区调用的原则，将数据对象自动回迁至在线存储区中。

如果所需媒体数据存在于在线存储中，则由迁移调度服务器进行相应的迁移操作。

如果所需媒体数据在近线存储中，则首先从近线存储迁移至在线存储中，然后迁移到用户指定的位置。如媒体数据处于离线状态，则向管理员发出提示，所需媒体数据在离线架上的哪盘磁带上，管理员收到提示后，手工取带，将其上载到媒资近线设备的磁带库，并由迁移调度服务器上载至在线存储设备，最后迁移到用户指定的位置。

高码率节目完成离线、近线至在线的回迁后，系统下载管理工作站判断该检索结果的输出方式，例如将高码率节目下载到录像带上交给检索请求用户，或者将高码率节目通过业务系统之间的数据交换链路传送给发送调用请求的业务系统的在线存储库。

资料检索调用流程如图 7-13 所示。

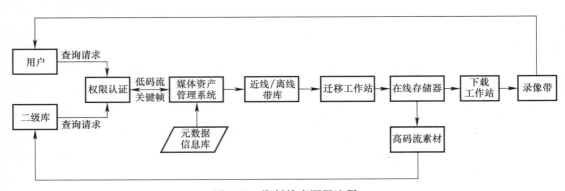

图 7-13　资料检索调用流程

7．转码流程

由于历史原因，广电行业的视频压缩格式一直不统一，常见的视频格式就有十几种，分别来自不同的技术阵营和厂商。针对不同的应用场合，这些视频格式又具有不同的压缩算法。视频转码就是指将已经压缩编码的视频码流转换成另一个视频码流。转码本质上是一个先解码、再编码的过程，因此转换前后的码流可能遵循相同的视频编码标准，也可能不遵循相同的视频编码标准，以适应不同的网络带宽、不同的终端处理能力和不同的用户需求。媒体资产管理系统为满足不同用户的应用需求，适应不同视频文件格式之间的自动转换，都需要配置转码系统，其基本流程如下：

（1）转码中心获取转码任务，同时进行任务分配；

（2）转码节点接收指定的任务，读取相应的文件资源；

（3）执行转码工作，同时进行关键帧抽取；

（4）转码过程如出现错误，则进入相应的错误处理机制；

（5）转码任务完成后，提供转码完成反馈机制；

（6）支持多种不同视音频编码格式之间的转换。

一些大型的广电中心，除配备了上述自动化、网络化媒体资产管理系统之外，往往还保留有大量的离线传统节目磁带和离线数据流磁带，这些离线介质的管理也是一项复杂艰巨的工作。为此，这类电视台的媒资系统除了具备上述七大核心业务流程之外，还需要配置传统磁带库管理系统，对传统磁带和离线数据流磁带进行条码扫描统计、排架分配、出库入库管理等工作。而新建的媒资系统中，应充分考虑与磁带库现有的数据库整合，在功能上应实现：检索、借阅、空白带管理、周转带管理以及系统维护等功能。

7.1.2　收录采集系统

收录采集系统不仅能为电视台提供传统的视音频电视节目内容，还能够提供新媒体的内容。为适应电视传输网络与互联网新技术相互融合的发展趋势，新建电视台应建设一体化采集收录系统。

电视台一体化采集收录系统是传统的 AV 视音频基带收录系统和网络采集系统的统称。全台统一采集收录的意义在于可以规范采集收录业务的流程，保障了素材进入的安全，使得台内各业务系统能够更方便地利用通过统一渠道所采集的素材资料，实现了素材的最大化利用。根据对不同资料来源进行相应自动化的处理，可降低工作人员的工作量，增强素材采集过程的安全性和规范性。电视台传统的收录系统发展较为成熟，已经能够很好地起到支撑全台的媒体收录业务的作用，包括卫星广播电视节目、有线广播电视、SD/HD-SDI 信号、数字音频、专线回传等内容。随着新型媒体采集方式的推广应用，特别是网络爬虫、台网互动等方式的出现，收录采集系统进一步扩大了电视台信息的采集面。

按照接收的信号类型区分，采集收录系统可以分为传统 AV 视音频收录系统和 IP 收录采集系统。

传统 AV 视音频收录系统可收录以下信号：

（1）卫星广播电视节目信号；

（2）有线电视节目信号；

（3）总控系统提供的 SD/HD-SDI 信号；

（4）专线回传的信号。

IP 收录采集系统采集收录以下信号：

（1）通过介质上载的视音频素材；

（2）网络自动搜索的图文素材；

（3）网络手工获取的图文素材；

（4）台网互动获取的图文素材。

7.1.2.1　传统 AV 视音频收录系统流程

电视台一体化采集收录系统可实现节目素材收录、迁移、交互流水线操作。每一位工作人员在这条流水线上负责不同的工作，整个系统流程一般分为申请－预约－审批－排单－分配－采集－入库等七个工作环节。

一套典型的采集收录系统工作业务流程如图 7-14 所示。

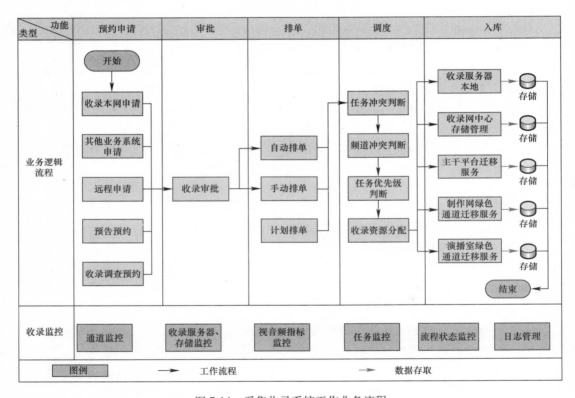

图 7-14　采集收录系统工作业务流程

由于各个电视台采集收录系统的工作流定义不尽相同，系统流程设计往往需要专门定义，这就需要从大量的应用实例中总结出具体的工作程序和步骤，适合各级电视台采集收录系统的应用。

工作流引擎是操控电视台一体化采集收录系统的核心，涵盖了电视台收录业务的全过程。工作流引擎可定义采集收录工作的各个部分，即 BS 软件、收录申请、收录预约、收录审核、编单部分以及任务调度判断流程和节目入库流程，可支持各个审批流程节点的任务退回、拒绝、任务删除等操作。流程节点与系统用户和权限关联，只有具有系统操作身份的用户并拥有相关权限才可以进行任务操作。

AV 视音频收录系统的入库流程一般设计为可选择多路径的并行流程，支持节目、素材的存储多路径。存储路径可以是收录网本地的存储系统，包括主存储系统和备份存储系统，也可以是收录网外部的存储系统。其中，节目、素材可以通过主干平台进行迁移，存储于全台媒资系统或其他子系统；也可以与制作网连接，通过绿色通道直接进入制作网的在线存储系统。

一体化采集收录系统可以对全台各类业务系统提供素材收录服务，其他业务系统是收录业务的发起者，也是收录任务结束的节点。通过主干平台实现收录系统与其他业务系统的消息交互和媒体文件的传输。收录系统通过标准的接口注册到主干平台，主干平台为收录系统提供统一用户、信息传递、消息路由、协议转换、媒体文件传输等服务。

电视台一体化采集收录系统与全台其他业务系统交互一般按照如下流程进行：

（1）其他业务板块调用主干消息服务，添加收录约传单；

（2）主干平台收到约传单，启动收录约传服务；

（3）采集收录系统收到来自主干平台的收录约传服务消息；

（4）对约传单进行审核，无法通过的约传单被打回；

（5）审核通过的约传单被添加进入收录任务单，定时启动约传任务；

（6）收录完成后，自动完成初级编目，存入本地存储库中；

（7）检查约传单是否调用主干调度服务，如有则添加迁移任务；

（8）主干平台服务总线（ESB）启动调度服务，媒体总线（EMB）启动传输服务，节目传输至目标存储库。

7.1.2.2 新媒体网络采集

新媒体网络采集是通过互联网获取内容的途径，它主要完成图片库采集、编辑手工抓取、台网互动以及网络爬虫抓取等采集任务。按内容获取的方式可分为被动接收和主动抓取。被动接收主要是提供工具以接收网友推送的内容，主动抓取可分为编辑手动抓取或采用网络爬虫工具自动爬取两种途径。按采集流程分类，可分为传统网络采集和网络爬虫采集。这两种流程都要经过严格的互联网内容安全过滤环节，内容安全过滤之后将网络采集抓取的内容存储在综合节目制作素材库内。

1．传统网络采集

传统网络采集流程适用于两种场景：一是编辑使用下载软件手动抓取内容，二是网友使用台方提供的上载软件推送内容。第一种场景下，编辑先发送下载请求，第二种场景下，接收网友上传的内容。不论哪种场景都先对来自互联网的内容进行安全检测过滤，将过滤的内容存放在 DMZ 区的网络采集缓存中，通过内容迁移进入内网的收录缓存，此时编辑就可以做内容筛选，在收录缓存中选取有用的素材进行初级编目操作，最终将可用的素材迁移到制作系统的素材库中。

流程中的重点是进行内容安全检测过滤。在子流程中，用网络抓包器捕获网络数据包；数据包一旦开始捕获，即可对内存进程和网页脚本活动进行动态监控，智能判断病毒、木马或间谍程序的存在并进行清杀；接着对捕获的数据包作包头校验，根据 IP 地址过滤；然后对网络上来的信息进行识别，分类成文本、图片、音频或视频信息；接着根据多特征融合判定，过滤出有用的信息，并标准化信息格式（如文字信息，去除 HTML 标记标准化为文本格式）；然后通过模式匹配，检测信息中是否含有特定的内容以及根据出现的频率进行内容过滤，将有用的内容存放在网络采集缓存中；最后对缓存上的内容采用静态杀毒模式对比病毒特征库查杀病毒。传统网络采集流程如图 7-15 所示。

2．网络爬虫采集

"网络爬虫"实际上是一种自动搜索抓取程序，它能以人类无法达到的速度不间断地执行某项搜索任务。由于专门用于检索信息的程序就像爬虫一样在互联网上爬来爬去、反反复复、不知疲倦，因此这种自动搜索引擎程序又被称为"网络爬虫"。

电视台一体化采集收录系统的"网络爬虫"程序在自动、连续地爬取流程中还需要进行内容安全检测过滤。只有经过安全检测后的内容方可进入网络采集缓存。通过 USB 摆渡等安全迁移手段，采集到的有价值素材才可以从网络采集缓存进入收录缓存，供编辑人员根据节目制作需要进行内容筛选和初级编目。

整个爬取流程如下：从一个或若干个初始网页的 URL 开始，对抓取的内容进行安全检测过滤，并不断从当前网页上根据一定的过滤法则，抽取有用的 URL 放入队列中，然后根据一定的搜索策略从队列中选择下一步要访问的网页 URL，直到满足停止条件。网络爬虫采集流程如图 7-16 所示。

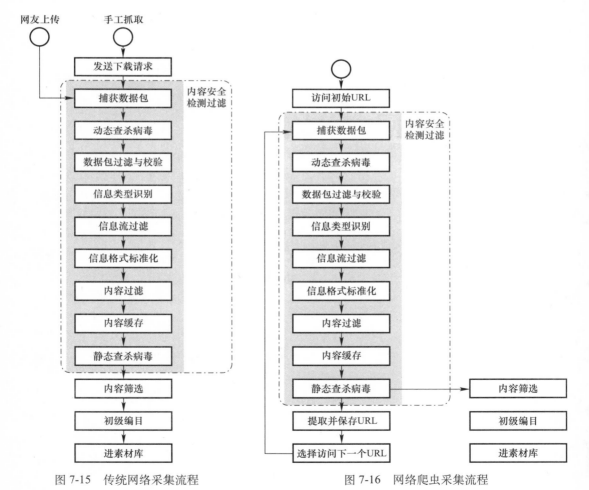

图 7-15　传统网络采集流程　　　　　图 7-16　网络爬虫采集流程

7.2　媒资及收录系统技术用房组成以及对建筑等专业的要求

7.2.1　配套技术用房组成

7.2.1.1　媒资系统配套技术用房

媒体资产管理系统负责完成电视台节目素材和成品节目的长期存储和数据调用服务，是电视台的核心资产。其配套技术用房的设置既要满足媒体资产管理流程的使用需求，又要为媒体数据的长期保存提供安全保障。

电视台媒体资产包括多年积累的播出节目和历史素材资料、当前节目生产过程中生成的节目资料以及将来可以增值再利用的媒体资料。媒体资产管理流程可分为：上载、资料整理、编目、检索调用、归档保存、转码等环节。这就要求电视台媒体资产系统配套技术用房在设置上既要有能长期存放录像磁带和数据流磁带的离线库房，又需要配备可供部署服务器和在线及近线存储设备的计算机数据网络机房，以及布置电脑终端工位的各种工作站机房。

一套典型的省级电视台媒体资产管理系统的配套技术用房可参考表 7-1 进行设置。

典型的省级电视台媒体资产管理系统配套技术用房　　　表 7-1

序　号	房间名称	使用面积	数　量	总使用面积
1	上载机房	80	1	80
2	素材整理机房	120	1	120
3	编目机房	120	2	240
4	检索下载机房	60	1	60
5	媒体数据存储机房	80	1	80
6	离线介质库房	300	1	300
7	管理办公室	24	4	96

上载机房主要放置两类设备：各种格式的放像机和上载工作站。电视台经过多年积累的录像带和外购的各种节目磁带，通过放像机播放进入上载工作站进行格式转换，成为节目数据流保存入库。这类机房属于人机共存的终端工位类机房。其使用面积的估算思路主要是：电视台内节目数据转化需求量除以每个上载工位的平均数据上载处理能力，再乘以每个工位的使用面积。由于各个电视台的节目数据转化需求总量有所不同，不同项目的具体数据需要根据各台实际情况调研得到。每台上载工作站的处理量可根据当前广电行业内的统计测算，每个工位每天能处理的电视节目有效时长约为 6h。

从上载机房得到的视音频节目资料还需要进行基本的编辑、制作、整理工作，才能成为媒资系统所需的内容，这项工作主要由素材整理机房负责完成。素材整理机房主要布置的是非线性编辑工作站，根据节目资料的处理量，可以估算出该机房的使用面积。由于素材整理的工时消耗相对上载环节较长，为保障节目素材入库流程不出现瓶颈效应，素材整理机房布置的工位应大于上载环节的工位，方可及时处理上载工作站传来的节目资料。故此在媒资系统配套技术用房的设置上，素材整理机房的使用面积应比上载机房的使用面积稍大。

只有经过编目整理的媒体资料才具备再利用价值，编目工作是电视台媒体资产管理系统最为重要的工作。根据《广播电视音像资料编目规范》的定义，电视节目资料的元数据项总体上分为四个层次，从上到下分别是节目层、片段层、场景层、镜头层。电视节目资料在这些层次上的编目都需要有专业的编目人员进行处理。电视台历史积累的大量节目资源和每天新增的电视节目，一旦进入媒资系统，就必须尽快完成编目工作，这就使得媒体资产管理系统的编目整理工作量将是海量的。随着电视台业务的不断扩展，尤其是新媒体业务的开通，节目资料的编目工作将变得更加繁重。因此，编目机房的设置应充分考虑未来业务发展，在设计之初就留下足够的空间。编目机房的使用面积估算类似上载机房，也是通过总体的节目编目量除以每台编目工作站的处理量再乘以每个工位的使用面积得到，而总体的节目编目量各个电视台有所不同，需要根据实际情况调研得到。每台编目工作站的处理量按照当前广电行业内的统计测算，每个工位每天能处理的电视节目有效时长约为 3h。

检索下载机房可实现本地检索下载工作。检索下载机房并不是每一个电视台媒体资产管理系统必备的技术用房。全台网部署完成后，电视台通过有效的分级权限管理，节目检索下载任务可以在其他工作区域的工作站上完成，而媒资系统只负责后台的检索调用服务，用户检索到的数据通过全台网传输即可送达指定工作站完成下载。一些大型电视台的媒资中心除了要面向台内节目制作提供支持，可能还会面向社会提供节目资料的检索下载服务，这就需要专门设置检索下载机房。检索下载机房内需要配备检索 / 下载工作站和各种格式的录像机、光盘刻录机、读卡器等设备。

媒体数据存储机房是电视台媒体资产管理系统的核心机房。该机房主要布置有硬盘阵列、数据流磁带库、各种功能的服务器和网络交换设备。电视台的核心数据资产都存放在该机房，因此在安全保障和机房环境上都需要重点关照。随着技术的发展，特别是大数据中心 IDC 技术的成熟，新建的大型电视台开始倾向于将媒体资产中心、节目收录机房、制作播出网络机房集中设置，形成一套电视台中央数据中心机房。这些新的发展，也影响着电视工艺设计思路的转变。随着大数据时代的到来，媒体数据存储机房的功能将会和全台业务数据的存储管理逐渐融合。

离线介质库房主要用于存放电视台历史积累的大量节目录像带、节目光盘。电视节目数据化之后，随着时间的推移，也会有大量的离线数据流磁带会逐渐累积起来。这些离线介质的长期保存需要有专门的库房进行归档管理。为方便管理，节约存放空间，离线介质库一般需要布置高密度档案柜，将各种离线介质按照一定的分类归档原则存放，这就要求离线介质库在面积上要有足够的预留空间，在结构上要能够承载巨大的荷载，在环境上应保持室内空气的恒温恒湿。

7.2.1.2　采集收录系统配套技术用房

采集收录系统是电视台节目生产的主体业务之一。其主要功能是为台内各个节目生产网络提供需要的外来节目素材，包括外来信号收录（视音频信号和 IP 方式）、直播信号收录等。组成采集收录系统的主要设备有收录服务器、管理服务器、采集收录调度工作站、存储设备和画面监视设备。

从配套技术用房的构成上考虑，为保障采集收录系统的正常运行，需要有布置服务器的机房、摆放各类工作站的机房以及进行画面监视的监控室。一些中小型电视，由于机房面积数量有限，往往将采集收录系统和总控播出系统的机房合并，将收录服务器和总控传输设备集中布置在一个大的机房内，同时将收录监控的功能并入总控监控室，这样即可以节省空间又方便系统布线，但也可能会带来一些管理上的不便，新建的电视台不适宜进行这样的混合设置。对于采集收录系统的存储设备，既可以设置在收录服务器设备机房内，也可以放置在媒体资产管理系统的媒体数据存储机房内，各个电视一般会根据自身的管理使用需求进行配置。

表7-2是一套典型的省级电视台采集收录系统的配套技术用房。

典型的省级电视台采集收录系统的配套技术用房　　　　　　　　表7-2

序　号	房间名称	使用面积	数　量	总使用面积
1	收录服务器机房	40	1	40
2	监控调度机房	100	1	100
3	数据采集室	60	1	60
4	数据存储机房	30	1	30
5	管理办公室	24	2	48

7.2.2　电视台数据中心类核心机房的特点

随着计算机的发展和网络的广泛应用，越来越多的电视台都建立了全台网，而这其中很重要的一个环节就是网络数据中心类核心机房的建设。这类机房的建设集建筑、电气、安装、网络等多个专业技术于一体，其设计优劣直接关系到全台网系统能否稳定可靠地运行。电视台媒资系统存储机房、收录机房、播出服务器机房、制作播出网机房、核心交换平台机房等都属于这类机房。一些大型电视台新建的广电中心大楼，更是将上述这些机房合并成一个大的数据中心机房，将各类服务器及网络设备进行集中放置和管理。

数据中心机房在电视台生产运行过程中发挥着重要作用，从设计建设的角度来讲，整个机房的构成也较普通工艺机房更复杂。主要包括以下几个方面：综合布线、防静电地板铺设、棚顶墙体装修、隔断装修、供配电系统、专用恒温恒湿空调、机房环境及动力设备监控系统、新风系统、漏水检测、地线系统、防雷系统、门禁系统、监控系统、消防报警系统、屏蔽工程等。

7.2.2.1　防静电地板

数据中心机房的地板一般采用防静电活动地板。活动地板具有可拆卸的特点，因此，所有设备的导线电缆的连接、管道的连接及检修更换都很方便。防静电活动地板具有防尘、坚韧耐磨、耐冲击、耐重压、耐腐蚀、耐溶剂、便于清理维护和保养等特点，且一般使用寿命较长。高架地板材质为全钢型或铝合金型，$L*W$（长 × 宽）$=600mm \times 600mm$；活动地板距地面高度宜设计在 $200 \sim 400mm$ 之间，为此需要求结构专业将机房区域的结构楼板整体下降同样高度，以保证机房内外地板平整；活动地板的集中载荷应大于 $500kg$。常见活动地板如图 7-17 所示，蜂巢型活动地板盖板如图 7-18 所示。

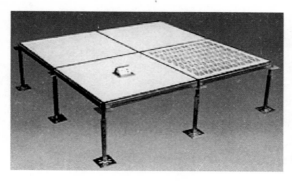

图 7-17　活动地板

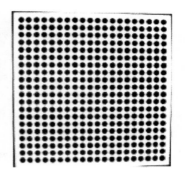

图 7-18　蜂巢板

7.2.2.2　隔断装修

为了保证室内不出现内柱，这类机房常采用大跨度结构设计。针对计算机系统的不同设备对环境的不同要求，为便于空调控制、灰尘控制、噪音控制和机房管理，往往采用隔断墙将大的机房空间分隔成较小的功能区域。隔断墙要既轻又薄，还能隔音、隔热。机房外门窗多采用防火防盗门窗，机房内门窗一般采用无框大玻璃门，这样既保证机房的安全，又保证机房内有通透、明亮的效果。

7.2.2.3　供配电系统

供配电系统是机房安全运行的动力保证，往往采用专用配电柜来规范机房供配电系统，以保证机房供配电系统的安全、合理。配电柜一般采用市电、柴油发电机组双回路供电，柴油发电机组作为主要的后备电源。

核心数据机房负载分为主设备负载和辅助设备负载。主设备负载指计算机及网络系统、计算机外部设备及机房监控系统，这部分供配电系统称为"设备供配电系统"，其供电质量要求非常高，应采用 UPS 不间断电源供电来保证供电的稳定性和可靠性，在要求较高的机房项目中，UPS 不间断电源可采用直接并机技术或 N+1 冗余并机技术；辅助设备负载指空调设备、动力设备、照明设备、测试设备等，其供配电系统称为"辅助供配电系统"，其电源由市电直接供电。

机房内的电气插座分为市电、UPS 及主要设备专用的防水插座，并注明易区别的标志。照明应选择机房专用的无眩光高级灯具。

7.2.2.4　精密空调系统

为保证机房设备能够连续、稳定、可靠地运行，需要排出机房内设备及其他热源所散发的热量，维持机房内的恒温恒湿状态，并控制机房的空气含尘量。为此要求机房空调系统具有送风、回风、加热、加湿、冷却、减湿和空气净化的能力。

电视台核心数据机房空调系统是保证良好机房环境的最重要设备，应采用恒温恒湿精密空调系统。《电子信息系统机房设计规范》（GB 50174）和《计算机场地通用规范》（GB 2887）中规定了机房在正常开机和停机维护时的温湿度要求。电视台核心数据机房的室内环境设置应满足下列表格要求，省级以上电视台的核心数据机房设置不应低于 A 级，省级以下电视台核心数据机房设置不应低于 B 级。

开机时机房的温、湿度见表 7-3，停机时机房的温、湿度见表 7-4，媒体存放条件见表 7-5。

开机时机房温、湿度要求　　　　　　　　　　　　　表 7-3

环境条件	级别				
	A 级		B 级		C 级
	夏季	冬季	夏季	冬季	
温度（℃）	24±1	20±1	24±2	20±2	15～38
相对湿度	40%～60%		35%～65%		30%～80%
温度变化率（℃/h）	<5，不得凝露		<10，不得凝露		<15，不得凝露

停机时机房温、湿度要求　　　　　　　　　　　　　表 7-4

环境条件	级别		
	A 级	B 级	C 级
温度（℃）	5～40		
相对湿度	20%～80%		
温度变化率（℃/h）	<5，不得凝露	<10，不得凝露	<15，不得凝露

媒体存放条件　　　　　　　　　　　　　　　　　表 7-5

环境条件	种类					
	纸媒体	光盘	磁媒体		闪存盘	
			已记录的	未记录的	已记录的	未记录的
温度（℃）	5～50	−20～50	5～35	5～50	5～35	5～45
相对湿度	30%～70%	10%～90%	20%～80%		20%～80%	

　　设计电视台核心数据机房的机柜布置时，应布置合理的冷、热通道，各排机柜应背对背排列，冷通道位于机柜的前面，热通道位于机柜的后面。在冷通道放置蜂巢地板，空调冷风由蜂巢地板吹出，热通道侧面安装空调回风管，热风经由回风管排出，如此形成一个良好的循环送回风系统。机房最佳气流组织方式如图 7-19 所示。

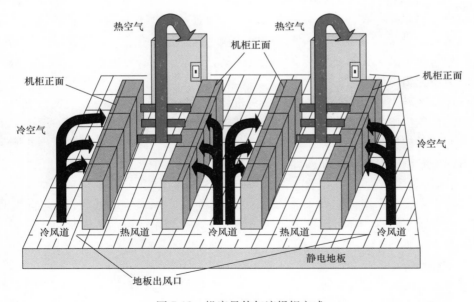

图 7-19　机房最佳气流组织方式

7.2.2.5　接地系统

接地系统是涉及多方面的综合性信息处理工程，是机房建设中的一项重要内容。接地系统是否良好是衡量一个机房建设质量的关键性问题之一。机房一般具有 3 种接地方式：工艺专用接地、安全保护地和防雷保护地。信号系统不应与电源系统、高压系统和低压系统使用共地回路。灵敏电路的接地应各自隔离或屏蔽，以防止地回流和静电感应而产生干扰。电视台核心数据机房接地宜采用工艺专用综合接地方案，综合接地电阻应小于 1Ω。

7.2.2.6　防雷系统

雷电分为直击雷和感应雷，对直击雷的防护主要由建筑物所装的避雷针完成，机房的防雷（包括机房电源系统和弱电信息系统防雷）工作主要是防感应雷引起的雷电浪涌和其他原因引起的过电压。

7.2.2.7　监控系统

为保障电视台的安全播出，核心数据机房需要设计有专门的视频监控系统。该监控系统规模虽然不大，但它是建立机房安全防范机制不可缺少的环节。监控系统能够 24h 监视并记录机房内发生的任何事件。

7.2.2.8　门禁系统

电视台核心机房应严格禁止无关人员自由出入，因此需设置门禁系统。机房门禁系统多采用非接触式智能 IC 卡综合管理系统，可灵活、方便地规定进入机房的人员、时间、权限，防止人为因素造成的破坏，保证机房的安全。

7.2.2.9　漏水检测系统

机房的水害来源主要有：机房顶棚屋面漏水、机房地面由于上下水管道堵塞造成漏水、空调系统排水管设计不当或损坏漏水、空调系统保温不好形成冷凝水。水患影响设备的正常运行甚至造成机房运行瘫痪。因此，漏水检测是机房建设和日常运行管理的重要内容之一。设计时除了对水害要重点注意外，还应设计漏水检测系统。

7.2.2.10　机房环境及动力设备监控系统

随着技术的不断提高，电视台核心数据机房设备数量将不断扩充，其环境设备也日益增多，机房环境设备（如供配电系统、UPS 电源、防雷器、空调、消防系统、保安门禁系统等）必须时时刻刻为计算机系统提供正常的运行环境。因此，对机房动力设备及环境实施监控就显得尤为重要。

机房环境及动力设备监控系统主要是对机房环境设备的运行状态、温度、湿度、洁净度、供电的电压、电流、频率、配电系统的开关状态、测漏系统等进行实时监控并记录历史数据，实现对机房遥测、遥信、遥控、遥调的管理功能，为机房的高效管理和安全运营提供有力保证。机房监控系统在内部局域网的组网如图 7-20 所示。

7.2.2.11　消防系统

机房消防系统应采用气体灭火系统，常用灭火剂为七氟丙烷或气溶胶；气瓶间宜设在机房外，为管网式结构，在天花顶上设置喷嘴；火灾报警系统由消防控制箱、烟感、温感联网组成。

7.2.2.12　屏蔽系统

机房屏蔽主要为了防止各种电磁干扰对设备和信号的损伤，常见的有两种类型：金属网状屏蔽和金属板式屏蔽。依据机房对屏蔽效果要求的大小不同、屏蔽的频率频段的高低

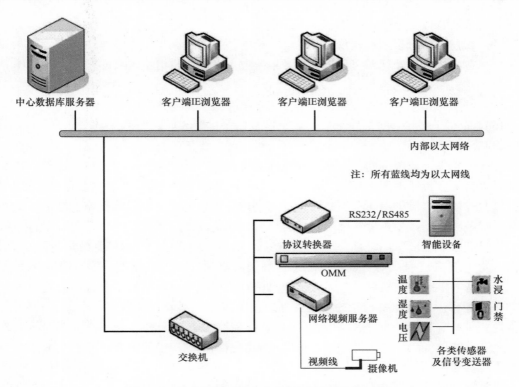

图 7-20   机房监控系统在内部局域网的组网示意图

不同，对屏蔽系统的材质和施工方法进行选择，各项指标要求应严格按照国家有关标准规范执行。

7.2.3   对建筑和结构专业的要求

7.2.3.1   相关标准

随着技术的发展，媒体资产管理机房、制作播出网机房、播出服务器机房以及收录机房的设备差异化越来越小，电视台各种数据机房有合并成为一个大型的核心数据机房的发展趋势。各地电视台对核心数据机房的设计建设越来越重视。为此，国家对于数据机房的建筑颁布了配套的标准规范，相关参考标准有：

（1）《数据中心电信基础设施标准》（TIA-942）

（2）《电子信息系统机房设计规范》（GB 50174）

（3）《建筑与建筑群综合布线系统工程设计规范》（CECS 72:97）

（4）《计算机场地通用规范》（GB 2887）

（5）《计算机场地安全要求》（GB 9361）

7.2.3.2   机房位置选择

为方便布线，降低结构造价，机房在建筑物内位置的选择非常重要。电视台媒体资产存储机房和采集收录机房不宜设置在较高的楼层，宜设于第二、三层。新建电视台若计划将所有网络机房合并为一整套数据中心机房，则机房宜设于地下一层。

此外，机房还应远离强振源和强噪声源、避开强电磁场干扰，当无法避开强电磁场干扰时，可采取有效的电磁屏蔽措施。

7.2.3.3　机房功能分区规划建议

电视台媒体资产管理系统和采集收录系统技术用房从使用功能上可分为 4 种：

（1）主机房；

（2）基本工作间（上载、编辑、编目、检索下载、调度室）；

（3）监控用房；

（4）辅助用房（UPS 配电室、空调室、维修间、库房等）。

主机房用于存放服务器、交换机和媒体存储设备，属无人值守的计算机机房；基本工作间是进行节目资料上载、编辑、编目、检索下载和调度的工作空间，主要摆放编辑工位，属人机共存以人为重的编辑机房；监控用房摆放有较昂贵的监视器墙和控制设备，属人机共存以设备为重的控制机房。针对这三类用房，建筑设计应区别对待：无人值守的计算机机房应重点考虑机房环境设置，方便系统布线、有利于设备散热、保障系统运行的安全性；以人为重的编辑机房，则需重点考虑工作环境的舒适性，为工作人员提供人性化办公环境；以设备为重的控制机房，与无人值守机房有密切联系，这类机房位置一般处于整个系统的核心地带，机房需要较高的楼层层高以便布置监视器墙，净高一般不宜小于 3m，为方便监视监控，应为工作人员留足巡视视频监控墙的距离，房间进深一般不宜小于 8m，宜采用开放式监控大厅的设计方案。辅助用房应围绕主机房设置，在布局上应尽量减少布线、货运交通距离。

媒体资产管理系统主机房如图 7-21 所示。

图 7-21　某媒资管理机房示意图

7.2.3.4　机房建筑、结构要求

1．主机房，工艺专业对建筑、结构设计要求

（1）主机房净高应按机柜高度和通风要求确定。净高宜为 2.4～3.0m，层高应达到 4.5m。

（2）主机房的楼板荷载可按 $7.5kN/m^2$ 设计。

（3）主机房的主体结构应具有耐久、抗震、防火、防止不均匀沉陷等性能。变形缝和伸缩缝不应穿过主机房。

（4）主机房中应采用防静电活动地板，局部结构降板。下走线线槽不应阻挡下送风通道；若需要上走线布线，则需设计相应的布线桥架。当管线需穿楼层时，宜设计工艺竖井。

（5）室内顶棚上安装的灯具、风口、火灾探测器及喷嘴等应协调布置，并应满足各专业的技术要求。

（6）主机房围护结构的构造和材料应满足保温、隔热、防火等要求。

（7）主机房各门的尺寸均应保证设备运输方便。

（8）主机房与基本工作间隔墙建议采用不锈钢包框玻璃间断，以增强机房区的通透感，玻璃间断墙下需装有 250mm 高墙基。

（9）主机房外墙不应有窗，需采用轻钢龙骨双面埃特板封闭。

（10）为了机房内设备的安全，所有本机房与外界连接的墙体的缝隙区（天花上或地板下）管线槽接口处均以水泥砂浆堵塞，以防止虫、鼠进入机房。

2．对于基本工作间，工艺专业对建筑、结构设计要求如下：

（1）为方便协同工作，工作间面积不宜过小，宜采用开放式办公室设计模式，单间面积不宜小于 $30m^2$，净高不宜低于 2.5m。

（2）工作间楼板荷载可按 $3.5kN/m^2$ 设计。

（3）工作间各类管线宜暗敷，当需要地面布线时，宜采用网络地板。

（4）工作间应具备较好的采光通风条件，适宜工作人员长时间在内工作。周边应设计面积数量充足的卫生间。由于为了保护设备安全，电视台一般会禁止在编辑工位饮水，因此还需要在附近设置专用的茶水间。

3．监控用房，工艺专业对建筑、结构设计要求

（1）机房净高应按机柜和监视器墙的高度和通风要求确定。净高宜为 $2.4\sim3.0m$，层高应达到 4.5m。

（2）机房的楼板荷载可按 $5.0kN/m^2$ 设计。

（3）机房主体结构应具有耐久、抗震、防火、防止不均匀沉陷等性能。变形缝和伸缩缝不应穿过机房。

（4）机房中应采用防静电活动地板，局部结构降板。为防止线缆桥架影响监视器墙的安装，阻挡监视视线，不宜采用上走线模式。各类布线应采用管线暗敷。

4．辅助用房，工艺专业对建筑、结构设计要求

（1）UPS 机房的楼板荷载可按 $7.5kN/m^2$ 设计，离线介质库房的楼板荷载可按 $10.0kN/m^2$ 设计，其他用房的楼板荷载可按 $3.5kN/m^2$ 设计。

（2）主机房与 UPS 配电室、消防气瓶室与基本工作间、UPS 配电室与消防气瓶室之间的间墙宜采用轻钢龙骨及双面埃特板安装，中间填充隔音玻璃棉。

（3）离线介质库房面积应充分考虑扩展空间，省级以上电视台离线介质库房面积不宜小于 $300m^2$。

（4）由于集中式数据中心机房的能耗巨大，空调机房面积应与主机房的面积匹配，面积不宜过小。

7.2.4　对设备和电气专业的要求

媒体资产管理系统和采集收录系统为电视节目制作和安全播出提供主要的内容支持，设备系统的稳定运行是其工艺设计的关键目标，而供电系统和空调系统为这些工艺系统的正常稳定运行提供了基础的支撑条件。在进行工艺设计时，应针对各配套技术用房的功能，合理提出各项供电及散热技术指标。这些指标包括机房照明要求、机房温湿度要求、机房散热总负荷、机房供电总容量、机房供电路数及安全级别。

7.2.4.1　机房照明基本要求

主机房的平均照度为 500lx，以适应正常运行期间和系统维护期间的照明需求。

基本工作间、辅助房间的平均照度可按 300lx 取值。

应设置疏散照明和安全出口标志灯，其照度不应低于 0.5lx。

7.2.4.2　机房电力配置基本要求

为了防止因瞬间断电而导致系统设备停机或损坏，主机房内应配置不间断电源供电系统（UPS）；主机房内应设置工艺系统专用配电箱／配电柜，其他电力负荷不得由计算机主机电源和不间断电源系统供电；专用配电箱／配电柜各相相位负荷应保持均衡；单相负荷应均匀地分配在三相线路上，并应使三相负荷不平衡度小于 20%。

UPS 需做冗余考虑，每个机柜内至少配置 2 个电源回路，确保供电绝对安全。省级以上级别的电视台应采用双 UPS 冗余设计，省级及以下电视台可采用双路工艺电加一路UPS 的供电方式。

机房双路供电系统如图 7-22 所示。

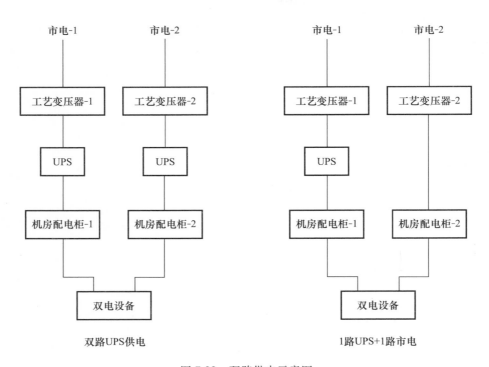

图 7-22　双路供电示意图

由于媒资存储主机房、收录服务器主机房设备类型较为单一，主要采用密集机架式服务器、模块化的硬盘阵列，且机房内设备布置交往均匀，因此机房总用电负荷可通过机房单位面积负荷值乘以机房使用面积进行估算。集中式数据中心机房单位面积负荷值可按 $800 \sim 1000 \mathrm{W/m^2}$ 估算，分散式主机房单位面积负荷值可按 $600 \sim 800 \mathrm{W/m^2}$ 估算。

工作间用电设备主要为工作站，机房总用电负荷可根据单台工作站最大额定功率再乘以工作站数量进行估算。

由于媒资系统和收录系统不在播出线上，且当发生断电故障时，关键工作主要是及时保存数据文档，因此 UPS 电池组后备时间无需过长，以 15min 为宜，可有效节省投资。

7.2.4.3　机房空调配置基本要求

现代计算机机房的温湿度控制是一门复杂的学科，不同功能的设备机房的热负荷组成方式不同，温度湿度控制方式也不同，散热气流的组织方式也不相同。为有效组织空调散热气流，主机房各排机柜应背对背排列。冷通道位于机柜的前面，热通道位于机柜的后面。在冷通道放置蜂巢地板，空调冷风由蜂巢地板吹出，热通道侧面安装空调回风管，热风经由回风管排出，可形成一个良好的循环送回风系统。

机房空调循环送回风系统如图 7-23 所示。

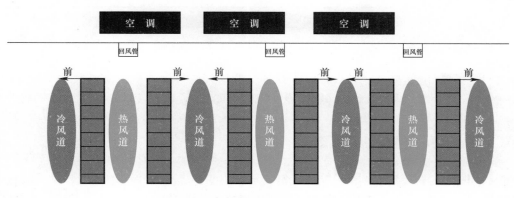

图 7-23　机房空调循环送回风系统示意图

由于媒资存储主机房、收录服务器主机房设备类型较为单一，机房冷负荷可通过机房单位面积冷负荷值乘以机房使用面积进行估算。集中式数据中心机房单位面积冷负荷值可按 $600 \sim 800 \mathrm{W/m^2}$ 估算，分散式主机房单位面积冷负荷可按 $350 \sim 500 \mathrm{W/m^2}$ 估算。工作间类机房的冷负荷可按每个工位平均冷负荷乘以最大工位数进行估算，每工位平均冷负荷可按 150W 估算。

按照《计算机场地通用规范》（GB 2887）和《电子信息系统机房设计规范》（GB 50174）规定，将机房温度、湿度分为 A、B、C 三级。对照电视台媒资系统和收录系统的技术用房的设置，总体上应将无人值守机房的温湿度要求按 A 级进行设置，即机房夏季温度应为 $(24 \pm 1) \,^{\circ}\mathrm{C}$，冬季温度为 $(20 \pm 1) \,^{\circ}\mathrm{C}$，相对湿度应为 $40\% \sim 60\%$，机房温度变化率应小于 $5\,^{\circ}\mathrm{C}$，且不得凝露。媒体数据存储机房、收录服务器机房的空调系统应按此设置。

而人机共存类机房按照不低于 B 级进行设置，即机房夏季温度应为 $(24 \pm 2) \,^{\circ}\mathrm{C}$，冬季温度为（20±2）℃，相对湿度应为35%～65%，机房温度变化率应小于10℃，且不得凝露。上载机房、编目机房、监控机房的空调系统可按此设置

但由于电视台机房环境相对普通IT机房有更高的要求，个别专用机房的温湿度要求可在此基础上适当提高。《工程建设标准强制性条文——广播电影电视工程部分》对电视台特殊技术用房和磁带库温湿度就提出了更高的要求，见表7-6和表7-7。

特殊技术用房温湿度要求　　　　表7-6

项目 房间	温度（℃）		相对湿度（%）
	冬季	夏季	
录像带编辑室	16～22	25～27	35～55
录像机房			
录像带周转库			

磁带库温湿度要求　　　　表7-7

项目 房间名称	一、二级（全年）		三级（全年）	
	温度（℃）	相对湿度（%）	温度（℃）	相对湿度（%）
各区	19～23	40～55	15～25	35～60

从上述强制性要求可以看出，对于媒体介质库和媒体存储机房这类技术用房，温湿度的要求要高于《计算机场地通用规范》（GB 2887）的要求，应区别处理。而上载机房、编目机房、检索下载机房的温湿度参数可以参考表7-6中录像带编辑室、录像机房的设置参数。

参考上述标准规范，结合各个电视台系统的实际情况，并总结类似项目的工程经验，就可以对电视台媒体资产管理系统和采集收录系统的各类技术用房的供电容量、散热量、温度、湿度等指标提出一个总体要求。表7-8是针对一个省级电视台媒体资产管理系统和采集收录系统各技术用房，工艺专业对设备电气专业提出的要求表。

工艺专业对设备电气专业要求表　　　　表7-8

序号	房间名称	使用面积（m²）	温度（℃）	相对湿度（%）	散热量（kW）	供电量（kW）	级别
一、媒体资产管理用房							
1	上载机房	80	冬18、夏24	35～55	4	10	三类
2	素材整理机房	120	冬18、夏24	35～55	5	15	三类
3	编目机房	120	冬18、夏24	35～55	5	15	二类
4	检索下载机房	60	冬18、夏24	35～55	3	8	三类
5	媒体数据存储机房	80	冬20、夏22	40～50	30	80	一类
6	离线介质库房	300	冬20、夏22	40～50	—	—	二类
7	管理办公室	24	冬16、夏26	30～80	—	3	三类

续表

序号	房间名称	使用面积 (m²)	温度 (℃)	相对湿度 (%)	散热量 (kW)	供电量 (kW)	级别
二、采集收录用房							
1	收录服务器机房	40	冬20、夏22	35～55	32	40	一类
2	监控调度机房	100	冬18、夏24	35～55	30	60	二类
3	数据采集室	60	冬18、夏24	35～55	3	8	三类
4	数据存储机房	30	冬20、夏22	35～55	24	30	一类
5	管理办公室	24	冬16、夏26	30～80	—	3	三类

注：1. "—"表示工艺专业无特殊要求，可按通用标准规范设置；

　　2. 一类供电：应具有双路工艺电和 UPS 不间断电源系统；

　　3. 二类供电：一路工艺电 +UPS 不间断电源系统；

　　4. 三类供电：一路工艺供电系统。

7.3　媒资及收录系统工艺设计

7.3.1　媒体资产管理系统工艺需求

　　媒体资产管理系统可服务的行业很多，除电视台外，视频网站、音像图书出版社、报社、广告传媒等行业都有适应自身业务需求的媒体资产管理系统。电视台媒体资产管理系统是数字化节目生产及管理的核心，主要功能是将各类媒体素材进行数字化并记录到成熟稳定的媒体上，实现节目的长期保存和重复利用，以满足节目制作播出和交换的需要。媒体资产管理系统与节目生产管理、节目制作、节目播出等各个应用子系统紧密结合，贯穿整个节目生产业务流程，为各类业务和应用系统提供内容支持和服务接口，是实现资源共享存储和业务扩展的平台。

　　电视台媒体资产管理系统设计建设应以"高可用、高质量、高效率、高管控"为原则，注重系统的科学性、设备的先进性、流程的合理性、功能的实用性、使用的可靠性、维护的方便性、接口的开放性、实施的分步性。其系统设计一般按照业务和技术需求分析、总体功能规划、系统划分、业务流程设计、存储量计算、设备配置的顺序进行。

7.3.1.1　业务需求

　　电视台媒体资产管理系统设计应首先明确具体的业务需求。不同电视台由于节目制作流程和管理方式的不同，对于媒体资产管理的业务需求也不尽相同，系统设计往往需要进行专门定制。

　　虽然不同电视台的业务差别很大，但对于媒体资产管理的业务都会提出一些共性需求。新型的电视台媒体资产管理系统需要面向全台用户提供统一的媒体内容服务，根据业务性质一般可以将系统划分为生产型媒资系统和全台中心媒资系统两个层次，按照媒体资料存储方式划分为在线存储、近线存储、离线存储三个级别。

　　生产型媒资系统面向节目制作业务提供存储资源的共享服务，同时按照制定的入库流程和策略向全台中心媒资系统提交成品和具有保留价值的素材及相关附属图文资料。全台中心媒资系统是整个电视台全台的内容支撑平台，它负责保存电视台内制作网、新闻网等各个业务子系统所产生的素材和自办节目成片媒体文件，完成电视剧及广告节目的上载、缩编任务，并承担历史资料逐步数字化上载的任务及相应的编目工作，作为版权节目的永久存储库。省级以上的大型电视台在此基础上可能还需要建设音像资料馆级别的异地媒体资产管理系统，而地市级以下电视台则可能只需要建设一套面向全台的媒资系统即可实现并满足包括生产型媒资和中心媒资在内的全部功能和使用需求。

通过统一的媒资服务门户，电视台媒资系统可面向各个业务系统提供素材和成品的检索、查询、调用等服务，以多种途径和方式实现媒体资料的再利用，提高媒体资产的价值。

7.3.1.2　技术需求

电视台媒体资产管理系统设计应满足如下的技术需求：

（1）采用模块化、标准化设计，子系统间松耦合，具备良好的互联互通性。

（2）开放、标准、可扩展的内容管理服务接口规范。

（3）功能齐全，全面支持节目制播业务流程。

（4）富媒体、多格式支持。

（5）采用工作流引擎技术，实现全流程的可视化操控。

（6）在线、近线、离线资料的统一管理。

（7）操作界面风格统一，易学易用。

（8）系统运行稳定、安全可靠。

7.3.1.3　总体功能规划

媒体资产管理系统的建设将对全台各种媒体内容的全面管理提供一套总体解决方案，其总体功能规划需要满足以下要求：

（1）能够长期保存并反复使用高品质的数字节目素材。

（2）建立能够共享交换并快速精确检索的节目素材库。

（3）支持面向新媒体的增值业务。

（4）具备多种接口，以适应不同网络平台和不同的应用。

为实现上述目标，媒资系统应具备以下基本功能：

（1）存储功能：将完成编目的节目存入在线存储池中并规律性地将数据迁移到数据流磁带等最终存储介质上。

（2）编目功能：根据检索或业务的需求对上载节目进行有规律的编目。

（3）检索功能：可以根据节目的各类编目属性快速准确地检索到所需要的节目。

（4）迁移功能：可以将检索到的节目快速地从存储介质上迁移到存储池中并通过网络向所需要的业务环节传输。

（5）管理功能：能够实现对媒资系统的安全、性能及媒体文件等各个方面的有效管理。

（6）服务功能：为节目制作提供有针对性的节目共享和存储服务；为节目播出提供备播服务；为各业务板块提供历史资料的检索和下载服务。

7.3.1.4　媒资系统架构

从业务流程上进行基本划分，媒体资产管理系统由媒体资产的创建、媒体资产的管理和媒体资产的发布与应用几大基本业务流程组成，通过这几部分业务流程对节目内容的整个生命周期进行管理：

（1）媒体资产创建

包含了素材收集（如磁带信号录入、现场／卫星信号接收、文本／图片采集等）、数字化、编码、格式转换、索引生成等工作。

（2）媒体资产管理

作为一个功能强大的综合管理系统，不仅要管理和控制系统存储的所有内容，而且是媒资系统与各种应用子系统的接口，包括存储管理、内容管理、版权管理等。

（3）媒体资产发布与应用

主要完成对系统媒体内容的各种处理和不同方式的发布，包括节目发布、节目浏览查询、节目交易和增值应用等。

媒体资产管理系统业务流程如图 7-24 所示。

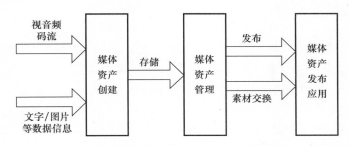

图 7-24　媒体资产管理系统业务流程示意

上述各业务流程所涉及到的主要技术有：

（1）数据压缩技术

该技术对媒体资产管理系统的内容数据格式标准化、存储设备容量、网络传输带宽、内容形式、转换质量等具有很大的影响。

（2）数据存储技术

包括存储介质技术和存储设备管理技术。对数据的单位存储成本、保存的安全可靠性、存取速度等指标起着决定性的作用。

（3）网络技术

将影响系统的工作效率、访问支持及系统扩展能力等。

（4）数据库技术

采用数据库技术来管理描述信息，一方面实现了内容描述信息的标准化，另一方面也为其他应用系统与媒体资产管理系统结合提供标准接口。

（5）媒体分析技术

采用媒体分析技术可以实现索引编制自动化。

从业务模式上媒体资产管理系统可划分为生产型媒资系统和全台中心媒资系统两个层次：

（1）生产型媒资

设置生产型媒资的目的主要是为节目制作域提供一个高效的素材存储管理空间。系统设计上，生产型媒资一般采用高速的在线存储系统，将一些共性的、时效性的节目素材存放于在线存储系统，可为生产线上的各类编辑站点提供高速的素材调用服务。生产媒资可以与节目生产业务紧密结合，为综合制作、高端制作提供类型化的热门素材。生产型媒资的存储系统一般包括两个部分：素材库和成品库。

通过统一入口采集的素材将首先进入生产型媒资系统存储。统一素材采集形成的素材库，同时也是各类制作业务共享的生产库，全台资源共享的生产型媒资打破了传统媒资高清视频、标清视频割据的界限，使高清视频、标清视频、音频、图片、文字等各类素材能够统一地展现给业务人员，业务人员在进行节目内容制作时能够根据自己的需要，查找和浏览全台的素材资源，从而更加容易地调用各种不同类型的素材资源进行节目编辑制作。

生产型媒资可提供统一的节目生产编辑存储空间，业务人员在调用素材进行编辑后，编辑完成的成品内容可临时存储在生产型媒资的成品库里，满足备播的需要并可供全台共享使用。根据台内业务人员的不同权限，系统管理人员可以定义各类节目素材的共享范围。节目成品的初级编目工作也可以在生产型媒资系统完成。

（2）全台中心媒资

全台中心媒资系统用于长期存储媒体文件，以备台内任意工作站点的检索调用。按照归档策略，生产媒资存储的成品节目和高价值素材将在一段时间后进行归档迁移，保存到全台中心媒资系统中。在此基础上，中心媒资可以提供面向全台的媒体内容深度检索服务。在系统设计上，全台中心媒资系统追求的是全面和稳定，不追求数据传输的高速响应，大量采用近线存储和离线存储系统设备，辅以少量在线存储系统设备，以降低存储成本。

全台媒资的工作重心在于资料的长期维护和管理。由于全台媒资的节目来源基本上是有价值素材和成片，不涉及节目的生产，因此编目工作方式是集中的，在流程中基本不涉及其他的工作节点。全台媒资除了实现媒体资产的集中管理外，还作为全台网互联互通的核心，通过与各业务板块或生产媒资建立接口，对全台网各业务板块进行整合，消除信息孤岛，实现内容资源的共享。

7.3.2　媒体资产管理系统工艺设计

7.3.2.1　互联互通

媒体资产管理系统是电视台全台网架构下的重要系统组成之一，应遵循 ESB+EMB（即企业服务总线＋企业媒体总线）的标准架构进行设计，实现与全台各个业务系统的互联互通。

媒资系统作为全台媒体资产的内容基础，要为全台制作域提供素材、节目的保存和再利用的支持，需要承担历史资料数字化采集保存、引进节目采集保存的任务，以确保台内珍贵资料长期可靠的保存，并保证资料能够得到更加有效的利用。

在面向全台素材和节目资料保存的同时，要为全台更大范围的节目经营提供服务，尤其是面向新媒体业务的节目发布服务，包括数字频道、VOD 点播、IPTV、手机电视、网络视频等。此外，除了常规的制播业务系统服务和媒资的相关入出库服务，还应依据接口规范实现办公网通过主干平台访问媒资系统的功能。

因此，电视台媒资系统需要与全台网主干平台、新闻制播系统、播出分发板块、采集收录系统、综合制作系统、总编室系统、新媒体业务系统、办公网络等实现互联互通。系统架构交互示意如图 7-25 所示。

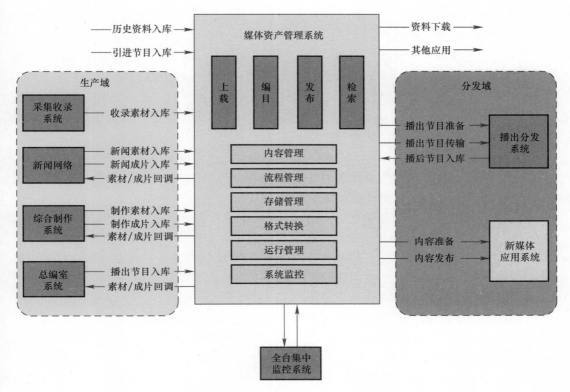

图 7-25　电视台媒资系统架构交互示意图

依照国家国家新闻出版广电总局颁布的《电视台数字化网络化白皮书》的要求,在进行媒资系统架构设计时应首先确定接口标准规范原则,制定和设计媒资系统互联和对外接口。由于媒资系统承担了资料的归档保存、资料下载调用以及面向新媒体的业务服务等任务,因此应至少与收录网、新闻网、制作网、播出网等系统之间实现互联互通。

7.3.2.2　流程设计

在完成与各个子系统之间的接口标准规范设计之后,应进行媒资系统的业务流程设计。对于媒资系统的业务来讲,主要分为入库流程、内部处理、出库流程等三个阶段。其中新闻网、制作网、演播室、播出网等均是通过主干平台实现与媒资系统的互联互通,传统磁带和其他介质的内容进入媒资系统是通过系统内部工作站完成的,这两种途径进入媒资系统的节目资料均会进行统一的编目和审核,以及后续的归档和发布。内部处理流程主要包括:上载、整理、编目、检索、归档、转码等处理环节,可详见媒资系统流程设计章节。

7.3.2.3　子系统设计

在完成了接口标准规范原则和业务流程设计的基础之上,需进一步对各个功能子系统进行设计。电视台媒体资产管理系统根据功能一般可分为入库子系统、公共服务子系统、编目 / 检索门户子系统、上下载 / 缩编子系统、存储子系统、运行管理子系统、备播子系统等若干子系统，各子系统的功能分别如下。

1．入库子系统

入库子系统是媒资系统的归档入库和待播内容来源的接口模块，主要的功能是为媒资系统提供内容的筛选、审核、整理、迁移。内容来源主要有制播系统（包括新闻、制作、广告、播出等业务板块）和传统片库等。对于制播系统提交给媒资系统的节目、素材，入库子系统主要通过网络接收并对节目和素材进行筛选、整理，同时对携带进入媒资系统的元数据进行整理，对视音频媒体的整理主要通过筛选剪辑后重新打包生成新的对象，对于携带进入的元数据可以进行修订编辑，进行预编目；而对于来自传统片库的历史资料，则是通过上载工作站对其进行数字化处理。

2．公共服务子系统

公共服务子系统主要由媒资系统内的大量基础服务器集群组成，该子系统的主要功能是为其他各个子系统提供运行支撑服务。

该模块一个主要的功能是根据筛选整理模块提供的任务信息和检索浏览模块提供的回迁任务信息，对指定的资料集中进行转码处理。系统可根据任务请求情况进行任务分配，将源视音频文件转成目标格式；根据任务中描述的入点出点信息，可实现资料片段的剪辑合并，并对完成转码处理后的文件进行质量审核。

3．编目／检索门户子系统

检索门户面向全台域内最终用户提供媒体资产的检索查询和使用。通过媒资服务门户，用户可以检索、查询、调用媒资管理板块所存储的节目资料，以及使用媒资管理板块提供的文件资料柜存储资源。

媒资服务门户子系统主要功能模块包括：检索查询、筛选剪辑、下载申请、统计查询、资料服务进度查询、文件资料柜等。

编目生产线对完成入库的节目和素材进行编目工作，使用者主要面向媒资业务部门的相关人员。编目子系统需要实现的主要功能如下：

（1）提供对节目和素材进行自动或人工分类的功能；

（2）提供对节目和素材进行自动或人工关联捆绑的功能，自动与相关元数据进行对应；

（3）根据节目代码自动继承相关元数据；

（4）支持编目人员对节目素材进行整理、著录和补充元数据；

（5）提供对已完成编目的节目进行审核的功能。

4．上下载／缩编子系统

该模块的功能主要是针对传统介质或视频信号源进行上载任务的编排，并根据任务对相应内容进行编码上载，生成数字化媒体文件。同时有效管理用户的下载、缩编请求，并根据下载申请者的要求完成节目资料的切割组合、转码等处理，最终将相应的资料提交给用户在线使用或下载到其他介质。

5．存储子系统

该子系统作为资料归档、检索和调用的存储中心，为各种业务数据提供安全可靠的集中保存空间，提供在线、近线与离线的归档迁移功能和相应的任务管理、分配、审核功能，提供音视频检索和存储访问功能。该系统基础硬件由在线存储系统（磁盘阵列）、近线存储系统（数据流磁带库）和离线存储系统（库房磁带架群）三部分组成。同时还有负责多级存储管理的分级存储迁移系统，分级存储迁移系统是高智能化的、后台工作的、无人值守类型的系统，该系统主要负责处理来自内容管理系统的数据迁移和回迁请求。

6．运行管理子系统

运行管理子系统实现整个媒资系统的管理功能，它的主要功能包括版权管理、资料管理、信息统计、核算管理、权限管理、业务流程管理、业务流程定制、业务流程监控、网络管理。该子系统主要为媒资系统的运行管理服务，面向系统管理员。

7．备播子系统

备播子系统为播出系统提供自办节目、电视剧、广告节目等的备播功能，最终将完成准备的节目文件输出给播出环节。

媒体管理板块工艺架构如图 7-26 所示。

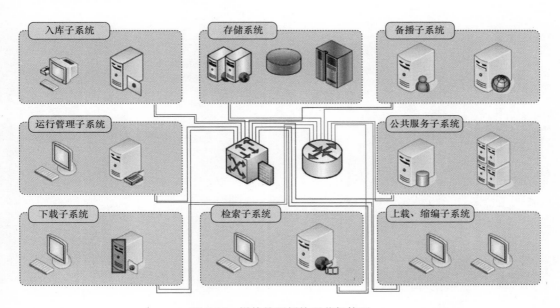

图 7-26　媒体管理板块工艺架构图

7.3.2.4　软件架构

媒体资产管理系统的软件架构分为 4 个层次，从底层到上层分别是存储层、中间件层、数据处理层、应用层。

1．应用层

包括内部应用、对外接口及系统监控。

内部应用主要是媒资系统自身对媒体文件的相关管理与应用服务，包括节目 / 素材入库后的处理，对资源对象进行编目，媒体文件的检索查询、下载申请、运行管理服务，电视剧、广告的上载缩编处理，以及节目备播的相关策略等。

对外接口是媒资系统面向外部系统提供的接口调用服务，包括入库接口服务、检索接口服务、下载接口服务、转码接口服务。

系统监控是对各类应用软件及工作流程的执行情况进行监控，包括工作流监控、在线存储监控、应用服务器监控、数据库监控、任务监控、FTP 监控等。

2．数据处理层

包括存储策略服务、转码服务。数据处理层主要对媒资系统的各类应用提供相应的数据迁移、存储、转码（低码率生成）、删除等服务。

3．中间件层

中间件层主要为上层应用与底层系统的维系提供支撑服务平台。包括 J2EE 平台、流媒体发布、工作流、FTP 服务以及消息处理等。

4．存储层

主要是指存储系统，包括底层数据库平台、在线及近线的存储管理、存储介质管理以及存储文件备份管理。

媒体资产管理系统的软件架构如图 7-27 所示。

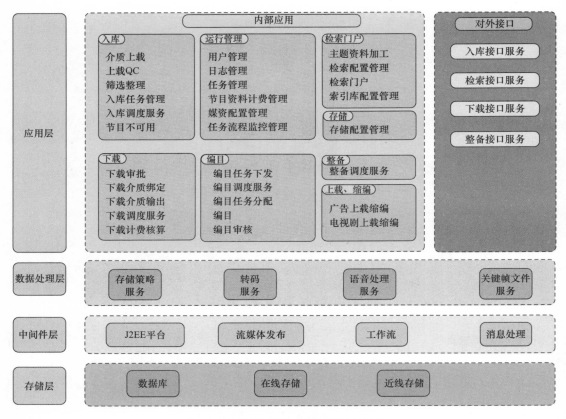

图 7-27 媒体资产管理系统的软件架构

7.3.2.5 存储容量计算

在完成了上述设计的基础之上，需进一步收集台内历史资料总量、新增自办节目总量、新增外购节目总量以及网络上载节目总量等数据。通过对这些数据的分析，再结合预计的在线、近线数据保存年限规划，即可初步计算出媒资系统所需的存储容量。

1．在线存储容量计算

在媒资系统中需要存储的数据主要是非结构化的视音频素材对象，在线存储主要由高码率数据缓存和低码率数据存储两部分组成。

系统设计规划时，首先应预计在线存储容量。由于在线存储设备需要采用价格昂贵的高速硬盘阵列设备，在进行存储容量计算时应充分考虑实际存储需求，应力求好用够用避免不必要的闲置浪费。短期情况下，可以将高、低码率存储共用一个盘阵实现，从长期来看，建议将低码率数据和高码率缓存分别采用不同的盘阵存储；且存储低码率数据的盘阵对带宽、容量等指标要求较低，分开存储具有更高的性价比。

电视台媒体资产系统在线存储的低码率文件一般按照 5 年在线时间进行容量估算。低码率视频素材如按 1.5Mbps 码率计算，1h 的低码率素材需占用大约 1.5Mbps × 3600 ÷ 8 = 675MB 的磁盘空间。一个中大型电视台 5 年内假设需要总共保存 30000h 的在线低码率视频资料，则需要大约 675MB × 30000 = 20250000MB（约 20TB）物理存储容量。考虑到冗余校验码占用存储空间等因素，至少还需增加 35% 的冗余容量，则在线存储系统用于低码率素材的存储空间不应少于 27TB。

出于成本考虑，电视台媒体资产系统高码率文件一般最多按在线存储半年进行计算，超期的高码率文件将迁移至近线磁带库存储。高码率视频素材如按 100Mbps 码率计算，1h 的高码率素材需占用大约 100Mbps × 3600 ÷ 8 = 45000MB 的磁盘空间。与上例相对应，一个中大型电视台半年内假设需要总共保存 30000h ÷ 5 ÷ 2 = 3000h 的在线高码率视频资料，则需要大约 45000MB × 3000 = 135000000MB（约 130TB）物理存储容量。考虑到冗余校验码占用存储空间等因素，至少还需增加 35% 的冗余容量，则在线存储系统用于高码率素材的存储空间不应少于 176TB。

在此基础上，还应考虑系统预留发展空间，这部分的容量可根据各个电视台的实际情况进行估算。在资金允许的情况下，比较理想的方案是采用 1∶1 预留发展空间进行计算。则上例可最终估算出在线存储量为：（176+27）× 2 = 406TB。

生产型媒资系统和全台中心媒资系统的在线存储量如果按 1∶3 的比例进行部署，则上例中生产型媒资系统需设计 100TB 的在线存储空间，全台中心媒资系统需设计 306TB 的在线存储空间。

2．近线及离线存储容量计算

近线及离线存储设备主要采用数据流磁带，唯一的区别是近线系统的数据流磁带安装在数据流磁带库槽位内，可随时按照调用指令被自动抓取并送入磁带机读取，速度较快，而离线磁带一般都存放在磁带库房的密集架上，调用时需要通过人工手动提取，速度较慢。近线及离线存储容量计算相对较粗，一般按不少于 10 年的新增节目进行估算。

假如预计 10 年新增高清节目总计 60000h，存储容量约合 2762TB，按照 LTO5 磁带 1.5TB/盘的容量计算，则需要约 1841 个槽位，考虑到历史资料、预留发展等因素则至少应考虑设计 2000 个或以上槽位。

7.3.2.6 工作站数量计算

1．工作站种类

媒资系统需要配备的工作站从功能上主要有以下几类：

（1）资料上载工作站：负责素材及成品节目的上载，需配备各种主流格式的放像机用于节目磁带介质的播放读取。

（2）节目下载工作站：负责完成成品节目的下载服务，根据检索结果从系统中调取目标资料，并通过数据 I/O 接口，将所需节目拷贝到录像机磁带中，需配备主流格式的录像机用于节目复制。

（3）节目处理工作站：负责电视剧、专题、广告类节目的上载缩编处理，主要用于节目内容的精简和多版本制作。

（4）编目工作站：负责对各类素材和成品节目的编目检索数据的制作。

（5）编目审核工作站：负责对已完成编目工作的节目和素材进行技术审查。

2．工作站数量计算举例

假设一个中大型电视台每年新增节目资料 6000h、电视剧 4200h，网络提交的节目按照每天 12h 自办节目估算。考虑到节假日，系统每年的有效上载天数按照 344d 计算。则各类工作站的数量计算如下：

（1）资料上载工作站

资料上载工作站按照每台每天 8h 工作制，有效上载时长为 6h 进行计算。新增节目资料需要：6000h÷344d÷6h≈3 台工作站。若考虑历史资料，则还需额外配置 1 台工作站处理历史资料上载业务。如历史资料较多，则需要按照双班制工作或额外配置更多上载工作站。因此，上载工作站的数量应按不少于 4 台进行配置。

（2）节目下载工作站

节目下载量一般难以估计，但随着节目数字化存储和传输的发展，节目下载需求将远小于上载量。与上例对应，节目下载工作站按照每台每天 8h 工作制，有效下载时长为 6h 进行计算，可配置 2 台节目下载工作站，即能实现对外提供 12h/d 的节目输出能力。如果下载量较少，可以考虑将下载工作站兼用为上载工作站。

（3）节目处理工作站

按照处理的节目形态细分，节目处理工作站可分为上载编辑工作站和缩编工作站两类。

该电视台每年电视剧的上载量为 4200h，假设电视剧上载编辑工作站按照每台每天 8h 工作制，有效工作时长为 6h 进行计算，则需配置 4200h÷344d÷6h≈2 台电视剧上载编辑工作站，即能提供 12h/d 的电视剧上载能力。在空闲时同时可进行电视剧编辑工作。

相对于上载编辑工作站，缩编工作站的工作效率较低，一天有效工作时长可按照 3h 进行计算，则需配置 4200h÷344d÷3h≈4 台电视剧缩编工作站，以供电视剧缩编使用。

（4）编目工作站

按系统历史节目和每日新增节目采用通常编目方式进行编目，假设编目工作站按照每台每天 8h 工作制，有效编目时长为 3h 进行计算，则需配置（6000h+4200h）÷344d÷3h≈10 台编目工作站。另外，来自网络提交的节目假如按照每天 12h 自办节目估算，则还需要 12h÷3h=4 台编目工作站。考虑到系统设备冗余，编目工作站需按照 15 台进行配置。

（5）编目审核工作站

根据上述数据，该电视台每天新增的节目资料为 6000h÷344d≈18h，新增电视剧 4200h÷344d≈12h，新增网络节目 12h，共 42h。

编目审核工作站 1h 大约可进行 3h 节目的审查工作，按每天 8h 工作制计算，每台编目审核工作站每天可处理 24h 节目，则需配置 42h÷（24h/台）=1.75 台编目审核工作站。

考虑到系统设备冗余，编目审核工作站需按照 2 台进行配置。

7.3.3　收录系统工艺需求

收录系统是电视台节目生产的主体业务之一，它的工作原理是将外来视音频节目信号转换为可编辑的高低质量视音频文件。收录系统的主要功能是为台内各个节目生产网络提供所需要的外来节目素材，包括外来信号收录（包括传统的视音频信号和 IP 方式）、直播信号收录等。从约传到存储调用，全部实现电子化、高度自动化。

7.3.3.1　总体功能规划

作为电视台全台网业务中信号输入的主要来源，收录系统将接收外部来源于光纤、卫星、有线电视机顶盒、互联网等多种路由的信号，并面向全台制播网络提供服务，提供数据化文件分发给全台制播网络各业务系统使用。

收录系统应能够对来自 SDH 光纤网络、卫星、有线电视、互联网、演播室、录像机等多种来源的视音频信号或数据进行采集。该板块作为电视台整个数字化网络平台的入口，通过统一的资源调配，实现节目资源有序、统一的采集功能。用户可通过办公网络或本地生产板块提交收录申请单来建立收录计划，收录模式与存储质量可按应用需求灵活定制。在收录完成的同时可根据下单信息自动生成简单编目信息，也可根据具体业务需求增添场记等编目信息并进行类目管理。

收录系统可实现与其他功能板块的数据交互，支持查询检索和浏览器下单功能，并支持收录素材向其他业务系统发送迁移的功能。

收录网络系统将主要用以完成各类外来 / 内部信号的调度接收、编辑制作、远程调用、编目存储等工作，要求将该板块建设成为一个技术先进、性能可靠、流程合理、交互性好的数字网络化平台。

电视台收录系统设计应满足以下几项基本要求：

（1）运行可靠性高、整体安全性好；

（2）操作灵活、维护方便；

（3）系统可扩容升级、便于二次开发；

（4）软件界面友好、管理功能强大；

（5）工作流程科学合理、适应远程应用模式；

（6）系统交互性好、提供开放的数据接口，实现与其他业务板块互联互通。

收录系统在整体设计上必须从安全性、实用性、先进性、开放性、高效性、扩展性、灵活性、可靠性等方面进行充分的考虑，满足各类节目收录、后期编辑制作和收录内容的编目管理等方面的要求。

7.3.3.2　功能需求及特点

收录系统主要由收录服务器、编单控制工作站、收录管理服务器、应用服务器、数据库服务器、以太网交换机、中心存储阵列等构成。其中所有服务器为提高系统的安全性均应采用主备热备份模式。收录网络应具备较强的伸缩性和扩展性，满足未来系统扩展的需要。同时，通过交换机的连接和数据网关的部署，采集收录版块可以实现与主干系统互联，通过将采集收录版块注册到主干系统上的相关接口服务，实现采集收录版块通过主干系统与台内其他业务系统的互联互通，以便与其他业务系统进行数据交换和资源共享。

收录系统一般采用 SAN+NAS 存储结构，收录服务器可通过 NAS 协议对磁盘阵列进行数据读取和访问，可方便地对素材文件进行有效的存储管理。收录服务器应支持 SDI/AES、模拟复合、模拟分量信号等接口，支持 DVC PRO 25Mbps、DVC PRO 50Mbps、MPEG2 I 帧 25/50Mbps 等压缩格式。系统还需配备收录控制工作站，实现收录计划的编排和收录任务的集中统一调度控制，并实现对收录服务器工作状态的监测。数据库服务器主要负责收录计划、收录节目信息、素材管理、权限管理、流程管理等数据的集中保存，为保障系统安全运行，数据库服务器应采用主备热备份方式。

为了保证服务器的数据传送能力，服务器应通过高速以太网端口联入，保证服务器端的带宽需要，每个端口传输带宽不应小于 1000M；数据存储应采用 RAID 冗余容错技术，充分保证系统中数据存储的安全性、可靠性；为实现 IP 收录外网接入的网络安全防护，收录系统应设计数据交换高安全区；部署接口服务器，实现与主干平台交互的接口服务；通过集中调度矩阵实现信号的收录调度。

收录系统作为全台业务的服务型业务系统，担负着全台节目信号和文件的收录任务，通过标准的规范能高效地将收录内容传输给应用业务系统。系统应采用"数据层、中间服务层、应用层"三层模块化设计，各模块间遵循"高内聚、松耦合"的设计原则，使各模块可以灵活配置，方便系统的构建。现代化的电视台收录系统应至少具备如下几项基本功能：

(1) 具备远程预约，远程编单功能；

(2) 具备动态排单，智能调度功能；

(3) 具备边收边传，边传边编功能；

(4) 具备实时场记，一次编目功能；

(5) 具备素材管理，独立存储功能；

(6) 具备收录技审，质量监控功能；

(7) 具备动态备份，备机接管功能。

7.3.4　收录系统工艺设计

7.3.4.1　收录预约 / 申请

收录预约 / 申请功能是现代化收录网络系统的一大特色功能，它可实现收录功能的网络化自动化操作。通过收录申请和收录预约，无需在收录机房现场进行手动操作，各频道和栏目编辑就可以按照需求实现跨网的收录任务提交，极大地提高了工作效率。

收录任务申请需要由拥有系统相关身份和权限的人员登录后，填写收录任务申请单，提交申请后系统自动将申请单发送至收录网具有审核权限的管理人员进行审核，审核通过后将该申请单发送给收录网收录任务编排人员进行任务排单。

在进行收录预约时，可以选择码流格式、附加信息、是否生成低码率文件以及目的系统等选项。节目收录完成后，系统可将采集的素材自动迁移推送到目的系统，目的系统可以是全台媒资系统、后期制作网、新闻制播网或其他业务子系统。

7.3.4.2　收录计划编单

1. 自动编单

收录系统应具备自动编单功能，当系统执行自动编单时，只要指定任务名称、所属栏目、收录组、编解码格式等基本项目即可，无需手动指定收录服务器。系统将根据当前任务设定和已有的收录任务占用收录资源情况，自动分配收录设备，如无可用收录设备，则给出相应提示。

系统根据收录任务冲突判断逻辑、频道冲突判断逻辑等系统策略自动进行任务资源分配处理，编单人员无须了解后台设备使用情况，系统即可完成自动化分配过程。

2．手动编单

除自动编单功能外，收录系统还应提供手动编单功能，当系统执行手动编单时，不仅要指定任务名称、所属栏目、收录组、编解码格式等基本项目，还需手动指定收录服务器。系统将根据当前任务设定和已有的收录任务占用收录资源情况，分配收录计划单中手动指定的收录设备，如无可用收录设备，则给出相应提示。

系统不进行收录任务冲突判断逻辑、频道冲突判断逻辑等系统策略判断，只要编单人员指定的收录设备并非正在执行手动排单收录任务，系统就可将任务下单。如果指定的收录设备正在执行自动收录任务，则手动收录下单后，手动排单任务在指定设备上优先收录，原自动收录任务自动调度到其他空闲服务器继续收录。

3．素材登记与管理

素材登记服务是收录系统与制作网平台的紧耦合模式的体现。素材登记与管理服务是系统面向制作网平台提供的特殊绿色通道服务。当素材被收录采集下来后，如果需要被制作网平台利用，则要首先在系统配置中设定工作路径，然后启动素材登记服务。当服务启动后，收录下的素材就可以被制作网系统所使用。素材登记服务还提供了日志管理服务，对于登记的每一个素材的操作，系统做了详细的日志记录，日志还可以被导出形成报表。

4．自动收录

按照用户设定的起止时间、使用的收录服务器、存放的路径以及要收录的通道号，系统可以自动切换收录通道（包括自动控制视音频切换矩阵）、选择收录服务器并开始收录，而无需人为的干涉。每一个收录任务的起止时间可以精确到秒，这样即可以节约磁盘空间，又可以减少不必要的剪辑操作，提高了板卡的实际利用率。

5．手动收录

当来不及添加新的收录任务，或者需要临时打断计划中的任务收录其他内容时，可使用手动收录。手动收录为用户提供了更灵活的选择，手动收录操作界面一般还会支持定时收录、定长收录等功能：

定时收录是在任务申请或下单时，由用户指定收录时间；下单可以是单次下单也可以是批次下单，如每天或每周定时下单。

定长收录是由用户指定收录长度；同时对于正在执行的收录任务，可由用户在任务未结束前改变收录长度，延长或减短收录时长。

7.3.4.3　视频矩阵控制

收录系统需对视频收录矩阵进行控制，系统对矩阵的控制是通过 RS232/422 串口连接矩阵控制计算机实现的。矩阵控制软件中会列出矩阵的输入和输出端口，通过控制输入和输出端口可以实现不同收录通道的切换。矩阵控制软件还支持自动切换和指定切换计划，切换计划可以通过指定开始切换和结束切换的时间以及相对应的输入输出端口实现定时切换。

7.3.4.4　收录系统监控

对于收录服务器的运行状态，主要通过收录控制工作站的图形化界面进行集中监看和控制。监看内容主要有收录服务器当前状态、是否有下条任务、收录服务器是否正常工作，以及视音频技审的监控，如黑场、静帧、静音等。收录控制工作站的图形化界面还能显示当前通道状态、收录任务列表、收录日志、即将收录通道信息、声画监控画面等。

收录监控程序是执行手动收录功能的主体程序，这是收录监控的控制功能部分，可以手动停止任意一个正在进行的收录任务，并可通过手动执行立即开始一个收录任务。该功能是提供给系统管理员使用的级别最高的任务管理功能。

收录网络的拓扑图管理功能是收录监控系统提供的一项可视化操作功能。拓扑图中绘制了矩阵输出端和收录服务器组，可以通过收录服务器指示灯显示的不同颜色形象地区分出服务器当前的运行状态，使系统管理员对设备运行情况一目了然。

7.3.4.5　主要功能模块

收录系统按照收录信号的不同可划分为 AV 视音频信号收录系统和 IP 文件收录系统。现代电视台一般都会将收录系统规划成一套统一的系统，融合两种信号的收录。从业务类型角度收录系统还可以划分为新闻收录系统和非新闻收录系统，由于新闻收录讲求时效性和安全性，中大型电视台一般会在新闻中心专门建设一套收录系统。从系统构成上来讲，新闻收录系统和非新闻收录系统区别大不，仅在系统规模和服务对象上有所区别。

总体来讲，一套完整的收录系统主要由信号收录服务器集群、收录数据服务器、网络存储及管理服务器、收录工作站、IP 收录服务器、病毒防护区、收录画面监控墙、接口服务器及网络交换设备组成。

信号收录服务器集群主要完成 AV 视音频信号的收录。根据收录信号的格式，一般分为 SDI 收录服务器和 ASI 收录服务器，主要完成对来自卫星、有线电视网、微波通道等节目信号的临时收录存储。收录服务器应支持 SDI/AES、模拟复合、模拟分量信号等接口，支持 DVC PRO 25Mbps、DVC PRO 50Mbps、MPEG2 I 帧 25/50Mbps 等压缩格式。节目收录任务完成后，保存在信号收录服务器的节目文件将通过收录调度管理系统的控制，定时迁移到收录系统的核心存储阵列中。在整个收录过程中，信号收录服务器的调度通过自动编单或手动编单完成。

收录数据服务器由一系列的功能服务器组成，实现对整个收录系统的流程管理、调度管理、转码服务、数据库应用以及网络管理。数据库服务器负责收录计划、收录节目信息、素材管理、权限管理、流程管理等数据的集中保存；为提高系统的安全性，一般需采用服务器主备方式。不论是来自 AV 视音频收录渠道的素材文件还是来自 IP 收录渠道的素材文件，都需要同时转出一版低码率文件用于内部网络检索浏览，因此在收录数据服务工作区还需部署流媒体发布服务器。

网络存储及管理服务器一般会采用 FC-SAN 结构存储网，以提高媒体数据存取的效率和安全。

收录工作站主要由三种终端构成：收录排单工作站、收录监控工作站以及剪辑工作站。排单工作站用于自动编单定制和手动排单；监控工作站用于对各个收录服务器的运行状态和收录状态进行监控；剪辑工作站用于对收录到的素材进行初级编辑，去除不必要的信息以及进行初级编目。

IP 收录服务器主要用于对来自互联网、专用网的 IP 媒体素材的文件化收录。由于来自网络的媒体素材格式多样且码率一般相对较低，IP 收录工作区的存储系统一般可采用 NAS 存储方式，可有效平衡运行效率和建设成本之间的矛盾。

收录画面监控墙用于收录视频的实时监看和回放。采用多画面分割器可在一个大屏监视器上汇聚不少于 6 路视频信号进行同时监看。由多个大屏监视器组成的监视墙则可以对所有的视频来源进行全方位的监视。

病毒防护区主要采用防火墙 +USB 数据摆渡系统，用于外网和收录网之间的数据交换以及 Web 服务器与内网服务器间进行数据交换，实现两个网络间的物理隔离，杜绝外部网络的非法访问，保障内网安全。

网络交换设备主要是千兆以太网交换机和 FC 光纤交换机，以太网交换机用于连接所有服务器和工作站，FC 光纤交换机用于 SAN 存储网设备的互联。接口服务器用于实现收录系统与主干平台之间的互联互通，完成一些必要的协议转换和接口服务。

一套典型的收录网络系统如图 7-28 所示。

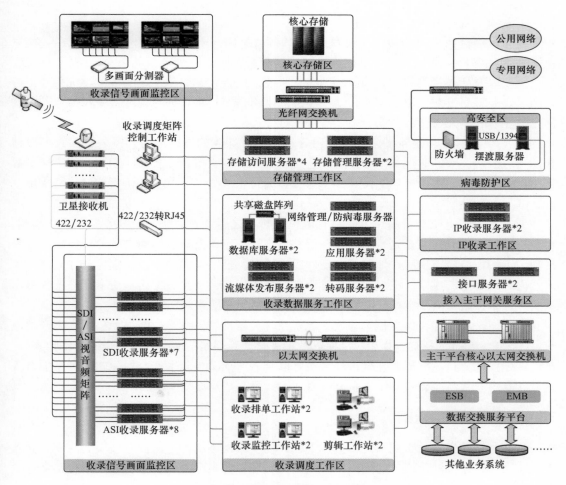

图 7-28　典型的收录网络系统图

第8章 互联互通交互平台系统

8.1 互联互通技术特点

随着 IT 和网络技术的不断渗透，电视台网络化系统平台的建设规模日趋庞大，逐步形成了很多"信息孤岛"、"应用孤岛"。为了规范电视台的网络化建设，国家广播电影电视总局科技司组织成立了"电视台数字化网络化工作组"，深入调查研究，编制并发布了《电视台数字化网络化建设白皮书（2006）》，为台内各业务板块协同运行、互联互通、资源共享等工作的开展提供了重要的设计依据，促进了电视台网络建设的规范化、标准化，推动了系统互联互通和业务整合。

在《电视台数字化网络化建设白皮书（2006）》中，电视台网被定义为：以现代信息技术和数字电视技术为基础，以计算机网络为核心，实现电视节目的采集、编辑、存储、播出交换以及相关管理等辅助功能的网络化系统。电视台网络化建设的根本目标是要促使台内的资源整合发展、生产方式转型、业务流程再造，促进广播电视从单一传统业务模式向多种业态和多元媒体良性发展。

2006 年之后，跨媒体平台成为国内外广播电视媒体的发展趋势。国外很多大型媒体集团通过收购、兼并，形成了包括广播、电视、互联网、电影、报纸、期刊、图书等集媒体生产、发行、运营于一体的跨媒体平台。多元化正成为当代受众的价值取向趋势。电视的传播已经开始向小众化、个性化、差异化服务发展。

另一方面，电视节目制作方式在完成模数转换之后，新业务、新服务形态不断涌现，对节目内容资源的需求更是有增无减。而移动电视、手机电视、网络电视等新媒体业务的出现，迫切需要广电传统媒体尽快向现代媒体转型。通过资源共享、流程再造提高节目生产能力，降低生产成本。电视台虽然具有内容资源优势，但在开发再利用上存在各种技术壁垒和困难，迫切需要电视台建设互联互通的网络化制播系统即全台网。

全台网是指以现代信息技术和数字电视技术为基础，以计算机网络为核心，实现电视节目的采集、编辑、存储、播出、交换以及相关管理等辅助功能的互联互通的网络化系统。全台网建设的重点主要体现在建设环境、互联互通、质量控制、安全保障四个体系的合理配置。其中互联互通和安全保障是全台网主干平台系统建设的关键。

8.1.1 互联互通的范围

互联互通的目的是实现不同厂家、不同时期、采用不同技术的业务板块之间安全高效地互联互通。通过制定统一的接口标准规范，实现资源整合发展、业务流程再造、降低生产成本、提高节目生产能效。互联互通的广度主要表现以下 3 个方面：

（1）各生产业务板块之间的互联互通

信息资源共享、互联互通、应用集成。

（2）生产业务板块和综合管理系统之间的互联互通

节目生产业务板块与生产管理系统、设备资源管理系统、广告业务管理系统之间的数据交换。

（3）台际之间的互联互通

与其他电视台、内容提供商、内容集成商、内容交换平台、内容发布平台的信息资源共享和交换分发控制。

8.1.2　互联互通的需求层次

互联互通的需求可分为以下 3 个层次：

（1）第一层次目标：资源共享化

实现素材、文稿、串联单、工程文件等媒体资源的共享。

（2）第二层次目标：业务流程化

使节目采集、制作、审核、播出、管理等各环节通过业务流程予以关联，实现基于业务流程的新型生产方式、管理方式。

（3）第三层次目标：管理集成化

在节目采集、制作、审核、播出、管理等环节实现管理集成化。构建全台数据中心，实现 IT 基础架构部署集中化；通过业务支撑平台和多种信息数据采集、代理手段，实现对各业务板块集中管理、监控；通过多级监控架构，对各业务进度、质量以及人员进行集中管理、监控。

8.1.3　接口系统

实现全台网互联互通的关键是统一各个子系统之间的接口体系。其目的是为了减少交换过程中的数据转换、流程适配处理，有利媒体数据和相关元数据的共享。其次，统一各业务环节的关键数据和属性描述，有利于跟踪台内各类业务的运行状态，从而推动电视台业务管理的现代化、规范化。

为了实现用户和多方集成厂商的合作，全台网互联互通接口标准的制定应遵循下述原则：

（1）开放性：厂家共同遵守，规范通用。

（2）兼容性：充分考虑目前相关的国际、国家、行业标准。

（3）扩展性：数据结构设计及属性描述要考虑业务和技术的发展。

（4）高效性：减少文件格式、传输协议等转换。

互联互通的深度主要体现在网络层、信号层、媒体数据层、媒体信息层和应用层 5 个层次：网络层是指物理网络的连接，信号层是指视音频信号的交换，媒体数据层是指媒体数据文件的交换，媒体信息层是指元数据信息的交换，应用层是指管理控制信息的交换。任何一个层次若存在互联互通的瓶颈，都将影响上一个网络层次的互联互通深度。其模型示意图如图 8-1 所示。

其中，网络层的互联互通主要是实现网络传输协议、软件通信接口协议的转换；信号层的互联互通主要是实现数字视音频信号标准自动识别；媒体数据层的互联互通主要是实

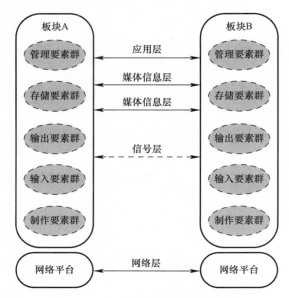

图 8-1　互联互通模型示意图

现视音频文件格式标准、视音频数据编解码标准的统一和自动转码；媒体信息层的互联互通主要是实现媒体对象实体定义规范，如元数据格式的统一；在应用层主要是实现互联互通接口服务的规范化。具体如下。

8.1.3.1　网络层基础协议的选择

应选择 TCP/IP、FTP 等通用成熟的协议。

可选择目前主流的广泛应用于台内网络的消息队列接口技术、Web Services 接口技术、组件接口技术等。

8.1.3.2　信号层规范

应严格遵照有关国家、行业标准技术规范如下：

（1）GB/T 14857—1993《演播室数字电视编码参数规范》；

（2）GY/T 156—2000《演播室数字音频参数》；

（3）GB/T 17953—2000《4:2:2 数字分量图像信号的接口》；

（4）GY/T 158—2000《演播室数字音频接口》；

（5）GY/T 223—2007《标准清晰度数字电视节目录像磁带录制规范》；

……等等。

8.1.3.3　媒体数据层应采用通用媒体文件格式

媒体数据层应采用通用媒体文件格式如下：

（1）媒体数据文件：视音频文件、项目文件、字幕文件；

（2）数据编解码格式：描述视音频信号数据化的方法，如 MPEG-2、MPEG-4、H.264 等；

（3）文件封装格式：描述数据化后的数据在文件模式下的存储方式、帧索引及其他元数据的记录方式，如 AVI、WMV、XML（可扩展的标记语言）。

8.1.3.4　媒体信息层采用行业通用的数据格式

实现媒体对象描述信息（即元数据）的交互。元数据包括视音频文件元数据、文稿元数据、串联单元数据等。为了实现这些元数据的交换，应采用标准的 XML 格式制定开放、统一的媒体对象实体定义规范。

8.1.3.5　应用层

实现管理控制信息的无缝交换。根据选用的应用集成架构，按业务交互种类划分并统一定义各业务板块的接口服务。

8.1.4　应用集成架构

当前，国内电视台在全台网互联互通的实践中，存在三种应用集成架构：点对点的互联架构、基于消息总线或中间件的互联架构以及基于面向服务体系架构（SOA）的 ESB+EMB 双总线互联架构。

8.1.4.1　点对点的互联架构

这种架构需要知道对方的接口类型（如 API、Web Services、消息）、位置（如 Web Service 引用地址、消息地址）等细节，需要根据对方接口开发。其优点是：

（1）架构简单，针对性强；

（2）各板块之间直接通过接口交互，数据交互效率高。

点对点架构的缺点：

（1）当各业务板块由不同厂商建设时，协调难度大；

（2）业务板块数量增加时，复杂度高；

（3）修改任一板块，需修改其他板块的接口，灵活性差。

综上所述，点对点互联架构适用于业务规模小、需要高度集成的电视台网。

8.1.4.2　基于消息总线或中间件的互联架构

这种架构引入总线作为中间逻辑调度引擎来实现交互业务，剥离系统之间的交互逻辑，灵活性强。各系统通过固定接口挂接在总线上，避免了直接访问，提高了系统的封装性和安全性。其缺点是：

（1）消息总线或中间件和应用程序之间进行了自定义的或者私有的集成，每一个集成点含有不同的、私有的数据格式；

（2）因为是中心—辐条式体系结构，存在单点故障、性能瓶颈、扩展困难等问题，对于不支持消息通信机制的应用软件，整合比较困难。

基于消息总线/中间件的互联架构只解决信息通信，不解决媒体数据的交互与传输，一般适用于业务规模中等、遗留系统不多的电视台网。

8.1.4.3　基于面向服务体系（SOA）的 ESB+EMB 双总线互联架构

面向服务的体系架构（SOA）是一个组件模型，将应用程序的不同功能单元（称为服务）通过这些服务之间定义良好的接口和契约联系起来。接口是采用中立的方式进行定义，独立于实现服务的硬件平台、操作系统和编程语言。系统中的服务可以以一种统一和通用的方式进行交互。面向服务的体系架构（SOA）的设计理念是将各业务板块对外的接口都提炼、抽象、封装为服务。

企业服务总线（ESB）是传统中间件技术与 XML、Web 服务等技术结合的产物，是支持 SOA 实现的基础架构软件，也是台内网业务支撑平台的重要组成部分，用于实现服务注册与管理、服务查找与调用、协议转换、消息路由、技术标准的适配、流程定义、流程控制和监管等功能。

企业媒体总线（EMB）是台内网媒体资源交换中心，实现各业务板块间多种形式的、对应用透明的、松耦合的媒体数据交换。EMB 由媒体资源注册、媒体数据迁移、转码服务、MD5 校验等功能模块组成，是台内网业务支撑平台的重要组成部分，与 ESB 共同构成台内网的双总线支撑模型。

电视台全台网基于 SOA 体系的 ESB+EMB 双总线互联架构具备如下特点：

（1）不仅解决信息通信，还解决媒体数据的交互与传输。

（2）采用了面向服务的设计理念，通过对各类业务进行统筹分析，将各板块对外的接口都提炼、抽象、封装为服务。

（3）ESB 用于元数据的传输，EMB 用于媒体文件的传输，是 SOA 思想在电视台全台网设计中的发展和具体实现。

基于 SOA 的 ESB+EMB 双总线互联架构的优点是：

（1）强化板块的内部封装，实现高内聚、低耦合，任何板块变更不会影响其他板块。

（2）新板块接入连接复杂度低，易于管理，便于业务服务拓展。

（3）适用于业务规模大、异构系统较多、流程复杂多变的电视台网。

基于 SOA 双总线的典型台内网架构如图 8-2 所示。

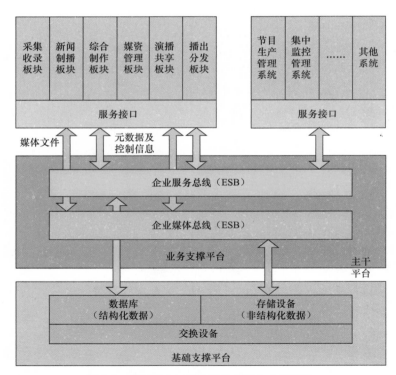

图 8-2　基于 SOA 双总线的典型台内网架构

8.1.5　全台网业务流程

从总体上讲，现代电视台的全台网应包括的功能子系统是非常多的，要实现这些功能子系统之间的互联互通也是非常复杂的。由于各级电视台的节目生产方式和多年形成的操作习惯不尽相同，因此全台网业务流程需要针对不同电视台的实际情况进行专门的定制。一套完整的电视台全台网系统涵盖了主干平台、总编室、新闻制作、非新闻制作、播出、媒资等多个子系统，从全台节目制播的总体层面看，主要流程包括自办节目制播流程和全台图文流程，而资料管理是支持以上流程的基础。

在业务系统间的交互流程中，EMB 的服务可以支持被 ESB 调用，用于完成系统交互流程中媒体文件的传输处理工作，所以在系统中 EMB 的服务是一个文件传输处理服务的抽象，供主干平台支持各业务系统间交互的复用。在这种模式中 EMB 是作为一个后台服务供交互流程使用，本身并不暴露给业务系统。

在主干平台内部，体现出的业务流程为 ESB 的处理、控制流程。主干业务流程如图 8-3所示。

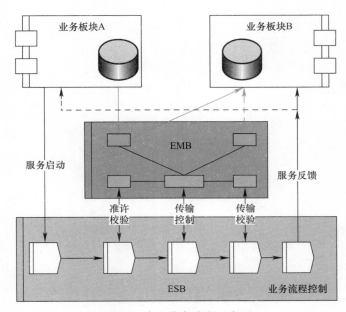

图 8-3　主干业务流程示意图

8.1.5.1　自办节目制播流程

电视台全台网制播系统是以一体化、可配置、高效率驱动的业务流程，该流程涵盖了从节目策划到节目播出的所有横向和纵向的所有环节，包括策划拍摄、节目制作、节目备播、节目播出和媒体资产管理。

1．策划拍摄

策划拍摄流程是节目生产流程的起始。策划拍摄中的"节目计划"包括全台统一节目规划和栏目部门节目策划两个方面内容。节目计划完成以后进行外出拍摄素材供制作使用。

2．节目制作

节目制作流程的素材来源主要有外拍上载的素材、收录的素材、从媒资系统调用的资料、采集的演播素材。节目制作阶段包括了多个具体制作环节，将在具体制作流程中说明。

在节目制作阶段，为了严把节目质量关，制作好的节目需经过技审和内审：制作人员负责技术审查，栏目部门负责内容审查。审查通过之后进入节目备播流程或送演播室播放。此外，节目成片和素材还要归档到媒资系统作为资料保存。

3．节目备播

节目备播流程中的"准备节目"环节主要接收制作完成的成品节目、上载的广告和外购的播出节目等，然后由总编室负责对节目进行审查，审查通过以后迁移至播出环节。总编室接收播出完成之后的已播节目单，根据已播节目单将相应的成品节目归档到媒资系统。

4．节目播出

播出流程包括文件送播、应急播出和直播。

文件送播的第一个环节是"播前审查"，主要是对待播节目按照播出串联单进行头尾检查。播前审查通过后，按照串联单进行播出。

应急播出是指对于播出前来不及通过网络送播的节目，可在播出系统紧急上载，然后通过播出审查后进行播出。

直播节目根据总编室编单控制直播信号源在播出中以开时间窗口的方式进行播出。直播信号的收录任务在演播室或收录系统完成。

5．媒体资产管理

媒体资产管理系统的资料来源包括历史资料上载、制作系统资料归档、播后节目归档以及收录资料等。这些资料归档前进行初级编目，入库后进行深度编目，发布后供其他系统检索调用。

一套典型的电视台自办节目制播流程如图 8-4 所示。

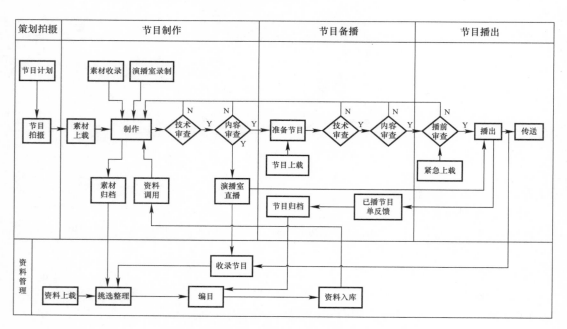

图 8-4　典型的电视台自办节目制播流程示意图

8.1.5.2　全台图文流程

为实现播出域、非新闻演播区以及新闻演播区的字幕设备和在线包装设备的网络化、流程化共享，全台网流程设计还需要涵盖全台的图文流程。全台图文系统整合了电视台全部图文制作播出设备，能够在全台范围内实现图文模板共享、图文数据共享、图文资讯非播出域编单、与视音频节目同步播出等功能。

全台图文流程主要包括素材上载、图文制作、图文备播、播出。

一套典型的电视台全台图文流程如图 8-5 所示。

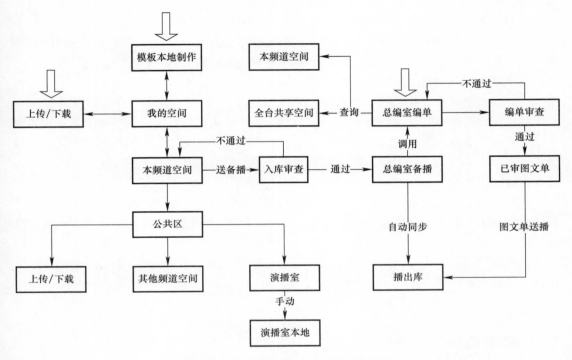

图 8-5　典型的电视台全台图文流程示意图

8.1.5.3　**业务流程实现途径**

电视台全台网建设过程中，实现系统的互联互通和网络化的工作流程是关键点。互联互通包括了控制信息、媒体数据交换、服务访问的全台性互联，由主干平台完成。全台业务、管理信息交换一般由节目生产管理系统实现。

互联互通最核心的思想是开放性和标准化。通过支持主流、开放和标准的接口规范，实现来自不同应用系统、不同厂商和不同设备型号之间的数据交换，这对主干平台和节目生产管理系统同样都适用。

互联互通包括两个方面内容的定义：第一是指在全台整个生产制播一体网络系统大框架下，各个子系统之间的数据交换以及跨系统工作流程的顺畅运行；第二是指全台制播一体网络系统作为整体与台内外其他技术系统之间的互联互通。

根据电视台的业务需求，依次完成对以下 4 个接口的定义是实现全台网互联互通的基本途径：

（1）全台网络系统内部各业务子系统之间的接口

定义该接口的目的是实现业务子系统之间的数据交换。其具体实现由主干平台和各子系统共同完成。主干平台定义了一系列开放、标准的技术规范，各业务子系统则提炼出必要的对外服务，用遵循主干平台所定义的技术规范来实现服务接口，共同完成各业务子系统之间的互联互通。

（2）全台网络系统与视音频系统的接口

定义该接口的主要目的是建立全台网络系统对外的视音频信号通路，主要涉及收录网络系统、播出网络系统等。这些信号通路应全部遵循国际标准。

（3）全台网络系统与办公业务系统的接口

定义该接口的目的是实现未来办公桌面终端参与全台网络系统生产以及全台网络系统与办公业务系统之间的数据交换。其具体实现是利用主干平台的高安全区相关软硬件来完成。要求既能保证系统之间的互连，又要保障全台网络系统内部的安全。

（4）全台网络系统与扩展业务系统的接口

定义该接口的目的是实现未来新兴业务系统能够接入到全台网络系统中。其具体实现由主干平台和新兴业务系统共同完成。主干平台需定义一系列开放、标准的技术规范，新兴业务系统则用遵循主干平台所定义的技术规范的适配器来实现服务接口，共同实现新兴业务系统的接入。

一旦上述4类接口定义完成，则可进行电视台全台网网络化工作流程的定义。工作流程定义是指从节目策划到素材采集、编辑、归档、播出、存储、统计和结算等方面实现过程管理的数据化、网络化和流程化。所有的工作环节都是由主干系统根据预先制定好的策略来自动驱动，环环相扣，可有效减少因人为拖延和失误带来的流程迟缓甚至中断。网络化工作流程主要体现在以下3个方面：

（1）网络化节目生产

包括新闻类节目生产网络化、非新闻类节目生产网络化、信号采集收录网络化、播出分发网络化和媒体资产管理网络化。

（2）网络化数据交换

包括制作系统与媒资系统之间素材的归档和调用、由采集收录系统向制作系统和媒资系统的数据迁移、全台制播一体网络系统之间的成品节目数据交换等。这些系统之间的数据交换均采用无磁带的网络化文件交换方式。

（3）网络化信息沟通

全台网络系统内部或与外部技术系统之间的信息沟通，包括收录约传单、节目信息、文稿信息、串联单信息、审片意见、资料检索信息、编目信息、编目审核信息、资料归档/迁移信息、总编室节目单信息等，这些信息的电子流传递可以打通全台网络系统内部以及与外部系统之间必要的信息沟通渠道。

8.2　互联互通交互平台系统技术用房组成以及对建筑等各专业的要求

8.2.1　配套技术用房组成

虽然从功能上来讲，全台网核心网络平台对于整个电视台实现各类业务的互联互通起关键作用，但从系统规模来讲并不庞大。因此，全台网核心网络平台的配套用房较为简单。

不过由于不同电视台的业务管理方式有所不同，对于核心网络平台的管理思路也不相同。一些电视台为核心平台的管控配备有专门的技术力量，独立于其他业务；另外一些电视台将核心平台的管控交由总编室负责；还有一些电视台甚至将核心平台的管控交由媒体资产管理中心负责。由于考虑到核心网络平台相对于台内其他任何业务本身就具有一定的独立性，因此对于新建的电视中心，从未来业务发展角度考虑，建议为全台网核心网络平台设置独立的配套技术用房，这些技术用房包括：

（1）核心主机房

（2）网络监控室

（3）专用 UPS 机房、专用空调机房、值班室等

全台网核心网络平台主机房主要用于布置实现电视台各个业务板块子系统之间互联互通的核心网络交换设备和提供 ESB+EMB 双总线业务的各类服务器。包括核心网络交换机、核心数据库服务器、迁移服务器集群、权限认证服务器、接口服务器、应用服务器、防病毒服务器、时钟服务器、网络监控服务器等。该机房是支撑整个电视台全台网业务的基础设施，在机房物理位置的选择、供配电系统和空调系统的配置上都应重点关注。

8.2.2　对建筑和结构专业的要求

8.2.2.1　对建筑专业的要求

全台网核心平台架构一旦确定，为保证整个系统的平稳运行，在今后很长的运行过程中就不宜再作较大的调整。整个全台网系统由于多采用松耦合的方式，网络核心应具备极高的适应性和稳定性，投入运行后系统的扩容主要表现在各个子系统的升级改造上，对关系全局的架构调整应越少越好。因此，全台网络核心平台配套技术用房物理位置的选择、房间面积的大小等基础条件应充分考虑电视台未来的发展趋势，以不变应万变，力求一步到位，避免今后发生频繁调整的情况。总体上讲，全台网核心网络机房的定位除了应符合计算机机房建设的有关标准规范外，还应满足以下几个基本原则：

（1）为保障安全，便于管理，全台网核心平台主机房应配备独立的专用机房，不宜和各个业务系统机房混用，不应选择临时性用房。大型电视台若采用集中式大数据中心机房方式，也应为全台网核心平台设置专属区域，不应和其他业务系统设备混合布置。

（2）核心主机房的安全级别不应低于播出总控机房，配套安保设施应齐全。

（3）核心主机房所在楼层不应过高或过低，宜选择在整个大楼或整个建筑群的中心地带，以方便布线管理。

（4）核心主机房所在位置应避免与上下水管道、空调冷凝水管道发生交叉，杜绝机房漏水、渗水情况的发生。

（5）核心主机房所在位置应避开有社会公众进入的区域，如不应设在综艺演播室、文艺录音室等对外开放区域。

（6）核心主机房净高应按机柜高度和通风要求确定。净高宜为 2.4 ～ 3.0m，层高应达到 4.5m。

（7）网络监控室、辅助用房应与核心主机房在同一层并靠近主机房设置。

8.2.2.2　对结构专业的要求

全台网核心网络平台主机房和专用 UPS 机房的楼板荷载可按 7.5kN/m^2 设计，网络监

控室的楼板荷载可按 3.5kN/m² 设计，专用空调机房可按 5.0kN/m² 设计。机房主体结构应具有耐久、抗震、防火、防止不均匀沉陷等性能，变形缝和伸缩缝不应穿过主机房。为方便走线和空调下送风，主机房中应采用防静电活动地板，根据实际情况，活动地板高度可设置在 200~400mm 之间，同时为保持机房实际地面与走廊地板水平，在结构设计时机房区域结构楼板应降低相应的高度。下走线线槽不应阻挡下送风通道；若需要上走线布线，则需设计相应的布线桥架。当管线需穿墙时，应尽量避开结构剪力墙；当管线需穿楼层时，宜设计工艺竖井。

8.2.3　对设备和电气专业的要求

当前一些大型电视台在建设新址时，出于技术发展和统一管理的要求考虑，会将全台网核心网络平台主机房与媒资管理系统、新媒体网络系统、制作播出网络系统的机房合并，形成一个规模较大的企业级数据中心机房，这种级别的主机房对空调、电气等专业的工艺要求应统筹考虑。由于不同子系统的业务类型不同，其系统运算负荷也不相同，设备密集度、设备用电负荷和散热量也有很大区别，即使是把这些不同业务类型的系统设备统一部署在一个大型数据中心机房内，也应根据业务类型的不同将整个机房划分为若干分区，在散热、供电等方面区别对待。

现代化数据机房普遍采用活动地板下送风、封闭式机柜、背对背前进后出式的冷热气流组织形式。冷热通道的布置能使空调机组送回风温度维持恒定，机组运行环境也得以稳定，效率由此提高。为满足扩容需求，制冷量冗余是提高正常运行时间的方法。

根据不同热负荷进行分区布置机柜和散热系统的原则，一般将机柜分为 3 类：

（1）低热负荷机柜：单个机柜额定功率小于 5kW 的机柜。

（2）中热负荷机柜：单个机柜额定功率在 15±10kW 的机柜。

（3）高热负荷机柜：单个机柜额定功率大于 25kW 的机柜。

这三类机柜在进行设备布置时，应归类摆放，不应将高低热负荷机柜混杂布置。针对不同类型热负荷机柜区域的散热解决方案也不相同，详见表 8-1。

三类热负荷机柜散热方式　　　　　　　　　　　　　　　　表 8-1

机柜类型	散热方式
低热负荷机柜	冷热通道方式
中热负荷机柜	封闭式冷热通道方式
高热负荷机柜	冷热通道封闭 + 定点制冷

对于高热负荷机柜，需要在热点位置增加冷负荷，在出风口设置变风量风机，通过冷热通道的传感器自动调节风速。对于更高热负荷的机柜甚至需安装全封闭式散热隔间，进行定点强制制冷。

根据国内各级电视台的总体情况，大型电视台全台网核心网络平台设备机柜属于中热负荷机柜，应采用封闭式冷热通道方式，中小型电视台全台网核心网络平台设备机柜属于低热负荷机柜，可采用冷热通道方式。

按照《计算机场地通用规范》(GB 2887) 和《电子信息系统机房设计规范》(GB 50174) 规定，将机房温度、湿度分为 A、B、C 三级。总体上应将电视台全台网核心网络主机房的温湿度要求按不低于 A 级标准进行设置 (A 级为夏季温度 (24±1)℃、冬季温度 (20±1)℃、相对湿度 40% ~ 60%)。机房温度变化率应小于 5℃，且不得凝露。

参考上述标准规范，结合各个电视台的系统实际运行情况，可对电视台全台网核心网络平台配套技术用房的供电容量、散热量、温度、湿度等指标提出一个总体要求。表 8-2 是针对一个省级电视台全台网核心网络平台技术用房，工艺专业对设备电气专业提出的相关要求：

工艺专业对设备电气专业提出的要求表　　　　表 8-2

序号	房间名称	使用面积 (m²)	温度 (℃)	相对湿度 (%)	散热量 (kW)	供电量 (kW)	级别
	核心网络平台						
1	核心主机房	50	冬 20、夏 22	35 ~ 55	60	75	一类
2	网络监控室	40	冬 18、夏 24	35 ~ 55	2	6	二类
3	UPS 机房	20	冬 18、夏 24	35 ~ 65	—	—	二类

注：1. "—" 表示工艺专业无特殊要求，可按通用标准规范设置。

2. 一类供电：应具有双路工艺电和 UPS 不间断电源系统。

3. 二类供电：一路工艺电 +UPS 不间断电源系统。

8.3　互联互通主干平台系统工艺设计

主干平台系统是实现电视台全台网应用集成的交换核心和业务核心，是全台网开放性架构的基础，是子系统之间数据交互的调度中心和流程控制的管理中心，是应用通信、集成与交互的中间平台，是全台网互联互通的技术支撑平台。该平台以互联总线为模型，对制播网络系统中可能用到的通信协议、软件接口协议、信息协议、数据压缩格式和文件格式进行了标准化的定义和实现，支持各个业务子系统的灵活接入和平等互联。

各业务系统间以文件方式为主要交换手段，通过主干平台系统实现电视台内部各业务网络的网间节目数据交换，为日常节目生产提供高效的数据共享功能。主干平台系统设备主要包括各类服务器、小型机、光纤导向器、核心交换机等，这些设备支撑了全台业务系统间的互连互通。

主干平台的功能包括：

(1) 提供一个松耦合、高效率、位置透明的互联互通应用集成平台；

(2) 定义各业务板块的接入方式、业务交互方式、数据交换方式；

(3) 提供多业务板块之间的业务整合功能 (流程编排、执行与监控等)；

(4) 提供支撑运行功能 (统一认证、网络监控等)；

(5) 提供与综合管理板块的接口功能。

电视台全台网主干平台架构基本示意如图 8-6 所示。主干平台系统由基础支撑平台、业务支撑平台组成。

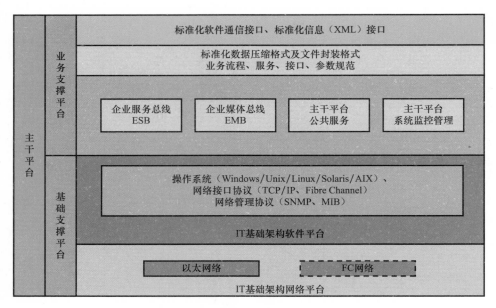

图 8-6 电视台全台网主干平台架构基本示意图

8.3.1 基础支撑平台

基础支撑平台是主干平台系统实现信息通信和数据传输、满足不同业务系统互联互通需求的重要基础。基础支撑平台能够满足各业务系统对基础设施提出的各种需求，保障业务应用高效、可靠地运行，同时能够方便、灵活地引入并利用各种采用最新技术的信息基础设施。基础支撑平台一方面应能够适应未来系统扩容的需要，以满足不断发展变化的业务需求；另一方面应兼顾技术发展趋势，方便将来灵活便捷地引入各种实用的先进技术。

基础支撑平台由基础网络平台和系统软件平台组成。其中基础网络平台为各业务系统间的互联互通提供数据传输链路、访问路由以及访问控制功能，涵盖了网络架构、网络安全、网络管理等方面的内容；系统软件平台包括数据库、中间件、操作系统等公共软件运行环境，是定义数据库结构、实现对外提供公共应用服务等的软件基础。

基础网络平台包括主干网络、核心设备，它为全台网提供传输、交换环境，通过企业服务总线和企业媒体总线方式实现各业务系统的互联。其主要任务是为电视台数字化节目生产提供信息和数据交换服务，以先进的数据交换技术和安全技术构建全台主干基础网络，同时为实现整个电视台网络化节目制、播、存一体化以及节目共享和网间互联互通提供基础保障，使电视台全台网整体系统适应现在和未来发展的需要。

8.3.2 业务支撑平台

随着 IT 技术的发展，EAI（Enterprise Application Integration）即企业应用集成的需求急剧增加，点对点应用集成模式和中间件服务器辐条式结构已不能很好地满足这些需求，在此前提下企业服务总线（Enterprise Service Bus，ESB）的体系结构逐渐浮出水面。企业服务总线体系结构继承了中心／辐条式体系结构将各个系统点对点连接转化为多个系统对中心连接的理念，但在这种体系结构中，集成中心被扩展成可以分布在多个物理节点上的总线（Bus），从而有效地解决了中心 / 辐条模式的单点失效和效率问题。

电视台全台网主干平台的业务支撑平台由企业服务总线（Enterprise Service Bus，ESB）、企业媒体总线（Enterprise Media Bus，EMB）、公共服务（Service Oriented Architectre，SOA）和系统监控管理等组成，负责各业务系统在主干平台上的集成、数据的交换与路由、流程的管理与控制，实现全台各业务系统的统一管理和互联互通，是全台网应用集成架构的核心，各模块的任务如下：

（1）ESB：实现服务注册与管理、服务查找与调用、协议转换、消息路由、技术标准的适配器、流程定义、流程控制和监管等功能。

（2）EMB：是媒体数据交换中心，由 ESB 来统一调度，进行全局的任务分配和调度。

（3）公共服务：由统一认证、统一时钟、业务系统配置功能模块、全局任务调度服务、工作流引擎服务、消息服务、迁移服务等通用公共服务组成。

（4）系统监控：基础网络和业务运行的管理监控，前者用于对网络设备和服务器的管理，后者用于对主干平台服务的管理及跨板块业务流程的监控。

ESB+EMB 双总线架构的总体功能的可分为内容处理功能和管理功能两个方面：

（1）内容处理功能

1）元数据和控制信息：ESB 提供通信协议转换、语义层的协议转换，如 JMS（Java消息服务，是一组 Java 应用程序接口 API）、MQ（消息中间件），还能实现协议内容转换，如不同服务消息格式的转换。

2）媒体数据：EMB 提供媒体文件交换功能，具有媒体文件转码、数据完整性校验功能。

（2）管理功能

1）流程的定义和配置：在 ESB 中定义和配置系统互联流程。

2）流程管理和设备监控：各流程的执行情况、元数据的流转和媒体资源的交换进程、系统内各类服务器的运行状态等。

3）服务的注册与管理：记录各业务板块对外服务的详细信息，该功能是实现业务服务物理位置透明和路由寻址的基础。

8.3.3　主干平台系统结构

电视台全台网主干平台一般由网络交换设备、服务器、数据库、高安全区 4 部分构成。

8.3.3.1　网络架构

全台网主干网络架构一般采用混合网络架构。主干平台对全台其他各个业务子系统提供千兆 / 万兆以太网接入以及 FC 光纤链路接入，确保各种网络架构的系统均能实现互联。

8.3.3.2　服务器部署

主干平台由基础支撑平台和业务支撑平台构成，其中存在大量的服务器，根据相应的业务功能主要可以分为以下几大类：

（1）基础支撑平台相关服务器，如网络管理服务器等；

（2）业务支撑平台 ESB 相关服务器，如数据库服务器、业务调度服务器等；

（3）业务支撑平台 EMB 相关服务器，如迁移服务器、应用服务器等；

（4）公共服务服务器，如统一认证服务器、Web 服务器等；

（5）高安全区管理服务器，如应用服务器等。

8.3.3.3 数据库架构

数据库管理系统，尤其是关系型数据库在全台各个生产系统中扮演着重要的角色。整个系统中除了 AV 视音频文件和图片等媒体文件之外，其他所有元数据信息（Metadata）都统一由数据库管理，包括媒体文件的描述数据、用户认证信息、用户权限、操作日志等。

数据库的实现方式是专网专用，在各业务系统内建立本地数据库，系统内站点访问本地数据库即可完成节目生产，这样可以有效地减少各系统之间的相互干扰，同时在进行数据库系统软硬件升级调试时，能更好地进行控制，方便管理。

采用总线架构的主干平台会有相关服务注册、查询、流程控制等功能，因此平台本身是需要数据库支持的，需要建立一个专属数据库，并且应采用统一的数据库软件确保主干平台和各业务系统之间的数据互联互通。数据库作为全台网各个系统的信息核心其重要性不言而喻，为了排除数据库服务器损坏导致的网络单点故障，各系统中的数据库服务器都应采用双机冗余的方式。

8.3.3.4 高安全区

高安全区能够对办公网络与生产网络中的以太网信息进行有效隔离，二者间所有的数据交换都在高安全区内完成。由于全台各个系统的安全需求不同，因此安全区域采用集中式 + 分散式的方式来实现。根据不同安全级别的划分来设计具体的高安全区域，并且制定相应的安全策略，在保证安全的同时尽量提高主干平台系统以及各业务系统的实际运行效率。

集中式安全区是指生产域有对外访问或被外网访问的需求时，在全台网设置统一的对外出入口，在这个出入口上集中建立安全区；分散式安全区是指在台内网有多个对外出入口时，应在每个出入口建立高安全区，做到分散风险、分别保障。

安全区域内部署数据库服务器、应用服务器以及用于安全隔离的防火墙、防毒墙和网闸等设备。安全区中的数据库服务器可以按照策略与内网中心数据库进行数据同步，外网需要检索数据时直接检索安全区中的数据库即可，不影响中心数据库。具体实现上可以采用内网设置同步服务器网关的方式，按照只读方式将数据由中心数据库写入安全区数据库。

一套典型的电视台全台网主干平台网络拓扑图如图 8-7 所示。

8.3.4 主干平台数据规范

电视台全台网核心主干平台的建设，根本目的就是要实现各个功能板块之间数据传输的规范化。在实现了物理路由互联互通的基础上，还需要进一步规范主干平台的数据格式，方可实现从硬件层面到软件层面的互联互通，其主要工作在三个层面展开：视音频编码及文件格式定义、媒体对象实体定义和服务接口的抽象及定义。

8.3.4.1 视音频编码及文件格式标准

电视台采用的视音频编码及文件格式应兼容国际、国内、行业通用标准，需要在高低码率视音频文件编码格式、音频编码格式、媒体封装格式三个层面上实现上下兼容。

1. 电视台常用的高码率视音频文件编码格式

（1）MPEG-2：适用于广播级数字电视信号的编码与传输。MPEG-2 I 帧内压缩，码率以 25Mbps、50Mbps 为主，一般用于制作环节；MPEG-2 IBP 帧间压缩，码率以 8～15Mbps

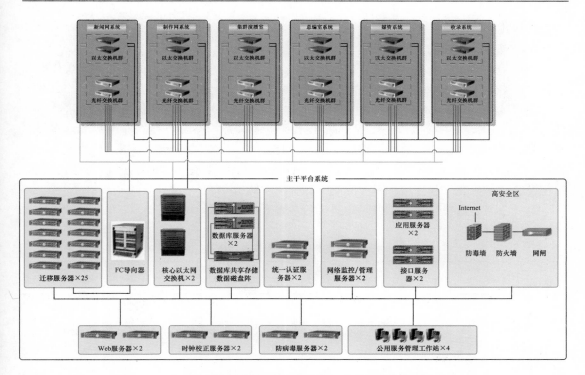

图 8-7　典型的电视台全台网主干平台网络拓扑图

为主，一般用于播出和传输环节。

（2）DV：帧内压缩，同样码率下图像质量低于 MPEG-2 长 GOP 格式，与 MPEG-2 I 相当；其数据流恒定，能保持较高图像质量，如 DVCPRO，一般用于后期制作。

（3）AVS：基于我国创新技术和公开技术制定的开放标准，面向高清晰度数字电视、网络电视、数字存储媒体等。

（4）H.264/AVC：采用混合编码框架，算法复杂，编码效率高，目前主要应用于高清等高编码率场合。

（5）电视台常用的低码率视音频文件编码格式：

（6）MPEG-4：基于对象的编码方法，高效压缩，提供基于内容的交互功能；主要用于检索浏览，码率以 800kbps 为主。

（7）WMV：微软的流媒体格式，在同等视频质量下体积非常小，主要用于低码率文件的对外发布和浏览，码率以 300~800kbps 为主。

2．电视台常用的音频编码格式

（1）PCM：脉冲编码调制，音质高，用于制作域，采用 44.1kHz/48kHz 采样、16Bit 量化。

（2）MP3：是 MPEG1 的衍生编码方案，用于低码率音频浏览。

（3）WMA：微软的音频编码格式，与 MP3 相类似，用于低码率音频浏览。

3．电视台常用的媒体封装格式有 AVI、MXF、AAF 等：

（1）AVI：音视频交叉存取格式，文件主要参数有视频参数、音频参数、压缩参数；任何编码格式都可以使用在 AVI 文件中，非线性编辑系统都支持。

（2）WAV：微软的声音文件格式，也叫波形声音文件。

（3）AAF：面向企业界的开放式标准，用于多媒体创作；解决跨平台的交互操作性和节目 / 素材交易，提供很多可交换的元数据。

（4）MXF：Material eXchange Format（素材交换格式）是美国电影与电视工程师学会SMPTE 定义的，是为数据的发送者和接收者建立不同数据格式转换的通用标准，本质上是一种外壳格式，与内容数据的格式无关。其特点为：MXF 是音频 / 视频 / 元数据的打包结构，文件在传输过程中可以直接播放，元数据得以保留；用 MXF 传送视音频时，元数据与视音频复用在一起传送，用于说明文件实体功能。

电视台高质量视音频文件编码格式可参考表 8-3 的建议。

电视台高质量视音频文件编码格式 表 8-3

板块 \ 制式		标清（SD）	高清（HD）
新闻制播板块	视频	MPEG-2 I 25～50Mbps；DVCPRO50；DCPROV25 等	MPEG-2 I ≥100Mbps；DVCPRO HD；HDCAM；DNxHD；JPEG 2000；H.264……
	音频	PCM 48kHz，16bit，单 / 双声道	PCM 48kHz，16/20/24bit，单 / 双声道，多声道
综合制作板块	视频	MPEG-2 I 25～50Mbps	MPEG-2 I 100～145Mbps；DNxHD 120～180Mbps；JPEG 2000；H.264……
	音频	PCM 44.1/48kHz，16/20/24bit，双 / 多声道	PCM 48kHz，16/20/24bit，双 / 多声道
播出分发板块	视频	MPEG-2　12～25Mbps	MPEG-2 IBP 50～120Mbps；JPEG 2000；H.264……
	音频	PCM 44.1/48kHz，16/20/24bit，单 / 双声道	PCM 48kHz，16/20/24bit，双 / 多声道
数字内容管理板块	视频	原格式	原格式
	音频	原格式	原格式

电视台低质量视音频文件编码格式可参考表 8-4 的建议。

电视台低质量视音频文件编码格式 表 8-4

板块 \ 制式		标清（SD）	高清（HD）
新闻制播板块	视频	MPEG-4 500kbps～1Mbps；WMV300kbps～500kbps	MPEG-4 2～3Mbps；WMV 2～3Mbps
	音频	MP3 64kbps；WMA 64kbps	MP3 64kbps；WMA 64kbps
综合制作板块	视频	MPEG-4 500kbps～1Mbps	MPEG-2 4～6Mbps
	音频	MP3 64kbps；WMA 64kbps	MP3 64kbps；WMA 64kbps

板块 \\ 制式		标清（SD）	高清（HD）
播出分发板块	视频	WMV 300～500kbps	WMV 500kbps～1Mbps
	音频	MP3 16kbps；WMA 16kbps	MP3 16kbps；WMA 16kbps
数字内容管理板块	视频	WMV 300～500kbps	WMV 500kbps～1Mbps
	音频	MP3 16kbps；WMA 16kbps	MP3 16kbps；WMA 16kbps

8.3.4.2　媒体对象实体定义规范

媒体对象实体定义即各种元数据的定义。全台网实现互联互通，元数据的定义是关键。元数据被定义为描述数据及其环境的数据，按用途分为技术元数据和业务元数据。首先元数据能提供基于用户的信息，如记录数据项业务描述信息的元数据能帮助用户使用数据；其次元数据能支持系统对数据的管理和维护，如关于数据项存储方法的元数据能支持系统以最有效的方式访问数据。具体来说，在数据库系统中元数据主要支持 5 类系统管理功能：描述哪些数据在数据仓库中；定义要进入数据库内的数据以及从数据库内产生的数据；记录根据业务事件发生而随之进行的数据抽取工作的时间安排；记录并检测系统数据一致性的要求和执行情况；衡量数据质量。

在电视台全台网应用中，元数据交换主要采用标准的 XML 格式，其种类有：

（1）视音频文件元数据；

（2）文稿元数据；

（3）串联单元数据；

（4）字幕元数据；

（5）图片元数据；

（6）节目工程文件元数据；

（7）字幕工程文件元数据；

（8）其他附属文件元数据。

由于电视台内各类媒体对象较多，其物理存在方式也不尽相同，如文稿、串联单以数据库方式保存，视音频数据以单个或多个关联的视音频文件方式保存。每一种媒体对象都有各自的业务属性，如文稿的稿件标题、稿件类型，串联单的标题、节目代码、条目代码等。根据业务管理需要，某些媒体具有相关的描述信息，如音像资料编目规范信息等。基于上述原因，电视台元数据描述可采用分层描述的方式进行统一定义：

（1）物理层：媒体对象的物理存在方式，如文件 ID、文件路径、文件类型、文件大小等；

（2）基本属性层：媒体对象的各种专有业务属性，如素材入点、出点、节目代码、审核信息等；

（3）扩展属性层：媒体对象相关的描述信息，如场记信息、原始标记点信息、国家音像资料编目规范信息等。

8.3.4.3　服务接口的抽象及定义

1. 核心服务（结合 ESB 功能）

（1）服务注册：服务提供者调用主干平台提供的服务注册接口进行服务注册或对已注册信息进行修改。

（2）服务查询：主干平台为服务使用者提供注册在平台上的服务的查询定位功能，实现服务提供者和服务使用者间的松散耦合调用关系。

（3）服务注销：服务提供者调用主干平台的服务注销接口，对已注册服务进行注销操作。

2．扩展服务

（1）单点登录服务：采用基于数字证书的加密和数字签名技术，对台内网用户实行集中统一管理和身份认证，实现"一点登录、多点漫游"。

（2）统一时钟服务：由专门的时钟服务器实现各系统时钟同步。

（3）统一调度服务：支持各板块间的多任务分配和均衡调度，如迁移、转码、打包等公共服务的统一调度。

（4）消息服务：包括通知消息、任务消息、短信消息。

主干平台及各业务板块典型服务接口见表 8-5。

主干平台及各业务板块典型服务接口　　　　　　　表 8-5

板块	服务	接口	板块	服务	接口
采集交换板块	收录任务服务	添加约传任务	数字内容管理板块	查询服务	导入允许
		取消约传任务			目标状态获取
		查询约传任务		检索服务	素材检索
	文稿服务	稿件入库			全文检索
		稿件查询		内容交换服务	内容导入
	节目单服务	节目单查询			内容导出
		节目单内容查询			
综合制作板块	文稿服务	稿件入库	演播室共享网络板块	文稿服务	稿件入库
		稿件查询			稿件查询
	素材服务	素材入库		节目单服务	节目单入库
		素材下载			节目单查询
		素材查询		素材服务	素材入库
	节目单服务	节目单入库			素材下载
		节目单查询			素材查询
	查询服务	导入允许		查询服务	导入允许
		目标状态获取			目标状态获取
新闻制播板块	文稿服务	稿件入库	播出分发板块	节目单服务	节目单入库
		稿件查询			节目单查询
	节目单服务	节目单入库		节目服务	节目入库
		节目单查询			节目查询
	场记服务	场记入库		系统信息查询服务	播后统计信息查询
	素材服务	素材入库		串联单服务	播后串联单提交服务
		素材下载			更新播出串联单服务
		素材查询			获取播控配置服务
	查询服务	导入允许		查询服务	导入允许
		目标状态获取			目标状态获取

8.4　安全规划与设计

8.4.1　安全等保定级规划

安全生产播出是电视台的生命线。在数字化、网络化后，技术系统的复杂性显著提高，各业务板块间的联系及共享更加紧密，节目制播的工作模式和流程发生根本改变，面对全新的节目生产播出安全形势，传统的管理维护和运行经验已不能满足实际要求，因此在全台网发展中应把安全放在首要位置，充分认识网络环境下新的风险，建立完善的安全防范体系。

2006 年，《电视台数字化网络化建设白皮书》发布后，电视台网络化建设进入到了全台网建设的新阶段。全台网系统提供了一种"整体应用"的方案，它关注的是全面的调控，更有利于对电视台整体制播业务的各种资源进行充分整合。全台网让这些被分隔开来的资源和系统重新处于统一管理和调配之下，使电视台的生产力环境从过去的"局部优化"提升到"整体优化"阶段。

电视台全台网与普通 IT 网络相比，存在较大的区别。首先，由于电视台安全播出的特性，特别是新闻节目的政治属性要求，使得系统的安全要求更高；其次，由于电视台节目播出内容的政策要求严格，播出系统需要与互联网物理隔离，节目播出前还有严格的审查环节。这些都是普通 IT 网络无法具备的特征。由于安全播出的要求，对于系统的可靠性要求将更高，在设备、链路、系统等多个层次上的冗余机制更是被反复采用。另外由于媒体数据量巨大，对网络带宽和实时性要求高，且业务种类多样化，这些特殊性也使得电视台全台网具有更加鲜明的技术特色。

作为 IT 技术与广电技术相结合的产物，全台网有着显著的 IT 技术特征，既带来了传统系统未有的优势，同时也带来了传统系统未有的安全难题。这主要表现在电视台全台网真正实现了电视节目的采集、制作、存储、播出流程的连通，考虑到网络的无边界特性和网络安全的木桶原理，系统需要保障的安全范围因此扩大。由于全台网引入了各个专业分工的流水线大生产模式，使得整个系统的技术风险更加复杂；大规模地使用 IT 设备，将带来网络故障易突发、易扩散、难定位的新特点。另外由于在系统上将形成物理层、网络层、平台层、应用层四个层次的管理模式，使得电视台全台网与传统的制播系统相比在管理运维上需要更加专业化的管理团队。

为了持续推动、指导电视台数字化网络化工作，"电视台数字化网络化工作组"继而在 2008 年初发布了《电视台数字化网络化建设白皮书（2007）》。在新版白皮书中，重点关注全台网运行的可管可控，将安全保障列为四大研究主题之一，并根据广电行业的特殊要求，提出了要从技术、管理、运维等多个方面来保证全台网的高可用性和节目制作播出的安全性。2009 年 12 月 16 日，国家新闻出版广电总局颁布《广播电视安全播出管理规定》即第 62 号令，随后进一步下发了《广播电视安全播出管理规定电视中心实施细则》。该文件根据所播出节目的覆盖范围，将电视台安全播出保障等级分为一级、二级、三级，一级为最高保障等级：

（1）省级以上电视台及其他播出上星节目的电视中心应达到一级保障要求；

（2）副省级城市和省会城市电视台、节目覆盖全省或跨省 / 跨地区的非上星付费电视频道播出机构应达到二级保障要求；

（3）地市、县级电视中心及其他非上星付费电视频道播出机构应达到三级保障要求。

保障等级越高，对技术系统配置、运行维护、预防突发事件、应急处置等方面的要求越高。上述这些重要文件对于电视台全台网安全规范和设计作出了更加明确的规定。

2011 年 4 月，《广播电视相关信息系统安全等级保护定级指南》通过了国家国家新闻出版广电总局科技司召开的行业暂行技术文件审定会。该文件规定了广播电视相关信息系统安全等级的定级方法，适用于为广电行业制作、播出、传输、覆盖等生产业务相关信息系统安全等级保护定级工作提供指导。

信息系统是指由计算机及其相关和配套的设备、网络所构成的对广播电视业务信息进行采集、加工、存储、传输、检索等处理的系统，对于电视台来讲，最重要的信息系统就是全台网和播出总控平台。

8.4.1.1　等保定级原理

1．信息系统安全保护等级

根据等级保护相关管理文件，信息系统的安全保护等级分为以下 5 级：

（1）第一级，信息系统受到破坏后，会对公民、法人和其他组织的合法权益造成损害，但不损害国家安全、社会秩序和公共利益；

（2）第二级，信息系统受到破坏后，会对公民、法人和其他组织的合法权益造成严重损害，或者对社会秩序和公共利益造成损害，但不损害国家安全；

（3）第三级，信息系统受到破坏后，会对社会秩序和公共利益造成严重损害，或者对国家安全造成损害；

（4）第四级，信息系统受到破坏后，会对社会秩序和公共利益造成特别严重损害，或者对国家安全造成严重损害；

（5）第五级，信息系统受到破坏后，会对国家安全造成特别严重损害。

2．信息系统安全保护等级的定级要素

信息系统的安全保护等级由等级保护对象受到破坏时所侵害的客体和对客体造成侵害的程度两个定级要素决定。

（1）受侵害的客体

等级保护对象受到破坏时所侵害的客体包括以下 3 个方面：

1）公民、法人和其他组织的合法权益；

2）社会秩序、公共利益；

3）国家安全。

（2）对客体的侵害程度

对客体的侵害程度由客观方面的不同外在表现综合决定。由于对客体的侵害是通过对等级保护对象的破坏实现的，因此，对客体的侵害外在表现为对等级保护对象的破坏，通过危害方式、危害后果和危害程度加以描述。

等保对象受到破坏后对客体造成侵害的程度归结为以下 3 种：

1）一般损害：工作职能受到局部影响，业务能力有所降低但不影响主要功能的执行，出现较轻的法律问题，较低的财产损失，有限的社会不良影响，对其他组织和个人造成较低损害。

2）严重损害：工作职能受到严重影响，业务能力显著下降且严重影响主要功能执行，出现较严重的法律问题，较高的财产损失，较大范围的社会不良影响，对其他组织和个人造成较严重损害。

3）特别严重损害：工作职能受到特别严重影响或丧失行使能力，业务能力严重下降且功能无法执行，出现极其严重的法律问题，极高的财产损失，大范围的社会不良影响，对其他组织和个人造成非常严重损害。

定级要素与信息系统安全保护等级的关系见表 8-6。

定级要素与信息系统安全保护等级的关系　　　　　　　　表 8-6

受侵害的客体	对客体的侵害程度		
	一般损害	严重损害	特别严重损害
公民、法人和其他组织的合法权益	第一级	第二级	第三级
社会秩序、公共利益	第二级	第三级	第四级
国家安全	第三级	第四级	第五级

8.4.1.2　等保定级方法

信息系统安全包括业务信息安全和系统服务安全，与之相关的受侵害客体和对客体的侵害程度可能不同，因此，信息系统定级也应由业务信息安全和系统服务安全两方面确定。

从业务信息安全角度反映的信息系统安全保护等级称为业务信息安全保护等级；从系统服务安全角度反映的信息系统安全保护等级称为系统服务安全保护等级。

确定信息系统安全保护等级的一般流程如下：

（1）确定作为定级对象的信息系统；

（2）确定业务信息安全受到破坏时所侵害的客体；

（3）根据不同的受侵害客体，从多个方面综合评定业务信息安全被破坏对客体的侵害程度；

（4）得到业务信息安全保护等级；

（5）确定系统服务安全受到破坏时所侵害的客体；

（6）根据不同的受侵害客体，从多个方面综合评定系统服务安全被破坏对客体的侵害程度；

（7）得到系统服务安全保护等级；

（8）将业务信息安全保护等级和系统服务安全保护等级的较高者确定为等级保护对象的安全保护等级。

电视台全台网系统比较庞大，为了体现重要部分重点保护、有效控制信息安全建设成本、优化信息安全资源配置的等级保护原则，需要将电视台全台网系统划分为若干个较小的、可能具有不同安全保护等级的定级对象。根据电视台的实际情况，按照上述定级对象的基本特征，综合考虑责任单位、业务类型和业务重要性等各种因素，可将电视台全台网信息系统的安全等级保护对象进行分类的定义，见表 8-7。

电视台全台网信息系统的安全等级保护对象分类　　　　表 8-7

名称	分类	定义
电视台全台网信息系统	播出系统	实现节目播出和控制的信息系统
	新闻制播系统	以新闻节目为核心，制作播出一体化的信息系统。
	播出整备系统	为播出进行节目准备和信号调度的信息系统。
	媒资系统	实现数字媒体节目的接收、存储、管理、转换、共享和发布的信息系统。
	综合制作系统	以节目制作为核心业务以及为核心制作业务提供辅助服务的信息系统。
	业务支撑系统	实现各业务系统互联互通及基础性服务支撑的信息系统。
	生产管理系统	与生产业务相关的管理服务等信息系统。

8.4.1.3　电视台受到破坏时侵害的客体

根据广电行业特点，可以分析电视台全台网系统与国家安全、社会秩序、公共利益以及公民、法人和其他组织的合法权益的关系，从而确定当系统受到破坏时所侵害的客体。

电视台播出系统的业务信息安全或系统服务安全受到破坏，可能直接造成播出事故，侵害社会公众收听收看广播电视节目的合法权益，可能引起社会秩序混乱乃至社会动荡、可能侵害国家安全。

电视台新闻制播系统、播出整备系统等与播出密切相关信息系统的业务信息安全或系统服务安全受到破坏，可能造成播出事故，侵害社会公众收听收看广播电视节目的合法权益，可能引起社会秩序混乱，可能侵害公共利益。

电视台综合制作系统、媒资系统、业务支撑系统、生产管理系统等系统的业务信息安全或系统服务安全受到破坏，不会直接造成播出事故，但会给本单位造成一定的财产损失、经济纠纷、法律纠纷等，侵害本单位的权益。

8.4.1.4　各级电视台安全保护等级

在确定了电视台全台网信息系统的安全等级保护对象之后，参考定级要素与信息系统安全保护等级的关系对照表，即可对各级电视台全台网子系统进行综合侵害程度划分。

综合考虑各级电视台相关信息系统的业务信息安全等级和系统服务安全等级，各信息系统定级建议见表 8-8。电视台可根据本单位全台网业务功能，进行参照定级，安全等级应不低于建议级别；对于承载复杂功能的信息系统，安全等级可高于建议级别；对于承载多个业务功能的信息系统，应以建议的最高安全等级进行定级；未在建议表中列出的信息系统，可根据其承载的业务功能，参照表 8-8 进行定级。

各级电视台信息系统定级建议　　　　表 8-8

序号	分类	分类			
		国家级	省级	省会城市、计划单列市	地市及以下
1	播出系统	第四级	第三级	第三级	第三级
2	新闻制播系统	第三级	第三级	第三级	第二级

续表

序号	分 类	分 类			
		国家级	省级	省会城市、计划单列市	地市及以下
3	播出整备系统	第三级	第三级	第二级	第二级
4	业务支撑系统	第二级	第二级	第二级	第二级
5	媒资系统	第二级	第二级	第二级	第二级
6	综合制作系统	第二级	第二级	第二级	第二级
7	生产管理系统	第二级	第二级	第二级	第二级

8.4.2 全台网安全技术要素

根据新版《电视台数字化网络化建设白皮书（2007)》提出的 STMME 安全保障体系的模型，从指导策略、构成要素、动态实现过程三个层次来论述整个模型的实现机制。安全保障体系模型如图 8-8 所示。

其中，对于安全技术这个构成要素，将安全防护划分为了基础环境层、网络交换层、系统平台层、媒体资源层和业务应用层，并针对各个分层提出了安全防护的设计要求。安全技术层次如图 8-9 所示。

图 8-8 STMME 安全保障体系模型

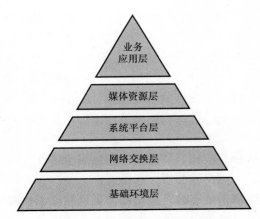

图 8-9 安全技术层次示意图

8.4.2.1 基础环境层

基础环境层主要考虑部署全台网核心设备的机房在环境安全风险方面的技术对策。具体措施包括：控制机房环境温度、湿度、防静电、防雷、防干扰、消防、保障机房供配电、接地。

全台网广泛使用的 IT 设备，较传统视音频设备而言对基础环境的要求更高，机房环境温湿度改变，防静电、防雷、接地等措施不到位都会对网络的安全运行形成一定的影响，甚至造成致命的打击，因此应当重视基础环境层的安全。

1．机房环境

机房环境应着重考虑供配电、接地、机房温湿度控制、防静电、消防、防雷击、防电磁泄漏和干扰等各个环节的安全。

机房建设应当依据《民用建筑电气设计规范》（JGJ/T 16）、《计算机场地安全要求》（GB 9361）、《计算机场地通用规范》（GB 2887）、《建筑物电气装置》（GB 16895.17）、《建筑物电子信息系统防雷技术规范》（GB 50343）、《广播电视中心技术用房室内环境要求》（G.YJ43）、《广播电影电视系统重点单位重要部位的风险等级和安全防护级别》（GA586）等相关国标和行标的规定进行设计和施工，确保全台网计算机设备和电视设备的稳定、可靠、安全运行。

此外，《广播电视安全播出管理规定》电视中心实施细则第二章第八节第四十五条更进一步要求：机房温度、湿度、防尘、静电防护、接地、布线、外部环境应符合《电子信息系统机房设计规范》（GB 50174）的有关规定。其中，三级应符合 C 级电子信息系统机房的有关规定，二级应符合 B 级电子信息系统机房的有关规定，一级应符合 A 级电子信息系统机房的有关规定。机房应采取必要的防鼠、防虫等措施。机房消防设施的配置应符合《广播电视建筑设计防火规范》（GY5067）的有关规定。第四十六条则要求机房安全防范应符合《电子信息系统机房设计规范》（GB 50174）、《广播电影电视系统重点单位重要部位的风险等级和安全防护级别》（GA586）的有关规定。一级、二级应对设备机房、UPS 主机及电池室、缆线集中点、室外设备等播出相关的重点部位设置视频安防监控系统。

2．用电安全

与传统 AV 设备相比，全台网中的服务器、存储体等 IT 设备以及操作系统、数据库等平台和应用软件对意外停电更加敏感，更易于因为意外停电出现故障，更难于从意外停电中恢复正常工作。重要机房的工艺配电系统应确保安全可靠。机房供电系统应将动力、照明与工艺用电线路分开；应建立备用的供电系统，以便常用供电系统停电时启用；应采用 UPS 不间断电源供电，防止电压波动、电器干扰、断电等对系统的影响；对于播出、新闻、主干平台、媒资等重点机房，建议采用单机双母线或 1+1 并联冗余供电方式，保证系统供电的可靠性。此外，全台网用电系统的设计还应遵守《广播电视安全播出管理规定》（第 62 号令）和《广播电视安全播出管理规定》电视中心实施细则的有关要求。

8.4.2.2　网络通信层

网络通信层的安全设计需着重考虑如何避免各业务板块之间未经授权的访问，以及病毒、木马的攻击和扩散，保证各业务板块特别是新闻、播出等关键业务的安全。网络通信层的安全应当统一规划、整体协调，着重考虑全台网安全等级规划、网络架构安全、边界安全防范、终端安全防范、网络可靠性、拥塞控制与服务质量保障等方面。

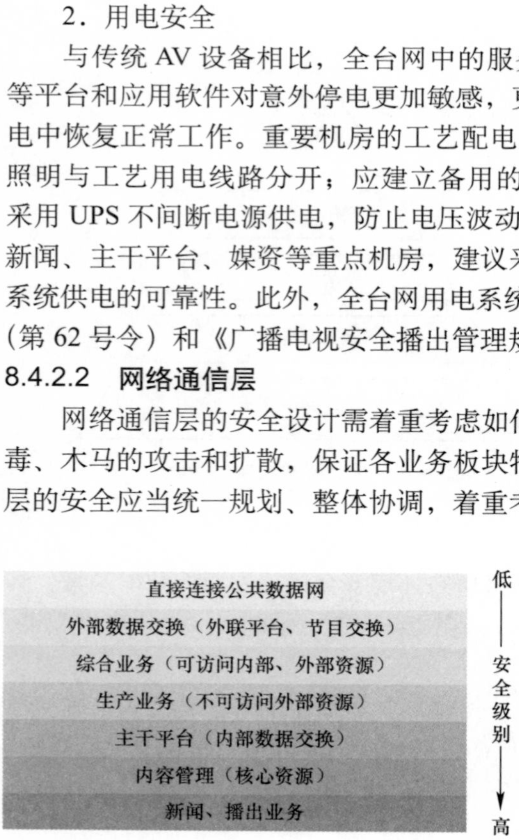

1．安全等级规划

根据发生故障后的影响对象、影响程度不同，可以将全台网划分为多个安全等级，从而合理分配资源、实施等级化保护，如图 8-10 所示。

2．网络架构安全

在全台网安全等级规划的基础上，为了

图 8-10　全台网安全等级化保护示意图

能够有效实施边界防护，避免不同安全区域、不同业务板块之间的病毒和故障扩散，降低各业务板块的耦合度，提高各业务板块的独立性，应当考虑采用结构化分层的基础网络架构，即"核心－汇聚－接入"三层模型。

3．边界安全防范

在合理划分安全等级，构建安全网络架构的基础上，还应采取必要的安全技术，保证网络边界的安全。目前用于不同安全域之间数据交换的技术主要有以下几种：

（1）修桥策略

实现方法包括 ACL、防火墙、IPS、VPN、UTM 等；业务协议在一定的控制策略下直接通过，数据不重组，对速度影响小，安全性弱；

（2）渡船策略

业务协议不直接通过，数据要重组，安全性好。软硬件实现方法包括物理隔离网闸、USB 私有协议、高安全区等；

（3）人工策略

不做物理连接，人工用移动介质交换数据，安全性最好。

4．终端安全防范

全台网包括大量的服务器、工作站等计算机设备，作为信息存储、传输、应用处理的基础设施，其安全性涉及到系统、数据、网络等多个方面，任何一个节点出现问题都有可能影响到整个全台网的安全。终端安全防范在技术层面上应考虑以下几个方面：

（1）建立域管理环境。

（2）实施病毒防护，在每台终端安装防病毒软件。

（3）部署补丁管理系统。

（4）采用网络准入控制软件。

5．网络可靠性

对于全台网而言，影响固有可靠性的因素很多，包括设备、链路、软件等环节自身的可靠性，以及系统冗余备份和故障发现切换机制。

全台网中的核心层、汇聚层网络设备应尽可能选用具有大量应用案例、成熟、可靠性指标高的产品，并配备双引擎、双电源、双风扇。核心层、汇聚层交换机应采用双机热备和双链路冗余机制。基础网络采用链路备份以及负载均衡技术，确保链路可靠性和高传输带宽。链路铺设上预留充分的冗余链路，以应对链路故障，快速恢复链路畅通。对可靠性要求较高的链路，可以考虑采用链路捆绑技术。服务器等重要设备应采用双网卡接入网络。

6．拥塞控制与服务质量保障

电视台全台网中的网络设备应具备拥塞控制功能，在网络出现拥塞前就自动采取适当的措施，进行先期拥塞控制，避免瞬间大量的丢包现象。同时，全台网数据流量大、数据类型多，为了保证关键业务的开展，要求网络设备支持多种业务数据分类，根据用户所在网段、应用类型、流量大小等自动对业务进行分类，对不同等级的业务进行不同的处理，为其保留带宽或提供 QoS 服务质量保障，满足不同类型数据的时延要求。

8.4.2.3　系统平台层

系统平台层的安全应着重考虑系统总体架构安全、设备安全、平台软件安全。

1．总体架构安全

采用良好的系统总体架构，不仅能够实现各业务板块之间高效的互联互通，而且有利于提高全台网的安全性。在设计系统总体架构时，应考虑以下方面：

（1）采用主干平台加业务板块的总体架构，业务板块只需考虑与主干平台的连接，可以降低结构上的复杂性，提高网络运行的可靠性。

（2）板块之间的连接采用松散耦合方式，存储、数据库系统采用分布式结构，保证各业务板块可以独立运行，当某个板块出现问题或需要调整时，对其他板块的影响最小。

（3）将业务板块按重要程度划分、设定为不同的安全等级，并采用不同的安全策略。如播出板块尽量减少与外部系统的数据交换，在不降低兼容性的前提下核心环节采用特殊、异构的操作系统和数据库平台，提高系统抗风险能力。

（4）各业务板块具备可伸缩性。如外接电源出现故障仅靠 UPS 支持时，可在保证系统安全底线的情况下以最小化方式运作，确保核心业务持续不中断；在承担大型活动的制播业务时，系统负载能力可灵活扩展以适应业务需要。

（5）采取模块化规划、分层构建设计，根据业务需要，构建从网络设备、平台软件到业务功能的安全、科学、合理的技术架构体系。

2．硬件设备安全

设备安全是全台网安全的重要基础和前提，在设计阶段应对设备选型、设备冗余度、设备备份方式等重要环节进行论证，重点考虑以下几个方面：

（1）设备生产厂商应在专业产品生产领域具有主导地位，设备应具有较高的可靠性和一定的成熟度，并具有较长的使用年限和厂家支持年限，最好在广电行业具有广泛的应用。

（2）根据重要程度不同，进行设备的冗余设计。重要设备应配备冗余、可热插拔的存储控制器、网卡、硬盘、电源、风扇等部件，提高设备可靠性，保证不因为部件或电源单点故障而停机；关键设备除了提高自身可靠性外，应配备两台或两台以上，保证整个系统没有单点故障。

（3）为了减少故障发现时间，设备应支持本地和远程的管理、监控，并具备自动报警功能，当出现异常状态时及时发送消息给维护人员，做到故障的提前预警和及时发现；为了减少故障修复时间，设备应具备完善的日志及自动诊断功能，同时应建立备品备件库，并要求设备生产和集成厂商具有较强的售后服务能力。

3．平台软件安全

平台软件主要指操作系统、数据库系统、应用服务器、消息中间件等软件，平台软件安全是系统安全的重要保证。服务器等重要设备应首选正版通用的企业级操作系统，应用服务器、消息中间件、ESB 企业服务总线等软件，也应选择可靠性高的企业级产品；必须具备有效手段及时发现和评估平台软件中存在的安全漏洞，通过安装补丁等方法，提高平台软件的抗风险能力；对平台软件进行合理配置，停用不必要的服务；数据库系统中删除不需要的用户和 SQL 脚本；加强审计，并采用技术手段提高系统的抗毁性等。

8.4.2.4　媒体资源层

全台网在系统运行和节目生产过程中产生了大量数据，这些数据对于电视台的重要性不容忽视。在全台网中，收录、制作、播出等关键业务已经完全数据化，数据损坏将危及安全播出；数据化的视音频可以长期保存和利用，编目需要耗费大量的人力物力，数据的丢失意味着资产的损失；数据是电视台业务运行的依据，数据丢失将影响电视台的业务开展。因此必须充分认识数据安全的重要性，在全台网中采用相应的数据安全技术有针对性地防范各类风险威胁，从而达到保障媒体资源数据安全稳定使用的目的。

1．媒体数据安全需求

全台网中的媒体数据量大，保存周期长，存储和迁移成本较高。由于安全保护需求高，连续播出时间长，且不能有长时间中断，全台网数据安全需考虑以下几个方面：

（1）安全性：只允许有访问权限的用户访问相应的数据，保证数据不被非法操作，保证数据的可控性、完整性、不可抵赖性。

（2）可用性：病毒、软件故障、人为错误都会导致数据丢失问题，因此必须采用备份、容错、容灾等措施，保证数据的可用性和业务的连续性。

（3）机密性：通过数据加密、用户认证、访问控制等手段，防止数据被盗用和窃取。

2．数据安全技术措施

应考虑采用数据加密、数据传输安全、数据存储安全、数字版权管理等相关技术进行保障。

（1）数据加密技术

数据加密就是按照确定的密码算法将敏感的明文数据变换成难以识别的密文数据。数据加密技术根据类型不同可分为对称加密算法、非对称加密算法以及不可逆加密算法，可应用于数据加密、身份认证和数据传输等数据安全环节，达到有效防范黑客攻击、数据窃取、数据篡改等风险的目的。

（2）数据传输安全技术

数据传输安全就是确保数据在传输过程中的安全性、完整性和不可篡改性；数据传输的完整性通常通过数字签名的方式来实现，MD5 和 SHA 是两种最常用的哈希算法。

（3）数据存储安全技术

包括通过 RAID 阵列、集群或存储网格等技术，增强存储设备的可靠性；通过本地 / 中心双份存储、备份 / 恢复机制、异地容灾机制、同步 / 持续性数据保护机制等技术，提高存储架构的可靠性。

（4）数字版权管理技术

数字版权管理技术就是使用一定的技术手段，对数字内容在分发、传输和使用等各个环节进行控制，使得数字内容只能被授权使用的人，按照授权的方式，在授权使用的期限内使用，实现对数字内容的保护。数字版权保护方法主要有两类：一类是以数据加密和防拷贝为核心的加密保护技术，另一类是数字水印技术。

8.4.2.5　业务应用层

全台网业务层面的安全包括应用软件、用户管理、流程管控以及应急措施等几个方面。

1．应用软件

应用软件是实现业务功能的最直接工具对象，其安全要求是：

（1）遵循相关规范进行开发，具有完整的需求分析、软件设计、软件测试等质量控制环节；

（2）可靠性高，具备长时间连续工作的能力；

（3）单个工作站点的软件故障，不应影响整个系统的安全运行；

（4）多个业务软件的组合应用要通过兼容性测试，避免软件冲突；

（5）模块化设计，可局部升级；

（6）在软件升级前要制定升级预案，经过模拟业务环境运行验证，并具有升级失败的返回机制。

2．用户管理

全台网通过统一身份认证等安全技术，定制合理的用户权限策略，分级完成对用户的管理。用户管理以数据库为支撑，由主干平台应用软件或网络板块的网管软件共同支撑。

用户管理及认证是确保用户安全使用生产网络资源的有效保障。全台网中通常采用基于 LDAP 或基于数据库的方式实现统一用户管理与认证。

权限管理是针对各个角色在节目生产管理不同应用中具有的不同权限进行授权管理的技术方案，包括功能权限的授权和数据权限的授权，用以保障网络资源与应用的安全。

3．流程管控

网络化制播业务开展的一个重要特点就是流程化。流程管控的目的是实现对流程运行的动态监控，及时发现流程运转中的故障点并加以调度，保障业务持续。在流程设计阶段应提供流程分类、流程模板、流程权限等设置和管理。流程运行常通过流程引擎技术来实现，处理各种活动、消息和事件，它可以从服务容器接收请求业务。应对多个流程服务执行状态进行可视化流程监视。流程控制是应急流程处理过程，要求具有对实时运行流程节点调整的能力，并能实现对异常流程的跳转、中止，流程处理过程跟踪等。

4．应急措施

当全台网在某一环节出现故障无法及时排除时将启动应急策略。调用应急措施成为保证业务持续的最后手段。在广电业务"安全播出"的策略原则下，保障安全播出是全台网最为核心的目标，应急措施的实施也应遵循这一原则。全台网主干平台及各业务板块都应根据自身特点制定相应的应急备份措施。

8.4.3　安全等级保护基本实施要求

2011 年 5 月 31 日，国家新闻出版广电总局科技司颁布了《广播电视相关信息系统安全等级保护基本要求》，作为《广播电视相关信息系统安全等级保护定级指南》的配套文件。该文件对广播电视相关信息系统安全等级保护基本要求进行规范，规定了广播电视相关信息系统安全等级的定级方法。适用于为广电行业制作、播出、传输、覆盖等生产业务相关信息系统的安全等级保护定级工作提供指导，对于电视台全台网系统的安全保护实施具有指导性作用。

8.4.3.1　安全保护分级

根据《广播电视相关信息系统安全等级保护定级指南》，广播电视相关信息系统受到破坏时对国家安全、社会秩序和公共利益或对公民、法人和其他组织的合法权益的侵害程度等，由低到高划分为第一级至第五级。

针对不同的等级，信息系统应具备相应的基本安全保护能力：

（1）第一级安全保护能力：应能够防护系统免受来自拥有很少资源的威胁源发起的恶意攻击、一般的自然灾难以及其他相当危害程度的威胁所造成的关键资源损害，在系统遭到损害后，能够恢复部分功能。

（2）第二级安全保护能力：应能够防护系统免受来自拥有少量资源的威胁源发起的恶意攻击、一般的自然灾难以及其他相当危害程度的威胁所造成的重要资源损害，能够发现重要的安全漏洞和安全事件，在系统遭到损害后，能够在一段时间内恢复部分功能。

（3）第三级安全保护能力：应能够在统一安全策略下防护系统免受来自拥有较为丰富资源的威胁源发起的恶意攻击、较为严重的自然灾难以及其他相当危害程度的威胁所造成的主要资源损害，能够发现安全漏洞和安全事件，在系统遭到损害后，能够较快恢复绝大部分功能。

（4）第四级安全保护能力：应能够在统一安全策略下防护系统免受来自拥有丰富资源的威胁源发起的恶意攻击、较为严重的自然灾难以及其他相当危害程度的威胁所造成的资源损害，能够发现安全漏洞和安全事件，在系统遭到损害后，能够迅速恢复所有功能。

（5）第五级安全保护能力：由于该级别为最高级别，且电视台全台网信息系统不涉及第五级的安全保护内容，该文件略去了这部分内容。

8.4.3.2　整体安全保护能力要求

电视台全台网系统安全防护的核心是保证与播出相关的信息系统具备与其安全保护等级相适应的安全保护能力。基本防护要求包含技术要求、物理要求和管理要求。

出于对整体信息安全的要求，各级电视台在进行全台网信息系统的建设时，应充分考虑以下安全要求：

（1）构建纵深的防御体系

（2）采取互补的安全措施

（3）进行集中的安全管理

8.4.3.3　分级实施要求

在确定了广播电视相关信息系统安全保护分级和整体安全保护能力要求之后，《广播电视相关信息系统安全等级保护基本要求》进一步对 5 个级别的安全保护等级进行了详细要求，在每一个级别都对下列 6 个基础层面进行了详细阐述，包括：

（1）基础网络安全；

（2）边界安全；

（3）终端系统安全；

（4）服务端系统安全；

（5）应用安全；

（6）数据安全与备份恢复。

8.4.3.4　通用物理安全要求

除上述"五个级别、六大层面"的安全保护措施外，该文件还对广播电视中心的通用物理安全提出具体要求，包括机房位置、访问控制、防盗防破坏、机房环境、机房消防设施、电力工艺 6 个方面。电视台全台网工艺信息系统的建设应遵照这些内容实施安全保护工作。

1．物理位置的选择

（1）机房的位置选择应符合《电子信息系统机房设计规范》（GB 50174）的相关规定；

（2）机房和办公场地应选择在具有防震、防风和防雨等能力的建筑内；

（3）机房场地应避免设在建筑物的高层或地下室，以及用水设备的下层或隔壁，远离产生粉尘、油烟、有害气体以及生产或贮存具有腐蚀性、易燃、易爆物品的工厂、仓库、堆场等。

2．物理访问控制

（1）信息系统机房出入口应设置电子门禁系统，控制、鉴别和记录进入的人员，第四级信息系统机房出入口还应安排专人值守；

（2）需进入播出机房的来访人员应经过申请和审批流程，并限制和监控其活动范围。

3．防盗窃和防破坏

（1）应将设备或主要部件进行固定，并设置明显的不易除去的标记；

（2）应将公共区域信号线缆铺设在隐蔽处，可铺设在地下或管道内；

（3）应利用光、电等技术设置机房防盗报警系统；

（4）应在与播出相关的机房设置安防监控报警系统。

4．机房环境

（1）机房的温湿度、防尘、防静电、电磁防护、接地、布线等按照《电子信息系统机房设计规范》（GB 50174）的有关规定执行；

（2）机房应有防水防潮措施，应充分考虑水管泄漏和凝露的可能性，并做好相应的预防措施；

（3）第四级信息系统机房应安装对水敏感的检测仪表或元件，对机房进行防水检测和报警；

（4）机房应设置温、湿度自动调节设施，使机房温、湿度的变化在设备运行所允许的范围之内；

（5）应采用接地方式防止外界电磁干扰和设备寄生耦合干扰；

（6）电源线和通信线缆应隔离铺设，避免互相干扰。

5．机房消防设施

（1）机房消防设施的配置应符合《广播电视建筑设计防火规范》（GY5067）的有关规定；

（2）机房应设置火灾自动消防系统，能够自动检测火情、自动报警，并自动灭火；

（3）机房及相关的工作房间和辅助房间应采用具有耐火等级的建筑材料；

（4）机房应采取区域隔离防火措施，将重要设备与其他设备隔离开。

6．电力供应

机房的配电应符合《广播电视安全播出管理规定实施细则》的相关要求。

第9章　新媒体播出系统与超高清晰度电视技术

9.1　新媒体出现和发展

9.1.1　新媒体的组成和发展

在国家信息化建设，特别是三网融合政策的推动下，广播电视网、电信网、互联网等网络基础设施不断升级完善，网络设施的宽带化和 IP 化迅速演进为新媒体视音频数据的网络传播提供了强大的基础支撑。

在视音频节目制作播出发布的上游环节，近年来随着节目制作全流程网络数字化、视音频编码格式多样化、图像质量高清化、内容处理软件化、内容存储虚拟化海量化等技术的逐渐成熟，广电视音频节目的发布形式已经在传统播控系统的基础上有了进一步的延伸。另一方面，随着芯片处理能力的不断增强，嵌入式技术得到了广泛应用，各种信息接收终端的融合化、平台化迅速发展为视音频节目的多平台多渠道集成发布提出了全新的需求。

当前，我国的电视传输网络已经从有线电视网延伸到电信网、互联网。各地的播控平台也都是针对各自的业务需求进行建设，由于缺乏统一的技术规范和业务规范，不易管理及扩容，存在技术监控复杂、内容审查困难等诸多难题，难以适应三网融合形势下多业务、海量内容的集成需求。现有的各级相对独立的播控平台也难以支撑多内容、多业务提供商与多网络运营商之间的业务协作，内容版权缺乏保护机制。在这种背景下，如何迅速高效的建设一套国家级的新媒体整合发布系统，已成为广电行业争夺三网融合背景下内容发布渠道的战略性任务。然而，广电行业多年来形成的基于视音频信号流制作播出模式的机房建设与基于 IP 网络信号的新媒体播控机房建设存在很大差异。2011 年 11 月，新版的《计算机场地通用规范》（GB/T 2887—2011）发布，对于各类计算机网络机房的建设作出更高的要求。在新媒体播控机房的设计建造过程中，如何与该规范保持一致的同时又能满足广播电视行业节目制播要求，将是今后广电行业需要面对的问题。

9.1.2　国家目前对新媒体方面政策的研究

根据国家新闻出版广电总局第【344】号文件《国家新闻出版广电总局关于三网融合试点地区集成播控平台建设有关问题的通知》及国家新闻出版广电总局评审通过的《集成播控平台技术设计》。"三网融合"作为国家"十一五"规划及国家信息化战略发展目标，被国务院和国家信息办、科技部、国家新闻出版广电总局等部委高度重视。《国家中长期科学和技术发展规划纲要》明确将"下一代网络关键技术与服务"作为优先主题列入发展规划。

2008 年 1 月，国务院一号文件《关于鼓励数字电视产业发展的若干政策》提出"在确保广播电视安全传输的前提下，建立和完善适应'三网融合'发展要求的运营服务机制。鼓励广播电视机构利用国家公用通信网和广播电视网等信息网络，提供数字电视服务和增值电信业务"。文件的发布，为"三网融合"注入了强心剂，指明了正确方向，为各部门、各行业有效地推进数字电视业务服务，推进三网融合以及整个数字媒体产业领域的发展提供了政策依据。

2010 年 1 月 21 日，《国务院关于印发推进三网融合总体方案的通知》（国发【2010】5 号）发布，明确了三网融合的总体目标和四大任务。

2010 年 6 月 9 日，《国务院办公厅关于印发三网融合试点方案的通知》（国发【2010】35 号），强调了广播电视播出机构与电信企业的责任范围。

目前，广电行政部门规范互联网等信息网络传播视听节目秩序、引导视听节目服务健康发展的基本依据是：《广播电视管理条例》（中华人民共和国国务院令第 228 号）、《互联网等信息网络传播视听节目管理办法》（国家广播电影电视总局令第 39 号）、《互联网视听节目服务管理规定》（国家广播电影电视总局、中华人民共和国信息产业部令第 56 号）等行政法规和部门法规。

此外，国家新闻出版广电总局针对互联网等信息网络视听节目服务出现的新问题、新情况还出台了一批规范性文件。包括：

（1）《国家新闻出版广电总局关于加强以电视机为接收终端的互联网视听节目服务管理有关问题的通知》2009 年 8 月 11 日。

（2）《国家新闻出版广电总局关于发布（互联网视听节目服务业务分类目录（试行）的通告）》2010 年 4 月 1 日。

（3）《国家新闻出版广电总局关于开办网络广播电视台有关问题的通知》2010 年 5 月 10 日。

（4）《国家新闻出版广电总局关于手机电视集成播控平台建设和运营管理有关问题的通知》2010 年 8 月 24 日。

（5）《持有互联网电视牌照机构运营管理要求》国家新闻出版广电总局 2011 年 181 号文。

（6）《国家新闻出版广电总局关于促进主流媒体发展网络广播电视台的意见》2013 年 1 号文。

9.1.3 新媒体播出系统建设原则

9.1.3.1 安全性原则

新媒体播出平台涉及到电视台各部门使用的综合性业务系统，其联网范围大、联接节点多，安全性至关重要。为此，在建设的全过程中要充分体现系统建设和信息安全相结合的原则，从物理、技术、管理等方面制定严密的安全设计，形成多层次、全方位的安全防线。对于安全技术管理的实践和经验基础上，实现技术系统的运行稳定，确保技术平台及内容上的安全。

9.1.3.2 实用性原则

新媒体播出平台的建设，要充分体现其实用性。首先考虑到平台兼容性，充分考虑建成平台的系统、网络、应用系统的特点和未来需求；其次要对各业务部门的业务需求进行深入研究，根据研究的汇总需求，考虑技术的前瞻性，采用多种成熟的技术手段，来满足业务要求，实现各种功能需求；再者，要充分考虑新媒体的业务特点以及应用系统的功能等要求，合理使用多媒体等多种技术手段，实现三屏融合等新媒体业务的一站式工作平台的建设目标。

9.1.3.3　先进性原则

新媒体播出平台建设要具备适度领先的技术水平，以保证当前及今后一段时间内的各类应用顺利运行。由于系统软件、设备及技术更新换代频繁，盲目的追求系统的先进性也会带来更大投资风险，因此在建设阶段既要考虑到先进性，同时要避免盲目的投资风险。要具有一定的扩展性和兼容性；在技术上，保证 3～5 年基本不过时。

9.1.3.4　可靠性原则

新媒体播出平台要求高度稳定性、可靠性是不言而喻的，一个不稳定、不可靠的平台结构，不但影响媒体播发工作的顺利进行，还会影响新闻媒体传播的及时性和准确行。因此在设计中，从各个方面充分考虑业务系统的更多需求，在稳定性没有保证的情况下，考虑其可能的备份措施。平台系统建议倡导模块化程序，模块技术体系实现功能组件的"可插拔"，各系统、各功能组件互不影响，架构松耦合。平台按照统一方式进行建设，在一个统一的平台上提供对互联网电视、手机电视 /CMMB、数字音频广播、网站等多种业务形态的支撑。通过统一的点直播节目转码管理，广告管理，运行管理等环节的设计，实现对内容的统一管理与利用，业务流程的简化与标准，降低技术支持的复杂度，减少系统建设成本。同时平台尽量减少各业务间的系统耦合，使得对某一业务技术支撑的纳入或者移出，不会对其他业务产生影响，形成可拆分的平台结构。

9.1.3.5　经济性原则

在网络系统设计中本着节约政府资金的设计原则，网络结构和带宽满足当前及今后一段时期内网络上各种应用的需求，增加设备选用上充分考虑其兼容性、可扩展性及性能价格比。

9.1.3.6　可扩展性原则

新媒体融合业务的开展及用户规模的增长是个长期的过程，新媒体管理支撑平台及网络需要按照用户发展的规模非常方便地进行弹性扩容，对网络运行不产生冲击和影响，不中断业务，不需要割接。支持从数百用户到百万级用户的快速、方便的扩容能力。同样，对于业务扩展相对应的存储空间的扩展能力，也需要满足上述的弹性扩展要求，并应做到用户扩展与存储容量扩展分离。另外新媒体播出技术平台也应随着时间的推移，根据本土用户的特点，结合市场要求，不断改进和创新，推出适合用户需求的各种新的应用和表现形式，形成对用户的一种持续的关注和技术服务。因此，整个工程中要尽可能选用模块化产品。

9.1.3.7　统一性原则

按照统一规划、统一建设、统一标准、统一管理、统一运维的"五统一"原则实施项目建设，平台各系统建立统一的媒体包形式的底层数据结构，在各个系统中，都以媒体包为基本的管理单元和交换单元。媒体包包含：多版本音频、文稿、版权信息、标准格式编目数据包以及多版本视频、图片等。保证建成一个高水平、高质量、高可用的新媒体播出平台。

9.1.3.8　开放和兼容性原则

新媒体业务一般由多方合作建设运营，一般包括广电、电信单位及企业，此外还会有其他的内容提供商 CP 或者服务提供商 SP 参与其中，在这种多方合作运营下，往往合作各方根据自己的角色，分别握有一部分技术平台。因此，新媒体播出平台系统要具有足够的灵活性，能够按照这种格局进行拆分，形成如运行管理系统、广告管理、增值业务服务系统等一系列相对独立的系统。要避免它们之间的紧耦合，建设上各部分应该能够独立建设分别部署，各系统间通过定义良好的接口进行协作。

9.1.3.9　任务流程化原则

新媒体播出平台需要实行流程化、任务化的管理，工作流程能根据各媒体类型的实际业务进行可视化定义，系统能对流程中的各个环节进行监控和审查。

9.2　新媒体播出系统技术用房对建筑等专业的要求

9.2.1　配套技术用房组成

新媒体播出系统是三网融合的进程下传统电视播出向网络化播出演变丰富的产物，较之传统电视中心播出系统自动化程度更高，需要人工干预更少。本系统技术用房以无人值守的网络化设备机房为主，辅以少量人工操作的机房作为设备、信号监控和简单的播出环节控制处理。

新媒体播出控制区主要完成直播节目的播出控制和回传监看，将配备大量的大屏监视设备和视音频分配切换设备。在这个区域也将完成 EPG 节目单制作发布和节目传输控制。技术用房可分为：播控大厅、节目单编排室和值班休息室。这类房间均为人机共存以人为主的工作环境。

媒体数据中心是整个集成播控平台的核心地带，各类点播服务器、直播服务器、数据库服务器、业务管理服务器和媒体资产存储设备都将部署在这个区域，为保障整个平台系统的安全稳定运行，对于这个区域的机房环境的要求非常高，在建设时应充分考虑到系统预留，尽量参照电信行业 IDC 机房标准建设。媒体数据中心是整个平台系统建设的重点和难点。其技术用房可分为：媒体存储机房、服务器集群机房、UPS 机房、精密空调机房等。其中，媒体存储机房和服务器集群机房在环境配置上有所不同，在设计规划阶段就应区别对待。

9.2.2　对建筑结构专业的要求

新媒体播出工艺系统的设备机房一般为 IT 化集成度较高的网络机房，在建设过程中应满足国家电子计算机机房建设标准的前提下，根据机房具体使用功能不同有针对性地提出要求。

9.2.2.1　机房建筑要求

为维护和管理上的方便，电源等配套设备，一般要求安排紧凑。总体布局应满足通信线、电源线及维护工作的要求，使线路短捷，力避迂回，便于维护，既减少线路投资，又利于减少通信故障，提高工作效率。

机房的建筑平面和空间布局应具有灵活性。主体结构宜采用大空间及大跨度柱网，大型柱网宜大于 7.2m，中小型柱网不应小于 6.0m。

（1）机房净高：机房高度指梁下和风管下的净高度，建议上走线时不低于 3.00m，下走线时不低于 2.70m。

（2）机房门高度、宽度应满足运送机柜、操作台等设备要求。门、窗必须加防尘橡胶条密封，窗户建议装双层玻璃并严格密封。

（3）各种沟槽应采取防潮措施，其边角应平整，地面与盖板应缝隙严密，照明与电力管线应尽量采用暗铺设；机房预留暗管、地槽和孔洞的数量、位置、尺寸应满足布放各种电缆的要求，并符合工艺设计的要求。

（4）机房地板：一般要求机房内铺设防静电活动地板。单元活动地板系统电阻值应符合《计算机机房用活动地板技术条件》。地板板块铺设严密坚固，每 $1m^2$ 水平误差应不大于 2mm。

（5）机房区域应有客梯和货梯，货梯载重量宜≥2.0t；轿厢净尺寸应满足设备搬运的要求且不小于 1500mm×2000mm×2400mm（宽 × 深 × 高）。

9.2.2.2　机房承重要求

机房承重要求如下：

（1）对于一般的编辑或管理类机房，机房承重要求为 $350kg/m^2$。

（2）对于设备机房，机房承重要求最低为 $750kg/m^2$。设备密度高的机房或放置硬盘、磁介质等存储类设备的机房不应低于 $1000kg/m^2$。

9.2.2.3　机房设备布置要求

机房设备布置要求如下：

（1）设备机房内通道的宽度及门的尺寸应满足设备和材料运输要求，建筑的入口至主机房应设通道，通道净宽不应小于 1.5m；机房门净高不应小于 2.2m；应有净宽不小于 1.5m 的楼梯供搬运设备。

（2）为合理规划机房内气流组织，建议机房内机架统一按面对面、背靠背方式排列，即相邻二列机柜的正面板相对或者背面板相对排列。其中冷通道应不少 1000mm，热通道应不少于 700mm。

（3）设备机房应按照机架高低功率密度进行分区。单机架功率小于等于 3.2kW 为中低功率密度机架，单机架功率介于 3.2～7kW 为高功率密度机架；单机架功率大于 7kW 为超高密度机架。

9.2.3　对设备、电气专业的要求

9.2.3.1　对空调专业要求

对空调专业的要求如下：

（1）设备机房温度应控制在 22～24℃。机房温度宜保持恒温，核心机房一般采用专用空调；

（2）湿度控制在 40%～55%；

（3）机房温度变化率≤±5℃/h；

（4）机房洁净度要求为灰尘粒子浓度控制在直径大于 0.5μm 灰尘的浓度小于 18000
粒 /L。

9.2.3.2　机房供电要求

应当引入相互独立的两路市电作为中心机房设备一次电源的基础电源，并与照明、空
调设备的供电系统分开设置。交流供电系统的变压、配电、保护设施和供电线路应可靠、
稳定。为确保系统设备连续、可靠地工作，除市电外，还应配置发电机作为交流电的备用
电源。

对交流电源的要求直接与一次电源设备的技术指标有关。

交流供电系统的供电功率必须满足机房内一次电源设备、UPS、操作维护终端正常工
作的需要，并要求留有 20%～30% 的余量。具体要求如下：

（1）电压、频率：电压为 220(1±5%)V；频率为（50±0.5)Hz。

（2）瞬间变动电压：瞬间变动电压不能超过 220V+/-5%，且必须在 0.5s 内恢复至
220V，对于计算机系统则必须在 0.06 秒内恢复正常。

（3）总谐波：不高于 5%。

（4）要求采用不间断电源 UPS 为核心设备机房供电，且 UPS 能提供的容量应适量大
于机房实际用电量，UPS 接续时间不小于 30min，并建议使用油机作为备用。

（5）应配备主备 UPS 同时为机房供电。2 台 UPS 在其中一台发生故障时，另外一台
UPS 应能单独为系统供电，其容量应满足相应要求。

（6）为机房设备提供电源的变压器应与照明、空调等独立，避免杂波干扰。

9.3　新媒体播出工艺系统设计

新媒体播出系统可划分为集成播控平台和网络传输分发系统。集成播控平台又分为内
容平台和服务平台两个层次。网络传输分发系统分为 CDN 网络和接入网两个层次。图 9-1
为新媒体播控系统总体架构图。

网络传输分发系统（CDN 网络和接入网）属于外围基础网络环境，一般不在电视中
心建设的范围，因此本书不过多论述。

一套完整的新媒体播控总平台系统将模糊 IPTV、手机电视 /CMMB、互联网电视等
分发形式在平台端的具体差别，这些分发形式具体表现在发布渠道、屏幕尺寸和编码格
式的不同上，而在播控总平台上，各类内容和服务都将整合到运营管理平台和内容平台
上来。

9.3.1　运营管理平台

9.3.1.1　运营平台功能组成

运营平台是面向全业务运营发布需要的统一运行管理中心。平台能够进行统一的内容
汇聚、统一的内容编码、统一的版权管理、统一的中央监控、统一的运行管理、统一的增
值服务。平台同时合成多渠道发布码流、整体的监控系统的平台接入等，其中运行管理、
内容数据架构、运行管理、集成中间件等系统组件是新媒体播出平台中管理体系的关键环
节之一。运营平台的建设阶段在一定程度上需要根据新媒体的业务流程再造后进行订制型

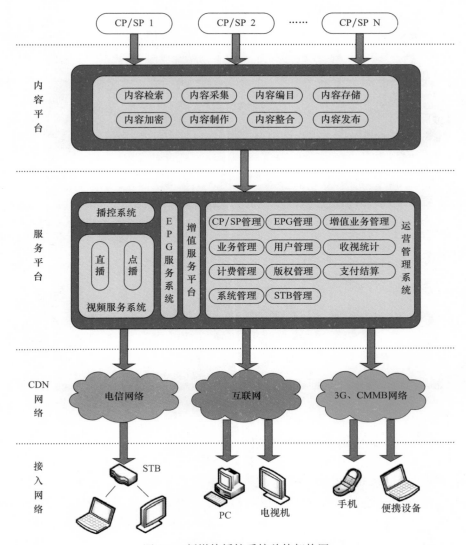

图 9-1　新媒体播控系统总体架构图

开发。见图 9-2 新媒体运营管理平台架构图。

新媒体运营平台包括运行管理系统（用户管理、产品管理、平台权限管理、客户管理、统计分析等）、集中编转码系统、广告管理系统、增值业务服务系统、数字版权及统一认证管理系统、中央监控系统等 6 大系统。

9.3.1.2　运营管理平台分系统建设

1．运行管理系统

运行管理系统是用于与运营商进行运营结算的系统。通过信息采集对用户端收视行为统计分析及消费行为监测，实现账务结算。并根据用户收视行为统计分析对发布内容进行及时调整，以实现利润最大化。图 9-3 为新媒体运营管理系统架构图。

运营管理系统需建立与中央内容播控平台以及电信运营商运营支撑系统接口，通过与中央播控平台和运营商协调，建立 BOSS 系统适配接口，接口包括：资费管理信息、用

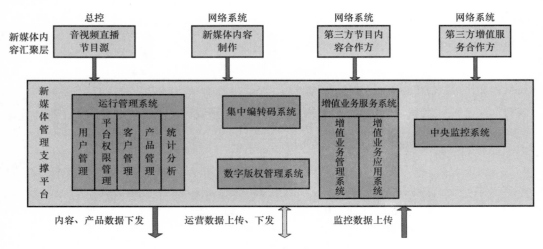

图 9-2 新媒体运营管理平台架构图

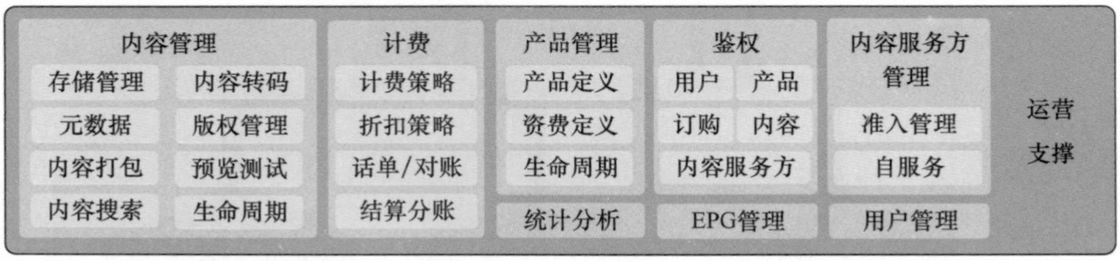

图 9-3 新媒体运营管理系统架构图

户管理信息、内容监管信息等关键节点的接口协议适配，以达到统一管理、统一认证的目的。

运行管理系统包括用户管理、产品管理、客户管理、统计分析等功能。

用户管理子系统主要包括：统一认证系统、用户个人管理、管理员后台管理、会员审核认证管理、会员基础信息管理、会员的各类登陆数据统计分析、会员开通业务功能的分类管理、特定用户会员的明细管理以及会员自身信息化管理。通过后台对系统会员信息的管理、信息量化统计、信息情报分析建立规范统一的用户管理体系；体系依托后台系统实现操作简易化、信息量化及反馈明确化，增强了后台操作体系的安全性、稳定性及信息利用程度；通过实现协作应用管理服务于后台系统整体性管理和为系统基础数据提供支撑。

产品管理子系统实现对内容的生命周期、内容定价和资费的管理，提供多种图形化计费统计分析功能。产品包括内容和资费，对内容定义资费（内容和资费建立关联）后即生成产品。产品管理是对构成产品的内容服务、资费进行配置管理以及根据服务、资费要素对产品进行定义、组合形成客户可以订购的产品。管理功能主要完成产品定义管理、资费定义管理和产品生命周期管理功能。

客户管理是指根据业务需要，建立统一的客户信息视图，并对客户、用户、账户的信息进行管理。包括客户信息管理、信用度与积分管理、客户忠诚度管理。

统计分析系统实现内容经营管理平台的经营数据分析，为建立产品的策划、生产、营销提供相关数据支持。根据产品定价策略与产品分享、分发、交易等运营数据综合分析，提供经营支撑。

2．集中编转码系统

支持根据预定义策略进行全自动转码推送流程，支持集群转码，并提供集群转码调度管理系统。

转码输出的格式要求能够支持手机、电脑的主流媒体格式，以及能够支持互联网电视机文件格式。支持至少 5 种格式媒体文件的离线编转码输出，包括但不限于 FLV（H264）、WMV（WMV9）、MP4（H264）、3GP（H264）、TS（H264）等文件格式。转码能力要求实现超实时以保证转码推送的效率。

3．广告管理系统

广告管理子系统是三网融合内容集成播控平台中的一个子系统，用于管理及运营内容提供商的视频、FLASH、GIF 动态图、文本（滚动特效等）等多种格式的广告内容。支持广告商管理、广告类型定义、广告销售策略定义、上下线状态管理、统计分析等。

4．增值业务应用系统

增值业务应用系统可根据内容提供商或运营商的运营需求，可对互动游戏、在线商城、短信互动、信息服务、信息发布等应用业务进行接入及管理。通过 SOA 主干平台（企业服务总线 ESB，企业媒体总线 EMB，业务流程管理 MFS）提供支撑平台，实现公共服务和各业务板块服务的接入、调度、业务流程的编排、管理和驱动，实现数据存储和交换。在数字化、网络化、信息化的基础上，实现各个业务板块的应用集成、互联互通。

5．版权及统一认证管理系统

内容集成平台具备完善的版权管理控制体系，使内容集成平台内容生产的各个环节都包含相关版权信息采集记录、版权可用性验证，以及为未来设计实现的版权保护预留必备的接口。使整个内容集成播控平台具有全系统版权管理控制手段。认证鉴权包括了对用户认证、用户鉴权、CP 鉴权、SP 鉴权、产品鉴权、内容鉴权、定购关系鉴权等功能。

6．中央监控系统

内容服务平台需要建立统一的运维中央监控中心，对数据中心及应用的状况进行 24 小时监控，以便于及时处理发生的问题，保障数据中心及应用的安全。

中央监控中心按照功能配置高分辨率大屏幕，作为数据中心监控数据的输出展示媒体。配合显示矩阵控制器及显示分屏器，将相应的网管软件的状态监控及其他监控系统的监控画面显示在大屏幕上，便于给值班人员查看，通过大屏幕上显示的众多信息，可以以最快的速度了解到网络中发生的异常情况及故障，并通知相关人员进行处理。大屏幕前放置供值班人员及相应技术人员使用的工作台，方便值班人员进行网络的状态监控。

建立集 IT 管理监控、流程管理、运营监控管理、操作管理为一体的综合运维管理系统可以高性能的全面监控、预防故障、实时告警、迅速定位、故障分析、快速处理 IT 系统运行中的问题，提高运维人员响应和解决问题速度，减轻工作压力，降低运维成本。

基于工作流的 IT 运维管理，明确各部门、各种角色的责任，出现问题后，能第一时间确定相关的责任人，并快速解决；实现以服务为核心的监控，并通过"业务"拓扑图，能快速定位发生故障的 IT 基础设施；注重对用户感知的监控，通过对系统性能的监测，实现预警；实现基础架构监控与管理，包括数据采集、事件管理、事件关联分析、状态信息监控、拓扑视图管理、报警与故障展示、预警与告警管理、故障影响分析、用户服务关联分析等。

9.3.1.3　运营管理平台的接口

由于新媒体播控平台由中央平台与省/市平台两级构成，彼此之间的互联互通需通过规范的接口进行连接，方可满足系统建设互联互通和安全稳定原则。总体上来讲，中央平台与省平台的接口定义可分为 8 个大类：

1．内容注入控制接口

负责完成中央平台和省/市平台之间视音频节目媒体流的传输控制。接口协议中将定于视音频流传输码率、格式、带宽规范、约传协议等信息。

2．元数据及模板发布接口

负责定义与视音频节目媒体流相对应的元数据及节目模板数据的传输控制协议。

3．产品信息同步接口

产品信息同步接口约定了统一的节目版本、版权附加信息在各级播控中心的双向同步协议。

4．用户信息同步接口

负责完成中央平台和省/市平台之间用户有关信息的变更同步，保障各级播控中心用户信息的完整性。

5．产品订购信息同步接口

该接口负责完成各级播控中心之间批量采购订购以及用户点播信息的各级同步统计。产品订购信息同步接口将与计费信息同步接口联动，传递关联信息。

6．计费信息同步接口

负责完成对各类业务的计费统计，并按照有关合同约定自动完成各级播控平台之间、播控平台与内容提供商之间、播控平台与网络运营商之间的分账工作。

7．开户及业务信息同步接口

开户及业务信息同步接口主要完成新增用户的注册和业务信息变更的各级同步管理。

8．服务信息同步接口

服务信息同步接口主要完成 EPG 模板和修改的传输控制。

9.3.2　内容服务平台系统

内容服务平台整体技术框架，从整体上分析，系统包含了内容生产与节目运营编排两个大部分。内容生产即汇聚多种内容来源，进行统一的生产管理，并针对多个发布用途进行转码发布；节目运营编排，则可针对具体的发布业务，进行栏目的编排、点播节目的运营管理、直/轮播频道的管理等。系统内外接口方面，系统可接入 CP、也可接入第三方的内容平台，并通过标准接口向后端互联网电视平台提供内容。图 9-4 为新媒体内容服务平台架构图。

9.3.2.1　总体框架

1．内容生产

（1）统一生产线管理：针对不同业务、不同栏目生产需要，提前制定生产流程模型，

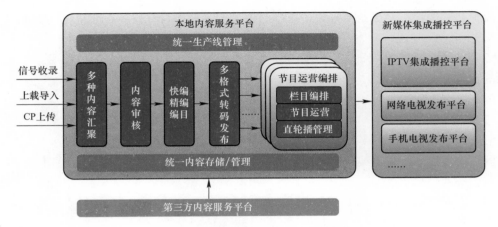

图 9-4　新媒体内容服务平台架构图

指导对应节目生产任务调度。

（2）统一生产内容存储 / 管理：包括待编素材管理、成品节目库管理，为生产服务平台提供统一内容支撑。

（3）多种内容汇聚：根据不同内容来源，实现信号收录、介质上载、文件导入、CP远程上传等，汇入生产平台统一内容库。

（4）内容审核：对外部节目进行审核，包括质量审核和内容审核，该流程节点可灵活配置。

（5）内容二次加工：大部分节目，通过快编拆条进行简单加工处理；少量包装节目通过精编加工。其元数据加工，通过编目整理，在成品审核后，成为成品母片，可供后续的内容运营发布。

（6）多格式转码发布：根据运营需要，可从内容生产库主动挑选推送或由内容运营调度，根据前端业务格式需要进行转码，将成品节目推送或被拉取到各业务发布平台中。

2．节目运营编排

业务运营配置管理：根据新媒体业务运营需要，开展 IPTV、网络电视、手机电视、节目交易及其他新媒体业务，对各业务进行格式、对接地址等相关参数配置、用户权限配置，以及业务启停状态管理等；

运营内容接入：运营内容来源，既可能是本地内容服务子平台，也可能是第三方内容服务商的内容提供，如 CNTV 集成播控总平台等；

直播频道管理：针对各业务需要，创建直播频道，可导入或编排具体节目单；

虚拟频道编排与流提供：根据各业务需要，将成品库内容组织成相应虚拟频道，指导轮播服务器进行流输出；

点播栏目编排：根据各业务需要，建立相应栏目或专题，形成可管理的栏目分类树；

编排内容发布：根据实际业务需要，将相关栏目、子内容选择上线，将对应内容输送到相关自主新媒体发布业务系统，或根据交易运营需要，将内容传输到第三方传媒机构中。如果部分节目违反当时政策或版权要求，可及时进行下线设置，便于前端业务屏蔽该内容展现和及时删除；

运营数据统计：在运营过程中，通过数据挖掘，形成各类业务数据统计，为生产运营提供决策支撑。

9.3.2.2　总体业务流程

从整体业务流向上，点播内容处理可分为内容汇聚、内容加工、内容发布三个主要业务阶段，详细流程描述如下。

1．内容汇聚

根据外部素材来源的不同，内容汇聚方式也可大体划分为三大类。

（1）信号收录：来自编码器输出的直播流，可选择部分进行收录，文件化后可用于二次加工。

（2）内部介质文件：对于平台内部，也可通过磁带介质上载、文件导入等方式实现内容汇聚。

（3）外部资源导入：主要包括第三方的内容提供商（CP）回传的节目。

多种不同来源的素材，除信号收录外，其他需通过入库审核，才可入库。

2．内容加工

在待编素材库的基础上进行内容加工，系统支持生产流程的自定义，可预先配置好不同节目来源、不同类型的加工方式，如快速发布、无需加工、拆条快编、精细制作等等。

（1）快速发布：某些素材不需要任何加工就进入成片库待发布。

（2）无需加工：某些素材无需加工，本阶段只进行内容编目。

（3）快编拆条：本系统最为主要的节目处理方式，它完成节目的快速拆条、合成、台标叠加等等，加工强调快速，以新媒体应用为主。

（4）精细制作：对于部分需要进行深度创作（如字幕特技等）的节目，可通过精细制作工具完成。

（5）内容加工阶段，可根据业务配置，进行不同的生产流程。除快速发布外，节目在加工后均需要进行内容的编目，成品审核，最终进入成品库中，用作对外发布。

3．内容发布

内容发布是在成品库的基础上进行，根据后端发布系统的需求，系统支持主动推送与被动拉取两种发布方式。被动拉取实质是平台提供对外接口，供发布系统进行检索。

（1）业务配置与栏目编排：首先根据欲推送目标系统进行相应的配置，如目标系统存储路径、目标格式等，然后进行栏目的编排，创建栏目结构、配置节目聚类策略。（此处配置的栏目结构以及栏目下的文件会自动同步到后端发布系统中，包括视音频文件的迁移与元数据信息的同步）。

（2）点播文件转码推送：在做好相关配置的情况下，系统会自动将成品库中文件转码为目标格式，转码过程伴随自动技审，同时实现文件的物理迁移。

除点播文件外，本系统还支持对直播频道的管理、节目单的管理等。内容发布一方面是成品库中点播文件的发布，另一面是前段直播编码器输出直播流的发布。

9.3.2.3　系统主要功能模块

新媒体内容服务运营平台，根据模块划分可分为 CP 自服务门户、内容生产服务、内容运营编排、系统管控、公共服务支撑等几大部分。见图 9-5 新媒体内容服务运营平台模块框架图。

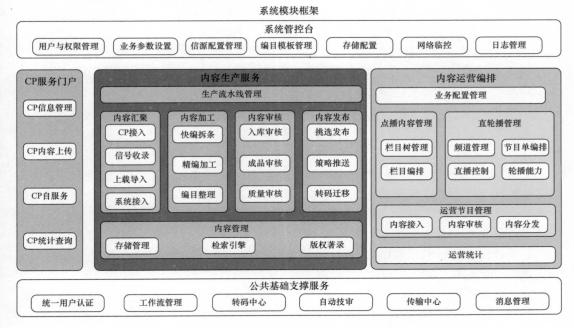

图 9-5　新媒体内容服务运营平台模块框架图

9.3.3　IPTV 播控平台系统

IPTV 播控平台系统是新媒体播出系统中最典型的代表，目前国内相关政策已较清晰，在国内多个地区发展迅猛，已初具标准化产业模式，也是其他新媒体系统平台建设的样本。

9.3.3.1　平台概述

IPTV 播控平台是指对 IPTV 节目从播出端到用户端实行管理的播控系统，包括节目内容统一集成和播出控制、电子节目指南（EPG）、用户端、计费、版权等管理子系统。IPTV 播控平台的节目源由自各 IPTV 内容服务平台提供。IPTV 播控平台播出的节目信号经由电信企业架构的虚拟专网，传播到由 IPTV 播控平台管控的用户机顶盒。用户将电视机和机顶盒连接，可收看由播控平台提供的各类节目内容。

IPTV 播控平台是广播电台电视台形态的新媒体业务，按照国务院三网融合总体方案、试点方案的要求，平台的建设和管理应在宣传部门指导下，由广播电视播出机构负责。

根据我国实际情况及通信宽带网络的技术特点，IPTV 播控平台实行两级构架，中央设立 IPTV 播控总平台，由中央电视台组织建设；中央电视台与地方电视台根据试点地区的实际情况，组成联合体，形成合力，联合建立试点地区 IPTV 播控分平台。IPTV 播控平台的建设，由中央电视台（具体由中国网络电视台）会同地方电视台，按照全国统一规划、统一标准、统一组织、统一管理的原则，联合建设。

IPTV 播控总平台牌照由中央电视台申请，IPTV 播控分平台牌照由地方电视台申请。总平台与分平台采用统一设计开发的系统软件、统一的 BOSS 管理系统、计费管理系统和 EPG 管理系统。IPTV 播控总平台和分平台的技术方案、系统软件由中央电视台组织开发、提供。

1．IPTV 播控平台的任务

IPTV 播控总平台主要负责：全国性节目源的集成、分发和播出情况监看；全国 IPTV 平台系统软件的统一设计开发；全国 IPTV 信源编码、传输以及技术接口标准的统一选择和制定；全国 IPTV 节目菜单的统一设计和管理；全国 IPTV BOSS 系统和计费系统的统一管理；全国 IPTV 数字版权保护系统（DRM）的统一部署和应用；全国性 IPTV 内容平台接入认证；全国 IPTV 经营数据的管理与统一；全国性增值服务项目的规划和开发。

IPTV 播控分平台在全国 EPG、BOSS、计费、DRM 系统统一管理的基础上，主要负责：本地区节目源的集成和播出情况监看；本地区 EPG 菜单管理；本地区 BOSS 系统和计费系统管理；本地区 IPTV 用户的开通、鉴权、计费等日常运营管理；数字版权保护系统（DRM）的本地部署和应用；本地区 IPTV 内容平台的接入认证；本地区增值服务项目的规划设计、开发运营；本地区 IPTV 经营数据管理；本地区 IPTV 市场的开发拓展和客户服务；与本地区 IPTV 传输网络的对接。

2．与传输网络间的关系

IPTV 播控平台与传输网络之间要做好对接。IPTV 传输企业要加强传输网络的建设、维护，为节目信号由 IPTV 播控平台传输到集成播控平台所管控的用户机顶盒提供良好的技术支持。IPTV 传输企业应积极配合播控平台开展 IPTV 的市场营销和推广等活动。IPTV 传输企业还可与播控平台协商参与 IPTV 用户端和计费认证共享系统的管理，并为 IPTV 播控平台提供代收费等服务。IPTV 传输企业如向播控平台提供节目和 EPG 条目，须经播控平台审查后统一纳入集成播控平台的节目源和节目菜单（EPG）。

3．与内容服务平台的关系

IPTV 内容服务平台对应于 IPTV 播控平台，分为全国性 IPTV 内容平台和地区性 IPTV 内容平台。全国性 IPTV 内容平台负责全国性覆盖节目的组织、编辑、打包、转码、产品化、审看、价格制定、广告投放等；地区性 IPTV 内容平台负责本地覆盖节目的组织、编辑、打包、转码、产品化、审看、价格制定、广告投放等。全国性 IPTV 内容平台接入到 IPTV 播控总平台，地区性 IPTV 内容平台接入到 IPTV 播控分平台。全国性 IPTV 内容服务平台牌照由中央三台和拥有全国性节目资源的省、市广播电视播出机构申请，地区性 IPTV 内容服务平台牌照由拥有地区性节目资源的广播电视播出机构申请。

4．与安全有关的要求

IPTV 播控、传输服务等各环节都要把保障网络信息安全和文化安全放在首位，从机构、人员、制度各方面落实安全保障准备，建立健全网络信息安全保障体系。根据国务院《推进三网融合的总体方案》和《三网融合试点方案》的要求，广播影视管理部门要"加快广电信息网络视听节目监控系统升级改造，进一步提高搜索发现能力、海量内容识别分析能力、数据汇集及快速处理能力，在节目集成播控、传输分发、用户接收等环节部署视听节目数据采集和监测系统，及时监测各类传输网络中视听节目的播出情况，及时发现和查处违规视听节目"，试点地区广播影视管理部门要加快建设本地的信息网络视听节目监控系统，并与总局监控系统对接，确保 IPTV 播出内容安全和传输安全。

9.3.3.2　IPTV 业务形式及关键技术

IPTV 即交互式网络电视，是一种利用宽带互联网、新媒体等多种技术于一体，通过基于固定通信网的 IPTV 专用传输网络针对电视机终端开展的具有质量服务保证的信息网络视听节目服务。

1．IPTV 业务形式

从业务上来讲，IPTV 就是基于 IP 技术的宽带电视，是一种利用宽带 IP 专网，通过机顶盒向电视机终端提供电视直播、点播、轮播、时移、回放等电视基本业务及在线教育、医疗、交通、金融、购物等电视应用服务业务的新媒体应用平台，是传统电视的延伸拓展和提高。

（1）直播电视业务

将数字电视信号通过转码设备转换为适合 IP 网络传输的码流和格式，与数字电视直播频道同步播出，见图 9-6 直播业务流程图。

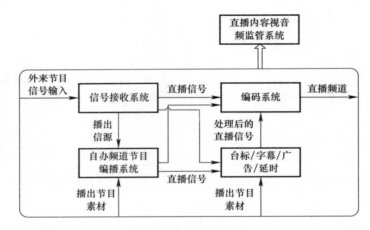

图 9-6　直播业务流程图

（2）轮播电视业务

轮播就是将内容相关性比较大的节目进行集成播出，以专业化的频道方式，采用硬盘播的技术进行播出。节目源可以采用现有点播节目和内容提供商提供的节目。轮播管理系统对频道内容的监控，可以进行延时播出、广告插播、字幕叠加等处理，并可以通过垫播服务器，提供垫播节目，在紧急情况下可以使用垫播节目替代正在播出的节目。

（3）点播、回放电视业务

点播是指将节目按类别或相关性等在 EPG（电子节目单）界面进行展示，用户可随意选择想看的节目进行播放，见图 9-7 点播内容管理流程图。

回放功能实现机制与点播一致，是按直播的节目单进行排列的点播方式。可以让用户观看直播频道过去 7d（可根据系统能力设置回放天数）的所有节目。

（4）时移电视

时移能够让用户在看直播电视节目的时候，实现对节目的暂停、后退等操作，并能够快进到当前直播电视正在播放的时刻。根据系统的存储能力可提供 3~7h 的时移功能。

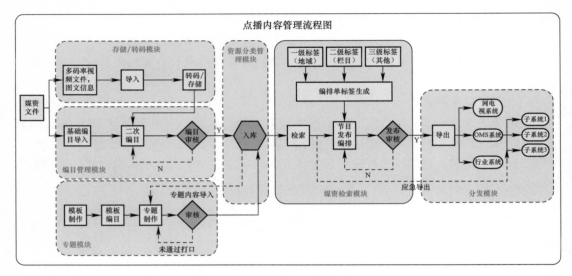

图 9-7 点播内容管理流程图

2．IPTV 关键技术

IPTV 技术平台采用基于 IP 宽带网络的分布式框架，以流媒体内容管理为核心，主要部分为前端系统、承载系统与传输网络和用户接收终端等部分。通俗地讲，它是一种利用宽带网的基础设施，以电视机（或计算机）作为主要终端设备，集 Internet、新媒体和通信等多种技术于一体，通过 Internet 协议（IP），向家庭用户提供包括数字电视在内的多种交互式数字媒体服务的技术，如下图所示。IPTV 应用的实质是流媒体在宽带网络上的传输和分发，因此 IPTV 的应用和发展是以下几种关键技术同时应用的结果。见图 9-8 IPTV 关键技术构成图。

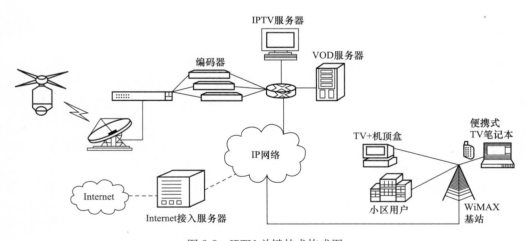

图 9-8 IPTV 关键技术构成图

3．宽带接入技术

宽带接入技术为媒体流的传送提供了通路。

4．IP 组播路由技术

IP 组播路由技术为流媒体的分发提供强大支持。IP 组播路由技术实现了 IP 网络中点到多点的高效数据传输，可以有效地节约网络带宽、降低网络负载。组播是一种允许一个或多个发送者（组播源）同时发送相同的数据包给多个接受者的一种网络技术，是一种能够在不增加骨干网负载的情况下，成倍增加业务用户数量的有效方案，因此成为当前大流量视频业务的首选方案。在 IPTV 的应用中，利用 IP 组播路由技术，可以有效地分发媒体流，减少网络流量。

5．数字编码技术

数字编码技术为视音频等新媒体信息的传输提供了可靠的技术支持。编码技术是新媒体通信技术的基本技术之一，MPEG-2 技术是 IP 业务的主流基本技术，MPEG-2 技术的主要目的是提供标准数字电视和高清晰度电视的编码方案，如目前的 DVD 主要采用这种格式。但是压缩率低，不利于传输。目前 IPTV 系统中最常用的是更加适合流媒体系统的 H.264 和 MPEG-4 技术。

AVS 是我国自主研发的具有自护知识产权的新一代编码方式。

除了以上视频编码技术外，互联网使用较多的还有美国 Real Networks 公司的 RealMedia、Apple 公司的 QuickTime、Windows 公司 Media、Macromedia 公司的 ShockWare Flash 等。

6．媒体内容分发

技术主要包含：内容发布、内容路由、内容交换、性能管理和 IP 承载网，主要用来降低服务器和宽带资源的无谓消耗。

7．数字版权管理技术（DRM）

技术内容包括：数据加密、版权保护、数字水印，主要用来防止视频内容被非法使用。

9.3.3.3　IPTV 播控平台

1．IPTV 播控中央平台

IPTV 播控中央平台负责全国性的内容管理、产品管理、EPG 管理、数字版权保护、应用服务业务管理系统以及运营数据统计。中央播控总平台向上对接全国内容平台，接收内容平台提供的内容，向下对接多个试点地区播控分平台，分发内容及元数据、产品、应用服务业务、EPG 模板等，并收集试点地区播控分平台的运营数据。

中央播控平台全国性 IP 电视节目资源（直播、点播、互动增值等），分别接入到各省 IP 电视播控分平台，各省 IP 电视播控分平台将整合中央总平台传来的节目以及地方性 IP 电视节目，通过 IP 电视传输分发网络向电视机终端用户提供端到端的 IP 电视运营管理服务。传输分发系统负责接收省/市级播控平台通过接口下发的各类信息，并分发至各级边缘节点最终呈现在用户端，同时向省/市级播控平台回传用户信息和监看信号。总平台架构见图 9-9 IPTV 中央播控平台架构图。

2．IPTV 播控分平台

IPTV 播控分平台向上对接中央播控总平台，接收中央播控总平台下发的全国性内容及元数据、产品、应用服务业务、EPG 模板等，并向中央播控总平台同步运营数据。试点地区播控分平台直接为终端用户提供 EPG 浏览服务和用户的开通、认证、鉴权、计费服务。

IPTV 播控分平台应是全国统一规划、统一标准规范的播控平台体系。播控分平台框架如图 9-9 分平台框架示意图所示。

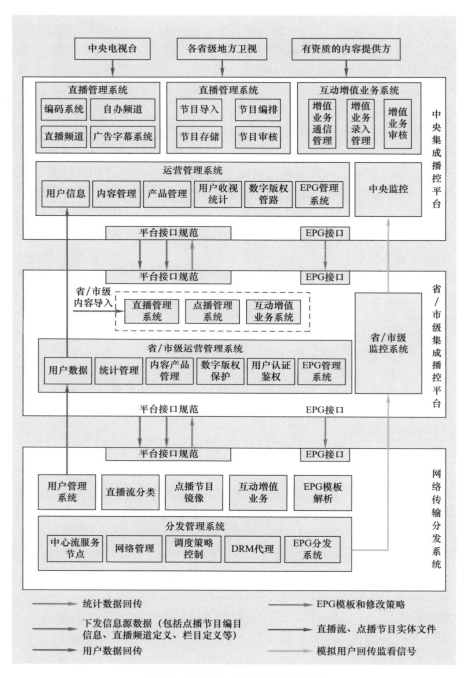

图 9-9 IPTV 中央播控平台架构图

（1）分平台的特点

省级播控平台与中央平台的系统模块基本类似；增加了用户认证鉴权功能；内容管理

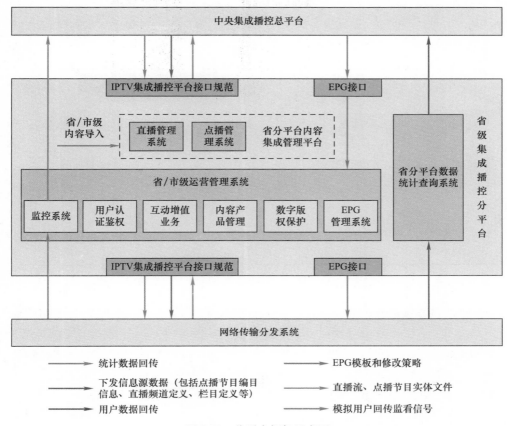

图 9-10 分平台框架示意图

系统实现了对中央平台下发内容及本地内容的整合；DRM 系统增加了本地内容的加密和管理；产品管理系统增加对本地产品的管理；省级 EPG 管理接受中央 EPG 模板，添加省 EPG 模板，集成下发到传输网络平台。

（2）分平台的 DRM 系统

分平台共享中央平台的 DRM 系统。DRM 系统部署在中央平台，各个省级播控分平台将媒资信息及用户订购信息同步至 DRM 系统。

省级播控分平台对自有内容源实施 DRM 保护，并单独对其用户完成终端的认证，授权和播放请求。省分平台单独部署 DRM 系统，并与中央平台同步相关的信息。

（3）分平台与传输系统的接口

分平台与传输系统的接口如图 9-11 所示。其中，A 表示内容注入控制接口；B 表示内容元数据注入接口；C 表示产品信息同步接口；D1 表示用户信息同步接口；D2 表示产品订购信息同步接口；E 表示计费信息同步接口；F 表示加密内容授权接口；G 表示开户信息同步；H 表示账务接口。详见图 9-11 省级播控分平台与传输系统的接口图。

9.3.4 其他类型播控平台

9.3.4.1 互联网电视播控平台

互联网电视是以公共宽带网络而非广电有线电视网为传输通道，以视音频多媒体为形

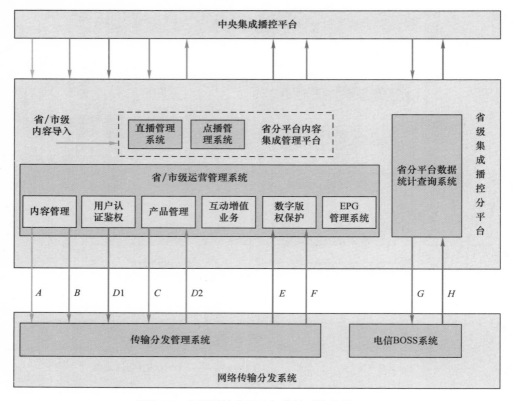

图 9-11　省级播控分平台与传输系统的接口图

式，通过电视机收看电视节目的形式，在数字化和网络化背景下产生，是互联网络技术与电视技术结合的产物。2009 年 8 月，国家新闻出版广电总局发布《国家新闻出版广电总局关于加强以电视机为接收终端的互联网视听节目服务管理有关问题的通知》，正式明确了互联网电视的概念以及开展此类业务的相关管理规定。国家新闻出版广电总局 2011 年 181 号文《持有互联网电视牌照机构运营管理要求》中，又明确定义互联网电视集成平台由节目集成和播出系统、EPG 管理系统、客户端管理系统、计费系统、DRM 数字版权保护系统等主要功能系统完整组成，详见图 9-12 互联网电视播控平台业务框架图。

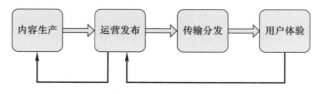

图 9-12　互联网电视播控平台业务框架图

1．互联网电视业务概况

　　互联网电视最终是以电视机为接收终端得以体现，用户只有购买了互联网电视机才能享受到高清、健康、优质的互联网电视节目服务。我国电视机终端制造厂商大量生产将内容运营商提供的服务平台系统植入的互联网电视机，再把经过授权得以使用的优质媒体内容版权展现在电视机终端前，从而吸引用户购买不同型号的互联网电视机。这种运营模式也为互联网电视产业增添了可观的财富。

互联网电视业务应满足用户体验界面友好、易操作，业务流程清晰，EPG 功能完整，中英文输入、一键式操作方便快捷；方便的用户自服功能，业务定制方便、消费清晰明了。灵活多样的业务组合策略，最大程度的实现互联网电视的精细化、个性化运营。业务不断推陈出新，提供直播、VOD 等互动音视频业务；信息浏览、视频通信、语音通信、远程教育、远程医疗、在线游戏、电子政务、电子商务、数字城市、金融证券交易以及其他本地特色业务。

2．互联网电视基本业务

（1）数字直播服务

直播是一直以来电视服务中最基本的服务，互联网电视基于标准技术构建数字直播服务，包括直播电视服务和广播电台服务，支持标清频道，高清频道，收费频道等各种频道类型。

互联网电视提供的数字电视业务，利用 IP 的数据通道，使数字电视业务更能贴近消费者的需求和使用习惯，例如 EPG 信息、频道编排、信息关联等功能。

（2）回看时移服务

直播电视服务带给用户的是固定频道和固定时间的体验，电视台什么时候播出，用户就只能在什么时候观看，如果错过，就没有机会再看到。这是因为直播电视服务受到广播式播出技术的限制，从而让用户体验受到播出时间表的限制。互联网电视给用户带来的回看时移服务，使用户不再受到时间表的限制，而是可以自主选择任意电视节目的开始播放时间，并可进行暂停，快退，快进等各种控制，大大改变了用户看电视的习惯，把用户从时间表中解放了出来。

（3）视频点播服务

视频点播使用户可以根据自己的兴趣，不用借助于录像机和影碟机，而可以在电视上自由地点播节目库中的视频节目，是对视频内容进行自由选择的交互式服务。互联网电视提供的视频点播服务，不仅可以提供高质量的视频播放，而且还提供了分类，搜索，排行等各种索引功能，帮助用户找到自己喜爱的节目。

3．互联网电视扩展业务服务

互联网电视系统具备了良好的业务扩展性，扩展业务服务是基于开放的原则进行开发部署，在这个扩展业务开发、销售、应用的模式中，扩展业务服务成为一个互联网电视与任何开发者以及运营商之间共享共赢的业务增长点，不仅终端用户可以享受到更多的服务，同时也可以持续丰富扩展业务服务的内容，给各方带来更多利润。在这样一个良性竞争的生态环境中，各方的利益都能得到最大化。

（1）天气预报

提供与网络同步更新的全国各地的天气信息，为用户的出行提供方便。

（2）健康信息

为家庭用户提供健康相关的信息，包括健康资讯、家有宝贝、就医指南等等。

（3）网络新闻

将互联网上的最新网络新闻抓取到本地，并同时进行内容的监察和过滤，向用户发布网络上的最新信息，方便不习惯使用 PC 上网了解新闻的家庭用户。

（4）航班信息

为用户提供与网络同步的最新航班信息，为用户的出行提供便捷，未来将进一步集成网上订票等服务。

（5）娱乐游戏

为家庭用户提供在线的卡拉 OK 服务，提供益智类游戏等。

（6）电视购物

在互联网电视系统中进行实物商品的展示和销售。

4．互联网电视播控平台架构

互联网电视播控平台与 IPTV 播控平台整体结构类似，唯一区别为互联网电视信号传输通道为公共宽带网络，因此也有称为公网 IPTV。

互联网电视播控平台已具备以下基本功能：

（1）内容发布、审核与管理；

（2）EPG 审核、发布与管理；

（3）业务鉴权管理；

（4）CDN 网络管理；

（5）终端管理；

（6）安全播出指挥与应急处理。

互联网电视播控平台架构应结合技术发展特点以及内容集成平台和运营管理平台整体要求，以新媒体播出平台系统的发展方向为依托，设计内部的各功能组件：

（1）开放的、标准化的信息传递接口；

（2）提供集群服务，提供高可用性的负载均衡；

（3）解耦多系统间信息传递；

（4）专用的 VPN，实现安全套接层 SSL 内部的用户认证授权。

9.3.4.2　手机 /CMMB 电视播控平台

手机 /CMMB 电视播控平台主要是为了适应移动新媒体广播业务的需要，建设一个集采集、编码、播出、分发和传输于一体的内容分发平台。

手机电视，指以手机等便携式手持终端为设备，传播视听内容的一项技术或应用。目前，手机电视业务的实现方式主要有三种。第一种是通信方式，利用移动通信技术、通过无线通信网向手机点对点提供多媒体服务。第二是利用数字广播电视技术，通过地面或卫星广播电视覆盖网向手机、PDA、笔记本电脑以及在车船上的小型接收终端点对面提供广播电视节目。第三种是在手机中安装数字电视的接收模块，直接接收数字电视信号。

近年来，随着手机业务的发展，手机电视业务也得到了较快的发展。手机电视就是以手机为接收终端，利用有操作系统、流媒体播放软件或者电视广播接收解调模块的智能手机实现观看电视，也可称为移动新媒体广播。目前我国手机电视，根据其下行传输技术分为基于移动通信网和数字地面广播网两种实现模式。实现模式为基于数字地面广播网技术的 CMMB（中国移动新媒体广播）和基于移动通信网的数据通信服务。手机 /CMMB 电视播控平台就是可以为这两种模式提供电视节目内容和管理的平台。

手机电视和 CMMB 电视这两种模式是基于各自独立的播控运营平台来实现的，他们

的传输方式和链路也是相互独立的。其中手机电视的实现是主要通过移动蜂窝网络和 wap
移动互联网实现数据通信。而 CMMB 电视还是通过单频网广播的方式进行传输的。具体
分发网络如图 9-13 和图 9-14 所示。

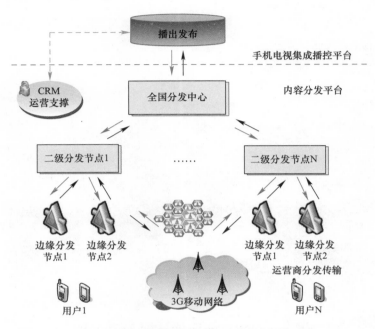

图 9-13　手机电视集成播控平台分发网络图

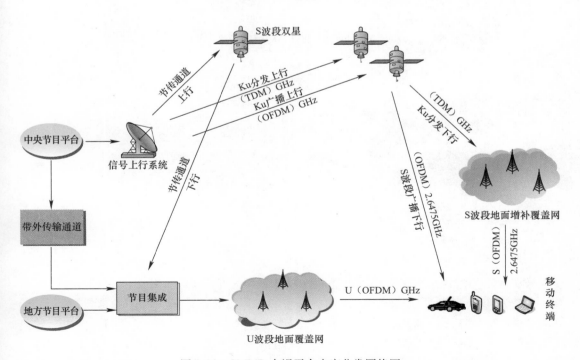

图 9-14　CMMB 电视平台内容分发网络图

9.3.4.3　视音频网站

视音频网站也是新媒体播出系统的表现形式之一，网站系统从系统整体架构上，可分为三层：

（1）内容生产层，包括了编码系统和内容生产平台，分别提供直播流与点播文件；

（2）播控分发层，包括了流媒体播控平台和 CMS 发布系统，分别提供视音频的管理控制分发和前台页面展现；

（3）传输分发层，主要是网络分发服务，为最终用户提供网络接入。

总体架构见图 9-15 为网站播控平台总体架构图。

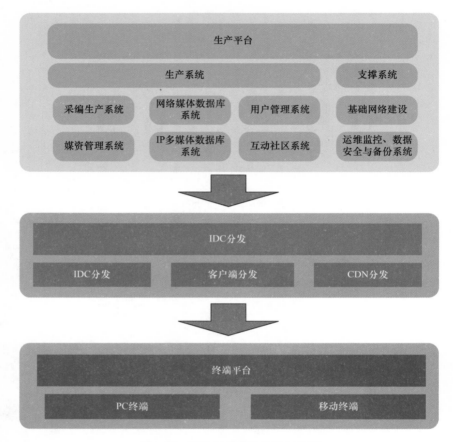

图 9-15　网站播控平台总体架构图

1．系统总体流程

内容生产负责节目内容的生产加工，包括采集收录、节目拆条、转码推送、内容存储管理等功能。为前端运营发布提供点播文件节目源、直 / 虚拟直播流。

运营发布包括前端门户发布系统和后端流媒体运营管理系统。门户发布负责面向 PC 终端的网络电视直播、点播、虚拟直播，以及各类图文资讯和互动信息展现。后端运营包括后台的用户管理、模板管理、栏目定义、发布审核、流播出支撑等。

传输分发网络实现基于视频的智能分发和高效的 CDN 支撑，提供更快、更清晰的视频服务。

用户体验为终端用户提供 PC 屏、手机屏以及将来扩展的其他终端展现和服务。

总统流程见图 9-16 网站播控平台总体业务流程图。

2．内容管理系统

内容管理系统具备完善的多站点管理功能，在网站栏目规划上不受限制，提供了基于可视化模板制作功能，提供基于 HTML 的可视化稿件编辑器并集成了图片处理、关键字、热字、敏感字等便捷的处理功能，在内容发布上能够保证稿件的实时发布。系统还可以实现自定义数据类型的信息管理与发布。

内容管理系统既包括媒体素材管理，也包括网络媒体数据库管理。网络媒体数据库主要负责视频、图片、文字等多媒体内容的

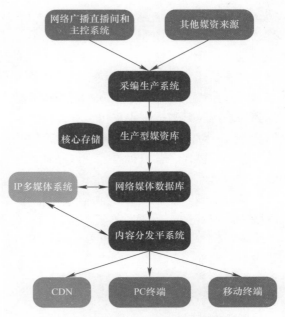

图 9-16　网站播控平台总体业务流程图

逻辑关系梳理，将媒资提供的颗粒化、无序的、无组织的、单一的素材资源，通过系统整理、编辑加工做成网状的、有序的、有组织的、多元的知识包，并可以为下游多平台、多业务、多终端提供统一的数据支撑。

3．用户管理系统

用户中心作为网站的重要平台，其整体要求功能齐全、涵盖面广以及系统支持强大等特点决定了后台管理中用户管理的功能水平必须要达到系统支持稳定、用户分类明晰、用户管理快速简洁等要求。

视音频网站的用户管理及系统认证，是网站各类用户数据统计、功能分析以及性能需求的平台。主要包括：统一认证系统、用户个人管理、管理员后台管理、会员审核认证管理、会员基础信息管理、会员的各类登陆数据统计分析、会员开通业务功能的分类管理、特定用户会员的明细管理以及会员自身信息化管理。

其中会员的审核认证及基础信息管理作为用户管理、统一身份认证系统的基础，在系统的设计、开发和实施中占据了相当比重。通过统一身份认证系统的建立，达到用户可通过不同媒体登陆系统并可利用唯一用户名进行不同网络功能的实现。而会员的基础信息管理则通过会员数量的累计统计及特定某时段统计，会员加入途径的统计分析以及会员择类申请的统计分析等达到信息管理的纵向及横向量化管理。

用户个人管理，提供给用户一个管理个人信息、播客、博客、积分、好友、短消息等操作的平台，用户可对各项管理功能进行个性化操作。用户登录后在这个平台上可以对自己已开通的业务应用进行方便快捷的操作，可以查看及删改自己的播客视频，博客文章，查看网友访问情况，以及用户状态，积分情况，还可查看好友，并对其进行分组，管理个人消息等。

另外特定用户会员管理通过会员检索功能、指定账号锁定功能以及设定有效时限等功

能达到后台管理的快速、便捷、时效的良好统一，使管理员在日常管理操作中对各项指令性动作达到准确、简便、易行的要求。

通过后台对系统会员信息的管理、信息量化统计、信息情报分析建立规范统一的用户管理体系；体系依托后台系统实现操作简易化、信息量化及反馈明确化，增强了后台操作体系的安全性、稳定性及信息利用程度；通过实现协作应用管理服务于后台系统整体性管理和为系统基础数据提供支撑。

4．流媒体播控系统

流媒体播控，其目标是实现网站最终视音频直播、点播、发布，它与网站门户页面结合，进行协同展现。

节目汇聚阶段提交的直播流、节目单、点播文件、编目信息等统一接入流媒体播控系统中，流媒体播控系统对其进行直播频道的管理、点播文件的分类、节目的上下线设置。一般来说，系统将接收到的文件自动上线，如果有特殊原因，如内容违规等情况才进行人工的下线处理，以确保节目快速上线发布。

上线的节目，推送到流媒体服务器，通过 CDN 分发为最终用户提供服务。

此外，节目信息将同步到 CMS 中，由 CMS 组织门户页面的发布。

5．数据统计分析系统

为保证网站更好的运营，需要建立网站统计分析系统。本系统以网站实际运营特点为基础，提供灵活、海量的数据统计、用户行为分析等功能。通过全方位、多层次的数据统计与数据挖掘，使网站可以全面的了解当前自身运营状态，并为下一步的发展提供辅助性的决策信息。

对网络内部数据如稿件数量、工作人员工作量的统计由 CMS 完成，广告流量统计由广告系统实现，本系统主要进行页面流量与用户行为统计分析。系统能够提供各栏目或页面的流量分析、用户行为与分布统计信息等，支持多种条件的自定义统计与报表输出，并可根据不同实际需求进行定制。

网站系统的成功运营是一个长期复杂的过程，需要自上而下多级部门的倾力合作，并在过程中不断完善，包括网站整体定位、页面元素呈现、内容分类等。而这一切并非是盲目的臆测，而是依据大量的统计数据，这也正是本系统的价值所在。

6．互动社区应用

网站系统除实现基本视音频直播、点播业务外，从扩大用户数量、增强用户体验角度还应具备互动社区功能，互动社区应用包括嘉宾访谈、播客、博客、论坛、微博等应用。

针对广电媒体特征可提出官方社区的概念，将广电媒体的丰富视频资源以灵活、个性的方式呈现给广大网友。官方社区拥有更丰富的功能，在视频的编目、数据的配置、页面的搭建方面更加丰富、灵活。并针对 EPG 系统提供完整的功能接口，对于广电节目时间表、节目预告等 EPG 数据可以方便灵活的引用和呈现。

（1）网上征集系统

依据网站活动多、征集多特点，为了配合各种大型活动准备建设网上征集报名系统，网上征集报名系统已报名为核心，对网友用户资料进行统计并提供附件上传功能以便网友把自己的作品传到网站进行选拔、评奖。

网上报名与统一认证系统结合，用户在报名时同时提交到统一认证系统，在完成报名活动中积累网站人气，增加会员数。系统提供附件上传功能，网友可以把自己的作品，如视频短片、照片、文章等通过附件上传功能传到网上进行评选。

（2）投票报名系统

作为与网友互动平台的一部分，投票系统必须具有通用性、多样性、安全性、快读的响应时间、统一的管理平台等多重特性。

投票应用建设的具体策略为：创建统一的投票平台，使各业务平台与投票平台做接口。数据和应用支持由投票平台统一提供，页面展示由各业务平台自己实现。各应用平台可以根据自己的功能策略不同，在通用的投票接口上有取舍的使用投票功能，自由地进行定制展示。展示后投票数据统一提交到投票平台进行数据的存储，分析。

7．运维监控

视音频网站系统需要建立自己的数据中心运维监控中心，对数据中心及应用的状况进行 24 小时监控，以便于及时处理发生的问题，保障数据中心及应用的安全。

网络运维监控室按照功能划分为监控室及会议室。监控室的墙面使用高分辨率大屏幕，作为数据中心监控数据的输出展示媒体。配合显示矩阵控制器及显示分屏器，将相应的网管软件的状态监控及其他监控系统的监控画面显示在大屏幕上，便于给值班人员查看，通过大屏幕上显示的众多信息，可以以最快的速度了解到网络中发生的异常情况及故障，并通知相关人员进行处理。

大屏幕前放置供值班人员及相应技术人员使用的工作台，方便值班人员进行网络的状态监控。平时网络运维室的会议室可以作为技术人员开会使用，当有紧急情况产生时，便可以转换为应急处理中心，在监控室进行指挥和应急处置。

建立集 IT 管理监控、流程管理、运营监控管理、操作管理为一体的综合运维管理系统可以高性能的全面监控、预防故障、实时告警、迅速定位、故障分析、快速处理 IT 系统运行中的问题，提高运维人员响应和解决问题速度，减轻工作压力，降低运维成本。

9.4　超高清晰度电视技术

9.4.1　超高清晰度电视的定义

超高清晰度电视是继高清晰度电视之后的一种新的数字电视格式，与标准清晰度和高清晰度电视相比，有着宽视野、大动态范围、广色域、高精细图像、更快的图像刷新速度和空间音响效果等特点，为观众提供了更加真实的视听体验。

在不同时期所采用的标准中，超高清晰度电视有着不同的名称和定义：在超高清晰度电视的发展历程中，极高分辨力影像（EHRI）、超高精细影像系统（SHV）和特大屏数字影像（LSDI）都是指超高清晰度电视（UHDTV）图像格式。在 SMPTE 2036（2007）号标准中，首次将此电视格式明确为超高清晰度电视 UHDTV（Ultra High Definition Television）。

超高清晰度电视的最新标准是 2012 年 8 月国际电信联盟（ITU）发布的 Rec.ITU-R BT.2020（08/2012）《UHDTV 系统节目制作和国际交换用参数值》。该标准将屏幕的物理分辨率达到 3840×2160 及以上的电视称之为超高清电视，并规定了 UHDTV 系统节目制作和国际节目交换用参数值。国际电信联盟（ITU）为广播型超高清电视规定了UHDTV1 和 UHDTV2 两个层级。UHDTV1 的每帧像素数为 3840×2160 约 829 万个（通常标识为 800 万个），大体上相当于 4K 级数码电影。4K 级数码电影每秒 24 画格，每画格包含 4096×2160 约 885 万个像素，因此也有人把 UHDTV1 标识为 4K 级超高清电视。UHDTV2 的每帧像素数为 7680×4320 约 3318 万个（通常标识为 3200 万个），大体上相当于 8K 级数码电影，因此也有人把 UHDTV2 标识为 8K 级超高清电视。UHDTV1 和UHDTV2 都采取逐行扫描方式，其帧频可以是每秒 24 帧、50 帧或 60 帧乃至 120 帧，与目前被采用的每帧 1920×1080 约 207 万（通常标识为 200 万）个像素、逐行扫描制高清电视相比，UHDTV1 和 UHDTV2 的每帧信息传输量分别提高到 4 倍和 16 倍。

超高清晰度电视标准仍在扩展和修订，关键技术的研究和设备的研制正在不断取得实质性进展。在包括我国在内的世界各国和相关国际组织的关注下，期望逐步解决标准不统一、普及困难等问题而真正进入实用化发展阶段。超高清晰度电视与三维影像技术的结合被认为是电视观看效果的最佳形态，它的产生和发展使电视技术进入了一个新阶段，极具广播和其他专业应用前景。

目前超高清晰度电视已有的主要国际标准如表 9-1 所示。

超高清晰度电视国际标准 表 9-1

标准编号	标准名称	最后一次修订时间
Rec. ITU-R BT.1201	极高分辨力影像	2004 年
Rec. ITU-R BT.1769	制作和国际节目交换的 LSDI 图像格式扩展层参数值	2006 年
SMPTE 2036	超高清晰度电视图像的参数	2009 年
Rec. ITU-R BT.2020	超高清电视 "UHDTV"（或 "Ultra HDTV"）	2012 年
ITU-R BT.1361	未来电视与图像系统的世界统一色度及相应特性	1998 年

2012 年 5 月，国际电信联盟（ITU）发布了 Rec.ITU-R BT.2020（08/2012）"超高清电视 UHDTV"（或 "Ultra HDTV"）标准的建议，规定了 UHDTV 系统节目制作和国际节目交换用参数值。BT.2020 建议书中对 UHDTV 主要技术参数描述如表 9-2 所示。

Rec.ITU-R BT.2020 建议书中 UHDTV 主要技术参数 表 9-2

参数	值	
图像横纵比	16：9	
像素数 水平 × 垂直	7680×4320	3840×2160
取样点阵	正交	
像素横纵比	1：1（方形像素）	
像素寻址	每行像素的顺序是从左向右，行的顺序是从上至下	
帧频率（Hz）	120, 60, 60/1.001, 50, 30, 30/1.001, 25, 24, 24/1.001	
扫描模式	渐进	

续表

参数	值		
非线性预纠错前的光电传输特性	假设为线性（1）		
主色和用于参考的白色	色品参数 （CIE，1931）	x	y
	红基色（R）	0.708	0.292
	绿基色（G）	0.170	0.797
	兰基色（B）	0.131	0.046
	参照白基色（D65）	0.3127	0.3290
信号格式	R'G'B'		
	恒定亮度 Y'CC'BCC'RC	非恒定亮度 Y'C'BC'R	

9.4.2　超高清晰度电视的关键技术

9.4.2.1　编码

超高清数字电视图像的数据远远高于当前标清数字电视和高清数字电视，因此不能继续使用目前的 MPEG-2 或 MPEG-4（AVC）标准来实现压缩编码。虽然 H.264/AVC 标准被广泛应用于各种视频编码器中并显示出良好的编码效率，但是由于运动估计模块的计算复杂度，这些编码器仅支持高清（HD）或者高清以下清晰度的视频。

以帧率 50Hz，12bit 量化精度，4∶4∶4 演播室视频格式为例，4K 模式超高清数字电视信号图像的原始数据率为（3840×2160bit/ 帧）×（24bit/pixel）×（30 帧 /s）约 6GB/s，是帧率 25Hz、10bit 量化精度、4∶4∶4 演播室 HDTV 视频格式的 38.28 倍。而 8K 模式的原始数据率为 4K 模式数据率的 4 倍，约为 24GB/s。以 4∶2∶2 采样，4K 和 8K 模式的数据率也要分别达到 4GB/s 和 16GB/s。不同电视格式的数据率如表 9-3 所示。

不同电视标准中原始码率对比　　　　　　　　　　　表 9-3

编码格式		数据率		
量化精度	采样比例	HDTV	UHDTV4K	UHDTV8K
12	4∶4∶4	1.5G/s	6G/s	24G/s
12	4∶2∶2	1G/s	4G/s	16G/s

将码率如此之高的数据压缩到可经卫星、地面及网络信道传输，是 UHDTV 的关键技术之一。2010 年，ISO/IEC 活动图像专家组（MPEG）和 ITU-T 视频编码专家组（VCEG）联合成立了视频编码联合小组（JCT-VC），来开发"高效视频编码（HEVC）"的下一代标准，其目的是为了获得更高的视频压缩效率和更好地适应各种不同的网络环境。

如果把 1995 年颁布的 MPEG-2 标准看作是数字电视的第一代信源压缩编码标准，2003 年颁布的 H.264 可以看作第二代视频编码标准，H.264 的码率比 MPEG-2 下降了50%。HEVC 标准可以看作是第三代编码压缩标准。该标准的要求是，与 H.264 高档次

(High Profile) 对比，在保持计算复杂度基本一致，主观图像质量相当的前提下，将码率（bitrate）下降 50% 或更多。它覆盖了从 QVGA（320×240）到 1080p 和 UHDTV$_{8K}$（7680×4320），还根据噪声电平、色域和动态范围，改进了图像质量。HEVC 被认为是 H.264 的下一代标准，因此又被称为"H.265"。

9.4.2.2　基带传输

由于 UHDTV 的大数据量的特点，在演播室制作和台内传输中，对基带传输的带宽有着更高的技术需求。目前在 UHDTV 节目制作中，基带传输的方式有以下几种：

（1）使用 4 个 1.5G HD-SDI 接口可以传输 1 路 4∶2∶2@30P 4K 基带信号

（2）使用 4 个 3G-SDI 可传输 1 路 4∶2∶2@60P 4K 信号

（3）1 个 6G-SDI 接口可以传输 1 路 4∶2∶2@30P 4K 基带信号（6G-SDI 是以'SMPTE 424 标准'为基础把传输速率提高 1 倍，是厂家自有标准，不是行业标准）

（4）1 个 10G-SDI 接口（同轴电缆或光纤）可传输 1 路 4∶2∶2@60P 4K 信号。（SMPTE 435 标准文件定义了 10-SDI 接口）

（5）通过万兆以太网实时、极小延时地传输 4K@60P 基带信号（行业内各厂家正在积极研发实时 4K 信号 IP 传输方案）

由此可见，在超高清时代，随着基带传输技术的变化，演播室、总控传输及播出等工艺系统的设计也会随之发生改变。

9.4.2.3　电视显示

近距离、大视场观看 UHDTV 画面，目前较普遍地采用投影方式。将 UHDTV 超高清画面投影到巨幅显示屏，并配以多声道放声系统，这种形式适合剧院、影院、游乐场等公共娱乐场馆。在当前平板显示技术不断进步的情况下，大尺寸直视型 4K 分辨率的 LCDUHDTV 液晶显示和更大尺寸的 4K PDP UHDTV 等离子体显示屏已经出现。直视型 4K 显示屏特别适合立体电视（3DTV）应用。超高分辨力显示屏配以高性能信号处理电路，可提升立体电视左右视图的显示分辨力，这对戴眼镜和裸眼式立体电视显示更细腻的画面都极有意义。大显示屏立体电视机还可容纳更多扬声器，对重现高质量、多声道伴音也有利。

以目前主流平板电视主流产品来看，24in LCD 可以达到 1080p 显示，则原理上 50in LCD 可达到 2160p（4K）显示，100in LCD 可达到 4320p（8K）显示；同样，42in PDP 可以达到 1080p 显示，则原理上 84in PDP 可达到 2160p（4K）显示。对于不同技术的显示器和分辨率对显示器尺寸的要求如表 9-4 所示。

不同技术的显示器和分辨率对显示器尺寸的要求　　　　　　　　　表 9-4

电视系统	分辨率	尺寸（LCD）	尺寸（PDP）
HDTV	1080P	24in	42in
UHDTV4K	2160P	50in	84in
UHDTV8K	4320P	100in	

大尺寸的超高清显示屏，还可采用拼接方式来实现。100in 以上 4K 屏采用 4 块 1920×1080 屏拼接，100in 以上 8K 屏采用 4 块 3840×2160 屏拼接。

在未来的工艺设计中，监看、审看的要求会逐渐发生变化，对于超高清晰度电视的演播室导控室、审看室的设备布置，也要随之调整。

9.4.3　超高清晰度电视与高清晰度电视的区别

9.4.3.1　分辨率和视角

现已广泛使用的数字电视系统有 SDTV（标准清晰度电视）和 HDTV（高清晰度电视）两种，我国 SDTV 及 HDTV 画面的部分参数对比如表 9-5 所示。

我国 SDTV 及 HDTV 画面的部分参数对比　　　　　　　　　表 9-5

序号	电视系统	SDTV	HDTV	UHDTV	
				UHDTV4K	UHDTV8K
1	像素阵列	720×576	1920×1080	3840×2160	7680×4320
2	幅型比	4：3	16：9		
3	像素宽高比	1.067	1.000		
4	标准观看距离（m）	5.500	3.000	1.500	0.750
5	扫描行垂直视角（°）	1.085	1.061	1.061	1.061
6	画面垂直视角（°）	10.416	19.098	38.196	76.392
7	画面水平视角（°）	13.823	33.009	61.301	99.688
8	帧频	25		50	

Rec.ITU-R BT.2020（08/2012）推荐了 3840×2160/16：9 和 7680×4320/16：9 两种级别 UHDTV 图像格式，表中分别简称 4K 和 8K 格式，并分别记成 UHDTV4K 和 UHDTV8K。4K 和 8K 格式画面有效像素数分别是 HDTV 的 4 和 16 倍，SDTV 的 20 和 80 倍。UHDTV 与 HDTV 图像尺寸成倍数关系，幅型比一致，像素均为正方形（表中第 3 行数据），便于相互转换图像格式。HDTV、UHDTV 与 SDTV 图像的幅型比和像素宽高比不同，图像格式不便互相转换。图 9-17 是假定像素水平尺寸相同的情况下，$UHDTV_{8K}$、$UHDTV_{4K}$、HDTV 和 SDTV 画面大小的比较。

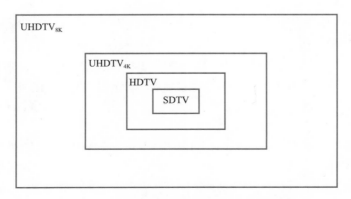

图 9-17　HDTV 和 SDTV 画面大小的比较

正常视力尚能分辨的最近两点对眼睛的视角约 1′~1.5′，对应的电视画面观看距离称标准观看距离。表 9-5 所列 HDTV 数据表明，尽管画面采用了宽幅型比，使在标准观看距离下，画面水平视角由 SDTV 的 13.823° 加大到 33.009°，但视野仍有限。若维持画面幅型比不变，进一步展宽 HDTV 画面的视野，则需要增大屏幕，减小标准观看距离。而在近距离观看大幅画面时，为使行结构不变粗糙，需要增多扫描行数。在仍保证方像素形状的情况下，随着行数的增加需要相应地增多水平像素数，这就意味着需要把 HDTV 图像格式上升为 UHDTV 图像格式。

对于对 4K 和 8K 格式，在标准观看距离下，UHDTV 画面的水平视角分别拓展到 61.301° 和 99.688°，垂直视角分别增加到 38.196° 和 76.392°，视野明显宽于 HDTV。视觉系统随画面视角的加大和亮度的提高，其临界非闪烁频率跟着提高，故 UHDTV 较 HDTV 应采用更高的帧频，又顾及到与现行电视系统兼容，Rec.ITU-R BT.2020（08/2012）推荐 UHDTV 采用 120、60、60/1.001、50、30、30/1.001、25、24 或 24/1.001Hz 多种帧频，并把扫描限定为逐行扫描。

9.4.3.2　色域

HDTV 中对色域的主要定义来源于 ITU-R BT.709。1998 年，国际电信联盟制定了 ITU-R BT.1361 建议书，全称为《未来电视和图像系统的国际统一色度及相关特性》。该标准面向广播和通信领域并与现行高清晰度电视节目制作标准 ITU-R BT.709 规范的常规色域系统有良好的兼容性，适用于现行的 HDTV 和 UHDTV 电视系统。表 9-6 摘列了 ITU-R BT.1361 建议书的色度学参数。

ITU-R BT.1361 建议书的色度学参数　　　　　　　　　　　表 9-6

色度坐标	x	y
红	0.6400	0.3300
绿	0.3000	0.6000
蓝	0.1500	0.0600
基准白 D65	0.3127	0.3290

ITU-R BT.1361 定义的宽色域 HDTV 传输系统沿用了 ITU-R BT.709 系统的基色和基准白、模拟编码方程及其量化方法，与常规色域传输系统具有兼容性。ITU-R BT.709 建议书以常规色域为目标色域，而 ITU-R BT.1361 则以 Pointer 色域（包含人眼能观察到的真实物体表面色色域，称为 Pointer 色域）为传输目标。Pointer 色域的色域覆盖率为 46.63%，大于常规色域的 33.24%，以此拓宽了系统的色域范围，这也体现在信号动态范围的变化。

2012 年 8 月，ITU 颁布 Rec. ITU-R BT2020（08/2012）：超高清晰度电视（UHDTV）系统节目制作和国际交换用参数值，其中对 UHDTV 系统的色度参数做了规定。

如表 9-7 所示，Rec. ITU-R BT2020 将 UHDTV 系统的红（R）、绿（G）和蓝（B）三基色色度坐标选到了可见光谱色轨迹上，用彩度极高的三基色实现宽色域系统。

Rec. ITU-R BT2020（08/2012）对 UHDTV 系统的色度参数的规定　　表 9-7

色度坐标	x	y
红（R）	0.708	0.292
绿（G）	0.170	0.797
蓝（B）	0.131	0.046
基准白 D65	0.3127	0.3290

Rec.ITU-R BT.2020（08/2012）还将系统的红（R）、绿（G）和蓝（B）三基色色度坐标选到了可见光谱色轨迹上，从而色域可更宽，色域覆盖率可提高到 57.29%。

通过表 9-8 对比可发现，ITU-R BT.1361 沿用了常规色域系统的三基色和基准白，与现行视频系统具有较好的兼容性，但色域扩展程度有限。ITU-R BT.2020 选择光谱色作为系统三基色，此色域范围最大，色域覆盖率理论值达 57.29%，几乎包含了全部真实表面色，为宽色域电视系统的发展开辟了更广阔的前景。图 9-18 为不同电视系统更的色域范围对比。

不同电视系统的色域覆盖比例　　表 9-8

标准	电视系统	色域覆盖比例
ITU-R BT.709	HDTV	33%
ITU-R BT.1361	HDTV、UHDTV	39%
Rec. ITU-R BT.2020	UHDTV	57%
Pointer gamut		47%

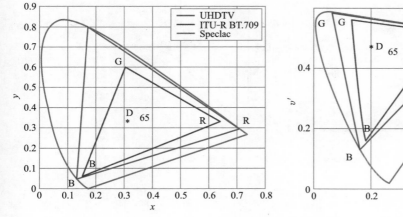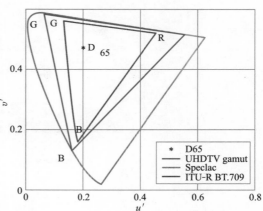

图 9-18　不同电视系统更的色域范围对比

9.4.3.3　音频处理

在超高清晰度系统中，SMPTE 2036 标准定义了 UHDTV 的 22.2 高标准现代化立体音响系统，使之得以和高标准的视觉系统相配合。UHDTV$_{8K}$ 画面的垂直、水平视角大约分别为 80°、100°，为表现声像的上下位置和移动，以及更宽的水平方向移动，并使较宽座位范围的观众都能感受到近乎自然的音响效果。该标准将改变目前家庭影院、数字影院、剧场和音乐厅等场所声道少，且各扬声器大多置于屏幕中心高度的现状。

　　如图 9-19 所示，22.2 多声道音频系统以 NHK 提出的超高清电视伴音系统为基础，配置了上层 9 声道、中层 10 声道、下层 3 声道以及双声道低频音效（LFE）扬声器，其中上层声场由 3 个前方声道、2 个侧环绕声道、4 个后环绕声道再加上一个上方声道组成可极为细致地再现向前后左右及上下方向传播的声音，中层声场由 4 个前方声道、2 个侧环绕声道和 3 个后环绕声道组成，最底层的声场由 3 个前方声道和 2 个 LFE 声道组成，另外，在主声道方面，为了增强效果，还可以选择两个由 36 个小喇叭组成的喇叭阵列来确保主声道输出的力度感。这样组成的 3 层环声场的下层两侧再增加 2 个低音声道，构成完整的22.2 环绕声系统，与目前流行的 7.1 声道环绕声系统相比，这种放声系统可较好地模拟三维声场，提供足够大的优良视听区，声音更真实、更具现场感，适应声像与宽视野画面同步需要，满足超高清系统对声音的要求。这种系统也便于兼容目前已有的几种多声道音频格式，使用较少扬声器的放音系统也可在某种程度上重现图中从各声道方向来的声音，但适听区会减小。

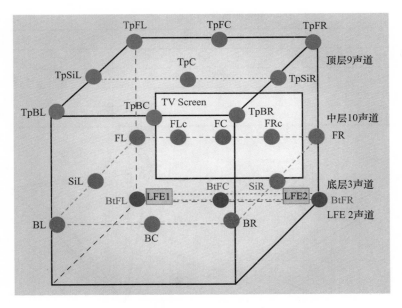

图 9-19　22.2 音响系统示意图

　　录制 22.2 声道节目，需采用多个指向性不同的传声器，并把它们置于相应位置，单独采集直接和间接声音，用多轨录音机分别记录。22.2 声道音频信号取样频率为 48kHz 或96kHz，量化精度 16bit、20bit 或 24bit。

　　22.2 声道的音频数据率大大增加。以每声道 48KB/s、24bit 采样为例音频数据率达到约 28MB/s，经过音频压缩后数据率也将超过 2.8MB/s。目前 Dolby 和 DTS 都在开发类似的多声道立体环绕声技术和系统，MPEG 也在制定相关的多声道标准。对于家用来说，22.2 声道播出系统的声场布置要求未必普遍适用。因此，MPEG 正在制定的环绕声标准 SAC（Spatial Audio Coding）考虑了后向兼容，即可以兼容或更新已有的立体声或单声道系统。SAC 在编码时利用音源的强度和声道之间的空间相关性进行下混处理（Down mix），这样既可以减少多声道音频本身的传输数据率，只需要增加较少的音源空间信息数据，又可以增强已有音频系统的播放效果。

9.4.4　超高清晰度电视节目制作系统

9.4.4.1　超高清晰度电视节目制作流程

超高清电视节目制作首先要从电影制作说起，4K 制作技术最先应用于电影制作中，目前大部分专业的 4K 拍摄与后期制作设备均采用电影制作标准与流程体系进行构建，因此超高清电视节目制作在思路上向电影制作理念与流程进行靠拢，包括拍摄时的调焦对焦、曝光、机位移动和后期处理等方面。另外，在数据压缩、处理与传输方面，4K 素材的码流将对目前电视台网络化系统带来极大的挑战。4K 电视节目的制作技术已经贯穿于拍摄、视频处理、监看、后期编辑等各个环节。

4K 超高清分辨率拥有诸多优势，特别是在体育赛事转播、综艺晚会、精品专题等节目的制作有着非常广泛的需求。因此 4K 技术应用已成为高端节目制作的方向。按照不同的节目类型，目前超高清电视节目制作有两个重要的应用方向：首先是作为最高质量图像采集和保存的 4K 单机摄录模式。主要应用于精品专题或演唱会等。此外，超高清在电视应用的另一个重要方向是电视直播，即 4K 现场制作模式。其在实时展现与不可预测性方面是直播节目显著的优势，主要应用于体育赛事转播或综艺晚会等。

1．4K 单机摄录模式

单机摄录模式首先要前期素材的拍摄，然后对素材进行后期编辑调色，生成各种需要的格式文件，最后进行合成输出。目前有 4K 或者更高像素的摄像机的厂商主要有索尼、RED、佳能等。

不同摄像机所拍摄的记录格式也不同。通过比较这几种 4K 超高清摄像机可发现 SONY 的 F55 和 F5 编码记录方式比较灵活，既可以选用经济型的 4K XAVC 格式，也可使用 4K RAW 格式来满足高端拍摄需求。

用 F55 进行 4K 素材拍摄是主要采用 AXS-R5 RAW 卡和 SxS Pro 卡记录。主要有两种记录方式：一种是用 AXS-R5 RAW 卡外置记录单元记录 RAW 格式素材，同时用 SxS Pro 卡在机内记录 HD XAVC 格式素材或者 MPEG HD422 格式素材。另一种方式是用 SxS Pro 卡在机内直接记录 4K XAVC 和 HD XAVC。对于 RAW 格式素材而言，它最大范围地保留了原始图像的细节，为后期校色提供了比 XAVC 更加广的创作空间。而且相对于原始无压缩数据 DPX 格式，同样时长的素材，RAW 格式的存储量要小很多。我们可以计算 4K 后期制作的原始码率：

（1）DPX 格式 10bit 无压缩：50P

1）4096x2160x10bitx50px3RGB=1.8GB/s,

2）存储：6.4TB/h

（2）DPX 格式 16bit 无压缩：50P

1）4096x2160x16bitx50px3RGB=2.7GB/s,

2）存储：9.6TB/h

（3）F55 的 4K RAW 格式 16bit：50P（采取 3.6：1 和 6：1 压缩方式）

1）4096x2160x16bitx50p/3.6=1.96Gb/S=2Gb/S（为原始制作码率 1/10.8）；

2）存储：900GB/h

（4）F55 的 4K RAW 格式 16bit：25P

1）4096x2160x16bitx25p/3.6=1.96Gb/S=1Gb/s

2）XAVC 格式制作码率：4K XAVC 50P 500Mb/s、4K XAVC 25P 250Mb/s；4K 电视记录格式有逐行扫描 25P/30P、50P/60P。考虑到运动平滑性宜采用 50P/60P 格式。

基于 F55 的后期制作流程如下：

当拍摄同时用 AXS-R5 RAW 卡和 SxS Pro 卡记录时。在后期制作时先要导入 HD XAVC/MPEG HD 进行粗编，然后套片 F55 4K RAW 生成 2K DPX Proxy 进行素材的精编、特效、校色、字幕、渲染最终输出 MXF 用于高清的播出。在精编合成的同时还可以实时切换到 4K 状态，检查 4K 效果。在对 2K DPX Proxy 的精编完成之后，可重新链接 F55 4K RAW 生成 4K DPX 进行校色、渲染，最终生成 4K 模板或是其他版本的大屏幕播放等。

当拍摄只使用 SxS Pro 卡记录 2K/4K XAVC 时，可将原格式导入，不需要转码，实时的对 2K/4K 素材进行粗编、精编、特效、调色、字幕包装，最终导出高清格式和 4K 母版。

与电影 RAW 制作流程不同，电视 4K 节目制作更讲究效率，选用 RAW 格式套片的制作方式可以保证成片高质量，但效率相对较低。选用压缩转码制作方式可以直接编辑，效率较高，单目前并不是所有的非编站点都可以支持 XAVC 编码。

2．4K 现场制作模式

目前 4K 制作不但应用在电影、广告、纪录片等的拍摄制作，在体育赛事、大型文艺晚会、演唱会也有着越来越多的应用。而目前电视台、制作公司依然使用熟悉的高清工作流程。采用现有高清系统、镜头和其他设备，增加少量投资，添置几种 4K 设备在高清系统基础上完成搭建 4K 制作系统，这种方式是比较理想的解决方案。

与高清现场制作系统类似，4K 现场制作系统也分为拍摄部分、视频处理部分、信号监看部分和节目记录部分。拍摄部分主要是需要使用 4K 超高清摄像机，镜头部分既可以选用专门用于 4K 拍摄的镜头，也可选用镜头座适配器，这样就可以兼容现有 2/3 英寸高清变焦镜头。除此之外，为了兼容原有的摄像机控制单元，还要配置摄像机系统适配器和基带处理器。因为通常 4K 信号至少需要 4 路 HD-SDI 进行传输，而配备摄像机系统适配器和基带处理器后，可用一条 10Gbps 摄像机光缆链路传输 4K 信号。4K 视频信号经基带处理器后，可通过 3Gbps 摄像机光缆链路传输高清信号给原有的摄像机控制单元，还可以以 QFHD 的方式将 4K 信号输出，而原有系统的返送、内部通话、TALLY 等信号可由摄像机控制单元送入基带处理器进而与摄像机相连。

视频处理部分主要包括切换台和 4K 视频服务器，切换台既需要考虑目前 4K 节目制作需要多链路的方式，还需要考虑高清节目的制作，所以一般选用大型的制作切换台。切换台需要配备较多的输入和输出接口，并支持 3Gbps 单链路的制作方式。制作时将 4K 超高清信号的 4 路 HD-SDI 信号进行编组同时切换。4K 视频服务器主要有一些 4K 超高清画面处理的功能。它也是通过 4 路 HD-SDI 与切换台相连，可将两个 4K 画面拼接在一起做成一个全景画面，因为在画面拼接是会有一些畸变，4K 视频服务器可以通过图像处理来修正这些畸变，还有一个功能是在 4K 画面上可以截取一个高清分辨率的图像以 HD-SDI 的方式输出。这个功能最大的好处就是，给出 4K 全景画面时，可以为高清制作提供一个特写或是中景镜头。在 4K 制作和高清制作将并行很长一段时间里，4K 超高清制作的同时可兼顾高清制作，能极大降低制作成本。

信号监看部分主要包括 4K 超高清视频监视器和 4K 波形监视器。4K 超高清视频监视器首先要满足 4K 分辨率（4096×2160 或者 3840×2160）。还需满足多通道输入，至少有 4 个 3G-SDI 通道输入。在配置上整个 4K 现场制作系统只要布置 4 台 4K 监视器，导演区三台监视器分别为主监和预监各一台，与高清制作不同，由于 4K 节目清晰度非常的高，对于拍摄时是否聚焦准确非常不易监测，所以专门配备一台 4K 监视器用于聚焦监测。此外在在技术区还需配置一台 4K 监视器用于技术监看。4K 信号的技术监看是由带 4K 监测功能的波形监视器来实现。它的输入也须有 4 个 3G-SDI 通道输入。与高清视频监测不同的是，4K 波形监视器所得到的矢量图应满足 4K 标准更广泛的色域要求。

节目记录部分主要是配置多通道的记录存储单元。它应满足至少 4 通道 HD-SDI 的信号输入。并且可以记录 4K 格式的画面（4096×2160 或者 3840×2160）。

9.4.4.2　超高清晰度电视节目制作系统主要视音频设备

1. 超高清摄像机

每套摄像机要配备摄像机头及电影镜头、4K 摄像机适配器、寻像器、摄像机控制系统、4K 基带处理单元、三脚架托板、耳机、传输光缆、其他必需的相应附件。

基本技术要求：

（1）成像器件：单片 35mm CMOS。

（2）成像像素：全部像素不低于 1160 万，有效像素不低于 890 万。

（3）有效分辨率：3840×2160 或 4096×2160。

（4）支持格式：4K XAVC、4K RAW。

（5）A/D 转换：10bit、12bit、14bit。

（6）宽容度：14 档。

（7）灵敏度：视频伽马 T11@24P（测试环境为照度 2000lx，3200K，灰度卡反射率 89.9%，增益 0dB，视频信号电平 100%）。

（8）信噪比：不低于 57dB（视频伽马，24P，噪声抑制关闭）。

（9）快门速度 1/24s 到 1/6000s。

（10）4K 模式下支持 4 路 3G-SDI 节目输出。

（11）操作温度 0℃到 40℃，存放温度 -20℃到 60℃。

基本配置要求：

（1）电影定焦镜头。

（2）寻像器：0.7″ HD 寻像器或者 3.5″ 以上 QHD 寻像器。

（3）7″ 全高清 LCD 小监视器。

（4）三脚架托板：肩托适配器。

（5）镜头控制盒。

（6）RAW 记录单元。

（7）存储卡。

2．超高清切换台

切换台在 4K 节目制作中起到了至关重要的作用，它是用来进行图像混合、画面转换、叠加字幕、色键处理和特技转换等操作的设备。目前支持 4K 的切换台是以高清切换台为基础，通过 4 级 M/E 母线绑定或者基于 1080P（3G）模式下的 2ME+MP2 实现 4K 节目制作。

基本技术要求：

（1）支持串行数字分量电视信号格式，包括 SD/HD 多种格式，可在画面宽高比16：9/4：3 混合的情况下灵活使用。

（2）支持至少 10bit 4：2：2 高质量的图像处理。

（3）支持多路摄像机 SDI、VTR、VDR、EXT、CG 等信号输入（BNC 接口）。

（4）支持 PGM.PVW.AUX 高清输出（BNC 接口）。

（5）支持 4K 输出监看。

（6）支持多路 tally 输出和 RS422 接口远程访问控制。

（7）支持复杂混合效果处理，包括 Cut、MIX、Wipe、Choma Key 等功能。

3．超高清录像机

录像机在超高清节目制作中，能够为节目制作提供多种格式的视音频节目素材，并且能够实现 HD/3D/4K 节目的录制和回放等功能。目前的超高清录像机是基于高清录像机的多通道方式实现 4K 节目的录制，既把 4K 节目分为 4 路高清视频源同时录制。

基本技术要求：

（1）多格式高清录制与回放。

（2）3D 素材的录制与回放。

（3）4K 素材的录制与回放。

（4）能够实现简单的视频上 / 下变换。

（5）同时支持素材记录和慢动作回放。

（6）支持连接第三方慢动作遥控面板。

（7）拥有 IEEE 1394 数字接口、3G-SDI 输入 / 输出接口、针对编辑用途的 9 针遥控接口（RS-422）*编码器遥控功能等。

（8）视频接口包括：SDI、模拟复合、S-Video、模拟分量、DVI 等接口。

（9）音频接口包括：数字音频、模拟音频。

4．超高清监视器

超高清监视器是实现 4K 节目制作高清晰度监看的设备，其分辨率是高清监视器的 4倍。通常情况下应用于超高清节目制作的技术监看。

基本技术要求：

（1）30"4K（4096×2160）LCD 屏幕。

（2）配备 3G-SDI×4，HDMI1.4 和 DisplayPort×2。

（3）Quad View 显示模式。

（4）具备聚焦辅助功能。

（5）支持自动白校准。

（6）具备提示线 Marker 设置和显示伽马设定。

9.4.5　超高清晰度电视节目制作用房工艺环境配置

9.4.5.1　4K 超高清晰度电视节目制作用房对演播室工艺环境配置的影响

1. 演播室拍摄高度的设置

演播室的拍摄高度和演播室的大小密不可分，而演播室的长宽尺寸主要由拍摄要求、声学要求和建筑结构要求所决定的。由这三个方面要求，以及 4K 超高清晰度电视一般应用于大型节目，所以结合实际工程案例对 800m² 以上的演播室长宽尺寸提出建议值，如表9-9 所示：

演播室长宽尺寸建议值　　　　　　　　　　　　　　　　表 9-9

序号	演播室面积（m²）	尺寸（m×m）	备注
1	2000	39×54	
2	1500	33×48	
3	1200	30×42	
4	1000	27×39	
5	800	24×36	

天幕高度用公式（9-1）计算：

$$背景高度\ H = \tan X \times L + A \tag{9-1}$$

式中　X——调节为 16：9 屏幕比率的全景摄像机镜头垂直方向视角的 1/2；

　　　L——镜头到背景的距离；

　　　A——摄像机到地面的高度，m。

摄像机镜头推算背景高度如图 9-20 所示。

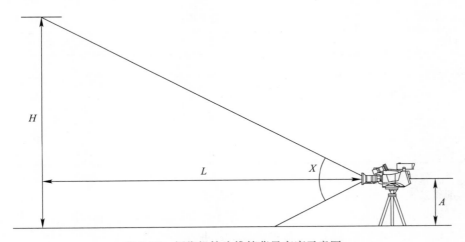

图 9-20　摄像机镜头推算背景高度示意图

一般来说，摄像机距地高度 $A=1.5$m；全景摄像机机位一般设置在演播室的中间位置，所以镜头到背景的距离 L 位演播室长度 1/2。本次计算使用超高清变焦镜头，具体参数如表 9-10 所示：

4K 超高清变焦镜头视角　　　　　　　　　　表 9-10

镜头名称	广角端垂直方向的视角
CN-E15.5-47mm T2.8 L S/SP	47.1°
CN-E14.5-60mm T2.6 L S/SP	49.9°

参照前文演播室长宽数据可得出拍摄高度的计算值如表 9-11 所示：

4K 超高清拍摄高度计算值　　　　　　　　　　表 9-11

序号	演播室面积（m²）	拍摄高度计算值	
		47.1°	49.9°
1	2000	13.2	14
2	1500	11.9	12.6
3	1200	10.6	11.2
4	1000	9.9	10.5
5	800	9.3	9.8

在演播室实际拍摄过程中，由于摄像机取景高度范围内还要含有一定量的舞台地面区域，也就是演员脚下的区域，过去传统拍摄理论讲天、地、人比例各占 1/3。因此上文根据摄像机镜头及演播室尺寸推算的天幕值只是理论计算值，实际中，根据演播室节目制作类型的不同以及演播室灯光光源选择的情况，拍摄高度取值应在一定的范围内，如表 9-12 所示。

4K 超高清拍摄高度推荐值　　　　　　　　　　表 9-12

序号	演播室面积（m²）	拍摄高度推荐值（m）
1	2000	13~15
2	1500	11.5~13
3	1200	10.5~12.5
4	1000	10~11
5	800	8.5~10

2．演播室综合插座箱设计配置

与传统演播室相类似，用于超高清分辨率节目制作的演播室也需要摄像机电缆、视频线、音频线、通话线、网络线、工艺电源线等经专业信号通路到达立柜机房、导控室。不同的是，由于超高清晰度视频信号需要更大的传输速率，在演播室设计综合插座箱时，要预留 10Gbps 的摄像机光缆接口，接口数量视演播室规模而定。同时考虑现场导演的监看、返送监看等需求，应预留比普通高清演播室更多的 BNC 接口，用于 3G-SDI 或 HD-SDI 链路传输 4K 视频信号。

9.4.5.2　非线性编辑机房的配置

用于制作 4K 超高清晰度电视节目的非线性编辑机房与传统非线性编辑机房在使用上没有不同之处，4K 超高清制作站点只是将传统高清编辑站点增加了 4K 解码的板卡，用 4K 超高清监视器代替普通高清监视器就可以完成 4K 节目的编辑制作。所以设计用于 4K 节目制作的非编机房对建筑专业、结构专业、暖通专业、给排水专业并没有特殊要求。但是，由于超高清监视器比普通高清监视器功耗要高出许多（由普通高清监视器 50～100W 增加到超高清监视器的 200～500W），所以建议对于此类编辑用房用电量规划从原来的 1～1.2kW/ 工位增加到 1.2～1.5kW/ 工位。

第10章 工艺供配电与工艺接地系统

10.1 电视中心工艺供配电设计

电视中心的工艺供配电系统应当根据电视工艺流程，按照制作、编辑、播出、传输等工序分别设置。电视中心工艺供配电设计的目标是保证安全播出的需要，因此国家广播电视主管机构结合我国民用建筑电气有关规范和规定，结合自身系统运行特点制定了相应的工艺供配电系统要求和规定。

按照规模和重要程度，参照《〈广播电视安全播出管理规定〉电视中心实施细则（试行）》的规定，根据所播出节目的覆盖范围，电视中心安全播出保障等级分为一级、二级、三级，一级为最高保障等级。保障等级越高，对技术系统配置、运行维护、预防突发事件、应急处置等方面的保障要求越高。具体的保障等级是这样规定的：

省级以上电视台及其他播出上星节目的电视中心应达到一级保障要求。

副省级城市和省会城市电视台、节目覆盖全省或跨省、跨地区的非上星付费电视频道播出机构应达到二级保障要求。

地市、县级电视中心及其他非上星付费电视频道播出机构应达到三级保障要求。

工艺负荷高、低压供配电系统设计应符合现行国家、行业标准和规范。三级播出负荷供电应设两个以上独立低压回路，主要播出负荷应采用不间断电源（UPS）供电，UPS电池组后备时间应满足设计负荷工作30min以上。主备播出设备、双电源播出设备应分别接入不同的供电回路。

二级应设工艺专用变压器，播出负荷供电应设2个以上引自不同变压器的独立低压回路，单母线分段供电并具备自动或手动互投功能。主要播出负荷应采用UPS供电，UPS电池组后备时间应满足设计负荷工作30min以上。应配置自备电源或与供电部门签订应急供电协议，保证播出负荷、机房空调等相关负荷连续运行。主备播出设备、双电源播出设备应分别接入不同的供电回路；

一级应设对应于不同外电的、互为备用的工艺专用变压器，单母线分段供电并具备自动或手动互投功能，播出负荷供电应设两个以上引自不同工艺专用变压器的独立低压回路。主要播出负荷应采用UPS供电，UPS电池组后备时间应满足设计负荷工作60min以上。应配置自备电源，保证播出负荷、机房空调等相关负荷连续运行。主备播出设备、双电源播出设备应分别接入不同的UPS供电回路。

10.1.1 工艺供配电系统组成

如图10-1所示是一个省级电视中心的工艺供配电系统示意图，工艺供配电系统包括了工艺变压器、工艺低压配电柜、工艺UPS机组、工艺分配电箱等设备。电视中心是制作、播出电视节目的场所，包含了大面积的电视技术和辅助用房，其播出系统、卫星系统、微波系统、计算机系统、电话系统、安防系统属一级供电负荷，其余工艺用电为二级负荷。

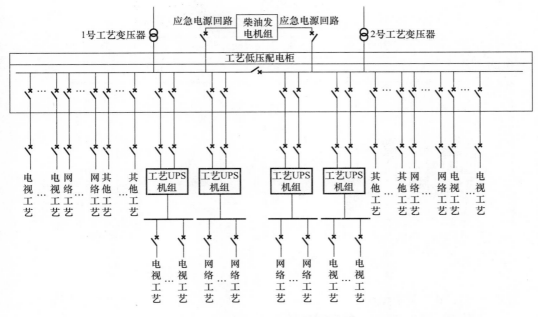

图 10-1　工艺供配电系统示意图

10.1.2　工艺供配电系统

如图 10-1 所示可知，对于工艺负荷较多，用电量较大的省级、市级电视中心均单独设置工艺变压器，而且工艺变压器之间为互为备用方式。工艺变压器低压侧采用单母线分段运行方式，平时母联分段断路器断开，两台工艺变压器分列运行，当一台变压器故障，则由另一台变压器带重要工艺负荷运行。工艺低压配电柜馈出线路至各楼层工艺分配电箱，满足本层工艺设备的集中供电要求。对于负荷集中、容量较大的工艺设备机房，也可以由工艺低压配电柜直接馈出线路至工艺设备机房内工艺配电箱。

电视中心的工艺供配电系统需要满足电视系统的工作特点，也就是要满足电视系统的直播特性、录制制作要求。因此对于电视中心中的直播系统、播出控制系统、卫星系统、微波系统、重要的计算机系统、安防系统等就需要考虑到它运行的连续性、可靠性。正因如此，对于上述负荷应当配置不间断电源 UPS 供电，UPS 蓄电池备用时间可以按照国家标准规范和行业规定执行。其中特别重要的工艺负荷在工艺系统设计上就会考虑工艺设备的主备配置，相应的不间断电源 UPS 系统也需要分开考虑。对于设置了柴油发电机组作备用电源的电视中心，其柴油发电机组的设置常载容量应能够保证电视节目直播、传输、重要的计算机系统的用电。

工艺设备都设置在相应功能的工艺机房内，这些工艺设备既有可以接入双电源的，比如视频服务器等，还有一些单电源工艺设备，比如 CD 机等。这时就要根据负荷性质，采取合理的配电措施，如图 10-2 所示是楼层工艺配电系统示意图，楼层工艺配电箱按照主、备分别设置，它可以设置在楼层专用的配电小间内，也可以设置在竖井内。通过楼层工艺配电箱将工艺电源分配到本层的各个工艺机房内的工艺机房配电箱，完成向末端工艺设备的配电。

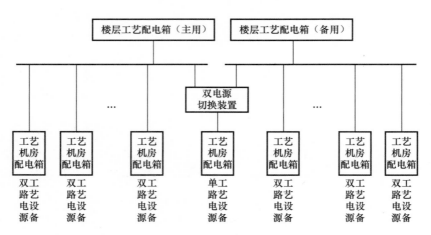

图 10-2　楼层工艺配电系统示意图

现在的电视中心工艺供配电系统，还有灯光供配电系统，均采用交流三相四线系统，其系统接地型式一般为 TN-S，考虑到电视中心均为中、大型公共建筑，应采用综合接地方式，接地电阻应小于 1Ω。

10.1.3　灯光供配电系统

正如前文所述，由于演播室灯光调光系统、机械系统含有高次谐波干扰，为了防止它们对音、视频等工艺系统和电网造成影响，对于集中设置了多种类型、规格的电视中心演播室灯光电源应采用专用灯光变压器供电，变压器的连接组别应采用 Dyn11。当然对于演播室数量较少或演播室总体规模较小的工程，可以与其他用电设备共用变压器，但应做好电源隔离的措施，以保证对抗干扰要求高的设备的供电质量。

灯光控制系统（含调光控制台、电脑灯控制台、机械布光控制台、换色器控制台及网络控制系统）的电源由于它们都属于计算机类负荷，参与直播或节目制作的关键环节，应由电视工艺配电系统供给。

由于大、中型演播室的灯光负荷用电量较大，因此采用由灯光变压器直接馈出回路供电，对于承担直播任务的演播室，其灯光负荷宜采用两路市电供电，单母线分段运行方式。平时两路电源同时运行，各带一部分负荷，当其中一路电源故障或检修时，自动（手动）合母联开关，由另一路电源带全部负荷。如图 10-3 所示。

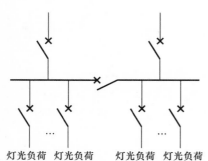

图 10-3　演播室灯光配电系统示意图一

对于承担新闻直播任务的演播室，应当设置两路市电电源进线，同时参照《〈广播电视安全播出管理规定〉电视中心实施细则（试行)》的规定，二级以上新闻直播演播室主持人主要面光灯应由 UPS 供电。

对于此类演播室和其他小型演播室还可以采用两路市电电源在末端自投的配电方式，如图 10-4 所示。若电视台内设有柴油发电机组作为后备应急电源，则在两路市电均失电时，新闻直播灯光负荷应由柴油发电机组供给。

大、中型演播室舞美配电箱，其用电一般可由灯光供配电系统提供。随着超大型、大型综合节目演播室制作形式的丰富，舞美用电量呈现逐渐增加的趋势，对于此类演播室可依据节目制作要求由专业舞美人员提出用电要求，若用电量较大建议单独设置电源。

演播室是一类特殊的建筑，它是十分专业的电视制作场所，演播室里有许多外露金属设备和金属构件，包括演播室灯光吊杆、机械装置和灯具，而且它们在演播室上空还需频繁运动。为了保证上述设备的正常运行，防止电气故障的发生，保证工作人员在操作时的安全，防止人身触电，演播室内设备的金属外壳一定要做好接地保护。

目前演播室灯光系统，一般采取 TN-S 系统接地方式，整个系统的中性线（N）与保护地线（PE）是分开的，如图 10-5 所示。

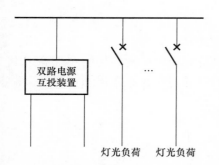

图 10-4　演播室灯光配电系统示意图二

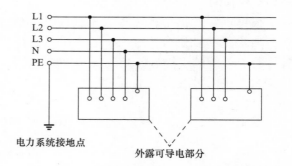

图 10-5　TN-S 系统接地方式示意图

这样当设备金属外壳带电时，漏电电流可以经过（PE）线向接地系统泄放。在演播室中，所有的金属设备和金属构件，包括吊杆、机械装置、灯具、端子箱、调光立柜、结构承重安装槽钢、金属管线等，它们的外壳都要接保护线（PE），并且把设备的保护地线引入专用的接地端子箱，然后接入保护线（PE）的主干线。

10.1.4　电源的谐波治理

10.1.4.1　概念

谐波是一个周期电量的正弦分量，其频率为基波频率的整数倍，也称为高次谐波。谐波是由非线性用电负荷产生的，随着科学技术的发展，非线性用电设备迅速增加，用电系统的谐波含量严重超标，危及设备和电力系统的安全运行。由于谐波引起的安全事故频频发生，已引起了有关部门的关注。

10.1.4.2　谐波对电网和其他系统的危害

谐波对电网和其他系统的危害如下：

（1）可引起电容器过热或击穿，从而导致电容器损坏，甚至爆炸起火。

（2）可导致装置误动作，并引起电气测量仪表误差过大。

（3）可导致变压器局部严重过热，使电机产生振动、噪声和过电压。

（4）可引起电网中局部的并联谐振和串联谐振，从而使谐波放大，这就使上述非线性负载的危害大大增加，甚至引起严重事故。

（5）产生的损耗，降低了发电、输电及用电设备的效率，若中性线上存在大量的谐波电流，会使线路过热甚至发生火灾。

（6）可破坏计算机和数控设备的程序、损坏数据、使信息丢失，严重时导致控制系统永久性损坏。

（7）可对邻近的通信系统通过电磁感应，静电感应和传导耦合等方式产生干扰。轻者产生噪声，降低通信质量，重者导致信息丢失，使通信系统无法正常工作。

10.1.4.3　广播电视行业用电负荷特点概述

广播电视工程的用电负荷绝大多数是围绕广播和电视节目的制作、传输、发射、播出这四大部分而服务的，用电设备中含有大量的电子信息产品。同时由于传输、发射、播出等系统用电负荷的重要性，工程中多数会设置大量 UPS 机组以增加供电可靠性。除此以外，工程中还大量存在空调、水泵、电梯等功率因数较低的负荷，演播室灯光负荷更是此类建筑用电负荷的一个重要组成部分。

根据以往广播电视工程用电负荷计算的分析，该类工程中用电设备非线性负载较多，所需无功补偿容量较大；各类工艺和数据机房内的电子信息产品及 UPS 机组、演播室灯光系统的可控硅调光设备、变频控制的动力设备和舞台机械的控制系统等用电设备均会产生大量的谐波电流，所产生的谐波电流虽种类繁多，但以 3 次谐波和 5 次谐波为主。

图 10-6 所示为演播室灯光系统中调光设备的谐波含量表。

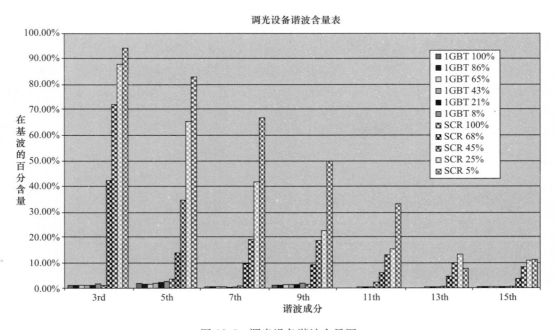

图 10-6　调光设备谐波含量图

10.1.4.4　谐波治理方案

广播电视建筑中，即存在大量谐波源的用电设备，同时广播、电视工艺系统内的用电负荷又多是怕受到谐波干扰或污染电源的"矫情"设备。因此该类工程中的谐波治理不容忽视。

首先，治理谐波要从配电系统的设计上进行考虑，系统合理才能有利于进一步的谐波治理。在规模较大的广播电视工程中，对于使用传统灯具的大、中型演播室内，演播室灯光负荷的可控硅调光设备，是产生谐波电流的一个"大户"，非常容易对其他用电设备尤其是工艺设备造成严重谐波干扰，根据《电视演播室灯光系统设计规范》的要求，将演播室灯光之类可产生高次谐波的用电负荷与广播电视工艺负荷分开，由不同的变压器供电，工艺与灯光用电变压器均应采用 D,yn11 绕组接线的干式变压器（目前，一般照明及动力变压器也采用这种绕组接线）。

其次，在配电系统中设置滤波器。一般来说，滤波器的设置方法有集中治理和就地治理两种，这类似于集中无功补偿和就地无功补偿。

按照滤波器安装位置不同，分为母线级滤波器和设备级滤波器，如图 10-7 所示，母线级滤波器的作用是保证滤波器的上游满足谐波电流的要求，对下游没有任何保证。设备级滤波器安装在非线性设备的电源输入端，防止谐波电流从非线性设备内发射出来，将非线性设备变成线性设备。

就地治理的最佳位置是在非线性负载的电源入口，这样相当于将非线性负载转变成线性负载，谐波导致的一切问题都迎刃而解。但这种方案成本较高。所以，应根据系统实际情况，采用灵活的方案。

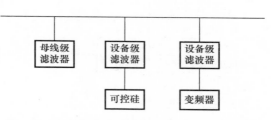

图 10-7　母线级谐波滤波器和设备级谐波滤波器

制定谐波治理方案的第一步就是确定谐波的评估点，即 PCC（Point of Common Coupling）点。例如，因谐波电流导致配电室内的无功补偿柜频繁损坏，那么无功补偿柜的接入点就是 PCC。再比如，某电梯公司要求电梯控制柜的输入电流达到 THID<8% 的程度，那么这里的控制柜电源输入端就是 PCC。

对于规模较大广播电视工程，由于不同性质负荷的配电系统相对独立，谐波可采用集中治理；对于一些小规模的广播电视工程，各种性质的用电负荷量小，所以配电系统不容易按负荷性质完全分开，这样一来，由可控硅调光柜、UPS、计算机、变频器等设备产生的谐波电流就会在系统中"乱窜"，甚至威胁上级电网，宜采用就地治理，如图 10-8 所示为把 UPS 机房的电源总输入端作为 PCC 点，采用就地治理的方式，在对应的低压配电柜的出线处加装有源滤波器。

谐波治理方案并不是一定的，也可以将集中谐波治理和就地谐波治理结合起来，构成一个性价比高的方案。其方案的确定主要是在谐波治理成本与可以承担的风险之间找到平衡点。同时，随着谐波治理产品的不断更新，谐波治理的方案也在不断变化，如我们可以设计使用电力有源滤波和无功综合补偿器（TAPF）将配电系统的无功补偿和谐波治理的方案进行统一考虑。

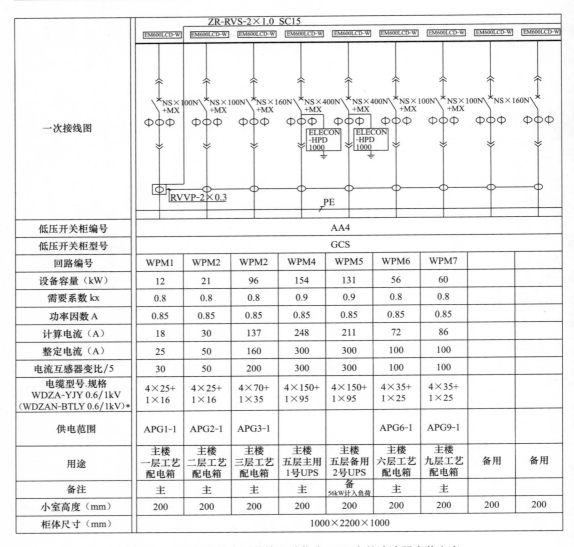

一次接线图									
低压开关柜编号	AA4								
低压开关柜型号	GCS								
回路编号	WPM1	WPM2	WPM2	WPM4	WPM5	WPM6	WPM7		
设备容量（kW）	12	21	96	154	131	56	60		
需要系数 kx	0.8	0.8	0.8	0.9	0.9	0.8	0.8		
功率因数 A	0.85	0.85	0.85	0.85	0.85	0.85	0.85		
计算电流（A）	18	30	137	248	211	72	86		
整定电流（A）	25	50	160	300	300	100	100		
电流互感器变比/5	30	50	200	300	300	100	100		
电缆型号.规格 WDZA-YJY 0.6/1kV （WDZAN-BTLY 0.6/1kV）*	4×25+ 1×16	4×25+ 1×16	4×70+ 1×35	4×150+ 1×95	4×150+ 1×95	4×35+ 1×25	4×35+ 1×25		
供电范围	APG1-1	APG2-1	APG3-1			APG6-1	APG9-1		
用途	主楼 一层工艺 配电箱	主楼 二层工艺 配电箱	主楼 三层工艺 配电箱	主楼 五层主用 1号UPS	主楼 五层备用 2号UPS	主楼 六层工艺 配电箱	主楼 九层工艺 配电箱	备用	备用
备注	主	主	主	主	备 56kW计入负荷	主	主		
小室高度（mm）	200	200	200	200	200	200	200	200	200
柜体尺寸（mm）	1000×2200×1000								

图 10-8　UPS 机房的电源总输入端作为 PCC 点的滤波器安装方案

10.2　电视中心工艺接地设计

10.2.1　工艺接地系统

10.2.1.1　工艺接地系统的组成

工艺接地系统由工艺接地体、总工艺接地端子板、工艺接地主干线、楼层工艺接地箱、工艺接地支干线、机房工艺接地箱、工艺接地支线等组成。敷设路径为：由工艺接地体引出接地缆至总工艺接地端子箱，由工艺主干线经工艺支干线引至各楼层工艺接地箱，由楼层工艺接地箱经工艺接地支线引至机房工艺接地箱，由机房工艺接地箱引至工艺设备。图10-9 为电视综合工程工艺接地示意图。

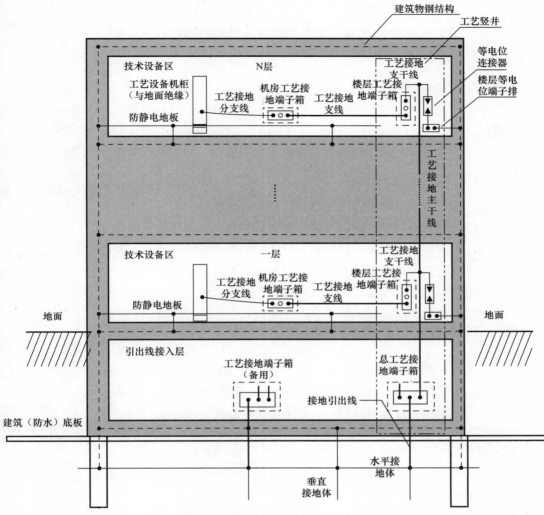

图 10-9　电视工程工艺接地示意图

10.2.1.2　联合接地总体要求

广播电视综合工程应采用联合接地方式。工艺接地引出点以上的工艺接地部分应与建筑其他接地系统相对独立互相绝缘。工艺接地引出点的接地电阻不大于 0.5Ω。在工艺接地网上应单独设置工艺接地引出装置，引出装置应留有一倍的备份。

广播电视综合工程的建筑基础接地网下宜设置一组工艺接地体。

工艺接地体与建筑基础接地体的搭接，应选择不同材质的过渡材料，宜采用热熔焊焊接，焊接处应做防腐处理。

10.2.2　工艺接地网

10.2.2.1　人工工艺接地网做法

工艺接地网由工艺接地体和建筑基础接地体组成。工艺接地体敷设应满足下列要求：

（1）工艺水平接地体宜采用不小于 $\phi16mm$ 的实心铜质材料组成网格状铺设，网格宜采用 6m×6m。采用田字形布置，相应节点间距为 3m，节点数量为 3×3 共 9 个节点。

（2）工艺垂直接地体宜采用 ϕ25mm 铜棒，其间距不应小于其长度的 2 倍。垂直接地体与水平接地体的节点连接。

（3）工艺接地体宜设置在建筑物底板垫层之下。

一些特殊情况的处理如下：

（1）在水位高的区域和含水量高的区域以及盐碱腐蚀性较强的地区，钢质材料的工艺接地体需热镀锌，镀层不应小于 60μm。工艺接地体宜穿透到已知的水位，以改善接地效果。工艺接地体之间所有的搭接点均应进行搭接焊，焊接点（浇灌在混凝土中的除外）应进行防腐处理。

（2）在土壤电阻率高的地区，接地电阻值难以满足要求时，可采用土壤置换法或深井注入法以降低接地电阻，工艺接地体尺寸可作适当调整。

10.2.2.2 工艺接地引出点

工艺接地引出点应避开外墙且须与其他接地引出点分开设置，并保持一定距离。工艺接地引出线至少应引出 2 根，每根的截面积不应小于工艺接地主干线的截面积。

工艺接地的引出部分经过有腐蚀性环境时，应做防腐处理。

工艺接地引出点应预留测试参考点。

10.2.2.3 工艺接地端子板

总工艺接地端子板与工艺接地引出线直接焊接，应设置在总工艺接地端子箱内，并与箱体做绝缘处理。总工艺接地端子板应采用不小于 200mm×100mm×8mm（长、宽、厚）的镀锡铜板。端子箱应设置在工艺竖井底层内，箱底距地面高 1400mm。所有与总工艺接地端子板连接的线缆均宜采用热熔平面搭接，并做防腐处理。

楼层工艺接地端子板应设置在楼层工艺竖井中的楼层工艺接地箱内，并与箱体做绝缘处理。端子板应采用厚度不小于 8mm 的镀锡铜板，等距离排布孔径不小于 Φ8mm 线缆连接孔。所有与楼层工艺接地端子板连接的线缆均应采用平面搭接。箱底距楼层地面高 1400mm。

机房工艺接地端子板应设置在机房工艺接地箱内，并与箱体做绝缘处理。机房工艺接地箱可安装在活动地板内或暗埋在墙内。该端子板应采用厚度不小于 5mm 的镀锡铜板，等距离排布孔径不小于 ϕ6mm 线缆连接孔，所有与机房工艺接地端子板连接的线缆均应采用平面搭接。

10.2.3 垂直工艺接地系统设计

10.2.3.1 工艺接地主干线

工艺接地主干线应贯穿建筑物的各楼层，其下端应连接在建筑物底层接地体的总工艺接地端子板上，并与建筑物各层主钢筋（或均压带）通过浪涌保护器连接。各楼层工艺接地端子板应就近与接地主干线连接。

工艺接地主干线宜采用截面积不小于 300mm² 的铜缆或铜带。当工艺接地主干线采用铜缆时，铜缆应采用多股阻燃屏蔽绝缘铜线缆。当工艺接地主干线采用铜带时，铜带的宽、厚比不应小于 5:1，并应采取绝缘屏蔽措施。工艺接地主干线屏蔽层每隔 20m 接保护地 1 次。

10.2.3.2　工艺接地支干线

工艺接地支干线应与主干线和楼层工艺接地端子板连接。

楼层内应设置楼层工艺接地端子板，端子板与主干线之间应采用截面积不小于 $95mm^2$ 的多股阻燃屏蔽绝缘铜缆搭接，支干线和主干线连接处宜采用热熔焊处理，屏蔽层一端应做保护接地。各楼层工艺接地端子板应就近与接地主干线连接。

10.2.4　水平工艺接地系统设计

10.2.4.1　工艺接地支线

工艺接地支线应与楼层工艺接地端子板和机房工艺接地端子板连接。

从楼层工艺接地端子板引出的接地支线宜采用截面积不小于 $70mm^2$ 的多股阻燃屏蔽绝缘铜缆，引至工艺房间接地箱内，屏蔽层一端应做保护接地。

10.2.4.2　工艺接地分支线

工艺接地分支线是从机房工艺接地端子板至工艺设备的接地连接，工艺设备接地电阻应小于 1Ω。

机房工艺接地端子板引出的接地分支线宜采用截面积不小于 $10mm^2$ 的多股阻燃屏蔽绝缘铜缆，沿地面引至各工艺设备柜下。距离大于 20m 时，接地线的截面积不得小于 $35mm^2$，始端屏蔽层应接保护地。

1．机房内工艺设备等电位接地方式

机房内工艺设备等电位接地方式如图 10-10 所示。S 型（星状）为一般工艺机房接地系统的连接方式。M 型（网状）为微波机房、发射机房、卫星接收机房的连接方式。

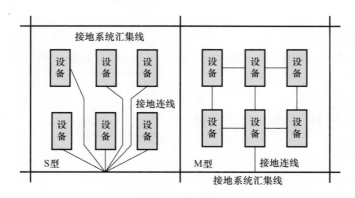

图 10-10　S 型和 M 型连接布局示意图

机房内机柜接地参照图 10-11 执行。

机房工艺接地端子板至各机柜应采用截面积不小于 $10mm^2$ 的多股绝缘护套铜线，单独引工艺地线，严禁各机柜串联接地。

机房工艺接地端子板每个端子对应一条接地分支线。

机房内接地铜带与安装固件应做绝缘处理。

2．机柜接地安装要求

机柜接地安装要求如下：

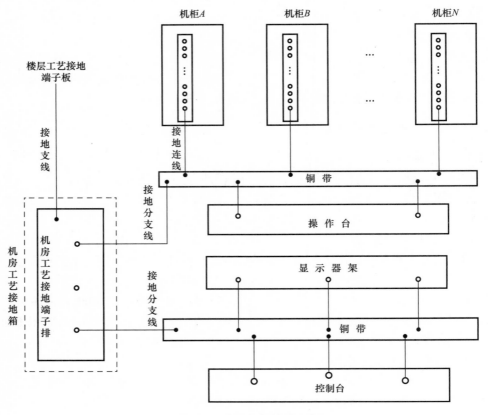

图 10-11 机房内机柜接地示意图

（1）机柜内正面或背面两侧垂直方向应自上至下，固定 1~2 条截面积不小于 25mm×3mm 的接地多孔铜带。铜带的孔洞应利于设备安装，铜带之间、铜带与机柜之间必须进行良好的电气搭接。

（2）机架安装固定时，要做好机柜、机架与建筑地之间的绝缘处理，机架与固定底座、金属线槽、金属管等金属构件之间，应做绝缘处理。

3．设备接地要求

设备应同时由以下路径接工艺地：

（1）设备的单相三极电源插座 PE 线接至工艺地；

（2）设备专用接地端或外壳接至机柜工艺地铜带。

机柜上设备严禁由以下路径接工艺地：

（1）设备严禁通过电源中性线接地；

（2）设备不得经信号线缆屏蔽层"间接接地"或"迂回接地"；

（3）设备不得通过面板固定螺钉和导轨"自然接地"。

下　篇
电视中心工程实例

第11章 北京电视中心

11.1 北京电视中心工程总体规模及特点

2009 年 4 月随着 BTV 卫视、文艺、体育在北京电视中心综合业务大楼播出，经过 9 年多的艰苦建设，北京电视中心正式建成启用。北京电视中心以其亮丽的造型成为北京市东长安街延线上的一个标准性建设。北京电视中心内部先进、完备的数字化、信息化、智能化的演播功能以及强大的全媒体信息处理能力等，将为首都北京和国家文化事业的大发展提供源源不断的动力。

11.1.1 工程历程

原北京电视台位于北京西三环苏州街，主体建筑 1991 年建成，于 1993 年正式投入使用，总建筑面积 40000m²，当时有三个开路频道和一个有线频道。近年来，随着广播电视事业的飞速发展，北京电视台已发展成为一个拥有 11 个播出频道、日播出 180h 节目、1700 余名正式员工的大台，现有工作空间和技术设施已严重制约了北京电视台的事业发展。有限的空间和事业发展之间的矛盾，在两台合并后显得尤为突出，为了解决这一矛盾，非常有必要兴建新的北京电视中心。同时，建设北京电视中心也是增强北京电视台市场竞争力的需求，也是办好 2008 年奥运会的需求，也是解决电视节目制作设施严重不足的需求。北京电视中心项目于 1999 年 10 月 20 日经北京市委宣传部批复同意。

北京电视中心外形设计单位是日建社株式会社，由北京建筑设计研究院进行施工图纸设计，由中广电广播电影电视设计研究院承担电视工艺系统设计，见图 11-1。北京电视中心工程于 2002 年 12 月 12 日奠基，2003 年 12 月 10 日开始建筑施工。2005 年 7 月主体结构封顶，2007 年 12 月底建筑安装工程基本完工，2008 年 1 月进行竣工验收。电视专用设备已于 2007 年 10 月开始进场安装。2009 年 4 月 1 日，北京卫视、文艺频道、科教频道、影视剧频道、体育频道、青少频道、高清频道正式在新址开播，这

图 11-1 北京电视中心外景

标志着北京电视台新址一期工程承载的 6 个标清频道、1 个高清频道正式启用。2009 年 9 月 28 日，BTV 卫视和中央电视台第一套，湖南卫视，上海东方卫视，江苏卫视等同时实行高标清同步播出。2012 年财经频道、动画频道、生活频道、公共频道也正式在新址开播。

北京电视中心工程获如下重要奖项：

2009 年度中国建设工程鲁班奖、第九届中国土木工程詹天佑奖、2010 年全国建筑工程装饰奖获奖工程。

北京电视中心工程工艺设计获国家广播电影电视总局优秀工程设计一等奖、国家新闻技术工作者联合会优秀工程设计一等奖。

2009 年 9 月，北京电视中心被评为当代北京十大建筑。

11.1.2 设计总体目标

在北京电视中心建设期间，建设总目标是：国际水平、国内一流。具体目标是：功能设施齐全，工艺技术先进，设备选用精良，建筑布局合理，造型新颖独特，环境优美宜人。

11.1.3 工程总体规模

11.1.3.1 地理位置

北京电视台新台址位于长安街东延长线上，地处北京市朝阳中央商务区核心区域内（原北京第一机床厂铸造分厂内）。北临建国路，东临 40m 宽规划道路针织路，西临 25m 宽扩建道路、惠普大厦，南临通惠河北路。北京电视中心区域位置见图 11-2。

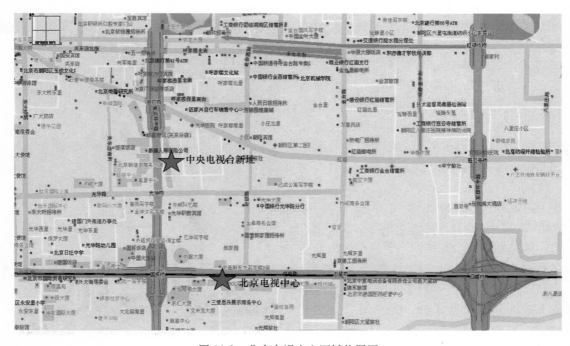

图 11-2 北京电视中心区域位置图

11.1.3.2　占地面积

各类占地面积如下：

（1）建设用地面积：36100m²；

（2）总建筑面积：197325.67m²；

（3）地下建筑总面积：65806.15m²；

（4）地上建筑总面积：131522.50m²；

（5）综合业务楼：78830.30m²；

（6）多功能演播中心：41710.88m²；

（7）生活服务中心：11578.34m²。

11.1.3.3　综合业务楼

综合业务楼建筑面积 78830.30m²，最高点 249m，共 41 层，其中 1～6 层为公共空间；7～19 层为技术区，主要包括 10 个 100m² 演播室、2 个 150m² 新闻演播室，1 个 610m² 开放式新闻演播室和节目制作用房、信息网络中心；26～39 层为编辑和业务办公用房；41 层为观光大厅，其余各层为设备用房和避难层。综合业务楼为国内第一座巨型钢架结构超高层建筑，总用钢量达到了 3.8 万 t，设计和施工中创造了多项国内纪录。综合业务楼平面设计采用围绕大型共享中庭布局的开放式空间体系，通高 200m 的大堂极富震撼力，大堂共设置 12 部观光电梯。综合业务楼剖面见图 11-3。

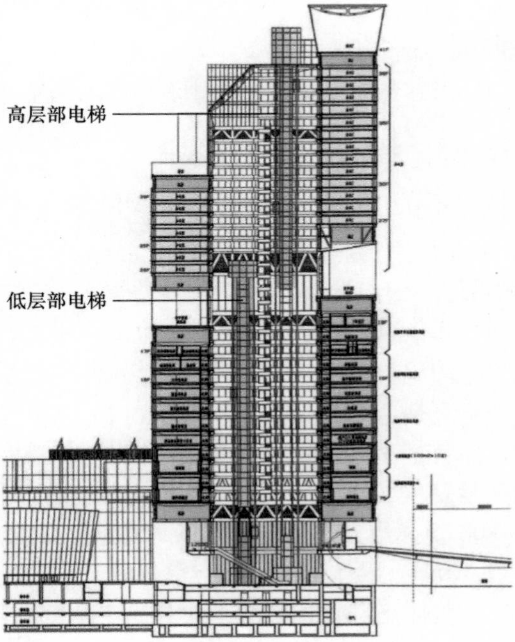

高层部电梯

低层部电梯

图 11-3　综合业务楼剖面图

11.1.3.4　多功能演播中心

演播楼建筑面积 41710.88m²，地上 10 层，檐高 53m，主要包括 1 个 1200 座席 BTV 剧场、1 个 1000m² 演播室、4 个 600m² 演播室、2 个 300m² 演播室、2 个 250m² 演播室、1 个 350m² 文艺录音室、候播厅、排练厅、化妆室及配套技术用房等。演播楼采用了叠加式演播室设计，结构独特，隔声隔振和声学标准高，设计施工难度大。

11.1.3.5　BTV 剧场

BTV 剧场以电视直播、录播为基础，兼顾和满足舞剧、综艺晚会、杂技、交响乐、室内乐、话剧、戏曲等多种演出形式需求。剧场由清尚建筑装饰工程公司设计施工，建筑声学由国际著名声学大师马歇尔·黛设计咨询，浙江大丰集团研制安装的舞台机械可灵活、丰富地变换舞台形式，具有国际领先水平。北京电视台近年的春节晚会在此录制完成。

11.1.4　功能总体布局

11.1.4.1　综合业务楼

综合业务楼设置如下：

（1）地下一层设有 ENG 设备库及新闻采访车车库。

（2）7层、8层、9层为新闻业务区：包括制作、演播、办公，350m² 开放式演播室一个；150m² 演播室两个。

（3）10层、11层为主楼演播室区：包括10层6个100m² 演播室；11层4个100m² 演播室。

（4）15层、16层、17层为媒体资产管理系统、办公网络用房，其中包含部分制作用房。

（5）18层、19层为节目制作相关区域。

11.1.4.2　多功能演播中心

1000m² 演播室1个；600m² 演播室4个；300m² 演播室2个；250m² 演播室2个；300m² 录音棚1个。

可容纳1200名观众剧场1个，8辆大中型转播车停车库。

11.1.5　技术系统建设规模

11.1.5.1　原有节目量及生产能力

原各个频道每天首播节目时间总计55h，其中自办节目约25h，合办节目约15h，外购节目约为15h。技术系统支持25h的每日节目制作量。

11.1.5.2　建成后节目生产能力

2012年，北京电视台全台节目生产量约3.46万h，剧院演出42场次、约9900h，转播车直播、录播共计665场次。14个频道播出总时长11万h。高标清节目制播体系节目日均首播量约500条、时长110h。备播库储存节目52.8万条、时长约11.6万h、占用存储空间约1000TB。媒资系统存储资料约47.1万条、时长约31万h、占用存储空间约5800TB。全台制播网络体系平稳运行。北京电视中心成为北京电视台事业发展的新平台。

11.1.5.3　媒体资产管理存储规模

媒体资产管理系统主要分为3个部分：

（1）生产资料库主要以近线存储为主，新闻类生产资料库规模约为240TB、非新闻类生产资料库规模约为360TB，在此基础上考虑一定的冗余，生产资料库总规模约为1PB。

（2）历史资料库主要以离线存储为主，现有库存量约为13.5万h、年新增量约为1.5万h。按2008年起再保存10年计算，历史资料库规模约为33万h。

（3）播出库主要以近线存储为主，以播出格式存放360d的播出内容，日首播量按照150h计算，在此基础上考虑一定的冗余，总计约500TB。

11.2　北京电视台演播共享网络系统设计

演播共享网络系统是为打通非新闻类节目制作到演播的全流程，便于多个制作网和多个演播室进行数据交换而设计的，新闻和体育的演播网络在新闻类节目制播网络系统设计。演播共享网络是通过合理的调度机制实现从制作到演播室制播一体化流程，灵活调配，通过共享提高设备利用率。

新电视中心非新闻类演播室分布在综合业务楼和多功能演播楼，考虑演播室物理上分布在两栋楼，将演播共享网络设计为功能相同，逻辑上独立的两个网络。两个网络可独立运行，存储可互为备份。

11.2.1 设计要点

11.2.1.1 演播共享机制

通过网络化、流程化满足非新闻类演播业务的日常需求，提取共性设备集中部署，简化演播室中控制操作流程和设备数量，最大化地利用软硬件资源。

演播室可以不再使用磁带作为制播之间的交互介质，而是将非新闻类节目文件自动迁移到演播室服务器存储或共享存储中，采用可靠的录放服务器进行自动化播出。通过矩阵控制服务器的调度，录放服务器的输入、输出通道可以分配给相应的演播室使用，使得有限演播室资源可以灵活地为各种应用服务。

11.2.1.2 快速编辑

快速编辑是为在演播室进行临时或紧急的编辑处理而设计的。如节目集锦、临时修改节目等应用。

11.2.1.3 存储互为备份

由于演播室具备直播功能，因此对可靠性要求较高，在设计上本方案考虑多种冗余备份措施。在系统层面上，将分布在综合业务楼和多功能演播楼的演播室分别设计为两套演播共享网络系统，都可独立运行。在设备层面上，两套演播共享网络系统之间具备一定的备份关系，可做到存储互为备份。其中一套演播共享存储失效的情况下，可利用另一套演播共享存储支持本系统内的演播任务。例如可将采集的素材存储到另一套演播共享存储，然后迁移到非新闻类在线存储进行后期处理。

11.2.2 业务流程

演播共享工作流程分为直播工作流程和录播工作流程。

直播流程和录播流程的区别是：直播流程是将信号送播出系统，录播流程是将信号录制以后，再送制作网加工。

下面以直播流程进行说明：

（1）首先是播前准备，包括获取制作网审查通过后的节目素材以及串联单。即将节目/素材迁移到录放服务器本地存储；对于演播室常用的片头片花或少量需要重播的素材迁移到演播共享存储保存；然后迁移到录放服务器本地存储；通过播控工作站提取播放串联单待播。

（2）提词器和字幕机通过网络提取字幕信息或准备好的提词内容。

（3）播控工作站按照串联单控制录放/视频服务器播放。

（4）录放/视频服务器分别采集带演播字幕的制作版素材和不带演播字幕制作版的素材到对应的演播共享存储中，然后迁移到制作网络。

11.2.3 网络结构

综合业务楼和多功能演播楼的演播共享网络结构设计上满足独立运行、存储互为备份的要求。

演播共享网络可用于直播或录播，因此，总体上采用成熟的双网结构，所有录放服务器、迁移服务器、演播快速编辑工作站均接入双网，为演播室提供稳定、高速的带宽支持。

两套共享系统具备独立的共享存储、数据库服务器等设备，这些设备分别部署在综合业务楼和多功能演播楼分控机房，演播快速编辑工作站也有部分部署在分控机房。对于演播室，则部署播控工作站和选择性部署演播快速编辑工作站，用于控制和紧急编辑使用。

两个演播共享网络中的存储可以互为备份，在其中一个存储失效的情况下，可将演播的节目信号采集到另一个存储，然后再迁移。

系统中部署高清视频服务器用于高清节目的播放和采集。

两个演播共享网络既有录放服务器，也有视频服务器。录放服务器是采用"工业服务器＋多接口输入输出板卡＋软件方式的数字化视音频处理"架构。作为录制设备使用时，将视音频信号录制为编辑格式或者播出格式的节目／素材。作为播放设备使用时，从非新闻制作在线存储直接迁移节目到录放服务器本地存储。采用制作格式的节目，通过输入输出板卡，输出视音频信号。

视频服务器在架构上与录放服务器有所不同，其数字化视音频处理与输入输出板卡紧密结合，采用板卡编码方式。录制与播放格式上，一般为视频服务器专用格式。作为录制设备使用时，将视音频信号录制为视频服务器格式的节目／素材到本地存储。然后通过以太网络传输到非新闻在线存储。在作为播放设备使用的时候，需将制作格式的节目转码为视频服务器专用格式，通过以太网络传输到视频服务器本地存储。通过输入输出板卡，输出视音频信号。

演播共享的结构参考图如图 11-4 所示。

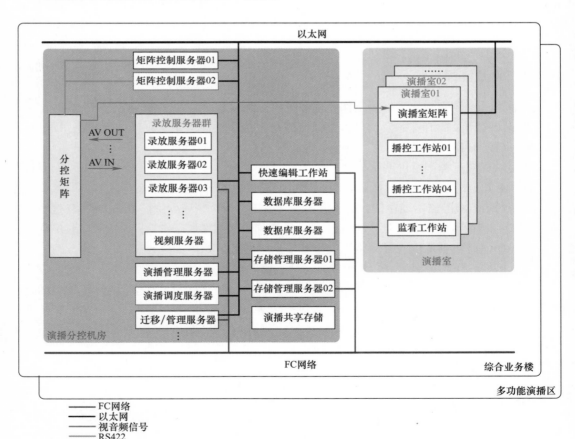

图 11-4　演播共享的结构参考图

11.3　后期制作系统设计

非新闻类节目制作网络系统主要承担新电视中心的各非新闻类栏目节目制作和包装。相对于新闻类节目，非新闻类节目具有制作周期较长、对特技和包装要求较高的特点。

针对不同需求，将非新闻类节目制作网络系统细分为功能侧重点不同的 4 个子系统：普通编辑网络系统、深度编辑网络系统、包装合成网络系统和高清制作网络系统。

非新闻类节目的主要制作任务由普通编辑和深度编辑两个子系统完成。其中普通编辑网络作为一般性简单节目制作的主要平台；深度编辑网络作为对制作水平要求较高的复杂节目制作的主要平台；包装合成网为上述两个编辑网络提供辅助制作手段；高清制作网是与高清播出系统、高清视音频系统配合使用的制作系统。

11.3.1　设计要点

11.3.1.1　网络化工作模式

非新闻类节目制作网络系统不仅在编辑制作方面将采用网络化、数据化的工作模式。而且可与制播网络系统其他系统配合，实现资料归档、资料调用、非新闻类节目送播、节目/素材收录等跨系统业务的网络化流程。在节目制作过程中，可供选择的素材将增加，调用的方式也更为方便。除基本的本地上载素材外，可调用媒资生产资料、媒资历史资料、接收收录资料等。在节目送播过程中，避免了上下载环节。在节目审查通过后，采用网络迁移节目到相关系统。

11.3.1.2　视音频一体化的实现

新电视中心制播网络系统对视音频一体化的总体要求是：

（1）提高非线性编辑网络中的普通视频工作站的音频处理能力，满足普通节目制作的音频处理需要。

（2）在非线性编辑网络中部署具有增强音频处理能力的视频工作站，满足较复杂的音频处理的需要。

（3）在非线性编辑网络中部署专业音频处理工作站和视频工作站配合应用，以满足复杂音频处理的需要。

（4）视频编辑软件和专业音频编辑软件中的音频工程文件能够相互调用。

（5）音频资料能够统一管理。

从目前主流非编功能来看，非线性编辑单元能完成基本的音频处理工作。但对于音频质量要求严格的节目，目前大部分非编单元无论是音质，还是对声音的处理手段都不能适应。由于视频和音频具有不同的特点，决定了二者的处理手段完全不同，这为视音频的一体化同步处理带来很大难度。要解决视音频处理一体化主要在于两个方面：第一是解决非编网络系统中音频编辑功能弱的问题；第二是解决专业音频工作站如何获得参考视频，并与视频编辑工作站交换音频工程文件的问题。只有很好地解决了这两方面的问题才能真正实现视音频处理的一体化。

11.3.1.3　信号源共享上下载

在非新闻类节目制作网络系统中，采用信号源共享上下载方式。通过视音频矩阵选择外来信号、录像机信号等，实现上下载功能。

11.3.1.4　包装合成协同工作

包装合成技术相对普通非编技术比较复杂，涉及到包装合成技术的软件和硬件类型不同，目前还没有单一类型产品能够满足包装合成中的所有要求，主流的包装合成工作站厂商有 Autodesk、Avid、Apple、Quantel。因此，本方案采用多种产品共存的方式以满足多样化、不同层次的制作需求。多种产品共存带来了好处，同时也对包装网络化、协同化制作提出更高要求。例如如何实现不同操作系统、不同应用平台的包装工作站之间的协作，如何统一管理包装资料，如何与其他业务系统连接等。解决包装合成网络的协同工作，应该从三个方面入手，第一，确定包装合成各类型工作站媒体数据交换的中间文件格式；第二，确定多平台操作系统 SAN 接入的兼容性；第三，确定包装合成共享存储访问权限的管理方式。

11.3.1.5　互联互通的要求

非新闻类节目各业务子系统与制播网络的其他业务系统进行数据交换时，要遵循业务支撑平台所规定通信协议、元数据、视音频文件格式标准，以完成总体工作流程中的相应业务功能。

11.3.2　业务流程举例

普通编辑网络作为一般性简单节目制作的主要平台，普通编辑网络系统节目制作工作流程，分为文稿和节目制作流程两条主线。

11.3.2.1　节目制作流程

节目制作的素材来源主要是上载素材、从媒资调用的资料、收录的素材和演播室采集得到的素材。除外拍素材需要上载，其他素材都是通过基础网络传输到普通编辑网络存储的。

粗编是在素材准备完毕以后，进行简单的素材剪切、上字幕和配音等工作。

精编是对节目的复杂编辑，例如视频特技制作、音频处理等。

串编是将视频精编、音频处理和包装合成的素材，串到一起成为一个节目工程文件。

审查环节先由制作人员对节目视音频质量进行技术审查，未通过技术审查则返回相应的环节进行修正。通过技术审查的节目由栏目部门负责进行内容审查，未通过内容审查则返回相应的环节进行修正。

对于要送演播流程的节目，内容审查通过以后，则自动触发后台合成功能，合成以后进行演播审查，然后迁移到演播共享网络的录放服务器待播。

对于送媒资播出资料库的节目内容审查通过以后，执行资料备播流程。

对于送历史资料库的节目，内容审查通过以后，执行归档流程。

11.3.2.2　文稿流程

普通编辑网络的文稿流程相对新闻类节目制播网络系统的文稿流程比较简单，文稿从申报选题、撰稿、审查文稿，然后送配音环节或编辑串联单进入演播共享流程。

11.4　新闻制播系统设计

新闻节目制播网络系统由新闻文稿子系统、新闻节目制作子系统、新闻演播子系统组成。新闻文稿子系统负责新闻文稿、串联单的撰写、审查等方面的工作，新闻节目制作子系统完成新闻节目的编辑制作，新闻演播子系统负责新闻节目的演播室播出与录制。新闻节目制播网络系统由新闻文稿子系统、新闻节目制作子系统、新闻演播子系统组成。新闻文稿子系统负责新闻文稿、串联单的撰写、审查等方面的工作，新闻节目制作子系统完成新闻节目的编辑制作，新闻演播子系统负责新闻节目的演播室播出与录制。

11.4.1　设计要点

11.4.1.1　网络化的工作模式

新闻节目制播网络系统不仅在编辑制作方面将采用网络化、数据化的工作模式。而且可与制播网络内其他系统配合，实现资料归档、资料调用、新闻节目送播、节目/素材收录等跨系统业务的网络化。在节目制作过程中，可供选择的素材将增加，调用的方式也更为方便。除基本的本地上载素材外，可调用媒资生产资料、媒资历史资料、接收收录资料等。在节目送播过程中，避免了上下载环节。在节目审查通过后，采用网络迁移节目到相关系统。

11.4.1.2　新闻演播

采用制播一体化的设计思想，实现新闻演播子系统与新闻节目制作子系统的有机结合，可满足新闻节目直播、录制的要求。在硬件方面，新闻演播与新闻节目制作共用以太网与 FC 交换设备、数据库设备、存储设备等，由新闻节目制播网络系统统一管理。在应用方面，由于采用了制播一体化设计。新闻演播与新闻制作之间的数据交换，属于系统内部交换，避免了跨系统数据交换的复杂性。新闻演播与新闻制作之间，采用网络化的方式迁移、回采节目、传送文稿串联单，避免了上下载环节。

11.4.1.3　信号源共享上下载

在新闻节目制播网络系统中，将采用信号源共享上下载的方式，通过视音频矩阵切换外来的视音频信号、录像机信号，实现上下载功能。

11.4.1.4　远程移动编辑

在新闻节目制播网络系统中，考虑到异地节目编辑的情况。配置部分移动编辑工作站，可在异地完成节目编辑或素材采集，并回传节目到台内制播网络系统。

11.4.1.5　互连互通的要求

新闻节目制播网络系统作为新电视中心制播网络系统的重要组成部分之一，需要遵循业务支撑平台所提供的接口规范，接入到新电视中心制播网络系统中，完成总体工作流程中的相应业务环节。

11.4.2　业务流程

条目新闻制作流程从选题申报开始，在选题审查通过后，进行外出采访。采访结束后，稿件撰写/申报与节目上载/编辑分别进行。

在新闻文稿方面，稿件的编辑、审查与串联单编辑、审查分别进行。审查通过后的串联单，发送到演播室，参与演播室播出。

在节目编辑、审查方面，编辑完成后直接采用节目工程文件进行节目内容初审。节目合成/转码为播出需要的格式后，进行技术审查，最后进行内容终审。技术审查或者内容终审未通过的节目，重新进入制作流程。

在串联单审查、节目内容终审通过后，迁移节目到演播室，同时发送串联单，进行新闻演播室播出。

在新闻节目制作完成后，将同一节目/素材分别迁移到视频服务器与录放服务器，同时发送串联单到播控工作站。录放控制工作站根据串联单控制视频服务器或录放服务器播出，通过演播室切换台/矩阵输出播出信号到播出系统。在常态情况下，主要采用视频服务器播出，录放服务器回采方式。也可直接采用录放服务器播出与回采。

专题新闻制作流程从选题申报开始，在选题审查通过后，进行外出采访或演播室录制节目。采访或演播室录制完成后，撰稿/申报与节目上载/编辑分别进行。

在新闻文稿方面，如果该节目采用新闻演播室播出，需在稿件审查通过后，编辑串联单用于新闻演播室播出。

在节目编辑、审查方面，如果该节目采用新闻演播室播出，后续环节与条目新闻节目审查流程一致，参考条目新闻制作流程部分。如果该节目采用播出系统播出，对工程文件进行内容初审、技术审查与内容终审。审查通过后，进入节目备播流程与资料归档流程。审查未通过，重新进入制作流程。

11.4.3　网络结构

新闻节目制播网络系统采用制播一体化设计，把新闻节目制作与新闻演播室播出相结合。在网络结构上，新闻节目制播网络系统采用双网结构。新闻节目制播所采用的码率为30Mbps，而且编辑制作相对集中，对网络稳定性要求较高。为新闻节目制播网络系统配置两台专用 FC 导向器，上下载/编辑站点、包装站点、配音站点、审片站点全部采用双网接入。数据库服务器采用双机热备方式，提供可靠的、连续的数据服务。存储管理服务器是实现对新闻在线存储访问的管理，采用多台集群管理方式，最大程度的保证存储访问安全性。存储访问服务器，为系统中需要通过以太网访问新闻在线存储的粗编/文稿工作站提供低码率文件共享。

11.5　播出系统设计

播出系统作为电视台业务的重要环节，是至关重要的环节，必须遵循安全、稳定、可靠的设计原则。新电视中心播出系统规划设计了 15 个标清频道播出，3 个备份标清频道和 1 个高清 HDTV 节目播出等。电视播控中心是主要由频道播出机房、信号传送机房、总控机房三大块组成，播控中心是电视台的核心部分。北京电视台新址播控中心播出及传输用房建筑面积为 7010m²，使用面积为 4206m²。

第一期实施按照 6 个数字标清频道、3 个数字标清备份频道、1 个高清频道规模进行建设。

11.5.1　设计要点

系统满足 10 个频道的安全、可靠的播出任务，系统应具备稳定的、成熟的先进技术。设备规格应符合专业电视广播规范和电视技术发展潮流，适应数字技术发展要求。系统应具备功能的完善性及扩展性，兼顾事业建设和发展规划。

确保今后一定时期的先进性。

系统要求具有高可靠性、设计要考虑到完善的应急方案，且应急操作安全、快捷。

系统设备操作直观简易，系统信号调配灵活、科学、先进、系统维护管理方便。

为了提高安全播出的可靠性，各频道的设备不互相共享（各频道间设备不共用机箱等），以减少频道间的相关性、相互影响。

系统设计应满足按组方式停机检修的要求。同时配合服务器的配置。

11.5.2　系统功能

系统功能如下：

（1）电视中心今后播出系统模式将是全数字化，全硬盘化，并以数据库为核心的计算机网络化控制、管理、调度、监看等。

（2）实现数字电视节目播出，经过市数字有线电视 HFC 传输。

（3）同时具备光缆、卫星、微波、IP 方式等多种传输手段。实现 BTV-1 等频道节目的上星。

（4）建立台外信号调度矩阵，具备节目收录和转播能力。

（5）建立调度矩阵与各分控共同负责台内信号和台外信号的调度。

（6）给网上广播系统提供节目源。

（7）实现节目自动化播出的自动化管理和控制。

11.5.3　系统构成

11.5.3.1　电视节目播出系统

播出是繁重又严格的任务，要确保节目内容、节目长度、节目衔接都准确及时有条不紊不中断。为保证节目播出之安全可靠，要选用先进稳定的设备及具有足够冗余能力又灵活可靠的播出系统：

（1）播出系统采用视频网络服务器＋切换系统＋键控器的方式。

（2）播出服务器网络分为两级，第一级为播出服务器，第二级为紧急上载及缓存服务器。

（3）播出节目紧急上载和缓存服务器（大容量硬盘存储阵列），作为播出中心节目共享存储提高硬盘播出效率，并与媒资系统成品存储带库相连。

（4）存储在媒资系统内的待播节目，通过迁移工作站进行待播节目传输上载、提前15 天将待播节目调至缓存服务器，以备播出服务器调用，这样可以降低危险性。

（5）在二级缓存服务器系统设立紧急上载通道，通过上载工作站控制紧急上载，与来自媒资库播出节目素材共同构成播出服务器的节目源。

（6）在二级缓存服务器系统设立技术审查通道。以确保播出节目源的安全可靠。

（7）或利用播出节目共享存储；另一方面也可作为播出节目的二级存储。

（8）建立播出调度矩阵，多个频道共享录像机应急播出。

（9）建立从总编室节目编排、导播、播出素材准备到播出编辑、播出控制全台统一的播出节目信息网络，以实现播出节目的自动迁移和控制播出。

（10）建立播出同步系统，并与全台同步系统锁定。

（11）建立播出时钟控制系统。

第一期播出系统主要包括：

6 个数字标清播出频道（btv1、btv2、btv3、btv4、btv5、btv6）、3 个数字标清备份播出频道、1 个高清播出频道、播出分控调度矩阵。

根据总体布局规划，15 个标清频道和 3 个备份频道在 13 层分为 3 个区域，每个区域 6 个频道，每 3 个频道一组。总体规划和布局见下图 11-5。

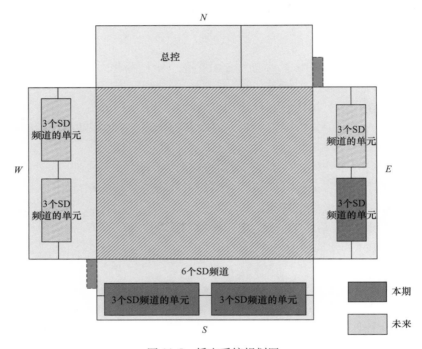

图 11-5　播出系统规划图

各播出频道系统主要由信号源、信号处理系统、信号切换系统、信号显示系统、信号技术检测系统、智能监控系统、同步系统、通话系统、时钟显示系统组成。涵盖周边处理分配、播控切换、视音频监视测试、显示、字幕、同步、通话、时钟显示、智能监控、TALLY 等主要设备单元。

11.5.3.2　总控技术系统

总控技术系统是北京电视中心的技术总监控，是内外节目来往管理之枢纽。总控监看并检测台内各工作区之区段间的讯号质量并进行必要的通路指配和切换。对节目播控输出的供各套节目频道的外送讯号保证其畅通和优质；同时对收转的各种节目讯号也保证其输出畅通；还对向台外交换节目的传送讯号保证其畅通和优质。总控并对台外送来之交换节目的讯号进行必要的处理校正，并指配其用户及讯号路由。总控还负责内外业务通信的管理。

全台信号调度中心主要技术职能：

（1）通过全台调度中心完成以下直播功能：

1）来自传送中心二级调度矩阵的外来直播信号，直接通过全台信号调度中心进入播出频道。

　　2）演播室直播信号通过全台调度中心进入播出频道。

　　3）外来信号通过全台调度中心送到演播室，演播室信号又通过全台调度中心送到播出频道。

　　（2）进行各分系统之间信号交换及传输。在播出中心、综合业务楼信号调度中心、演播楼信号调度中心、新闻信号调度中心、传送信号调度中心之间提供信号交换通道服务。

　　（3）建立全台同步系统，提供全台基准同步信号。

　　（4）提供全台统一时钟信号。

　　（5）全台技术通话系统的管理。

　　（6）传输调度过程中各种视音频信号的监看、检测。

　　矩阵规模和输入、输出路数见表 11-1 和表 11-2。

输入到总控矩阵　　　　　　　　　　　　　　　　　　　　　表 11-1

信号来源	信号类型	数量		信号类型	数量		距离
		主路	备路		主路	备路	
彩条及标准测试信号	SD	3		HD	3		
风景摄像机	SD	10		HD	2		>100m
外来直播通路传输信号	SD	20	20	HD	12	12	约100m
传输矩阵	SD	10	10	HD	3	3	约100m
新闻演播室 3 个	SD	3	3				100~200m
新闻演播区矩阵	SD	6	6				100~200m
综合楼 100m^2 演播室 10 个	SD	6	6	HD	4	4	约100m
综合楼演播区分控矩阵				HD	10	10	约100m
演播中心演播室 10 个				HD	10	10	>100m
演播中心分控调度矩阵				HD	12	12	>100m
播出分控矩阵	SD	10	10				约100m
共享帧同步信号				HD	12	12	
标清至高清上变换				HD	12	12	
高清至标清下变换	SD	12	12				
延时器	SD	3	3	HD	1	1	
小计	SD	83	70	HD	81	76	
总控矩阵输入路数		**164**	**146**				

总控矩阵输出　　　　　　　　　　　　　　　　　　　　　　表 11-2

输出目的	信号类型	数量		信号类型	数量		距离
		主路	备路		主路	备路	
标清播出频道（18）	SD	36	36				约100m
高清播出频道（2）				HD	4	4	约100m
传送矩阵	SD	10	10	HD	6	6	约100m

续表

输出目的	信号类型	数量		信号类型	数量		距离
		主路	备路		主路	备路	
新闻演播区矩阵	SD	16	16				100~200m
综合楼演播区分控矩阵				HD	16	16	约100m
演播中心分控调度矩阵				HD	24	24	>100m
播出分控矩阵	SD	6	6				约100m
监视屏	SD	32	32	HD	16	16	
技监（输入/输出）				HD	2	2	
共享帧同步信号				HD	12	12	
标清至高清上变换	SD	12	12				
高清至标清下变换				HD	12	12	
延时器	SD	1	1	HD	1	1	
小计	SD	113	113	HD	93	93	
总控矩阵输出路数		204	204				

11.5.3.3　高清电视节目播出系统

高清电视节目具有节目内容少，重播率高的特点，更适于采用高清服务器系统播出，播出系统模式与标清类似。根据节目来源不同，配有相应的接口：

（1）台内媒资库——通过迁移工作站传输到高清播出服务器。

（2）外来交换节目——录像机上载通路，并配有高清多格式交叉转。

（3）标清节目上变换——配有上变换器或接口。

（4）演播室直播信号和外来直播信号——总控和各级分控采用宽带矩阵与标清节目共用，配置相应的高清接口设备。

11.5.3.4　节目传输系统

节目传输系统将是全台节目信号进出、节目业务交换的最重要关卡，电视中心内外节目传输手段主要基于光缆、卫星及微波3种。

节目传输系统负责完成以下业务：

（1）对中央发射塔方向发送电视中心自办节目，双光缆路由主/备传输。

（2）对有线网络前端传送电视中心自办的节目，采用光缆主/备路由传输。

（3）通过国家广电SDH骨干网传输中心与外省个电视台进行节目，交换采用SDH光端网络设备传输编码压缩后的节目流。

（4）通过各种光缆路由与CCTV及进行节目交换，在市内各重要的文体场馆和特殊的活动场所进行现场实况转播等。

（5）对卫星地球上行站方向送我台卫星频道节目，采用光缆传输ASI或QPSK调制的卫星中频信号；通过国家光缆骨干网为总局上行站发送我台卫星频道的节目，采用SDH光端设备。

（6）卫星接收系统。

（7）传输中心机房设有卫星节目接收系统，根据电视台节目接收业务需求，接收国内外卫星电视节目。

11.6　媒资管理网络系统设计

媒资系统作为全台媒体资料存储、管理的统一平台，为各生产业务系统提供资料归档、节目备播、资料检索 / 调用等综合性服务。同时，媒资系统还要解决历史资料的数据化和长期保存问题，以及为 DVB、IPTV、网站等业务系统提供节目储备和资料调用接口。

11.6.1　设计要点

11.6.1.1　统一的媒体资料管理

在媒资系统的设计中，建立全台统一的媒体资料存储中心，与各节目制作系统、播出网络系统以及其他业务系统进行数据交换，以实现资源共享。

制播网络系统内各种来源的媒体资料，都统一的存储在媒资系统内，由媒资系统统一管理。在媒资系统内对各种来源的媒体资料进行统一的处理，然后由媒资系统统一对外发布。

11.6.1.2　媒体数据存储周期

在媒资系统的设计中，根据媒体资料的类型，综合考虑媒体资料的使用率，规划各种媒体资料的存储周期。

11.6.1.3　权限与版权管理

媒资系统存储了各种类型、各种来源的媒体资料，其访问权限、版权属性等都有所不同。在媒资系统的设计中，采用角色管理、用户权限管理相结合的方式，以实现对媒体资料的权限管理。

11.6.1.4　互连互通的要求

媒体资料管理网络系统作为新电视中心制播网络系统的重要组成部分之一，需要遵循业务支撑平台所提供的接口规范，接入到新电视中心制播网络系统中，完成总体工作流程中的相应业务环节。

11.6.2　业务流程

媒资系统的工作流程主要资料归档、资料调用两个方面。

11.6.2.1　资料归档

资料归档主要是对来源于制作生产资料库（包括新闻、体育、非新闻类）、历史资料 / 节目上载、演播室回采、收录系统收录的资料进行迁移、挑选整理、编目等一系列归档操作，完成资料保存和管理。

从演播室共享存储中迁移到制作生产资料库的资料主要有两种类型，分别为制作格式版节目（带制作字幕，无演播字幕）与制作格式版节目（带制作字幕与演播字幕）2 个版本。

从制作生产库中迁移到媒资库的资料主要有 3 种类型，分别为制作格式版节目、播出格式版节目和制作格式版素材。制作格式版节目从制作生产资料库迁移到媒资历史资料库，作为历史资料予以保存。播出格式版节目通过节目备播流程从制作生产资料库迁移到媒资播出资料库备播。制作格式版素材从制作生产资料库迁移到媒资生产资料库，有效延长其制作生命周期；然后在媒资系统内挑选具有保存价值的部分，经过整理、审查后迁移到媒资历史资料库，作为历史资料予以保存。

从传统磁带库上载的资料有 3 种类型，分别为制作格式版素材、制作格式版节目和播出格式版节目。制作格式版素材、制作格式版节目一般来自历史资料，直接上载到媒资历史资料库。从媒资上载的节目，主要以播出格式版上载到媒资播出资料库。如需将从媒资上载的节目（主要指外购节目）作为节目制作的素材使用（例如：制作电视剧宣传），以制作格式版素材方式上载到媒资历史资料库。

从收录在线存储迁移的资料有 3 种类型，分别为制作格式版素材、制作格式版节目和播出格式版节目。制作格式版素材、制作格式版节目从收录在线存储迁移到媒资历史资料库。播出格式版节目从收录在线存储迁移到媒资播出资料库。

各种类型资料迁移到媒资历史／播出资料库后，根据资料类型的不同可完成一次或深层编目。编目审查通过后的资料触发迁移策略，从媒资历史／播出资料库在线迁移到近线，实现长期保存。

11.6.2.2 资料调用

资料调用由检索开始，在检索时全部采用网络化的方式，对已数据化的媒体资料可以直接检索编目信息、查看关键帧图片、浏览流媒体视音频。对于传统磁带资料的检索，可检索到编目信息。对检索到的资料可浏览相关信息并提出调用申请。在申请通过后，由系统自动判断素材位置和介质类型并完成相应迁移过程。对于在线资料，由媒资生产／历史资料库（在线）直接迁移到制作生产资料库。对于近线资料，由媒资历史资料库（近线）迁移到媒资历史资料库（在线），再迁移到制作生产资料库。对于离线资料，如果介质类型为数据流磁带，由人工完成上线，后续环节与近线资料迁移流程一致；如果介质类型为传统磁带，进入传统磁带借用流程。

11.6.3 网络结构

媒体资产管理网络系统采用混合网络结构。在 FC 部分，考虑到媒体资产管理网络系统为各业务系统中的资料归档、资料调用、节目备播等都是在其支持下完成。这些业务对网络带宽、稳定性、实效性的要求较高。为媒体资产管理网络系统配置两台专用 FC 导向器，负责系统内 FC 网络链路的连接。以太网部分，采用多台以太网交换机组成的交换机群，负责系统内以太网连接。

在站点与服务器接入方面，根据实现的功能不同，采用不同的连接方式。

迁移服务器完成资料从在线到近线的迁移，由多台迁移服务器组成迁移服务器群，在迁移管理服务器的统一调度下，完成资料迁移。

存储管理服务器实现对媒资在线存储访问的管理。媒资系统中具有多个在线存储区，采用多台存储管理服务器，管理在线存储。

存储访问服务器为系统中需要通过以太网访问媒资在线存储的编目／编目审查工作站、素材挑选工作站提供低码率文件共享，为单网接入的上下载工作站提供高码率文件共享。

流媒体服务器与存储访问服务器作用类似，为生产网络内媒资检索提供流媒体访问服务。

根据迁移服务器、存储管理服务器、存储访问服务器、流媒体服务器功能，需要访问媒资在线存储的高码率流媒体文件或提供低码率文件提供共享，在接入方式上采用双网方式。

上下载工作站方面，根据所上载的资料源不同，采用不同接入方式。用于历史资料上载的工作站采用单网方式接入，用于播出节目上载的工作站采用双网方式接入。

总编室编播网络系统、广告编播网络系统利用基础网络平台的网络交换设备，媒资系统的数据库服务器、在线存储，实现其业务功能。

11.7 收录网络系统

收录业务提供的主要功能是按照要求，将视音频信号采集为可供编辑的素材文件，并具备对外输出视音频信号和交换文件的功能。按照不同的功能分为：外来信号收录、直播信号收录、数据接收与发送、播出信号监录。

11.7.1 设计要点

11.7.1.1 素材迁移设计

收录网络系统可根据不同的业务实效性要求灵活采用不同的素材分发机制。对于实效性高的收录任务可分配高优先级，直接由收录服务器将收录的素材通过光纤通道分发到目的地存储。而对于其他实效性要求不高的业务系统，则可先收录到收录本地存储，然后根据策略分发到对应的目的地。

11.7.1.2 远程素材 / 节目交换

Internet 网络已经遍布全球，随着 IP 技术的发展，带宽不断增加，公网和专用网络完全可以传输媒体数据文件。本方案在收录网络系统中设计通过 IP 网络发布和接收媒体数据的系统，可与远程非编工作站紧密结合，便于对远程新闻事件的快速反应和报道。

要充分考虑远程移动非编工作站上传到收录网络系统的素材安全传输、接收功能。由于移动非编工作站是通过 Internet 或专用网络回传数据的，IP 传输 / 管理服务器可能直接与 Internet 或专用网络等外网连接，容易遭受外来攻击，影响制播网络系统安全。因此，要通过严格的安全措施来确保外网的安全接入。

对于远程的记者站，收录系统可支持通过视音频信号回传和 IP 网络文件方式回传。通过视音频信号回传和普通收录机制类似，只是需要记者站和收录系统协同工作，通过人工操作完成回传任务。对于文件方式的回传，则与移动非编回传相同。

11.7.1.3 互联互通的要求

收录网络系统与制播网络的其他业务系统进行数据交换时，要遵循业务支撑平台所规定通信协议、元数据、视音频文件格式标准，以完成总体工作流程中的相应业务功能。

11.7.2 业务流程

收录流程按照不同收录方式，可分为收录流程和监录流程。

11.7.2.1 收录流程

首先，收录有临时收录和固定收录，固定收录一般是有计划的，临时收录一般由各网发起。

约传单需要经过审核，提交给收录管理服务器，由收录管理服务器分配收录任务给收录服务器，并提交路由调度任务给分控矩阵控制服务器，分配收录信号的矩阵路由。

固定收录是在一段时间段内重复的收录任务，收录结果送到媒资资料库。

临时收录形成的素材，根据策略分发或直送到对应的网络系统。

11.7.2.2　监录流程

监录是直接将北京电视台正在播出的信号采集为较低码率的媒体格式，供审看和分发到网站等相应位置。

11.7.3　网络结构

收录系统采用混合网络结构。对于具备直送功能收录服务器采用双网接入，对于一般收录服务器则接入单网。接入单网的收录服务器可通过存储访问服务器保存素材到收录存储，由收录分发服务器统一分发到目的地。

数据接收和分发是通过 IP 网络来实现与台外远程系统进行数据交换的。

11.8　互联互通全台网络核心设计

基础网络平台为制播网络系统提供基础的网络通信平台，它包括以太网和 FC 网。基础网络平台的建设是以满足业务生产和管理的带宽要求为前提，以保证整个系统的安全性、可靠性为指导方针。以太网主要承载元数据、低码率素材和少量高码率素材，FC 网络主要承载高码率的素材。

11.8.1　设计要点

11.8.1.1　网络主干设计

本系统是支持电视台节目生产业务的网络系统，以太网的设计上要充分考虑电视台媒体数据应用的要求。由于视音频编辑和浏览对时延、带宽等有严格的要求，因此在以太网结构设计、设备选型上应充分考虑这些因素。

虽然大部分高码率工作站是通过 FC 网络传输高码率数据的，但是也有相当部分的高码率站点是通过以太网进行在线编辑、上下载的，并且所有粗编站点都是通过以太网在线编辑低码率素材。经过估算，并考虑网络的扩展性，建议以太网采用"万兆主干，千兆接入"的设计方案，以满足通过以太网进行在线编辑和元数据传输的需求。

FC 网络目前主流是 2Gbps 的光纤通道，随着技术的发展今后将支持 4Gbps，本方案将采用 Trunking 技术增加主干带宽，采用 2/4Gbps 站点接入的设计方案，以满足制播网络系统对 FC 网络的带宽要求。

11.8.1.2　设备接入方式

制播网络系统分别由多个功能相对独立的子系统构成，子系统之间通过标准的接口进行数据交换。在构建以太网和 FC 网络时，以高内聚，低耦合的"专网专用"的接入原则。原则上站点接入对应子系统以太网交换机或 FC 交换机／导向器，这样可减小网络故障面的扩散，同时方便维护和管理。系统之间的数据交换通过以太网核心交换机和交换 FC 导向器完成。

11.8.1.3　新旧台之间的网络互联

新旧台之间存在业务数据交换，如旧台制作的节目可能送新电视中心播出、远程容灾、协同工作等。因此，新旧台之间必须具备低延时、高带宽的以太网和 FC 连接通道来支持新旧台之间的业务数据交换。

为计算新旧台之间的以太网带宽需求量，我们以常用的资料检索浏览操作为例进行估算。假设新旧台之间同时有 2000 个低码率浏览连接，每个连接占用以太网带宽为 800kbps，那么，对网络带宽压力为 1600Mbps 左右。考虑以太网带宽的有效利用率为 60%，带宽占用合计为 1600Mbps÷60% =2666.7Mbps。以此值为参考，考虑到将来业务量扩充，我们在新旧台核心交换机的连接上，采用双万兆链路连接，互为备份，即可完全满足新旧台之间业务数据交互。

新旧台之间的 FC 网络链路主要用于传输高码率媒体数据，如播出节目数据、高码率资料调用等。此类数据对网络带宽压力较大，所以采用 FC 网络传输。这里我们假设新旧台之间每天有 4 个频道的播出节目需要相互迁移。按照每频道每天 20h 播出节目计算，则每天有 500GB 左右的节目需要在新旧台系统之间迁移。另外，假设新旧台媒资系统之间每天有 100h 的资料需要相互调用，且新旧台媒资系统之间每天有 20h 的资料需要相互备份，则每天总共有 3000GB 左右的资料迁移。如以上数据需集中在 2h 内完成迁移，那么对存储带宽压力在 450Mbps 左右。在线路铺设上，为 FC 网络链路连接考虑 3 对光纤线路，3 对冗余，并为以后业务扩展预设 6 对，预估需铺设 12 对光纤线路。

11.8.1.4　网络核心结构设计

以太网和 FC 网是制播网络系统的基础平台，既提供编辑站点访问共享存储的服务，又提供子系统之间的数据交换服务，所有业务的正常运行都离不开基础网络平台，因此基础网络平台的稳定、可靠是业务正常运行的基石。

以太网在结构设计上遵循 3 层网络架构，即将以太网按照不同逻辑功能分为核心层、汇聚层、接入层。对应分别以核心交换机、汇聚交换机和接入交换机实现。为了提高以太网的可靠性，以太网核心和汇聚交换机全部采用双机热备的方式，

新旧台分别采用 2 组热备的核心交换机，运行 VRRP（虚拟路由器冗余协议）实现它们对三层 IP 路由服务的热备份和负载均衡，增加了核心的可用性和带宽。两组核心交换机设置为 2 个 VRRP 组，每个组都有一个虚拟的 IP 地址，分别对新台和旧台提供高速转发服务，在其中一台交换机失效的情况下，另一台核心交换机自动激活，不影响业务数据传输。

以太网的主干链路均采用主备链路方式，提供可靠性保障的同时提供负载均衡和高带宽。在站点接入方面，子系统内部配置多台交换机，站点分散接入交换机，分散风险。

FC 路由器和以太网核心交换机采用类似结构，配置两组互为备份的 FC 路由器，实现新旧台之间的可靠连接。

FC 交换机、导向器和路由器之间的链路均采用主备链路方式，提供可靠性保障。在站点接入方面，子系统内部配置主备 FC 交换机或导向器，站点分散接入，分散风险。

11.8.2　网络架构

非线性编辑网络经过多年的发展，目前适合非编系统的网络架构有"双网架构"和

"混合网络架构"两类。所谓"混合网络架构",是指非编网络中需要访问高码率节目数据的站点中,部分对网络实时访问性能要求相对不高的站点只接入以太网,同时另外一些对网络实时访问性能要求相对较高的站点接入 FC 和以太网。只接入以太网的高码率站点通过存储管理服务器和存储访问服务器读写后端存储上的高码率素材,同时通过以太网传输元数据等信息。所谓"双网架构",是指非编网络中所有需要访问高码率节目数据的站点既要接入 FC 网络,也要接入以太网。利用 FC 网络高带宽、低延时的特点进行高码率节目的在线编辑,利用以太网成熟、易管理的特点传输元数据,同时支持低码率节目的在线编辑。"混合网络架构"是"双网架构"的发展,混合网络架构中的所有高码率编辑工作站全部接入双网以后,其实就是双网架构。混合网络架构较双网架构具有更好的业务适应能力,可按照站点的不同要求采用不同的接入方式,可降低一定的投资;具有更好的扩展能力;采用以太网接入更易于维护和管理。

根据对北京电视台现有业务数据的分析和对新需求的调研,参考测试数据,并针对北京电视台各业务的不同特点,对制播网络系统的网络结构进行初步规划:

(1)总编室编播网络系统、新闻节目制播网络系统、演播共享网络系统采用双网结构。

(2)体育节目制播网络系统、非新闻类节目制作网络系统、广告编播网络系统、收录网络系统和媒体资产管理网络系统采用混合网络结构。

11.9　演播室系统

新北京电视中心共有 22 个不同规格的演播室、1 个录音棚、1 个剧场,主要分布在综合业务楼和多功能演播中心(规格、位置、功能、格式见表 11-3)。在新闻演播区、综合业务楼演播区和多功能演播中心分别设置信号调度系统,并与总控建立连接,以体现信号和设备的共享以及灵活调度,同时在演播室和总控之间建立直通路由,以确保直播信号的安全性,备份通路经过分控到总控的公共路由送至总控。

演播室系统设计方案应充分体现安全性、灵活性。安全性应解决系统间的安全备份以及关键设备的备份问题。灵活性应解决设备的共享及系统中摄像机机位的灵活调配问题。

新北京电视中心房间表　　　　　　　　　　表 11-3

编　号	面积（m²）	位　置	功　能	格　式	职　能	建设步骤第 1 期完成
1	350	综合楼	直播	标清	新闻	1
2	150	综合楼	直播	标清	新闻	1
3	150	综合楼	直播	标清	新闻	1
4	100	综合楼	直播	高清		1
5	100	综合楼	直播	高清		1
6	100	综合楼	直播	高清		
7	100	综合楼	直播	高清		
8	100	综合楼	直播	高清		
9	100	综合楼	直播	高清		
10	100	综合楼	直播	标清		1

续表

编　号	面积（m²）	位　置	功　能	格　式	职　能	建设步骤 第 1 期完成
11	100	综合楼	直播	标清		1
12	100	综合楼	直播	标清		1
13	100	综合楼	直播	标清		1
14	600	演播中心	直播	高清		
15	600	演播中心	直播	高清		
16	1000	演播中心	直播	高清		1
17	250	演播中心		高清	特技	1
18	250	演播中心	直播	高清		
19	600	演播中心	直播	高清		1
20	600	演播中心	直播	高清		1
21	300	演播中心	直播	高清		1
22	300	演播中心	直播	高清		
23	300	演播中心			录音棚	1
24	剧场	演播中心	直播			

11.9.1　多功能演播中心

多功能演播中心是我台主要大型演播室集中区域，共有 9 个不同规格的演播室，此区域内的演播室全部按照高清标准设计。一期建设的有 2 个 600m²、1 个 300m²、1 个 250m² 和 1 个 1000m² 演播室。其中 250m² 为特技效果拍摄演播室，不要求直播功能，主要以满足片头、特技等特殊效果拍摄为主。其他各演播室均按照高清格式、具有直播功能的综合演播室设计。方案设计时演播室要统筹考虑。

11.9.1.1　600m² 演播室

1．技术要点

2 个 600m² 演播室同层，且控制室相邻，系统设计应充分体现共享原则。两个演播室共计 12 个机位，可以实现两个演播室之间摄像机的灵活调配，即两个演播室可以同时工作在一个演播室 8 讯道，另一个为 4 讯道的工作模式。切换台采用单主机双面板模式实现切换台主机的共享，每个演播室设置应急切换面板作为应急切换，应急切换面板要求有净切换功能。每个演播室有 4 路外来信号，演播室 PGM 输出要求有一路直接送至总控，作为直播的主路信号，另一路 PGM 和 Clean out、AUX 经演播楼分控至总控，作为直播的备路信号，Clean 信号可以参与台外其他直播节目，辅助母线主要是为演播共享网络提供录制信号源，以满足节目录制需要，如图 11-6 所示。

2．设备基本要求

（1）摄像机：6 台（3 台座机和 3 台 ENG）及镜头；

（2）三脚架：6 套（包括 1 台吊臂）；

（3）切换台：40 路以上输入；4 级 ME；内置 DVE；

（4）字幕机：2 台；

（5）外来信号：8 路（其中 4 路上跳线盘）；

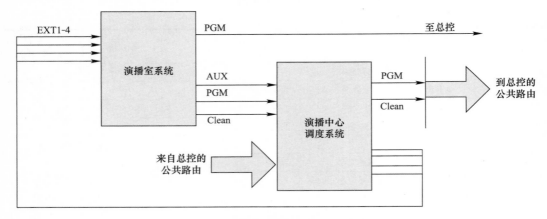

图 11-6　多功能演播中心技术系统框图

（6）监视系统：采用多画面分割器，PDP、DLP、LCD 显示。（适当考虑独立监视器）；

（7）Tally 系统；

（8）矩阵式内部通话系统。

11.9.1.2　1000m² 演播室

1．技术要点

以满足大型文艺晚会及大型综合栏目的拍摄及现场直播为主要功能。与演播中心调度系统之间的信号关系同上图。

2．设备基本要求

（1）摄像机：12 台（4 台座机和 8 台 ENG）及镜头；

（2）三脚架：12 套（包括 1 台吊臂）；

（3）切换台：40 路以上输入、4 级 ME、内置 DVE；

（4）字幕机：2 台；

（5）外来信号：8 路直接接入切换台，另 4 路上跳线盘；

（6）监视系统：采用多画面分割器，PDP、DLP、LCD 显示。（适当考虑独立监视器）；

（7）Tally 系统；

（8）矩阵式内部通话系统；

（9）周边设备要求带有监控功能。

11.9.1.3　300m² 演播室

1．设计要点

以满足综合栏目的拍摄及现场直播为主要功能。系统设计时应考虑与将来另一个相邻 300m² 演播室之间的设备共享及互相备份问题。

2．设备基本要求[①]

（1）摄像机：5 台（3 台座机和 2 台 ENG）及镜头；

（2）三脚架：5 套；

（3）切换台：32 路以上输入、4 级 ME、内置 DVE；

---

① 注：Tally、通话、监视等系统设计适配与将来另一个 300m² 演播室摄像机灵活调配时的应用。

（4）字幕机：2 台；

（5）外来信号：8 路路直接接入切换台，另 4 路上跳线；

（6）监视系统：采用多画面分割器，PDP、DLP、LCD 显示。（适当考虑独立监视器）；

（7）Tally 系统；

（8）矩阵式内部通话系统；

（9）周边设备要求带有监控功能。

11.9.1.4　250m² 演播室

1．设计要点

系统设计以满足节目包装中的特效拍摄为主要功能，实现实景与动画相结合的包装合成需求。可以进行重复拍摄，按轨道缩放运动、旋转拍摄，与典型的三维动画软件有数据的输入、输出接口，突破前期和后期节目包装制作之间存在的瓶颈。充分考虑特效演播室与节目包装网络的紧密性。此演播室与包装网相互之间通过数据文件实现互通。与演播共享网络紧密相连。

2．设备基本要求

（1）摄像机：1 台高清带有 4：4：4 无压缩功能、1 台高速摄像机，及相应的镜头；

（2）三脚架：1 套；吊臂 1 套，轨道系统 1 套；

（3）切换台：12 路以上输入；1 级 ME；

（4）录像机：1 台，可记录高清高速格式信号的记录设备 1 套与高速摄像机配套；

（5）监视系统；

（6）Tally 系统；

（7）对讲系统；

（8）虚拟主持人系统 1 套；

（9）外来信号 4 路可直接接入切换台，并有 1 对 HDSDI 信号直接与 19 层节目包装机房相连；

（10）周边设备。

11.9.1.5　多功能演播中心信号调度系统

多功能演播中心信号调度系统是演播中心各演播室之间、各演播室与总控播出之间以及演播室播放录制设备调度的路由。多功能演播中心矩阵技术系统如图 11-7 所示。

1．设计要点

（1）矩阵输入信号分为四类：

1）总控到此矩阵的演播室公共信号。这些信号为总控送过来的用于各演播室直播的外来信号，通过此矩阵分配到下游演播室。

2）各演播室送至此矩阵的信号。每个演播室送来信号有 2 路切换台辅助母线输出用于录制演播室单挂信号的录制等用途；1 路 Clean 信号用于无字幕节目素材的各种需求；PGM 为演播室节目信号。

3）共享播放设备的输出信号。共享网络播放设备的输出信号通过矩阵将信号送至指定演播室参与节目录制。

4）共享处理设备的输出信号。在此调度系统设置共享上下变换器和帧同步器等用于信号转换处理。

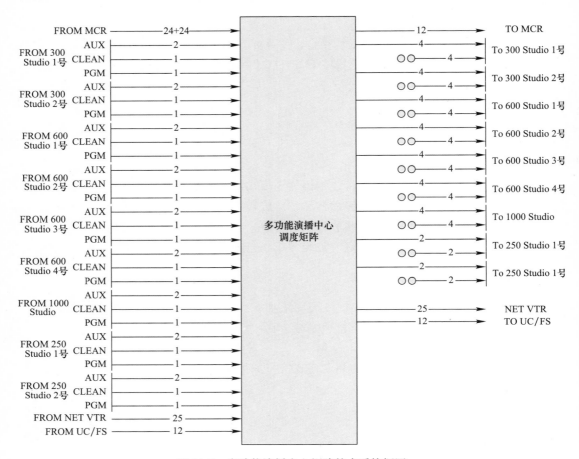

图 11-7　多功能演播中心矩阵技术系统框图

（2）矩阵输出信号分为 4 类：

1）至总控的公共路由。主要用于演播室直播备路信号。

2）至各演播室的信号。每个演播室 8 路，其中 4 路直接接矩阵输出；4 路上跳线盘。

3）至共享录制设备的信号。用于相应演播室的节目录制。

4）至共享处理设备的信号输入。

（3）矩阵输入输出口应经具有跳线口，以便检修。

（4）具备必要的信号监视系统。

2．设备基本要求

（1）信号格式：视频为 HD，音频为嵌入音频。

（2）矩阵为多格式矩阵支持 1.485Gbps，具有交叉点备份功能。

（3）周边接口支持高清，具有网络监控功能。

（4）矩阵输入数量的优化。

11.9.2　综合业务楼

综合业务楼演播室包括 3 个标清新闻演播室、4 个 100m² 标清演播室（位于综合楼 11

390

层）、6 个 100m² 高清演播室（位于综合楼 10 层）。

新闻演播室全部采用标清格式按照直播模式建设，每个演播室系统要求有完善的应急播出手段，同时三个演播室之间具有相互备份功能。

每个演播室的 PGM 信号有 1 路直接与总控相连，作为直播时的主路信号。另一路经新闻演播室调度矩阵送至总控，作为直播时的备份路由。每个演播室有 2 路辅助、1 路 Clean、1 路 PGM 送至新闻演播室调度矩阵，以满足不同需求。

11.9.2.1　350m² 开放式新闻演播室

350m² 开放式新闻演播室为本中心主新闻演播室。

1．视频技术要求

摄像机 5 讯道构成，其中 2 台摄像机与提词器系统相连接。播音员可以遥控提词器显示与节目进程同步。演播室内部设置有 3 处视频用接口板，有监控播放节目和素材信号的监视器。切换台具有 32 路输入·2ME·2DVE。切换台发生故障时由切换开关进行备份。

2．外围装置设置

5 台 VTR 作为紧急播出时使用，4 台 CG，4 通道服务器（网关）接受新闻制作网信号。接受分控 4 路外来信号。接受大厅等演播场所信号。接受风景摄像机信号。接受录音室紧急插播信号。

3．音频方面要求

直播型数字调音台具有麦克风 32 路输入、立体声素材 24 路输入 32 个推子。配有无线麦克风。演播室内部的音频用接口板设置有 3 处。外围装置有电话耦合器 1 台和 CD-RW 2 台及音频工作站 1 台。作为调音台发生故障时的备份设置有小型备用调音台。输出音频信号通过 Multiplexer（嵌入器）将信号传送向分控中心。

4．通话要求

在以下主要操作场所设置内通接口：制作控制台、VE 控制台、混合切换控制台、调音台、CG 控制台和灯光控制台。摄像机由 CCU 输送音频。外部备有 4 个 BELTPACK 和 1 个耳机盒。此外，与外部电话线相连接。与分控的内通连接。

11.9.2.2　150m² 新闻演播室

150m² 演播室共计 2 个，一个为开放式演播室，一个为封闭式演播室。

1．视频技术要求

摄像机 3 讯道构成，其中 2 台摄像机与提词器系统相连接。播音员可以遥控提词器显示与节目进程同步。演播室内部设置有 2 处视频用接口板，有监控播放节目和素材信号的监视器。切换台具有 24 路输入·2ME·2DVE。切换台发生故障时由切换开关进行备份。

2．外围装置设置

4 台 VTR 作为紧急播出时使用，2 台 CG，4 通道服务器（网关）接受新闻制作网信号。接受分控 4 路外来信号。接受大厅等演播场所信号。接受风景摄像机信号。接受录音室信号。

3．音频方面要求

调音台具有麦克风 16 路输入、立体声素材 24 路输入、24 个推子。演播室现场设有 2 个音频用接口板。外围装置有电话耦合器 1 台和 CD-RW 2 台及音频工作站 1 台。作为调音台发生故障时的备份设置有小型备用 16 个推子调音台。输出音频信号通过 Multiplexer

（嵌入器）将信号传送向分控中心。

4．通话系统

在以下主要操作场所设置内通接口：

制作控制台、VE 控制台、混合切换控制台、调音台、CG 控制台和灯光控制台，摄像机由 CCU 输送音频。外部备有 4 个 BELTPACK 和 1 个耳机盒。此外，与外部电话线相连接。与分控的内通连接。

11.9.2.3　新闻演播室信号调度系统

此信号调度系统主要完成 3 个演播室的控制室之间、演播室与总控播出之间的信号调度以及共享处理设备的调度。

此矩阵的输入／输出信号如图 11-8 所示。

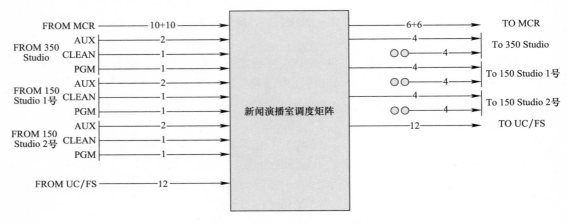

图 11-8　新闻演播室矩阵技术系统框图

1．功能

（1）本区域与外部信号交换；

（2）本区内信号交换；

（3）同步、信号变换等设备共享；

（4）本区域指挥中心；

（5）满足长期直播要求。

2．其他技术要求

（1）演播室系统之间的备份解决方案；

（2）同步系统及同全台同步系统连接的解决方案；

（3）通话系统及同全台通话系统连接的解决方案；

（4）新闻演播区信号调度系统解决方案；

（5）I/O 接口、TALLY 及源名控制系统解决方案；

（6）新闻应急配音播出机房的方案。

11.9.2.4　100m² 小型演播室系统

11 楼 4 个标清演播室为一组，10 楼 6 个高清演播室为一组。一期工程建设 4 个标清和 2 个高清演播室。设计方案时必须全面考虑。

　　每个演播室的 PGM 信号有 1 路直接与总控相连，作为直播时的主路信号；另一路经新闻演播室调度矩阵送至总控，作为直播时的备份路由。每个演播室有 2 路辅助、1 路 PGM 送至新闻演播室调度矩阵，以满足不同需求。

　　1．视频技术要求

　　摄像机由 3 讯道构成，其中 2 台摄像机与提词器系统相连接。播音员可以遥控提词器显示与节目进程同步。演播室内部设置有 2 处视频用接口板，有监控播放节目和素材信号的监视器。切换台具有 24 路输入、2 级以上 ME、带有三维 DVE。切换台发生故障时由切换开关进行备份。

　　2．外围装置设置

　　1 台 CG。4 通道服务器（网关）接受制作网信号。接受分控 6 路外来信号。其他技术要求：通话、Tally 等按常规考虑，单主机双面板方式按实际需求考虑

　　3．音频系统要求

　　直播型数字调音台有 8 路麦克风输入、16 路 AES 输入、24 推子。电话耦合器 1 台和 CD-RW 2 台，无线话筒待定。对信号进行解嵌入或嵌入时，视频和音频信号之间不发生相位延迟。

　　演播室内部的音频接口板设有 2 处。调音台发生故障时，可移动的便携式调音台或混音器 + 音频矩阵作为备份设备。

11.9.2.5　小型演播室信号调度系统

　　综合业务楼演播室矩阵技术系统如图 11-9 所示。

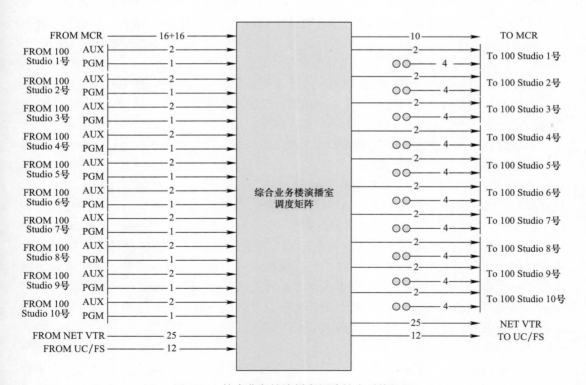

图 11-9　综合业务楼演播室矩阵技术系统框图

1．功能

（1）延时播出功能

（2）本区域与外部信号交换

（3）本区内信号交换

（4）同步、信号变换等设备共享

（5）本区域指挥中心

2．其他技术要求

（1）每个演播室的备份解决方案

（2）同步系统及同全台同步系统连接的解决方案

（3）通话系统及同全台通话系统连接的解决方案

（4）本演播区信号调度系统解决方案

（5）各种控制系统解决方案

11.10　舞台机械系统等其他工程与特点

11.10.1　舞台机械系统工程

北京电视中心多功能大剧院融合电视综艺晚会、歌舞、舞剧、戏剧、音乐等多项演出功能于一身，为实现各项功能，突出电视特性，其中舞台机械工艺配置与现在流行的歌剧院模式相比独具特色主次分明。融建声反射与演出面光、耳光功能一体的观众厅升降，旋转灯桥架，参与演出的 $0°\sim45°$ 水平移动灯排，可供追光摄像人员使用的二维后视追光吊笼，具有旋转升降（正逆）功能车载转台。每一项在国内剧场建设中均是首次提出。

在工程建设期间，组织了对国内外数家现代化剧院和供应商进行了多次考察和调研，借鉴了国家大剧院和国内外众多大剧院、综合电视剧场的成功经验，针对性地分析了大剧院、电视剧场的架构形式、设计特性，密切结合北京电视中心投资现状和电视中心的使用功能的特殊性，经过反复论证和广泛征求各方意见，最终通过了对功能、控制、吊装、排布、设备选型、技术参数确定等的诸多技术层面的问题，设计出了具有国际水准、达到国内一流档次的高水平多功能大剧院。

舞台结构形式采用世界上常用的主舞台，左、右侧台，后舞台的"品"字形工艺布置。主舞台区域共计设置有 8 块 $20m\times2.5m$ 升降台，其中 5 块双层升降台、2 块子母升降台、1 块软景升降机。在左右侧台共计设置有 8 块 $20m\times2.5m$ 侧台车台，16 块 $3m\times2.5m$ 侧台辅助升降台和 16 块 $20m\times2.5m$ 侧台车台补偿台。在同一表演区域的左右侧台仅设置一台侧台车台并且可以在任何一侧参与换景和表演，可以实现场景转换。后舞台设置 $20m\times20m$ 前后移动的车载转台，包括有 $\phi18m$ 的圆环转台、$\phi7m$ 的中心圆可升降转台、3 块 $\phi3m$ 卫星圆转台和 $20m\times2.5m$ 后辅助升降台以及 8 块 $20m\times2.5m$ 车载转台补台。台口前设置 2 块乐池升降台、2 种规格的乐池升降栏杆和 2 块台口外升降台，可以变化成为大台唇式或伸出式"T"形表演台。

在主舞台区域设置的双层升降台、子母升降台简称为主舞台升降台群，主舞台升降台群是现代化机械舞台的主体，是该剧场台下舞台机械设备最重要的组成部分。它能够灵活、丰富地变换舞台形式，使整个主舞台在平面、台阶之间变化。通过升降台相互组合，改变升降高度，可形成不同的演出平面；和侧车台、后车载转台组合使用，可用于各种大型歌剧、舞剧和综艺演出，搭装场景，使大型布景在演出中多次快速迁换，参与演出，以增加表演效果。主舞台群上的各类升降台应满足各种升降行程。主舞台上的升降台群下降车台高度后，左或右侧台的车台，可以开到主舞台升降台群上，并可随主舞台群升降，既可以迁换布景，又可以参与演出。设置于后舞台的车载转台，在主舞台升降台群下降一定高度之后，便可以分行程移至主舞台的不同位置参与演出活动，中心圆转台可以在行走过程中升降和正或反方向转动，圆环转台和卫星圆转台可以在行走过程中或定位时双向转动，设置软景升降机的目的是起到升降平台的作用，通过它可以将台下道具间的物品运送到主舞台上。

主舞台上空布置 5 道灯光吊杆每道由 3 段长度灯杆组成，在主舞台的两侧各有 6 套可以上下升降并且可以电动旋转角度的灯光吊架，为配合灯光吊架的调整，在左右一层天桥（马道）的下部设置可以垂直升降和前后移动的载人升降车，49 道电动吊杆，12 套自由单点吊机等吊挂设备，供演出装台时使用。另外还有活动假台口上片和可移动式左右侧片（局部侧片要求可以通过电动或手动旋转角度满足灯光的要求），台口前防火幕，左、右侧舞台和后舞台防火幕，大幕机等舞台机械设备。侧舞台上空布置有悬吊设备和电动吊杆，后舞台上空设有电动吊杆和侧灯光吊架设备。在舞台口外升降乐池和升降台的上部设置有自由单点吊机不仅可以吊挂电子提词幕还可以方便、灵活、快捷的吊挂其他装饰物，此外在观众厅二道面光槽的后方预留 4 台灯光吊杆。该剧场在舞台形式和机械设备的布置和选型上继承了传统的欧式风格的同时，结合电视剧场和表演艺术发展的特点在舞台口外预留了发展空间，对侧灯光吊架、假台口侧片增加了可改变投射角度的要求，目的是为灯光艺术的创作提供更大的自由度，此外舞台内设置移动拼装式反声板。

控制系统采用当前国际流行的、代表控制技术发展方向的、成熟可靠的现场总线控制系统 FCS；布线节省方便、抗干扰能力强、通用开放性好、扩展能力强，是完全网络化的系统。管理层通信采用 100Mbps 工业以太网，并用光纤构成环网，控制层通信采用传输速率为 12Mbps 的 PROFIBUS-DP 现场总线，用光纤构成双环网。实现较高的数据传输速度，保证控制的即时响应和数据刷新。网络容量允许有相当大的扩充余地。

台上、台下机械每套控制系统的控制器各由两套冗余的西门子可编程控制器组成，且具有热插拔、自诊断功能。备用控制器实时监测主控制器的运行机制，一旦主控制器出现故障，备用控制器立即自动替代主控制器，切换时间为毫秒级。计算机系统也采用冗余配置：当一台计算机或一条通信线路出现故障时，自动切换到冗余计算机。台上、台下计算机又互相备份，如果冗余系统也出故障，还可由另一套计算机继续控制系统正常运行。

管理层的工业以太网采用光纤环网，控制层的现场总线采用光纤双环网，特别是双环网，环路上任何三处地方同时出现故障，均不影响正常通信。

系统具有多重保护措施，即使计算机系统全部瘫痪，主控制系统失灵的情况下，还可用智能型手动控制系统进行编组运行，并用触摸屏对运行参数进行监控，保证系统运行连续。

紧急控制装置，可在控制系统出现最极端故障时实现最低层的手动运行。

需要精确定位和同步运行的设备用矢量变频器配高精度旋转编码器实现了速度闭环和位置闭环，实现高精度同步和定位，且调速比可达 1：1000。

一方面通过选用大功率的低噪声变频电机，取消强冷风扇的办法来减少噪声，另一方面把载波频率设高来减少噪声。

监控技术人员可在电话通达的任何地方对软件进行远程操作监控、故障诊断以及程序修改。

中心管理部门可通过内部网络访问舞台机械设备控制服务器，实时了解装台、排练或演出的进展情况，方便中心技术部门统一管理。

11.10.2　演播室灯光系统

北京电视中心工程各类演播室的设计中采用的设备最大的特点是融入和消化了意大利 DESISTI 公司高标准灯光系统设备。大量地采用中意合作产品的架构设计和特点，主要包含：

（1）产品的高标准设计，创新的结构形式，符合国际的标准部件，每一个细微部件都严格按照欧标 CE 认证及美标 UL 认证考虑；

（2）严格的材料选用，先进的检测手段和近乎苛刻的工艺过程要求。

（3）国际先进的生产程序管理手段和产品装配技巧，及每道工序严格的检测手段，国际标准先进生产线的组装设备。

（4）意大利 DESISTI 公司提供合作的工程实例及针对北京电视工程的深化设计，国际先进标准的各类演播室整体架构设计，先进的环形网络冗余技术，中外合作使星光在演播室具体方案设计上保证整体系统更加稳定和灵活多变。

（5）星光公司与意大利 DESISTI 公司的合作，不仅在品种上，更在产品技术引进合作上取得突破性进展。并且将多项先进技术应用于新的亮点设备上。例如全部亮点设备我们在深化设计中采用了 DESISTI 独家研发的 CE 欧标认证的保险限位单元部件产品，悬吊装置的自动稳定技术，新型吊杆的造型深化设计，中、小型演播室全套的国际高标准的灯光配套器材设备，高性能价格比的手动、电动铰链吊杆产品设备及国外合作伙伴 DESISTI 的全套生产工艺装置、模具和关键部件。所有合作生产的产品在各项指标及性能上，均优于 DESISTI 同类产品，均为国内首创。吸收、引进和消化合作国外的先进工艺技术，设计理念的结果，将付与中、外合作的亮点设备真正具有高的性能价格比。

现代化大型演播室随着时代艺术的进步和发展，越来越像一个不分观众、不分演员的互动场所，大量引进舞台设备正是时代的节目互动发展的需要。许多经典和传统的观念必须突破。所以，演播室整体布局不必刻意区分主、副演区，只需区分重要演区和互动演区。因此 1000m² 演播室灯光系统的工艺设计特别是在特定区域内设置的各类亮点设备，已经使上述时代发展所需的互动思想，发挥得淋漓尽致，可以从灯光师实际设计一场大型文艺综合类节目的具体布光为主导来描述所有各类悬吊设备各自发挥的功能。

设计在逆光、顶光和主光灯位设置二道灯光渡桥的下方区域为重要演区，其余演区为互动演区。此时，需要天幕黑色背景，突出彩色效果光。因此，同步提升天幕机以 6m/min 速度徐徐将带有弧形的周边白天幕整体提起并作折叠平稳运行上下平移，重要功能是环幕全长，同时提升。此时同步显露出背景黑幕布。

在平面图纵向 3~7 轴处，两边侧，各设有 8 道亮点设备 0~45° 摆动接续杆，它们设置在侧光和侧逆光灯位，其优点可以为节目布光提供最佳角度和最佳立体侧光和侧逆光，并配合节目内容的需要，提供最佳的动态角度效果。

在纵向 3~4 轴之间和 4~5 轴之间设定两道亮点设备升降灯光渡桥。它的工艺设计思念已突破国内、外演播室灯光悬吊设备无实时载人的禁区。其优点是，整体灯光悬吊设计结构外观造型突出，具有现场拍摄及互动的、振撼的视觉冲击力；具有超级挂灯及存灯数量上的优势。在"U"字形灯壁上，可以分层 5 倍于普通行架的挂灯量，并挂灯、布光、调正、维修、存储为一体。还可以现场直播时进行人工实时调灯服务。它的问世，填补了传统平均普通多功能吊杆布光的增量挂灯灯具种类的要求和演区上方立体实时动感效果光实时调正的要求，使现代化大型文艺节目拍摄手段不断丰富提供可能。

传统意义上的文艺节目拍摄，追光灯的运用的灯位由于演播室结构和设备的种种限制，一直困扰着演播室内灯光师的布光设计。在技术要求的工艺设计中，亮点设计在运用追光灯的最佳灯位（演区的正面逆光一线）设置 3 台可横向行走的多功能载人后视吊笼，既可载人作追光灯操作。又可以装入摄像机人控和遥控，一机多用。该设备在工艺设计中还巧妙地设计在提升白天幕的后面，可最大限度减少占用演区空间。并且在天幕灯位线之后作 X-Y 轴方向运动，很好地解决长期困扰逆光灯位前面灯杆的遮挡问题。更难能可贵的是可以在逆光灯位线整个平面上作任一点位的，任一角度的追光布光，这为灯光师的布光手段提供最佳动态灯位，因此可以说，该设备是对长远灯光系统建设不可多得的优秀创新亮点构思产品，值得业内大面积推广。

在 20 世纪 90 年代末和 21 世纪初，中央电视台的大型综合性文艺晚会首先亮相一种铝合金圆管焊接的各种形式结构的立体桁架，其外观和大量吊挂灯具的功能立刻获得灯光师们的青睐，但是数年来只是造型结构上的变化。随着灯光师们不断地追求和大型各类文艺节目拓展了他们的布光手段空间，给予灯光设备的设计者许多启迪，技术要求标准中，亮点设备新型蝶型铝合金翻转升降灯排应运而生。它的优点是可以在桁架区域内分别 5 排挂灯，在吊架升降的同时，实时电动调正 5 排挂灯架相对的不同位置。巧妙的是，每排挂灯架与灯之间连接灯勾为 360°。方向节结构，不论任一角度，灯具吊挂形式始终为垂直角度，这就为灯光师在可控单位区域空间中提供了多层次、多角度，不同区域空间的立体动态布光手段。极大地丰富了灯光师的艺术布光构思，为各类节目的效果，特别是 HDTV 数字化的设计功能要求带来根本的保证。

在蝶型翻转灯排的深化设计中，还可以在几何形状结构改型、双向翻转灯排构思，例如圆形结构、立体结构、可积木化拼接各种形状改型。悬吊动力的形式改变，例如采用多点电动吊葫芦悬吊形式（这一点具体在推荐方案中有进一步的描述）。总之，铝合型桁架的多样化、机械智能化，使大型演播室灯光系统完全适应 HDTV 高清数字化的要求。可以多功能、全方位地为大型综合文艺节目，室内剧，各类现场互动节目，可以多场次、多演区、多批量的完成拍摄任务，提供各种最可靠和最优秀的灯光悬吊系统服务。由于蝶型架的巨大优势，使我们注意到技术要求标准中 1000m² 演播室该设备几乎占据 3/5 演区的面积，在 7~10 轴呈 3 排布局；在 A~D 轴中部，呈 4 排布局，3×4 的矩阵，与另一演区的灯光渡桥互动呼应，并与经典和传统的各类多功能水平吊杆共同组成超前理念的大型多功能演播室灯光吊挂系统。

11.10.3　防雷接地工程

北京电视中心防雷接地工程由设计院相关专业的设计方案完成后，先请建筑、防雷、通信、广电、强电、楼宇智能化等十多位行业专家对防雷方案、避雷器选择、接地引出点、工艺接地线缆的选择标准等进行论证。这些专家也大多是国际或国家标准制定的参与者。通过讨论、答疑，使我们的方案也更趋完善合理。通过专家会议论证，综合各方意见，与设计院反复磋商后，确定了防雷方案、工艺接地方案。

除专家论证会外，还请了专业厂家进行深化设计。例如防雷，邀请了曾参加 GB-50343 标准制定的三个公司参加，为我们做风险评估和深化设计。再由专家评选出最佳方案。

三家公司主要对北京电视台新大楼的防雷分区、SPD（避雷器）配置和防雷风险的评估以及对接地的要求等进行了分析和设计。

特别是四川中光公司，利用滚球法对电视中心综合业务主楼进行了防侧击雷及感应雷的计算，解决了专家提出的大面积玻璃幕墙是否满足防雷要求的疑问。经计算，玻璃幕墙金属框的几何尺寸可以满足防雷要求，只要做好接地，就可以不再加金属框等辅助措施。这样既节约了资金又省去了施工的复杂性。

由于主楼采用了全钢结构，整个建筑相当于一个法拉第笼。设计中又省去了 1 个 /10m 的等电位均压环设置，同时建筑物内电器设备（尤其是弱电系统的楼控、安防、消防及 IT 等系统）省去了原设计重大量 SPD 的使用（以做好接地为前提）。节约了客观的建设投入。

通过一系列论证过程，我们从中增进了对新技术、新产品的了解，提高了自身技术水平。同时也提出了我们的 SPD 采购方案。

根据设计和论证电源配电柜的 SPD 选 3 个类型：

（1）Ⅰ级：10/350μs.50kA；

（2）Ⅱ级：8/20μs.40kA；

（3）Ⅲ级：8/20μs.20kA。

由于Ⅱ级、Ⅲ级产品的用量大，以其产品价格为主要参考值来选择。通过竞争报价，此一项又为工程节约了一笔资金。

与接地相关的项目设计和完成施工如下：

（1）接地极和接地网

使用 $\phi16mm^2$ 的 1m 长纯铜棒做垂直接地体；使用 $\phi16mm^2$ 的纯铜棒做水平接地网（实测 <0.1Ω）；要求分 18 个引出点通过接地端子转接箱连接不同系统的接地母线。其中主等电位铜排接地电阻 <0.5Ω。

（2）建筑物防雷系统

接闪器为避雷针和避雷带，直接与钢结构相连；将整个钢结构架作为防雷引下线，不再做单独的引下线；结构主筋与综合接地网直接相连，做雷电流泻放，每 13m 做一联结。

（3）交流供配电系统

低压供电方式选定为 TN-S-C 系统接地方式；技术机房用电采用 TT 系统接地方式；楼内避雷器采用两级防雷区域方式。

（4）弱电系统

地线路由为：从接地干线引至楼层；由楼层配线间将接地支线引至机房。建筑物内弱电系统基本不用加装 SPD。

（5）技术工艺系统

为保证广电专业的特殊要求，我们进行了工艺系统接地施工的专业队伍单独招标。

整个系统共有 5 条母线，从不同的接地转接箱引出，其中主楼 2 条，演播楼 2 条，剧场 1 条，使用 $\phi400mm^2$ 阻燃无卤绝缘屏蔽电缆。各技术楼层有接地转接箱，使用 $\phi95mm^2$ 电缆引入端子板，再用 $\phi35mm^2$ 电缆引致机房。

工艺接地每 10m 加装一地电位平衡器与公共接地点连接。公共接地点为楼层的等电位联结铜排。

接地工程中需注意的工艺问题：

1）接地极

仅靠自然接地极可能无法满足广电需求，需加装人工接地极。接地极可有多种选择，如采用石墨或铜包钢做垂直接地体可能更经济、实用。我台用纯铜棒作垂直接地极造价比较昂贵。

2）接地引出点

工艺接地引出线应选择接地网中电阻值较低的点，不一定离接地端子箱最近。工艺、弱电与强电引出点的距离应大于 5m。工艺、弱电的引出线穿出防水层时应与结构主筋绝缘。

3）接地转接箱

母线引出线连接接地端子板时采用热熔焊技术。所有隐蔽工程要求拍照留资料。根据验收规范，在各转接箱要有测试点。

4）整个接地网应设一接地参考点

应在接地网的阻值最小处引出接地参考点，以供日后测量之用。

5）施工

接地系统统一考虑，最好由一个施工方来完成各专业的接地统一设计、统一施工、统一验收。

11.10.4 卫星天线工程

卫星天线工程是新址大楼电视工艺重要基础设施之一，为了实现天线基础设计与新址建筑顶层结构更好地结合（特别针对大型天线），天线基础底座施工需要在建筑顶层封顶之前完成，以保障后期工程质量。为此在 2004 年新址大楼建筑施工初期阶段，就开始着手规划卫星天线项目，并随着演播楼建筑工程的进展，于 2006 年 4 月完成了全部卫星天线主体及反射面的安装工程。项目从前期运作到后来的工程实施，先后完成了以下工作：

（1）通过在新址建筑附近进行电磁环境测试完成卫星天线安装地面站选址工作，使卫星信号接收环境可避开微波干扰带，保障卫星信号接收质量。

（2）根据新台未来电视传输业务需求，配合广电设计院完成大楼建筑顶层卫星天线平台基础预埋设计，完成卫星信号传输路由规划、电缆管线及线槽的设计等。

（3）对国内主流卫星天线生产厂家产品进行调研、设备选型，根据前期基础工作与未来电视传输业务需求完成卫星天线设备招标文件技术规范编写工作，通过招标方式确立卫星天线生产厂家。

（4）组织卫星天线厂家，根据演播楼建筑施工进度，在顶层封顶之前分阶段完成卫星天线主体安装工程。

由于卫星通信系统是北京电视台新台的重要电视设施，也是沟通国际信息的重要手段，是新闻、信息与国际同步的保证。为了适应北京台未来发展需要，充分体现北京电视台未来作为国内大台的综合实力，我们在卫星接收系统天线选择方面本着既要避免重复浪费，又要最大程度地满足使用要求，同时还要充分考虑未来的发展预留，为新台卫星传输业务的发展奠定了很好的基础。

因此，在北京台新台卫星天线项目规划方面，根据台里各节目口部门的业务需求，主要从以下几个方面考虑：

（1）天线系统可接收国内各主要省、市电视台卫星节目，以及国外重要电视媒体，包括新闻、体育、财经和各种娱乐节目，用于今后电视台各个栏目的节目收录与制作，以及用于电视中心有线电视系统节目源。

（2）证券信息接收系统。可以接收国内外股票交易信息，包括深沪市股票交易，以及中国香港和美国、日本等股市的行情数据，还可以接收实时的外汇市场信息数据等。用于财经节目中心的编辑、记者及时搜集获取经济相关的资讯，同时还可作为电视台今后数字增值业务的节目源。

（3）满足未来各种重大节目的直播需求，如 2008 年北京奥运会，需要具有完备的卫星传输体系。

为此，在卫星天线前期规划中（2004 年初），对北京台新台未来卫星节目接收进行了规划，见表 11-4。

未来卫星节目接收规划　　　　　　　　　　　　　表 11-4

亚太 1A，134° E	C-Band：中央台全套卫星节目及国内各省台的上星节目
亚洲 2 号，100° E	1 C-Band：Reuters world news service，APTN Asia 等
亚洲 3S，105.5° E	C-Band：国内部分省台卫星节目，TVB（中国香港），华娱电视台，CNN International Asia，Sun TV（china）等； Ku-Band：BTV-1
泛美 8 号，166.0° E	C-Band：MTV China，Discovery Channel，CNN International Asia，CNN Financial Network，ESPN，NHK，BBC，FOX News，迪斯尼频道等
Sinosat1 号，110.5° E	C-Band：中国证券频道，上海财经，中国国际广播，卫视体育等； Ku-Band：图文信息（英语），凤凰资讯，HBO，CNN，探索频道（美国），国家地理（美国）
亚太 2R，*76.5° E	C-Band：亚洲新闻，中国台湾节目
BSAT1A，110° E	Ku-Band：日本卫星节目 WOWOW，NHK 等

为了保证卫星信号接收质量，选用天线类型为通信单收天线，并采用 Ku 与 C 波段分离方式，天线设计按双馈源考虑，即 C-Band 天线与 Ku-Band 天线分别设计。没有采用多

波束方式的一天线同时接收不同卫星及不同频段的卫星讯号的卫星接收方案。

卫星天线安装区域设在北京台新台演播楼顶层，分南北两段。其中北段为 11 层，南段为 10 层，整个区域可容纳卫星天线约 20 面（按 4.5m 以上天线规划）。第一期工程共计安装 14 面天线，6m 以上天线 5 面，4.5m 天线 7 面，3.7m 天线 2 面，其中 4.5m 以上天线基本采用天控器方式。天线安装大部分部署在北段区域，南段区域主要为今后业务发展做预留，包括上行站及 VSAT 通信地面站等等。对于上行站考虑，先预留出位置及基础；未安装天线区域考虑通用基础预留。在建筑顶层施工中做好天线基础钢梁的预埋工程。

总之，卫星天线设施基础安装由于与建筑顶层结构关联紧密，因此需要在新台土建前期着手规划，包括天线机房、供电系统以及各类线缆走线路由等设计。北京台新台卫星天线系统设在演播楼顶层，天线配套机房设在其临近的顶层附属房间内，用于安装天线控制系统设备、光传输设备以及天线配电设施等。并且由于北京台播出业务传输机房建在综合业务楼 14 层北区，与演播楼顶层相距很远（超过 500m），为了保障卫星信号传输质量，采用光缆将卫星中频信号从演播楼顶层天线机房传到综合楼 14 层播出区域，因此在新大楼建设期间，完成设计并安装了卫星线缆专用路由管线及线槽。由于在新大楼建设前期充分考虑了未来卫星天线设施的技术工艺需求，制定合理的实施计划，将天线基础设施与土建结合，合理布局并分阶段完成，严格保障施工质量，为新大楼后来卫星天线系统设备安装奠定了很好的基础。

特别是在大型电视中心建设中，在演播楼顶层封顶之前应尽快落实天线生产厂家，尤其是 6m 及 6m 以上天线的生产厂家。以便在演播楼封顶之时，可以按照厂家的技术要求把天线基础一并施工。这样既提高了天线基础的可靠性和安全性，减小了因天线基础二次施工带来的不确定因素和不安全性，又减小了施工的费用。另外，在施工塔吊撤离之前，把天线用塔吊运送到施工现场，并将天线架设起来，这样会大大提高天线施工的安全性和效率，节省了建设资金（也可采用仅留天线面板不装，面板箱可放置在楼顶）。

该系统于 2008 年下半年开始启用，数年来为北京台承担过上百次的重大节目转播任务，系统全天 24h 不间断运行，性能稳定可靠，能够很好地满足我台目前应用实际需求，达到了我们当初整体设计目标，为北京台电视业务发展提供了安全可靠的节目传输平台。

11.10.5　建筑智能化系统工程

根据北京电视中心技术工艺部提出的"北京电视中心智能化系统组成及基本管理需求书"文件中的要求，北京电视中心智能化系统设计由 21 个智能化应用系统组成。

11.10.5.1　综合信息集成系统（IBMS.net）

电视中心综合信息集成功能包括以下系统的信息集成：电视中心物业管理及设施管理信息，安防报警及闭路电视监控信息，机电设备运行及监控管理信息，建筑群与部分功能区域水电煤气三表抄送信息，"一卡通"及门禁管理信息，综合电子商务信息。电视中心物业及设施管理人员在 IBMS.net 系统的授权下，可通过互联网和电视中心局域网浏览和查询上述信息。

11.10.5.2　智能物业及设施管理系统（IPMS.net）

电视中心智能物业及设施管理系统功能包括：物业及设施管理与服务、物业及设施管理数据库、智能化各应用系统监控信息与物业及设施管理信息集成。管理内容包括：电视中心房产管理、电视中心部门单位使用注册登记管理、电视中心公共设施注册登记管理、机电设备注册登记管理、车辆注册登记管理、机电设备采购及备品备件管理、综合机电设备维修及保养管理等。

11.10.5.3 机电设备运行监控及管理系统（BMS.net + BAS）

电视中心机电设备运行监控及管理系统功能包括：网络化设备运行监控及管理平台、电视中心空调及冷热源系统设备监控、给排水设备监控、变配电设备监控、照明及灯光控制管理、电梯运行监控，以及电视中心设备节能管理，设备运行数据管理，水电煤气数据抄送管理，设备故障报警管理等。

照明及灯光控制包括技术办公用房、非技术用办公室、会议室、贵宾室、阅览室、休息室、停车场、生活服务用房等的环境灯光控制，以及电视中心楼泛光照明控制。

11.10.5.4 综合保安监控管理系统（SMS）

综合保安监控管理系统功能包括：电视中心综合安防监控管理集成平台、周界防越报警、安防报警、巡更管理、门禁管理、可视对讲、闭路电视监控、停车场管理等综合安防报警及监控管理。

11.10.5.5 闭路电视监控系统（CCTV）

闭路电视监控系统功能包括：闭路电视监控、云台控制、视频矩阵切换、报警联动、数字硬盘录像、图像信号网络传输等。

11.10.5.6 公共消防报警及控制系统（FAS）

公共消防报警及控制系统功能包括：火灾报警、报警联动、自动灭火控制管理、火灾报警紧急广播。

11.10.5.7 公共广播系统（SMS）

公共广播系统功能包括：背景音乐、紧急广播联动、物管通知。可采用有线和无线分区广播的工作方式，并可以和电视中心内部专业通信调度系统联网工作。

11.10.5.8 停车场管理系统（CPS）

停车场管理系统功能包括：员工车辆管理、停车场车位管理、车辆影像识别管理、停车场安全管理。

11.10.5.9 门禁及可视对讲系统（IC&NS）

门禁及可视对讲系统功能包括：感应卡电视中心出入口门禁管理、楼层及办公室门禁管理、功能区域可视对讲功能、办公室可视数字双屏终端及自动化功能。

门禁系统管理区域涉及电视中心的各个房间及出入口，应做出安装电磁开关位置、读卡装置位置及控制线缆的预留；可视对讲功能考虑应用生活服务楼的客房；办公室可视终端考虑台领导及各部门领导办公室设置，并与电子会议系统实现集成。

11.10.5.10 "一卡通"管理系统（ICMS.net）

电视中心"一卡通"管理系统功能：电视中心员工卡发放、身份识别、来访者管理、办公室门禁、演播室门禁、会议室门禁、停车场管理、员工考勤、食堂餐饮消费、专业设备使用内部核算、节、栏目预算等。并预留与电视中心财务系统数据库系统集成的通信接口。

11.10.5.11 综合布线系统（PDS）

电视中心综合布线系统包括以下系统在电视中心内的管线敷设：综合弱电室、间、井，以及楼层配线箱安装，电视中心内计算机网络（有线、无线）、闭路电视、电话、内部通信、安防报警、门禁、可视对讲、设备监控等系统的管道预埋及线路敷设。

电视中心内部计算机网络考虑在楼群范围内做全方位的光纤预留，同时辅以提供高质量高带宽保证的双绞线（不低于 6 类）的敷设，要确保宽带网络到达数据流所经过的每一桌面系统。满足办公自动化对于网络布线的要求。

电视中心宽带网络系统功能（含宽带网络设备）包括：电视中心局域网络（桌面系统不低于 100M，部分区域端口带宽要求千兆甚至更高）。电视中心无线局域网络。宽带网络作为电视中心信息系统的神经，应分布于电视中心楼群的各个角落，某些线缆不易到达或不方便敷设线缆的区域如：演播室、大厅、候播区、公共休息区、观光大厅、停车场等，采用无线网络系统与主干宽带网络进行有效的配合和联网，达到在电视中心内实现宽带网络的全面覆盖。

11.10.5.12　电子会议系统（EMS）

电子会议系统功能包括：大屏幕显示功能、综合会议信号处理功能、发言及表决功能、同声传译功能、视频会议功能、扩声及音响功能、影像自动跟踪功能、会议设备集控功能、会议室门禁及预定功能（与信息系统集成）。

11.10.5.13　电话交换机系统（PABX）

电话机交换机系统功能包括：语音、传真、电子邮件、无线通信、会议电视、可视电话、可视图文，以及与数据卫星、移动通信、内部通信系统组网的功能。

考虑电视中心设置容量在 8000～10000 门左右的数字程控交换机，在保证语音功能的前提下，可以逐步实现以上各模块化功能。

11.10.5.14　数据卫星系统（VSAT）

数据卫星系统功能包括：通过数据卫星与固定和移动通信设备组网，具有：语音、传真、电子邮件、无线通信、会议电视、可视电话、可视图文传送功能。

数据卫星系统作为电视中心专业技术系统考虑，智能化系统工程应保证工艺管线预埋及线缆敷设。

11.10.5.15　无线转发系统（WGSM）

无线转发系统功能包括：电视中心内小型 GSM 基站完全覆盖地下停车场、电梯，以及无线通信死角。增强无线传呼与多种移动通信设备（手机、PDA）在电视中心内的无线信号覆盖。

11.10.5.16　电视卫星及电缆电视系统（CATV）

电视卫星及电缆电视系统功能包括：通过双向电视传输网络，接收卫星电视节目，本地电缆电视节目，电视中心自办电视节目，预览编播节目。通过机顶盒实现网络浏览，信息查询，网络教育，节目点播等功能。

CATV 系统作为电视中心专业技术系统考虑，要保证 CATV 系统工艺管线预留及线缆敷设。

11.10.5.17　电子公告及信息查询系统（LCD/LED）

电子公告牌显示系统功能包括：触摸屏信息查询终端、演播室使用状态动态信息显示，公共信息及商业广告 LED 公告牌显示屏。

考虑在电视中心楼群范围内所有公共区域做系统相关预留工作（设备位置及线缆端

口等）。

11.10.5.18 内部专业通信调度系统

内部专业通信调度系统功能包括：提供电视中心中层以上领导、各演播室及配套技术用房、播控中心机房、候播区域等的全双工数字专业通信方式，并可实现分组、分区域与公共广播系统联网广播（调度和找人），内部专业通信调度系统可以采用有线和无线通信的方式，并可和电视中心数字程控交换机系统联网工作。

11.10.5.19 防雷及弱电接地系统（FLS）

电视中心防雷及弱电接地系统功能包括：电视中心中心机房电气设备防雷接地，电视中心弱点室、间、井、楼层弱电配线箱以及相应电气设备的防雷接地。

电视中心弱电接地系统的设备防雷接地和设备的抗干扰屏蔽接地用分开进行接地连接。原则上防雷接地可连接到建筑接地点上。弱电智能化系统设备的抗干扰屏蔽接地应连接到专业接地上。

11.10.5.20 客房管理系统（HMS）

客房管理系统功能包括：电视中心服务楼客房前后台管理，消费管理，客房保洁管理，电话计费管理，客房设施控制，以及接口系统。

11.10.5.21 内部时钟系统

在电视中心内所有的计时设备和时钟显示设备均采用统一的计时时钟系统。

11.10.6 工艺配电情况

11.10.6.1 外电源情况

新办公区有两套 10kV 配电系统，分别为综合业务楼和演播楼、生活楼供电，每套 10kV 配电系统分别由朝阳供电局航华大厦 110kV 变电站和朝阳供电局新建北京电视台 110kV 变电站提供一路 10kV 电源。新办公区两套 10kV 配电系统共有 4 路 10kV 外电源进线。

11.10.6.2 总体供配电设备情况

新办公区主要供配电设备机房有一个 10kV 高压配电室（安装两套 10kV 配电设备），7 个变电室和 1 个备用柴油发电机房，安装有总容量为 36960kVA 的 26 台变压器，总容量为 4600kVA 的 17 台大容量 UPS 电源设备和总容量为 5280kW 的 4 台备用柴油发电机组。

11.10.6.3 UPS 电源情况

新办公区的 17 台 ups 电源装机总容量为 4600kVA，分为播出工艺、网络制作工艺、主楼高层工艺和演播楼工艺等 4 套 ups 工艺电源系统，UPS 电源实际后备时间 30min 以上。我台工艺设备都由 UPS 电源供电，播出机房、网络设备机房及演播室导控室供两路 UPS 电源，普通的编辑制作机房供一路 UPS 电源。

其中，播出 UPS 电源系统由两组共 4 台 200kVA UPS 组成，每组 2 台并机运行输出一路电，2 组 UPS 输出的两路电通过楼层配电间送至播出各机房，为播出设备提供两路独立电源。这套系统供电范围为主楼 12 层、13 层、14 层。

网络制作 UPS 电源系统由 2 组共 6 台 400kVA UPS 组成，每组 3 台并机运行输出一路电。这套系统的供电范围为主楼 7～11 层及 15～17 层。

演播楼 UPS 电源系统与播出 UPS 电源系统的设备数量、容量和并机方式完全一样，也是由 4 台 200kVA UPS 两两并机提供两路电源，供给演播楼的演播室导控室及技术机房使用，整个演播楼和大剧场的工艺设备都由这套系统供电。

主楼高层 UPS 电源由 3 台 200kVA UPS 并机输出一路电，提供给主楼 18 层、19 层及 26 层以上工艺设备使用。

11.10.6.4　备用柴油发电机组情况

新办公区安装有 4 台 1320kW 的备用柴油发电机组，总容量达 5280kW。1 号、2 号和 3 号、4 号发电机组分别并机运行，当两路外电断电时自动启动发电，1min 内送至重要用电设备。备用柴油发电机组供电范围为：播出用 UPS 电源、网络制作设备用 UPS 电源、新闻直播演播室灯光、应急照明和应急动力设备。

第12章　天津数字电视大厦

12.1　总体规模及特点

　　天津数字电视大厦是天津市大型文化设施建设的重点工程项目，是天津电视台的新台址。天津数字电视大厦位于天津市河西区友谊南路以东、九连山路以西、郁江道以南、梅江道以北，规划可用地面积276.9亩。

　　天津数字电视大厦一期工程，由天津市建筑设计院承担土建工程设计，由中广电广播电影电视设计研究院承担工艺系统设计，设计建筑总规模148964m²，地上建筑规模116961m²，地下建筑规模32003m²。一期工程包括：数字电视大厦主楼（A区）、演播中心（B区、C区）、综合服务中心（D区）等三个单体建筑，数字电视大厦外景见图12-1。

图12-1　数字电视大厦外景

　　天津数字电视大厦的设计能力为：自办30套电视节目。预留（备份）5套。自制电视节目量为平均每天150h。全天电视节目播出总时间为600h。天津数字电视大厦要达到数字化、网络化、信息化、智能化，高清化的建设目标。被国家新闻出版广电总局确定为第一批电视台数字化、网络化试验基地。

　　天津数字电视大厦2011年荣获中国工程建设的最高奖——鲁班奖。

　　天津电视台《1500+600m²高清演播中心系统项目》荣获"2012年度总局科技创新奖科技成果应用与技术革新奖"二等奖；天津电视台《数字电视大厦播出中心项目》、《全台信息安全保障体系建设项目》荣获"2012 年度总局科技创新奖工程技术奖"二等奖。

"数字电视大厦新闻开放式演播室灯光制景工程"和"天津数字电视大厦传输中心系统"荣获 2009 年度天津市广播电视科学技术进步奖一等奖。"天津电视台数字电视大厦播出中心系统"和"天津电视台 1500+600m² 高清演播中心系统"荣获 2010 年度天津市科学技术进步奖一等奖，"天津电视台数字大厦网络安全系统"、"天津电视台主干平台系统"、"天津电视台数字大厦虚拟演播室系统"、"天津电视台高清新闻网络系统"荣获 2010 年度天津市科学技术进步奖二等奖。

12.1.1　数字电视大厦主楼（A 区）

主楼（A 区）总建筑面积 71941m²，建筑高度 146.85m。地上 27 层，建筑面积 65100m²；地下 2 层，建筑面积 6841m²。主楼内主要电视工艺系统包括播出中心、网络中心、全台媒资中心、750m² 新闻演播室和 12 个小型新闻演播室。

12.1.1.1　播出中心

播出中心位于数字电视大厦 15 层，总建筑面积 1415m²，包含 3 个播控机房、1 个设备机房及 1 个备播机房。3 个播控机房宽敞、明亮，设备机房采用下送风空调，机柜摆放整齐。

播出中心系统总体规划为 1 个播出总控调度系统、9 个数字标清频道、7 个高标清同播频道、3 个备份频道播出系统。整个系统架构具有高度灵活性，安全稳定可靠，是一个数字化、网络化、智能化、支持全文件化流程的数字硬盘播出系统。

各播出频道系统主要由信号源、信号处理系统、信号切换系统、信号显示系统、信号技术检测系统、同步系统、通话系统、时钟显示系统组成。涵盖周边处理分配、播控切换、视音频监视测试、显示、字幕、同步、通话、时钟显示、智能监控、TALLY 等主要设备单元。

播出频道系统采用主／备通道结构，主备切换处理的信号源完全相同，且每个频道采用分别独立的视音频系统。

12.1.1.2　网络中心

网络中心位于数字电视大厦 14 层，总建筑面积 551m²，包括主干平台机房及数据交换机房。天津台的生产网与办公网通过高安全区的模式进行互联，便捷实现了网间信息查询和资料互传。

全台网主干平台于 2011 年 1 月正式运行。系统为"FC+ 以太网的混合双网架构"，联通台内 12 个网络化制播系统，是承载各网间基于网络化制播流程的大数据流量节目迁移的基础平台。实现了电视台产业链技术服务数字化、网络化、一体化的规划。主干平台系统的上线运行提高了全台技术系统整体工作效率，在全新制播流程中发挥出越来越大的作用。

全台办公网交换基础网络承载着综合办公、互联网访问、文稿编辑、节目素材上下载、楼宇智能化等关键的系统和应用。系统采用核心层、汇聚层和接入层三级网络架构。网络核心层采用两台核心交换机，通过两台高性能路由交换机组建电视台办公网数据交换平台，负责全台网络的数据快速交换。无线网络建设中采用无线瘦 AP 加无线控制器方式组建大楼无线局域网。无线瘦 AP 覆盖开放式办公区、会议室、大堂、共享空间等区域。

全台网的信息安全建设是为保证全台网的稳定运行和核心制播业务的安全高效，对办公区、高安全区、专业生产网和播出系统边界等多网络业务系统进行信息安全设计及建设，构建全台网络安全系统。

12.1.1.3　全台媒资系统

天津电视台是较早进行大规模媒资数字化归档和编目省级台，目前已完成了近 13 万 h 电视节目的数字化和编目工作，数据存储量超过 2PB。

全台媒体资产管理系统位于数字电视大厦 13 层，面积 910m²，承载了全台节目资料存储、编目，资料检索和节目回调等应用功能，同时系统可便捷检索下载重播节目，实现节目的网络化送播，减少了重播节目的重复上载。系统选用大型数据流磁带库，可在线存储 30 万 h 节目内容，通过 4 个机械手和多台驱动器实现快速节目归档和下载。

12.1.1.4　750m² 新闻演播室

750m² 新闻演播室位于数字电视大厦 4 层，是一个开放式演播室

演播室、导播室融为一体，演播室内多达 11 个景区的建设，采用 DLP 拼接大屏，实景，和开方式的全景方式，给予摄像机足够的拍摄空间也为将来节目的扩展提供了方便。

视频系统采用高清内核结构。切换台选用高清切换台，矩阵采用高清多码流矩阵。视频系统主要分为四部分：信号源、视频制作、信号监看 / 监测和同步。

音频系统设计为立体声 / 单声道制作模式。采用主、备两台调音台作为音频核心处理设备。话筒、音频播放器、录像机等模拟 / 数字音源通过分配器送到主、备调音台。主备镜像链路输出带加嵌板卡送播出系统。

新闻部高清新闻网于 2010 年 7 月投入使用。该网共有 85 台编辑和文稿站点，由新闻文稿系统、节目制作系统、演播室播出和网络管理等业务模块组成。从节目的采、编、播、管、存所有环节上实现全流程网络化、高清化。

12.1.1.5　12 个小型新闻演播室

数字大厦 5～12 层每层建设了一个 200m² 新闻演播室供天津台主要频道使用，包括新闻演播室、导播室，另外配有设备中心机房、非编机房、配音间，审片室等。

视频系统采用高清内核结构。切换台选用高清切换台，矩阵采用高清多码流矩阵。视频系统主要分为四部分：信号源、视频制作、信号监看 / 监测和同步。由于目前各专业频道为标清播出，视频系统设置为标清。

音频系统设计为立体声 / 单声道制作模式。采用主、备两台调音台作为音频核心处理设备。话筒、音频播放器、录像机等模拟 / 数字音源通过分配器送到主、备调音台。主备镜像链路输出带加嵌板卡送播出系统。

从节目的采、编、播、管、存所有环节上实现全流程网络化。

12.1.1.6　工艺配电

天津数字电视大厦用电由 35kV 变电站三电源供电，其中一路为专线，35kV 站 10kV 侧自投，下设 3 个 10kV 变电站供电，分别坐落于 A 区、B 区、D 区，并在 400V 侧手动母联投入。35kV 变电站 2010 年 6 月建成送电，3 个 10kV 变电站 2010 年 6 月正式投入使用。

数字电视大厦共有 4 个 UPS 室分布在大厦 A 区、B 区、C 区，共有 16 台 UPS，2010 年 7 月投入使用。

A 区 14 层 UPS 室共有 6 台 UPS，2 台 300kVA/UPS 为 10-15 层的工艺系统、15 层备播机房供电，供电系统出自两组 UPS 输出柜分不同路由为主、备系统及设备供电；另外

4 台 160kVA /UPS 专为 15 层播出机房供电，其中 1 号 UPS、2 号 UPS 并机，3 号 UPS、4 号 UPS 并机，播出主机房、播出控制机房，主备电源分别出自 2 组 UPS 电源。

A 区负一层 UPS 室共有 6 台 UPS，其中 2 台 300kVA/UPS 为 1~9 层各频道的工艺系统供电，供电系统出自 2 组 UPS 输出柜分不同路由为主、备系统及设备供电。另 4 台 80kVA/UPS 专供 4 层新闻部的直播演播室及编辑机房供电，其中 1 号 UPS、2 号 UPS 并机，3 号 UPS、4 号 UPS 并机，直播系统出自 2 组 UPS 输出柜分主、备供电。

B 区 3 层 UPS 室 2 台 160kVA/UPS 为 1~3 层工艺系统、演播室供电；C 区 4 层 UPS 室 2 台 300kVA/UPS 为 1~4 层工艺系统、传输机房供电，供电系统出自 2 组 UPS 输出柜分不同路由为主、备系统及设备供电。

为确保各 UPS 系统的运行正常，于 2011 年 6 月建成 UPS 集中监控系统，对 UPS 运行状态、系统参数、运行环境进行监控，对出现的任何状态异常实现声光报警，有效保障各 UPS 系统的安全运行。

2012 年 10 月建成 1000kW 自发电机组，可以满足播出中心、传输中心、新闻演播室等重要工艺系统的供电需求。

12.1.1.7　智能化系统

天津数字电视大厦的楼宇智能化系统于 2009 年和 2010 年分两期工程进行建设。

一期工程主要包括综合布线系统、数字广播系统、楼宇自控系统、门禁及一卡通系统、综合安防系统、有线电视系统和电子公告 7 个主要系统。

二期工程主要包括机房工程、会议系统、灯控系统和车库管理系统 4 个子系统。

在 A 区 1 层建成智能化及消防控制中心，所有智能化系统在控制中心实现集中监控和管理。

12.1.2　演播中心（B 区、C 区）

演播中心（B 区、C 区）总建筑面积 59670m²，建筑高度 32.85m。其中地上 4 层，建筑面积 38940m²；地下 1 层建筑面积 20730m²。演播中心内设有：1500m² 演播室 1 套、600m² 演播室 3 套、400m² 演播室 4 套、200m² 虚拟演播室 2 套、400m² 录音棚 1 套、150m² 录音室 1 套、75m² 录音室 2 套、40m² 录音室 8 套以及配套的化妆室、候播厅、景片库、道具库、灯具库等辅助用房。另外，还有两个技术区域：电视节目后期制作区和传输中心，也设在演播中心建筑内。

12.1.2.1　传输中心

传输中心位于 C 区 4 层，建筑面积 880m²，由主设备机房、信号调度和监控机房、集中收录机房组成。传输中心承载全台视音频信号接入、分配、调度、处理、收录、发送、前端传输、监视、监测等任务，融合众多领域电视技术，包括卫星接收、光信号传输、音视频信号处理、数字电视码流信号处理及传输、计算机系统控制等，担负着本台内部业务信号调度，连接着各频道直播间、所有演播室和播出中心等业务部门，为节目制作、收录、直播提供业务通路，同时管辖着光缆、微波、卫星等外来信号的接入，控制着数百路电视信号的传输调度，实现了资源利用的最大化，规避了多头风险，安全性和工作效率大幅提高，是电视节目生产和经营强有力的支撑平台，在省级电视媒体中处于领先地位。传输中心于 2010 年 7 月 5 日正式投入使用。

传输中心系统在系统的核心部位——信号调度矩阵中（2个256×256矩阵），采用一级双核兼顾串联工作模式，以保证实时输出完整的主备路信号。一级即传输矩阵只有一级，双核即采用两台同等规模的256×256矩阵，串联即2台同等规模的256×256矩阵可以通过外部交叉点级联组合成一个完全的512×512矩阵；在信号调度矩阵的控制上，自主研发了一套计算机可视化矩阵调度系统，它克服了传统分面板逐级菜单切换的弊端，在节目调度安全性和操作简便性两个以往相互矛盾的方面实现了有机融合。

12.1.2.2 1500m² 和 600m² 演播室系统

1500m²+600m²演播室系统于2010年6月完成，可实现各类型栏目的节目录制和直播，视频系统能够实现多达10个机位的信号主副切换，多机位单挂，64路不同信号源的调度，高标清信号同时录制，实时字幕的在线包装的功能。音频系统可实现5.1声道及立体声的录制。该系统和音响、灯光系统构筑了强大的节目制播能力。矩阵能够提供应急备路，保证双通路直播信号送到播出中心。

12.1.2.3 600m²+600m² 演播室

600m²+600m²演播室EFP系统可灵活应用于不同场地，可以实现各类型栏目的节目录制和直播，视频系统能够实现多达8个机位的信号主副切换，多机位单挂，64路不同信号源的调度，高标清信号同时录制，实时字幕的在线包装的功能。音频系统可实现5.1声道及立体声的录制。该系统和音响、灯光系统构筑了强大的节目制播能力。矩阵能够提供应急备路，保证双通路直播信号送到播出中心。

12.1.2.4 400m²+400m² 演播室

400m²+400m²演播室系统，可以实现各类型栏目的节目录制和直播，视频系统能够实现多达6个机位的信号主副切换，多机位单挂，32路不同信号源的调度，高标清信号同时录制，实时字幕的在线包装的功能。音频系统可实现立体声的录制。该系统和音响、灯光系统构筑了强大的节目制播能力。矩阵能够提供应急备路，保证双通路直播信号送到播出中心。

12.1.2.5 200m²+200m² 虚拟演播室

2个200演播室建立虚拟演播室系统，考虑到老台原有系统部分设备依然使用良好，也为了在保持先进性和实用性的前提下控制成本，最后决定新台的虚拟系统一套为新建高清三讯道三虚拟通道，另一套为在原有120m²演播室的视频系统上的三讯道单虚拟通道的标清系统，两系统共用1个设备机房，2个导演控制室，2个200m²演播室，演播室分别各有1个蓝箱；共用1套同步系统，1套通话系统，1台64×64高标清兼容的视频矩阵完成两套系统切换台的备份和虚拟通道的灵活调用。

12.1.2.6 后期制作区

后期制作系统位于C区4层，占地1169m²，分为后期制作系统中心机房、非编制作机房群、开敞式非编制作机房等。在后期制作区建设有两套高清后期制作系统，AVID高清制作网和苹果高清制作网。

AVID高清制作网于2010年9月建成，网络含有20个高清视频编辑工作站和5个音频编辑工作站，在全部采用120Mb/s高清码率直接编辑的基础上，部分站点可以满足185Mb/s以及1:1无压缩编辑需求，网络总带宽达1.5G。实现了视频与音频相结合的集采集、制作、存储、管理于一体的高质量、高水平、高稳定的非编网络。2013年2月，在原 20 个站点的基础上扩容至 30 个站点。

苹果高清制作网于 2011 年 3 月在数字大厦正式运行。该网络规划了 20 个高清编辑工作站，网络系统存储盘阵共 12 台，通过 3 组 Vimirror 完成 1∶1 的镜像备份。网络采用 FC + Ethernet 双网架构，中央存储、光纤交换机作为本网络的基础架构，整个节目制作系统通过网络进行节目成品和素材的交换，支持高标清制作工作站在本网络上进行高码流、多数据并发实时工作。

12.1.3　综合服务中心（D 区）

综合服务中心（D 区）总建筑面积 17353m²，建筑高度 20.85m²。其中，地上 4 层，建筑面积 12921m²；地下 1 层，建筑面积 4432m²。设有转播中心、物业中心、职工食堂、值班宿舍和库房等。

12.2　演播室工艺设计

天津数字电视大厦演播区分 B、C 两区，共有演播室 10 个，其中 1500m² 演播室 1 个，600m² 演播室 3 个，400m² 演播室 4 个，200m² 演播室 2 个。演播室布局如图 12-2、图 12-3 所示。

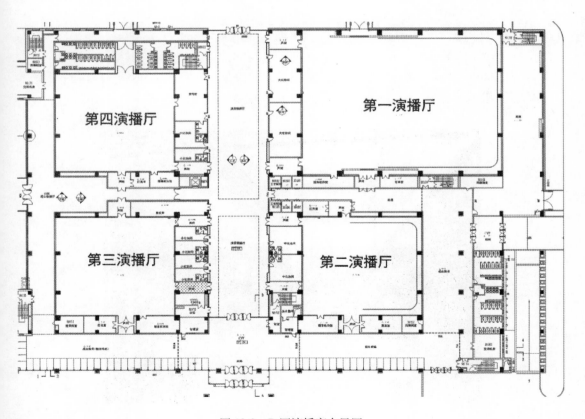

图 12-2　B 区演播室布局图

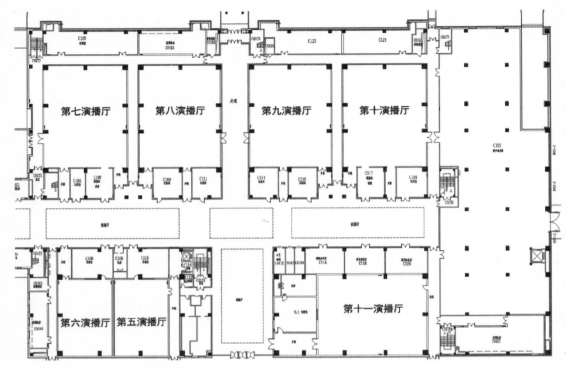

图 12-3 C区演播室布局图

为合理使用空间，所有演播室共享候播厅和化妆间，每两个演播室共用一个设备机房。$1500m^2$ 和 $600m^2$ 演播室具有独立的调音室，可以更好地完成环绕声录制。B区演播室共享候播厅如图 12-4 所示。

图 12-4 B区演播室共享候播厅

现以 1500m²+600m² 演播室、600m²+600m² 演播室以及 2 个 200m² 虚拟演播室和 750m² 卫视新闻开放式演播室为例介绍一下视音频系统工艺设计。

12.2.1　1500m²+600m² 演播室视音频系统工艺设计

天津数字电视大厦在 2009 年初基本完成基建，而演播室相对集中的裙楼也随之完成。天津电视台开始乔迁扩容，为了满足电视台乃至天津市的电视节目直播要求，通过战略规划，考察和经验总结，制定了建立天津电视台大型演播室的计划。而高清演播室系统是高投入项目，结合现在的实际需求和未来几年不被淘汰的思路，设计理念就需要发生转变。所以项目初期就把 1500m²+600m² 演播室相连设计，可以共用一个中心系统和部分昂贵设备，配备相应数量的灯光和 5.1 声道环绕立体声音响系统，可以制作真正高清的电视节目，既达到功能的完善又节省了资金。为此，在进行演播系统设计时就和承建方通力合作，达成共识，将其主体功能区和演播厅与建筑施工同期进行，线路的预设和安装技术相结合，同步设计，同时建设做到了新的尝试，收到了良好的效果。

该项目具有以下几点主要功能优势：

（1）该项目具有国内高端和前沿的设计理念，同等规模的演播系统中，设备达到顶级配置，技术指标先进，该系统符合国家新闻出版广电总局对高清演播室信号标准的要求，同时具有国际标准的信号接口。

（2）全高清时代的前瞻性，但又具备现行主流标清信号制播能力，满足多格式信号需求。切换台和矩阵以及录像系统都具有兼容标清功能，而且拥有两块带模拟复合信号输出的下变换器可以实现现场大屏幕 FB 的数字和模拟信号转换。

（3）kahuna 切换台 ME1 级的标清设计，使得多机位单挂可以高标清兼容，AUX 面板的巧妙应用和大屏幕信号的实时切换。64×64 矩阵的信号调度能力极强。

（4）主备两路的电源分配采用双线程工作，系统直播应急的实时切换，都在安全播出做出了创新。

（5）高清演播室系统是高投入项目，所以项目初期就把 1500m²、600m² 演播室相连设计（见图 12-5）可以共用一个中心系统和部分昂贵设备，达到功能的完善又节省了资金。

1500m²+600m² 高清演播中心系统设计不仅要考虑实用性和先进性，同时也要确保安全性。所以针对全高清时代的前瞻性，但又具备现行主流标清信号制播能力，结合经典系统和现代设计的特点，加强了系统稳定性的设计，简化通路环节，且达到完备功能的要求。演播中心系统覆盖在导演室，设备机房和演播厅。按不同功能分类，演播中心系统包括视频系统、音频系统、通话系统、

图 12-5　1500m² 与 600m² 演播室

监看系统、传输系统、同步系统、TALLY 系统等。

12.2.1.1　视频系统

视频系统主要设备有 10 台高清摄像机、2 M/E 高清切换台、64×64 矩阵、高标清录放机、双路字幕机以及周边相关设备。该系统能够实现多达 10 个机位的信号主副切换，多机位单挂，64 路不同信号源的调度，高标清信号同时录制，实时字幕的在线包装。矩阵能够提供应急备路，保证直播信号的双通路。优质的画面和多格式的信号。满足了电视栏目的各种视觉需求。

1．机位设置

讯道是系统的最前端，取景和构图的好坏直接影响到节目的质量。考虑到拍摄的需要和机位架设的灵活性，同时两个演播厅共用中心系统，所以光缆的合理预埋，以及光纤端口布局非常重要。1500m²、600m² 分别设计 12 个和 8 个光纤端口，使得多达 20 个机位。根据节目拍摄习惯和经验，把端口分布在演播厅的左右墙面，分别设置两个接口箱，有利于光缆走线和机位摆放。

2．系统流程

视频系统流程可以看作两个主备信号通道，如图 12-6 所示。信号从采集源端到光纤发送，流程简单明了，标准接口统一，满足高清信号流的传输。

视频主通道

摄像机 → 切换台 → 主音频加嵌 → 主延时器 → 光发

视频备通道

摄像机 → 矩阵 → 帧同步 → 下游键

　　　　　　　　　　└─ 备音频加嵌 → 备延时器 → 光发

图 12-6　1500m²+600m² 演播室视频流程图

3．单挂和 FB 设计

（1）单挂系统设计

AUX PANAL+MATRIX 设置。矩阵应急面板选择切换台的 ME2 级 AUX1，AUX 面板选择 AUX1 作为单挂辅助母线。切换台的 ME1 级，AUX 面板，EMG 面板都可以作为单挂的切换面板（不在直播状态时）。ME1 级做单挂可以设置输出标清信号。而此系统又专门设置了四块加嵌板，使得多个单挂时可以嵌入音频，保证信号的完整。

（2）大屏幕 FB 信号设计

AUX 面板选择 AUX2 作为 FB 信号选择，经过 Snell 下变换 MACH.HD 转换输出模拟信号。通过跳线，可以直接将信号送到演播厅内的端子口上。

4．软件系统的应用

适应直播节目的广泛应用，采用双路实时字幕在线包装。字幕机采用的新奥特 A10 系统，强大的功能和人性化的界面方便实用，并做到了人机结合的效果。为了满足节目中虚拟植入，3D 在线包装采用了奥威的服务器，做到了虚实结合的场景效果。而节目制播的无磁带化和网络化发展趋势，必然要求视频服务器的应用。所以系统设计之初就考虑今后的可扩展性，预留了 6 个视频服务器子系统。

12.2.1.2　音频系统

本系统设计的最大特点是，1500m² 及 600m² 两演播室共享一套播出系统，两部演播室各自有独立的现场调音及扩声系统，播出系统和扩声系统具备双向交叉的播出、扩声备份冗余通路的能力。

在本系统设计方案中，音频播出、扩声子系统的核心部分，各采两张数字调音台作为系统的播出和扩声调音台，并配以相应必要周边，在主要的物理设备音频通路上，主要使用无源话筒分配器的方式进行系统连接及音频、控制信号的互连互通。

在播出和扩声两个系统之间，主要的音频连接全部通过无源话分的方式实现分享。在播出系统中，所有音频信号源全部经由无源分配器后，再进入接口机箱以便播出调音台处理、使用；扩声调音台则同时由分配器取得实时信号，并进行独立扩声音频处理。

12.2.1.3　通话系统

大型演播中心系统主体应用是大型栏目和活动的录制，但它也越来越是承担着大型直播活动的重要平台，保证现场直播的沟通畅通。通话系统主要由 32 路通话矩阵和各个通话站点构成。通话站点涵盖导演室主要工位，摄像师，调音室，马道扩音，现场导演，主持人耳返等，解决了大型节目直播的大量通话需求。而且两个演播厅共用一个导演室，通话站点的合理布置尤其重要，在同时录像的状况下互不影响。

12.2.1.4　监视系统

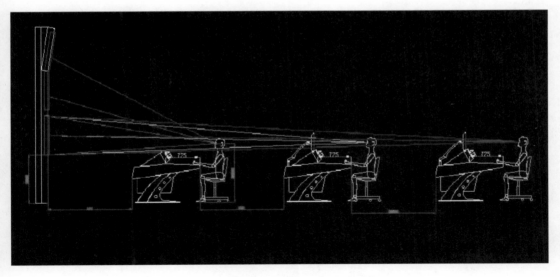

图 12-7　1500m²+600m² 演播室监视示意图

观众对大型的综艺类栏目和文艺节目都有更高的要求，场面宏大，画面清晰，高清制播就成为必然发展的趋势。1500m²+600m² 演播中心系统采用全高清设备，由于现在多数电视节目播放的是 4∶3 的标清画面，和我们前期制作以 16∶9 高清取景相矛盾。从而监视系统需要协调此矛盾，解决包括摄像取景器，讯道监视，以及导播 PGM 监视的高标清兼容。

现在的讯道监视设备提供了很好的解决方法，大多数都自带安全框功能，可以设置

4：3录制，兼顾16：9画面。而 PGM 监视可以通过切换台两级内部交叉输入设置，一级为高清 PGM 输出给另一级，第二级设置标清输出给监视 PGM 则是4：3画面。系统中采用了多块大显示器组合成电视墙，每块显示器可以通过多画面分割器实现视音频信号的监视。多达50多路的信号，几乎对系统每个环节都能实时监看。演播室监视示意如图12-7所示。

12.2.1.5 灯光系统

1. 调光控制系统

1500m^2 演播室设置一个调光控制系统，采用 ETC ION 2048 Channels 主备网络控制台2048光路，2048硅路，可作为常规灯，换色器，电脑灯的综合控制台。同时为了灵活编辑灯光场景设置 ETC RFR 无线流动控制台。主备台型号规格配置可完全相同，可相互热备份，控制台具有 DMX512 接口，以太网接口；支持 ACN 灯光网络控制协议（或可以方便升级到未来统一的灯光网络协议）；同时具备可扩展控制更多通道的能力。

演播室调光回路配置836路、直通回路配置533路。

配置 ETC HSR48AF+Sensor+96×5kW 调光直通继电器综合柜8套，在灯光设备间内的调光及直通模块设置在抽屉立柜上，调光模块和直通模块可以互换，适应各种场合不同灯具类型的需要。调光及直通立柜通过以太网和控制台联系，调光控制台、调光及直通立柜显示面板上均可反映立柜的工作状况和各回路的运行，得到柜体的各种状态，参数和反馈信息。

2. 网络控制及管理系统（信号分配系统）

演播室灯光网络系统是新一代高速网络与智能数字控制设备的集成，采用 DMX512和以太网并存的设计。既满足了当前的使用要求，又为将来的系统升级、扩展留有充分的余地。

配置 ETC 网络信号分配柜2套，一套位于控制室，一套位于演播室栅顶。信号分配柜内含24口交换机及配线架，可以连接控制台，调光柜和舞台各处的以太网点。ETC Net3 Gateway ETC 第三代网络系统4口 DMX 收发终端器网关或者 ETC Net3 Touring Two port ETC 第三代网络系统两口 DMX 终端收发器实现以太网和 DMX512 信号的转换以及对 DMX512 信号进行配置编辑，再通过 DMX 隔离分配放大器分配至演播厅各设备使用点。

网络系统控制调光是当今国际趋势，要求采用国际通用 TCP/IP 协议为基础、支持USITT DMX512/1990 协议，舞台灯光以太网络控制协议采用目前国际上通用的 ACN 协议，同时可提升至将来国际统一标准的舞台灯光以太网络控制协议的现代化高速度网络系统，具体如下：

（1）演播室的信号传输系统采用 DMX 网的方式，传输 DMX 通道为512个。

（2）灯光网络系统在设计上有冗余和备份。

（3）信号传输采用 DMX 网线，带屏蔽功能。

（4）敷设网线符合国家的有关的规定。

（5）信号传输可靠，无串扰现象，系统具有较强的电磁兼容和抗干扰能力。

（6）所有设备具有全隔离保护功能。

（7）网络信号系统设备明细。

网络信号系统一套,可同时传输 512 路 DMX 通道。具体分布情况是:灯栅层 60 组;地面 15 组。每组含 2 个 DMX512 信号插座。

3．灯光配电系统

演播室灯光系统电源引自相应的高低压变配电室母线,为演播室提供灯光用电电源。1500m² 演播室灯光用电负荷不大于 1000kW。

演播室灯光专用低压配电盘设置于灯光设备间内,低压配电系统采用单母线分段,设置母联方式,进线电源同时运行互为备用,各带一部分负荷;当其中一路电源故障时,可以手动投入母联断路器,由另一路电源带全部演播室灯光负荷。演播室内灯光负荷(包括调光及直通立柜等用电设备)分别接至两段母线。

12.2.1.6 系统运用及效果

天津电视台 1500m²+600m² 高清演播中心项目是在天津电视台搬迁扩容下进行的,所以充分考虑到节目制播能力极大提高,应用更广泛的需求。

技术应用中,全高清接口的国际通用信号,传输高质量视音信号,使得节目传播更清晰和广泛;IP 网路接口的设置,以及高标清导出接口,使得电视和网络可以同时直播;单挂和大屏幕 FB 设计很好地解决了高清系统中多机位标清录制和现场大屏幕模拟播放的格式混合问题;通话站点的广泛覆盖,利用无线和有线通话收发系统,极大方便了各个环节的沟通;多画面分割器的应用,各环节视音频的监看变得丰富和全面。

自 2010 年 9 月启用以来承担了全台乃至全市的栏目节目录制和多项重大节目直播任务。达沃斯论坛的综合包装直播,春节晚会的大型连续直播,以及六一少儿连续直播和七一建党 90 周年系列活动直播都体现了项目的强大制播能力和宣传功能。大型演播室承担直播任务是相当复杂和有难度的,不仅要保证内容的安全,还要保证播出安全。所以通话系统,传输系统,应急系统的技术设计发挥了强大的作用。技术功能的完美表现和画面的优质提升,都充分展现了现代电视技术在新时代节目制作中的魅力。

该系统获 2012 年度总局科技创新奖科技成果应用与技术革新奖二等奖。

12.2.2 600m²+600m² 演播室 EFP 系统工艺设计

为了满足重要活动的转播和高清演播室节目制作的需求,需要建立高清演播室系统和建造转播车。而这两项系统都是高投入项目,若有节目空当期间,就不能充分利用。所以项目初期就把外出转播和演播室录制考虑进去,可以共用一套 EFP 箱载系统,达到功能的完善的同时又节省了资金。为此,在进行演播系统设计时就和承建方通力合作,达成共识,将各个设备集成在航空箱内,再由航空箱组合成一套完善的箱载系统。这套系统既能在台内搭建成演播室系统又能在外出场馆组装成 EFP 系统。设计通盘考虑到共享系统的使用功能和效率,做了大胆的尝试,成为国内较为先进的 EFP 系统。

该系统具有以下特点:

(1)项目的箱载设计独特创新,演播室和外出 EFP 共享一套系统。这套系统化拆卸组装考虑科学,人性化设计。该项具有国内高端和前沿的设计理念,同等规模的演播室和 EFP 系统中,设备达到顶级配置,技术指标先进,该系统符合国家新闻出版广电总局对高清演播室信号标准的要求,同时具有国际标准的信号接口。

(2)高清设备兼容多格式,使该项目具有全高清时代的前瞻性,又具备现行主流标清信号制播能力，满足多格式信号需求。切换台和矩阵以及录像系统都具有兼容标清功能，而且拥有两套顶级下变换器和 D/A 转换器，可以实现高质量表情录制和现场大屏幕 FB 的信号需求。

（3）子系统的功能极其完善，满足各种类型节目制作。视频切换系统可以实现多机位单挂以及现场大屏幕的切换；矩阵调度系统和画面分割器以及 TallyMan 的完美结合，实现信号自由调度和源名跟随。

（4）设备接口平面化。为了方便系统连接和美观，大部分设备采用接口延伸，集中转换成统一标准接口，分布箱载后端。

50 高清演播室和 EFP 箱载系统的完美共享，即节省了经济投入又做到了整体美观大方，细致专业。如图 12-8 和图 12-9 所示。

图 12-8　EFP 系统设备机柜摆放效果图

图 12-9　EFP 系统在 600m² 演播室导演室摆放效果图

8 讯道高清 EFP 箱载系统设计不仅考虑到灵活性和先进性，更重要的是要保证安全性。所以针对全高清时代的前瞻性，但又具备现行主流标清信号制播能力，结合经典系统和现代设计的特点，加强了系统稳定性的设计，简化通路环节，且达到完备功能的要求。该项目由于使用需求的不同，设计了 2 套系统，600m² 演播室系统和箱载式转播系统。

但是两套系统主要设备共享，基本功能是一样的，都包括视频系统，通话系统，监看系统，应急系统。而转播 EFP 系统增加了源名跟随系统。

12.2.2.1　高清视频系统

视频系统主要设备有 8 台高清摄像机，2 级切换台，64×64 矩阵，高标清录放机，双路字幕机以及周边相关设备。该系统能够实现多达 8 个机位的信号主副切换，多机位单挂，64 路不同信号源的调度，高标清信号同时录制，实时字幕的在线包装。矩阵能够提供应急备路，保证直播信号的双通路。

12.2.2.2　监视系统

现在的讯道监视设备为我们提供了很好的解决方法，大多数都自带安全框功能，可以设置 4∶3 录制，兼顾 16∶9 画面。而 PGM 监视可以通过切换台两级内部交叉输入设置，一级为高清 PGM 输出给另一级，第二级设置待标清安全框的画面输出给监视 PGM 则是 4∶3 画面。系统中采用了十块大显示器组合成电视墙，每块显示器可以通过多画面分割器实现视音频信号的监视。

对于外场转播来说，EFP 采用大尺寸监视器多画面监看，所以为了公用设备，节省资源。导播室电视墙部分是可以拆卸的，3 个 50 寸的监视器可以升降，外出时直接降下装入航空箱中。如图 12-10、图 12-11 和图 12-12 所示。

12.2.2.3　箱载通话系统

大型 EFP 系统的主题应用是各类大型活动和栏目的转播，所以各个环节的通话系统做了扩容，保证现场直播的沟通畅通。通话系统主要由 32 路 CRONUS 通话矩阵和各个通话站点构成。该项目更加强大的是完善的主备路通话系统，主路采用 TELEX 的 KP32 为主面板附带 KP12 站点的通话站点，备路采用 DKP12 附带无线站点。所有站点涵盖导演室主要工位，摄像师，调音，现场导演，主持人耳返等，解决了大型节目直播的大量通话需求。而且外出转播无线通话尤为重要，主要解决了人员分布广泛的问题。

图 12-10　EFP 系统在 600m² 演播室导演室监看效果图

图 12-11　EFP 系统在外场应用 -1

图 12-12　EFP 系统在外场应用 -2

12.2.2.4　源名跟随系统

由于外场转播需要重新组装系统，根据现场节目需要搭建的讯道数和监视系统都不一样，所以这就对信号调度和切换 Tally 提出更高要求。该子系统采用最先进的告示系统 TallyMan 的 TM2，它把切换台和矩阵源名和目的看成一个庞大的矩阵系统，对应的画面分割器每一入源都成为这个大矩阵的输出，所以只要信号调度哪个，画面分割器中就显示源名。虽然系统相当复杂，但是强大的源名跟随解决了信号调度中无法得知源名的问题，为节目监看系统提供了极大的灵活性。

12.2.2.5　先进性和安全性

EFP 的先进性毋庸置疑，它也体现了现代化制造和电子信息技术的高度发展，所以电视工程技术紧跟着时代的步伐。

而电视宣传安全播出是电视台的生命线，我们更加注重安全播出的创新设计。提高设备的关联集成，完善电源应急和系统应急预案。该项目采用主路市电加上备路 UPS 蓄电池系统，直播应急的可以实时切换，在保障安全播出上做出了创新。在设备机房的电源应急上，首次提出对主备两路的电源分配采用双线程工作，把单电源供电设备合理分布在主备电源线路上。即使断开一路，另一路的电源可以保证相关设备的正常工作，不影响节目的正常制播。

系统的直播应急预案更加完善，备信号通道就可以实现对主信号通道的完全应急备份。传输系统中加入波士延时器，可以在直播室进行延时播出，保证播出内容的安全性。

12.2.2.6　系统运用及效果

该系统自 2012 年 1 月启用以来，承担了天津台多个栏目录制和直播任务。尤其是出色地完成了在天津梅江会展中心举行的《达沃斯论坛》的直播任务，获得论坛方及欧广联的高度评价。

12.2.3　200m² 演播室视音频系统、虚拟系统工艺设计

为更好地满足节目对制作效果及制作效率的需求，决定在新台址 2 个 200m² 演播室建立 2 套虚拟演播室系统。两演播室共用 1 个设备机房，2 个 200m² 演播室具备独立的导演控制室，每个演播室各有一个蓝箱，如图 12-13 所示。

考虑到老台原有虚拟演播室系统部分设备仍然可以使用，最后决定新建 1 套高清三讯道三虚拟通道虚拟演播室系统，搬迁原有虚拟演播室标清三讯道系统，升级虚拟通道，两系统共用 1 个设备机房，一套同步系统，1 套通话矩阵，1 台 64×64 高标清兼容的视频矩阵完成 2 个切换台系统的备份和虚拟通道的灵活调用。两演播

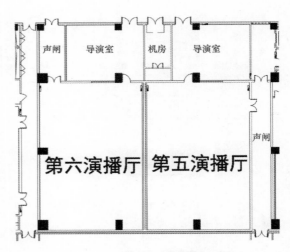

图 12-13　2 个 200m² 虚拟演播室

室具有直播能力，具备较完善虚拟三维场景的创建、调整能力。

12.2.3.1　系统构成

新建的高清系统中，3 台控制 PC 分别独立控制 3 个 ORAD 的 HDVG 三维虚拟图形渲染引擎，3 个高清摄像机的跟踪都是以机械方式实现，其中一台跟踪选用的是 SHOTOKU 公司的 TK-53VR2 吊臂传感器，臂长 4m，云台位移也具有数据跟踪功能，实现了全方位跟踪，另两个讯道传感器可以实现两讯道固定机位的推拉摇移。

标清虚拟演播室系统使用 3 个标清讯道及一个 ORAD 的 HDVG 三维虚拟图形渲染引擎，视频部分为原老台的一套直播系统，通话系统为共用 32×32 通话矩阵，两个导演控制室各配一台建模工作站，在直播时可作为控制 PC 使用。

三台高级建模工作站的虚拟场景建模系统，配备相应的建模软件，完成节目建模工作。

12.2.3.2 应用情况

两个虚拟演播室自建成之后完成了《百姓家居》、《糖心家族》、《时尚》、《真相》、《我们同行》、《党的生活》、《中国制造》、《每日笑吧》、《旋风行动》、《C旋风》、《缤纷世界》、《水浒》、《美食新气象》、《经典重温》等节目的录制和《大学生运动会开幕式》包装直播工作，收到良好效果。

12.2.4 新闻演播室视音频系统设计

为适应天津电视台专业频道运营体制，数字电视大厦主楼（A区）的设计为一个频道一层，4-12层每层除办公区外，配备一个演播室，一个非线性制作区，一个配音间。各频道新闻节目的编、播均可在本频道区域内完成。典型楼层布局如图12-14所示。

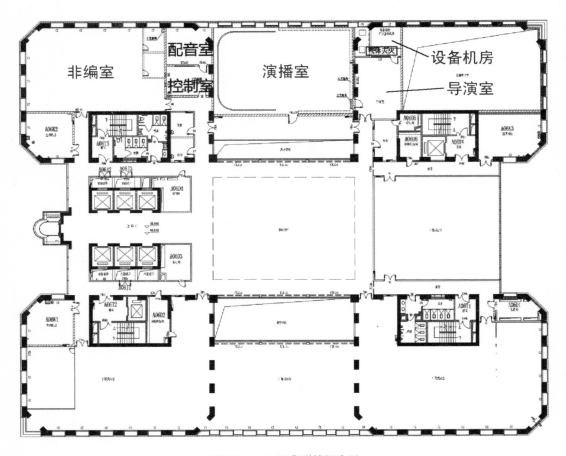

图 12-14 A区典型楼层布局

4层演播室是卫视频道新闻演播室，750m²，可完成卫视频道每天早、中、晚、夜间4档新闻节目直播以及其他节目的录播和直播。5-12层的演播室均为200m²，完成国际频道、公共频道、滨海频道、都市频道、科教频道、文艺频道和体育频道各档新闻节目的直播和录播。各频道新闻演播室效果如图12-15所示。

图 12-15　A 区各频道演播室效果图

现以卫视新闻演播室为例，介绍一下工艺系统设计。

天津电视台全高清电视新闻采编播一体化直播系统，是新建的数字大厦系统工程中的重要一环。它的设计和建设是为了满足天津电视台对高标清新闻资讯类节目直播演播室的迫切需求。目前电视技术正处在高标清混合制播时期，电视节目的录制、制作、传输、播出技术也正在向高清化、网络化的方向继续迈进。为了提高新闻节目的制作水平和效率、实现节目内容和形式的多样化，要求技术系统能够优化制作流程，提供新颖的制作手段，实现各种资源共享。

在经过详细调研、设备选型和系统设计后，于2010年初完成招投标工作，并于5月开始进行系统建设，7月完成全部系统。前期外拍摄像机采用全高清拍摄，主要使用索尼的蓝光和松下的P2。制作部分以高清网络为主，高清对编作为应急辅助的制作模式，播出采用无带化的制作网络发送至演播室播出服务器直播的方式播出。为了保证播出安全，采用主备再备的播出服务器备份方式，其中主备采用联动播出方式再备独立控制播出的结构，尽可能避免单一设备故障影响播出的问题。直播可根据不同的节目类型采用不同的延时方式，实现长短延时可调换的节目安全播出方式。在全系统上采用网络化的新闻节目制作发布、调用、推送体系。不同厂家间采用MOS方式有效地将内容传送。责编在自己的播出工位上可以将修改的节目顺序，字幕内容，提词器内容主动发送至相关设备和特定位置，已完成直播中的各岗位联动。在信号源上我们有传送部门送来8路外来信号，本系统中可以自由进行上下变换；点屏，字幕，在线包装，电话耦合器，提词器等均采用主备双路同时接入系统，演播室景区采用通透设计在两面有玻璃幕墙相隔，一面是操作间，一面是外景。这使得演播室在使用上更加灵活，灯光采用全LED演播室灯光，播音员背景采用BARCO公司的DLP 2X6大屏拼接方式。

作为天津电视台主要的新闻演播室，这个系统率先实现了全高清、无带化编辑、制作、传输及播出。在全系统上采用网络化的新闻节目制作发布、调用、推送体系。不同厂家间采用MOS方式有效地将内容传送。责编在自己的播出工位上可以将修改的节目顺序，字幕内容，提词器内容主动发送至相关设备和特定位置，已完成直播中的各岗位联动。

根据不同节目类型直播和录播的需要，系统可以兼容不同格式（蓝光和P2）素材的回放，高标清数字信号混合制作，以及提供在线包装、图文点评系统等符合当前电视节目对画面的立体多层次和内容的交互多元化的发展潮流。在演播室内多个景区建设时，采用了DLP拼接大屏结合50英寸大屏作为背景显示方式，令景区的显示内容可以与节目内容有效的融合为一体，呈现给观众生动自然的观看效果。

在保证播出的安全性方面，也对系统做了一些特别设计。首先是新闻直播区的供电系统，采用了双路UPS供电方式，并合理配置给系统内的各个设备；保证在任一一路电源失效的情况下，都能保证播出信号不中断，并保有部分的制作功能。播出服务器采用主备再备的备份方式，其中主备采用联动播出方式再备独立控制播出的结构，尽可能地避免单一设备故障影响播出的问题。不同的节目可根据类型采用不同的延时方式，实现长短延时可调换的节目安全播出方式。在信号源上有传送部门送来8路外来信号，系统中可以自由进行上下变换；点屏，字幕，包装，电话耦合器，提词器等均采用主备双路同时接入系统。主备同步自动倒换系统。大屏幕监看及分割器均有冗余设计。视频切换台由矩阵做应急备份也可以实现简单快速的倒换。音频系统采用双调音台设计，利用跳线盘实现主备切换，在设计上特意将主方式设计成插入，当需要使用备调音台时只需将线拔下就可完成转换。系统内运行有实时监控系统，可以记录设备的运行状态和报警信息，以便技术维护人员进行巡检及故障排查。

在机房温湿度控制上采用机房与操作分离的方式，95%以上的设备均在主机房，主机房实现下送风方式制冷，有效地保证了设备安全稳定的运行。

天津电视台新台址启用，打造全高清新闻制播系统，延续以往的新闻制作流程，增加必要的新闻表现手段，实现稳定的运行，顺畅的新老系统交接，全实景的新闻播报演播室，外部信号多路调用，细致有效的内部通话系统，网络化演播室设备监看调整，无带化的播出系统，责编负责制的中心直播调整体系，灵活的背景屏幕显示，主备的视音频构建，各信号源的主备设备，灵活的主备切换功能。演播室全 LED 灯光系统等。打造稳定，安全的多功能新闻直播系统。

本次系统所选设备为目前主流高端配置，在国际国内高清系统中广泛使用的先进成熟的产品；符合国家高清技术规范和国际国内相关的标准及行业标准，同时着眼于未来电视事业的发展，在功能和性能上具有超前性。结合天津电视台的日常使用需求，充分考虑完成实况直播 / 录制节目规模和内容的需要，可同时制作和播出高、标清节目，在功能上具有完整性。除在设备选型方面加以着重考虑外，也考虑到主备电源、主备控制系统等的冗余配置。在系统结构方面，也采用了主备独立通道的设计方案。特别要提到的是，我们还设计了一套智能监控系统，对系统的设备做实时监控，对设备的运行状况进行记录和统计，当出现状况时，能够智能分析故障点，帮助技术人员第一时间发现问题，解决问题。

12.2.4.1　视频系统

视频系统采用高清内核结构。视频系统主要设备有 5 台高清摄像机，2M/E 高清切换台，64×64 矩阵高标清多码流矩阵组成。当主切换台和应急切换台都出现故障时，采用矩阵的 1 路输出母线作为应急播出，并配置了键控器，这样在应急情况下也可以上 2 路字幕信号。后面的处理环节与切换台主输出完全一致，形成完全独立的主备输出。

12.2.4.2　制作区监看

为满足在高清、标清不同播出要求下的节目制作，设计了一套所见即所得的监视系统。在高清情况下，在制作高清节目时看到 16∶9 的高清画面，在制作标清节目时看到 4∶3 的标清画面，方便导演构图。

为了应对高清摄像机景深小、不易聚焦的问题，为摄像机调像员设计了 JoyStick 系统。平时采用 4 画面显示 4 路摄像机信号，当导演切换到或准备切换到本台摄像机时，调像员可以通过 RCP 控制面板将监视器图像切换到全屏幕的 1920×1080 的当前摄像机信号，提示演播室中的摄像人员摄像机的操作。

12.2.4.3　同步系统

同步系统作为整个系统的基准信号，采用主备同步方式，配置 2 台泰克公司 TG-700 同步机和同步倒换器，提供 3 电平、B.B. 和 Word-Clock 同步信号，以及高标清测试信号。

12.2.4.4　智能动态 UMD 系统

支持红、黄、绿三色显示，通过不同的颜色提示，除可支持播出、预选、应急提示外，对录制、慢动作、现场返送等也有颜色和字符提示。动态字符显示功能，可显示设备名称、源名称、目标名称。支持播出、预选、应急、录制、慢动作、反送等的实时动态指示，响应速度快。同时支持切换台和矩阵输出。与 THOMSON 公司切换台、矩阵完美结合，矩阵控制系统、切换台源名显示和 UMD 指示融为一体。

UMD 系统流程图如 12-16 所示。

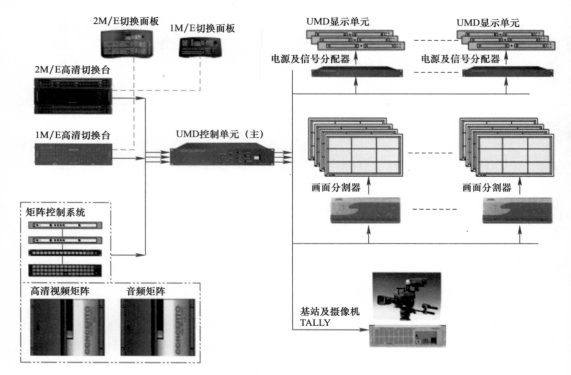

图 12-16 750m² 新闻演播室 UMD 系统流程

12.2.4.5 通话系统

随着系统的规模越来越大，通话系统的设计也越来越复杂。而通话系统作为节目制作的辅助系统，使用方便又必须是设计的基点。在保证系统功能强大的同时保证使用方便，便是本系统设计的关键。

以 4 线方式数字通话矩阵为核心：保证系统设置及使用的灵活性，有效提高系统安全性；4 线通话方式保证通话质量，特别是在转播车这样的狭小空间内，能够有效避免声音回射。

采用树状结构：导演与各工作组领班通话，领班负责协调组员，以保证系统整洁。

多种通话方式融合一起：以 4 线通话方式为主、2 线方式共存，有线与无线相结合，并实现有线电话、无线通话的连接。同时保证导演通话只需要通过通话面板就能够与所有的通话方式的通话点实现连接。

本系统选用 TELEX 公司 CRONUS 32 口数字通话矩阵为基础进行设计；配备多个通话站，用于导演、技术、音频、灯光等工位使用；配备有线、无线双工、无线单工通话腰包；配备有 4 线接口，2 线接口，电话耦合器接口，摄像机通话接口等设备。

12.2.4.6 音频系统

音频系统设计为立体声 / 单声道制作模式。采用主、备两台 STUDER 公司的 ON air 3000 调音台作为音频核心处理设备。话筒、音频播放器、录像机等模拟 / 数字音源通过分配器送到主、备调音台。

12.2.4.7　监控系统

电视台技术信息智能监测管理系统是专门用于电视台整个技术平台信息化管理的软件产品，以系统的监控，媒体的监播，信号的监视，信号质量的监测四大要素为产品宗旨的软件系统；可以对整个电视台中包括播出，总控、演播室以及转播车等所有系统的设备工作状态进行实时监测，而且对所有通道质量及技术指标进行监测，为台里技术管理提供了良好的平台。

该系统不仅可对关键设备的进行过程及工作状态实时监控，而且对系统中的各工作站工作状态及内容进行监控。它通过对整个系统中各独立子系统的工作状态进行监测，从而监控整个系统的工作状态。同时系统还提供了简单实用的系统状态监控界面以便系统维护人员随时了解系统的工作状态。当某个设备出现错误时，能够迅速判断该故障对系统危害程度发出不同级别的报警提示，对故障情况进行分类和分析，并及时报告故障设备的物理位置，可快速地将所有报警信息系统图片方式在等离子大屏幕上显示出来。根据使用环境的需要，系统提供了全面的数据记录和统计功能，并且还可以通过网络连接到其他的软件控制系统，实时为其他软件系统提供系统工作状态信息。

12.2.4.8　应用情况

2010 年 7 月开播至今，除每日 4 档正常的新闻节目直播外，还完成了很多临时的大型的节目直播，如 2010 年的世界达沃斯论坛，历时 3 天每天 60 多分钟的直播，期间涉及到景别转换，外来信号切换等日常节目中没有的技术要求，此系统完成顺利，对外沟通流畅使节目很好地实现了编导的意图。天津市两会期间实现 3 个多小时直播，设备稳定运行。

自高清新闻演播室启用开始，天津地区同时开播了全高清频道，此频道的开播是天津地区首次有了自主的高清频道，随着此频道的开播，高清用户的数量也有了质的突破，同时高清节目的播出也带动了天津台高清技术的发展，使天津台真正走入了高清时代，因此新闻高清演播室的启用是具有划时代的意义的。

12.3　总控播送系统设计

天津电视台数字电视大厦电视总控播送系统可以简单划分成：对内对外电视信号的传输；信号调度；播出控制；节目文件的网络送播这四个功能块，归属两个技术部门，传输部和播出部分管。节目文件的网络送播功能块又可细分为前期（各非编网系统、媒资系统和数据中心）、节目整备（备播系统）和送播三部分，前期各分系统归属网络管理部管理；备播系统归播出部管理和维护，主要由编辑部门的人员使用；送播部分则全部由播出部人员操作。

功能块的划分决定了天津台总控播送系统的设计。

12.3.1　总控播送系统流程及特点

12.3.1.1　信号流程

单独设立传输中心在直辖市台里可能很少见，这一方面是天津台技术和机构发展的结果，另一方面，这样的设置可以减轻播出中心的工作压力，提高安全播出率。如图 12-17 所示，可以看出天津台信号流程的节点是传输中心，传输中心配备了主、备级联的两台

256×256 矩阵。所有进出台的信号都是在传输中心完成转换和调度的。从传输中心向台外看，分别连接了网络公司、天塔、IPTV、国家干线网、市内部分重要的场馆、气象局、交管局、市政府、各郊区县电视台、上星地球站等。同他们之间都是通过光纤连接的，有双向也有单向的，主要的播出信号都是双路由。从传输中心向台内看，分别连接了卫星接收、收录系统、演播区的各演播室、主楼（A 区）内各频道的新闻演播室、播出中心等。除卫星接收和收录系统本就归属传输中心，用同轴缆连接外，其余均为光缆双路由连接。

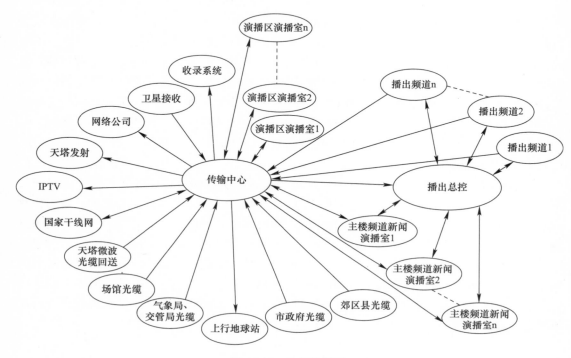

图 12-17　信号流程图

图 12-18　卫星接收天线群

传输中心位于 C 区四楼，机房的南侧为 B 区演播室的楼顶，卫星接收天线即架设于此，卫星接收天线群的设计是在建筑设计之初即已规划完成的，基座是同演播室的土建工程一体化施工的。规划了 21 面接收天线，现建成 14 面。图 12-18 为传输中心卫星接收天线群，从图中可以看出已建好的基座。

播出总控和传输中心之间为多通路的光缆双路由连接，一方面接收经传输调度来的外来信号调度至所需的播出频道用于直播或应急上载，一方面将播出信号经由传输送至目的地，同时也可将播出的信号经由传输调度至演播区各演播室。播出总控还和主楼内的各频道新闻演播室通过电缆相连，各频道新闻演播室的主、备信号在总控经帧同步后，一路直送对应的播出频道，一路进总控矩阵，总控配置了一台 128×128 的高标清兼容矩阵。

12.3.1.2　网路文件送播流程

图 12-19 中的主要内容在第 4 节（互联互通全台网络核心工艺系统设计）中将有细致的描述，此节仅简单的介绍与播出相关的一小部分。

播出系统通过边界安全设备，包括网关、网闸和防火墙仅同备播系统相连。所有网络送播的节目，从各个非编网发送来的、从媒资调用来的或在备播系统上载的素材，都必须在备播系统中经过自动技审，在自动技审的环节中还会完成计算 MD5、添加 ADF 信息等任务。通过自动技审

图 12-19　网路文件送播流程图

的素材存入备播系统的备播存储区。备播系统生成的节目代码是网路送播流程中最重要的信息，每一个送播节目都必须有其唯一的节目代码。各非编网向备播系统推送节目时，每个节目都必须绑定一个节目代码。从备播系统向播出系统发送的节目单中的每一条节目的信息中都必须有节目代码，播出系统中的数据库是根据节目代码判定播出系统中是否存在该素材、是否需要迁移的。节目信息中还包含节目名称、长度、类型、AFD 值、MD5 值等内容以及备播系统中一个 FTP 服务器的 IP，播出系统的 FTP 服务器则通过连接这个 IP 获取素材。取得的素材需经过 MD5 值校验后存入播出系统的二级存储区，并将素材信息写入数据库。

图 12-20 为播出系统、备播系统和边界安全设备的连接图。消息服务器负责信息（素材信息和节目单等）之间的交换，FTP 服务器负责素材文件的迁移。

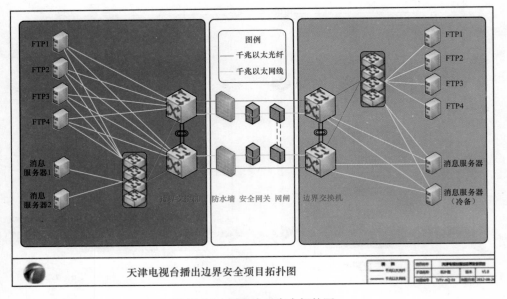

图 12-20　播出边界安全拓扑图

429

播出系统所需的素材主要通过两方面：一方面通过备播系统进行素材迁移，另一方面通过播出系统中的应急上载。备播系统向播出传送素材主要有两种方式，一种是通过节目单发送迁移信息，另一种是单条素材发送。当节目不能按照正常流程进行迁移时（如节目不能按时就位、节目临时改动、迁移接口出现状况等），可以通过应急上载进行上载。在应急上载的方式上我们采用了共享录像机的方式，不但可以用于应急上载还可用于应急播出；与传统的一对一的方式相比，现有的多对多的方式大大提高了利用率，降低了成本。

当素材到达播出中心后，技审服务器会先对素材进行自动技审，以确保素材的完整性和安全性；然后自动任务生成会根据相应的策略将素材拷贝到对应的视频服务器，供播出使用。当过了播出时间后，会自动将素材放入回收站删除。播送系统信号流程和设备连接如图 12-21、图 12-22 所示。

12.3.2　总控播送技术用房对建筑等专业的要求

技术用房主要用于摆放各类电视设备，不同技术用房，对建筑承重、空调通风、电磁环境等都有不同的要求。

12.3.2.1　配套技术用房组成

总控播送系统的技术用房一般可分为设备间和控制间两大类。此外还可包括 UPS 间、空调间等。十年前，设备间和控制间还没有明显的区分。天津台旧址的播出中心，设备就安装在监视墙的下部，随着技术的发展，尤其是 IT 技术对传统广电技术领域的全面侵入，

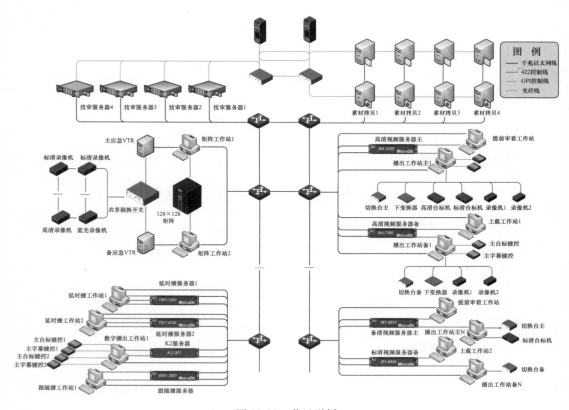

图 12-21　节目送播

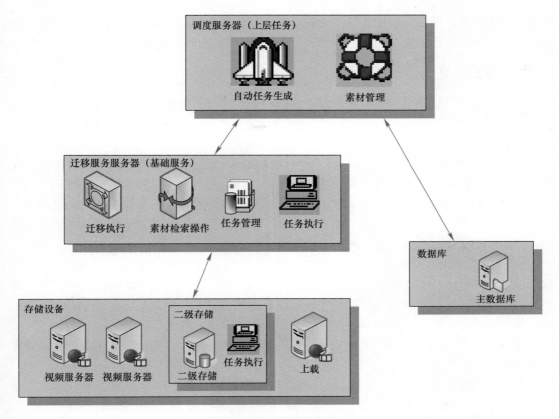

图 12-22　系统设备图

播出设备对环境，主要是温度和洁净度的要求愈发严苛，近些年新建的系统一般都采用了设备间和控制间分离的设计。天津台数字电视大厦新建的传输中心和播出中心均采用了设备间和控制间分离的设计。但设备间和控制间应该是相邻的，也就是说两者之间的距离不宜过远。过远，一方面对维护、应急不利；另一方面，控制协议对传输距离也有要求。RS-232 接口只有 15m，RS-422 接口有 1200m 左右，GPI 接口只有 20m，RJ45（网线）最好也在 100m 内。

12.3.2.2　对建筑结构专业的要求

设备间因集中摆放设备，对建筑结构的承重上有较高的要求，须向建筑设计师提出明确的要求。设备一般都安放在机柜、机架上，机柜、机架都需要生根——和地板用螺栓紧固，这也是对地面的一个要求。

12.3.2.3　对设备、电气专业的要求

设备间和控制间内的所有电视设备以及非电视用途的其他机电设备都应符合电磁兼容性（EMC）的要求，大功率的机电设备应远离设备间和控制间。设备间和控制间应避免水管的进入，空调系统应采用送风式（组合式空调机），如无法避免，至少应保证机柜、机架的上方无水管和风机盘管。天津数字电视大厦的传输中心和播出中心的设备间均采用了三台（两用一备）水冷式精密空调，采用下送风方式，有独立的空调间，空调间设计了防水和漏水报警设施。控制间均采用了组合式空调送风，控制和设备间上、下均无水管或

风机盘管类设备。消防手段上，这两处也采用了气体灭火设施，而非水喷淋。设备间和控制间的工艺接地系统的设计、实施应参照行业标准（GY/T 5084—2011）执行。

12.3.3 总控播送工艺系统设计

在天津电视台数字电视大厦中新设了传输中心，本节将传输中心和播出总控统一在总控系统中论述其设计理念。

12.3.3.1 总控系统

总控系统通常由以下分系统组成：信号调度系统、信号处理系统、时钟系统、同步系统、全台通话系统、监听监看系统、通信设施。天津电视台数字电视大厦的总控播送系统中没有建设全台通话系统。在数字电视大厦，天津电视台建成了并实现了基于全台网架构下的网络制播流程，以及全硬盘（播出服务器）播出系统，因此总控系统中增加了收录系统、存储系统、播后监录系统、流程和设备的监控系统。

信号调度系统，以传输中心的两台主备级联的 256×256 矩阵为主，播出中心的 128×128 矩阵为辅。全台的信号调度工作主要在传输中心完成，播出中心内用于直播的外来信号主要采取帧同步处理分配后直送播出频道的方式，其矩阵主要用于监看、应急上载、延时播或特殊情况下（如多频道并机直播）直播的信号调度。

信号处理系统，如制转、上下变换等主要布置在传输中心，播出中心主要布置了帧同步和少数的上下变换。

时钟系统，在播出中心（15 层）的南北两侧各安放了一个 GPS 接收天线，连接主备两台主钟。两台主钟的输出信号接入时钟信号倒换器，倒换器输出信号经放大分配后输出。输出信号的格式有 EBU、CDU、SZ、RS232 等。同时在播出中心还配置了两台 NTP 服务器，接受 EBU 的时钟信号以 IP 的方式向全台网发送。

同步系统，数字电视大厦的体量较大，各工艺机房分布较散，无法做全台同步。各工艺系统都有自己的同步系统，各系统的外来信号如有需要，均通过帧同步的方式同步于本系统。播出中心采用台主锁相方式，配置了三台信号发生器（两用一备），两台倒换器，输出主备同步信号，经分配后锁定须锁相的设备。中心的周边设备机箱具备双同步输入自动倒换功能，主备同步信号分别接入。对于单同步信号输入的设备，则主通路设备接主同步信号，备通路信号接备同步信号。

监听监看，传输中心和播出中心均采用了 58 英寸等离子大屏组成监视墙，用画面分割器分割的技术。通过画面分割器的图像可带有音柱显示、源名 Tally 提示、报警信息显示等功能。在控制台上采用了液晶监视器配合 WOHLER 音频监听监视仪。两个中心各用了一台 TEK WVR7120 波形多功能监测仪。

通信设施，天津电视台投资建设了一个电话分局，局内通话无费用，话号资源丰富。重要电话具备自动录音功能，同时在卫视频道播出链路上的各环节（播出中心、传输中心、监测中心、卫星地球站等）之间建立了直通电话。

收录系统，传输中心建设的收录系统拥有 10 台标清、2 台高清和 5 台码流收录服务器，可同时收录 20 路标清信号、2 路高清信号和 20 路单码流节目。既能按照节目编单系统自动收录节目，又可以手动临时修改收录，收录设置灵活快捷。拥有 15T 公共磁盘存储空间，每月为台内各频道、部门提供数千小时的节目素材。

存储系统，播出中心建立了两级的存储系统，在线为播出服务器，每台播出服务器负责 2 个或 3 个频道主路或备路的播出，服务器的有效存储容量为 3T，可满足存储 4 天的播出内容。近线存储为 SAN 结构的盘阵，主、备各 20T，可满足存储 7 天的播出内容。

播后监录系统，播出中心对播出的主、备路信号均进行了监录，采用板卡式的编码器，本机存储，深度压缩。可按节目单录制生成文件也可按设定的时间周期录制生成文件。使用中，监录系统对播出故障的查找、确认有很大的帮助。

流程和设备的监控系统，天津电视台数字电视大厦已完成了基于全台网架构下的网络化制播流程。在全智能、自动化的流程中，为确保安全性，流程监控是非常重要的。播出中心的流程监控软件，它可实时监控素材文件的迁移、拷贝过程，并可人为干预，优先传送急用素材。设备监控软件，可对设备机房内所有设备进行实时监控。从每个设备的工作状态，到每个机箱的运行情况，以及每块板卡都做到实时监控。实现了数据告警的集中管理。

12.3.3.2　播出系统

播出中心建设完成了 19 个频道的播出系统，现播出 16 个频道，其中有三个备用频道。一个备用频道专为卫视频道做备份，一个为其他地面频道做备份，一个为付费频道做备份。卫视频道应用了 AFD 信息控制，实现了高标清同播。播出中心如图 12-23 所示。

图 12-24 为地面频道的系统框图。

图 12-23　播出中心

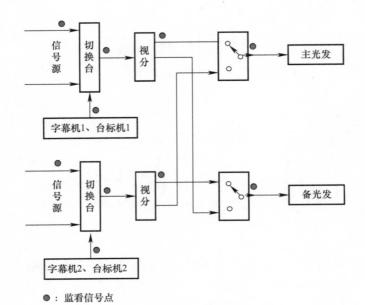

●：监看信号点

图 12-24　地面频道系统框图

图 12-25 为卫视频道标清部分的系统框图，高清部分与标清部分类似。由图可知，卫视频道充分利用了专用的备份频道。

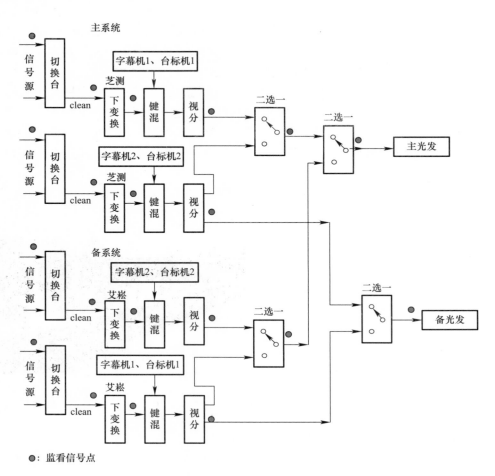

图 12-25 卫视频道标清部分系统框图

12.3.3.3 节目传输系统

传输中心是整个数字电视大厦信号传输的中枢，负责全台电视信号的传输、分配和调度。传输中心如图 12-26 所示。信号传输包括光缆、微波、卫星等所有方式。光缆信号已覆盖全市所有重点场馆、会展中心及 13 个郊区县，又与国干网相连接，所有光缆路由已达 400 多路。包含了场馆直播信号、新闻回传网络及市政府、交管局、气象局等专线信号传送共上。同时通过光缆将台内播出的电视节目传送至各个不同的播出前端，实现天津台节目的有线电视网络、卫星发射、无线发射的全面覆盖。中心拥有定点微波和移动微波传送的电视信号，可通过天塔接收到各个微波站点传送的电视信号。中心共安装有 14 面卫星天线，可接收亚太地区所有的卫星信号，满足节目直播及收录的需求。利用光缆与台内各频道演播室、大型公共演播室、新闻部、播出中心连接，实现电视信号的交互使用，同时可共享传输中心的各类资源信号，实现了优势资源的全台共享。

图 12-26　传输中心

12.3.4　播出安全的保证

12.3.4.1　各级电视中心播出级别要求

总局对各级电视中心播出级别有明确的要求，省级以上电视台及其他播出上星节目的电视中心，应达到一级配置要求。副省级城市和省会城市电视台、节目覆盖全省或跨省、跨地区的非上星付费电视频道播出机构，应达到二级配置要求。地市、县级电视中心及其他非上星付费电视频道播出机构，应达到三级配置要求。

表 12-1 为播总控系统分级要求表。

播总控系统分级要求表

表 12-1

		二、播出系统		
		未完全达到要求（见下栏）	☐	未达到要求
7	第六条 播出控制机	能对视频服务器、播放机、切换台（键控器）和播出矩阵（开关）等设备进行控制，实现按照播出串联单自动播出；应配置主备播出控制机和相应的监测切换软件，实现主备播出控制机的自动或手动切换	☐	达到要求
8	第七条 数据库	未完全达到二级的要求（见下栏）	☐	未达到二级
		二级所用的数据库服务器应采用双机热备方式，并能自动切换；一级在二级基础上，宜采用独立设备对数据库做定时备份	☐	二级
9	第八条 计算机网络	未完全达到一级的要求（见下栏）	☐	未达到一级
		一级所用的计算机网络应配置双交换机组成双路由，交换机信息流量应均衡	☐	一级
10	第九条 播出切换	未完全达到三级的要求（见下栏）	☐	未达到三级
		三级应配置跳线排，并配置具有断电直通功能的专业级播出切换台或播出切换开关、键控器；播出切换开关应能在断电恢复后保持原接通状态；播出切换台和播出切换开关、键控器应具有手动和自动两种控制方式	☐	三级

续表

10	第九条 播出切换	二级在符合三级保障要求的基础上，应配置具有双电源的广播级切换设备；应以键控方式进行台标、时钟和字幕的叠加；主备播出信号应来自于不同的播出切换设备。一级在符合二级保障要求的基础上，多频道播出系统宜采用分布式架构，形成总控、分控的播出模式	□	二级
11	第十条 辅助播出设备	未完全达到要求（见下栏）	□	未达到要求
		配置具有台标和字幕叠加功能的设备	□	达到要求
12	同步信号	未完全达到三级的要求（见下栏）	□	未达到三级
		三级配置可靠的时钟和同步信号设备（或由总控提供相应信号源），没有同步设备（信号）的应配置具有内同步功能的切换设备	□	三级
		二级在三级基础上，应有可靠的高精度同步信号	□	二级及以上
13	垫片设置	未完全达到三级的要求（见下栏）	□	未达到三级
		三级配置应急垫片信号源和标准的视音频测试信号源	□	三级
		二级应配置循环播放的垫片，一级在二级基础上，宜配置伴音信号自动响度控制设备	□	二级
14	监看监听	未完全达到三级的要求（见下栏）	□	未达到三级
		三级应能对全部源信号和播出信号进行实时监看监听	□	三级及以上
15	第十一条 主备信号	未完全达到二级的要求	□	三级
		二级以上播出系统应设置完整的主备信号通路，主备通路的设备板卡应安装在不同的机箱内	□	二级及以上
16	第十二条 磁带播出系统	未完全达到三级的要求（见下栏）	□	未达到三级
		三级磁带播出系统每频道应至少配置 2 台在线播放机，当播出频道数低于 5 个时，应至少配置 1 台备份播放机，当播出频道大于 5 个时，应增加备机数量；主备信号源应取自播放机的不同输出端口	□	三级
		二级磁带播出系统每频道应至少配置 3 台在线播放机	□	二级
		一级磁带播出系统每频道应至少配置 4 台在线播放机	□	一级
17	磁带唯一性识别设备	未完全达到一级的要求（见下栏）	□	未达到一级
		一级应配置磁带唯一性识别设备（如条形码识别设备）	□	一级
18	第十三条 硬盘播出系统	未完全达到三级的要求（见下栏）	□	未达到三级
		三级应配置主备独立的播出视频服务器	□	三级
		二级在三级基础上，播出视频服务器应配置双电源；播出视频服务器的播出存储部应有存储保护和冗余措施；应配置播放机，实现应急播出功能	□	二级
		一级在二级基础上，硬盘播出存储应采用分级存储策略	□	一级
19	第十四条 网络安全设备	未完全达到三级的要求（见下栏）	□	未达到三级
		三级应配置软件防火墙（或入侵防护设备）和杀毒软件；应对移动存储介质（如 U 盘、移动硬盘等）的接入采取安全控制管理。配置的交换机应划分虚拟局域网（VLAN）和基本管理功能；播出网禁止直接与外网互联	□	三级
		二级在符合三级保障要求的基础上，节目制作网与播出网之间的传输链路应采取配置硬件防火墙等安全措施；应配置两种以上杀毒软件	□	二级

19	第十四条 网络安全设备	一级在符合二级保障要求的基础上，节目制作网与播出网之间的传输链路应采取配置网闸或采用平台异构方式、设置高安全区等安全措施；系统中应禁止接入移动存储介质（如 U 盘、移动硬盘等）。应配置网络管理系统，实现网络和系统提前预警和实时报警，并实时记录网络和系统运行日志	☐	一级
20	第十五条 备用播出系统	未完全达到一级的要求（见下栏）	☐	二级
		一级应采用 N+1 或 1+1 方式配置备用播出系统	☐	一级
		第五节　总控系统		
47	第三十条 信号调度系统	未完全达到三级的要求（见下栏）	☐	未达到三级
		三级应配置跳线排；长距离电缆传输电路应配置线路均衡设备；在停电恢复后矩阵应能够保持停电前的路由状态	☐	三级
		二级在符合三级保障要求的基础上，主备信号应在矩阵不同的输入、输出板上，并经过不同的交叉点板；主备通路的分配器板卡应安装在不同机箱中，主备机箱应分接不同的电源；大型矩阵应配置备用矩阵控制器或控制板；矩阵应配置双电源	☐	二级
		一级在符合二级保障要求的基础上，矩阵应采用模块化结构；主要电路板应支持热插拔，一级宜配置两台矩阵，分别用于主路信号和备路信号的调度	☐	一级
48	第三十一条 时钟系统	未完全达到三级的要求（见下栏）	☐	未达到三级
		三级应配置可靠的时钟源，全台时钟信号锁定于同一个时钟源	☐	三级
		二级在三级基础上，时钟发生器应有自动校时功能	☐	二级
		一级在符合二级保障要求的基础上，应配置备用时钟发生器和切换设备；时钟切换设备应具有自动、手动切换功能，并能够断电直通；主备时钟发生器应分接不同的电源	☐	一级
49	第三十二条 同步系统	未完全达到三级的要求（见下栏）	☐	未达到二级
		二级应配置同步系统，采用复合同步信号的应符合《数字分量演播室同步基准信号》（GY/T 167）的相关要求	☐	二级
		一级在符合二级保障要求的基础上，应配置备用同步发生器和切换设备；同步切换设备应具有自动、手动切换功能，能够断电直通	☐	一级
50	第三十三条 信号处理设备	未完全达到要求（见下栏）	☐	未达到要求
		信号处理设备应确保音视频同步；在停电恢复后保持停电前的配置状态	☐	达到要求
51	第三十四条 节目传输系统	未完全达到三级的要求（见下栏）	☐	未达到三级
		三级配置的传输设备、编码复用设备在断电或者重启后，应保留原有配置信息	☐	三级
		二级在三级基础上，应配置主备传输设备和通路，并具备自动或手动切换功能，传输设备应配置双电源，采用编码复用方式传输的，应配置备份编码复用设备	☐	二级
		一级在二级基础上，至每个下游播出单位的传输线路全程应至少有 2 条不同路由		一级
52	第三十五条 信号监测系统	未完全达到三级的要求（见下栏）	☐	未达到三级
		三级应能对播出链路上的关键节点、节目输出点以及接收的自台播出信号进行视音频监看监听，应配置信号异态报警设备，应采用录音、录像或者保存技术监测信息等方式对输出的电视节目及信号的质量和效果进行记录。正常信息应保存一周以上，异态信息应保存一年以上	☐	三级

续表

52	第三十五条 信号监测系统	二级、一级在符合三级保障要求的基础上，应能对关键节点信号的主要技术指标进行监测	☐	二级及以上
53	第三十六条 内部通信	未完全达到二级的要求（见下栏）	☐	三级
		二级以上总控机房应配置内部通话系统，实现与各机房的迅速联络	☐	二级及以上
54	第三十七条 通信设施	未完全达到三级的要求（见下栏）	☐	未达到三级
		三级应至少配置一部业务专用外线电话；应配置安全播出预警信息接收终端	☐	三级
		二级以上应配置两部具有录音功能的业务专用外线电话；应配置安全播出预警信息接收终端，并配置与安全播出指挥调度机构互联的专用计算机终端和通信设备	☐	二级及以上

12.3.4.2　播出系统设计安全

上节的各项要求均出自《广播电视安全播出管理规定》即简称的 62 号令。天津数字电视大厦的播总控系统建成后对照 62 号令逐项检查，只第七条数据库和第八条计算机网络未能达到一级的要求。对第七条，本台 2002 年至 2005 年播出中心数据库的配置满足一级的要求，但经过 3 年的使用，发现这样的配置也有不如意、不好用的方面，主要指自动倒换功能。同时，播出中心的播出软件在从数据库调完节目单后，对数据库再无任何依赖性。为此专程去总局安播指挥中心，同有关专家沟通交流，对第七条，总局专家认可了本台的配置，对第八条，总局专家提出了整改意见，本台也已按照专家的意见完成了整改。

播出系统的安全运行与否，并不仅局限上节各项配置是否达标。在 62 号令中，还有许多项的要求，如机房环境、维护器材、灾备与应急播出、播前管理、运维管理、技术管理、信息安全管理、人员管理等。播出系统设计安全理应涵盖以上的各个方面。可以认为，62 号令中的各项规定、要求是各电视机构在建设播总控系统中或日常安全播出运维工作中的最好指导。

12.3.4.3　播出系统电力等辅助系统安全

播出系统的供电配置方面，在 62 号令中也有明确的要求。数字电视大厦的播出中心的配电方式为：总共 4 台 160kVA 的 UPS，2 台 160kVA 的 UPS 并机构成主路供电，2 台 160kVA 的 UPS 并机构成备路供电。传输中心的配电方式为：总共两台 300kVA 的 UPS，构成主、备路供电。UPS 电池组后备时间满足设计负荷工作 60min 以上。两个中心在设备间和控制间分别有主、备配电柜。所有双电源设备，其两路供电分别取自主、备路电源；单电源设备，则主通路的设备接主路电源、备通路的设备接备路电源。监视大屏的供电取自专门的工艺变压器，非 UPS 供电。

在数字电视大厦的建设中，专门设计了工艺接地工程，通过公开招标，招进了一家专业公司，完成了整个数字大厦的工艺接地工程。工艺接地系统的完善，对电视工艺的各个环节都有着重要的作用。

12.4　互联互通全台网络核心设计

天津台于 2010 年初开始建设全台网及主干平台项目，全台制播网络系统涵盖了十多个子系统，全台网主干平台系统于 2011 年 2 月建成正式投入使用，如图 12-27、图 12-28 所示。

图 12-27　主干平台监控中心　　　　　　　图 12-28　网络中心机房

全台网系统将在未来相当长的一段时间内服务于天津台电视节目生产、播出等关键生产业务，是电视台的核心工艺系统。在生产工艺流程上，采用信息资源共享的"全台制播一体化网络技术"，建立以"数据交换主干平台"为核心的"全台网"的工艺流程。主干平台系统是实现全台网应用集成的核心，也是全台网开放性架构的基础，是各个功能系统板块之间数据交互的调度中心，流程控制的管理中心，是应用通信、集成与交互的中间平台，是全台网互联互通的技术支撑平台。

作为全台节目资源交换的核心，业务支撑平台的建设不同于单一业务系统的建设，平台系统在考虑高可用、高安全、可管理、易扩展等自身系统建设问题，为各个业务系统提供高效、有效、快捷、安全可靠的交换服务之外，还需要协调解决跨系统业务交互所涉及的各业务系统存储资源访问问题、各业务系统间服务接口调用规范问题。

12.4.1　平台的定义

通过建设主干平台，实现台内网的开放性架构，制订相关的规范，实现业务板块之间的开放松耦合互联。同时，总体工艺架构也是对主干平台与各个业务板块建设的总体指导，在具体的板块区域划分和部署方式上可以根据安全需要进行灵活的设计和实现。

主干平台的定位如下：

（1）开放性架构的基础，电视台生产业务板块和综合管理板块的支撑平台。

（2）跨业务板块数据交换的调度中心。

（3）跨业务板块流程控制的管理中心。

（4）主干平台是开放性架构中总线的具体实现。

基于平台的定位，主干平台的总体技术要求如下：

（1）提供各个业务板块的接入方式、业务交互方式以及数据交换方式。

（2）提供台内网多业务板块之间的业务整合功能（流程编排、执行与监控等）。

（3）提供支撑台内网运行的其他辅助功能（统一认证、网络监控等）。

12.4.2　需求说明

12.4.2.1　业务需求

从业务梳理和平台视角分析，平台的业务需求主要涉及平台与生产业务板块、综合管理方面的关系。

从宏观架构的角度来分析，平台与生产业务板块之间存在多个层面的关系，如图12-29所示。

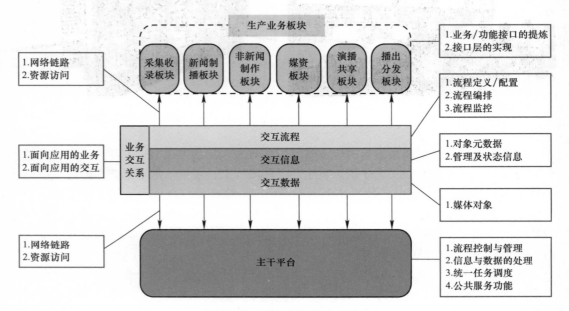

图 12-29　平台业务需求示意图

具体而言，平台与生产业务板块之间的关系包括如下一些层面：

1．业务交互关系

（1）业务交互关系实际上来自于各个业务板块之间的应用需求，而业务交互关系包含了交互流程、信息和数据。

（2）交互流程：涉及流程的定义、配置、编排与监控等控制管理。

（3）交互信息：包括对象元数据信息（例如：节目名称、人物、地点）。此外，交互信息还涉及管理状态信息（任务状态信息、用户与权限信息等）。

（4）交互数据：涉及媒体数据格式规范，媒体数据包括视音频数据的压缩格式及文件封装格式等，这些数据具有广电行业的业务应用特征，且已经有逐渐成熟的一些规范，适合采用相应的一些规范。

2．业务板块

（1）基于业务交互关系，提炼业务板块所需要的业务或功能接口。

（2）从技术实现角度出发，需要实现业务板块对应的接口层。

（3）主干平台。

（4）对跨板块业务交互流程的集中控制与管理。

（5）对跨板块业务交互信息和数据的处理，包括协议转换、格式转码、媒体分析等。

（6）对跨板块数据交换任务的统一调度和管理。

（7）对具有公共服务特性的功能引入平台，提供公共服务。

此外，主干平台与业务板块之间必要的链路和资源访问通路也是业务交互的基础，需要科学、合理、可控的打通。

12.4.2.2　技术需求

基于前面对业务需求的梳理和分析，从平台技术实现的角度出发，技术需求体现在接口、流程、任务、处理和交换等方面，如图 12-30 所示。

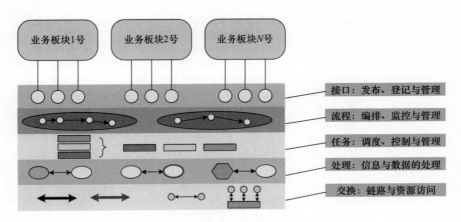

图 12-30　平台技术需求示意图

由此，平台的技术需求比较明确，具体需要解决如下问题：

（1）接口：针对各个业务板块的接口，需要有统一的发布、登记与管理

（2）流程：针对跨业务板块的流程，需要有集中的编排、监控与管理

（3）任务：针对跨业务板块的各种交互任务，需要有集中的调度、控制与管理

（4）处理：针对跨业务板块的信息和数据，需要有信息处理、数据处理方面的相关功能

（5）交换：解决平台与业务板块之间的链路和资源访问的通路

基于对主干平台至关重要性的理解，平台的建设需求不仅仅是业务需求和技术需求，还需要高度重视平台的管理需求。管理需求的内容主要包括如下几个方面：

（1）业务实施与联调：提供完整的业务实施规范，用以指导项目准备和建设期间，平台与业务板块建设者之间的沟通基础和共同遵循的规范。

（2）系统运行与管理：提供完整的运行维护管理机制，提供完整的网络监控管理手段，以规范有效的方式协助运管期间的具体工作，用以保障系统的正常运转。

12.4.3　设计要点

主干平台由基础支撑平台和业务支撑平台组成，基础支撑平台包括主干网络、核心设备，它为台内网提供软硬件基础运行环境，实现各生产板块在网络层的互联互通；业务支撑平台为电视台网各业务系统提供用户认证、服务注册、消息、报表、转码、迁移、智能

监控、数据交换、流程控制等公共服务，并实现全台业务系统的统一管理和互联互通。

通过此交换平台，以文件方式为主要交换手段，可以实现生产系统内部各子系统的网间节目数据交换、生产系统和台级业务功能模块之间的节目数据交换，以及内外网之间、台内外系统之间的业务数据交换，为日常节目生产提供高效的数据共享功能。

根据台网络管理部与集成公司长时间交流，业务支撑平台系统的设计要点如表12-2所示。

业务支撑平台系统设计要点 表 12-2

项目	设计要点	简要说明
主干平台的构成	包括基础网络平台、业务支撑平台、高安全区	
基础网络平台	以太网采用"万兆主干，千兆接入"的设计方案，以满足通过以太网进行在线编辑和元数据传输的需求。 FC网络目前主流是4Gbps的光纤通道，采用4Gbps站点接入的设计方案，以满足制播网络系统对FC网络的带宽要求在线存储采用FC光纤存储设备，近线存储设备采用FC光纤接口设备。 接入方式：在构建以太网和FC网络时，以高内聚，低耦合的"专网专用"的接入原则。原则上站点接入对应子系统以太网交换机或FC交换机/导向器；系统之间的数据交换通过以太网核心交换机和交换FC导向器完成。 以太网在结构设计上遵循三层网络架构，即将以太网按照不同逻辑功能分为核心层、汇聚层、接入层。FC交换机、导向器和路由器之间的链路均采用主备链路方式，提供可靠性保障	基础网络平台为制播网络系统提供基础的网络通信平台，它包括以太网和FC网
业务支撑平台	互联互通模型：采用总线模型来实现制播网络中各业务系统的互连互通，解决各业务系统间信息交互、资源共享。 互联互通标准： 软件通信接口标准：消息队列接口技术、WebService接口技术、组件接口技术等； 媒体数据格式：标清标准MPEG2、MPEG4、WMV9等视音频压缩格式。AVI、DV、MOV等视音频文件格式；高清初步规划MPEG2 100M I帧或DNXHD120M。 元数据交互标准：元数据交换标准将采用标准的XML格式 数据库部署：主干平台部署ORACLE RAC集群服务，同时配置3备数据库来应急	建设标准开放的平台，融合各种业务数据标准、各种通信协议标准、各种软件接口标准，引入灵活的分布式数据交换体系架构，支持集中统一调度和后台多功能处理中心，以健壮的平台来支持全台业务支撑与数据交换
高安全区	从办公网络系统角度看，高安全区域是其访问制播网络系统的桥梁。 从业务支撑平台角度看，高安全区域实现了业务支撑平台对外提供服务的功能，使业务支撑平台的功能得到了延伸。 从制播网络内各业务系统角度看，高安全区域是其建立对外连接、提供对外服务的门户，实现了各业务系统与制播网络以外系统的联系	全台生产业务系统和办公网系统的连接枢纽，也是生产业务系统唯一的外网出口，主要任务是病毒防护、安全出口、统一认证等

12.4.4 初步规划

12.4.4.1 系统结构

全台网络系统由如下几个功能板块组成：主干平台板块、新闻制播网络板块、非新闻综合制作板块、全台收录分发板块、广告上载及编辑板块、媒资板块、全台节目备播板块、总控播出业务板块以及其他新媒体业务板块等。大致分类如下：

（1）主干业务平台：包括基础支撑平台、业务支撑平台。

（2）生产业务系统：包括新闻制播系统（新闻部高清新闻网、都市频道新闻网、滨海文艺频道新闻网、体育频道新闻网、公共科教频道新闻网等综合新闻网）；非新闻制播系统（高清 APPLE 编辑网、高清 AVID 编辑网以及专业音频处理系统）。

（3）台级业务系统：包括全台媒资系统、全台节目备播系统、全台集中收录系统、全台广告系统。

由基础支撑平台和业务支撑平台为核心构成的主干平台系统位于整个全台网系统的中心，它是各子系统互联互通的基础，承载绝大部分业务交换数据。其他各个业务子系统都是具有可独立运行能力的网络系统，这些系统板块担负着网内节目采集、编辑制作、打包合成与播出分发的任务，板块之间进行着网间节目数据的传输、交换与共享的工作流程。

12.4.4.2 系统规模

天津台全台网络架构分为交换设备、服务器设备和存储设备三大类。以主干平台为例，详细清单如下：

交换设备包括 FC 导向器 1 台、FC 交换机 2 台、核心以太网交换机 2 台、平台内部以太网交换机 4 台。

服务器设备包括：核心数据库服务器 3 台、应用中间件服务器 2 台、消息中间件服务器 2 台、MDS 存储管理服务器 2 台、网络监控管理服务器 2 台、主干平台管理服务器 2 台、公共服务管理调度服务器 2 台、迁移服务器 12 台、统一认证 / 时钟校正服务器 2 台、数据网关服务器 2 台、防病毒服务器 2 台、WEB 服务器 2 台。网络管理工作站 2 台。

存储设备包括：在线磁盘阵列 1 套、数据库磁盘阵列 3 套。

12.4.4.3 基本功能设计

基本功能设计如表 12-3 所示。

1．认证与授权

在认证与授权的功能上，主要有以下几个方面：

具备跨操作系统、应用层和用户层的统一身份认证。

统一身份认证可与各业务系统权限结合，实现统一认证、分散授权。

具备强健的用户认证体系，认证技术本身具备强大的安全性。

2．业务系统的配置

在系统服务层面，业务系统配置是系统之间的互连互通基础，因为在制播网络系统中，存在不同业务的多个系统，并且在系统之间具有跨系统的业务关系。这就需要系统之间能够相互识别，互通业务信息。业务系统配置就是对这些信息进行登记注册，然后统一由中心交换服务平台分发给各业务系统，以实现之间的相互识别，为业务数据交换、跨系统的业务流程提供基础信息。

业务系统的配置就是解决服务的注册，这些服务可以是公共的、独立的服务，也可以是某个业务系统以服务的形式注册到中心交换服务平台中。在中心交换服务平台中，提供了服务管理中心，负责管理所有的注册服务。

3．公用服务

公用服务把各业务系统中共同需要的服务统一起来，作为中心交换服务平台的一个组成部分，面向所有的业务系统提供服务。在制播网络系统中，目前主要有以下几种公用服务，并且是可随制播网络系统业务的扩展而动态扩展。

业务支撑平台公共服务设计要点 表 12-3

服务类别	简要说明
调度服务	调度服务实际上是一个业务分发调度引擎。中心交换服务平台中其他公用服务，都是通过该分发调度引擎来实现对跨系统业务流程的集成
工作流引擎服务	工作流引擎服务针对制播网络系统内某种具体业务类提供流程支持服务，采用事件触发机制，为系统内需要工作流服务的应用程序或服务提供流程化的工作排序
消息服务	消息服务是中心交换服务平台的核心服务，同时也是系统之间服务调用手段之一。跨系统的任务分发调度与指令、元数据信息可以通过消息队列服务传送
迁移服务	主要负责解析迁移任务的源与目的，完成跨系统的资料迁移任务。可提供必要的配置管理和监控管理功能
网络时钟服务	提供网络时钟校正服务，使制播网络系统内的工作站、服务器系统时钟保持一致，并与全台时钟系统同步

12.4.4.4　整体流程

全台网络系统建成以后，将实现天津电视台全台节目生产"三无四化"的工作流程。全方面提高天津台节目制播的工作效率，真正实现全台各个业务部门的协同工作。整个流程包括了节目收录、新闻类节目制播、非新闻类节目制播、媒资归档、全台节目备播等业务子流程。借助主干平台流程管理功能，实现协同工作。全台网各个业务子系统内的流程和子网间的数据交互如下：

1．采集收录板块（见表 12-4）

采集收录板块设计要点 表 12-4

源板块	目标板块	业务场景
采集收录板块	各个板块	编单定向收录
	各个板块	远程固定回传
	综合制作板块	收录整理后推送制作域
	新闻网络板块	收录整理后推送新闻网

2．新闻网络板块（见表 12-5）

新闻网络板块设计要点　　　　　　　　表 12-5

源板块	目标板块	业务场景
新闻网络板块	采集收录板块	新闻编导收录约传
	采集收录板块	编文稿同时提交收录请求
	采集收录板块	记者检索收录系统下载
	播出分发板块	直播新闻业务
	媒资网络板块	新闻资源入库媒资系统业务
	媒资网络板块	新闻从媒资系统进行素材回调业务

3．综合制作板块（见表 12-6）

综合制作板块设计要点　　　　　　　　表 12-6

源板块	目标板块	业务场景
综合制作板块	采集收录板块	收录约传
	采集收录板块	检索收录系统下载
	媒资网络板块	制作从媒资系统回调素材
	媒资网络板块	制作域素材入库媒资系统业务
	播出分发板块	制作成品节目入库播出备播库业务

4．媒资网络板块（见表 12-7）

媒资网络板块设计要点　　　　　　　　表 12-7

源板块	目标板块	业务场景
媒资网络板块	新闻制播板块	调用媒资板块素材进行再编辑
	综合制作板块	调用媒资板块素材进行再编辑
	播出分发板块	成片节目直接播出

5．全台节目备播板块（见表 12-8）

全台节目备播板块设计要点　　　　　　　　表 12-8

源板块	目标板块	业务场景
全台节目备播板块	媒资网络板块	播后成片入库
	媒资网络板块	全台节目备播系统直接从媒资调片
	新闻网络板块	广告素材入新闻制作系统业务
	综合制作板块	广告素材进制作系统业务
	备播板块	广告入备播库

12.4.5　应用情况

全台网子网内的流程和系统板块间的交互是一个对流程要求非常高的业务过程，网络设计和建设过程中，采用基于"工作流引擎的技术"整合系统业务流程，经过近3年的运行，有力地满足天津台对采、编、播、传、存、管的需求，据2013年4月的统计：全月经过通过主干平台分发的卫星收录素材达9000余条，媒资系统进出岛素材达5700余条，经主干平台向全台备播系统推送5100余条节目。

12.5　新闻制播系统设计

天津电视台的新闻类节目制播网络系统主要涵盖新闻部高清新闻网、都市频道新闻网、滨海频道新闻网、公共频道新闻网和体育频道新闻网。各网均采用数据化、网络化节目制播手段，实现包括素材采集、编辑制作、新闻文稿、新闻播出、节目归档等多项新闻业务。

本书仅以天津台高清新闻制播网为样例进行介绍，天津台高清新闻网是为满足天津卫视频道高清新闻开播的需求，在2010年7月建成投入使用的，该网主要完成天津台新闻部最重要的几档高清时政新闻类节目制播需求而设计，以数字化、网络化、信息化、智能化为基本技术思路，以完整的网络化高标清兼容编辑流程为基本实现要求，构建技术先进、功能完善、性能稳定的天津电视台高标清兼容新闻节目制播网技术平台，为天津电视台的高清新闻制播提供更加高效、灵活、便捷的方式。

12.5.1　系统设计需求说明

该系统在系统搭建前，经过天津台网络管理部、使用部门配合系统集成公司进行了较长时间的新闻流程和工作需求调研，形成需求说明如表12-9所示。

新闻部高清新闻网需求表　　　　　　　　　　　表 12-9

项目	需求说明
采集	1. 收录信号集中管理。 2. 异地回传节目自动入库。 3. 播出节目自动入库（先入库到新闻部的素材资源管理系统，后迁移到全台媒资系统）
编辑	1. 文稿编辑。 2. 可设定的多级审核。 3. WEB文稿方式。 4. 高标清视频混合编辑
演播	网络化的播出系统，多点位播控
管理	ENG设备等及其他资料管理的管理系统
其他	1. 新闻素材资源管理系统：新闻部小环境下的媒资系统，主要存储与新闻相关的素材资料等。 2. 与第三方厂家的互联互通：与字幕机，提词器，在线包装等相关设备的协议连接。 3. 与全台媒资的接口：可访问全台媒资系统，检索下载所需资料，也可向全台媒资系统进行新闻素材归档

12.5.2　系统设计要点

新闻部高清新闻网由新闻文稿子系统、新闻节目制作子系统、新闻演播子系统组成。新闻文稿子系统负责新闻文稿、串联单的撰写、审查等方面的工作，新闻节目制作子系统完成新闻节目的编辑制作，新闻演播子系统负责新闻节目的演播室播出与录制。

设计要点如表 12-10 所示。

卫视频道新闻网设计要点　　　　　　　　　　　　　　　　表 12-10

项目	设计要点
网络化的工作模式	1. 高清新闻网在编辑制作方面将采用网络化、数据化的工作模式。 2. 可与全台网互联，实现资料归档、资料调用、新闻节目送播、节目/素材收录等跨系统业务的网络化
新闻演播	1. 采用制播一体化的设计思想，实现新闻演播子系统与新闻节目制作子系统的有机结合，可满足新闻节目直播、录制的要求。 2. 在硬件方面，新闻演播与新闻节目制作共用以太网与 FC 交换设备、数据库设备、存储设备等，由新闻节目制播网络系统统一管理。 3. 在应用方面，由于采用了制播一体化设计。新闻演播与新闻制作之间的数据交换，属于系统内部交换，避免了跨系统数据交换的复杂性
新闻文稿	1. 新闻文稿系统采用文稿与视频结合的方式，在满足新闻文稿处理流程的基础上，提供简洁方便，功能灵活的文稿业务运行平台。 2. 利用文稿系统流程化的控制主线，实现了从新闻线索——→ 选题——→ 报题——→ 写稿——→ 串联单的流程化管理。 3. 串联单可用于新闻演播室播出编单及播出控制结合。 4. 文稿可服务于配音、字幕、提词器等。 5. 文稿系统可与新闻制作系统、演播系统实现无缝的结合，通过嵌入式软件接口的方式，实现文稿、节目等信息的统一管理和应用
新闻快速编辑	1. 确保最高的新闻节目制作效率和播出效率。 2. 边采边编功能：在收录的同时，（延后 10 秒左右）即可对收录素材进行编辑。 3. 边迁移边播出：待播节目在迁移的过程中即可进行播出

12.5.3　系统初步设计规划

12.5.3.1　业务需求

新闻部高清新闻网网络架构设计是建立在基本的双网机构基础上，结合先进的存储管理软件、编辑技术，采用"柔性网络架构"建立基础网络，使系统中各种编辑站点的接入更为灵活。系统设计中，网内主要使用的设备如上下载工作站、收录服务器、审片工作站、精编工作站、打包和合成服务器等均采用双网接入，其他站点与服务器采用单网接入。另外，系统设计中的编辑工作站，采用了"第二代 CPU+GPU+I/O 板卡架构"，所有的编辑站点全部可以采用高码率进行节目编辑。新闻网拓扑如图 12-31 所示。

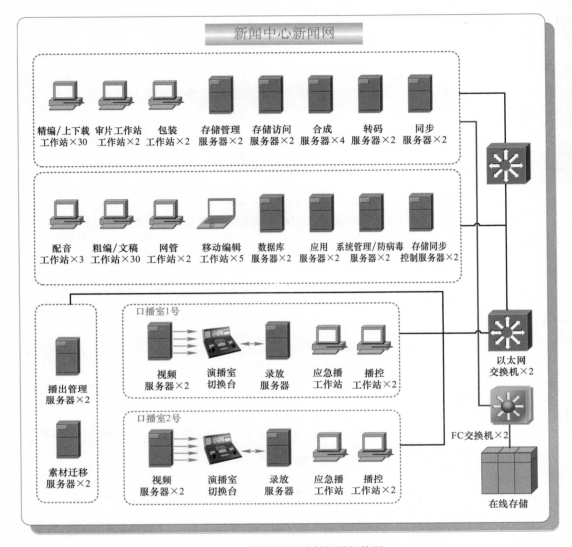

图 12-31　新闻部高清新闻网拓扑图

12.5.3.2　设计依据

根据技术交流和业务需求的分析结果，分析精编 / 上下载工作站节目日产量、粗编 / 文稿工作站节目日产量、卫视频道新闻节目制作的平均视频层数等技术参数。汇总卫视频道新闻节目制播网络系统规模设计依据见图 12-32。

12.5.3.3　设备数量

在对新闻制播网络系统的设备数量设计之前，首先对系统中合成服务器、转码服务器、迁移服务器等 3 种与新闻演播业务密切相关的设备以及数据库设备予以分析说明。

1. 合成服务器

按照新闻节目首播量 3h，考虑这些节目都在演播室播出的情况，即每天有 3h 的新闻节目需要合成。参照新闻节目的合成效率为 1∶1，那么，每天的节目合成量是 3h。另外，考虑新闻节目的集中性和系统安全性，我们配置了 2 台合成服务器。

新闻节目制播网络系统相关的设计依据		
设计点	设计值	备注
精编/上下载工作站数量（台）	40	
粗编/文稿工作站数量（台）	50	
精编/上下载工作站节目日产量（min）	10	
粗编/文稿工作站日产量（min）	2	
新闻节目制作高码率视频格式（Mbps）	100.00	高清MPEG2 I帧 100Mbps
新闻节目制作高码率音频格式（Mbps）	1.54	PCM、48kHz、16bit、立体声
新闻节目制作低码率视频格式（Mbps）	0.80	MPEG4 800kbps
新闻节目制作低码率音频格式（Mbps）	0.51	PCM、16kHz、16bit、立体声
新闻节目播出格式（Mbps）	50.00	高清MPEG2 IBP帧 50Mbps
新闻制作格式版素材/节目占用存储空间（GB/h）	46.28	包括高低码率视音频
新闻播出格式版节目占用存储空间（GB/h）	22.50	包括视音频
新闻节目的成片比	8	
新闻节目制作的平均视音频流数量（层）	2	
新闻节目/素材的在线存储周期（d）	20	
新闻演播室数量（个）	3	
每日新闻节目首播时长（h）	3	根据工作站数量与日产量计算

图 12-32　新闻节目制播网络系统设计依据汇总表

2．迁移服务器

按照新闻节目首播量 3h，考虑这些节目都在演播室播出的情况，即每天有 3h 的新闻节目需要迁移。按照 100Mbps 播出格式估算，估算每天有 150GB 的节目需要迁移。另外，考虑新闻节目的集中性，按照迁移服务器到视频服务器的迁移效率 60MB/s 估算，考虑系统安全性我们共配置 2 台即可完成迁移。

3．数据库服务器

数据库服务器是整个新闻节目制播网络系统的核心设备，为系统中各种工作站、服务器提供数据库访问服务。

在本设计中，在业务支撑平台的核心数据中已经考虑了新闻节目制播网络系统的数据系统部署。在新闻节目制播网络系统内部，处于安全性以及满足部分特殊应用的考虑，配置 2 台数据库服务器，建立数据库集群，再配置 1 台用于数据库的冷备。共配置 3 台数据库服务器，并可根据系统规模，增加或调配数据库服务器数量。

按照新闻节目制播网络系统的业务功能、工作流程、规模设计依据以及以上设备数量分析。对其设备数量做如下规划：

天津台高清新闻网配置主备 FC 存储 2 台，双存储安全组件 1 套，新闻媒资存储 1 台，2 台包装工作站，25 台高清精编工作站，40 台粗编工作站（具有文稿功能），6 台纯文稿工作站，10 台笔记本非编工作站（远端回传），3 台配音工作站，4 台审片工作站，2 台演播室播出工作站，3 台播出控制工作站，3 台视频播出服务器，2 台延时播服务器，2 台回采服务器，2 台数据库服务器，2 台应用服务器，2 台 MDC 服务器，4 台合成打包服务器，2 个网络监控及数据防病毒上载工作站，ENG 设备管理工作站 1 台，FC 交换机 3 台，以太交换机 5 台。

12.5.3.4 系统基本功能

天津台高清新闻网络系统建立在数字存储技术及网络技术上，是一个集节目收录、编辑制作、文稿、审片、配音、播出的完整系统，具体具备以下几方面的功能。

1．收录功能

支持回录演播室直播信号。

素材上下载功能：能够满足天津电视台现使用的不同格式的电视节目的上、下载要求，要求非编对录像机的控制要精确到帧。

非线性编辑功能：能够实现节目制作的实时非线性编辑，支持多格式混编。每台工作站具有三维特技编辑功能，至少支持 4 路 100M 高清视频信号进行实时编辑。

2．新闻文稿功能

完善的查询功能，用户很便捷地查询到新闻线索、选题、文稿、串联单，查询方式除了可按照传统的标题、关键字、日期查询，而且可以通过人员所属部门、栏目、录入日期和预播日期等进行查询，而且建立了内容查询和全文检索功能。

优良的安全机制，文稿、选题、串联单可分为全网公开，全台公开、组内公开、选择性公开和机密。

3．审片功能

在网上实现审片功能，一旦责任编辑完成节目串联单后，即可提交审片主任审片，在审片终端可以全局地审看所有节目内容，能实现非线性审片，可以按任意顺序审看任意的节目而无需等待和准备。

4．网络管理功能

系统基本信息设置，以保证整个系统的正常进行。对制作网络涉及的栏目进行设置。对部门、栏目用户进行新增、修改操作。对用户的使用权限进行设置：按用户个人或按职务统一分配调整。制定权限模板，确定用户对本组和其他组的使用权限。提供栏目、用户的空间设置，提供空间校准、统计等。

5．播出功能

在网上具有相对独立的本地播出功能，通过播出控制器能实现对已审查通过的条目进行串联单编排和修改，并关联对应的音视频节目，以适应天津电视台演播室直播要求。引入第三备播出服务器系统，加强新闻直播安全。

12.5.3.5 系统主要业务流程

高清新闻网络系统根据天津电视台新闻制作的实际需要，要提供了以下新闻制播流程

1．节目收录流程

卫星节目是最广泛、最便捷的素材来源，特别是有关本地以外的新闻。

流程说明（见图 12-33）：

（1）在收录终端上填写收录请求，添加收录任务；

（2）全台收录系统对收到的收录任务进行调度；

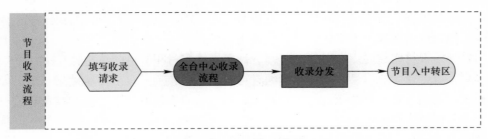

图 12-33　节目收录流程图

（3）收录系统根据收录任务进行节目的采集；

（4）收录系统对收录下来的节目进行分发，把数据写入存储中转区中，收录任务完成。

2．远程传输流程

远程传输流程主要针对记者外出采集素材及时回传的应用场景。此外，该流程不仅适应记者和电视台之间的相互操作，同样也适应电视台中心和外地分站的相互操作。

流程说明（见图 12-34）：

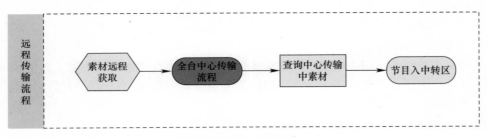

图 12-34　远程传输流程图

（1）记者接到采访任务外出采访拍摄，采集素材，回传素材到全台远程回传系统。

（2）记者登陆远程回传系统，查询该平台内回传的素材，将素材下载到新闻网内。

（3）传回的素材写入存储中转区中，远程传输完成。

3．节目制作流程

流程说明（见图 12-35）：

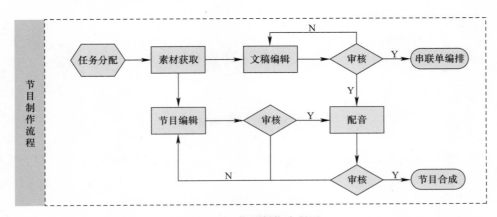

图 12-35　节目制作流程图

（1）新闻流程从线索录入开始。确定线索，形成选题后，记者被分配到任务。

（2）记者接到任务出去采访，拍摄，采集素材。

（3）外拍素材完成后，记者针对选题进行文稿的撰写和节目的编辑。

（4）文稿编辑完成以后，发送给责编进行审核。审核通过以后可继续下一步，如果初审未通过，责编可直接对文稿进行编辑修改，系统可对责编的修改意见和修改轨迹一并返回给记者，修改直到通过。

（5）准备素材，记者在编辑工作站上进行编辑。素材来源可以是外出采拍、卫星收录和来自媒资库的存档素材。节目编辑完成以后，发送给责编进行审核。审核通过以后可继续下一步，如果审核未通过，责编可直接对节目进行编辑修改，系统可对责编的修改意见和修改轨迹一并返回给记者，修改直到通过。

（6）在文稿审核通过后就可以编写串联单了。

（7）节目编辑和文稿编辑通过后送配音间进行配音。

（8）配音完成后，发送主编进行审核。审核通过以后可继续下一步，如果审核未通过，主编可直接对节目进行编辑修改，系统可对责编的修改意见和修改轨迹一并返回给记者，修改直到通过。

（9）主编审核通过后进行节目合成。完成后送演播室进行播出。

4．演播室播出流程

演播室子系统是专门为电视台演播室提供的网络化节目播出解决方案。该系统可以提供新闻节目、访谈类节目等播出，更可以提供紧急事件应急播出以及延时播出等服务。同时，演播系统与节目制作子系统无缝连接，真正实现了新闻节目制播的网络化、数字化与流程化。

演播室的工作流程（见图12-36）：

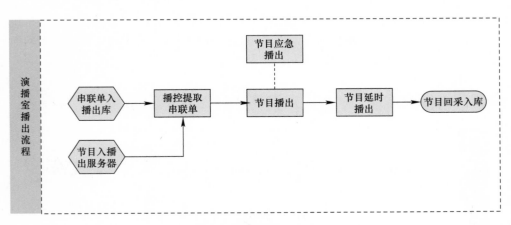

图12-36　演播室播出流程图

（1）演播室系统在接收到审片通过的消息以后，根据合成服务器发送的消息，把节目信息存入本地数据库。

（2）节目合成完成以后，播出服务器拷贝成品节目至本地硬盘。

（3）播控工作站根据系统串联单，控制播出服务器播出。

（4）若播出服务器出现问题，应急播出服务器及时把节目播出。

（5）节目播出过程中，对于演播室的播出信号，将回采到回采服务器，并通过迁移服务器，迁移到在线存储。

12.5.4　应用情况

天津台卫视频道通过该系统的建设，完全实现了高标清同播，高清新闻制播系统是其主要的新闻节目制作播出平台。该系统包括了高清新闻采集、编辑、播出几大部分，具有较多的创新性，采用双 FC 高性能存储的双网架构、基于 BS 架构的业务管理平台，实现了全流程化的高标清同播，实现了与其他异构制作平台的资源互通，实现了快速的素材预发布，有力地支撑了天津台每天的高清新闻直播和部分高清专题节目制播工作。

12.6　后期制作系统设计

12.6.1　Avid 高清后期制作网

12.6.1.1　建设背景

结合天津电视台全台业务生产数字化、网络化架构，建设一个以数字化、网络化、高清化为基础的生产业务处理平台，实现包括素材上下载、编辑制作、在线存储、归档迁移、素材交换等业务，并且提供实用的工作流程监控和管理模式，以提高节目后期制作的水平和效率。本网络系统可提供多层视频实时编辑、完成较复杂的特技制作，主要制作对象是综艺类节目、特别节目、假日型特别节目或来自大中型演播室、集中收录系统等信源需要精细编辑的节目，以及涉及大量复杂特技制作的大型专题节目。

12.6.1.2　系统总体设计

1．系统总体需求

高清后期制作网络规模为 20 个站点，全部采用高清码率直接编辑方式，为满足后期制作需求，保障视频质量，要求系统在 120Mb/s 设计的基础上，部分站点可以满足185Mb/s 以及 1：1 无压缩编辑需求。

为符合我台节目生产管理统一调度，在建设高清后期制作系统基础上，构建高清节目制作生产管理系统，从而使原来的纯后期制作功能提升至流程化管理功能，并与台里中心的媒资系统、全台备播系统、主干网的公共交换区（与其他制作岛系统进行互联互通）、总编室备播系统、集中收录系统、全台监控系统进行互联互通，实现包括元数据及节目成品文件的交互，实现生产制作的流程化管理目标。

2．总体设计要求

本系统的总体设计要求如下：

（1）全程网络化、数据化的节目生产制作模式。

（2）与我台其他网络业务系统的完全贯通。

（3）稳定、高效、高性能，成熟、安全、先进。

（4）操作方便简化、可用、实用、可扩展。

（5）系统安全、流程安全、管理安全。

3．总体设计原则

考虑到网络化高清节目生产业务，本系统要求具有极高的安全稳定性，对于设备的选型而言，首位的是高质量及高可靠性，其次是性价比。这也是整个系统设计最基本的要求，针对此次新建系统的主要设计原则如下：

（1）可靠性：系统具备稳定的、成熟的先进技术，对各种可能出现的情况作出响应的保护设计以及热备份设计。

（2）扩展性：在网络基本结构不变、现有设备基本无需更换的情况下具备大规模的存储扩容和高清站点升级扩展能力。

（3）高性能：系统提供的软硬件设备配置应能够满足用户节目制作需要。

（4）系统的开放性和兼容性：应用软件具有开放性，提供开放的应用接口，可以方便地与其他厂商的应用系统进行数据交换、互联互通、应用集成。

（5）完整性：系统提供可靠的安全保密措施和有效的病毒防护措施，确保整个系统的安全运行。

4．系统拓扑设计

本系统为全高清的节目后期非编制作网络系统，功能涵盖集中上下载、节目粗编、精编、配音、包装（含音频包装）、审片（含技审）以及与台内其他业务子系统的媒体数据交互、媒体资产管理等，并体现资源共享、网络化协同制作的突出特性。非编制作网络系统架构如图 12-37 所示

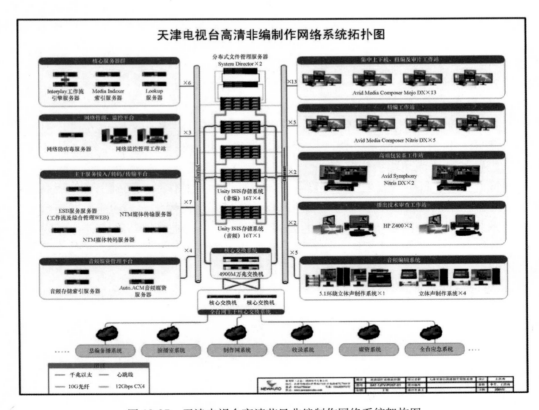

图 12-37　天津电视台高清节目非编制作网络系统架构图

系统共计配置 20 套高清编辑站点，主要采用 Avid 产品技术，其中粗编工作站 13 台（Avid Media Composer Mojo DX），精编工作站 5 台（Avid Media Composer Nitris DX），包装工作站 2 套（Avid Symphony Nitris DX）。规划网络设计存储容量达 80TB，1：1 镜像（备份）后实际业务应用容量为 40TB；系统可提供高达 2GB 的网络数据存取带宽，可完全满足我台高清节目状态下（视频编码格式为 DNxHD 120Mbps 及 DNxHD 185Mbps）的节目生产制作需要。

此外，本系统还包含音频制作部分。音频部分包含有 5 个音频工作站，与视频制作部分共享 ISIS 核心存储。音频工作站具备实时的、对编辑好的时间线进行配音的功能，并具备音频制作能力。配音通过编辑工作站直接录制到时间线上，形成数据文件存储到中央存储系统中，无论哪个工作站点需要，都可以直接从 ISIS 存储中调用已录制好的解说，完成节目声音的合成。音频制作还可以通过视频站点与音频工作站的同步，完成音频制作直接在时间线上完成。台内其他业务网络子系统的音频制作则通过主干平台，把参考画面与音频一起传到本系统完成音频制作。

5．总体业务流程

总体业务流程如图 12-38 所示。为了适应我台数字大厦的网络化节目制作环境，为大规模节目制作引入规范的流程，其主要体现在：

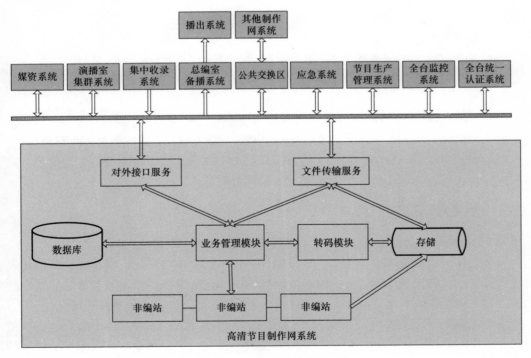

图 12-38　高清节目制作系统

（1）可管理性

可管理性包括两个方面，一是应用新流程后，可实现对节目制作各工种的进程调整、任务分配和状态监控。二是随着流程的应用，最终会根据节目制作类型的不同，汇集出不同的流程模板，每套模板代表着该类型节目的最优流程。

（2）可操作性

高可操作性意味着流程中节点最少、路径最短，从而确保节目的制作质量，减少了资源配置，最终实现高效高产。流程中个别节点可跳跃，具体业务可跨节点实现。

（3）安全性

新流程的应用不能以牺牲系统安全性为代价，反而必须更加强调系统的高可用程度。

系统层面强调的是数据流的节点最少，避免节目文件的多次复制甚至是打包合成，最大程度的保证文件的原始质量，实现的办法是采用高性能共享存储体。只有在成片审查和入库时，才会产生实体文件的迁移。

为了管理高清制作网内的多个制作进程，必须部署一套强有力的工作流引擎。工作流引擎将任务分发给各工位后，随时监控各工位上报的线程进度，并参照事先制定的流程模板，对线程进度做出判断，对进度过慢的线程做出警示。

12.6.1.3　关键技术创新应用

本系统的主要关键技术创新包括：

（1）非线性编辑制作协同工作环境技术 Avid Interplay；

（2）智能可扩展分布式文件管理系统 Avid Unity ISIS 2.0；

（3）存储带宽分配与访问管理技术；

（4）存储系统之间的同步镜像技术；

（5）媒体内容索引及高效检索技术；

（6）多格式同一时间线混合实时编辑；

（7）全流程字幕与视音频分离；

（8）外置非线性数字加速器技术；

（9）支持 XDCAM HD、P2 HD 及 DNxHD 等原始高标清格式。

在总体解决方案的基础上，对系统与全台网的互联互通、应用集成架构进行概要设计，并采用面向服务架构（SOA）和基于双总线（ESB、EMB）技术对系统与全台网的互联互通、应用集成进行详细设计，并制定了有关的接口规范。

12.6.2　苹果高清后期制作网

12.6.2.1　系统建设背景

随着天津数字电视大厦的落成，节目制作与播出的全面数字化、网络化、高清化成为天津电视台今后的发展方向。而在高速发展的同时，现有节目制作设备紧张的问题也凸显出来。为了解决并改善这一状况，天津电视台于 2009 年底启动了此项目的建设。

苹果非编制作网主要针对后期制作的需求，整个网络的规模为 20 个站点，在尽量复用现有设备的基础上完成网络部署。系统的建设不仅要满足高质量、高效率、低风险的需求，同时满足对现有节目的数字化整理、存储、管理功能。

12.6.2.2　系统策划及设计

苹果高清非编制作网共 20 台精编站点，网络系统存储盘阵共 12 台，通过 3 组 Vimirror 完成 1：1 的镜像备份，任何一个卷出现问题时，都不会导致节目、素材丢失。针对我台的实际应用需求，系统结合全台节目生产管理系统和台内的审片需求进行定制化流程设计。中央存储选用苹果 ProMise 盘阵，网络架桥选用 XSAN 网络软件，物理连接选用主流 4GB 光纤网和千兆以太网相结合的方式。并充分考虑到我台高清制作系统的未来可扩展性。

媒体交换服务器应用在全台网架构下，用于高清后期制作系统的节目素材与台内系统之间的节目交换。系统提供标准的 WebServer 消息接口、FTP 传输通道、总编室备播直连传输通道。

系统管理平台由主 / 备数据库服务器、主 / 备 MDC 服务器、LADP 域名服务器、苹果管理软件和北京捷成世纪公司的 JDVN 网络系统管理软件等几部分组成。系统管理平台提供完善的服务器、剪辑站点、网络账号、网络访问权限、XSAN 网络、网络带宽、网络日志、网络监控、网络资源和节目素材等完善的管理功能。

12.6.2.3　网络结构及系统特点

天津电视台苹果非编制作网络结构如图 12-39 所示。

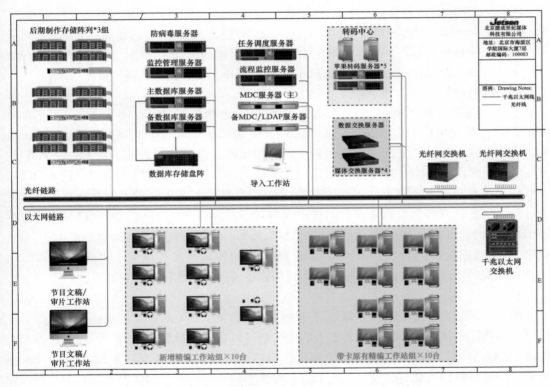

图 12-39　天津电视台苹果非编制作网络结构图

按照整个制作系统的功能特点，将整个网络系统划分为以下几个子系统：网络平台、后期高清非编系统和网络管理子系统等。

1．网络架构

制作网络采用 FC + Ethernet 双网架构，中央存储、光纤交换机作为本网络的基础架构，整个节目制作系统通过网络进行节目成品和素材的交换，支持高标清制作工作站在本网络上进行高码流、多数据并发实时工作。整个网络配备大容量高带宽中央存储器，用于满足实际高清节目制作需要，同时对网络中盘阵采用 Raid 保护机制，以保障用户重要数据的安全。交换机选用 4Gbps 以上的光纤交换机作为网络的核心交换设备，确保每一端口上的工作站可以独享传输带宽，避免造成网络核心数据在交换部分的数据堵塞。网络系统包括的设备有：FC 磁盘阵列、MDC 服务器、数据库服务器、FC 交换机和以太网交换机等。

2．网络存储

由于高清节目制作需要一定的时间周期和审片周期，并且素材和成片的比例有一定的弹性，同时在制作的过程中会生成新的节目片段，因此，提供足够容量的存储空间至关重要。每台苹果 4GB 盘阵可以提供 16TB 的存储容量，系统中共配备 12 个盘阵的主柜，共分为 3 组通过 Vimirror 完成 1：1 的中央存储阵列的镜像，能提供总容量为 192TB，实际容量为 96TB 的存储空间。考虑到存储空间的冗余安全，存储盘阵使用 Raid5 热备方式，单个磁盘阵列的实际可用存储容量按照实际容量的 80％计算，实际有效存储容量可达到 76.8TB 左右，满足高清存储的要求。节目制作选用 Prores422 120Mb 码流编辑和无压缩编辑，总共需要 1.456GB 左右的带宽。此外，后台的数据迁移、转码、打包和网间数据交换等业务还要消耗一定的带宽。网络系统配备 12 个 4GB 高速盘阵分成 3 组，完成 1：1 镜像后，每组可输出 500Mb 的高带宽，可输出总带宽为 1.5GB 左右，满足了高清带宽要求。

3．网络管理

基础网络平台采用 Apple 公司的 XSAN 作为 SAN 网络的共享存储管理软件。后期高清制作管理系统集成的 Vmeter SQM（SAN QOS Manager for Apple SANs）产品与 Apple XSAN 软件紧密集成，共同完成网络带宽的管理工作，作为资源管理子系统的一个模块，分配节目工作区时，同时为节目分配相应的带宽。Xsan 是为 Mac OS X 所设计的 64-bit 存储系统，可在高速 Fibre Channel 网络上共享每个卷高达 2PB 容量的空间。在存储区域往来（SAN）上，可容许无数量限制的客户端同时读写共享存储空间，利用 SAN 可将许多 RAID 设备的资料放在一起，以达到更好的效率，而每一个用户端都会利用这份集中的资料，就好像在本地直接存取该资料一样。Xsan 客户端的传输速度在理论上可达到 500Mbps，适合需要快速存取资料、确保每一个工作站都能达到最大传输量的视频网络。

4．用户管理

用户管理使用基于 LDAP 权限认证体系的统一方式。LDAP 方式的认证体系可以方便地与上层系统连接或同步数据，其最大的优势是可以在任何计算机平台上，用数目不断增加的 LDAP 的客户端程序访问 LDAP 目录。LDAP 允许用户根据需要使 ACL 或者访问控制列表控制对数据读和写的权限。在 LDAP 服务器记录用户信息的情况下，在中心数据库中也记录了用户的角色信息，在为用户分配账户并授权后，LDAP 服务器中生成对应的用户账号以及信息，保证中心数据库中有该用户的资料信息。登录各个子系统都是用相同的账号，免去了用户需要记录不同子系统的账号密码的麻烦，大大方便了用户的使用。另一方面，统一的权限可以避免误删情况的发生。

5．特色软件

天津电视台苹果非编制作网中，使用了苹果非编剪辑软件 Final Cut Studio 软件套装作为高标清节目制作软件，Final Cut Studio 软件套装包括 Final Cut pro 7、音频软件

Soundtrack Pro 3、动态图形软件 Motion 4、DVD 刻录软件 DVD Studio Pro 4、字幕软件 Livetype、调色软件 Color1.5 和格式转换软件 Compressor 3.5 等业界顶尖的软件系统，从快速剪辑过渡到动画制作、音频编辑及混音、颜色分级以及作品交付，形成一整套自然、完整的业务流程。

12.6.2.4 网络管理及系统流程

整个系统主要由苹果编辑制作子系统和 JDVN 媒体管理子系统组成。苹果编辑制作子系统完成系统内的节目编辑、包装、浏览、特技合成、配音、字幕制作等工作；JDVN 媒体管理子系统则完成系统内的生产流程管理、用户管理、权限管理、素材管理、存储管理、资源管理、日志管理等工作。两者紧密配合，协同工作，形成一个一体化的编辑制作网络系统。

在该网络的流程管理中，将工作流的制定延伸至节目脚本，通过节目脚本产生节目生产计划，再从节目生产计划制定合适的工作流。

当编导将节目脚本编写完成，后期制作系统管理员根据节目代码提供的节目生产所需相关资源信息制定节目生产计划，节目生产计划可能适用于多个节目制作或多类节目形态的制作，也有可能只适用于一个节目类型制作，管理系统根据一类节目制作的频繁度进行筛选，最终沉淀出多个节目生产计划模板。节目生产计划模板的沉淀，提高了节目生产计划的设定效率，简化了管理流程，保障了流程管理的安全性。

12.6.2.5 系统安全设计

作为天津电视台重要的节目生产中心之一，系统的安全与稳定至关重要。苹果非编工作站由于采用的是基于 UNIX 核心的 MAC 操作系统，大大降低了病毒的侵害。同时工作站完全基于工业化结构的设计，内部通风散热良好，主要部件均采用冗余方式设计，在技术上最大程度保证了整个制作网络的整体安全。其次是服务器的高可用设计，由于存储共享软件为 APPLE XSAN，即苹果平台的 Stornext，采用 StorNext FX 为基础，包含 Failover 功能，两台或两台以上的 MDC 服务器可以任意切换。

最后，除了从工作站、服务器、网络存储层面对系统的安全进行了详细的设计外，我们还考虑了几种系统极端恶劣情况的应急处理，在光纤交换机全部故障时，磁盘阵列的光纤跳线可手动跳转到 MDC 服务器的光纤通道卡上，系统从 FC SAN 网络临时转变为 NAS 存储结构进行共享编辑，编辑工作站可同时通过 MDC 服务器充当文件服务器，以 NFS 或 SAMBA 的方式依然可以读写盘阵；当主备 MDC 服务器全部故障时，磁盘阵列的光纤跳线可手动跳转到其他服务器的光纤通道卡上，系统从 FC SAN 网络临时转变为 NAS 存储结构进行共享编辑，编辑工作站可同时通过其他服务器充当文件服务器，以 NFS 或 SAMBA 的方式依然可以读写盘阵。

12.7 媒资管理及收录系统设计

12.7.1 天津台全台媒资系统设计

天津电视台始建于 1960 年，至今已有五十多年的发展历史。经过几代电视人的艰苦努力，天津电视台目前已拥有 10 余万盒的音像节目和素材资料，这是最为宝贵的财富，是天津台在未来日益激烈的市场竞争中得以持续发展的坚实基础。随着数字电视的发展和观众对电视节目的需求，天津电视台播出频道逐年增加，制作节目的数量也在加大，每天的自制节目在 100h 以上，节目再利用也越来越频繁。总编室资料库每天磁带入库量平均 30 盘，借阅归还在 160 盘以上，以 2004 年为例，全年磁带发放量 14573 盘，入库量 13344 盘。这些数字表明，天津台的信息交换量巨大。在目前的磁带管理方式下，查找一段所需的节目素材，需借阅几盘甚至几十盘磁带，可能需要几个小时甚至几天的时间去查找。这些落后的节目检索、存储、传输、生产方式已严重阻碍了天津台事业的发展。

构建全台媒体资产管理系统是天津台全台网建设的重要组成部分。该项目的基本目标是建设一个先进的、可扩充、可升级、全开放、稳定可靠的数字化媒体资产管理系统。通过该系统对目前所存的传统磁带节目逐步实现数字化存储、编目，可通过主干平台向全台媒资系统进行网络归档，各子系统也可对媒资内容进行检索、浏览和权限管理下的下载，在媒资系统存储的播后节目也可通过网络直接下载送播到全台备播系统。

12.7.1.1 系统总体设计

媒资系统由以下几个子系统组成：上载节目的预处理、上、下载系统、审核整理系统、编目系统、检索系统、磁带库管理系统、转码中心、数据的交换和用户管理、存储管理系统、迁移系统等组成。媒资管理系统的数据流程如图 12-40 所示。媒资系统中心机房和数据流带库如图 12-41、图 12-42 所示。

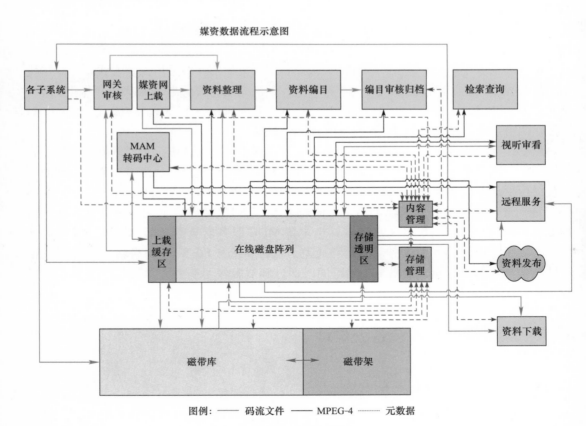

图 12-40 媒资数据流程示意图

图 12-41　媒资系统中心机房　　　　　　图 12-42　数据流带库

1．存储系统

中心媒资系统是台里的全台核心媒资资料存储中心，为全台生产网提供检索和资料提供服务的。它是由在线、近线、离线等多级存储体系组成的。

2．数据交换模块

数据平台是一个高速的以太网＋光纤网数据交换网络，它是连接其他各系统的桥梁与纽带。各系统通过主干平台中的企业服务总线和企业媒体总线进行数据交换，完成所属各系统的素材的调度和检索查询。所交换的数据包括媒资素材、元数据、图片、流媒体以及协议命令等。

3．检索模块

可以通过中心媒资的检索页面查询，并通过主干平台将再利用素材或再播出素材迁到所需生产网系统存储中。

4．编目模块

按照《国家广播电视音像资料编目规范》对节目／素材的内容层次属性做详细描述，使其符合资料长期保存、再利用和交换的要求。编目过程中可配置不同权限用户实现不同编目层次的编目控制，还可进行多次审查以控制编目质量。通过编目审查的元数据可作为全文检索数据库的基础数据。

要求提供开放的接口，供其他系统调用媒资系统内容查询服务

5．存储管理模块

系统中相关媒资系统我们采用多级存储管理，相应存储体之间的数据迁移、安全保护、控制调度、协调管理等功能都是采用最新的 MARS 存储管理软件来实现。

12.7.1.2　系统架构设计

天津台媒体资产管理系统的物理架构采用适于视频编辑性能的 SAN 网络架构设计而成。网络基础平台的设计我们采用了标准双网结构（光纤网络＋以太网络）。系统架构设计如图 12-43 所示。

系统以 FC 网为主，以太网为辅，其中 FC 网传输广播级视音频数据流，高压缩比素材、以太网则负责传输低码流素材，素材信息、网络控制信息以及网络的数据传输。

1．光纤存储平台子系统设计

存储网络是媒资系统的核心。整个存储系统划分为在线、近线与离线三个存储区。存

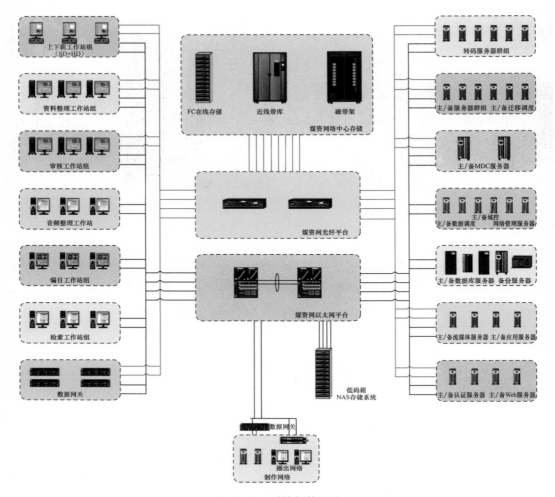

图 12-43　系统架构设计

储区由存储管理系统统一调度，共同完成数据对象的存储、交换和维护任务。采用多格式混存方式存储。在光纤通道网络部分，构建了一个采用 4Gb 主干的光纤网络系统。

因此天津媒资系统光纤存储网络具有以下特点：

存储网络采用多级存储的结构，并具有海量存储能力。

在线存储系统有效容量在 20TB 左右，采用纯光纤（FC）存储系统。

低码率文件采用 NAS 存储系统，有效存储容量 60TB，提供低码流查询检索素材的长期在线保存。

近线存储将采用 LTO 第四代光纤驱动器，传输速率为 80MB/s，带库配置 8 个驱动器，10000 盘槽位。

在线存储系统有光纤（FC）存储系统和 NAS 存储系统两个部分组成。光纤在线存储系统主要保存需要保存的高码流素材文件。NAS 存储系统主要保存用于编目、查询检索用的低码流素材文件，以及与系统相关的临时保存的编目描述信息、关键帧图片等内容。存储规划如表 12-11 所示。

媒资存储规划表　　　　　　　　　　　　　　表 12-11

数据类型	数据特性	存储的要求	存储位置
高码率	文件大，同时访问可能性大	需要有极大的存储容量、较高的数据访问能力	在线光纤盘阵
低码率	数据量较小，需要经常访问	较大的存储容量、较高的数据访问能力	在线 NAS 盘阵
编目文本	文件很小，访问量频繁	很小的存储容量，频繁的数据交换	在线 NAS 盘阵
关键帧图片	文件小，访问量大	容量要求较低，对系统的并发数据访问能力要求较高	在线 NAS 盘阵

2．多级存储系统规划设计

天津电视台媒资系统数据存储的流程：上载工作站上载的双码流素材，高码流素材通过光纤网存储在在线光纤盘阵上，其次低码流素材通过以太网存储在在线 NAS 盘阵上，随后通过数据迁移软件将在线光纤盘阵上的高码素材迁移至近线数据流带库中。如果有下载／回迁需要的话。数据迁移软件将数据从近线数据流带库回复到在线光纤盘阵后，通过全网交换平台传送到下载目的地。存储管理软件系统在天津台应用环境中的体系结构如图 12-44 所示。

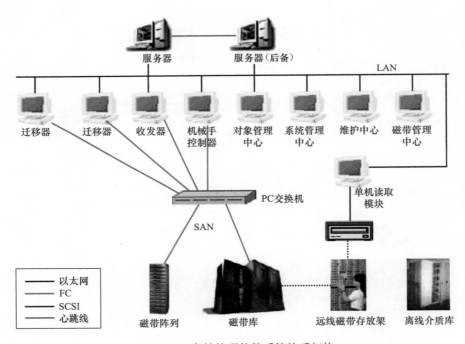

图 12-44　存储管理软件系统体系架构

由图 12-44 可见，多级管理结构为：

（1）在线数据。存放在可以快速访问的磁盘阵列中的数据；

（2）近线数据。存放在磁带库中数据磁带上的数据，这些数据访问的时候需要先恢复到在线存储设备上；

（3）离线数据。存放在密集柜上数据磁带中的数据及备份带的数据。

3. 数据交换模块设计

针对媒资系统的特殊系统需求，通过主干平台企业服务总线 ESB，企业媒体总线 ESB，与其他业务子系统都需要采用松散耦合的方式实现与数据共享交换平台的连接，这样一方面保证了各个业务子系统的相对独立，同时各个业务子系统可与媒资系统进行数据交互。

对于整个数据交换平台的架构上具有以下功能：

（1）相对独立的分布式体系结构

天津电视台媒体资产管理系统需要采用先进的分布式体系结构，以保障台内各个系统的相对独立的进行安全运行，这就是分布式体系结构具有突出的优点。

（2）全网数据交换共享

在分布式体系结构的前提下，在天津台其他全台网子系统中，通过检索浏览网页、播放流媒体等形式，进行节目信息检索和流媒体浏览，真正实现了在保障安全的前提下实现系统间的数据调用和交换。

12.7.1.3 系统规模

系统规模见表 12-12。

媒资系统设备表　　　　　　　　　　　　　　　　表 12-12

项目名称	通道、设备数量（个/套）	关键指标
在线盘阵存储	1 套	EMC CX480，15TB
在线低码流盘阵	1 套	EMC，VNX5500 盘阵，60TB
近线带库存储	1 套	SUN STK SL8500（10000 槽位，8 个 LTO4 驱动器）
节目上载	10 站点	喜马拉雅 A1200 标清上载工作站
高清采集、整理	3 站点	喜马拉雅 3000HD 高清上载工作站
节目审核	8 站点	喜马拉雅 A1200 标清审核工作站
编目、审核	55 站点	HP 商用机
服务器组	23 台	媒资应用服务，网络服务，数据库服务等（其中 HP 服务器 20 台，SUN 小型机 3 台）
网络交换设备	1 套	光纤和以太交换机若干

12.7.1.4 系统流程设计

1. 系统流程简介

媒资系统素材入库及出库流程如图 12-45 所示。

总体流程说明：

素材上载—（全网交换平台）—素材编目—（分布式存储）—素材归档—素材发布—素材检索—（分布式转码）—素材下载

其中各系统功能如下：

（1）上/下载系统：素材上/下载。

（2）数据交换平台：上/下载系统，媒资编目系统，播出系统间素材的传输。

（3）编目系统：素材编目。

（4）检索系统：素材检索。

（5）转码系统：素材转码。

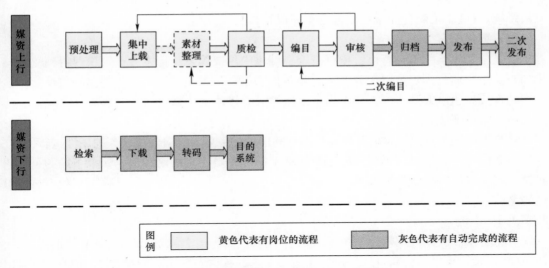

图 12-45　媒资系统素材入库及出库流程图

2．系统流程说明

(1) 素材上载

素材上载阶段分为 3 个流程：预处理—任务分配—审片

预处理：预处理人员首先对传统录像带进行采集出入点记录，并根据出入点进行创建上载任务。并将建立好的上载任务发给任务分配人员。(上载为双码采集，其中高码素材用于日后编辑，存放在在线光纤盘阵上，低码素材用于编目和预览，存放在在线 NAS 盘阵上。)

任务分配：任务分配人员根据预处理人员建立的上载任务，分配给上载工作站进行自动上载。素材上载完毕后，将其发给审片人员。

审片：审片人员根据天津电视台节目审核规定对上载的素材进行审核。审核完毕后通过全网交换平台发送至编目系统。

(2) 素材编目

素材上载阶段分为 6 个流程：预处理—编目——一审—二审—归档—发布。

预处理：预处理人员收到由全网交换平台传输过来的经由上载系统上载完毕的素材后，负责将这些素材分配给相应的编目人员进行编目。(在预检下发编目的同时，系统自动将高码素材按照时间策略归档入数据流带库，归档完毕后将在线盘阵的高码流素材删除)

编目：编目人员按照天津电视台素材编目标准对该素材进行编目。初期编目完毕后发送至一审人员。

一审：一审人员对编目完毕的素材进行审核，如果不符合天津台相应编目审核要求则回退给编目人员进行修改；如果符合天津台相应编目审核要求，则发送至下一环节二审。

二审：二审人员收到一审人员发送的节目后，按照天津电视台相应编目审核要求进行审核，如果不符合要求退回一审修改。如果符合要求就提交发布。

归档，发布：二审提交发布后，素材进行自动归档存入带库，归档完毕后自动发布到

检索系统。（这2个流程为系统后台自动完成）

（3）素材检索

通过全文检索、组合查询、模糊查询、结果中再查等多种检索方式，快速得到检索结果列表。用户通过浏览数据内容、关键帧数据和编目信息来选择自己所需的数据。检索工作站连接高速以太网络，方便访问系统提供的流媒体视音频数据。

（4）素材下载

素材下载服务接到检索／下载人员提交的下载任务后，根据下载任务的属性进行回迁。如果下载的是原始素材，则将原始素材迁移至下载人员设定的路径下。如果下载的是转码素材，则通过转码系统将原始素材转换为下载人员所需的格式后自动迁移至下载人员所设定的路径下。

12.7.1.5　小结

天津电视台媒体资产管理系统于2007年2月系统开始搭建，2007年6月系统正式运行，与2010年搬迁至电视台新址，并进行了规模扩容，库内存储节目量超过2000TB。每月出入岛节目量达5000余条。

天津电视台媒体资产管理系统是一个先进的、可扩充、可升级、全开放、稳定可靠的数字化媒体资产管理系统。通过该系统对目前所存的传统磁带节目实现数字化存储；通过全台网主干平台可对媒资库存节目进行查询、浏览和快速下载到非编网和网络送播，用力地支撑全台网的正常运行。

12.7.2　集中收录系统设计

天津电视台集中收录系统作为生产网的一个重要组成部分，其主要担负将卫星节目素材信号采集为可供编辑的素材文件，并具备对其他生产网系统提供交换文件的功能。它依托于业务支撑平台可以为其他应用子系统提供必要的服务，并可以为媒资系统提供部分资料来源。

根据天津台具体的使用情况并考虑到今后的发展，系统设计支持2路高清SDI信号收录、16路标清SDI信号和32路ASI信号同时收录，系统将采用网络化、数据化的工作模式完成包括外来信号收录功能，并可与制播网络内其他子系统配合，实现收录业务的网络化、流程化。

12.7.2.1　需求说明

收录系统大部分任务是固定收录任务，固定收录所要求的功能有：

（1）可按照计划对固定时间段的节目内容进行收录。

（2）固定收录下来的素材直接分发到媒资，供查询、调用。

（3）支持通过B/S或C/S方式编辑、提交收录任务单。

（4）可将外来视音频信号采集为可供编辑的文件格式，支持主流压缩格式。

（5）收录系统采用集群方式工作，具备动态备份机制。

（6）临时收录所要求的功能有：

（7）可根据收录约传单自动调度收录连接的矩阵路由，调度收录服务器按约传单采集。

（8）支持通过B/S或C/S方式编辑、提交收录任务单。

（9）收录到的素材，可根据约传单按照策略分发到对应的系统。可将外来视音频信号采集为可供编辑的文件格式，支持主流压缩格式。

（10）其他功能要求：

（11）支持数据接收和发送模式，实现与台外系统交换素材，必须保证网络连接的安全性。

（12）支持新闻类移动非编站点远程回传素材 / 节目。

12.7.2.2　设计方案

1．网络架构

收录系统是由 ASI 收录服务器，SDI 收录服务器，编单控制工作站，收录控制服务器，相关功能服务器，光纤交换机，以太网交换机，中心存储阵列及与外系统互连互通的接口服务器等构成。存储单元采用容错冗余，整个网络采用双网结构，具有很强的灵活性和扩展性，满足未来系统扩展的需要。同时，通过交换机的连接和数据网关的部署，实现卫星收录版块通过与其他业务系统的互联互通，数据交换和资源共享，具体网络系统结构如图12-46 所示。

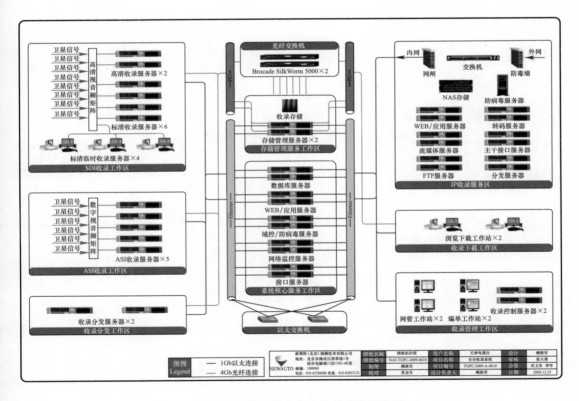

图 12-46　天津电视台全台收录系统结构图

系统采用双网结构，采用的磁盘阵列进行高质量素材文件的存储，收录服务器直接通过光纤交换机对系统中的阵列进行数据存取和访问。

收录服务器支持 ASI 接口，为确保收录系统安全稳定性，收录服务器配置 2 块双通道 ASI 采集卡。

收录服务器支持 SDI 接口，支持多种主流压缩和编码格式，支持高低码率同时采集。

系统配备收录编单、控制工作站，实现收录计划的编排和集中统一调度和控制，并实现对收录工作站的工作状态的监测。

系统配置管理服务器。管理服务器负责收录计划、收录节目信息、素材管理、权限管理、流程管理等数据的集中保存；系统配置存储管理服务器实现磁盘阵列的共享，为提高系统的安全性，采用服务器主备方式。

2. 设备数量

在收录网络系统中系统规模如表 12-13 所示。

收录系统设备表 表 12-13

设备名称	数量（单位：台）	说明
核心收录平台		
收录在线存储	1（套）	存储收录素材
FC 交换机	2	提供光纤链路连接
以太网交换机	2	提供以太网链路连接
存储管理服务器	2	双网接入，管理收录存储
数据库服务器	2	单网接入，收录应用系统数据库
单通道高清收录服务器	2	双网接入，具有录放功能
双通道标清收录服务器	8	双网接入，具有录放功能
编单工作站	2	单网接入，实现收录任务 CS 编单，预约单的统一整合
ASI 收录服务器	5	双网接入，具有采集功能，支持 4 路 ASI 接口
收录分发服务器	2	双网接入，分发收录下来的素材到目的系统。根据实际需要以及采用的分发方式会做相应的调整，如：增减数量、变更用途、变更部署位置等
收录控制服务器	2	单网接入，配置、管理收录网络系统。控制收录分控矩阵中收录信号的路由。收录控制服务器采用主备设计，提供主备设计的解决方案
域控管理/防病毒服务器	2	单网接入，系统管理和防病毒管理
防病毒软件	1	网络版杀毒软件系统，满足 50 客户端的授权许可
主干接口服务器	2	单网接入，用于安装与主干接口互联所需要的各项服务软件
IP 信息交流平台		
IP 信息交流平台存储	1	存储 IP 媒体文件
以太网交换机	1	提供 IP 区以太网链路连接。
流媒体服务器	2	为用户提供 IP 数据流媒体发布服务
转码服务器	2	单网接入，IP 媒体数据转码
远程 FTP 服务器	2	单网接入，IP 媒体数据远程传输。
防病毒监控服务器	1	单网接入，提供防病毒服务
防毒墙	1	IP 传输安全保障设备
物理隔离网闸	1	IP 传输安全保障设备
其他设备		
SDI 数字矩阵	2 套	32×32 数字矩阵＋遥控面板，422 控制输入

（3）存储容量设计

根据规模设计依据，并考虑到收录系统存储主要完成收录素材的临时存储，因此估计存储周期为 5d 可满足要求，见图 12-47。

收录存储容量的计算公式如式（12-1）所示：

$$存储容量（TB）=收录服务器数量（台）× 单台收录服务器日收录量$$
$$× 收录的素材 / 节目每小时占用存储空间（GB/h）$$
$$× 收录存储周期（d）×（1 +存储空间余量（\%））$$
$$+ IP 传输服务器每天接收量 \qquad (12-1)$$

收录网络系统在线存储容量设计		
设计点	设计值	存储容量（TB）
收录服务器	20	
IP传输服务器	3	
单台收录服务器日收录量（h）	5.00	
收录和播放高码率（Mbps）	50.00	
收录和播放高码率音频码率（Mbps）	1.54	13
收录低码率视频格式（Mbps）	0.80	
制作低码率音频格式（Mbps）	0.51	
素材在线存储周期（d）	5	
存储空间余量（%）	5	

图 12-47　收录网络系统在线存储容量计算表

（4）存储带宽设计

根据规模设计依据和设备数量，得出收录网络系统在线存储所需带宽计算公式如式（12-2）所示：

$$带宽需求（MB/s）=收录服务器数量（台）$$
$$× 单台该类型高低码率视音频所占用的带宽（Mbps）× 视音频层数$$
$$+ IP 传输服务器数量（台）$$
$$× 单台该类型高低码率视音频所占用的带宽（Mbps）$$
$$+收录分发服务器数量（台）$$
$$× 单台该类型高低码率视音频所占用的带宽（Mbps） \qquad (12-2)$$

根据上述公式，存储带宽计算表格如图 12-48 所示。

12.7.2.3　小结

天津电视台集中收录系统于 2010 年 12 月上线运行，是我台全台网的重要组成部分，通过全台网主干平台可实现自动预约收录和自动分发到各个目的，目前每月自动收录分发的卫星节目素材达九千多条，用力地支撑全台网节目制作的正常需求。

收录网络系统存储带宽分析			
数据访问类别	站点类型	数量（台）	带宽需求（MB/s）
收录/传送	收录服务器	20	125
	收录分发服务器	12	75
	IP传输服务器	5	31.25
	监录服务器	5	2
带宽冗余量	10%		23.14
总计读写总和（峰值）			256.39

图 12-48　收录网络系统存储带宽分析表

12.8　工程后期使用效果分析

天津电视台始建于 1958 年 10 月，1959 年 7 月 1 日试播，1960 年 3 月 20 日正式开播，是中国开播最早的四家电视台之一。

天津电视台的节目制作能力、技术水平、设备数字化程度居全国省级台前列。自数字电视大厦一期工程投入使用以来，节目的制播能力、制作水平、制播质量都有较大提升，播出中心数字化、网络化、智能化的全文件化流程的数字硬盘播出系统稳定可靠；传输中心每天安全调度的信号达 300 余路；主干平台连接全台 12 个子网，实现了节目文件化制播；媒资系统存储素材达 12 万 h，并有效实现素材网络调用；所有演播室均实现直播功能；供电系统保障安全可靠的同时实现所有 UPS 系统的集中网络监控。综合数字电视大厦所有工艺系统的建设，均达到数字化、网络化、信息化、智能化的建设目标。

播出中心系统建设安全稳定可靠，是一个数字化、网络化、智能化、支持全文件化流程的数字硬盘播出系统。

传输中心现在担负着电视台内部业务信号调度，连接着各频道直播间、所有演播室和播出中心等业务部门，为节目制作、收录、直播提供业务通路。同时负责卫星、微波、光缆等外来信号的接入，台外 13 个郊区县新闻回传网络，市内主要活动场馆直播信号传送网络，市委市政府、交管局、气象局等专线信号传送等，是目前除中央台之外，国内电视媒体中规模最大的传输系统，控制着数百路电视信号的传输调度，功能非常完善，为电视节目生产和经营提供强大的支撑平台。

全台网主干平台构建起一条台内网络化文件传送的高速公路。该系统通过高速的光纤和万兆以太交换设备，实现了天津台 12 个网络化制播系统的"收录分发自动化、送播自动化、节目归档自动化、资料调用自动化"，全面提升了电视台整体工作效率，为今后的飞速发展铺平道路。

全台媒体资产管理系统承载了全台节目资料存储、编目，资料检索和节目回调等应用功能，同时系统可便捷检索下载重播节目，实现节目的网络化送播，极大减少了重播节目的重复上载。已完成我台 12 万 h 库存节目的数字化和编目工作，系统可在线存储 30 万 h

节目内容,可满足我台未来 15~20 年的节目存储和资料调用需求。通过 8 个机械手和 8 台 LTO 驱动器实现了全面支持节目归档,资料浏览、下载调用,自动送播等网络化制播需求,成为国内省级台为数不多的支撑全台制播的生产型媒资。

供配电系统运行稳定,所有 UPS 的电池后备时间均在 60min 以上。UPS 网络监控系统,实现了对系统运行情况实施监测,对出现系统故障能够实时的声光报警,极大的保障系统运行安全。

目前,天津电视台建设有卫视、滨海、文艺、影视、都市、体育、科教、少儿、公共、国际、购物等 11 个专业化频道;家居、出行、美食、风尚 4 个数字付费频道和一个高清数字搏击频道,2010 年 7 月 6 日天津卫视高清频道开播,2012 年 9 月 28 日天津卫视高清频道获国家新闻出版广电总局批准实现上星播出。全台平均每天播出节目 300h。

天津台工艺系统建设在后期使用中也存在一些缺憾和不便之处,文中列出谨供其他电视台参考借鉴:

(1) 天津台的工艺房间设计中,总体满足后续工艺使用需求,唯一不足的是所有演播室的导播间在实际使用中均面积偏小,由于导播室内参与直播的设备越来越多,参与直播的工位也越来越多,整体摆放比较局促。

(2) 演播室的导播室和部分非编室在使用过程中,均存在春秋换季期间普冷停止送风后温度过高的情况,天津台对多处房间进行了后续改造,建议将此类房间的供冷方式等同于机房设计,提供四季常冷冷源。

第13章　四川广电中心项目建设实例

13.1　四川广电中心项目基本情况概述

四川广播电视中心地处成都市世纪城路66号，是四川省倾力打造的文化产业建筑。大楼设计新颖、功能齐全，是集广播、电视、媒资、新媒体于一体的物理技术平台。中心西侧紧邻天府大道，东侧为四川国际会展中心。建筑总面积134000m^2，地上31层，地下2层，建筑总高度135.15m。四川广电中心由中国建筑西南设计研究院有限公司承担土建工程设计，由中广电广播电影电视设计研究院承担工艺系统设计，建筑由主楼、裙楼及辅楼三部分组成。工艺系统集中于主楼3~12层、25~28层、辅楼底层及裙楼，面积约60000m^2，整体建筑效果见图13-1。

图13-1　四川广电中心俯瞰图

四川广电中心电视工艺系统设计遵循安全、先进、开放、实用、经济五项原则，综合四川广播电视台节目生产实际需求、电视行业技术发展趋势以及资金投入计划，设计目标为：

（1）建立包括12个标清频道、2个高清频道的播出系统。

（2）建立适应新媒体发展需求的多媒体发布平台。

（3）实现以电缆、光纤、微波、卫星、网络等多种方式传输、收录广播电视节目。

（4）建立由17个演播室及配套辅助用房构成的具有全天候直播能力的演播室群。

（5）在各演播室配备可满足各类节目制作要求的专业灯光系统。

（6）建立节目制作、播出、存储、再利用网络；实现基于文件交换的节目制作方式，达到 1900min/d 的节目制作能力。

（7）整体提升音频制作能力，普及立体声音频制作系统，个别系统实现 5.1 环绕声制作。

（8）建立由转播车库及辅助用房构成的转播基地；为各类技术用房配备相关辅助用房。

广电中心的建成投产，大大提升了四川广播电视生产能力，四川文化产业从此有了一个集广播、电视、媒资、新媒体四位一体的高技术生产基地。四川广播电视中心工程荣获 2012～2013 年度中国建设工程鲁班奖、全国 AAA 级安全文明标准化诚信工地、全国工程建设优秀质量管理奖等 13 项奖项，电视工艺系统中"基于异构的全台高标清制播网络系统"获得了 2013 年国家新闻出版广电总局科技创新奖工程技术类一等奖。

13.1.1 广电中心工艺系统建设流程

四川广电中心工艺系统初步设计于 2006 年 4 月通过评审，2008 年 12 月至 2009 年 2 月完成了项目深化设计，2009 年 4 月工艺系统进场开始施工，第一个系统投入使用，至 2012 年 2 月 18 日，四川广播电视台所有电视频道全部切割至广电中心播出，四川省广电中心工艺系统建设项目全面竣工。项目建设周期约为 7 年，建设流程如图 13-2 所示。

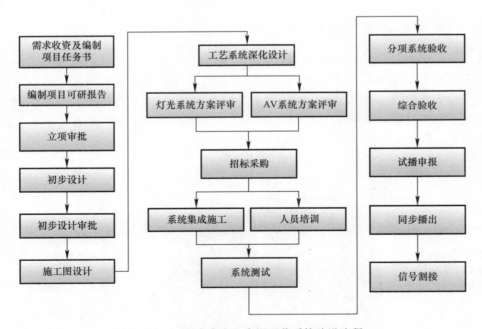

图 13-2 四川广电中心电视工艺系统建设流程

13.1.2 广电中心电视工艺系统结构

四川广电中心电视工艺系统包含 7 个子系统，具体构成见图 13-3。

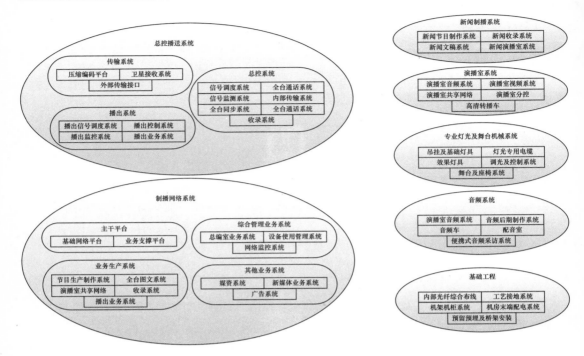

图 13-3　四川广电中心电视工艺系统结构

13.1.3　广电中心工艺系统概算及实际投资规模

按照中广电设计院初步设计方案，四川广电中心电视中心设计概算约为人民币 4.85 亿元，实际投资约为人民币 4.36 亿元，投资按照资金来源分为国外政府贷款、国内贷款及自有资金 3 个板块。其中国外政府贷款主要用于购买进口传统视音频设备，国内贷款项目主要用于采购制播网络系统、专业灯光系统，自有资金用于采购项目配套系统。按照工艺系统构成，具体资金使用情况如图 13-4 所示。

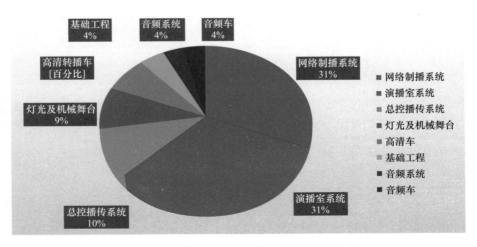

图 13-4　四川广电中心电视工艺系统投资分析

13.2 四川广电中心电视工艺系统项目实施情况

13.2.1 机构设置

四川广电中心电视工艺系统建设实行台统一领导下的项目制管理，项目管理机构设置如图 13-5 所示。

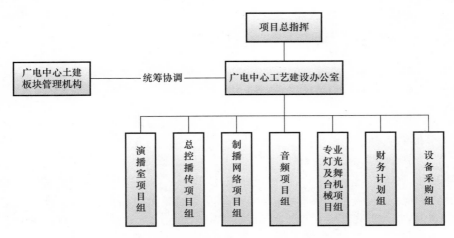

图 13-5 四川广电中心电视工艺系统管理机构

"广电中心工艺建设办公室"是广电中心工艺系统建设的重要管理机构，全面负责广电中心工艺系统项目的整体实施，承担了工艺板块与土建板块的统筹协调工作。广电中心工艺建设办公室设专职工作人员 10 人。

广电中心工艺系统根据系统划分，成立了"演播室项目组"、"总控播传项目组"、"制播网络项目组"、"音频项目组"、"专业灯光及舞台机械项目组"五个技术类项目组，项目组组长由业务部门技术领导及骨干构成，承担了工艺系统方案深化设计、招标技术要求编制、系统集成现场施工管理等职能，项目组成员均不脱产，在承担日常生产任务的同时兼顾广电中心工艺系统项目建设，各项目组人员合计约为 70 人。

财务计划组负责拟定项目融资方案及项目经济收支预算。

设备采购组根据项目资金预算以及各板块技术方案，负责招标采购活动的组织及实施。

13.2.2 方案设计及设备采购

四川广电中心电视工艺系统中，传统视音频系统主要包含演播室系统、总控系统、播出中心系统、高清转播车、音频车等，该部分设备采购利用国外政府贷款完成，额度为 3000 万美元，约占电视工艺系统投资总额的 50%，是构成广电中心设备系统的重要板块。在传统视音频系统设备的采购中，四川广播电视台采用了横向切割设备分包及直接面向生产厂商采购的方式。

四川广播电视台首先完成了系统集成商的招标，中标单位负责系统方案深化设计及集成施工，供货环节不再由集成商承担。项目组及中标集成商根据《四川广电中心工艺系统项目初步设计方案》、《四川广电中心工艺系统施工图》，共同完成了各项系统的深化设计，并编制了系统设备清单，设备采购组打破了系统界限，采用横向切割的方式，按照设备类型对清单进行了汇总统计，将总单拆分为 22 个专项设备系统如切换台、矩阵、周边设备等，直接面向代理商上游的设备生产厂家进行了招标。

这样的采购方式，在广电中心工艺系统的设备选型过程中形成了规模效应，同类设备均为同一厂商产品，一方面可以提高设备的通用性及互换性，减少备品备件的种类和数量，另一方面有利于采购过程中生产厂商之间形成良好的竞争态势，有效节省了投资。

13.3　广电中心工艺配电系统设计实施

13.3.1　工艺配电系统架构

根据《广播电视安全播出管理规定》，四川广电中心达到一级供电保障要求。

13.3.1.1　高压供电系统

四川广电中心由两路 10kV 高压专线供电，高压设计总容量为 14900kVA，高压两路专线互为备用。专线 1"会广路"由会展中心 110kV 变电站引来；专线 2"羊广路"由石羊场 220kV 变电站引来，2 座变电站内均设有独立的高压间隔柜。10kV 高配室设在裙楼负一楼，10kV 高压供电形式采用桥式单母线分段供电，并具备手动 / 自动互投功能，自动互投时间约为 2s。广电中心高压系统结构见图 13-6。

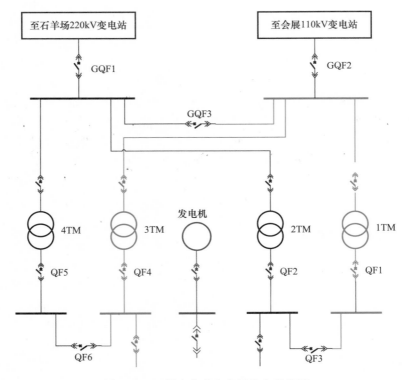

图 13-6　四川广电中心高压供电系统图

13.3.1.2　低压供电系统

广电中心地下负一楼设有 3 个低压变电所，1ES-3ES 变电所内安装有 10 台干式变压器共 13900kVA。

低压供电型式采用桥式单母线分段供电，并具备手动互投功能，供电电压为 380V/220V，低压系统采用 TN-S 系统供电，从变电所以放射式、树干式、链式等型式向各层配电间或末端配电设备供电。

13.3.1.3　发电机系统

广电中心地下二楼安装有 2 台 1000kW 帕金斯发机电组，主要为重要的负载供电，如 UPS 电源设备、消防设备等。发电机具备就地 / 远程 / 自动启动功能，市电停电后发电机在 10s 内能正常向外供电。

在发电机配电室、1ES 变电所、2ES 变电所内共安装有 4 只 ASCO 双电源自动切换开关（ATS），经过市电 / 发电自动切换后向重要负载供电，自动切换时间约为 2s。

13.3.1.4　UPS 系统

广电中心配电系统 UPS 设备采用分散放置的方式，共设有 8 个 UPS 机房，安装有 17 台 UPS 机组，UPS 总装机容量为 3540kVA，UPS 电池组安装容量能满足设计负荷工作 30min 以上，主要为播出设备和一级负荷中特别重要的负荷供电。

13.3.2　工艺系统负载分级及能源保障措施

广电中心电视工艺系统内部，根据各子系统运行的重要程度，区分为演播室灯光类负载、普通工艺设备负载、中级工艺设备负载及核心工艺设备负载四个负载类型，分别对应不同的能源保障等级，保障程度逐级上升。

13.3.2.1　演播室灯光类负载

演播室灯光类负载主要包含演播室灯具、吊挂系统、机械舞台系统、舞美系统的设备负载，使用单独的变压器，该变压器不允许灯光系统以外的工艺设备负载接入。

裙楼 1500m²、400m²、250m²、150m² 和 100m² 演播厅灯光负载均由一路市电供电；主楼新闻演播室灯光负载由不同外线、互为备用的变压器供电，两路市电经导控室机房内双电源自动切换开关后向灯光设备供电，双电源自动切换开关切换时间约为 1s，其中备用电源接入发电机供电系统中。灯光类负载配电方案见图 13-7。

13.3.2.2　普通工艺设备负载

普通工艺负载包括普通编辑工位、工艺检修电源等能源保障要求不高的设备，使用单路市电，配电方案与图 13-7 中单路市电类灯光负载类似，区别是上端引自工艺系统独立变压器，而非灯光变压器。

13.3.2.3　中级工艺设备负载

中级工艺设备负载包括大型演播室、新闻编辑工位等能源保障要求稍高的设备，采用单路 UPS 供电，另取一路市电送达末端，配电系统结构见图 13-8。

13.3.2.4　核心工艺设备负载

核心工艺设备负载包括所有播出、传输、网络中心机房等能源保障要求最高的设备。双路电源及柴油发电机电源采用两套双电源切换装置，充分保障两台 UPS 设备的输入电源，UPS 系统采用单机双总线架构进行供电，2 台高可靠的 UPS 独立运行，分别向双电源模块

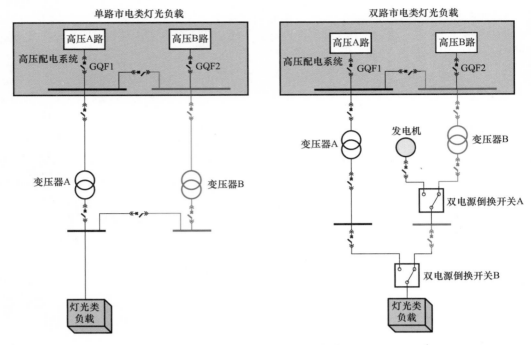

图 13-7 灯光类负载配电方案

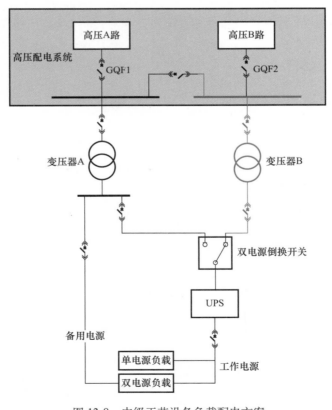

图 13-8 中级工艺设备负载配电方案

的负载供电，部分单电源设备采用静态转换开关（STS）供电。系统结构如图 13-9 所示。

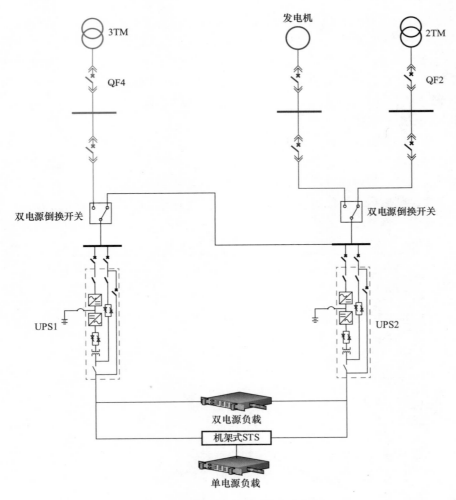

图 13-9　中级工艺设备负载配电方案

13.3.3　工艺配电系统设计实施中应重点考虑的问题

工艺机房的配电容量分配是工艺配电系统中的关键组成部分，根据机房的使用需求，合理设计配电容量，是保证工艺系统正常运行的基础条件。在工艺配电系统的设计实施中，有以下几个方面的问题需要高度重视。

13.3.3.1　工艺机房的功能定位

工艺配电系统是为工艺系统服务的基础工程板块，工艺机房的功能定位将直接影响机房的配电容量及能源保障等级，一旦对机房功能做出重大调整，将会同时导致该机房的土建要求发生较大变化。例如在四川广电中心施工过程中，由于系统深化设计的要求，一间普通编辑机房需要改为某后期制作网的中心机房，该机房在原设计方案中仅按照中级工艺设备负载进行能源保障，改为网络中心机房后，机房负荷需求上升，能源保障等级提升到核心工艺设备负载等级，房间空调系统方案也根据负荷增加及制冷需求的变化进行了较大调整。

在中心项目建设中，土建板块一般先于工艺板块施工，机房的功能定位调整一般发生在工艺系统的深化设计阶段，这个阶段对土建条件进行调整往往要花费较大的代价，对工期也将产生较大影响。因此建议在方案设计初期充分考虑需求，根据工艺功能分区在各区域合理预留后备机房；工艺板块设计尽早介入项目建设，避免在工艺设计中对机房功能做出大的调整。

13.3.3.2　工艺机房负荷设计

四川广电中心设计由土建设计单位及工艺设计单位两家共同完成，电视工艺系统重要机房的土建条件均由工艺设计单位提供，再由土建设计单位在土建设计方案中实现。在工艺系统深化设计的过程中，部分机房的负荷容量成为关注的焦点。

举例来说，某机房系统经过深化设计，安装设备清单见表 13-1。

安装设备清单　　　　　　　　　　　　　　　　　　表 13-1

序号	设备类型	型号	数量	额定功率/台（W）	合计功率（W）
1	时钟分配器	Antelope DA	1	15	15
2	字时钟发生器	Antelope TRINITY	1	15	15
3	应用服务器 A	APPLE XSERVE	9	750	6750
4	KVM 切换器	ATEN CL5708	7	28	196
5	光纤交换机 A	Brocade 5140	1	100	100
6	以太网交换机	Cisco 3750E-48	4	265	1060
7	应用服务器 B	HP DL380 G6	26	460	11960
8	在线磁盘阵列	PROMISE ECLASS	10	500	5000
9	光纤交换机 B	Qlogic 900	1	620	620
		总计功率			25716

为保障该机房设备正常运行，项目组提出应按照上表总计功率 26kW 配备工艺用电负荷，并对该机房原有负荷方案做出了调整，但在实际使用中该机房稳定运行时实际用电量见表 13-2。

实际用电量　　　　　　　　　　　　　　　　　　表 13-2

回路	电流（A）	电压（V）	视在功率（VA）
工作回路 A 相	4.6	220	1012
工作回路 B 相	8.3	220	1826
工作回路 C 相	11	220	2420
备用回路 A 相	6.7	220	1474
备用回路 B 相	6.8	220	1496
备用回路 C 相	9.1	220	2002
视在功率合计			10230

若按照 0.9 的功率因数计算，该机房稳定运行功率为 9.2kW，仅为所有设备的额定功率总和的 36%。

另举一例，播出系统核心机房设计功率为 120kW，实际使用中该机房稳定运行实际用电量见表 13-3。

表 13-3

回路	电流（A）	电压（V）	视在功率（VA）
工作回路 A 相	61.6	220	13552
工作回路 B 相	66.99	220	14737.8
工作回路 C 相	64.83	220	14262.6
备用回路 A 相	42.75	220	9405
备用回路 B 相	46.46	220	10221.2
备用回路 C 相	38.37	220	8441.4
视在功率合计			70620

　　若按照 0.9 的功率因数计算，该机房稳定运行功率为 63.6kW，仅为设计负荷的 53%。

　　工艺机房能源需求系数是系统深化设计中不可避免的问题，为慎重起见，台内项目组特别在老台址已运行系统中进行了设备标定功耗与实际功耗测试，并根据测试结果确定四川广电中心工艺机房能源设计中，系统需求系数根据功能不同在 0.5～0.7 之间选取。

13.3.3.3　播出系统 UPS 系统设计

　　无论是分布式的 UPS 系统，还是集中式的 UPS 系统，建议在强电设计方案中，将播出及传输类的关键系统负荷使用的 UPS 设备独立设置，避免与其他负荷类别的系统共用；并且充分考虑使用维护的需求，采用双路并机的方式进行设计。

　　理想状态下播出类负载的供电方式可参考图 13-10。播出类负载为电视中心的核心负载，单独设置 UPS 能够有效避免其他系统的电源故障对于播出安全带来的影响。工作回路及备用回路均采用冗余热备的双机并联 UPS 系统，可以为系统维护检修留下充分的空间，能够保证在任意一台 UPS 设备发生故障或检修的情况下，播出负载仍然在双路供电下工作。

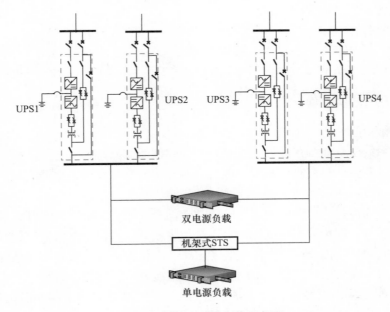

图 13-10　播出系统负载示意图

13.3.3.4 供电系统容灾测试

在中心土建及工艺系统基本完工后，对于能源系统进行的容灾测试是非常必要的。四川广电中心在系统投产前，对于供电系统进行了一次全面的容灾测试，测试分别模拟了单路高压故障、双路高压故障等故障现象，动力维护人员按照预先制订的应急预案对于故障进行处置。

这样的测试一方面对于工艺配电系统中的设备、设施进行了完整的测试，另一方面对供电系统的强壮性进行了客观的评估，同时可以检验电源灾害应急处置预案是否完善，为能源系统的运行维护提供了有益的经验。

13.4　广电中心工艺空调系统设计实施

13.4.1　中心工艺系统空调系统概况

四川广电中心空调系统分为自备冷源、机房专用空调、分散式空调以及区域供冷 4 种运行模式。

13.4.1.1 自备冷源

广电中心演播室区域的冷源由自备风冷冷水机组（自备冷源）和区域供冷系统共同保证。自备冷源总冷量约 2900kW，选用风冷冷水机组，供回水温度 7°C /12°C。

13.4.1.2 机房专用空调

各类技术主机房、网络机房、磁带库、电子媒体资料库等根据工艺要求采用风冷或水冷的机房专用空调设备，并设新风和排风设施。

13.4.1.3 分散式空调

工艺要求 24h 不间断空调的房间，设置变制冷剂流量多联分体式空调系统或专门为这类工艺用房设置小型集中空调系统。

13.4.1.4 区域供冷

其余区域空调冷源及热源由会展中心的配套设施提供（区域冷 / 热源），总冷量 8000kW，总热量 5000kW。夏季供回水温度 7°C/12°C，冬季供回水温度 60°C/50°C。

13.4.2　空调系统形式及其控制

13.4.2.1 空调水系统

空调冷水系统尽可能利用区域供冷系统较大的供回水温差，节省一次投资和水力输送能耗。为了满足冬季、过渡季节不同功能房间对冷热的不同需求，空调水系统的划分与热湿负荷分布相适应：

外区水系统为冷热合用两管制，内区及常年供冷区域采用单冷两管制水系统，重要区域采用四管制系统；裙房演播室区域的水系统独立设置，以保证该区域空调水系统的可靠性和系统的高效运行；由于区域供冷系统的定压高度仅为 37m，故空调水系统根据定压高度划分为：裙房、高层塔楼 7 层以下的楼层空调直接采用区域供冷（热）系统的冷热水；塔楼 8 层～14 层空调采用经板式换热器间接热交换的二次水（热交换间设在地下层）；塔楼 16 层～顶层空调采用经板式换热器间接热交换的二次水（热交换间设在地下层）。

13.4.2.2　空调风系统

由于技术用房较多，室内环境要求和使用时间不尽相同，根据房间的性质及所处区域合理细分通风空调系统。

演播室、公众服务大厅等大型空间采用低速单风道全空气系统，按不同功能、不同朝向及内外区分别设置，采用双风机空调机组或排风系统与系统新风风量保持动态平衡，过渡季节可调节新、排风量，满足卫生和节能的要求，同时还可利用冬季室外低温空气对发热量大的房间及内区房间降温以节约能源。对于需要排烟的房间，该系统还可兼作排烟系统。

裙房入口大厅及 $250m^2$ 以下演播室、录音室的空调机房设在地下一层，空调送回风管通过竖向井道分别接至各房间；小演播室以及 $400m^2$ 以上的演播室空调机房设在技术夹层内。空调机房主要设置在地下一层和技术夹层，为隔声、消声和隔振提供良好条件。

高层塔楼首层采用低速单风道全空气系统，空调机房设在塔楼的地下一层；塔楼的演播室和录音室空调机房就近设置。高层塔楼内区新风通过竖井引入，各层分别设置内区新风处理机。办公、管理房间、值班宿舍等采用风机盘管加新风的空调形式。

13.4.3　空调系统设计实施中应重点考虑的问题

13.4.3.1　重要工艺机房的空调系统设计实施

随着系统规模的不断扩大，机房空调设施的重要性也日渐提升。以四川广电中心为例，播出核心机房设于主楼核心筒区域，无任何自然通风通道，机房内设置有 100 台 43U 机柜，设备约 1300 台，这些设备同时使用将会产生大量的热量，机房空调的运行状态将会直接影响系统安全。经过实际测试，该机房空调一旦停止工作，机房内温度将在 $10 \sim 15min$ 上升至 37℃，部分设备出现报警。

在系统深化设计的过程中，对于播出核心机房、网络核心机房等重要机房，空调系统的设计务必要充分考虑机房功耗，根据机房设备布置合理选择送风方式，尽量采用多机冗余的系统构架。同时在空调系统施工的过程中，必需严格实施工程质量控制，风冷或水冷空调系统的冷却剂一旦发生泄漏，对工艺系统的安全都会产生严重的影响。

13.4.3.2　大型演播室专业灯光系统与空调系统的设计配合

大型演播室的专业灯光系统与空调系统均在房屋上部安装，系统构成比较复杂，因此灯光专业与空调专业的设计配合非常重要。一般来说空调系统将会先于专业灯光系统进行施工，若设计配合出现失误，专业灯光系统的施工将会面临较大的困难。例如大型演播室空调系统的送风风筒标高低于灯栅层，灯光系统的吊杆及提升设备需避让风筒安装，若设计配合不到位，安装位置发生冲突，将会严重影响布光方案及照明效果。因此建议在演播室建设过程中，尽早完成专业灯光系统的深化设计，为设计配合创造条件，同时加强土建阶段的施工管理，一旦发现冲突尽早解决，避免造成资金浪费。

13.5　广电中心消防系统设计实施

四川广电中心设有大小不等的演播厅、播音室、影音资料库房、转播机房、办公室、大中型停车库等用房，并配套设置有武警宿舍、值班用房、职工餐厅等辅助用房，属超高层综合类民用建筑。为确保使用安全，消防系统中设置有消火栓消防系统、自动喷水灭火系统、闭式自动喷水—泡沫联用系统、雨淋喷水灭火系统及气体自动灭火系统等。

13.5.1　消火栓消防系统

室内各层均设有消火栓消防系统，消火栓系统按室内任一着火点有两支消火栓同时到达进行设置，水枪充实水柱不小于 13m。消防系统在竖向上用减压阀进行分区，使各区消火栓的最大静水压力满足规范要求。消火栓消防系统的用水量为 40L/s，火灾延续时间为3.0h，一次灭火用水量为 432m^3。所有的室内消火栓均配置消防卷盘，为快速扑救火灾提供方便。

13.5.2　自动喷水灭火系统及闭式自动喷水 - 泡沫联用系统：

在自动喷水灭火系统的设置上，除建筑面积小于 5.00m^2 的卫生间及不宜用水灭火的部位外，均设有自动喷水灭火系统对建筑进行全面保护；设置场所的危险等级除地下车库为中危险级 II 级外 [设计喷水强度为 8L/（min·m^2）]，其余部位为中危险级 I 级 [设计喷水强度为 6L/（min·m^2）]，作用面积均为 160m^2。对于人流量较大的裙房层及地下停车库等部位拟采用快速响应喷头，充分发挥自动喷水灭火系统的早期灭火、控火作用。自动喷水灭火系统的用水量为 35L/s，火灾延续时间为 1.0h，一次灭火用水量为 126m^3。

对地下车库设置有闭式自动喷水 - 泡沫联用系统，不但可以对火灾进行及时扑救，还利用泡沫强化灭火效果，防止汽车漏油造成的火灾蔓延，使火灾的扑救得到有效的保证。

在地下二层，根据自动喷水灭火系统的水平分区和竖向分区，设置有多个湿式报警阀间和泡沫罐间，在主楼的十五层（避难层）设置有供自动喷水灭火系统高区使用的湿式报警阀间。在主楼屋顶设置有消防专用水箱（与消火栓系统共用）。在室外设置有消防水泵接合器，其 15～40m 的范围内设有消防车取水口供消防车使用，火灾时可通过消防水泵接合器使室内得到外部支持。

13.5.3　雨淋喷水灭火系统

广电中心设有一处 1500m^2 大型电视演播厅、两处 400m^2 中型电视演播厅，对上述三处演播厅均设置有雨淋喷水灭火系统，危险等级为严重危险 II 级，设计喷水强度为 16L/（min·m^2），作用面积为 260m^2。

对每一个雨淋喷水灭火分区均设置有自动和手动的双模式控制方式，可根据演播厅的使用情况进行转换，避免系统的误动作带来不必要的损失。在演播厅内设置有专用排水系统，用于排除演播厅内雨淋喷水系统工作时喷出的消防水，将水害产生的损失降低到最小程度，在专用排水系统上设置深水封装置及其他措施，防止蛇、鼠及昆虫等通过排水管道进入演播厅。

13.5.4　气体自动灭火系统

广电中心建筑面积大于 120m^2 的录音胶带库、录像带库、光盘库、重要的档案库、贵重设备库、建筑面积大于 140m^2 的计算机主机房、已记录磁纸介质库和用于广播电视发射的微波机房、调频机房、电视发射机房、变配电室、UPS 室等处设置有气体自动灭火系统，灭火剂采用 IG541。

13.6 广电中心工艺接地系统设计实施

四川广电中心建筑物接地系统采用总等电位联结，利用钢筋混凝土结构钢筋及沿建筑物周边敷设的 60×6 扁钢环形接地体作共用接地装置，接地电阻 ≤ 1Ω。工艺接地系统采用联合接地，未建单独工艺接地网，从建筑物共用接地装置引出接地电缆转接箱，引出点与供电接地引出点的距离大于 10m，与防雷接地引出点的距离大于 20m，与其他的接地引出点的距离大于 5m。主干线从地下一层的接地电缆转接箱分别经由工艺竖井向各技术楼层接出支干线，引入楼层工艺接地转接箱，再从楼层工艺转接箱端子板上引出分支线到各机房的工艺接地盒，整体系统架构见图 13-11。

13.6.1 接地系统分层功能描述

13.6.1.1 主干线

工艺接地主干线贯穿建筑物的各层，其下端连接在建筑物底层的接地体的总接地端子板上，同时与建筑物各层主钢筋（或均压带）通过地电位均衡器连接。各楼层等电位接地端子板就近与接地主干线连接。

工艺接地主干线采用截面积 $300mm^2$ 的低烟无卤阻燃聚乙烯绝缘护套屏蔽电缆铜缆，敷设在密封的金属线槽中，并与金属线槽绝缘，金属线槽每隔 10m 接保护地一次。主干线与支干线连接时使用热熔焊接方式。

13.6.1.2 支干线

工艺接地支干线是指连接工艺接地主干线与楼层工艺接地转接箱之间的导体。工艺接地支干线采用阻低烟无卤阻燃聚乙烯绝缘护套屏蔽电缆，截面积为 $95mm^2$。支干线与主干线及支线连接时使用热熔焊接方式。

13.6.1.3 支线

支线指楼层接地转接箱内端子板上引出到各机房的导体，工艺接地支线采用低烟无卤阻燃聚乙烯绝缘护套屏蔽电缆，截面积为 $35mm^2$，连接采用螺栓连接。

13.6.1.4 接地转接箱

接地转接箱用于工艺接地支干线的引入、支线的引出和等电位连接器的引线引出。箱内端子板与支干线的连接使用热熔焊接，与支线的连接采用螺栓连接，接地端子板表面采取镀锡处理。

13.6.1.5 接地盒

接地盒用于接地分支线的引入和机房设备的工艺接地线的汇接，箱内端子板与支线的连接采用螺栓连接，箱体预埋于机房墙内，接地端子板表面采取镀锡处理。

13.6.1.6 等电位连接

工艺接地系统在每个楼层做一次等电位连接，工艺竖井内的工艺接地主干线经过地电位均衡器（即等电位连接器）与结构预埋扁钢和本层防雷均压带相连。

13.6.2 工艺接地与交流电源地线的配合

工艺设备电源进入机房后，一律将电源 PE 线换为工艺地线。四川广电中心在机房的工艺配电箱中设置了与柜体绝缘的工艺接地铜排，强电系统 PE 地完成对柜体器件的保护，

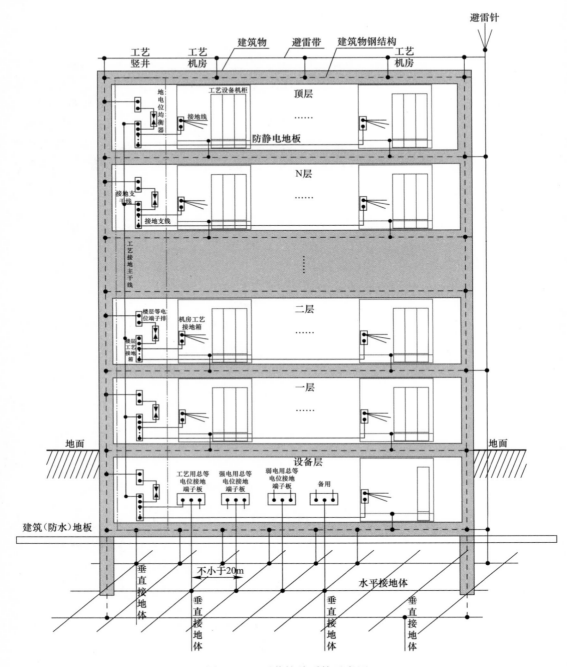

图 13-11　工艺接地系统示意图

工艺接地铜牌上端与机房内的工艺接地盒端子排连接，下端连接到工艺设备使用的 PDU 的地线端子，系统结构见图 13-12。

13.6.3　机房工艺设备接地

工艺机房机柜设有与柜体绝缘的接地铜排，机柜内安装设备的接地端子通过截面积为

$6mm^2$ 多股绝缘护套铜线接入铜牌，机房等电位接地端子排用截面积为 $16mm^2$ 多股绝缘护套铜线单独引至各机柜接地铜排，完成工艺设备的接地，连接方式见图 13-13。

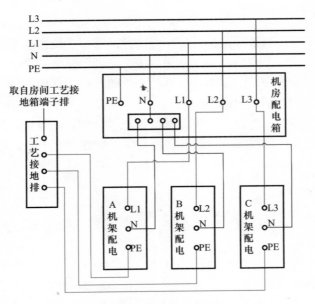

图 13-12　机房工艺电源连接图

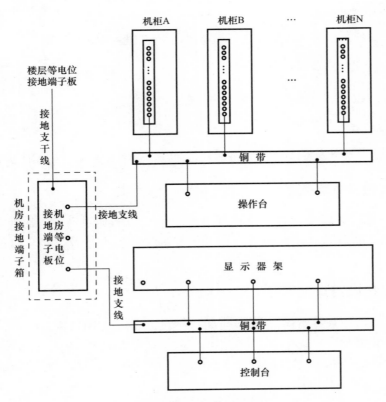

图 13-13　机架机柜接地连接

13.7　自台监测系统的建设

13.7.1　监测系统构成

四川广电中心自台监测系统包括机房环境监控、工艺系统视音频设备监控以及工艺系统计算机设备监控三大类，完成对中心重要机房的环境、强电及视频监控，并实现对播出系统、主干和总编室系统、新闻制播网核心机房、两个新闻直播演播室、演播室分控系统等重要系统的 AV、IT 设备运行状态监测。

自台监测系统建成后，将对工艺系统运行状态进行全方位的监测，对于电源、空调以及系统故障能够实现准确定位，减少处置周期，同时能够积累大量的系统运行数据，通过对这些数据的分析可有效提高系统使用效率，保障系统安全运行。

13.7.2　机房环境监控系统

监控内容包括能源监测、机房环境监控、视频监控、精密空调监控 4 部分。

13.7.3　能源监控

通过对能源系统中 UPS 设备、开关设备以及回路状况的监测，实现对重要系统的能源情况如开关状态、电流、电压、功率等参数的实时监测及报警。

13.7.4　机房环境监控

机房环境监控包含整体环境及微环境监测，监测内容主要包含温湿度，漏水监测等。

13.7.5　精密空调监控

精密空调监控主要对核心机房的精密空调运行状态进行监测。

13.7.6　视频监控

按照安全播出管理细则要求，对重要传输机房、核心机房等区域实施视频监控。

13.7.7　视音频设备监控系统

电视中心视音频设备监控系统实现对各子系统中的周边设备、切换设备、音频设备、矩阵设备、倒换设备、编码器、光端机等关键设备运行及告警信息的收集和集中展现。

13.7.8　计算机设备监控系统

自台监测系统中计算机设备监控系统的监测对象包括网络设备、存储设备、服务器、软件等的性能参数及告警信息。监测信号的收集由被监测的子网络系统向自台监测系统部署的接口服务器进行推送，自台监测系统不在各业务子网中直接进行数据采集。

13.8 总控播送系统设计

13.8.1 播出系统

播出系统设计思路是所有播出频道以文件化方式进行自动播出．紧急情况下的人工干预、外来信号的现场直播、图文字幕的同步播出、各个环节的应急措施等都要有完整的方案。

系统分为传统 AV 和网络两大部分。

13.8.1.1 播出 AV 及控制系统

1. 设计目标和规模

播控系统的设计目标是安全、稳定、可靠。建设规模为 14 个播出频道，其中 12 个标清频道、2 个高清频道。设计要点为：

（1）系统设计不能存在单一崩溃点，任一路信号的丢失、任一台设备的故障、任一路电源的故障均不应对播出产生影响。

（2）系统系统功能清晰、扩展灵活，能满足当前及今后 3~5 年的播出业务扩展需求。

（3）具有检错、纠错能力，具有完善的备份措施，易于操作、应急简单、方便管理、易于维护。

（4）系统在设备选型上充分考虑系统的安全性、稳定性、先进性，同时应充分考虑高清播出扩展需求，具有较佳的性能价格比。

播出系统每 2 个频道为一组划分为 7 个播出组，按不同的功能划分为 AV 切换系统、控制系统、网络系统、播出图文系统 4 个子系统。

2. 播出系统设计架构和流程

（1）播出 AV 切换系统

播出切换系统采用主备切换台＋主备二选一开关的方式，切换台为机箱板卡式，一块输入卡支持 16 路信号输入（外键信号需要占用输入口），一个输出控制卡实现一个频道的切换控制、键混、音频处理等功能，一个机箱最多支持 8 个输入卡、8 个标清输出卡。为了安全和风险分散，一个机箱按照 2 个频道来设计，配置了 2 个输入卡（卫视频道为 3 个），2 个输出卡，每个频道输出控制卡支持 2 路内键，3 路外键，内键用于台标和固定的频道信息标识等，外键用于备台标、字幕、备字幕。播出链路上的所有设备、输入信号源均为主备配置。并配置了 1 台蓝光录像机，作为应急播出和应急上载使用。

本系统的 14 个播出频道均在输出末级对播出 PGM 信号的音频进行了等响度控制。卫视频道和影视文艺频道采用独立等响度控制器、其他 12 个频道采用在"二选一"开关上安装响度控制软件的方式进行音频响度控制，等响度控制软件的参数参照等响度控制器的参数来进行设置。两种控制方式均达到了理想的效果。

卫视播出系统结构见图 13-14，其他频道播出系统结构见图 13-15。

在文件化播出的关键设备——视频播出服务器，采用的多通道单机的结构，每两个频道使用两个单机互为主备，每个单机配置 2 个解码用于播出，一个解码用于审看，一个双向通道作为本地紧急上载和审看。这种配置方案系统结构清晰，各频道相对独立，应急处置简单，安全可靠。

正常播出信号的流程为：所有需要播出的信号源经过同步预处理后，分别进入主备切

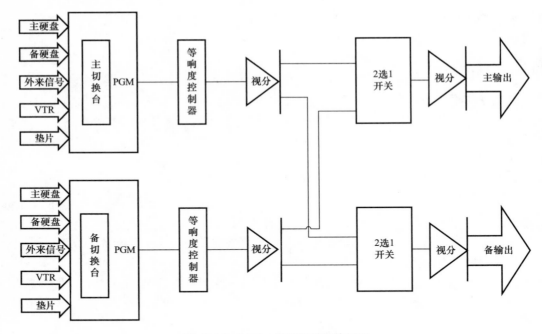

图 13-14 卫视、影视频道切换框图

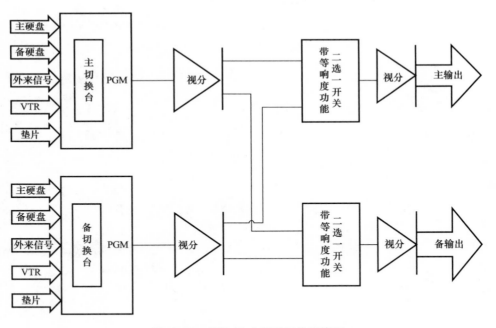

图 13-15 其他 12 个频道切换系统图

换台，根据节目单的播出要求进行自动切换和台标、图文字幕信息的键混叠加，最后通过末级"二选一"选择输出，进行编码复用传输。

在应急播出的流程：出现单路信号异常时，值班人员可通过倒换"二选一"开关进行简单故障的处置，排除通道中的设备故障，这种处理是不影响在播节目的正常程序。如果是主备信号源内容均有异常，则有值班员切换到垫片信号做应急处理，这种处理是中断节目的正常播出，进行人为干预，然后进行排除。

（2）播出控制系统

在播出系统中共有 3 套控制系统，第一套是播出控制系统、第二套是录像机共享调度/控制系统、第三套是上载控制系统。

播出控制系统，负责控制 14 个频道的自动播出，每个频道配置主备 2 台播出控制工作站，2 台工作站均能独立控制所有播出设备，2 台工作站间靠心跳线连接。14 个频道共配置 28 台工作站。系统架构图见图 13-16。

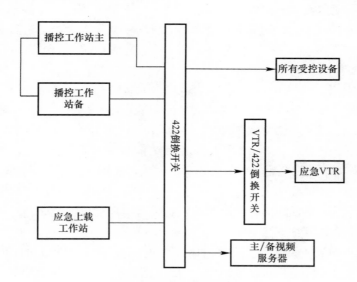

图 13-16 播出控制系统结构

图中的应急 VTR 是各频道配置的应急录像机，当录像机用于应急上载时受应急上载工作站控制。

在播出系统中除了各频道专用的应急录像机外，还设置了 14 台共享蓝光录像机，这 14 台录像机的一路输出送往总控主备矩阵，各播出频道可通过总控矩阵调度这些录像机用于应急播出；录像机的另一路输出送往上载系统的上载服务器，供上载使用。14 台录像机通过共享调度/控制服务器进行控制。系统中配置了主备 2 台共享调度/控制工作站，2 台工作站可接收播出工作站的指令，进行频道自动分配，也可通过手动设置进行控制。共享控制架构见图 13-17。

在上载系统中设置有 21 台上载服务器，19 台标清上载服务器由 5 台上载工作站控制。上载控制架构见图 13-18。

13.8.1.2 播出系统特点

1．大播出、大总控，信号集中共享调度灵活

播出系统共 14 个播出频道，播出控制端集中在一个大机房中，值班人员相对集中房间内在每个频道播出控制工位上，各种播出信号的监看通过画面分割器，根据信号的重要

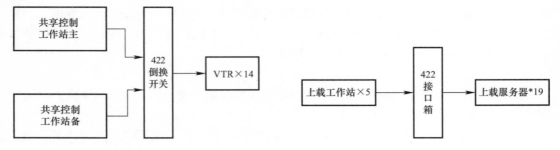

图 13-17　录像机控制系统架构　　　　　图 13-18　上载控制系统架构

程度进行规划，展现在大屏上，优化了显示布局，上下屏幕通过预存布局的调用，实现显示屏幕的互备，所有播出设备则集中在设备核心机房中，与人隔离，温湿度可控，环境清洁程度高。所有外来信号都通过总控矩阵共享调度，每组中的 2 个频道所有信号源可以独立选择也可以共享使用。

2．全流程文件化，分级审查，大量的备播工作前移

台内制播流程全文件化，在制作网完成的成片节目经过转码生成播出格式的文件，存放在总编室备播库，进行技审和人工审核（包括节目内容的审核），需要播出时由总编室编单系统向播出系统提交迁移请求，播出备播系统自动在备播存储区进行抓取，迁移到播出二级存储，并在播出域进行全文件的技术审查，技审发现异常的信息，由人工进行复审，确认是否可以播出，在播前两天迁移到本地播出服务器，头尾审片后方可播出。这种多级审查可以避免各个环节出现的问题，所有的隐患尽可能在播出前消除。

3．文件播出 AFD 信息贯穿全流程

AFD 信息是高标清并存时期必须要面对的问题，必须要进行流程上的考虑，系统在制作、播出、传输各个环节都设计了 AFD 数据信息，制定了 AFD 信息的规范。在制作环节，必须添加 AFD 信息才能作为合格的文件在网内传输、转码，在播出环节根据 AFD 信息进行相应的高标清转换，也实现了高标清素材在同一个频道混播，对播出素材的备播管理系统更简洁。

4．设备自动共享调度，实现播出与上载共享，减少设备重复投入

在播出线上，每个频道配置一台蓝光录像机，通过控制倒换可以实现播出和本地紧急上载共享，同时上载区的录像机也通过共享调度系统实现共享到每个频道用于录像机播出，既保证了播出的安全，又提高了设备的利用率。

5．节目播出与图文播出实时同步，实现精细化播出

通过节目播出系统与图文系统的接口，实现图文播出信息与节目播出信息同步，同时节目播出中的一些临时手动干预操作，也实时传递到图文播出系统，完全同步。

6．服务器主备倒换自动化，安全性高

播出服务器通过软件建立良好的信号、设备检测机制，依赖安全和科学的主备系统及自动倒换功能，实现了在信号或者设备出现故障时，能快速地进行自动倒换或手动应急处置。

7．自动主备倒换控制方式

播控工作站采用双机热备，通过 422 倒换器与受控设备连接。工作站间采用心跳线连

接。当主工作站发生故障时，备工作站能自动将控制权接管过来，同时发出声音报警。声音内容可自行定义。接管控制权在瞬间完成，当主机恢复正常时，主工作站可手动将控制权接管。

8．播出应急上载与本地紧急上载、蓝光播出多种应急备播方式

即便是网络化文件化的播出系统，依然需要完善的备份和应急手段，有时候最简单的录像机直接应急就是系统最可靠的保证。根据播前的安全时间线，分为播出应急上载、播出本地紧急上载、边载边播、蓝光直接播出等不同等级的应急手段，灵活应对各种突发情况。

9．做好系统安全，设置高安全区

播出网络系统内、外网之间采用网闸物理隔离方式，在系统中专门设置了中心防病毒服务器，定期对系统进行防病毒处理，确保播出网络系统的安全。

13.8.1.3　播出系统设计实施中应当考虑的问题

建成后的播出系统具有良好的稳定性、可靠性、先进性、扩展性，完整实现了传统信号的切换、字幕播出，与全台网络的信息交互接口，包括节目单、素材的元数据信息及物理文件的交互，实现对节目单、素材的整备，所有播出文件的迁移、技审和存储等。目前，基于主干网传输的文件化播出超过90%，经历了一年多的运行，整体系统运行稳定，流程顺畅，功能完善，满足台内日常高标清播出业务。在系统实施过程中应重点考虑以下几方面的问题：

1．系统存储容量规划

在播出系统的设计过程中，应根据播出素材格式及播后文件的删除机制，合理设计播出二级存储及播出服务器本地存储的容量。

目前二级存储为两个29TB存储体，在系统做规划时，两个存储体是设计为合并使用，在试运行期间，高清节目非常少，空间也很富余，它又是所有文件备播的缓存体，非常重要，为了提高系统的可靠性，在正式运行前将两个存储体设置为主备镜像的结构。随着时间的推移，目前播出的节目几乎都是首播，重播节目很少，加上新购电视剧均为高清素材，标清频道也大量播出高清素材，二级存储的空间占用率较高，平时的剩余空间在30%左右，在遇到节假日期间有可能进入满载的警戒区，不得不手动删除播后的素材以保障播出安全。根据目前的运行状态估算，二级缓存扩充至90TB将能满足使用需求。

目前两个高清频道的播出服务器共用存储为6TB，根据一个高清播出情况看，存储容量剩余77%，能够胜任两个频道高清化的播出。而标清频道播出服务器原设计存储为3T，目前存储的剩余空间较小，已扩容至6TB。

2．基带信号AFD信息的写入

上下变换是高标清同播阶段的重要环节，应对文件节目、磁带节目、直播节目和重要转播节目制定相应的上下变换方案。目前系统实现了文件播出的AFD信息贯通，在文件播出时可以完全呈现所需要的转换方式。但是在信号播出环节，目前上下变换还只能依靠手动操作实现。应在设计之初充分考虑基带信号中AFD信息的注入方式，自动实现直播及转播信号的上下变换。

3．同播频道高标清字幕的实现

目前播出系统实现高标清同播采用高标清两个频道分离运行的方式，节目素材共享，但节目单和图文单需要分别编制。这种模式的运行成本较高，比较经济的方式是以一个频

道为主,同播频道采用上下变换的方式来实现,比如以高清为主,所有的节目、图文播出均以高清为基础,标清频道在末级下变来实现。但由于高标清画面幅型的差异,标清和高清字幕的位置无法两全,若采用干净信号下变,则需要两套高标清图文及键混设备,这也是需要考虑和权衡的地方。

13.8.2　播出网络系统

13.8.2.1　系统设计目标

播出网络系统是全台网下的一个子系统,主要由视频服务器系统、二级存储系统、素材迁移系统、数据库系统及应急上载系统组成。系统设计的目标:

(1) 实现素材上载、迁移、元数据交换全程文件化的播出方式;

(2) 播出二级存储系统与总编室备播库互联,实现正常流程下播出文件的迁移;

(3) 二级存储系统与广告部系统互联,实现广告素材的日常迁移;

(4) 二级存储系统与媒资系统互联,实现当网络或备播库故障时播出文件的紧急转码迁移;

(5) 视频服务器系统可实现播出、紧急上载、边载边播等多种播出方式;

(6) 应急上载系统可实现非正常流程下蓝光盘送播出机房上载播出的方式;

(7) 采用高安全级别的数据库系统保障播出网络系统的正常运行。

13.8.2.2　系统设计要素

系统设计要素如下:

(1) 14 个播出频道,其中 12 个标清频道、2 个高清频道。

(2) 标清频道的文件格式。

(3) 视频:MPEG-2 4∶2∶2 MP@MLIBPGOP =12Mbps。

(4) 音频:PCM 48kHz 取样 16bit 量化 2CH。

(5) 高清频道的文件格式。

(6) 视频:视频:MPEG-2 4∶2∶2 MP@ML IBP GOP =50Mbps。

(7) 音频:PCM 48kHz 取样 24bit 量化 2CH。

(8) 14 个频道均按照每天 24h 播出,首播量 50% 考虑。

(9) 播出网络对外接口包括:节目单接口、广告单接口、与总编室备播库接口、与广告部接口以及与媒资系统接口。

(10) 二级存储需要缓存 14 个频道 15 天的播出素材。

(11) 从二级存储到视频服务器:每个频道按照 10 倍速迁移。

(12) 从总编室备播库到播出二级存储:每个频道按照 3 倍速迁移,同时完成自动技审。

(13) 广告部到播出二级存储:单条文件按照 10 倍速迁移。

(14) 上载服务器到二级存储:单条文件按照 3 倍速迁移。

(15) 媒资系统到二级存储:每个频道按照 3 倍速迁移,由此得出二级存储体容量。单簇容量 25TB,增加 20% 冗余保护,有效容量 30TB,双簇有效容量 60TB。二级存储单簇带宽 300MBps,双簇带宽 600MBps。

(16) 迁移服务器集群规模:共配置 31 台迁移服务器完成所有素材的迁移、自动技审、人工复检任务。

13.8.2.3　播出网络系统架构

播出网络系统总体架构见图 13-19。

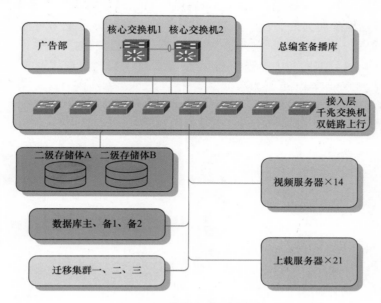

图 13-19　播出网络系统架构

1．二级存储系统

二级存储是播出系统的核心存储设备，在本系统中将二级存储分为了 A/B 两个区，在物理上两个区采用两个完全独立的存储体，分别存储不同时间的待播素材，充分保证了存储体的冗余性。存储盘阵采用多 NAS 头集群技术，即多个 NAS 头（节点）组成一个逻辑存储，每个 NAS 头下挂有独立的存储体，存储的文件平均分布在所有存储体中，任何一个 NAS 头故障都不会影响其他的节点工作，而且数据不会丢失。

2．视频服务器系统

视频服务器选择了 4 通道服务器，按照每 2 个频道共用 2 台服务器配置，主主 / 备备关系。视频服务器架构见图 13-20。

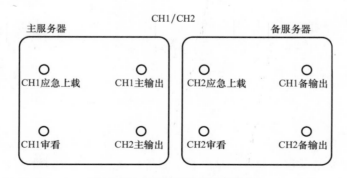

图 13-20　视频服务器冗余架构

3．数据库系统

数据库系统是整个播出系统的核心，其安全性至关重要。本系统采用了高端服务器平台下"主＋备1＋备2"的模式。在高性能数据库服务器1、2上运行SQL Server数据库，数据信息存储至共享数据库阵列，服务器采用微软的MSCS在线集群热备方式并行工作，当其中一台服务器瘫痪时另外一台服务器自动接管独立运行。系统中同时再配置一台高性能服务器（数据库备），当数据库服务器1、服务器2正常运行时，数据库1、数据库2的数据信息也同步写入数据库备中，当数据库1、数据库2同时出现故障的紧急情况下，手动将播出系统中站点连接IP更改为数据库备的IP地址，即可保证系统业务的继续运行。数据库系统架构见图13-21。

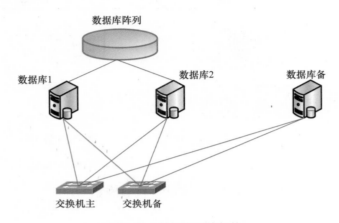

图 13-21 数据库系统架构

13.8.2.4 播出网络系统流程

播出网络系统文件迁移流程如图13-22所示。

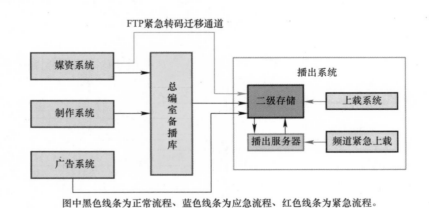

图中黑色线条为正常流程、蓝色线条为应急流程、红色线条为紧急流程。

图 13-22 播出网络系统文件迁移流程

正常情况下播出的节目素材全部从总编室备播库提取、广告素材从广告部提取。

在距离开播前1h节目仍未到达播出二级存储时，需要采取应急播出流程，由节目部门将蓝光盘直接送播出机房，由上载系统上载到二级存储后进行播出；或者由各频道的应急录像机直接上载到视频服务器播出，再紧急的情况下可采取边载边播的方式。

如果出现网络故障或者备播库故障的极端情况，可启用紧急通道，通过 FTP 直接将成品节目文件通过转码迁移到播出二级存储。

13.8.3　总控传输系统

13.8.3.1　总控系统

1．系统设计目标

四川广播电视台总控系统由矩阵调度系统、全台通话系统、全台同步系统、全台时钟系统组成。总控系统的设计必须充分考虑安全性、科学性、先进性、可扩展性和经济适用性。总控系统作为全台信号汇集的核心地，是全台信号调度的中心，为全台各子系统提供稳定可靠的信号调度、对外来信号进行帧同步处理、对直播信号进行延时处理；为全台技术系统提供稳定的通话保障；为全台技术系统提供统一的同步信号、时钟信号。

2．矩阵调度系统

以安全为第一原则设计的总控调度系统需具备主备架构的冗余模式；矩阵的规模除了满足目前的全台使用需求，还必须考虑将来信号路由的扩展及系统高清升级的扩展，所以主矩阵的规模必须足够大、足够安全；而备矩阵作为主矩阵的备份，只有当主矩阵不能正常调度时，才使用备矩阵进行信号调度。因此备矩阵的信号调度可以只保证播出系统和演播室系统。我们配置的主矩阵规模为：256×256，带 2 块独立的主备交叉点板，2 个独立的 MONITOR 监视口，冗余电源；备矩阵为：128×128，1 块交叉点板，1 个 MONITOR 监视口，冗余电源。主备矩阵均为高标清兼容配置，周边设备全部为高标清兼容配置，可灵活应对将来的高清升级。

图 13-23 及图 13-24 分别为主、备矩阵架构。

从系统架构图可看出，矩阵调度系统呈非对称结构的主备矩阵模式，进入总控矩阵的信号全部为基带信号，音频为嵌入音频方式，所有外来信号均通过帧同步处理后再进入总控矩阵，所有直播信号的延时处理均在总控系统进行。

3．全台通话系统

全台通话系统是电视台各个技术部门协调工作的指挥中枢，其功能是保障电视台技术系统在播出、传输、调度、直播、录播、节目制作等工作状态下的通话、指挥、调度需求。全台通话系统涵盖：总控系统、播出系统、传输系统、13 个非新闻演播室、演播室分控、候播区、4 个新闻演播室、新闻收录、网络平台、LED 大屏控制室、播出上载、卫星接收机房、收录机房、微波机房、媒资系统以及系统外的转播车注入点、各楼层注入点。

全台通话系统的设计以安全性，合理性，经济性为设计原则，各个子系统可独立工作，子系统之间有足够的通信路由，每个子系统之间互不干扰。

根据四川广播电视台新楼的布局，我们在总控机房和演播室分控机房设计了 2 台独立的通话矩阵，分别为 64 口和 48 口，2 台通话矩阵可以独立工作，2 台矩阵之间为双环设计，使用光纤双方向传输音频信号。由于两台矩阵的距离较远，我们配置了 2 台以太网光端机，为 2 台矩阵双向传输控制信号。2 台矩阵均带双以太网口，分别接到两个路由器上，互为主备，可保证控制信号不中断。

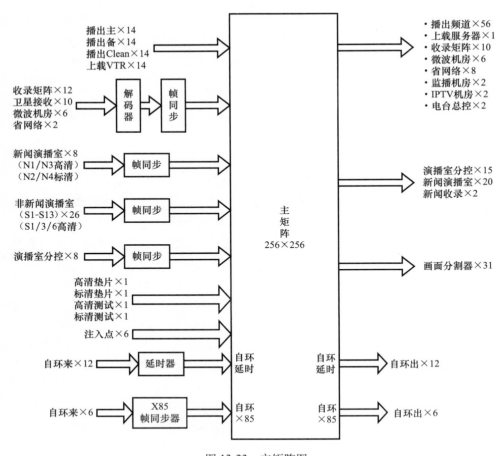

图 13-23　主矩阵图

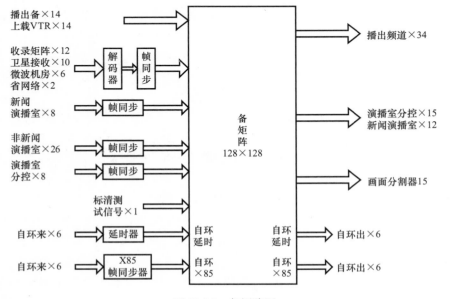

图 13-24　备矩阵图

系统充分考虑了各业务部门需求，通话终端采用适合不同环境的数字化有线或无线通信终端，配备了中英文面板，大小通话面板，腰包，无线腰包，两线四线接口，电话耦合器等，使用方便灵活，能充分保证各种工作状态下的通话需要。全台通话系统架构见图 13-25。

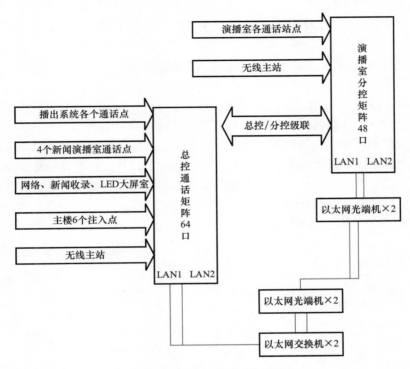

图 13-25　全台通话系统架构

4．全台同步系统

全台同步系统主系统设在播出的总控机房，主要为全台各个技术子系统提供统一的同步信号。同步信号采用模拟 BB（PAL）信号。全台同步系统由 2 台同步机和一台倒换器组成。2 台同步机互为主备，经倒换器倒换后送往各子系统。各子系统均有自己的子同步系统，子同步系统的架构与全台同步系统架构相同，都是由 2 台同步机和一台倒换器组成。子同步系统的主、备同步机受全台同步基准信号锁定，各子系统主、备同步机具备锁相保持功能，可以在全台同步信号发生抖动或丢失的情况下仍然保持稳定的同步信号，充分保证了图像不会出现抖动的情况发生。全台同步系统的架构见图 13-26 及图 13-27。

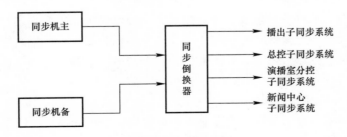

图 13-26　全台同步系统架构

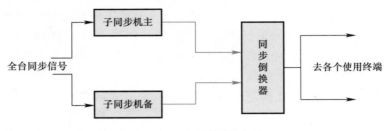

图 13-27　子同步系统架构

5．全台时钟系统

全台时钟系统由 2 台高稳定时钟和一台倒换器组成，2 台高稳时钟接收 GPS 信号校时，其输出时码通过倒换器倒换后送到全台各工艺子系统，各工艺子系统分别建立有子时钟系统，在各子时钟系统中再配置了一台高稳时钟，这台时钟受全台时钟信号锁定，它的输出再与全台时钟信号进行一次倒换后送往各使用终端。这种结构的好处是当全台时钟系统出现故障时，子时钟系统能够继续工作，不会出现授时错误的问题。全台时钟系统架构见图 13-28，子时钟系统架构见图 13-29。

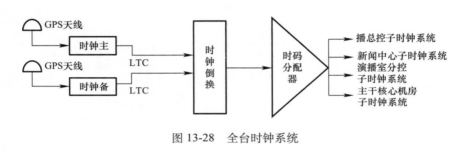

图 13-28　全台时钟系统

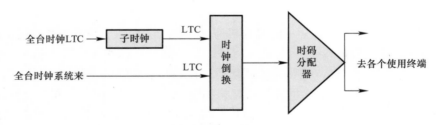

图 13-29　子时钟系统

13.8.3.2　节目传送系统

四川广播电视台节目传送系统包括台内广电中心电视工艺子系统之间节目信号传送和数据交互、卫星接收与 L 波段信号传输，以及向发射台、四川省广电网络中心机房、卫星上行站、我台旧址节目信号传送。编码复用系统作为播出末端的信号处理部分也在本章节进行介绍。

1．编码复用系统

我台播出信号编码复用系统是为卫星上行站提供 2 套电视节目（四川卫视和康巴藏语卫视）和 8 套广播节目，为我台网络传媒中心、四川省广电网络中心机房、省微波传输发射台站提供我台 12 套标清节目和 2 套高清节目编码压缩信号处理系统，系统架构见图 13-30。

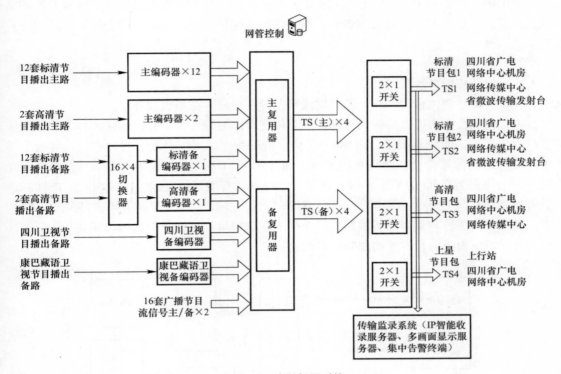

图 13-30 编码复用系统

（1）编码复用系统设计

12 套标清电视节目的编码，采用了 12+1 备份方式。2 套高清电视节目的编码，采用了 2+1 备份方式。上星频道编码采用 1+1 备份方式。复用器采用 1+1 备份方式。备编码器前加信号切换开关。播出末级分配送来的各频道播出节目的主备信号分别送该频道的主编码器和备编码器切换开关。每台编码器有 2 个 ASI 输出，分别送主备复用器。我台 12 套标清节目复用成 2 个节目流，2 套 MPEG2 高清编码节目复用成 1 个节目流，还有有一个上星节目流，因此设计每台复用器可输入 20 路信号、输出 4 路独立的 TS 流。主备复用器输出的 TS 流经二选一及分配器分别进主备传输路由，以及传输监录系统。编码复用系统配置网管服务器。传输监录系统实现对节目码流信号的监测、收录、告警和分屏监看。

（2）编码复用系统设计需要重视的问题

在广电中心建设过程中，市面主流编码器都是单电源，采用 N+1 备份方式的编码器无法在主、备电源一路中断的情况下提供信号，因此我们在主编码器前增加了交流电源倒换器，经测试，电源倒换不会影响编码器的正常工作。现在多数厂家已经生产可以配置冗余电源的编码器，需要在采购时注意选择。

网管系统实现对编码复用系统的实时监控、冗备切换、设备参数配置等管理功能，提供全系统拓扑逻辑的管理。系统配置的网管服务器和交换机通常都是单电源的，为了确保在单路电源供电时系统也能正常运行，要注意给网管系统配置电源倒换器。

系统设计时，为方便日常维护管理，我们把网管系统的 PC 平台安装在设备机房里。实际使用中，我们为了使网管对编码复用系统的实时监控与传输监录系统对信号的监测发挥互补作用，把网管显示界面和告警声接入传输监控机房里，可以方便值班人员及时监看和发现告警。

2．光缆传输系统

（1）光缆传输系统概述

光缆传输系统由台内、外光缆传输线路及设备组成。在播出设备机房设置光纤总配线架，由总控负责台内外光纤接口管理。以总控光纤总配线架为中心，以演播室分控和广播总控为分中心，光缆连接了台内 48 个机房，台外 5 个机房，满足了我台广播、电视节目生产及播出的信号传送、网络互联互通。新建 4 个 SDH（同步数字传输体系）传输网元组成一个带宽为 2.5G 的传输环网，并与省广电网现有城域网互通，实现与省广电网的节目传送和省内地市州上传新闻的接收。SDH 传输网保护方式为双向复用段环保护。四川省广播电视网络公司负责光缆线路敷设及相关广电网络传输设备的采购和安装工程。光端机等传输设备由我台自行采购和安装调试。

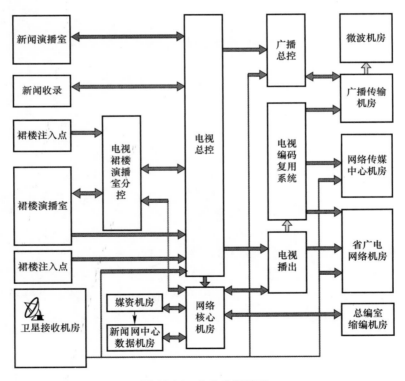

图 13-31 台内光纤链路

单模光缆采用 ITU-T（G.652）长波长单模光纤 GYTA-NB1 型，即金属加强构件、松套层绞填充式、钢－聚乙烯粘结护套通信用室外光缆。N 表示光缆芯数。多模光缆采用 50/125μm 渐变折射率分布的多模光纤 GYTA-NA1a 型，即金属加强构件、松套层绞填充式、钢–聚乙烯粘结护套通信用室外光缆。台内光纤链路如图 13-31，台外链路见图 13-32。

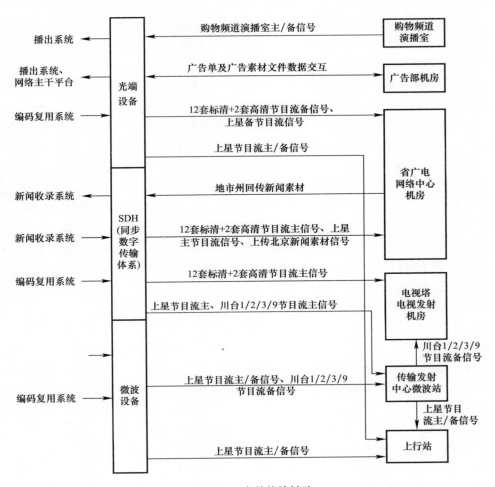

图 13-32　台外传输链路

（2）光缆传输系统实施过程应注意的问题

按照投资少及长远发展相结合，光缆线路建设应满足 10～20 年的技术和业务发展需要。在前期需求汇总、整理工作中，需要统筹考虑，避免重复浪费，也防止遗漏。在光缆传输系统实施过程中应注意以下 4 个方面的问题：

1）进场时间节点把握。在实施过程中，要设专人负责协调配合光缆传输系统工程工作。需要协调好光缆敷设进场施工的时间，我们体会在大楼土建完工、线槽施工已经完成、工艺用房装修完成、机柜安装到位、系统集成商已经提供施工图纸的时候进场比较合适。实际上，台外光缆敷设施工进度可能会受市政建设的影响，而不好把握工期。大楼内部光缆敷设和熔接成端的工期是比较短的，通常在 1～2 个月内。进场太早，一些场地不具备施工条件，一些机房物理位置还有调整，这些情况都会影响到光缆正确敷设到位。

2）设置光缆工程固定协调人，能够保证光缆敷设顺利进行，确保施工质量，更好地掌握工程实施进度。光缆工程协调人能够帮助施工方协调台里各机房安装光缆终端盒、光纤配线架的位置；搜集和整理各部门使用方光跳线的数量、长度、接口类型等需求，并提交采购；配合各路光缆熔接和测试工作；汇总整理各路光缆资料，并提供给使用方。

3）快速应对变更：及时通知施工方机房更改名称或机房物理位置变更等情况；发现实际施工中出现与原设计图不符的问题；能够纠正设计图纸错误；能够帮助使用方协调光纤接口变更、光缆增补等事宜。

4）搬迁过渡方案：搬迁过渡时期，在传输方面要有预案。在搬迁过渡期，有些演播室会提前启用，各频道进入播出流程的时间也不统一。我台新闻演播室先于播出搬迁，新闻直播信号要传回旧址播出。我台播出搬迁是根据各频道对节目制作网、播出流程的适应情况分步实施的，共进行 6 次信号割接，历经两个半月。在过渡期间我们注重两方面准备：一是准备好新址到各传输终端机房的传输线路；二是准备好老台和新台之间的信号传输通道。由于我台搬迁新址后，旧址将做他用，新旧址之间距离约 30km，新建光缆费用很高，因此我们采取的办法是：利用新址、旧址到省广电网络中心机房都有光缆，在省网中心机房沟通两边光传输链路，在两端增加传输设备（例如 8 合 1 光端机），只要 2 芯就能往来传输各 8 路信号；利用 SDH 光传输链路，在两端增加编码复用和解码设备进行传输，且 SDH 传输链路有环网保护功能，通常作为主传输链路使用。所有这些传输预案，满足了我台播出搬迁过渡期的信号传输需求。

3．卫星接收及传输系统

（1）卫星天线建设规模

在四川广电中心工艺系统建设中，卫星接收系统在裙楼 4 楼顶建设了 21 付卫星地面接收天线，其中 9 面 4.5m C 波段天线、2 面 3.7m Ku 波段天线、3 面 3.0m Ku 波段天线、3 面 2.4m Ku 波段天线、2 面 1.2m Ku 波段天线、4.5m C 波段和 3.7m KU 波段电动接收天线各 1 面。共接收来自 20 多颗卫星下行 31 路 L 波段信号，提供广播总控、省广电网络公司的省数字电视平台、网络传媒中心、电视新闻收录系统、电视总控、龙泉卫星上行站多个单位（部门）使用。

（2）L 波段信号传输应用技术特点

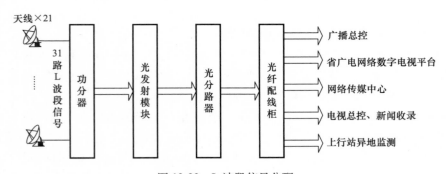

图 13-33　L 波段信号分配

在裙楼 4 层设卫星接收机房，实现对卫星天线控制、馈电和卫星信号的光发送功能，对卫星机房设备实行远程设备监控。集中式管理和统一备份，减少了运行维护人力物力成本。满足多家单位（部门）卫星接收需求，避免重复建设。

L 波段分配方案见图 13-33，使用 L 波段信号光传输方式，减少了信号损耗，提高了信号质量，减少了电磁干扰，避免了雷击发生，提高了系统的可靠性、安全性。

综合运用了光分路器、光纤配线架、L 波段矩阵，实现 L 波段信号分发。将 L 波段光发射模块的光输出信号一分为四，通过光缆分别送到不同的几个接收地点，实现了 L- 波段光信号的一发多收。在电视总控配置 L 波段矩阵，对多路卫星信号进行灵活调度和再分配。

4．微波传输系统

在传输系统建设中，微波系统虽然分量不重，但却是重要的组成部分。我们在主楼楼顶新建了一对上行站方向微波，为分体式微波，1+1 热备份保护配置。发送 2 套电视节目和 8 套广播节目复用的主备上星节目码流信号。由于我台距离上行站直线距离 33 公里，光缆传输距离很长，市政建设施工、光缆架空路段发生意外会威胁光缆传输的安全性，微波系统与光缆传输组成主备传输链路，确保了上星信号的传输安全。

另从我台旧址搬迁一套 155M SDH 微波传输设备，用于我台新址向四川广播电视塔的信号传输。经技术人员对安装环境、馈线敷设路径的现场勘查，测算了微波通道距离和微波架设点的海拔高度，重新定做馈线，该设备能够向广播电视塔传送我台广播电视编码复用信号，与光缆传输方式互为备份。

13.9　四川广电中心网络制播系统

13.9.1　项目总体背景

13.9.1.1　项目简介

四川省广播电视中心全台网络系统是四川广播电视台新台址工艺系统的重要组成部分，项目建设按照《白皮书》的要求，遵照"整体规划、分步实施、安全可靠、互联互通、持续发展"的原则进行。在充分考虑四川广播电视台的自身整体需求的前提下，以四川广播电视台为主导，与索贝、大洋、新奥特、捷成公司共同组成了设计协作联合体，完成了系统整体规划和各子系统详细设计。项目建设的目标是：以异构业务系统为基础，以面向服务的 ESB+EMB 的双总线架构为互联平台，以总编室管理模块为业务核心的网络系统，遵循统一的《四川广播电视台互联互通接口规范》、《四川广播电视台网内视音频文件格式标准规范》，以主干平台作为管理和交换核心，通过 FC+ 以太双网网络架构连接多个业务系统，实现异构子系统的互联互通，完成制播业务流程的再造和优化，满足四川广播电视台高标清节目生产播出需求，并为新媒体业务提供有效支撑。

四川省广播电视中心全台网络系统由设计协作联合体共同设计，一期工程包括了主干平台系统、总编室节目管理子系统、新闻综合业务子系统、标清制作业务子系统、两个高标清制作业务子系统、全台图文子系统、广告子系统、演播室制播共享子系统、播控子系统、媒资子系统、收录子系统、音频制作子系统等共计 13 个子系统。目前一期工程已经全部完工并投入运行 1 年以上。二期工程包括全台监控子系统、新媒体发布子系统、统一门户系统等，正逐步启动。

四川省广播电视中心全台网络系统是高内聚、松耦合的开放性异构网络系统，采用了"基于制播全程、全域的 AFD 参数接续及应用"、"全台网络化图文制播系统"、"异地广告条目化编播系统"、"新闻主题库"、"电视节目缩编模块"、"数据文件安全策略"等多项创新技术。在项目的设计和实施过程中，四川广播电视台设计协作体充分吸收网络化制播技术理论和产品的最新发展，一方面通过对众多已有成熟技术的消化吸收，创造出适应大规模网络系统的四川广播电视台全台网应用模式：如基于"节目代码"实现的全台节目管理模式、基于 XML 扩展标记语言实现的媒资编目数据导入导出、"生产网＋数据交换网"下的 FC 交换架构等。另一方面，通过一系列技术创新，解决了大规模网络生产带来的一系列问题：如基于"地址匹配"技术实现迁移分组、通过智能音频文件处理技术实现跨域数据交互中的音频合并／拆分、通过 SQL 编程自动化技术实现数据库的数据同步等。系统采用了依据"节目代码"实现的全台播出节目管理，制订了适应高标清同播播出形态的AFD 参数规范，以总编室的节目生产管理业务为核心驱动，以主干平台为交换中心，形成了适应高标清同播的覆盖全台的全流程全业务文件化交换和文件化送播技术体系，实现了单一文件高标清同播。四川广播电视台 2011 年 7 月正式投产，硬件及软件运行稳定可靠，文件化送播率达到 90% 以上。全面支撑起四川广播电视台 10 个频道 63 个自办栏目的制作播出，以及影视剧缩编、节目单编排、图文编排、广告编排、媒资管理等诸多业务。

四川省广播电视中心全台网络系统充分吸取了当今国际国内的广播电视技术和计算机信息技术的新思路、新技术、新产品，在省级电视台的全台网建设方面进行了有益的探索，项目强力整合了业界一流生产厂商的设计优势、系统优势和产品优势，让异构这种形式在四川广播电视台台方需求这一共同目标下达到和谐统一。系统总体方案设计务实合理、经济实用；项目实施后系统功能完善，达到了设计目标，满足了四川广播电视台自身高速发展的业务需要，提升了节目制播存管等业务效率和管理水平，是省级台高标清全流程、多业务制播网络系统建设的一个成功案例。

13.9.1.2　需求背景

四川广播电视台老台办公生产分散在成都市区 6 个区域，一直无法形成规模化的节目生产，截止 2007 年底，四川广播电视台具备网络化功能的非编系统仅有 3 个，非编站点总数为 43 台，且均为孤立子系统，未形成任何网间联系，节目在台内部门间传递全靠磁带人工交换。在这种数字化和网络化程度双低背景下，无论是生产能力还是生产效率，老的节目生产技术体系已无法满足事业发展的要求，主要体现在以下几个方面。

线性编辑系统、单机非编大量存在，3 个小型非编网络系统处于孤岛。节目生产方式完全停留在手工作坊阶段，既无工业化流水线节目大生产的物理基础环境，更无全台流程化节目生产的理念和经验积累，无法实现全流程的管理。磁带依然是各个制作环节的唯一中间介质，一个节目从前期拍摄、后期制作到最终播出需要经过若干次的上载、下载、复制，极大地影响节目的生产效率和技术质量控制，急需通过全台网的建设实现文件化、流程化的节目生产和播出，从而提高节目制播规模、效率和技术质量。

随着四川广播电视台业务发展，多频道的节目制作体系以及移动电视、网络电视、新媒体等新业务的相继实施及规划实施，不仅节目制作播出规模日趋扩大，而且资源共享的需求日趋突出，仅靠人工依赖介质的信息交流办法已经完全不能满足这种需求，急需通过全台网的建设实现内容资源的多元化开发和共享利用。

四川广播电视台已有 10 个电视播出频道，为了提高节目播出的效率，减少人工操作体力脑力付出，降低差错率，进一步保障播出安全，播出业务急需实现全文件化送播备播；高清电视的发展，以及高标清同播也对高标清自适应播出提出了新的要求。

大量影视剧及近 10 万 h 珍贵的历史资料无法数字化，归档、检索、再利用流程繁琐，完全停留在人工运行层面上，效率极其低下，不仅保存成本逐年上升，而且保存寿命岌岌可危。

根据规划台广告中心将不搬迁到台新彩电中心，其中心原有的广告合同、广告编单、广告串编以及广告送播等等系统都将保留在广告中心，而广告中心距离新彩电中心有 20 多公里，这对广告的及时准确安全播出带来一个不小的难题。

13.9.1.3　设计目标

到底要建成一个何等规模、具备什么功能和性能的全台网，建成后能否提升生产能力和效率、安全如何保障，原有投资如何保护利用等等，这一系列问题是每一个全台网都要面对的。四川广播电视台的技术人员通过近两年左右时间的对现有状况和需求的分析，在调研积累的基础上经过慎重考虑后决策形成了"以总编室业务驱动为核心的、异构全台网"的系统设计思路。同时深切体会到要想推动新技术的综合应用，增强全台网络系统的扩展性，符合四川广播电台的自身需求，真正实现"异构同心"，还必须打破生产厂家之间的技术壁垒，挣脱产品提供商的技术绑架，于是，提出了以四川广播电视台的需求为主导和最终目的，以《中国电视台数字化网络化建设白皮书》为指引，以台方和索贝、大洋、新奥特、捷成四家公司组成的设计协作联合体，来具体承担规划设计。通过充分商讨，确立了四川广电中心全台网系统的总体设计目标：构建以异构业务系统为主体，以面向服务的 ESB+EMB 的双总线架构为互联平台，以总编室节目生产管理模块为业务核心的网络系统，通过统一的规范及标准，实现异构子系统的互联互通，完成制播业务流程的再造和优化，满足四川广播电视台高标清节目全流程生产播出需求，并为新媒体业务提供接口服务。

在这样的设计框架下，四川广播电视台全台网设计协作联合体以"先进性、安全性、开放性、经济性、实用性"为原则，结合各生产厂商的专业优势，综合考虑我台整体需求和各频道各栏目的实际情况，分步进行全台网络各子系统的设计实施。

我们要建设的全台制播网是一个内容生产和分发的网络化平台，通过资源整合提升媒体内容的生产效率与价值。以总编室节目生产管理核心为纽带，实现"采、编、播、存、管"的整个电视工艺全流程的数字化、文件化、网络化，将上下载、制作、收录、存储、传输、浏览、检索、共享、资料保存及再利用、播出发布等不同业务子系统之间实现无缝连接，并建立高效、安全的数据传输和信息传递的高速交换通路，使得全台总业务流程实现全程全局的数字化、网络化、文件化。以 AFD 信息生成、信息识别和全域管理系统，实现高标清素材的混编和同一文件的高标清节目同播。通过这个互联互通的制播生产网络系统，实现节目制作、播出和存储管理的流程化生产作业，提升和再造先进的节目生产流程，以现代化大生产的先进技术来推动节目生产能力提升、生产效率提高和管理水平上台阶。

四川广播电视台于 2008 年 3 月提出了广电中心全台高标清异构制播网络系统的技术建设思路，通过设计协作体的深化设计后形成了可实施的技术方案，于 2010 年 11 月开始部署，2011 年 4 月系统投入试运行，2011 年 7 月正式投产运行以来硬件及软件运行稳定可靠，全面支撑起四川广播电视台 11 个频道 40 多个自办栏目的制作、播出、影视剧缩编、节目单编排、图文编排、广告编排及素材管理业务。

13.9.1.4　全台网系统构成

全台系统构成见图 13-34。

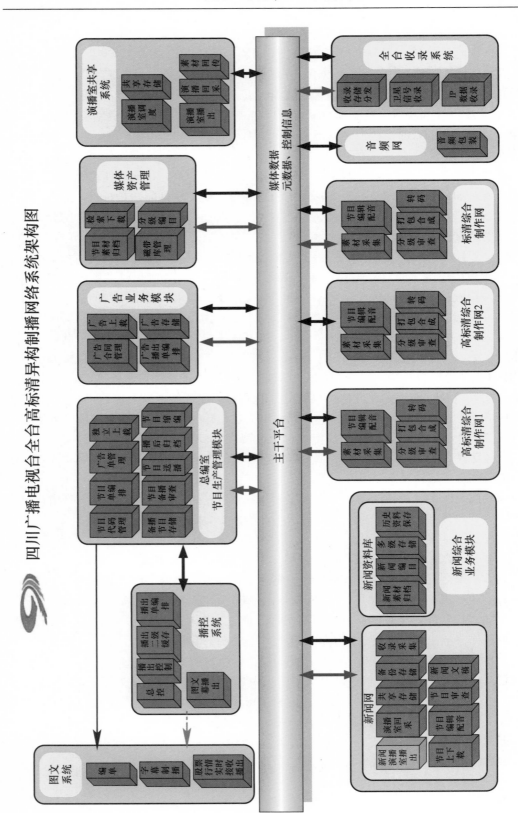

四川广播电视台全台高标清异构制播网络系统架构图

图 13-34 全台业务板块示意图

13.9.2　全台网主要业务介绍

我台制播系统涵盖了主干、总编室、新闻制作、非新闻制作、播出、媒资等 13 个异构系统，从全台制播系统总体层面看，主要流程包括自办节目制播流程和全台图文流程，资料管理则是支持以上流程的基础。

13.9.2.1　全台制播

四川广播电视台全台制播系统是以一体化、可配置、高效率的驱动的业务流程，该流程涵盖了从节目策划到节目播出的所有横向和纵向所有环节。制播流程见图 13-35。

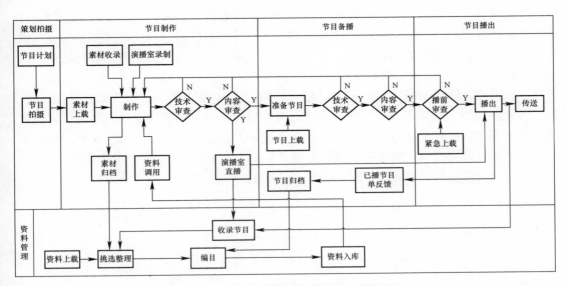

图 13-35　四川广播电视台制播流程示意图

自办节目制播流程是：策划拍摄→节目制作→节目备播→节目播出→媒体资产管理。

13.9.2.2　全台节目送播业务流程

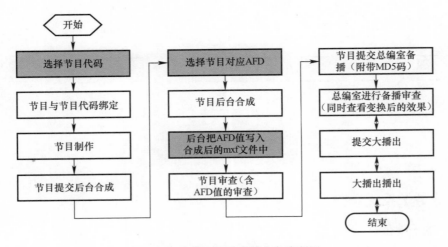

图 13-36　全台节目送播业务流程图

13.9.2.3 全台高标清同播

在我台全台网业务领域内使用 AFD 同播技术，针对全台相关的业务系统制定制订了《四川广播电视台 AFD 数据定义规范》。基于这种规范，采用媒体编解码技术和 WebService 接口技术，研发了 AFD 信息生成、信息识别系统和全域管理系统，并通过视频服务器的自动识别技术，解决全台网各异构子域（媒资域、总编室备播域、新闻制作域、后期制作域、广告制作域、包装制作域、播出域、新媒体域）中包含 AFD 信息的 MXF 视音频节目文件格式的接续，满足同一媒体文件在电视台全域中不同用途的高标清应用。

13.9.2.4 EDL 节目送播

使用媒体文件处理技术 +IO 技术，编辑产生不同版本的 EDL 表，运用 XML（扩展标记语言）进行记录，通过 WebService 方式向播出域传递，满足同一节目不同频道的播出需求，实现一次上载多版本播出。缩编的功能主要包含：备播节目缩编、缩编节目编单、缩编送播。

13.9.2.5 全台图文

全台网络化图文系统整合了全台图文制作播出设备，包括分布在播出域、非新闻演播区以及新闻演播区的字幕设备及在线包装设备，构成了一个具备稳定成熟的网络化技术、系统整体安全、业务流程完备清晰的全台性图文网络系统，能够在全台范围内实现图文模板共享、图文数据共享、图文资讯非播出域编单、与视音频节目同步播出等功能。

全台图文流程是素材上载→图文制作→图文备播→播出。

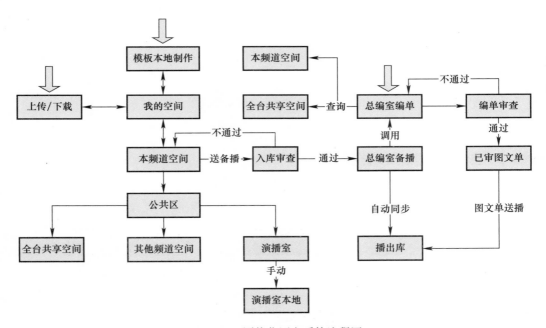

图 13-37 网络化图文系统流程图

13.9.3 业务子系统介绍

13.9.3.1 主干平台

主干平台系统是实现四川广电中心全台网应用集成的交换核心和业务核心，是全台网开放性架构的基础，是子系统之间数据交互的调度中心，流程控制的管理中心，是应用通信、集成与交互的中间平台，是全台网互联互通的技术支撑平台。

主干平台系统由基础网络平台、业务支撑平台组成。通过主干平台，以文件方式为主要交换手段，实现电视台内部各业务网络的网间节目数据交换，为日常节目生产提供高效的数据共享功能。

13.9.3.2　系统结构

主干平台系统由基础网络平台、业务支撑平台组成。通过主干平台，以文件方式为主要交换手段，实现电视台内部各业务网络的网间节目数据交换，为日常节目生产提供高效的数据共享功能。主干平台架构见图 13-38。

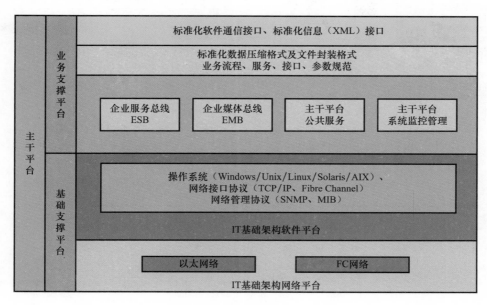

图 13-38　主干平台架构示意图

依据主干平台架构图，主干系统拓扑结构见图 13-39。

全台网基础网络架构采用混合网络架构，"万兆主干，捆绑互联，千兆接入、冗余备份"。主干平台对全台其他各个业务子系统提供千、万兆以太网接入以及 4Gb、8Gb FC 光纤链路接入，确保各种网络架构的系统均能实现互联。

13.9.3.3　业务流程

在业务系统间的交互流程中，EMB 的服务可以支持被 ESB 调用，用于流程中的，以此完成系统交互中媒体文件传输处理工作，所以在系统中，EMB 的服务是一个在文件传输处理的服务的抽象，供主干平台支持各业务系统间交互的复用。在这种模式中 EMB 是作为一个后台服务供交互流程使用，本身并不暴露给业务系统。

在主干平台内部，体现出的业务流程为 ESB 的处理、控制流程，如图 13-40 所示。

13.9.4　总编室节目生产管理子系统

总编室节目生产管理系统作为全台业务、生产管理核心，对电视台节目生产计划、资

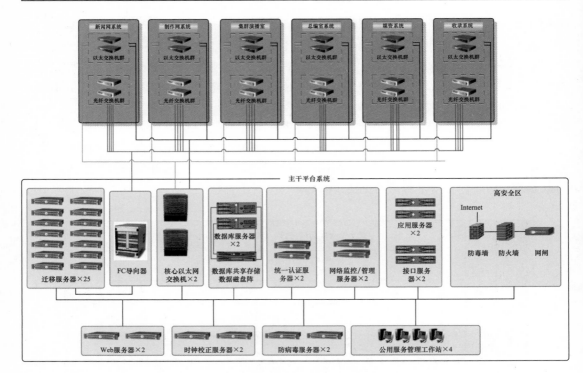

图 13-39　主干平台系统拓扑图

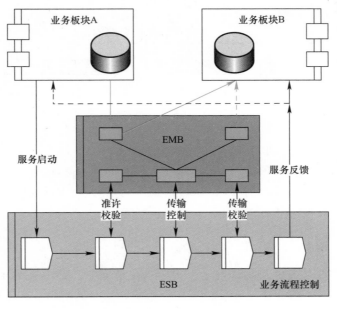

图 13-40　主干业务流程示意图

源划拨、生产管理、播出管理进行统一的资源调度。负责全台节目的策划、组织、协调和沟通，并承担台一级的宣传片、形象广告等宣传工作。

总编室节目生产管理系统为全台的节目播出进行整体规划，结合节目选题、宣传计划、广告编排，制定各频道的周节目单与日节目单。同时，还负责为播出网络系统提前汇总各种成品节目，并负责播出节目的准备工作。其功能主要包括统一节目代码管理、节目编单、节目备播、外购节目上载等部分，完成 9 个频道的周节目单、日节目单编排与发布，节目备播及送播，并可结合媒体资产管理系统完成对节目内容的管理。

13.9.4.1　系统结构

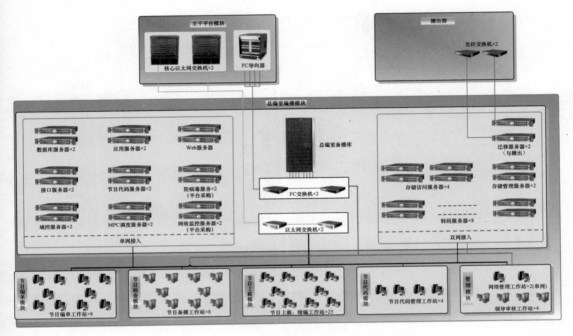

图 13-41　总编室系统拓扑图

总编室系统拓扑图见图 13-41，系统中包含以下模块：

（1）节目代码管理功能模块。

（2）电视剧上载功能模块。

（3）编单功能模块。

（4）节目备播功能模块。

（5）服务子功能模块。

13.9.4.2　业务流程

1．节目代码管理流程

节目代码的管理如图 13-42 所示，产生流程分为两种，一种是栏目进行申请，总编室人员进行审核后按照规则手工产生；一种是总编室根据频道、电视台节目规划，批量自动产生的节目代码。

2．卫视、地面频道周、日节目单编排流程

节目单编排流程分为频道节目串联单编排与频道播出节目单编排流程。频道节目串联单编排流程完成周节目单编排（图 13-43），频道播出节目单编排流程完成日节目单编排（图 13-44）。

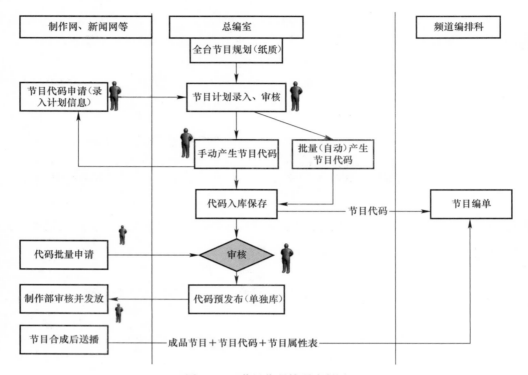

图 13-42　节目代码管理流程图

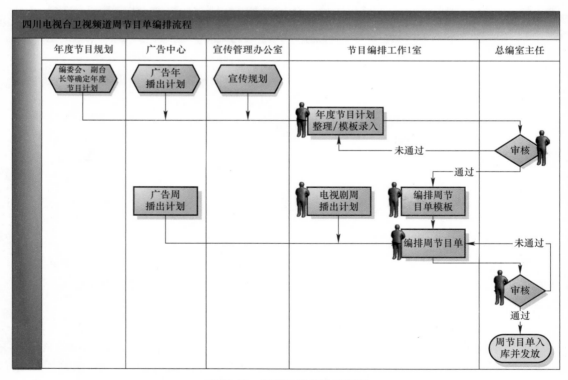

图 13-43　周节目单编排流程图

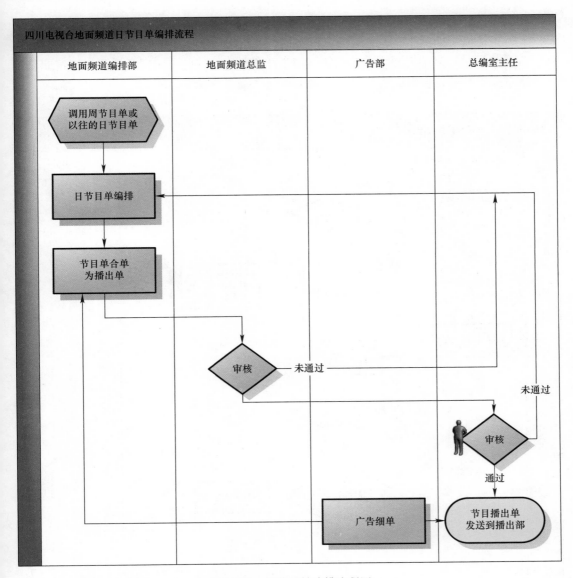

图 13-44　日节目单编排流程图

频道节目串联单根据周节目单模板、各栏目周计划以及历史日节目单进行周节目单编排。在编排审查通过后，发布周节目单。在周节目单审核通过后，正常情况下进入频道播出节目单编排流程。对于紧急节目调整的情况，需调整后直接进入频道播出节目单编排流程。

日节目单编排以审查后的周节目单为基础，结合广告编播单进行日节目单编排。审查通过后，发送到播出，进入节目播出流程。

频道播出串联单流程与节目备播流程相关联，日节目单编排过程中会实时查询节目备播状态。日节目单审查与节目备播流程中的节目审查相关联，在节目内容与日节目单审查都通过后，发送频道播出串联单到播出。

3．节目备播流程

节目备播流程如图13-45所示，从节目准备状态查询开始，首先判断是否是首播节目。对于首播节目，如果采用网络送播，从制作生产资料库迁移到总编室备播资料库；如果是传统磁带库中的节目或者广告节目，直接上载到总编室备播资料库。

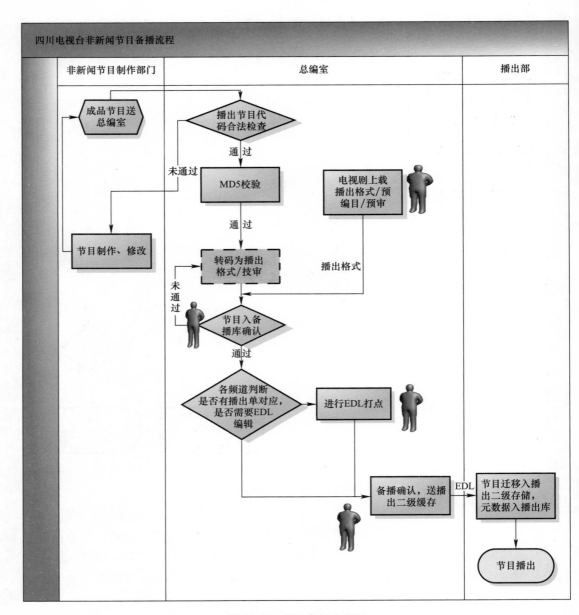

图 13-45　节目备播流程图

对于重播节目，由系统查找节目存储位置，完成节目存储位置信息反馈与相应的节目迁移。

节目迁移、上载完成后，进行技术审查与内容审查。审查通过后，从总编室备播资料库迁移到播出二级存储。审查未通过，返回节目制作流程。对于保存在播出二级存储、视频服务器存储的节目，在播出流程中审查。

4．播后节目归档流程

播后节目归档流程见图 13-46。

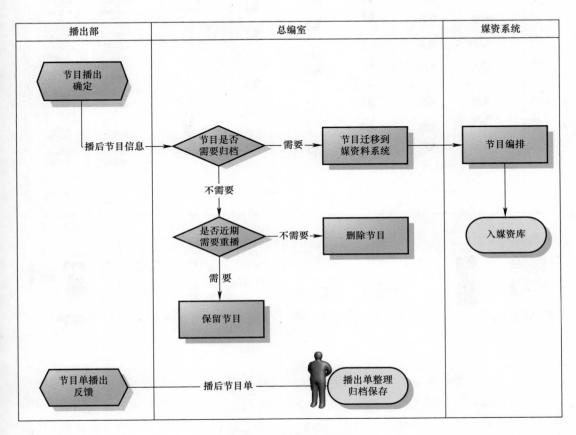

图 13-46　播后归档流程图

13.9.5　媒资子系统

媒体资产管理系统是全台架构下的重要系统组成之一，遵循 EMB+ESB 的标准架构进行设计，在全台互联互通上完全遵照《四川广播电视台互联互通接口规范》来实现全台架构下的系统互联互通。

媒资系统为全台媒体资产的内容基础，要为全台制作域提供素材／节目保存和再利用的支持，需要承担历史资料数字化采集保存、引节目采集保存的任务，确保四川台珍贵资料的长期可靠的保存，并保证资料得到更加有效的使用。

在面向全台素材和节目资料保存的同时，要为全台更大范围的节目经营提供服务，尤其面向新媒体的节目发布服务，包括数字频道、VOD 点播、IPTV、手机电视、网络视频等新媒体业务提供节目发布服务。

13.9.5.1 系统结构

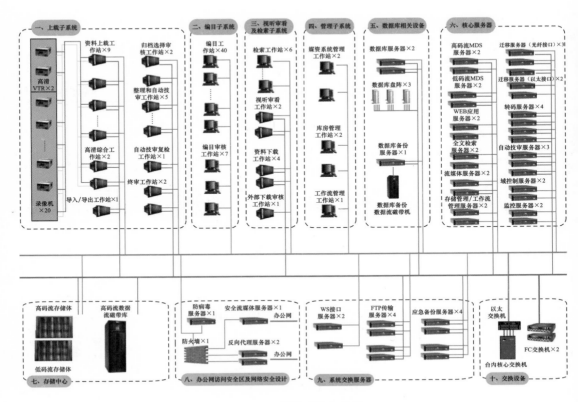

图 13-47 媒资系统拓扑图

媒资系统的软件体系结构采用基于客户端软件（应用层）、内容管理平台（中间层）、数据库（数据层）的三层体系结构。客户端软件通过消息向内容管理服务器发出对象请求消息，内容管理服务器处理各种请求消息队列，通过服务器端应用程序及业务逻辑对数据库服务器发出数据请求并处理消息结果，处理完成后将结果返回给客户端。存储管理用于完成媒体数据对象的存储与迁移，实际上它为内容管理提供了非结构化数据的存储管理支持。媒体资产管理子系统的主要业务是进行资料的收集整理、内容管理、存储管理和运行管理。

13.9.5.2 业务流程

根据我台全台网建设实际需求，媒资系统需要与全台网主干平台、新闻制播系统、播出分发板块、采集收录系统、综合制作系统、总编室系统、新媒体应用系统、办公网络等实现互联互通。系统整体架构的交互示意见图 13-48。

媒资系统承担了资料归档存储保存，资料下载调用以及面向新媒体的业务服务，加之我台制播业务系统众多，目前我台收录网、新闻网、制作网、电台音频网、播出网已经完成与媒资系统的互联互通。

对于媒资系统的业务来讲，主要分为入库流程、内部处理、出库流程等三个阶段：

其中新闻网、各制作网、演播室、总编室等均是通过主干平台实现与媒资系统的互联

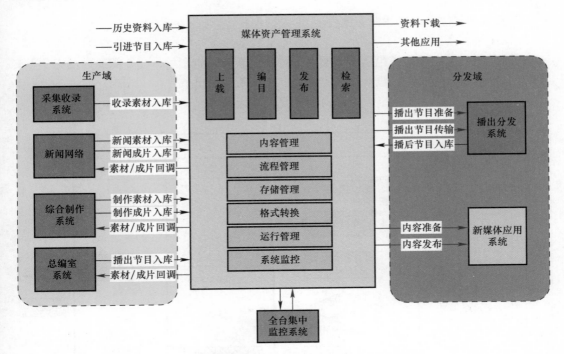

图 13-48　媒资系统业务架构关系图

图 13-49　媒资系统业务规划

互通，传统磁带和其他介质进入媒资系统通过系统内部工作站完成，两种途径进入媒资系统均会进行统一的编目和审核，及后续的发布和归档。

1. 媒资与主干平台业务流程

主干平台采用基于 SOA 体系架构的 ESB（企业服务总线）＋ EMB（企业媒体总线）的双总线互联架构，其中 ESB 负责完成系统之间的元数据等控制信息的通信和交互，EMB 则负责完成系统之间的大数据对象传输和交互，媒资系统与全台网其他板块之间的交互都必须通过主干平台来完成。媒资与主干平台业务交互关系见图 13-50。

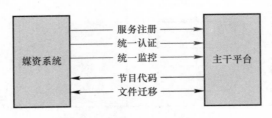

图 13-50　主干与媒资业务交互图

2. 媒资与制播系统入库业务流程

(1) 新闻制播系统入库

新闻资源入库媒资系统包括了 2 类数据内容：新闻原始素材，指新闻原始的采集整理后的素材；新闻播后成片，包含演播室画面的完整新闻播出节目；

入库方式可分为人工提交入库和自动提交入库两种模式，具体见图 13-51。

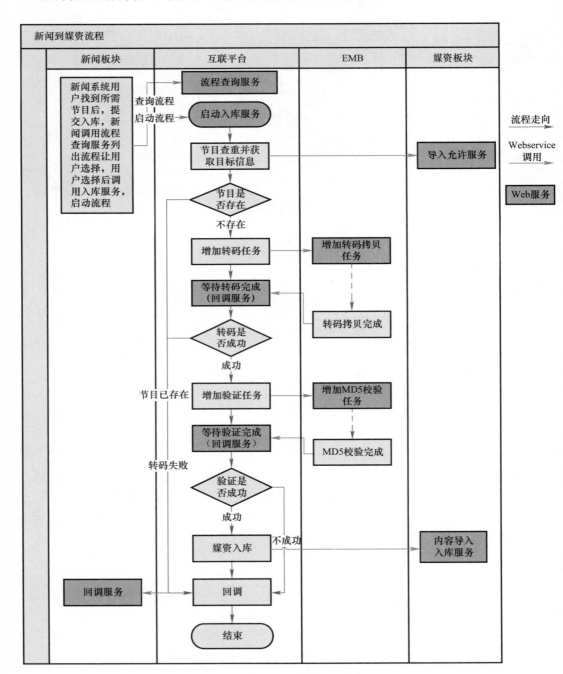

图 13-51　新闻入媒资流程图

（2）综合制作系统入媒资库

入库方式也分为人工提交入库和自动提交入库两种模式，流程见图13-52。

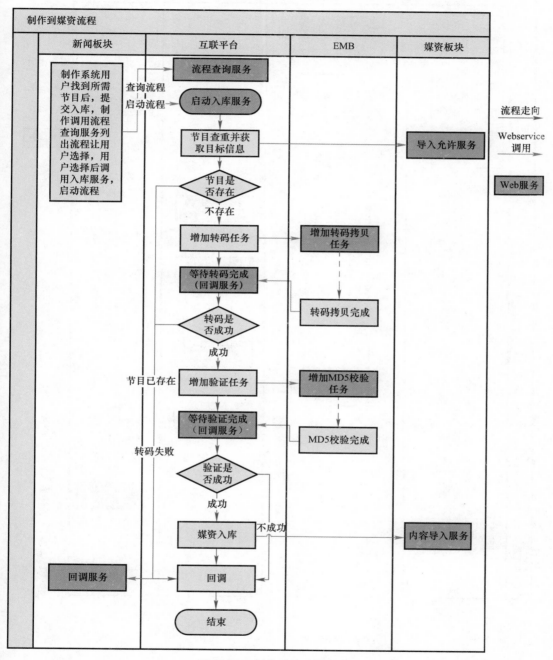

图13-52 制作系统入媒资库

（3）播出系统成品节目入库规范

播后成片包括正常播出结束成片和在播出过程中插入广告、宣传片、字幕等信息的成片，启动播出入库流程即可完成入库，流程见图13-53。

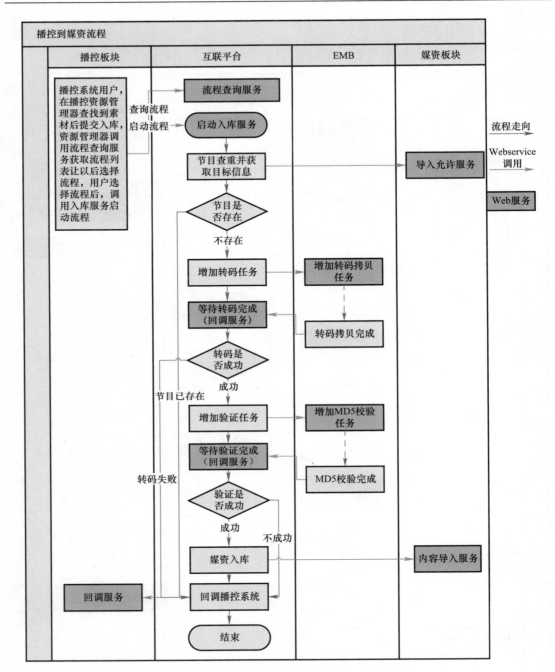

图 13-53　播后归档流程

（4）总编室备播入库规范

备播节目入库实际上是播出节目入库延续，前面讲了，播后节目入库媒资是通过备播来完成的，流程见图 13-54。

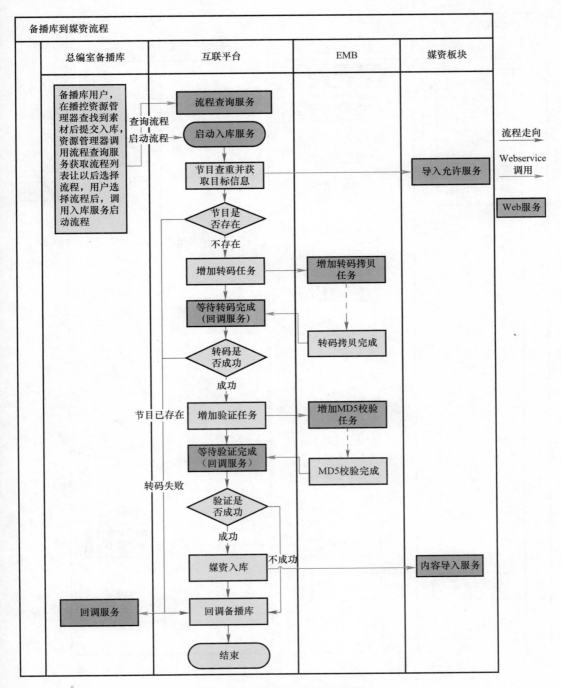

图 13-54　备播节目入库流程图

（5）收录系统入库规范

收录素材经过收录系统的整理和简单编辑后，通过人工方式向媒资推送，这种方式属于人工方式，需要收录整理软件通过平台接口查询允许的推送业务模型，并挑选目标流程启动，流程见图 13-55。

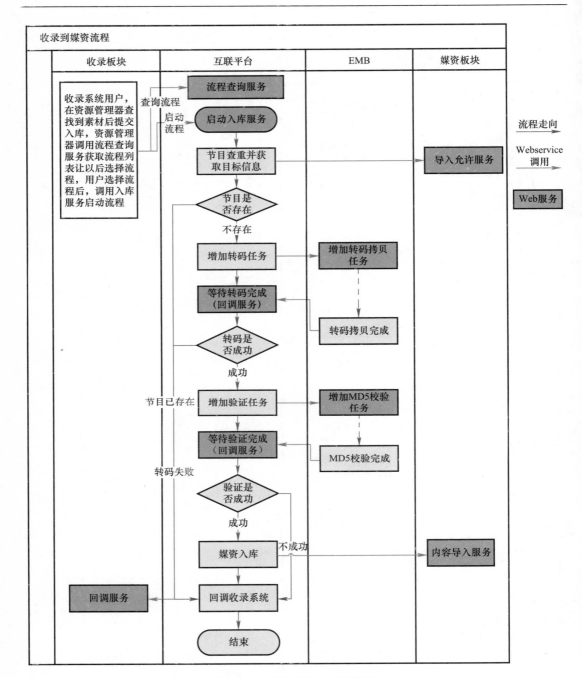

图 13-55　收录素材入库流程图

3．媒资与制播系统出库业务流程

媒资系统资料调用流程这里描述指通过主干平台实现资料调用的情况，其相关处理流程包括：

（1）新闻制播系统资料调用流程规范

可分为两种模式：一种使用媒资 BS 检索提交下载，媒资系统启动业务流程；另外就是嵌入媒资系统检索接口，提交下载任务，制作系统启动业务流程；同时回调业务还可分为手动回调和自动回调两种模式：

（2）综合制作系统资料调用流程规范

综合制作系统从媒资回调素材也可分两种模式：使用 BS 检索模式下载或嵌入媒资检索接口来提交下载任务来启动流程。

（3）播出系统资料调用流程

对于不许进行二次加工即可直接播出的历史成片，由媒资系统直接将进行转码后将素材推送至播出分发板块，并消息通知。

（4）总编室备播系统资料调用流程

对于不许进行二次加工即可直接播出的历史成片，由媒资系统直接将进行转码后将素材推送至总编室备播库系统，并消息通知。

4．媒资与新媒体业务流程

根据对新媒体业务需求的分析以及设计规划，由新媒体内容加工管理模块对所有新媒体业务提供支持，系统架构见图 13-56。

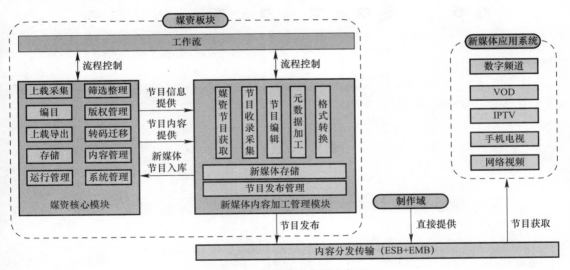

图 13-56　媒体交换实现示意图

新媒体内容加工管理模块将提供节目发布管理、媒资节目获取、节目收录采集、节目编辑、元数据加工、格式转换、内容分发传输、新媒体存储等功能，其中：

媒资节目获取：根据发布计划，将该节目信息和内容同步到新媒体内容加工管理模块。

如系统架构图所示，面向新媒体应用时，新媒体内容加工管理模块需要从媒资核心模块获取节目信息，向新媒体应用系统分发、传输节目，入库保存有价值的新媒体节目。

13.9.6　图文制播子系统

全台网络化图文系统整合了全台图文制作播出设备，包括分布在播出域、非新闻演播区以及新闻演播区的字幕设备及在线包装设备，构成了一个具备稳定成熟的网络化技术、系统整体安全、业务流程完备清晰的全台性图文网络系统，能够在全台范围内实现图文模板共享、图文数据共享、图文资讯非播出域编单、与视音频节目同步播出等功能。

在整个制播网络中，全台图文制播系统把整个系统中的图文制播设备进行有效的规划整合有机的连接在一起，不但使图文播出网、图文包装及编单系统、演播室图文系统等相连，而且还和台内的总编室网、播控网等进行了有效的对接，使各种数据和表单智能更新、获取和共享，做到了真正意义的图文数据共享尽可能利用共享资源，极大地减少了重复制作的工作量和出错机会。

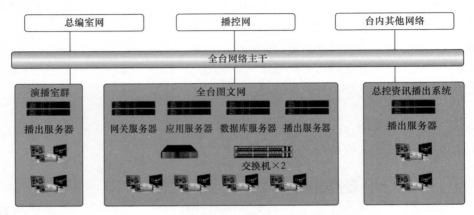

图 13-57　图文系统与其他系统互联互通示意图

总编室系统编好表单后通过网络分别发送给播控系统和图文系统，图文编单系统接收总编室表单匹配素材生成字幕表单，经过相应的审核后发送到字幕播出系统供播出，当硬盘播控系统的表单发生更新变化时会发送更新表单给字幕播出系统，字幕播出系统在醒目位置弹出"更新"按钮，提示操作人员播控系统发生了变化，字幕表单是否跟随更新，操作人员可自行选择。

13.9.6.1　系统结构

图文网络系统拓扑结构见图 13-58，从逻辑结构上可分为图文字幕包装网络服务工作区、总控频道图文资讯播出工作区、演播室工作区。整个图文网络系统通过全台网主干与台内其他业务网络相连，如制作网络、总编室系统等。

13.9.6.2　业务流程

1. 字幕模板的制作与发布

包装网络为各图文子网提供模板制作服务，下图为模板制作的工作流程。包装系统的包装任务来自节目生产管理系统，经过包装网络的制作、审核完成模板的制作过程后，将状态信息反馈回节目生产管理系统中。制作完成的模板通过发布服务器发布到相关子系统中，模板制作流程见图 13-59。

2. 素材上载

移动设备先接入网外的上载机上杀毒，确定没有病毒后由摆渡导入网内。网内的上载机也装有杀毒软件同时进行病毒的查杀。登陆 CoEdit 图文网络协同编辑系统，通过 CoEdit 协同编辑系统上传素材到服务器，见图 13-60。

目前暂在图文网络包装网络编单审核区部署素材上载设备，通过 USB 病毒隔离系统向网内传送素材及从网内导出素材。其他子系统包括播出、新闻演播室、裙楼演播室群等

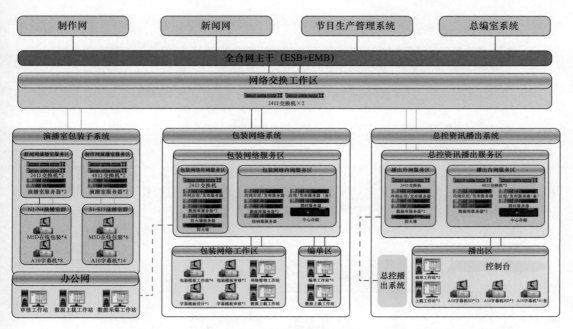

图 13-58　图文系统拓扑结构图

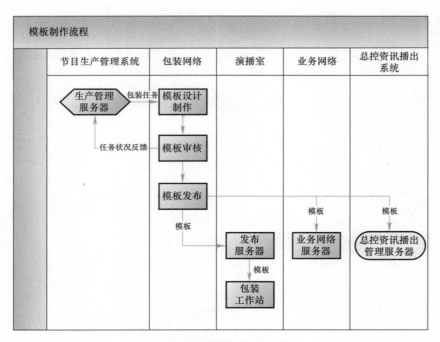

图 13-59　模板制作流程图

暂由此上载区对外来素材进行上载。

3. 字幕素材的共享及其自动化流程

使用 A10 三维字幕软件制作好特定播出效果的模板，给模板制定相应名字。登录 CoEdit 协同编辑系统，利用该系统将模板放置到对应的位置，这个时候会在系统服务器的

图 13-60　素材上载流程图

文件区保存有对应的模板文件，并且将该模板文件自动传送到配置的工作机（如说播出机）上。针对字幕模板或素材文件，我们可以指定给哪些播出机使用或作为公共数据文件，当用户需要的时候，从对应的使用区域中下载即可。通过这样的使用方式，达到了全台图文文件及数据的共享，实现全台图文网络的数据服务。具体流程见图 13-61。

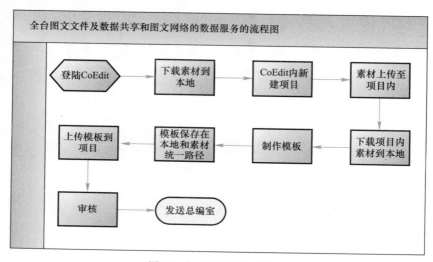

图 13-61　数据服务流程图

4．字幕表单的制作

字幕表单可以分为三类，分别是总编室的表单直接导入的栏目表单、用户自定义时间和内容的定时表单和手动控制字幕的手动表单。具体流程见图 13-62。

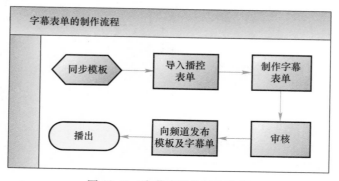

图 13-62　字幕表单的制作流程

5．字幕表单的修改与更新

制作好字幕表单之后，如果需要对之前的编辑做修改，可以导入之前编辑好的字幕表单，修改之后重新上传到服务器数据库即可。如果制作好节目单之后，总编室编单系统修改了之前的节目单，那么只需要用图文编单系统打开对应的字幕表单，这个时候系统会自动提示有节目单的变更，用户只需要点击更新，就可以将之前编好的字幕单信息更新到最新的节目单中，从而实现最新的字幕表单上传到服务器。

6．字幕表单的播出

字幕播出系统中的操作流程简单而智能，导入或合并已经审核过的表单播出即可，当有播控表单更新时，播出系统会自动检测，并在界面醒目位置弹出粉红色的"更新"按钮，提示用户是否更新，如点击更新则系统将与硬盘播出的表单同步。当播控系统发出应急调整指令时，图文播出系统也将迅速响应。

7．表单运行流程

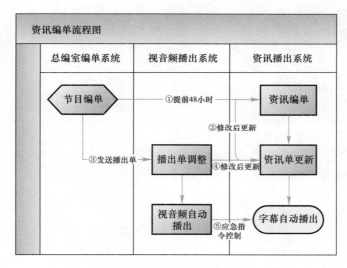

图 13-63　资讯编单流程图

13.9.7　演播室制播共享子系统

共享演播室网络系统是为打通新闻、非新闻类节目制作到演播的全流程，便于多个制作网络和多个演播室进行数据交换而设计的。集群演播室网络是通过合理的调度机制实现从制作到演播室制播一体化流程，灵活调配，通过共享提高设备利用率。

四川广播电视台电视非新闻演播室共有 13 个，新建的 8 个直播演播室分别编号为 S1，S2，S3，S5，S6，S7，S10，S11。8 个演播室中有 4 个为全高清播出演播室，4 个为全标清播出演播室。

13.9.7.1　系统结构

集群演播网络系统可用于直播或录播，因此，总体上采用成熟的双网结构，所有迁移服务器、演播快速编辑工作站均接入双网，提供稳定、高速的带宽支持。

其余所有设备均采用单网接入，可有效避免 FC 网络或者设备崩溃带来的影响。系统

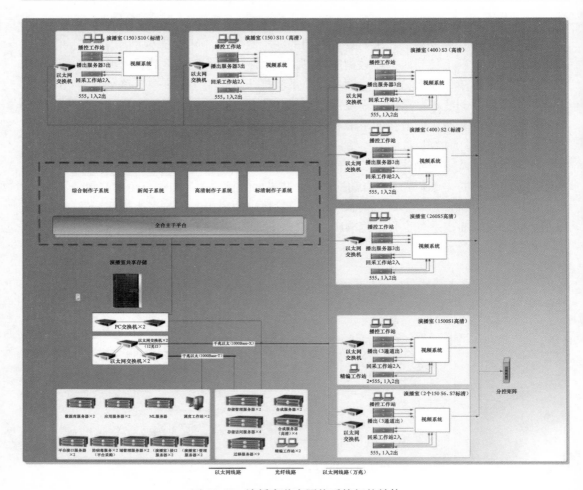

图 13-64　演播室共享网络系统拓扑结构

具备可共享使用的存储、数据库服务器等设备，这些设备统一部署在主机房，演播快速编辑工作站也有部分部署在分控机房。

13.9.7.2　业务流程

根据系统设计和实际需求，四川广播电视台演播共享系统的流程基本可以分为两个大类，根据不同的制作网，演播共享系统都由这两类流程进行应对：

1．制作网条目入演播共享条目传送

图 13-65 为演播共享系统条目传送流程。

演播室播出其实有两种方式进行播出，常态情况下通过视频服务器进行节目播出，应急可以采用演播室 555 进行节目播出。

2．555 节目播出流程（应急播）：

（1）制作网完成条目编辑，审核完成后调用演播共享部署于主干的接口；

（2）通过主干将条目传送至演播共享系统（包含素材信息和元数据信息）；

（3）条目入演播共享后，演播共享会根据条目名自动生成与条目名完全相同的文稿信息；

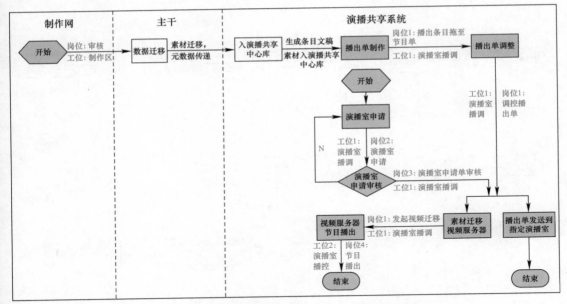

图 13-65 制作网条目入演播共享条目传送流程图

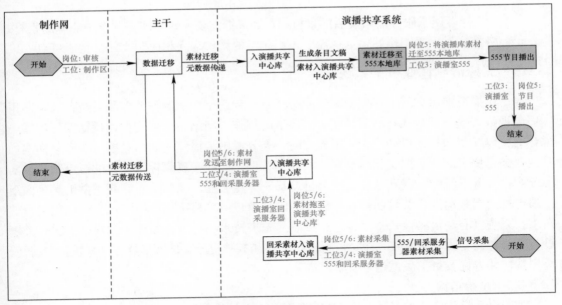

图 13-66 应急播流程图

（4）在各演播室 555 播出服务器中接收播调发出的播出单，根据播出单条目顺序将素材自动迁移至 555 播出服务器本地。

3．演播共享回采素材入各制作网——素材回传

图 13-67 的下半部分可以看出，演播室回采入各制作网的流程相对简单。其步骤分解如下：

（1）演播室 555 或者回采服务器进行素材采集；

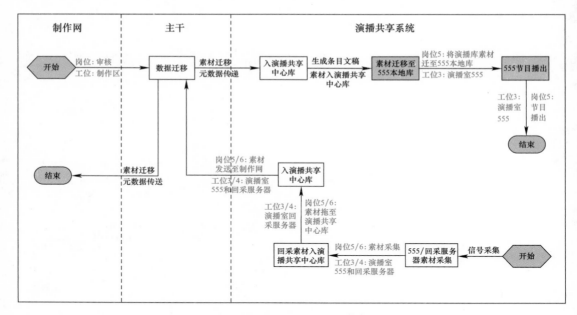

图 13-67　演播共享回采素材入各制作网

（2）555 或者回采服务器采集后的素材，右键选择需要入库至演播共享中心库的素材；

（3）各演播室回采工作站上选择需要入制作网的素材，入相应制作网。功能特点

13.9.8　高标清制作业务子系统

四川广播电视台有两个高标清制作业务子系统和一个标清制作业务子系统，承担四川广播电视台大部分日常性高清节目及标清节目的制作。网络系统架构严格遵循四川广播电视台的整体规划和整体设计，在应用集成时，充分考虑了该综合制作系统与全台制播网内其他业务板块之间的数据交互以及网内的监控管理，能够实现高标清节目的混合制作，实现与全台业务系统的互联互通，完成节目制播一体化流程。该系统能够高质量地满足四川广播电视台高标清综合节目制作业务需要，满足电视节目数字化、网络化、流程化建设的需求。系统具有高可靠性，采用稳定、成熟的先进技术和高质量的设备，网络中所有关键设备及服务器均为冗余方式，并能自行进行切换和故障提示，是一套具备全局性、实用性、易用性、兼容性及可扩展性的系统解决方案。

13.9.8.1　系统结构

为确保节目制作流程畅通，节目的产量稳定，系统性能及与其他系统的互连安全可靠，基于现有的成熟 SAN+NAS 存储网络的架构技术，有效地将网络基础架构层与应用架构层结合，进而达到制作网一体化流程的目标。总体系统结构见图 13-68。

虽然三个业务子系统在具体细节上有很大差异，但在大的结构和功能分布上确没有本质的区别其每个业务子系统内部按照整个制作系统的功能特点一般可划分为：存储网络子系统、节目制作子系统和网络管理子系统等等。

存储网络子系统为整个节目制作系统提供网络存储交换平台，采用中央存储模式，SAN 存储体系结构。包括：FC 磁盘阵列、存储管理服务器、存储访问服务器、数据库服务器、监

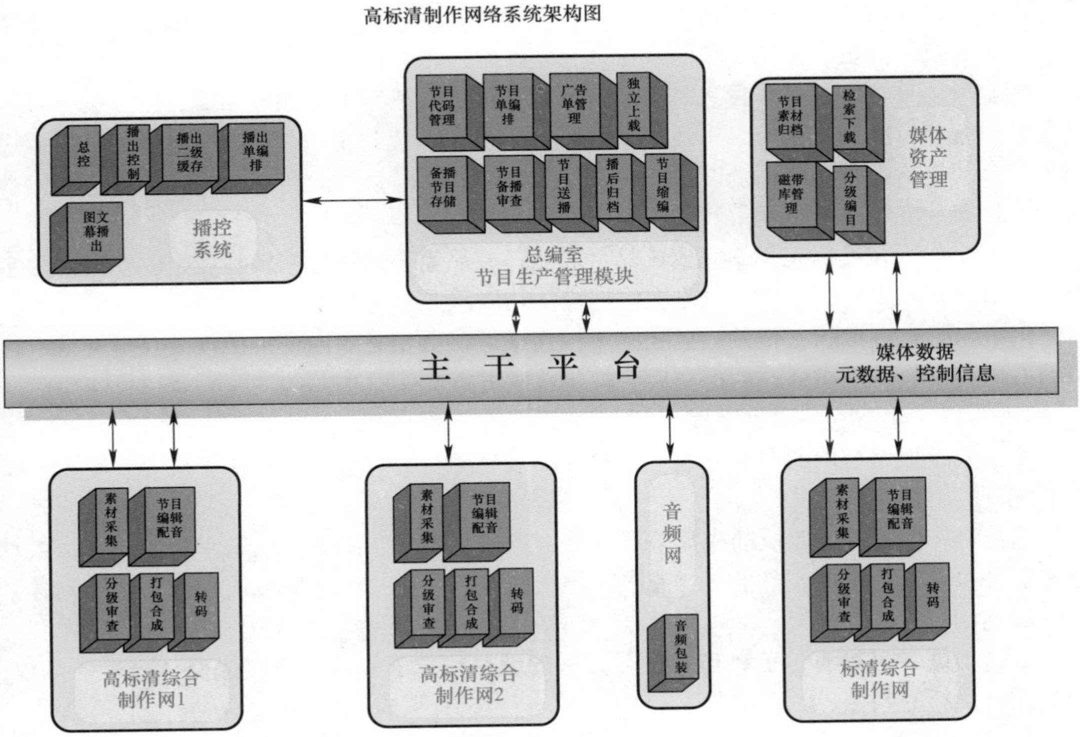

高标清制作网络系统架构图

图 13-68　高标清制作业务子总的结构图

控服务器、WEB 服务器、应用服务器、防病毒服务器、FC 交换机和以太网交换机等设备。

节目制作子系统是整个系统的主体部分，用于完成系统内节目的编辑制作工作和素材的上下载工作。包括：配音工作站、上下载工作站、编辑工作站和审片工作站。

网络管理子系统完成整个制作网络的管理和监控工作。包括：用户管理子系统、设备管理子系统、资源管理子系统、流程管理子系统、内容管理子系统、系统监控子系统等。

13.9.8.2　业务流程

1．节目准备流程

导演使用全台统一门户提交节目制作任务的计划。总编室系统根据导演的节目制作需求，进行审批，总编室系统进行审核通过后，生成节目生产任务（节目代码和节目相关的脚本信息）生成节目制作任务并发放给综合制作系统，综合制作系统根据节目生产任务进行解析，提取节目代码及节目相关的信息，进行节目工作区的分配按需求进行相应的节目资源的分配。

编导通过门户系统登录总编室业务系统，填写相应的节目制作相关的信息，提交总编室进行审批，审批通过后，由总编室针对提交的节目生产计划生成对应于节目代码的相关信息，并发放到节目生产计划所涉及的各业务子系统，各业务子系统接收由总编室发放的节目代码及相关信息后，分配相关的资源，由工作流管理系统监控业务子系统完成节目的制作。

2．节目制作与审核流程

节目制作流程是后期节目生产过程中最重要的一个子流程，是对节目深度编辑，字幕创作，包装制作，技术审核与内容审核等。其素材来源主要是从演播室、收录系统、采集上载或者通过媒资复用检索下载的素材。

如果一个节目涉及了节目包装与音频后期处理，由总编室把相应的节目生产任务发送给包装系统和音频制作系统，由包装系统和音频制作系统完成相对于的节目制作，再通过主干平台回传给综合制作系统，最终完成整个节目的制作。

节目审片主要包括技术审片和内容审片两个部分：

技术审片：在编辑工作站完成成品合成后，成品需要通过技术审片后，才能进入内容审核环节。技术审片的手段可以是文件扫描、软件示波器监视等。

内容审片：在编辑工作站完成技术审核合格后，由相关的内容审核权限人员进行节目资料的内容审核，审核通过后提交后台打包合成进行文件提交。

3．节目入库与资源回收流程

节目入库根据台内的业务流程主要有成品节目提交给总编室，素材资料提交给全台媒资系统。

综合制作系统制作完成的成品节目文件，通过主干平台提交给总编室的备播库，由总编室业务系统进行待播文件的备播整备。播出完成后，由总编室完成成品节目全台媒资系统的归档。

素材由编导进行有价值挑选，进行相关的编目信息著录后，直接提交全台媒资系统，完成素材资料的归档。

4．非常态流程

主要是传输出现故障、主干平台出现故障、节目已到关门时间以及来不及进行节目备播业务等非常态流程。

由于总编室备播系统设定了节目备播关门时间机制，对于节目提交播出系统和媒资系统的备播已到关门时间，以及备播网络出现故障，使某些节目在非正常情况下无法及时进入备播业务流程。包括临时对节目内容进行修改又要求马上播出，或者临时决定插入播出特别节目等非常态的节目类型。

如遇到无法按规定进入备播业务流程或备播网络出现故障的情况下，直接将成品文件下载到介质中，通过人工手段传送到播出线。播出系统收到介质后，直接通过介质进行节目播出。

5．与总编室的交互流程

在综合制作系统制作完成的成品文件，需要通过主干平台提交到总编室进行待播文件的备播整备。综合制作系统在需要入库成品时，通过主干平台调用由总编室提供的入库服务接口，填写成品入库申请并提交。总编室在对申请作出审核后，由总编室驱动主干平台完成媒体数据的迁移。

6．与媒资系统的交互流程

（1）素材入库归档

综合制作系统在需要向媒资系统入库素材时，通过主干平台调用由媒资系统提供的入库服务接口，综合制作系统的入库模块集成在管理系统之中，编导和制作人员需要入库时，直接打开入库模块，点击入库功能按钮，向主干平台发出入库请求，入库接口模块在接收到允许入库的信息后，将入库模块的界面展现在使用者面前。

（2）文件回调下载

导演在 OA 办公系统通过媒资系统提供的 B/S 服务登录到全台检索平台进行素材文件的查找与下载任务的提交，全台媒资系统进行下载任务的审批后，进行文件的处理，然后调用主干平台把文件从媒资系统存储区迁移到综合制作系统存储区。

7. 与其他制作系统交互流程

与其他制作域的交互主要是对收录系统收录完成的素材、演播室收录的素材或需要播出的文件、音频系统所需参考视频文件、音频系统制作完成的文件、包装系统制作完成的文件等文件的系统间交互，由传输素材的制作系统发起传输任务，经过相应的信息交互后进行媒体数据的交互。

综合制作系统与其他制作域系统的数据交互接口设计集中体现在与主干平台的接口设计上，由于主干平台与全台各业务子系统的接口标准是以总线状态进行制定的，而作为业务子系统的综合制作系统只需针对主干平台制定一套接口，再由主干平台实现与其他业务子系统之间的数据交互。主要针对的是综合制作系统与其他制作域系统之间的素材迁移、推拉协议等的设计。

13.9.9　广告远程编播子系统

广告中心业务模块能够对广告进行分类上载，并进行后期分类管理。对于各个时段的广告串编，能够实现对各类广告的分类查询、关键字查询等多种方式查询，实现各个时段广告播出表的编辑和存储。各个时段广告的播出，能够实现各个时段广告分段进行迁移传输到彩电中心备播系统的存储。同时各个串编站点具备独立上下载和多个时段的广告合并下载的功能，而对于不同频道所有时段的广告串联单能够在串编站点上制作完成后发送到总编室系统并加入对应频道播出表，通过播出串播表达到对应广告的播出。

13.9.9.1　系统结构

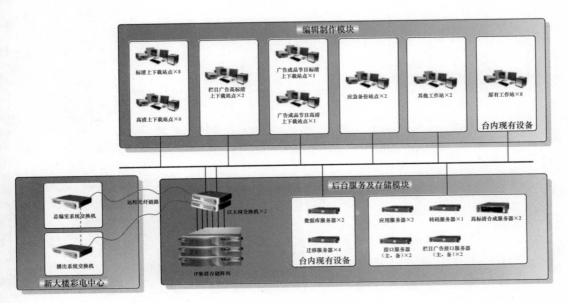

图 13-69　广告系统拓扑图

整个系统，支持高标清数据上下载、广告段串编、演播室栏目广告合成串编以及备播磁带下载等功能，具有扩展能力，在将来适当投入情况下，可保证 14 个频道或更多频道的广告串编播出需要。

13.9.9.2 业务流程

1. 上载业务流程（图 13-70）

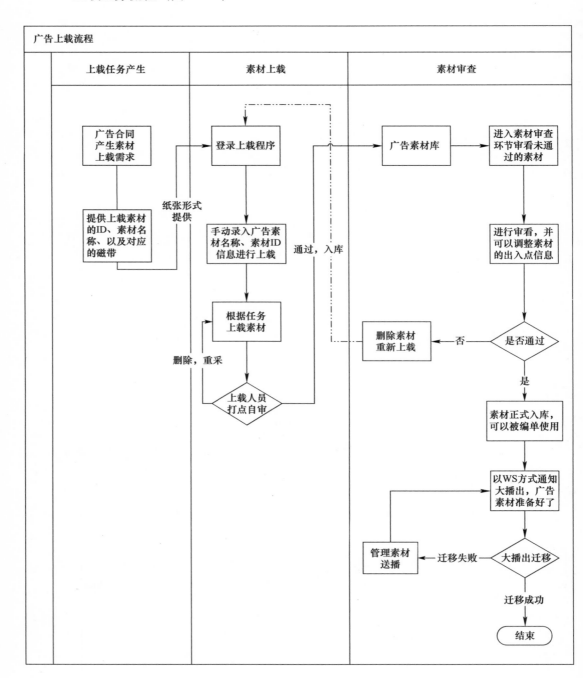

图 13-70 广告上载流程图

2. 广告编单业务流程（图 13-71）

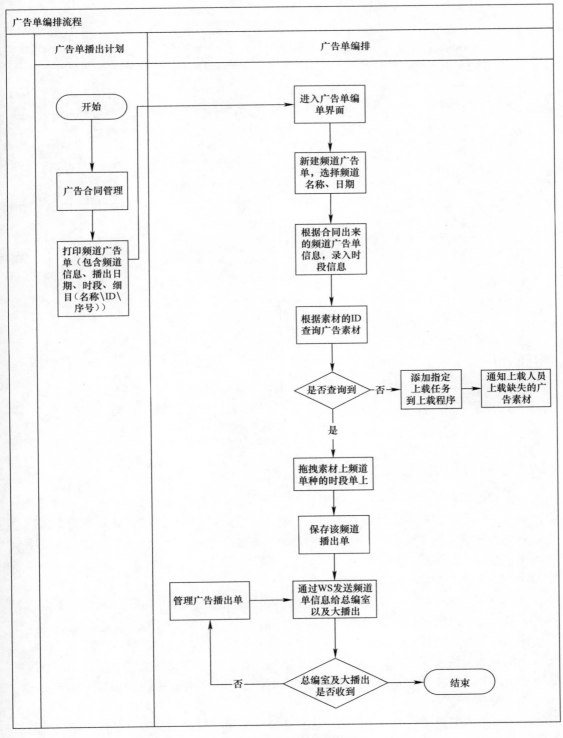

图 13-71　广告编单流程图

3．栏目合成业务流程（图13-72）

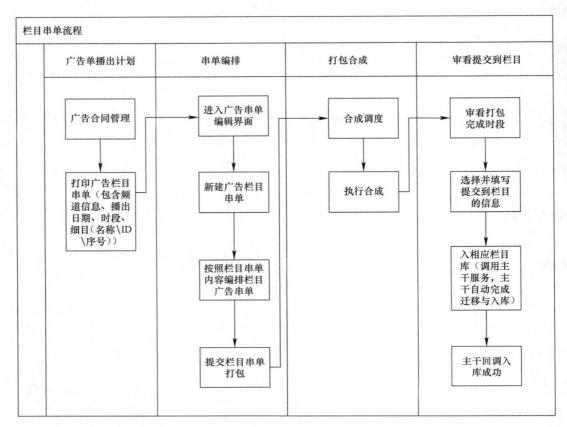

图 13-72　栏目合成业务流程图

13.9.10　项目总结

四川省广播电视中心全台网络系统对于四川广播电视台的事业发展具有重要意义：全台网通过主干平台实现了全网的互联互通，各异构系统基于统一的技术接口规范，通过总编室业务管理模块的驱动完成了全台、全业务的节目制播流程再造，构建了统一流程驱动下的全文件化制播体系。

13.9.10.1　取得的成果

在四川省广播电视中心全台网络系统中，文件化的送播比例超过了95%，由于全流程都是以数据化文件为基础，使得素材的管理更加便利，素材可以实现最大程度的共享，任何子网用户均可根据需求以文件方式完成数据交换，摆脱了对介质的依赖，减少了传统制作设备的投入，降低了 ENG 设备、演播室设备、制作站点等设备的使用配额，在整体降低生产成本和运行成本的同时，提供了更加丰富的视、音频特技手段，提高了媒体资产的利用率及节目质量。

在传统节目制播领域之外，四川广电中心全台网络系统还充分考虑了高清电视及新媒体业务的发展，在网络带宽、设备配置、高标清节目混编以及高标清同播技术系统方面均进行了有益的尝试，在网内成功实现了高标清节目的制播应用；同时为新媒体业务预置了完善的接口，为媒体文件的多平台多格式分发创造了条件。全台网项目建设过程提供了大量的实际经验和技术积累。

系统总体解决方案设计合理、经济实用，达到了设计目标，满足了四川广播电视台自身高速发展的业务需要，提升了业务效率和管理水平，树立了高标清全流程、全业务制播网络系统建设的新典范，对于同类项目建设具有较大的借鉴意义。

在整个网络建设中我们设计并采用，以下几大优势技术亮点：

（1）四川广电中心全台网络系统按照"异构"的设计思路，真正实现了 13 个异构系统的互联互通，形成了跨域、全流程的文件化制播体系，是《白皮书》理论体系落地的成功范例。系统技术体系从实际需求出发，采用了全流程跨域文件化送播、高标清同网制播、同一素材多种播出应用等多项关键技术，在《白皮书》的技术框架下进行了有益的尝试，创造性的拓展了《白皮书》的实际应用。

（2）四川广播电视台在全台网项目建设中，创造性的成立了设计协作体，整合了业界一流生产厂商的设计力量及专业优势，紧密结合自身业务需求，综合考虑端到端产品的实际情况，完成了项目整体设计，台方的设计思路贯穿整个项目设计实施过程，为工程项目方案设计及实施提供了新的运作模式。

（3）项目技术方案中，采用了基于"节目代码"实现的全台播出节目管理模式；制订了适应高标清同播播出形态的 AFD 参数规范；使用总编室备播系统和媒资应急备播通道相结合的方案，提供了一种省级全台网建设中生产可管理性、单一文件高标清同播、台级应急播出等问题的解决办法。

（4）EDL 编辑送播方式的大规模应用，使 14 个频道中的任何频道都可以根据不同的 EDL 表对同一条节目进行符合各自需求的播出，在保障播出安全的前提下，大幅度提高了送播效率，减少了资源占用，具有较好的推广示范作用。

（5）通过稳定有效的媒体数据远程传输手段，实现了高标清广告节目在异构系统、异地环境下的条目化、流程化管理，这种模式可以为省级电视台多点、异地节目送播业务提供建设参考。

除了其他电视台资料抢救、全台网架构下与全台各制播系统的互联互通之外，在我台还创新型的将媒资系统部分定位为全台备播系统的核心，主要流程和功能描述如下：

（1）台内备播系统的支撑服务。一方面媒资系统为现有备播系统提供播后归档存储服务，另一方对于重播节目也可直接由媒资系统回迁到备播系统。即为备播系统提供完整的入库、出库服务，保证备播系统的文件化存储归档与备播服务。主要技术特点是 MreML 协议自动匹配定义的互连规范和协议，实现全台统一的接口调度，高效地实现了系统互连，实现了媒资系统为备播系统的高效服务。

（2）节目应急备播服务。媒资系统同时为我台现有播出系统提供应急节目备播服务，这个主要是指正常的节目备播服务通常由现有的备播系统来提供文件传输、技审等，但对于部分特殊素材或节目，由于时效性或其他特殊情况（如总编室备播系统出现异常），需要直接从媒资系统下载到播出系统的，媒资也开通了此应急通道，便于应对各种复杂播出情况，更好地应对各种应急播出的需要，这个也是在我台首创的应用模式。

13.9.10.2　吸取的经验

全台统一门户系统：一期项目还是二期项目再设计全台网系统初始，由于对节目导入导出估计不足，在设计上对导入导出考虑较少，致使在投入使用初期给整个系统使用带来了不小的，虽然后来通过设计得到修正。不足主要有以下几方面：

（1）对于文件的导入导出首先需要考虑是文件的安全，即文件的防病毒安全，如何杀毒，怎么杀毒以及如何提高杀毒工作效率等等问题都要在设计中得到很好的体现。

（2）文件导入导出如何传输到内网，如何提高传输的效率以及如何分配传输到内网带宽等等也许要在设计中体现出来。

对于整个网络的带宽分配，包括主干以及各子系统的带宽测算理论和实际运行中存在一些差异，特别是对峰值测算预估特别重要。

对于送播的节目是以制作格式送播统一转码成播出格式好，还是以分散转码成播出格式后在送播好，是与每个台的管理模式密不可分，各有各的长处，就我台的现有模式下，虽然送播节目的转码分布到了各个制作子系统中，在成本、造价以及资源利用上有所欠缺，但从网络送播安全、送播节目效率上得到很大提高，带宽的占用也大大减少，更符合我台现有管理模式。因而在系统流程测试工程中进行了调整，将原设计集中方式改变成了分散的方式。

全台网络整个的流程设计，不管总体的流程设计还是各个业务子系统的流程设计一定要与台的管理流程相契合，特别是在一些具体使用功能流程设计中，应充分考虑节目编辑人员原有的使用习惯以及节目编辑人员进行节目制作的一些特殊要求。

搭建一个好的测试平台以及拟定一个目标明确的测试实施计划，对于检验理论设计是否达到设计要求、是否满足实际的需要、甚至对整个设计是否能有效实施都起决定性的作用。以为我台为例，在整个项目实施前，就搭建一套几乎完整包含大多数主要功能的测试环境，在这个测试环境中对全台网络主要的业务流程如编单、送播、缩编点编辑、广告编单、广告送播、图文编单、图文送播以及各业务子系统内部主要流程进行设计验证，修正设计中很多理论上认为合理但实际中实现起来很困难的很多问题。

整个系统中对于统一认证下的节目人员管理、栏目管理，有独到的地方，但从在实际应用中发现节目人员以及栏目的变动非常频繁，调整起来就非常繁琐，缺乏机动灵活性。

整个系统设计中，在考虑设备使用管理上，特别是各业务子系统中面对节目编辑人员是的终端设备，还有很大的设计空间，特别是涉及设备的分时计费、自动分时使用上还需要改进。

13.10　四川广电中心新闻制播系统

13.10.1　新闻演播室

13.10.1.1　设计目标和规模

四川广播电视台电视新闻采用大新闻中心组织架构模式，下辖时政新闻部（新闻中心，卫视频道播出）、民生新闻部（新闻资讯频道播出）、社会新闻部（公共频道播出）、经济新闻部（经济频道播出），各有 1 个专用新闻演播室，分别为 N1、N2、N3、N4，共设计 18 个摄像机讯道，其中 N1、N3 是高清系统演播室，N2、N4 是标清系统演播室。共有约

25 个新闻栏目，600 余名各类记者编辑通过新闻制播网日产 400 余条、时长 600 分钟以上的新闻。70% 以上的新闻通过演播室直播，其他录播新闻栏目通过全台网送文件至播出部播出。为满足新闻对卫星等外来信号需求的方便快捷性，在新闻技术系统内，还单独建设一个专门为新闻服务的新闻收录系统。

为满足现代新闻播报方式的需求，将 N1、N2 演播室设计为开放式直播演播室，N3、N4 为传统播报直播演播室。并根据新闻栏目特点，对演播室进行综合景观设计，同时为其配备新闻演播室辅助视频系统和综合灯光系统，并将各类信号源接入演播室，将新闻演播室建成一个多种信息汇聚的电视新闻播出发布平台。

13.10.1.2　系统介绍

由 4 个新闻演播室和新闻收录组成的新闻演播室群，遵循统一管理的全台时钟、全台同步、全台通话、全台 UMD 等，信号通过播总控与全台演播室及播出互通。新闻演播室群内可实现级联，信号可按需跨演播室调度。新闻收录共用全台卫星接收天线阵，通过 L 波段光发光收，将卫星信号接入新闻收录自有的 21 台接收机内；同时自建有 SDH 光纤传输节点，可灵活方便的接收卫星及 SDH 信号，并按需调入任意一个新闻演播室用于新闻直播，也可将信号调入新闻制播网的新闻收录系统进行素材收录。

N1 配置为 6 讯道高清直播开放式演播室，演播区面积 260m²，多景区设计，可实现坐双播、坐单播、站播、走播、小型访谈等多种播报方式。开放式背景区是 50 个非编站点组成的新闻编辑工作区，面积 400 多平方米。除传统新闻演播室灯光设备外，借鉴综艺演播室舞美设计经验，在演播区和背景区都增加了大量景观造型和灯光效果，还配置了 12 个单元的巴可大屏系统一套、103 寸 85 寸大屏各一台，24 块 42 寸屏的综合视频显示系统，可通过与演播室视频系统相连的、单独矩阵进行显示内容调度。

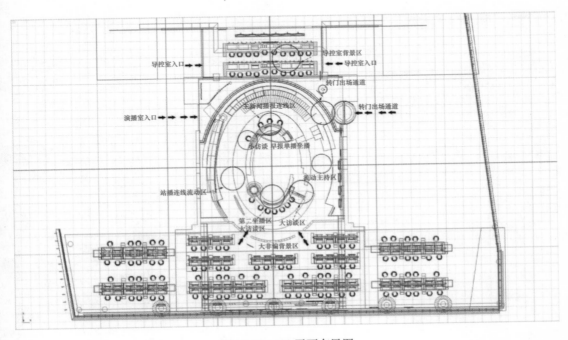

图 13-73　N1 平面布局图

图 13-74　演播区效果图

N2 配置为 4 讯道标清直播开放式演播室，演播室面积 120m²，多景区设计；开放式背景区是 20 多个非编站点组成的新闻编辑工作区，面积约 150m²；也进行了综合景观和舞美设计，除配置了 8 个单元的巴可大屏系统、约 20 台各种规格的大屏组成的综合视频显示系统外，还配置了点评系统、短信平台、3G 直播 / 接收系统等新媒体应用设备。

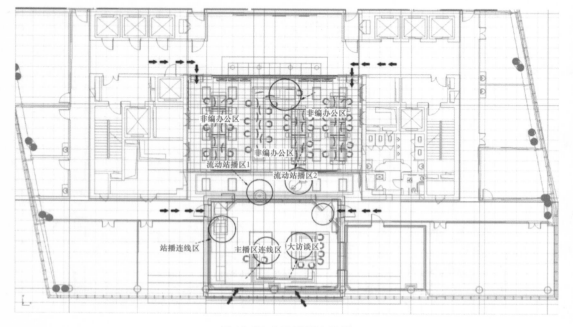

图 13-75　N2 平面布局图

图 13-76 演播区效果图

N3、N4 为传统的 4 讯道新闻播报演播室，演播区面积均为 150m²。其中 N3 是高清系统，同时兼作 N1 的备份演播室；N4 是标清系统，同时兼作 N2 的备份演播室。

图 13-77 N3 演播区效果图

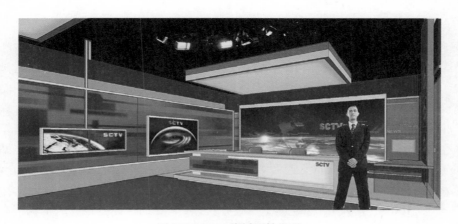

图 13-78 N4 演播区效果图

13.10.1.3　系统特点

1．系统安全

（1）新闻演播室的信号流程简单，直播信号环节少，便于直播风险控制；

（2）辅助视频景观系统虽复杂，但不涉及直播信号流程，属于锦上添花，大大降低直播风险；

（3）关键设备如切换台、调音台、字幕机、键控器等均配置在线热备，其中视频信号切换采用主备切换台加应急矩阵配置，新闻节目播放源采用主备播出服务器加蓝光录像机再加应急播出工作站的多重备份机制。

（4）时钟、同步、通话等系统等既受控于全台，又配置演播室系统内部的自有设备及自动倒换。

（5）N1、N2 的导控室监看屏采用单屏显示方式，避免信号监看的单溃点。

（6）N1 的灯光控制采用了同型号的主备调光台加自动倒换配置。

（7）新闻直播区基础光源全部接入工艺 UPS 供电。

（8）主持人提词器系统采用主备系统，并同时提供电子题词和纸质文稿摄像图像题词两种方式。

2．维护简便

新闻演播室设备品牌和型号均统一配置，操作使用一通百通，而且设备具有良好的互换性。

3．功能全面

可汇聚由新闻制播网提供的新闻条目播出、基于互联网的多媒体（微博、网页、视频）信息、基于卫星传送的直播信号、基于移动互联网传输的 3G 直播信号等多种信号源，将新闻演播室做成一个汇聚天下信息的电视新闻播出平台，以适应新闻业务需求。

打破传统新闻演播室简单播报的局限，借鉴综艺演播室舞美和灯光设计效果，让主持人可站、可走、可点评，充分发挥新闻节目主持人的能动性，配合形式多样大小不一内容可调的各类大屏显示系统，极大地丰富了新闻播报的方式，美化新闻播报的电视画面效果。

13.10.2　新闻制播网络系统

13.10.2.1　设计目标和规模

为满足以上新闻业务需求，新闻制播网络系统采用大采访部提供新闻通稿生产、新闻素材和节目高度共享；大编辑部根据各自栏目特点，对节目进行再加工制作后送指定的演播室播出。编辑制作和演播室播出均采用高标清兼容制播模式，业务系统涵盖新闻节目生产的各个环节，集收录、上载、文稿编辑、节目制作、配音、审片、媒体资产管理、远程文稿和节目传输及演播室播出为一体的大型综合性新闻制作共享网络系统。设备设计规模为：158 台各类编辑站点（其中高清有卡编辑工作站 10 台，高清代理码率工作站 20 台，标清上下载工作站 10 台，介质上载工作站 7 台，标清有卡编辑工作站 46 台，文稿\标清低码率编辑工作站 50 台，高标清兼容配音工作站 5 台，高清审片工作站 3 台，标清审片工作站 7 台），100 余台各类后台处理支撑服务器，2 个异构存储体组成的 1 套核心镜像存储系统，主备小型机数据库系统加第三方数据库备份系统，1 个新闻主题库数据流磁带带库、4 套演播室播出及回采系统（2 台全高清、2 套全标清）、FC 光纤导向器加千兆以太网的网络系统。设备部署于广电中心主楼 5、6、7、8 层的 20 多个机房。以制播一体化的管理模式满足新闻业务对于时效性、安全性和并发性的新闻制播工艺流程要求，同时兼顾新业务发展的可扩展需要。

13.10.2.2　系统介绍

整个新闻制播网络系统由如下几个功能模块组成：后台服务及存储模块、收录模块、制作模块（分为高清编辑模块和标清编辑模块）、演播模块（高、标清直播演播室各两套）、生产业务管理模块（包含文稿）、资料传输模块、系统对外接口模块以及网络管理模块等。另外，本系统遵循主干平台所要求的统一接口标准与规范，通过系统对外接口可实现新闻制播网络系统与主干平台的数据交互与业务交互，从而保证新闻制播业务系统与其他功能业务系统（媒资系统、总编室系统、频道播出系统）的业务交互和连接。模块组成见图 13-79。

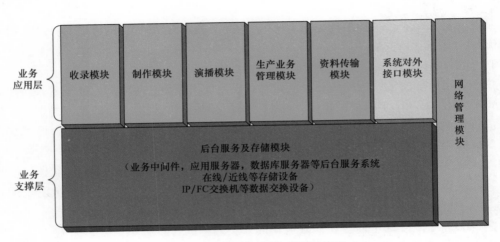

图 13-79　新闻制播网络系统架构图

13.10.2.3　系统特点

新闻制播网络系统承担了全台所有时政新闻、民生新闻、社会新闻、经济新闻的制作和演播室播出，是国内省级台中大型的高标清混合制播新闻网。系统特点如下：

（1）通过大新闻中心的组织架构方式解决了以前新闻制作分散、素材和节目共享困难的情况；

（2）功能涵盖新闻制播的所有业务，特别是自有的新闻收录系统和新闻主题库，为提升新闻制播方便快捷性和时效性，奠定了技术设备基础；其中定制研发的新闻主题库，除具备素材、成品节目、文稿归档的基本功能外，还具备按照栏目播出串联单绑定成品节目归档的功能，为新闻要素完整归档、简洁管理、快速查找、长期保存、快捷调用提供了极具实用价值的功能。

（3）以高标清共存的采编播存管，既解决目前高标清素材共存、高标清播出共存的矛盾，节约和保护了标清设备的投资，又为全面高清化制播升级，提供全面的经验教训实践。

（4）尽管是全台网的一个子系统，但新闻制播网络内部架构设计依然采用开放式松耦合总线架构，收录、制作、演播室、主题库等功能模块均挂接在系统总线上，既为可扩展提供方便，也为故障灾难范围可控提供可能。

（5）为保证运行的稳定性和核心数据存储的安全性，新闻网制作域采用了以 IBM 中间件作为后台服务的运行平台，保证后台服务的稳定性与流畅性；采用 IBM 的整套解决方案（IBM 小型机 +AIX 系统 +IBM DB2）实现数据存取的高效率、高安全，同时采用定制研发的第三数据库实时备份系统，进一步提高数据存取的安全性。在存储技术上，采用自主知识产权的媒体文件实时镜像双写技术，保证了媒体文件存储安全可靠。

（6）采用自主研发的基于互联网的远程交换平台，实现了记者外出采访与通信员台的高效、快速、方便的文稿及媒体文件的回传与共享。

（7）对新闻前期采访设备提供全面支持，特别是当下流行的 P2、S^2X、SD 等卡式和蓝光盘式介质存储的上载，真正实现了素材文件化上载，新闻制播流程全面实现文件化。

新闻制播网络系统拓扑结构见图 13-80，新闻演播室网络系统拓扑结构见图 13-81。

13.10.2.4 系统运行总结

1．设计的前瞻性和适度超前性至关重要

由于广电中心的建设周期较长，从设计到投入使用需要几年时间，甚至更长。四川台广电中心建设从 2007 年启动工艺设计到 11 年投入试运行，耗时 5 年。期间经历了介质记录淘汰磁带记录、高标清同播的技术发展，又面临互联网的飞速发展、移动互联网普及和大量新媒体兴起的多重挑战，致使新闻制播业务需求不断提高，对时效性、安全性、便捷性的要求每天都在提升，如果缺少了设计的前瞻性和适度超前性，将步步受挫，步步落后。实际上新闻制播网拥有的制播能力已经是四川台 2007 年初做的新闻业务需求调研的 2 倍以上，达到了常态日产新闻条目 400 条左右，总时长 700 多分钟，直播节目在 90% 以上。在 2013 年的"4.20"地震特别报道期间，新闻网的最高制播量发生在 4 月 25 日，全天共完成 1050 分钟的新闻节目制作，全部是演播室直播。而新闻网的运行状况依然十分良好。

2．相对于时效性而言，新闻网的系统安全性更为重要

对于新闻节目人员而言，新闻的时效性是生命。但作为全台新闻制播的技术支撑系统，没有了安全性，一切皆无意义。所以，系统的安全性是放在第一位的。在新闻制播网中，体现高安全性的有以下几方面：

（1）网络采用总线架构，各功能模块既紧密联系又相互独立，避免故障跨域扩散。

（2）收录域、制作域、播出域均有各自的存储。其中制作域核心存储采用异构实时镜像系统，具备遇故障后台自动切换，既避免单存储风险，又避免存储切换对新闻制作的影响。

（3）制作域和播出域采用相对独立的数据库。制作域数据库尽可能强壮，采用 IBM 的整套解决方案（IBM 小型机 +AIX 系统 +IBM DB2）实现数据存取的高效率、高安全，同时采用定制研发的基于 Windows 平台的第三数据库实时备份系统，进一步提高数据存取的安全性。在播出域则采用独立的演播室播出数据库，其中 N1、N2 各用一个数据库，N3、N4 共用一套数据库，确保了演播室播出的安全。

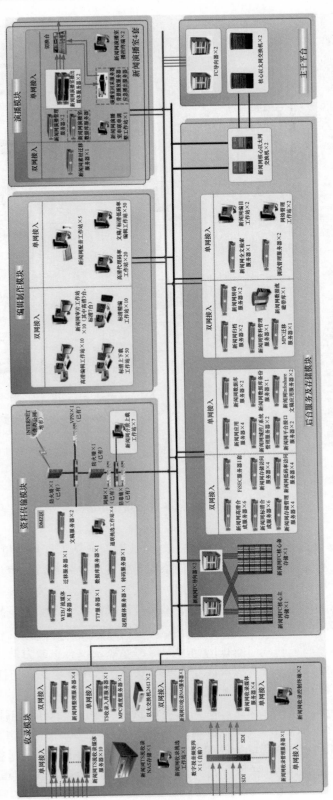

图 13-80　新闻网络系统拓扑结构图

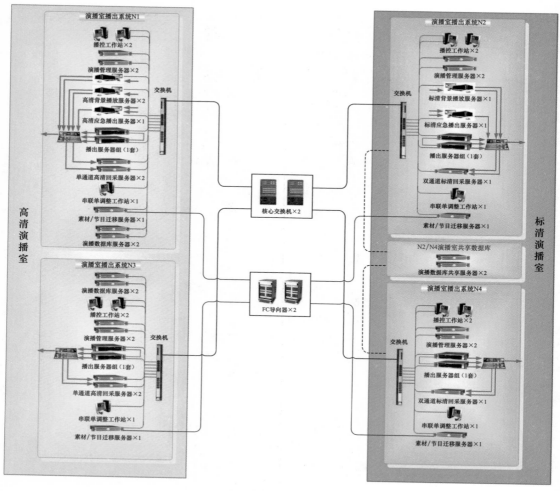

图 13-81 新闻演播室网络系统拓扑结构

（4）高安全区设置。将介质素材上载、与外网数据交换纳入资料传输模块统一管理，配置防火墙、网闸、防毒墙、文件摆渡、文件杀毒等软件和硬件手段，再加上严格的人员操作管理措施确保系统安全。

（5）关键设备均配置在线热备，重要设备和后台管理软件至少配置冷备。

3．在安全性得到保障的前提下，全力提升新闻时效性

只有安全性而无法满足新闻时效性的新闻制播网显然是没有生命力的。在安全得到保障的基本前提下，充分发挥各种手段来提升新闻时效性。具体体现在：

（1）简化或合并操作环节，提升制播效率。

（2）灵活变通应用，既避免安全隐患，又满足新闻时效。如民生新闻部引进了 3G 直播系统，为记者前期设备配置了 3G 传输单元，若将经 3G 传输回台的文件经收录、制作到播出，会严重影响时效，变通的方法是直接将 3G 接收端的视音频信号接入 N2 的演播室直播系统，首先满足新闻直播的需求，再将信号经回采入新闻网，供其他频道和栏目共享。

（3）充分发挥人的主观能动性，改串行工作模式为并行模式，提升时效。N1 负责时政新闻直播，常规要求每条新闻均须有备播蓝光盘以保障安全，但紧急状态下，刚完成编辑和审查的新闻已无时间下盘，马上就要播出，这时，将下盘环节提前至审片环节，让审片与下盘并行，至少解决一倍节目时长的时间，也不影响最终的安全。

4．三分建设七分管理

这是新闻制播网最大的心得体会。每个系统经规划、设计、实施、调试到投入使用，总有这样或者那样的局限和遗憾，能不能用、能不能用好、能不能好用，关键还是在使用者和系统维护者。

一方面，任何一家软件开发商都不会针对每一个用户的业务使用习惯和特点做全面的定制研发，他们能提供的往往是一个通用产品，公司的软件程序开发员不可能熟知每个台专业记者编辑的需求和操作习惯，这个矛盾尤其体现在新系统投入使用和软件更新升级初期（这个阶段一般是 3 个月到半年），这需要台方的运行维护人员既从专业记者编辑的角度，由从软件研发程序员的眼光综合考虑，从软件应用层面进行二次开发和改良，既不迁就记者编辑的危险需求，也不能轻易改变多年形成的良好工作习惯；既不破坏通用产品的系统安全性，又要尽可能适应业务功能使用的方便性和快捷性。

另一方面，系统建成后，从投入运行到稳定运行，还有很长的一段路要走。这个阶段大约需要半年到一年的时间。系统原设计的功能和性能必须在实际业务的运行中才能得到检验。这个阶段会遇到各种各样的问题，有的甚至是灾难性的，但只要有一支技术过硬、责任心强的运维队伍，认真对待每一个问题，认真总结每一次教训，这个阶段会顺利地渡过。

13.11　演播室系统

13.11.1　演播室项目简介

13.11.1.1　演播室工艺系统设计目标

演播室系统的设计目标为：满足四川广播电视台现有节目演播室生产规模的业务需求，充分考虑电视台将来的业务发展，优化工作流程，提高生产效率和管理水平，大幅提升演播室节目制作能力，完善演播室功能；引入全新的节目生产方式，全面实现演播室无带化；整合现有资源，利用有效的投资达到高性价比。

13.11.1.2　演播室设计原则

四川广播电视台新址综合演播室系统建设规模庞大，在满足工艺系统功能齐全的同时，按照直播要求来设计建造技术先进、安全可靠、灵活简洁的直播、制作演播室，13 个综合演播室均设计为具备独立完成直播和制作的能力。演播室工艺系统设计遵循以下几个方面原则：

1．先进性

系统设计要符合专业电视广播规范，在实用和安全的基础上，系统设计要有一定的前瞻性，必须考虑应用和需求的发展以及技术的进步，从而确保系统具备可持续发展能力。

2．安全性

建立完善的冗余备份和安全防范体系，保障系统高可靠和端到端的安全，具有多重安全防护，无单一崩溃点，应急手段丰富。

3．开放性

系统设计需具备一定的灵活性，所设计的系统应能够满足三种以上不同品牌的设备选型需求。

4．扩展性

系统功能具备可扩充性，为今后的发展做出适当的预留。

5．可维护性

系统信号调度灵活、科学；系统总体布局合理、有效；现场施工工艺科学规范；系统内的连接直观简单、便于维护。

6．实用性

做到一切面向应用，由应用的实际需求对系统规模进行量化，设计实用系统。

7．高质量

系统功能兼顾先进性和成熟性，确保录制与直播任务高质量完成，系统运行性能争取做到总体保持先进。

8．经济性

在满足上述设计原则前提下，所设计系统在实现时具有较高性能价格比。

13.11.1.3　演播室群规模

广电中心综合演播室群整体设置在新址裙楼内，规划建设有 13 个非新闻演播室。其中 $1500m^2$ 演播室 1 个、$400m^2$ 演播室 2 个、$260m^2$ 演播室 2 个、$150m^2$ 演播室 4 个、$100m^2$ 演播室 4 个，以及为 13 个综合演播室群提供多种信号调度路由的演播室分控机房 1 个。

13.11.1.4　演播室功能定位

演播室功能定位如下：

（1）$1500m^2$ S1 演播室功能定位：主要用于录制或直播大型综艺类、节庆类、主题晚会类节目，亦可组织竞赛一类的节目。

（2）$400m^2$ S2 演播室 /S3 演播室功能定位：主要用于录制或直播中型综艺类、访谈类节目。

（3）$260m^2$ S5 演播室功能定位：主要用于中小型日播或周播类固定栏目、文艺演出、专题、教育、少儿等节目的录制或直播，并可做演播室节目串编。

（4）$150m^2$ S6 演播室 /S7 演播室功能定位：主要用于小型日播或周播类固定栏目、专题、教育、少儿等节目的录制或直播，并可做演播室节目串编。

（5）$150m^2$ S10 演播室 /S11 演播室功能定位：主要用于栏目串词、片头等虚拟演播室抠像类节目制作，兼顾小型实景节目的制作或直播，并可做演播室节目串编，同时可分别扩展为 S2 演播室 /S1 演播室的第二景区。

13.11.1.5 演播室群及演播室分控机房楼层分布图（图 13-82、图 13-83）

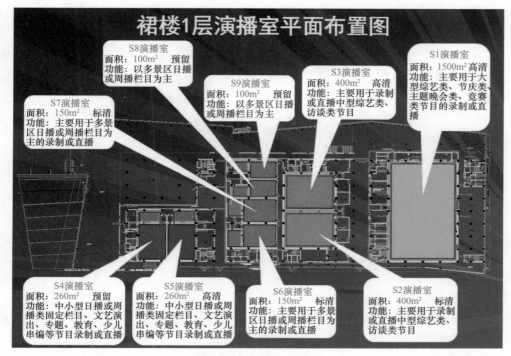

图 13-82 裙楼一层演播室平面布局图

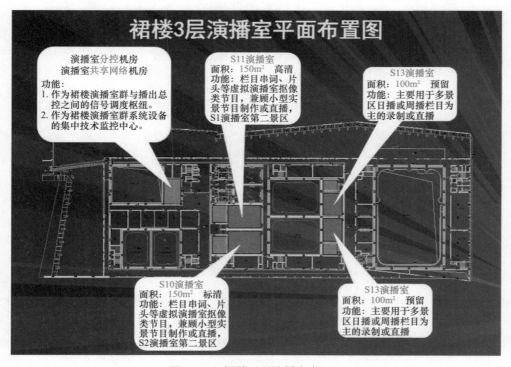

图 13-83 裙楼三层演播室布局图

13.11.2　演播室工艺系统设计相关

13.11.2.1　演播室高清策略

确认高标清系统比例，以利于系统通道及投入规划。先期建设的高清演播室系统与标清演播室系统的比例为 1 : 1。标清演播室系统按照升级少量硬件与软件就能够进行高清节目制作的设计思路实施，演播室分控为全高清系统，以多格式调度矩阵为核心，内外链路均支持高清。

当前电视领域正在面临标清向高清系统过渡的问题，信号传输是全台技术系统的基础，因此综合布线应该满足高清信号的传输需要，当系统升级时无需更改系统结构及配线。高清演播室具备标清节目制作能力，满足多种制作需要。

形成具备前期高清拍摄、高清转播车制作、高清演播室制作及后期高清制作播出的整体生产能力。

13.11.2.2　演播室工艺系统设计总体要求

总体设计一定要先虚后实，规划好大框架，大流程。演播室群要考虑高低配搭，互为备份。新大楼的所有演播室均设计成能够独立运行的直播系统。采用主输出与备份输出双通道输出的结构特点，所有演播室的主、备 PGM 信号直接进入播出总控，减少故障节点、缩短信号路径。按照多功能、多景区演播室设计，适应不同类型节目制作需要。设计演播室系统周边机箱插板空槽率 >20%。各演播室与演播室分控、播出之间均采用 HD/SD-SDI 传输 + 音频嵌入方式，以保证音视频同步，简化系统配置和布线数量，减少投入。超过 100 米的高清 HD-SDI 信号通过光纤进行传输，其他高清信号的传输根据情况选择不同规格的电缆。各信号系统干线之间的信号传输和交换，必须考虑传输距离，根据需要分别使用光纤和同轴电缆结合的方式。采用演播室共享网络方式进行录制与插片回放。演播室工位布置要考虑制播网的各工位。注意施工图各机房用电容量的核对。注意与基建等建设部门的交流文件的管理，有专人管理与交流，并作好交接记录，以明确责任。设计人员全程参与建设，保证设计完整性。

13.11.2.3　演播室工艺系统设计流程

1．初步设计

在广电中心土建施工的同时，参照广电中心建设规模，并结合台演播室节目制作需求，明确工艺系统设计方向，做好演播室初步框架设计方案与分块预算，以利系统的设计档次定位及招标价格的准确性，用足经费。

2．深化设计一阶段

由电视录制部抽调人员组成演播室工艺系统深化设计项目组，进驻工地实地踏勘，结合广电设计院新大楼演播室土建设计图纸，形成《四川广播电视台新址建设工程演播室工艺集成项目技术要求》，并由台技术设备部审批形成招标文件，完成工艺集成商的公开招标。与中标集成商一起，按照各种设备必须满足三种以上不同品牌来进行设计的要求，完成深化设计一阶段预设计图纸和设备需求清单。由演播室工艺系统深化设计项目组完成能够同时满足三种以上不同品牌设备应用的招标技术要求，由采购部门审批形成招标文件，公开招标确立设备品牌与分项价格。

3．深化设计二阶段

根据深化设计一阶段所完成的公开招标所确立的设备品牌，由演播室项目集成商针对该品牌进行设备具体型号、规格、配置、数量等方面的对口统一设计，最终形成准确的设备购置清单并执行采购。项目组协同集成商进一步完成演播室工艺系统的各项详细设计方案，包括系统设计说明书、系统内各机房平面规划图、导控室侧视／平面／俯视图、屏幕墙 A/V 监看监听系统及分割方案设计图、控制台工位设计图、立柜布局图、立柜设备布局图、视频系统图、系统控制图、Tally/UMD 图、通话系统图、同步及时钟系统图、设备监控系统图、I/0 接口箱内部布局详图、导控室及演播室工艺桥架敷设计图、演播室地沟设计改造图、演播室内部接口箱／摄像机电缆八字盘安装设计图、布线方案图、空调风道改造位置图、内部电源分配及接地详图、导控室照明控制图等。

13.11.2.4　演播室系统应急备份原则和备份关系

1．应急备份原则

在节目直播过程中，如果主系统故障，则采用本演播室应急系统支撑本档节目直到播出结束。在下次节目播出前，如果主系统仍无法恢复，则考虑启用其他演播室进行播出。

2．配置应急系统

每个演播室配置一个独立的具有应急和调度功能的矩阵。启用应急矩阵切换时，要求具备完整的 TALLY、字幕以及节目收录功能。

13.11.2.5　演播室主要视频系统配置

切换台配置规模：各系统 2~2.5 级 ME 不等。摄像机配置规模：各系统 3~12 讯道不等。矩阵配置规模：各系统 32×32~128×128 不等。

13.11.2.6　演播室监看

采用大屏幕+多格式画面分割器的显示方案。DVI 信号传输距离在 28 米以内采用无源 DVI 电缆传输至大屏幕显示。若超过 28 米则采用有源 DVI 延长器解决远距离传输问题，以保证优良显示效果。

显示包括导监墙、放像监看、演播室内监看、技术监看、摄像机调整监看、音频监看、灯光监看。监视内容：外来信号、系统内各信号源、节目输出、CATV 信号。

两种播出返送节目信号监看方式：由播出总控→演播室分控→演播室或台内 CATV 系统提供。技术区设置技术测量仪和主控级精密监视器。

13.11.2.7　演播室 TALLY/UMD 系统

具备为正常播出、应急播出两种情况提供 TALLY 显示能力。提供 S1 与 S13 演播室的统一联动 TALLY 显示，TALLY 系统具备音频显示，具备演播室内部 PGM、PVW 的 UMD 动态源名跟随显示。在各演播室、演播室分控、播出总控、播出频道系统间实现 UMD 动态源名跟随显示，模块之间具备互相识别、名称信息更改并显示信号来源的能力。

13.11.2.8　演播室通话系统

演播室通话系统按照全台通话的思路来进行设计。全台通话系统具有高度灵活性，支持智能控制管理，具备为未来新的通话系统提供联网基础平台的功能。具备大型通话矩阵之间的联网功能，具备小型通话矩阵之间的联网功能，同时也具备大型通话矩阵与小型通话矩阵之间的联网功能。

设置演播室分控大型数字通话矩阵和播出总控大型数字通话矩阵为核心并形成互备，

在各演播室、演播室分控、播出总控、播出频道之间具备点对点的全台通话能力。各演播室内部通话系统独立工作。演播室内部通话系统主要满足演播室直播、制作过程中，以导演为核心的各相关工种之间的通话功能需求。所有演播室均为直播演播室，在保证基本通话功能外还具备外线电话的接入能力、主持人有线/无线通话功能、技术人员的无线对讲功能。大型演播室还具备现场导演/艺术总监无线调度功能。

由于 1500m² 演播室面积大，周边化妆间、候播室、道具室等房间众多，建筑结构复杂，大型节目现场调度人员需要使用无线通话腰包，与演播室内部任意点能够实现可选择的点到点通话。无线通话基站信号覆盖剧场内部演播区域，同时覆盖演播室外部周边区域。全台的通话点、工位名称有几十种，所有通话面板支持全中文输入字符显示。所有通话面板支持翻页后通话状态保持功能。系统具备对讲机接口。

13.11.2.9 演播室同步系统

各演播室均设置能够独立运行的主备同步机和同步信号倒换器。演播室、演播室分控均受播出总控同步信号锁定，实现全台同步。由于模拟 BB 的带宽窄，在采用同样线缆的情况下传输距离通常是 SDI 信号的 2～3 倍，因此采用播出总控经演播室分控提供的模拟 BB 信号（625/50i，PAL）作为同步信号源。在播出总控系统设置主备多格式同步信号发生器和同步信号倒换器，模拟 BB 同步信号送演播室分控，受总控系统同步信号锁定。同样在演播室分控设置主备多格式同步机和同步信号倒换器，再分配到其他演播室与演播室分控、播出总控系统形成全台同步信号锁定，同时提供高清、标清彩条和标准测试信号。系统设计需要考虑同步信号的延时问题。

13.11.2.10 演播室时钟

各演播室、分控以总控时钟信号为唯一基准；每个演播室均设计倒计时显示功能。时钟发生器可产生正计时，可设定开播时间、播出区间，并据此产生倒计时。

13.11.2.11 演播室监控系统

是根据新大楼实际情况定制的管理、维护平台，实现整个系统智能化管理。对演播室视、音频设备及信号流进行网络监控，实现设备和信号的集中监控，提供各种故障预警。及时迅捷的发现设备故障，找出故障发生地点。支持完善的信号流程分析和完善的信号质量检测机制。

13.11.2.12 演播室设备布局

设备布置图是根据各工艺系统及其选用之设备，并考虑工艺流程的合理性及使用维护方便、达到设备布局整齐美观而设计。为使工程总体和工艺设施符合实际，按国内外同类工程现行常规设备的情况和具体设备选型进行工艺设备布置与机房安装设计，也为今后设备更新换代及添置留有一定余地。

13.11.2.13 演播室系统布线

视频 SDI、模拟复合、同步信号、控制信号、网线以及音频左右声道等电缆均设计为采用多种不同的颜色加以区分。各集成商遵循由演播室项目组统一制定的电缆编号规则。

13.11.2.14 演播室摄像机无线微波系统

高清微波信号能够覆盖 1500m²（48m×32m）演播室内部任何区域，同时也能够全面覆盖演播室周边、过道等公共区域，无信号覆盖死角，图像连续。

无线摄像机微波系统增设天线后，在1500m²演播室周边信号覆盖区域如图13-84所示

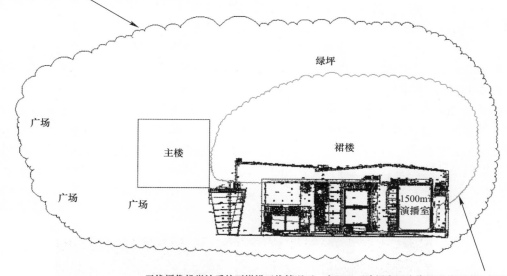

无线摄像机微波系统不增设天线情况下，在1500m²演播室周边信号覆盖区域示意图

图 13-84　无线摄像机覆盖范围示意图

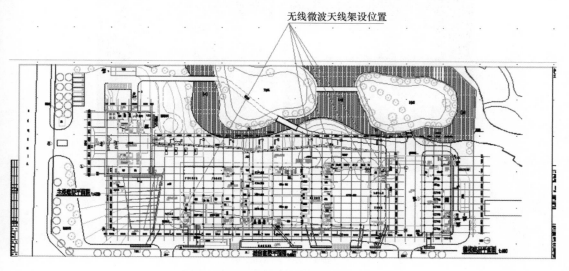

图 13-85　无线微波接收天线部署位置

13.11.2.15　演播室级联

　　S1 演播室具有 10 个有线摄像机位和 2 个无线微波摄像机位，常态下 S1 与 S11 演播室均独立完成各自节目的制作或直播。大型活动时可根据节目需要将 S11 演播室作为 S1 演播室的第二景区使用，S1 演播室切换台与矩阵可直接对 S11 演播室的摄像机进行信号一级切换，S1 演播室由 12 讯道升级为 15 讯道，共享 S11 演播室摄像机资源。

　　跨演播室系统级联设计：对 S1 演播室与 S11 演播室之间的通话、TALLY、同步、时钟等通用系统进行统一联动设计。S1 演播室内部任意点 S11 演播室内部任意点能够实现

同时通话。

同样还涉及 S2 演播室与 S10 演播室之间的级联设计。

13.11.2.16 演播室分控

演播室分控实现对信号的集中路由、设备的集中管理、指标的集中检测功能，具备演播室 PGM 主备播出信号以外的第三链路调度能力演播室分控路由如图 13-86 所示。分控作为裙楼 13 个演播室众多外来信号的调度监控中心，能够大大缓解播出总控的调度压力。对 128×128 矩阵每 1 路输出的预约自动路由控制，切换点时间可调，也支持手动切换。终端控制界面能够显示直观点对点路由图。对分控矩阵进行源名和注释名的定义、显示，支持中文源名和注释名，并能够实现与源名跟随系统之间的源名信息交换。在分控机房设立备用录像机集中下载点，在提高设备使用率的同时使各演播室不再受到记录格式的限制。可进行预约时间点可调的多格式自动录像，定时自动放、停，也可手动。具备录像机内无记录介质时声光报警，提前报警时间点可调。

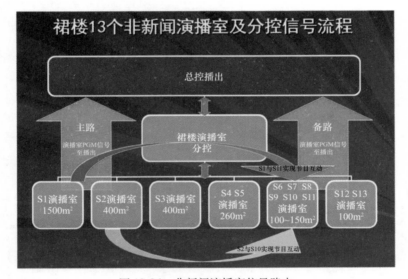

图 13-86 非新闻演播室信号路由

13.11.2.17 信号注入点

为便于在新大楼现场外景节目信号的采集，在裙楼 1 楼分别设立 1 个南端信号注入点和 1 个北端信号注入点。转播车信号或其他信号可以通过位于裙楼 1 楼外来信号注入点的接口箱进入裙楼演播室分控机房。注入点信号涉及 HD/SD-SDI、CVBS、同步、通话及其他信号。注入点信号传输采用电缆及光缆结合方式解决。

13.12 音频系统

13.12.1 概述

13.12.1.1 音频系统规模

四川广播电视中心电视板块音频系统主要由四个新闻类演播室（N1、N2、N3、N4）、

13个非新闻类演播室、综合录音棚、音频后期制作网络系统、录音车以及外出采访音频设备构成。

13.12.1.2　总体设计思路

系统总体设计坚持适用性、开放性、先进性、可扩展性的原则。所有演播室均按照直播需求设计，选择3个系统（综合录音棚、高清转播车、录音车）作环绕声制作的系统配置，这三个系统均能完成环绕声节目的现场制作和多声道分轨录制及后期合成，配置相同的音频工作站，减少文件格式转换。音频监听设备按照同一品牌配置，统一监听标准。系统配置均按照设备使用的峰值需求设计，常用信号接入系统，其余信号悬浮于跳线盘待用，以有效降低投资成本。新系统兼容原模拟系统及模拟设备的接入，各演播室系统之间需具备网络化级联能力。

13.12.1.3　系统设备配置、选型原则

演播室音频系统按照直播标准设计，信号路由及处理设备均按照主、备方式配置；根据系统不同功能需求合理选择不同档次的设备；演播室设备（无线话筒等）配置数量统筹考虑，集中管理、统一调度。

演播室系统主调音台选择国际先进的数字设备，要求具备网络化级联功能，并具备模块化分离式结构，主要部件（DSP、电源、光纤传输卡）具备热备份能力、支持热拔插。

音频系统中同类设备尽可能选用同一产品，有利于设备的应急备份、维修、维护；有利于录音人员对各演播室设备的操作使用，减少培训时间，有利于录音人员的临时调整。

13.12.2　广电中心电视音频系统的总体需求（表13-4）

广电中心电视音频系统的总体需求　　　　　　　　　　　　表13-4

项　目	数　量	功　能	制作时间	成品节目时间
新闻演播室	4	新闻节目直播、录制	全天候	
非新闻演播室	13	非新闻节目直播、录制	13×6h	13×3h
新闻配音室	8	新闻节目配音	全天候	
综合录音棚	1	歌曲、戏曲、音乐节目的录音、MIDI制作、音乐编辑、混录合成等 综艺类节目及其他类型节目的声音制作（配音、音乐编辑、原版还音、套剪音效、混录合成等）	6h	音乐节目10分（成品节目） 其他节目30分（成品节目）
录音车	1	转播中声音的播出及制作	4h	180分
外出采访系统	5	重要、重点节目现场声音的拾取、录制	5×4h	5×3h

13.12.2.1　新闻类演播室系统

1. 新闻演播室功能需求

（1）新闻主持人主播的即时播出；

（2）新闻主持人对嘉宾访谈的即时播出；

（3）串联编辑后的新闻播出，

（4）临时插入的新闻播出，

（5）外来信号的即时播出、录制；

（6）多景区节目的连续即时播出。

2．主体设备配置（表 13-5）

各演播室调音台输入、输出通道配置表　　　　　表 13-5

	N1	N2	N3	N4
主调音台通道数	96	96	96	96
主调音台物理推子数	24	24	18	18
话筒输入	8	8	4	4
模拟线路输入	8	8	8	8
模拟线路输出	16	16	16	16
AES 数字输入（对）	24	24	16	16
AES 数字输出（对）	24	24	16	16
备调音台通道数	12	12	12	12
备调音台物理推子数	12	12	12	12

3．系统设计要点

从系统设计到设备选型，都始终把新闻演播室的安全播出放在首要地位，在整个系统中，重点解决"单点"隐患，力求核心设备安全可靠、备份方案完善，以确保新闻演播室的安全播出要求。

（1）电源供给

系统中的关键设备都采用双电源、热备份的供电方式。

（2）输入信号分配方式及路由

必须备份的输入信号源经由话分、音分同时分配至主、备调音台。备份调音台在系统中处于热备份的工作状态。为减少话分的故障，系统中的所有输入信号分配器全部为无源器件。为解决因调音台故障而无法提供幻象供电的隐患，我们采取主、备各两只有线话筒，分别直接接入主、备两张调音台，由各自的调音台分别供电，确保主、备系统切换后话筒正常使用。

（3）主、备调音台的切换

直播必需的信号源同时送到主、备调音台，主、备调音台输出信号同时送到应急切换开关，经应急切换开关选切后送音分输出。系统设计了"一键切换"开关，该开关由 4 组 2 选 1 联动切换开关组成，可以同时切换主播出数字 PGM 信号、控制室监听信号、演播室返听信号和电话耦合器返送信号等 4 组信号。具有断电旁通功能。经应急切

558

换后的 PGM 信号分别被同时送到不同的音分板卡输出，避免因音分板卡损坏中断信号输出。

遵循根据功能需求合理配置设备的原则，核心设备主播调音台选择先进的数字设备，备播调音台则选择了性价比占优的模拟设备。

系统核心设备主播调音台为模块化结构，可根据未来功能需求变化增加组件，从而实现环绕声播出、演播室级联等功能。

13.12.2.2　非新闻类演播室

非新闻类演播室包括：综艺类演播室、综合类演播室、虚拟演播室等。每个演播室需完成的节目类型不同，节目需求不同，功能需求有差异，在系统配置上须综合考虑各种因素。

1．非新闻演播室功能需求

S1（1500m²）演播室主要录制大型综艺类节目，S2、S3（400m²）主要用于小型综艺类节目、大型访谈类节目的直播及录制，其他演播室主要用于综合类节目制作。其中 S1、S2、S3 演播室有演出扩声和演区返听需求，其他演播室现场扩声的需求不定。

2．系统配置要求

系统配置总的要求是安全、可靠，易于操作，演播室音频系统均按直播要求设计，满足立体声录制要求，其中 S1、S2 综艺类演播室的设备配置兼顾今后环绕声制作的升级需求。

每个演播室的设备按基本要求配置。考虑到演播室节目的形式、参与的人数都会不同，需使用的话筒等器材、设备的数量会有差异，部分器材、设备采用集中管理，根据节目需求统一调配，提高设备使用率，减少设备闲置时间。

3．主体设备配置（表 13-6）

各演播室主调音台配置表　　　　　　　　　　表 13-6

	S1	S2	S3	S5	S6	S7	S12	S13
主调音台通道数	200	100	100	96	96	96	96	96
主调音台物理推子数	52	32	32	18	18	18	18	18
扩声调音台通道数	100	40	40					
扩声调音台物理推子数	42	50	50					

4．系统配置方案

非新闻类演播室数量较多，按功能及系统结构可分为以下两类：

满足复杂综艺节目需求的演播室（S1、S2、S3），该类演播室面积较大（400~1500m²），对扩声的要求高，系统采用二级分音（分别使用独立的播出调音台和扩声调音台）的结构方式。

满足访谈类节目的小型演播室（S4、S5、S6、S7、S8、S9、S10、S11、S12、S13），该类演播室面积较小（150~260m²），主要满足访谈类小型节目的制作，现场只需要简单扩声。系统采用一级分音（播出调音台兼顾扩声功能）的结构方式。

5. 演播室音频系统功能特点

（1）系统配置齐全，核心设备功能强大，大型系统采用二级分音的构架，既能保证播出质量，同时也保证了高质量的现场扩声。能够满足各种复杂类型的综艺节目制作需求。

（2）通过无源音频分配器，将输入源分别馈送给播出调音台和扩声调音台，同时通过多组联动 2 选 1 切换开关，分别将备播 PGM 信号和 8 组备扩声信号送往不同目的地，从而实现了播出调音台和扩声调音台互为备份、无缝一键切换的功能。

（3）大型演播室播出调音台配置了舞台现场光纤接口箱，使用主、备光纤连接方式，在保证传输安全的前提下，极大提高了音频信号（特别是弱电平话筒信号）的传输质量。舞台现场光纤接口箱也可以调配给录音车使用以满足大型节目转播的需求。

（4）系统核心设备具备高清环绕声节目制作、播出的能力，其中 S1、S2、S3 演播室只需在系统中增加环绕声编解码器、环绕声监听音箱和环绕声效果器，即可让整个系统满足高清环绕声节目的制作、播出需求。

（5）系统具备分轨录制能力，可将综艺类节目分轨录制后进行后期精加工。

（6）S1 演播室和 S13 演播室通过网络级联（可同时传输 64 路音频信号），能够实现输入源共享。当出现节目需要设主演播室和分演播室时，主演播室可实时控制分演播室的所有音源信号，简化了录音操作流程。同时，两个演播室之间可以实现周边设备的相互备份。

6. 系统设计要点

全部演播室都按直播要求设计和配置，系统设计中的备份方案及设备选型，均以安全播出为出发点，系统无"单点"隐患，核心设备性能稳定、安全可靠。

系统设计遵循按需分配的原则，核心设备主播调音台选择先进的数字设备，备播调音台则选择了性价比占优的模拟设备。在无线话筒的选型中，同样根据不同演播室的功能需求，大中型演播室选用了稳定性较好的无线话筒，小型演播室则选用了性价比占优的无线话筒。

S1 演播室和 S13 演播室能够通过网络级联，联网后的演播室群和单一的演播室相比较，功能将得到极大扩展，不仅可以实现资源共享、集中控制、互为备份，同时也便于对演播室音频系统进行集中管理和统一调度。

13.12.3 无线话筒频率规划

13.12.3.1 频率规划设计原则

1. 避开干扰源

所用的所有无线频点避开干扰源，并留有安全隔离空间，确保不会被现有固定干扰源干扰。

（1）工作频段与模拟电视开路广播的视频载波之间的最小间隔为 2MHz。

（2）工作频段与模拟电视开路广播的伴音载波之间的间隔小于 500kHz 的，必须保证工作频点不被伴音载波频率干扰。

（3）工作频段与数字电视广播频段的最小间隔为 1MHz。

（4）国产数字微波占用 8MHz 工作带宽，但由于谐波控制不好，设计时按占用 20MHz 带宽考虑，并与无线话筒工作频段间隔 4MHz 以上。

（5）相邻演播室所选频段尽可能远离。

2．独占频段，避免使用中操作失误

各个演播室使用独立的工作频段，避免在使用中调整频率时干扰到其他演播室，避免人为操作失误造成的频率相互干扰，因此各个演播室的系统工作频段相互独立，各工作频段内的频点相对固定。

3．精确计算谐波，避免相互干扰

在每个频段内通过精确计算各频点之间产生的多次谐波，合理地设置每个频点，使所有频点在同时使用时不会互相干扰，设计原则为：

（1）各个工作频段内的所有频点互不干扰。

（2）各个工作频段之间的间隔要≥8MHz。

4．提高系统整体的抗干扰能力。

尽最大可能提高系统对各类干扰的抑制能力，提高系统安全性：

（1）工作频段尽量远离干扰源

（2）尽可能拉大各个工作频段之间的间隔

（3）合理减小各个工作频段的带宽，尽量减少对频率资源的占用

（4）为每个频段提供 2-4 个备份频点，用以应对临时出现的干扰

5．预留空间，避免损失

随着广播电视业的发展，将来一定会出现若干 DTV、DAB 开路广播，且目前无法预知所占频段，因此目前规划频率时必须充分考虑，在将来出现这类固定干扰时，可以通过调整无线话筒的工作频点来避免损失。

13.12.3.2　工作频段的划分

根据以上频段划分原则，以及各工作频段内需要的通道数量，频段分配方案见表 13-7。

频段分配方案　　　　　　　　　　　　表 13-7

序　号	货物名称	分配频率范围	备　注
1	S1 演播室无线话筒	690~720MHz	24 通道 26 个频点
2	S2 演播室无线话筒	808~817MHz	12 通道 14 个频点
3	S3 演播室无线话筒	544~553MHz	12 通道 14 频点
4	录音车无线话筒	590~620MHz	24 通道 26 频点
5	高清车无线话筒	659~668MHz	12 通道 14 个频点
6	小演播室无线话筒	562~578MHz	10mW 发射功率
7	无线耳返	524~533MHz	6 通道
8	IFB 系统	680~686MHz	

13.12.3.3　频段分布（图13-87）

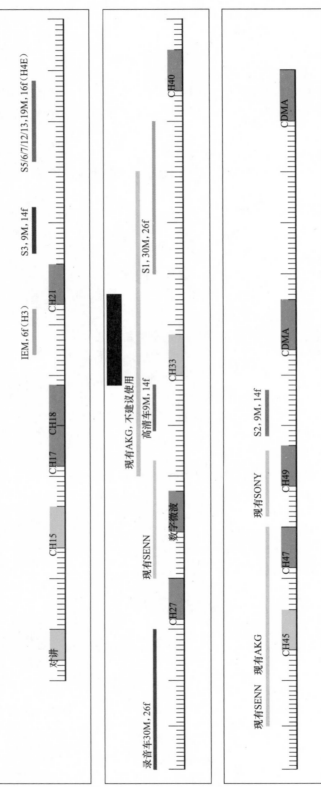

图 13-87　无线频率规划示意图

13.12.4　录音车

录音车按照满足环绕声节目制作、播出的功能需求设计，具备与高清转播车光纤级联的能力，作为高清转播车的配套项目，配合高清转播车共同完成大型综艺节目的转播工作。车上系统配置杜比 E 编解码器，高清转播车通过级联方式与录音车共用编解码器，而不再单独配置。

录音车具备单独使用的能力，能够独立完成电台转播、户外文艺节目分轨录制、环绕声制作。

13.12.4.1　系统功能特点

系统功能特点如下：

(1) 系统配置齐全，核心设备功能强大，能够满足各种复杂类型的综艺节目转播需求。

(2) 配置了独立的备份系统，应急情况下，主播系统可以无缝一键切换到备播系统，其中备播模拟调音台支持 16 路最大音频源输入，可以满足常规节目的转播需求。

(3) 系统配置了舞台现场光纤接口箱，使用主、备光纤连接方式，在保证传输安全的前提下，可以实现户外快速音源接入，降低了录音工作强度，也提高了音频信号（特别是弱电平话筒信号）的传输质量。当出现特大型文艺节目时，还可以调配 S1 演播室的舞台现场光纤接口箱使用以满足转播需求。

(4) 系统同时配置了传统的 12 芯模拟缆盘和 12 芯数字缆盘，用于和原有标清转播车级联，另一方面也可以作为光纤传输通道的备份。

(5) 系统具备高清环绕声节目制作、转播的能力，具备分轨录制能力，可以独立完成高清环绕声节目从录制到缩混的所有工作。

(6) 系统主播调音台内置电子矩阵，在与高清转播车光纤级联（64 通道）的情况下，可直接将现场音源信号分配给高清转播车音频系统，当出现大型文艺节目需要现场扩声时，可以由高清转播车负责播出音频信号，而录音车完成现场扩声任务。

(7) 大型体育节目转播中，如果有环绕声转播的需求，则需要预先布设数量众多的话筒，在两车级联的情况下，可以由高清转播车负责 CCU 信号的调整，录音车负责现场预布话筒、现场评论席等音频信号源的调整，并在合成后送往高清转播车音频系统，这种方式可以有效保证大型体育节目高清环绕声转播的要求。

13.12.4.2　录音车车体改装特点

录音车车体改装特点如下：

(1) 整车长度为 9957cm，其中车体长度为 7332cm，车体宽度为 2500cm。

(2) 为了满足音频间的使用要求，5.1 环绕声音箱位置摆放标准，扩声、声

(3) 有足够的空间，特设计了侧拉厢结构使工作面积增加。侧拉箱侧拉长度为100cm。

(4) 车体隔音设计：车体由 3mm 厚铝板、40mm×40mm×1.5mm 钢骨架及 1mm 厚镀锌钢板组成，两板间填充 50mm 厚、150kg/m³ 矿棉压紧至 40mm。

(5) 防振措施：3mm 铝板内侧涂着一层抗振隔热胶以降低铝板的振动，提高隔声量。

(6) 减振措施：为了有效减少振动传递，在镀锌钢板与木骨架之间附加一层 2mm 橡胶条，以减少固体传声。

（7）车体密封：门缝之间、拉箱与车体间隙均通过橡胶、岩棉等隔音、吸声材料铺设。

（8）音质设计：音质设计需考虑与处理的因素包括混响时间、频率响应、声场分布及避免颤动回声等音质缺陷。由于车体与立体声要求的限定，录音控制室基本体型为对称距型，并且尺度小，易产生驻波及声染色现象，需考虑加强扩散措施，设计吸音料的多种布置有利于频响均匀，安装二次剩余函数扩散板，悬挂机柜、交错布置的不同材料等措施来实现良好的扩散。

（9）装饰材料：在直播区内装饰面层主要部分采用铝合金穿孔板及板内附有 25mm 厚矿棉，矿棉并由混纺布包盖；监视器周边采用皮面软包装饰；边角部位采用铝合金光板结构。

（10）结构布置：在直播区顶部加装木线条，在监视器对面布置二次剩余函数扩散板，如图 13-88 所示。

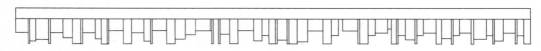

图 13-88　扩散板示意图

13.13　演播室专业灯光及舞台系统

13.13.1　四川广电中心演播室专业灯光系统

本系统中演播室分别设置在主楼及裙楼内，包括各种规格非新闻类演播室共计 13 个，均分布于裙楼中，S1、S3、S5、S11 为高清演播室，S10、S11 两个 150m² 演播室为虚拟演播室，各演播室面积及功能见表 13-8。

表 13-8

编　号	面积（m²）	功　　能
S1	1500	大型综艺类、节庆类、专题类等晚会节目录制或直播、并兼顾室内电视剧的制作
S2	400	中型综艺类文艺晚会和娱乐节目为主并兼顾大型访谈形式
S3	400	大型访谈形式为主并兼顾中型综艺类文艺晚会和娱乐节目
S4	260	小型综合娱乐节目、访谈类、大型的日播固定式栏目
S5	260	
S6	150	多景区日播或周播栏目
S7	150	
S8	100	小型专题、栏目、片头口播
S9	100	

编　号	面积（m²）	功　　能
S10	150	虚拟演播室
S11	150	
S12	100	小型专题、栏目、片头口播
S13	100	

13.13.1.1　设计理念

随着广播电视制作数字化、网络化的普及，高清晰度电视的推广，灯光系统也必须与新的制作手段相适应，灯光系统的设计理念中贯穿了以下思路：

（1）采用先进布光技术和新型灯具，以达到国内同期省级电视台的先进水平，同时为今后的技术进步留下必要的发展空间。

（2）立足采用国内、外知名企业的先进产品、力求达到较高的可靠性和较高的质量性价比。

（3）根据各演播室所承担的不同节目制作类型和节目特点，因地制宜合理配置各演播室灯光设备。

（4）根据目前的实际现状，并充分考虑今后灯光设备的发展动态和兼容性，对现有的灯光系统设备予以充分的利用，保护原有投资。

（5）在各演播室灯光系统设计环节充分考虑到设备的使用安全、可靠，在设备层结构设计上为今后的系统检查和维护提供方便。

按照这样的设计理念，250m² 以上的大型演播室全部采用数字化灯具控制系统，其功能强、技术先进。数字化灯具控制系统的最大优点是通过电脑对复杂布光进行精细化调整，可以对每场节目的布光参数进行存储，当制作相同节目时，可直接调用相同的布光方案，所需基础照明灯具会自动归位，大大缩短了调光时间和提高了演播室的使用效率。

13.13.1.2　S1 演播室（1500m²）

1. 系统构成

四川广播电视台新建广电中心 1500m² 演播室，是一个大型综合性演播室，主要用于制作大型综合节目，完成目标是能够承担大型高清晰度电视综艺节目的直播及录播制作任务。演播室灯光系统工程主要由以下几部分组成：

（1）设备层：负责灯光设备的吊挂承载，设计荷载为 400kg/m²；为了提升临时性使用的灯架或景物另设有承重钢梁 7 根，每根设有吊点 11 个，每个吊点承重 3t。

（2）吊挂系统：负责灯具安装布置，选用了多功能复合水平吊杆、蝶形翻转吊架、垂直吊杆、单机吊点等，其中主演区设置吊杆 86 个、观众区设置吊杆 12 个、蝶形翻转升降灯架 12 个，单机吊点 26 个。

（3）信号系统：演播室灯光信号分配系统选用的 ART-NET 信号协议为灯具控制协议，单线可传输任意 DMX 通道，通过网络交换机进行系统数据的无缝备份。

（4）调光系统：演播室使用的调光硅柜是高密度插入式调光器，设计有 748 路 4kW 调光、452 路 4kW 直通，共计 1200 调光和直通回路，以太网输出 124 个，DMX 输出 727 个信息点，数字灯总直通回路数 112 路。

（5）控制系统：演播室基础光控制台采用 Strand Lighting Palette OS 为主备台，具有 1500 光路，48 个集控杆，功能强大，性能稳定，操作方便。电脑灯主控制台为 Grand MA 调光台，选配的 GRANDMA2-FULLSIZE 控制台可控制各种类型的灯光设备。

（6）灯具配置：演播室灯具配置主要有 2kW 三动作数字机械聚光灯 80 台，1kW 光束灯 20 台 1500W 电脑摇头图案灯 120 台，1500W 电脑摇头染色灯 140 台，300W 电脑光束灯 24 台，LED 摇头灯 12 台，2kW 和 3kW 的氙气追光灯具各 2 台。

（7）配电系统：演播室总的负载设计配电功率 1200kW，其中调光配电功率 800kW，舞美配电功率 50kW，电子视频效果（LED 显示屏）配电功率 200kW，机械升降舞台和座椅配电功率 150kW。

（8）演播室平均照度、色温指标：主演区平均白光照度：≥1600lx；观众区平均白光照度：≥1000lx；显色指数：$Ra \geq 85$；演播室常规灯色温为 3050K±150K；效果类灯具色温为 5600K。

2．系统特点

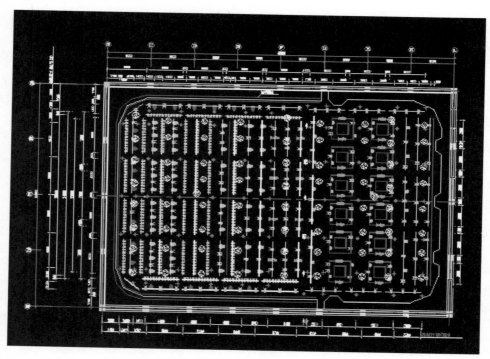

图 13-89　1500m² 演播室布光图

（1）设备层及电动葫芦系统

1500m² 演播室设计载荷为 400kg/m²，为了提升临时性使用的灯架或景物，在声学装修层与设备层之间设有承重钢梁 7 根，每根上装有电动葫芦挂钩，设备层钢板网预留有电动葫芦链条开孔，电动葫芦各机组悬挂在设备层上方的专用轨道吊件上，配备防脱吊钩，电动葫芦控制系统配合地面移动控制台，可同时控制 16 台电动葫芦的升降，也可单独或编组控制电葫芦，操作简单，安全可靠。

（2）吊挂系统

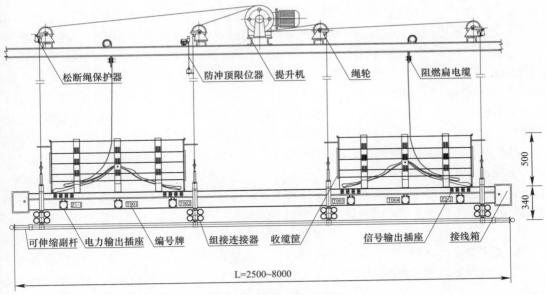

图 13-90　水平吊杆示意图

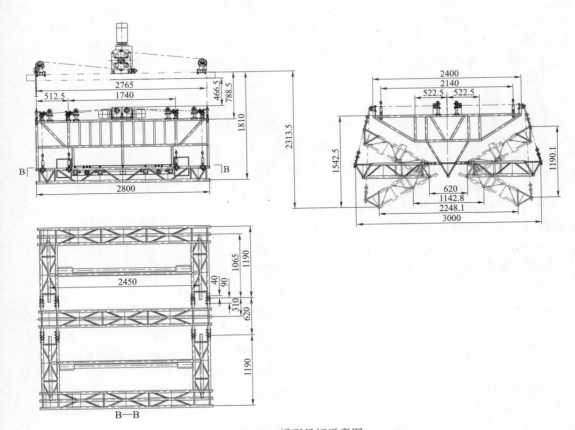

图 13-91　蝶形吊杆示意图

国内主流电视台大都选用单一的水平吊杆吊挂方式，该方式的缺点在于对纵向灯具阵列的造型能力较差，难以突出竖线条对电视画面的空间塑造能力。四川广电中心 1500m² 演播室的吊挂设计为多功能复合水平吊杆、蝶型翻转吊架、垂直吊杆、单机吊点等吊挂的布光模式；水平吊杆选用铝合金型材杆体，配置双包络减速电机及收线筐，其中主演区吊杆 86 个、观众区吊杆 12 个、蝶形翻转升降灯架 12 个、单机吊点 26 个。水平吊杆如图 13-90 所示。吊杆上均设置指示灯、上下限位、松断绳保护、过载保护、防冲顶保护及应急切断开关。钢丝绳为镀锌航空钢丝绳，直径不小于 4.8mm，钢丝绳安全系数至少为提升重量的 10 倍；吊杆无承重力落地后，钢丝绳在卷绳筒上应有不小于 3 圈的缠绕余度，钢丝绳在卷绳筒上应有导绳、护绳装置。所有吊杆都能吊挂常规灯具、数字化机械动作灯具、电脑灯及效果设备。吊杆的控制方式除了接受操作控制台控制外，还要接受手持遥控器的控制；并综合考虑了演播室音箱和监视器等设备的吊装设备，蝶型翻转吊架是新产品，优点是使用方便，性能安全可靠，功能全。四川广播电视台的 1500m² 演播室在面光位置选择使用蝶型翻转吊架作为吊挂主体，符合了大型演播室多元化的发展需求。蝶形吊杆示意图如图 13-91 所示。

（3）布光控制系统

1500m² 演播室布光如图 13-89。该系统是采用集散式控制系统构架，应用变频调速技术、微电脑控制技术、语音识别技术等高新技术构成的全数字位置闭环布光控制系统。系统采用基于计算机网络为基础控制系统，既采用了电脑控制台控制，又配置了无线手提遥控器控制。电脑控制台面板上标有演播室的吊杆位置，在每个吊杆标注位置设置有控制键，对吊杆的高度、运行状态、限位器状态等实时准确地显示在现场控制台上，电脑控制台可根据需要存储多场次场景设置，要使用时就能调出已预先存储的场景，灯具可自动调整到指定的位置，操作灵活简单、定位准确，缩短了布光时间，提高了工作效率。

（4）信号系统

国内主流电视台大都选用单一的 DMX512 灯光控制协议，此协议单线最大传输通道数为 512 个，且对线材的要求较高，拓展性也较差，极易造成信号干扰。四川广播电视台广电中心 1500m² 演播室信号系统分为 5 个区域，其中吊杆信号 4 个区，墙壁信号 1 个区，DMX512 信号口 20 个，可控通道数共计 10240 个，可以满足 340 台电脑灯具的独立操控；在控制协议方面，灯光网络信号转换器和 HP 光纤交换机为基础的网络信号系统，严格遵循 TCP/IP 通信协议及 USITT DMX512/1990 标准。运用 HP 网络管理系统，保证系统数据传输更快捷、系统运行更可靠（故障路径的自动断开和寻找可连接路径），选用 art-net 与 DMX512 相互转换的复合协议，提高了兼容性，拓展了 DMX 最大可控数。控制台之间通过网络交换机进行系统数据的无缝备份，以确保信号传输的可靠性。

（5）调光系统

1500m² 演播室使用的调光硅柜，采用全数字智能化网络调光产品，在柜体本体或控制终端均可监控其工作状态及参数；可通过调光台实现直通柜的直通控制。直通柜与调光硅柜柜体完全一致的设计，可全部转换为调光柜，调光和直通可互换使用，对灯光设计提供了极大的灵活、方便；调光硅柜和直通柜均具有用电管理功能，可对电力进行二次调配及配电限额和报警，既可节省电能和合理利用用电能，又可确保不至电力跳闸而造成黑场，也为将来添加新的用电设备提供了方便；全智能化的监控管理系统，可实现调光、直通和电力各工作状态的监控、调度，及灯光控制程序的调用、备份、存储和共享。系统充分考虑全演播室的灯光布置和灯位及控制的便利，调光／直通回路和各控制信号的分布完善、合理；信号传输均配有隔离和放大设备；在多处配有网络转换器节点，便于管理和操作，1500m² 演播室总的配电功率设置为 1100kW，调光回路数 782 路，直通回路数 418 路，每回路的功率为 4kW，数字灯总直通回路数 112 路。

13.13.1.3　S2、S3 演播室（400m²）

400m² 演播室以中型综艺类文艺晚会和娱乐节目为主，并兼顾大型访谈节目。400m² 演播室灯光用电负荷为 380kW，天幕高度为 7m，采用新型复合水平吊杆作为主要的机械悬挂装置，可设置为双景区，配备聚光灯、柔光灯、电脑灯、追光灯、Par 灯、换色器等演播室专用灯具设备，以满足不同形势的电视节目制作需求。

13.13.1.4　S4、S5 演播室（260m²）

260m² 用于小型综合娱乐节目、访谈类、大型的日播固定式栏目，设有活动式幕布，演播室灯光按多演区设计。260m² 演播室灯光用电负荷为 140kW，天幕高度为 6m，采用新型复合水平吊杆作为主要的机械悬挂装置，配备聚光灯、柔光灯及其他效果灯。选用先进的电脑布光控制系统和调光系统。

13.13.1.5　小型演播室（100～150m²）

小型演播室均按多个演区设计，灯光用电负荷为 25～35kW，天幕高度为 5m，采用铝合金固定轨道、活动滑轨加铰链伸缩器，配置杆控灯具。采用冷光源灯具与电视聚光灯具相结合的方式，配置小型调光器及调光控制台。

13.13.1.6　虚拟演播室（150m²）

虚拟演播室按多个演区设计，主演区采用蓝箱以配合虚拟演播室灯光要求。演播室灯光用电负荷为 35kW，天幕高度为 5m，采用铝合金固定轨道、活动滑轨加铰链伸缩器，配置杆控灯具。采用冷光源灯具与电视聚光灯具相结合的方式，配置小型调光器及调光控制台。

13.13.2　1500m² 演播室机械舞台系统

图 13-92　主升降台示意图

机械舞台包括：主升降舞台 15 套，后车台 2 套，后车台补台 6 套，φ4m 旋转升降舞台 1 套（直径 4.0m），φ9m 环型台 1 套；固定舞台 1 套；前车台 2 套；前车台补台 2 套；

侧伸缩升降舞台 2 套；中间伸缩升降舞台 1 套。移动步梯 23 套；VIP 移动座椅 35 位，观众席活动座椅包括：看台 3 组，每组 12 排，共计 414 座位，观众席上下设 4 条通道，150mm 台阶 44 个，观众席伸出长度：11.0m，电动伸缩；音视频灯光操作平台一个。

13.13.2.1　主升降舞台：

系统设主升降舞台 15 套，台面尺寸为 5.0m×1.8m，升降行程为 1.6m（0～+1.6m），升降速度为 0.01～0.1m/s，承载能力为 2kN/m²，定位精度 ±2mm。主升降舞台可以升起高于舞台面 1.6m，可实现同步升降，等比升降，也可以单独或任意组合使用，升降速度连续可调，可形成前、后阶梯状，也可以形成左、右阶梯状以增加演出节目的层次感和立体感。用于置景时，可以形成高低错落的背景形式，效果图见图 13-92 和图 13-93。

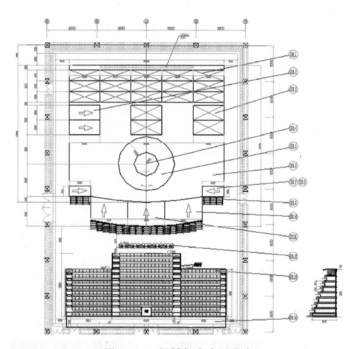

图 13-93　机械舞台布局方案

13.13.2.2　后车台：

后车台 2 套，台面尺寸为 5.0m×2.5m，移动行程为 20.0m，移动速度：0.05～0.5m/s，承载能力 1.5kN/m²。后车台能够在演出过程中将演员、景物左右移动，实现物体运动的逼真效果。

后车台补台 6 套，台面尺寸为 5.0m×2.5m，升降行程 0.25m（0～-0.25m）当后车台移走后，后车台补台升起与舞台同一平面，便于演员的舞台艺术表演。

13.13.2.3　φ4m 旋转升降舞台：

φ4.0m 旋转升降舞台可以升起高于舞台面 0.8m，并可以正、反向旋转，无级调速，以突出中心演员及杂技表演，可与 φ9m 旋转环型台同向旋转，实现快速切换场景，也可以与 φ9m 旋转环型台逆向旋转，参与演出，实现演员或景物的运动性，增加演出的艺术效果，效果图见图 13-94。

13.13.2.4　ϕ9m 环型台：

在 ϕ4m 旋转升降舞台的外围，设置有一套内圆直径 ϕ4m，外圆直径 ϕ9.0m，的旋转环型台，可以正转、反转，无级调速。可以实现独立旋转，在演出过程中，实现正或反转，使中心演区周围的配合景物变化方位，产生动感。也可配合中央旋转升降舞台使用，与中央旋转升降台同向旋转，形成一直径 9m 旋转舞台，用于快速置换场景，或与中央旋转升降台逆向旋转，使演员或景物产生互动。

13.13.2.5　前车台：

前车台 2 套，在演出过程中将演员、景物左右移动，实现物体运动的逼真效果。

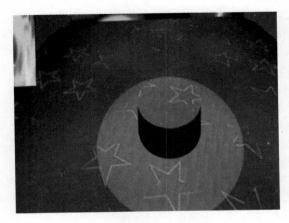

图 13-94　ϕ4m 旋转升降舞台

13.13.2.6　伸缩升降台：

在舞台的前方两侧设有三块宽 6.0m，长 4.0m 的伸缩升降舞台，当需要时，可以从固定舞台下方伸出，并升起与固定舞台平，与中间伸缩升降台一起，起到扩大演出区的作用。当不需要时可以降下并缩回，节省地面空间。效果图见图 13-95。

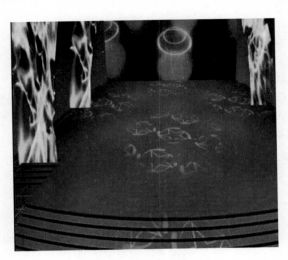

图 13-95　伸缩升降台

参 考 文 献

[1]   李宏虹，赵贵华，王谦等．电视演播室节目制作［M］．北京：中国广播电视出版社，2006

[2]   姜秀华，张永辉，章文辉，朱伟．数字电视原理与应用［M］．北京：人民邮电出版社，2003

[3]   张琦，杨盈昀，张远，林正豹．数字电视中心技术［M］．北京：北京广播学院出版社，2004

[4]   国家广播电影电视总局标准化规划研究所．演播室数字（高清晰度）电视标准汇编（1）［S］．北京：中国广播电视出版社，2000

[5]   陈默．高清晰度电视演播室数字信号接口．北京：中央电视台

[6]   SONY.DIGITAL VIDEOCASSETTE RECORDER MANUAL. Japan: SONY, 1997

[7]   SONY.DIGITAL VIDEOCASSETTE PLAYER MANUAL. Japan: SONY, 1995

[8]   波罗，贝格．美国高清晰度电视的网络结构．USA：美国 CBS 广播公司

[9]   Grass Valley Group.Designing Digital Systems.USA: Grass Valley Group, 1993

[10] Tektronix.A Guide to Digital Television Systems and Measurements. USA: Tektronix, 1993

[11] 陈克新，谭阳．高标清兼容系统［J］．现代电视技术，2007

[12] 周磊．用 TSL 协议实现转播系统 Tally 和源名控制实例［J］．现代电视技术，2007

[13] GB/T 7400.11—1999，数字电视术语［S］

[14] GB/T 17953—2000，4：2：2 数字分量图像信号的接口［S］

[15] GB/T 18472—2001，数字编码彩色电视用测试信号［S］

[16] GY/T 27—1984，电视视频通道测试仪器的配置及其技术要求［S］

[17] GY/T 110—1992，广播用图像监视器技术要求［S］

[18] GY/T 134—1998，数字电视图像质量主观评价方法［S］

[19] GY/T 155—2000，高清晰度电视节目制作及交换用视频参数值［S］

[20] GY/T 157—2000，演播室高清晰度电视数字视频信号接口［S］

[21] GY/T 163—2000，数字电视附属数据空间内时间码和控制码的传输格式［S］

[22] GY/T 164—2000，演播室串行数字光纤传输系统［S］

[23] GY/T 167—2000，数字分量演播室的同步基准信号［S］

[24] GY/T 159—2000，4：4：4 数字分量视频信号接口［S］

[25] GY/T 160—2000，数字分量演播室接口中的附属数据信号格式［S］

[26] GY/T 162—2000，高清晰度电视串行接口中作为附属数据信号的 24 比特数字音频格式［S］

[27] GY/T 163—2000，数字电视附属数据空间内时间码和控制码的传输格式［S］

[28] GY/T 187—2002，多通路音频数字串行接口［S］

[29] GY/T 193—2003，数字音频系统同步［S］

[30] GB/T 7400.11—1999，数字电视术语［S］

[31] GB/T 11442—1995，卫星电视地球接收站通用技术条件［S］

[32] GB/T 12365—1990，广播电视短程光缆传输技术参数［S］

[33] GB/T 15640—1995，调音台通用技术条件［S］

[34] GB/T 17700—1999，卫星数字电视广播信道编码和调制标准［S］

[35] GB/T 17953—2000，4：2：2，数字分量图像信号的接口［S］

[36] GB/T 18472—2001, 数字编码彩色电视用测试信号 [S]

[37] GB/T 50311—2000, 建筑与建筑群综合布线系统工程设计规范 [S]

[38] GB/T 50312—2000, 建筑与建筑群综合布线系统工程施工与验收规范 [S]

[39] GB/T 17900—1999, 网络代理服务器的安全技术要求 [S]

[40] GB/T 18018—1999, 路由器安全技术要求 [S]

[41] GB/T 18019—1999, 信息技术 包过滤防火墙安全技术要求 [S]

[42] GB/T 18020—1999, 信息技术 应用级防火墙安全技术要求 [S]

[43] GY/T 27—1984, 电视视频通道测试仪器的配置及其技术要求 [S]

[44] GY/T 110—1992, 广播用图像监视器技术要求 [S]

[45] GY/T 134—1998, 数字电视图像质量主观评价方法 [S]

[46] GY/T 155—2000, 高清晰度电视节目制作及交换用视频参数值 [S]

[47] GY/T 156—2000, 演播室数字音频参数 [S]

[48] GY/T 157—2000, 演播室高清晰度电视数字视频信号接口 [S]

[49] GY/T 158—2000, 演播室数字音频信号接口 [S]

[50] GY/T 159—2000, 4:4:4数字分量视频信号接口 [S]

[51] GY/T 160—2000, 数字分量演播室接口中的附属数据信号格式 [S]

[52] GY/T 163—2000, 数字电视附属数据空间内时间码和控制码的传输格式 [S]

[53] GY/T 164—2000, 演播室串行数字光纤传输系统 [S]

[54] GY/T 167—2000, 数字分量演播室的同步基准信号 [S]

[55] GY/T 187—2002, 多通路音频数字串行接口 [S]

[56] GY/T 192—2003, 数字音频设备的满度电平 [S]

[57] GY/T 193—2003, 数字音频系统同步 [S]

[58] GY/T5086, 广播电视录(播)音室、演播室声学设计规范 [S]

[59] GY5022, 广播电视播音(演播)室混响时间测量规范 [S]

[60] GYJ24, 广播电视录音(播音演播)室空气声隔声测量规范 [S]

[61] GB3096, 城市区域环境噪声标准 [S]

[62] GB/T19889.8, 声学 建筑和建筑构件隔声测量 第8部分：重质标准楼板覆面层撞击声改善量的实验室测量 [S]

[63] GB/T14259, 声学 关于空气噪声的测量及其对人影响的评价的标准的指南 [S]

[64] GB/T50121, 建筑隔声评价标准 [S]

[65] 金长烈等. 舞台灯光 [M]. 北京：机械工业出版社, 2004

[66] 王京池. 电视灯光技术与应用 [M]. 北京：中国广播电视出版社, 2010

[67] 李宏虹. 现代电视照明 [M]. 北京：中国广播电视出版社, 2005

[68] 王成武, 金孟申. 广播电视技术手册. 工程设计技术, 第12分册, 1996

[69] 冯德仲. 国际专业照明设备辑要 [M]. 第五版. 北京：世界知识出版社, 2008

[70] 葛广利, 陈钧. 浅析LED灯具在电视新闻类人物照明中的测评 [J]. 演艺科技杂志, 2010(1)

[71] JGJ16—2008, 民用建筑电气设计规范 [S]

[72] GY5045—2006, 电视演播室灯光系统设计规范 [S]

[73] JGJ57—2000, 剧场建筑设计规范 [S]

[74] 徐威, 李宏虹. 电视演播室 [M]. 北京

[75] 李宏虹. 电视节目制作与非线性编辑 [M]. 北京

[76] 徐威. 数字电视网络制播技术 [M]. 北京

[77] 四川电视台. 四川广播电视台基于异构的全台高标清制播网络系统研制技术总结报告 [R]. 2012

[78] 广播电视安全播出管理规定 - 电视中心实施细则．国家广播电视安全播出调度中心，2010

[79] GD/J 037—2011，广播电视相关信息系统安全等级保护定级指南［S］

[80] GD/J 038—2011，广播电视相关信息系统安全等级保护基本要求［S］

[81] GB 50174—2008，电子信息系统机房设计规范［S］

[82] 建筑照明设计标准［S］

[83] GY5067，广播电视建筑设计防火规范［S］

[84] 包琼勇．电视播出总控系统设计［J］．电子科技大学，2009

[85] 杨立峰．数字电视播出系统设计［J］．山东大学，2009

[86] 姜明．高标清同播硬盘播出系统的设计［J］．北京邮电大学，2009

[87] 卫超．电视台高标清同播播出系统设计［J］．北京邮电大学，2012

[88] 电视台数字化网络化建设白皮书（2006/2007）．电视台数字化网络化工作组

[89] 钟景华，朱利伟，曹播，丁麒钢，等．新一代绿色数据中心的规范与设计．［M］．北京：电子工业出版社

[90] GD/J037—2011，广播电视相关信息系统安全等级保护定级指南［S］

[91] GD/J038—2011，广播电视相关信息系统安全等级保护基本要求［S］

[92] GB50174，电子信息系统机房设计规范［S］

[93] GB2887，计算机场地通用规范［S］

[94] GB9361，计算机场地安全要求［S］

[95] GYJ43，广播电视中心技术用房室内环境要求［S］

[96] GA586，广播电影电视系统重点单位重要部位的风险等级和安全防护级别［S］

[97] 工程建设标准强制性条文－广播电影电视工程部分．建设部［S］

[98] 史萍，倪世兰．广播电视技术概论［M］．北京：中国广播电视出版社

[99] 刘洪才，邸世杰．广播电视技术概论［M］．北京：中国广播电视出版社

[100] 试点地区 IPTV 集成播控分平台实施方案建议书．2010